中国品牌农业年鉴

2017

中国优质农产品开发服务协会　主编

中国农业出版社

目　录

展览展示

领导讲话

法律法规与规范性文件

品牌论坛

品牌主体

统计资料

特载

- 李克强总理：政府工作报告（摘编）
- 汪洋副总理：深入推进农业供给侧结构性改革
- 中共中央　国务院关于深入推进农业供给侧结构性改革　加快培育农业农村发展新动能的若干意见（节选）
- 农业部关于推进农业供给侧结构性改革的实施意见
- 农业部关于2017年农业品牌推进年工作的通知

李克强总理：政府工作报告（摘编）

三、2017年重点工作任务

……

（五）促进农业稳定发展和农民持续增收。深入推进农业供给侧结构性改革，完善强农惠农政策，拓展农民就业增收渠道，保障国家粮食安全，推动农业现代化与新型城镇化互促共进，加快培育农业农村发展新动能。

推进农业结构调整。引导农民根据市场需求发展生产，增加优质绿色农产品供给，扩大优质水稻、小麦生产，适度调减玉米种植面积，粮改饲试点面积扩大到1 000万亩以上。鼓励多渠道消化玉米库存。支持主产区发展农产品精深加工，发展观光农业、休闲农业，拓展产业链价值链，打造农村一二三产业融合发展新格局。

加强现代农业建设。加快推进农产品标准化生产、品牌创建和保护，打造粮食生产功能区、重要农产品生产保护区、特色农产品优势区和现代农业产业园。推进土地整治，大力改造中低产田，推广旱作技术，新增高效节水灌溉面积2 000万亩。加强耕地保护，改进占补平衡。发展多种形式适度规模经营，是中国特色农业现代化的必由之路，离不开农业保险有力保障。今年在13个粮食主产省选择部分县市，对适度规模经营农户实施大灾保险，调整部分财政救灾资金予以支持，提高保险覆盖面和理赔标准，完善农业再保险体系，以持续稳健的农业保险助力现代农业发展。

……

汪洋副总理：深入推进农业供给侧结构性改革

汪洋副总理强调，要紧紧围绕市场需求调整农业结构，增加绿色优质农产品供给，提高农产品质量安全水平。要加快建设粮食生产功能区、重要农产品生产保护区、特色农产品优势区，形成特色鲜明、竞争力强的现代化生产基地。发挥好现代农业产业园、科技园、农民创业园的引领带动作用，加快发展农产品加工流通，延伸农业产业链、健全价值链，提高农业综合效益。积极探索通过土地入股、股份合作等方式，强化农民与农业企业等的利益联结，形成农民合理分享土地增值、产业发展收益的长效机制。玉米主产区要深入推进玉米收储制度改革，及时解决存在问题，继续保持收购工作平稳有序进行。

——2017年2月15～17日汪洋副总理在黑龙江调研时强调坚持问题导向，勇于攻坚克难，深入推进农业供给侧结构性改革

中共中央　国务院关于深入推进农业供给侧结构性改革　加快培育农业农村发展新动能的若干意见（节选）

（2016 年 12 月 31 日）

经过多年不懈努力，我国农业农村发展不断迈上新台阶，已进入新的历史阶段。农业的主要矛盾由总量不足转变为结构性矛盾，突出表现为阶段性供过于求和供给不足并存，矛盾的主要方面在供给侧。近几年，我国在农业转方式、调结构、促改革等方面进行积极探索，为进一步推进农业转型升级打下一定基础，但农产品供求结构失衡、要素配置不合理、资源环境压力大、农民收入持续增长乏力等问题仍很突出，增加产量与提升品质、成本攀升与价格低迷、库存高企与销售不畅、小生产与大市场、国内外价格倒挂等矛盾亟待破解。必须顺应新形势新要求，坚持问题导向，调整工作重心，深入推进农业供给侧结构性改革，加快培育农业农村发展新动能，开创农业现代化建设新局面。

推进农业供给侧结构性改革，要在确保国家粮食安全的基础上，紧紧围绕市场需求变化，以增加农民收入、保障有效供给为主要目标，以提高农业供给质量为主攻方向，以体制改革和机制创新为根本途径，优化农业产业体系、生产体系、经营体系，提高土地产出率、资源利用率、劳动生产率，促进农业农村发展由过度依赖资源消耗、主要满足量的需求，向追求绿色生态可持续、更加注重满足质的需求转变。

推进农业供给侧结构性改革是一个长期过程，处理好政府和市场关系、协调好各方面利益，面临许多重大考验。必须直面困难和挑战，坚定不移推进改革，勇于承受改革阵痛，尽力降低改革成本，积极防范改革风险，确保粮食生产能力不降低、农民增收势头不逆转、农村稳定不出问题。

2017 年农业农村工作，要全面贯彻党的十八大和十八届三中、四中、五中、六中全会精神，以邓小平理论、"三个代表"重要思想、科学发展观为指导，深入贯彻习近平总书记系列重要讲话精神和治国理政新理念新思想新战略，坚持新发展理念，协调推进农业现代化与新型城镇化，以推进农业供给侧结构性改革为主线，围绕农业增效、农民增收、农村增绿，加强科技创新引领，加快结构调整步伐，加大农村改革力度，提高农业综合效益和竞争力，推动社会主义新农村建设取得新的进展，力争农村全面小康建设迈出更大步伐。

一、优化产品产业结构，着力推进农业提质增效

1. 统筹调整粮经饲种植结构。按照稳粮、优经、扩饲的要求，加快构建粮经饲协调发展的三元种植结构。粮食作物要稳定水稻、小麦生产，确保口粮绝对安全，重点发展优质稻米和强筋弱筋小麦，继续调减非优势区籽粒玉米，增加优质食用大豆、薯类、杂粮杂豆等。经济作物要优化品种品质和区域布局，巩固主产区棉花、油料、糖料生产，促进园艺作物增值增效。饲料作物要扩大种植面积，发展青贮玉米、苜蓿等优质牧草，大力培育现代饲草料产业体系。加快北方农牧交错带结构调整，形成以养带种、牧林农复合、草果菜结合的种植结构。继续开展粮改饲、粮改豆补贴试点。

2. 发展规模高效养殖业。稳定生猪生产，优化南方水网地区生猪养殖区域布局，引导产能向环境容量大的地区和玉米主产区转移。加快品种改良，大力发展牛羊等草食畜牧业。全面振兴奶业，重点支持适度规模的家庭牧场，引导扩大生鲜乳消费，严格执行复原乳标识制度，培育国产优质品牌。合理确定湖泊水库等内陆水域养殖规模，推动水产养殖减量增效。推进稻田综合种养和低洼盐碱地养殖。完善江河湖海限捕、禁捕时限和区域，率先在长江流域水生生物保护区实现全面禁捕。科学有序开发滩涂资源。支持集约化海水健康养殖，发展现代化海洋牧场，加强区域协同保护，合理控制近海捕捞。积极发展远洋渔业。建立海洋渔业资源总量管理制度，规范各类渔业用海活动，支持渔民减船转产。

3. 做大做强优势特色产业。实施优势特色农业提质增效行动计划，促进杂粮杂豆、蔬菜瓜果、茶叶蚕桑、花卉苗木、食用菌、中药材和特色养殖等产业提档升级，把地方土特产和小品种做成带动农民增收的大产业。大力发展木本粮油等特色经济林、珍贵树种用材林、花卉竹藤、森林食品等绿色产业。实施森林生态标志产品建设工程。开展特色农产品标准化生产示范，建设一批地理标志农产品和原产地保护基地。推进区域农产品公用品牌建设，支持地方以优势企业和行业协会为依托打造区域特色品牌，引入现代要素改造提升传统名优品牌。

4. 进一步优化农业区域布局。以主体功能区规划和优势农产品布局规划为依托，科学合理划定稻谷、小麦、玉米粮食生产功能区和大豆、棉花、油菜籽、糖料蔗、天然橡胶等重要农产品生产保护区。功能区和保护区内地块全部建档立册、上图入库，实现信息化精准化管理。抓紧研究制定功能区和保护区建设标准，完善激励机制和支持政策，层层落实建设管护主体责任。制定特色农产品优势区建设规划，建立评价标准和技术支撑体系，鼓励各地争创园艺产品、畜产品、水产品、林特产品等特色农产品优势区。

5. 全面提升农产品质量和食品安全水平。坚持质量兴农，实施农业标准化战略，突出优质、安全、绿色导向，健全农产品质量和食品安全标准体系。支持新型农业经营主体申请"三品一标"认证，推进农产品商标注册便利化，强化品牌保护。引导企业争取国际有机农产品认证，加快提升国内绿色、有机农产品认证的权威性和影响力。切实加强产地环境保护和源头治理，推行农业良好生产规范，推广生产记录台账制度，严格执行农业投入品生产销售使用有关规定。深入开展农兽药残留超标特别是养殖业滥用抗生素治理，严厉打击违禁超限量使用农兽药、非法添加和超范围超限量使用食品添加剂等行为。健全农产品质量和食品安全监管体制，强化风险分级管理和属地责任，加大抽检监测力度。建立全程可追溯、互联共享的追溯监管综合服务平台。鼓励生产经营主体投保食品安全责任险。抓紧修订农产品质量安全法。

……

三、壮大新产业新业态，拓展农业产业链价值链

……

15. 加快发展现代食品产业。引导加工企业向主产区、优势产区、产业园区集中，在优势农产品产地打造食品加工产业集群。加大食品加工业技术改造支持力度，开发拥有自主知识产权的生产加工设备。鼓励食品企业设立研发机构，围绕"原字号"开发市场适销对路的新产品。实施主食加工业提升行动，积极推进传统主食工业化、规模化生

产，大力发展方便食品、休闲食品、速冻食品、马铃薯主食产品。加强新食品原料、药食同源食品开发和应用。大力推广"生产基地＋中央厨房＋餐饮门店""生产基地＋加工企业＋商超销售"等产销模式。加强现代生物和营养强化技术研究，挖掘开发具有保健功能的食品。健全保健食品、特殊医学用途食品、婴幼儿配方乳粉注册备案制度。完善农产品产地初加工补助政策。

……

农业部关于推进农业供给侧结构性改革的实施意见

农发〔2017〕1 号

各省、自治区、直辖市及计划单列市农业（农牧、农村经济）、农机、畜牧、兽医、农垦、农产品加工、渔业厅（局、委、办），新疆生产建设兵团农业局：

为深入贯彻中央经济工作会议、中央农村工作会议和《中共中央 国务院关于深入推进农业供给侧结构性改革 加快培育农业农村发展新动能的若干意见》（中发〔2017〕1 号）精神，根据全国农业工作会议部署，现就推进农业供给侧结构性改革，提出以下实施意见，请结合实际，认真抓好落实。

2016 年，农业农村经济发展实现"十三五"良好开局，呈现稳中有进、稳中向优的良好态势，为经济社会发展大局提供了有力支撑。农业生产稳定发展，全年粮食产量继续保持在 12 000 亿斤[①]以上。农民收入稳定增长，继续高于城镇居民收入增幅。农业结构调整取得积极进展，新产业新业态发展成为新亮点。农业绿色发展大步迈进，农药使用量继续零增长，化肥使用量自改革开放以来首次接近零增长。农村改革取得重大突破，农村土地"三权分置"办法出台，开启继家庭联产承包责任制后又一重大制度性创新；推进农村集体产权制度改革的意见出台，是又一项农村重大改革。

2017 年农业农村经济工作总的要求是：全面贯彻党的十八大和十八届三中、四中、五中、六中全会及中央经济工作会议、中央农村工作会议精神，以邓小平理论、"三个代表"重要思想、科学发展观为指导，深入贯彻习近平总书记系列重要讲话精神和治国理政新理念新思想新战略，坚持新发展理念，紧紧围绕推进农业供给侧结构性改革这个工作主线，以优化供给、提质增效、农民增收为目标，以绿色发展为导向，以改革创新为动力，以结构调整为重点，着力培育新动能、打造新业态、扶持新主体、拓宽新渠道，加快推进农业转型升级，加快农业现代化建设，巩固发展农业农村经济好形势，以优异成绩迎接党的十九大胜利召开。

推进农业供给侧结构性改革，是当前的紧迫任务，是农业农村经济工作的主线，要围绕这一主线稳定粮食生产、推进结构调整、推进绿色发展、推进创新驱动、推进农村改革。要把增加绿色优质农产品供给放在突出位置，把提高农业供给体系质量和效率作为主攻方向，把促进农民增收作为核心目标，从生产端、供给侧入手，创新体制机制，调整优化农业的要素、产品、技术、产业、区域、主体等方面结构，优化农业产业体系、生产体系、经营体系，突出绿色发展，聚力质量兴农，使农业供需关系在更高水平上实现新的平衡。通过努力，使农产品的品种、品质结构更加优化，玉米等库存量较大的农产品供需矛盾进一步缓解，绿色优质安全和特色农产品供给进一步增加。绿色发展迈出

---

① 斤为非法定计量单位，1 斤＝0.5 千克。

新步伐，化肥农药使用量进一步减少，畜禽粪污、秸秆、农膜综合利用水平进一步提高。农业资源要素配置更加合理，农业转方式调结构的政策体系加快形成，农业发展的质量效益和竞争力有新提升。

一、稳定粮食生产，巩固提升粮食产能

1. 加快划定粮食生产功能区和重要农产品生产保护区。按照"布局合理、标识清晰、生产稳定、能划尽划"的原则，结合永久基本农田划定，以主体功能区规划和优势农产品布局规划为依托，选择农田基础设施较好、相对集中连片的田块，科学合理划定稻谷、小麦、玉米粮食生产功能区和大豆、棉花、油菜籽、糖料蔗、天然橡胶等重要农产品生产保护区。推动将"两区"内地块全部建档立册、上图上网、到村到田，实现信息化精准化管理（计划司、种植业司牵头，该分工为农业部内部分工，下同）。抓紧研究制定"两区"划定操作规程和管理办法，完善激励机制和支持政策，引导财政、金融、保险、投资等政策措施逐步向"两区"倾斜，推动层层落实建设管护主体责任（计划司、财务司牵头）。

2. 加强耕地保护和质量提升。大规模开展高标准农田建设，加大投入力度，创新建设机制，提高建设质量。推动有条件的地方将晒场、烘干、机具库棚、机耕道路、土壤改良等配套设施纳入高标准农田建设范围（计划司牵头）。引导金融机构对高标准农田建设提供信贷支持，鼓励社会资本参与建设（财务司牵头）。推动全面落实永久基本农田特殊保护政策措施，实施耕地质量保护和提升行动，分区开展土壤改良、地力培肥和治理修复，持续推进中低产田改造。扩大东北黑土地保护利用试点范围，制定发布保护规划纲要（种植业司牵头）。开展耕地土壤污染状况详查，深入实施土壤污染防治行动计划，继续开展重金属污染区耕地修复试点（科教司牵头）。

3. 加快现代种业创新。加大种业自主创新重大工程实施力度，开展稻谷、小麦、玉米、大豆四大作物良种重大科研联合攻关，加快适宜机械化生产、轻简化栽培、优质高产多抗广适新品种选育。积极推动以企业为主体的作物育繁推一体化发展模式，扶持壮大一批种子龙头企业，加快国家级育制种基地和区域性良种繁育基地建设，推动新一轮农作物品种更新换代（种子局牵头）。加快推进畜禽水产良种繁育体系建设，加强地方畜禽品种资源的保护与开发，推进联合育种和全基因组选择育种，推动主要畜禽品种国产化（畜牧业司牵头）。推进建设国家海洋渔业种质资源库，加快建设一批水产种质资源场和保护区、育种创新基地（渔业局牵头）。加大野生植物和珍稀种质资源保护力度，推进濒危野生植物抢救性保护及自然保护区建设，深入实施第三次种质资源普查收集（科教司、种子局牵头）。

4. 推进农业生产全程机械化。贯彻落实"中国制造2025"，启动实施农机装备发展行动方案。深入开展主要农作物生产全程机械化推进行动，在条件成熟地区和劳动密集型产业推进"机器换人"，推出一批基本实现全程机械化示范县。强化农机、农艺、信息化技术融合，努力突破主要作物机械化作业瓶颈，推进农机化技术集成应用。大力推进农机深松整地作业，全国深松面积达到1.5亿亩①以上。积极开展"镰刀弯"地区玉米青贮、玉米籽粒收获、牧草收获、马铃薯收获机械化示范推广，加强适宜丘陵山区、设施农业、畜禽水产养殖的农机技术装备研发和推广。开展植保无人飞机推广示范。创建100个"平安农机"示范县（农机化司牵头）。

二、推进结构调整，提高农业供给体系质量和效率

5. 继续推进以减玉米为重点的种植业结

---

① 亩为非法定计量单位，1亩=1/15公顷。

构调整。按照稳粮、优经、扩饲的要求,加快构建粮经饲协调发展的种植结构。深入实施藏粮于地、藏粮于技战略,保护优化粮食产能,保持粮食生产总体稳定,确保口粮绝对安全。稳定北方粳稻和南方双季稻生产能力,扩大优质小麦面积,重点发展强筋弱筋小麦、优质稻谷,稻谷小麦种植面积稳定在8亿亩。进一步调减"镰刀弯"等非优势产区玉米面积1 000万亩,增加优质食用大豆、薯类、杂粮杂豆等,巩固主产区棉花、油料、糖料生产。大力发展双低油菜等优质品种(种植业司牵头)。稳定发展"菜篮子"产品,加强北方设施蔬菜、南菜北运基地建设(市场司牵头)。加快北方农牧交错带结构调整,打造生态农牧区(计划司、畜牧业司牵头)。以青贮玉米、苜蓿为重点,推进优质饲草料种植,扩大粮改饲、粮改豆补贴试点(畜牧业司、种植业司牵头)。会同有关部门开展粮食安全省长责任制考核工作,落实地方粮食安全主体责任(种植业司牵头)。

6. 全面提升畜牧业发展质量。稳定生猪生产,优化南方水网地区生猪养殖区域布局,推动各地科学划定禁限养殖区域。引导产能向玉米主产区和环境容量大的地区转移,在东北四省区开展生猪种养结合循环发展试点,促进生猪产业转型升级。大力发展草食畜牧业,深入实施南方草地畜牧业推进行动,扩大优质肉牛肉羊生产。加快推进畜禽标准化规模养殖,指导养殖场(小区)进行升级改造。加快现代饲草料产业体系建设,逐步推进苜蓿等优质饲草国产化替代。推动饲料散装散运,鼓励饲料厂和养殖场实行"厂场对接"。全面推进奶业振兴,重点支持适度规模和种养结合家庭牧场,推动优质奶源基地建设,加强生产过程管控,引导扩大生鲜乳消费,培育国产优质品牌。持续推进畜牧业绿色发展示范县创建。加快新一轮退耕还林还草工程实施进度,继续实施退牧还草工程,推进北方农牧交错带已垦草原治理(畜牧业

司牵头)。

7. 加快推进渔业转型升级。科学编制养殖水域滩涂规划,合理划定养殖区、限养区、禁养区,确定湖泊、水库和近海海域等公共自然水域养殖规模,科学调整养殖品种结构和养殖模式,推动水产养殖减量增效。创建水产健康养殖示范场500个,渔业健康养殖示范县10个,推进稻田综合种养和低洼盐碱地养殖(渔业局牵头)。完善江河湖海限捕、禁捕时限和区域,推进内陆重点水域全面禁渔和转产转业试点,率先在长江流域水生生物保护区实现全面禁捕,实施中华鲟、江豚拯救行动计划。实施绿色水产养殖推进行动,支持集约化海水健康养殖,拓展深远海养殖,组织召开全国海洋牧场建设工作现场会,加快推进现代化海洋牧场建设。落实海洋渔业资源总量管理制度和渔船"双控"制度,启动限额捕捞试点,加强区域协同保护,合理控制近海捕捞。持续清理整治"绝户网"和涉渔"三无"船舶,加快实施渔民减船转产。加强水生生物资源养护,强化幼鱼保护,积极发展增殖渔业,完善伏季休渔制度,探索休禁渔补贴政策创设。规范有序发展远洋渔业和休闲渔业(渔业局、长江办牵头)。

8. 大力发展农产品加工业。贯彻国办关于进一步促进农产品加工业发展的意见,落实扶持农产品加工业的政策措施,强化农产品产后商品化处理设施建设。深入实施质量品牌提升行动,促进农产品加工业转型升级。大力发展优质原料基地和加工专用品种生产,支持粮食主产区发展粮食特别是玉米深加工,开发传统面米、马铃薯及薯类、杂粮、预制菜肴等多元化主食产品和药食同源的功能食品。加强农产品加工技术集成基地建设,组织开展关键技术装备研发和推广。深入实施农村产业融合发展试点示范工程,开展农业产业化示范基地提质行动,建设一批农村产业融合发展示范园和先导区(加工局牵头)。

9. 做大做强优势特色产业。实施优势特

色农业提质增效行动计划，促进杂粮杂豆、蔬菜瓜果、茶叶、花卉、食用菌、中药材和特色养殖等产业提档升级，把地方特色小品种和土特产做成带动农民增收的大产业（种植业司牵头）。加强优势特色农产品生产、加工、储藏等技术研发，构建具有地方特色的技术体系。加快信息技术、绿色制造等高新技术向农业生产、经营、加工、流通、服务领域渗透和应用，加强特色产品、特色产业开发和营销体系建设（科教司牵头）。加快推进特色农产品优势区建设，制定特色农产品优势区建设规划，鼓励各地争创园艺产品、畜产品、水产品等特色农产品优势区，推动资金项目向优势区、特色产区倾斜。推动完善"菜篮子"市长负责制考核机制，开展鲜活农产品调控目录试点。加快发展都市现代农业，深挖农业潜力，创造新需求（市场司牵头）。

10. 加快推进农业品牌建设。深入实施农业品牌战略，支持地方以优势企业、产业联盟和行业协会为依托，重点在粮油、果茶、瓜菜、畜产品、水产品等大宗作物及特色产业上培养一批市场信誉度高、影响力大的区域公用品牌、企业品牌和产品品牌。强化品牌培育塑造，发布中国农业品牌发展指导文件，探索建立农业品牌目录制度及品牌评价体系，发布100个区域公用品牌。组织开展品牌培训，强化经验交流，提升农业品牌建设与管理的能力和水平。搭建品牌农产品营销推介平台，将2017年确定为"农业品牌推进年"，举办中国农业品牌发展大会、中国国际农产品交易会、中国国际茶叶博览会等品牌推介活动，推进系列化、专业化的大品牌建设（市场司牵头）。

11. 积极发展休闲农业与乡村旅游。拓展农业多种功能，推进农业与休闲旅游、教育文化、健康养生等深度融合，发展观光农业、体验农业、创意农业等新产业新业态。实施休闲农业和乡村旅游提升工程，加强标准制定和宣传贯彻，继续开展示范县、美丽休闲乡村、特色魅力小镇、精品景点线路、重要农业文化遗产等宣传推介。鼓励农村集体经济组织创办乡村旅游合作社，或与社会资本联办乡村旅游企业。完善休闲农业行业标准。组织召开全国休闲农业与乡村旅游大会（加工局牵头）。

12. 启动建设现代农业产业园。以规模化种养基地为基础，依托农业产业化龙头企业带动，聚集现代生产要素，建设"生产＋加工＋科技"、一二三产融合的现代农业产业园，发挥技术集成、产业融合、创业平台、核心辐射等功能作用。吸引龙头企业和科研机构建设运营产业园，发展设施农业、精准农业、精深加工、现代营销，发展农业产业化联合体，推动农业全环节升级、全链条增值。支持农户通过订单农业、股份合作、入园创业就业等多种形式参与建设、分享收益。科学制定产业园规划，制定发布国家级现代农业产业园认定标准，遴选发布首批国家级产业园名单。鼓励地方统筹使用项目资金，集中建设产业园基础设施和配套服务体系（计划司、财务司牵头）。

三、推进绿色发展，增强农业可持续发展能力

13. 全面提升农产品质量安全水平。坚持质量兴农，实施农业标准化战略，突出优质、安全、绿色导向。健全农产品质量安全标准体系，新制定农药残留标准1 000项、兽药残留标准100项。大力推进农业标准化生产，加快制定农业标准化生产评价办法，开展特色农产品标准化生产示范，建设一批地理标志农产品和原产地保护基地，新创建一批畜禽水产健康养殖场、热作标准化生产示范园。支持新型农业经营主体开展"三品一标"认证登记，加快提升绿色、有机农产品认证的权威性和公信力。推行农业良好生产规范，推广生产记录台账制度，督促落实农业投入品生产销售使用有关规定。加快农产品质量安全追溯平台建设应用，选择苹果、茶叶、猪肉、生鲜乳、大菱鲆等农产品开展试点。继续开展国家农产品质量安全县（市）创建，再确定200个县（市）开展试点。加强农产品质量安全监管，持续开展农兽药残留超标等突出问题专项整治，严厉打击违禁超限量使用农兽药、非法添加等违法行为。健全农产品质量安全监管体系，强化风险管理和属地责任，加大抽检监测力度（监管局牵头）。

14. 大力发展节水农业。建立健全农业节水技术产品标准体系。建设一批高标准节水农业示范区，大力普及喷灌、滴灌等节水灌溉技术，加大水肥一体化和涵养水分等农艺节水保墒技术推广力度（种植业司牵头）。筛选推广一批抗旱节水品种，重点在华北、西北地区大面积推广耐旱小麦、薯类、杂粮品种（种子局牵头）。稳步推进牧区高效节水灌溉饲草料地建设，严格限制生态脆弱地区抽取地下水灌溉人工草场（畜牧业司牵头）。控制东北地区井灌稻面积（种植业司牵头）。积极推广循环水养殖等节水养殖技术（渔业局牵头）。协同开展河北地下水超采区综合治理试点（种植业司牵头）。

15. 大力推进化肥农药减量增效。深入推进化肥农药使用量零增长行动，促进农业节本增效。以苹果柑橘、设施蔬菜、品牌茶叶等园艺作物为重点，开展有机肥替代化肥试点，建设一批化肥减量增效示范县。深入推进测土配方施肥，集成推广化肥减量增效技术。建设一批病虫害统防统治与绿色防控融合示范基地、稻田综合种养示范基地、蜜蜂授粉与绿色防控技术集成示范基地。大力推进高毒农药定点经营实名购买，探索建立农药产品追溯系统。继续组织开展农民骨干科学用药培训行动，鼓励使用高效低毒低残留农药（种植业司牵头）。

16. 全面推进农业废弃物资源化利用。坚决打好农业面源污染防治攻坚战。以县为单位推进畜禽粪污、农作物秸秆、废旧农膜、病死畜禽等农业废弃物资源化利用无害化处理试点，探索建立可持续运营管理机制（科教司牵头）。深入推进绿色高产高效创建，重点推广优质专用品种和节本降耗、循环利用技术模式（种植业司牵头）。鼓励各地加大农作物秸秆综合利用支持力度，健全秸秆还田、集运、多元化利用补贴机制，继续开展地膜清洁生产试点示范（科教司牵头）。开展种养结合整县推进试点（计划司牵头）。加快畜禽粪污集中处理，支持规模养殖场配套建设节水、清粪、有机肥生产加工等设施设备，推广"果沼畜""菜沼畜""茶沼畜"等畜禽粪污综合利用、种养循环的多种技术模式。继续开展洞庭湖区畜禽水产养殖污染治理试点（畜牧业司、渔业局牵头）。推动规模化大中型沼气健康发展。扩大重点流域农业面源污染综合治理示范区范围（科教司牵头）。

17. 扩大耕地轮作休耕制度试点规模。实施耕地、草原休养生息规划（种植业司、畜牧业司分别牵头）。适当扩大东北冷凉区和北方农牧交错区轮作试点规模以及河北地下水漏斗区、湖南重金属污染区、西南西北生态严重退化区休耕试点规模。完善耕地轮作休耕推进协调指导组工作机制，会同有关部门组织开展定期督查。组织专家分区域、分作物制定完善轮作休耕技术方案，开展技术培训和巡回指导。开展遥感动态监测和耕地质量监测，建立健全耕地轮作休耕试点数据库，跟踪试点区域作物种植和耕地质量变化情况（种植业司牵头）。

18. 强化动物疫病防控。落实动物防疫财政支持政策，稳妥推进强制免疫"先打后补"，探索政府购买服务机制。持续推进新型兽医制度建设，扩大和充实官方兽医与执业兽医队伍。持续抓好禽流感等重大动物疫病、常见多发病防控，加大人畜共患病防治力度。大力开展种畜禽场动物疫病净化工作，推进无疫区和生物安全隔离区建设。防范外来动物疫病传入风险。强化动物检疫和畜禽屠宰质量安全管理，完善跨省流通监管信息互联互通机制。加强兽药行业监管，健全完善兽药二维码追溯体系，深入开展抗菌药整治（兽医局牵头）。

四、推进创新驱动，增强农业科技支撑能力

19. 加快推进重大科研攻关和技术模式创新。适应农业转方式调结构新要求，优化农业科技创新方向和重点，集中突破粮食丰产增效、畜禽水产良种培育、草食畜牧业、海洋牧场与深远海养殖、智慧农业、农机化、农产品精深加工、化肥农药减施增效、中低产田改良、黑土地保护、农业面源和重金属污染综合防治与修复等重大技术及装备。加强农业科技基础前沿研究，提升原始创新能力。围绕节本增效、生态环境和质量安全等重点领域，做优做强现代农业产业技术体系。加大农业部重点实验室建设力度，新增一批农业资源环境等领域重点实验室，布局建设一批国家农业科学实验站。在 200 个县实施农业竞争力提升科技行动。深入实施转基因重大专项，严格转基因生物安全管理，加大转基因科学普及与舆论引导力度（科教司牵头）。

20. 完善农业科技创新激励机制。加快落实科技成果转化收益、科技人员兼职取酬等制度规定。通过"后补助"等方式支持农业科技创新（科教司牵头）。大力实施农业科研杰出人才培养计划，深入推进科研成果权益改革试点（人事司、科教司牵头）。支持发展面向市场的新型农业技术研发、成果转化和产业孵化机构。开展科研机构和科技人员分类评价试点，针对不同类型科研活动和不同科技岗位，逐步建立以科研成果与产业需求关联度、技术研发创新度和产业发展贡献度为导向的分类评价制度。加强农业知识产权保护和运用（科教司牵头）。

21. 加强国家农业科技创新联盟和区域技术中心建设。整合科技创新资源，强化协同创新，完善国家农业科技创新体系和现代农业产业技术体系，建立一批现代农业产业科技创新中心和农业科技创新联盟，充分发挥各类联盟在农业科技综合解决方案形成、产业全链条发展、资源开放共享、服务平台基地建设等方面的作用。以关键行业和领域为重点，加快布局一批区域性现代农业产业科技创新中心。集中东北、华北、华东和南方地区优势科技力量，开展东北黑土地保护、玉米秸秆综合利用、华北地区节水农业、南方稻田重金属污染治理、农产品深加工等重大问题联合攻关。创新企业等市场主体投资联盟建设获益机制，探索建立健全联盟多元化支持、市场化运营的长效运行机制（科教司牵头）。

22. 推进基层农技推广体系改革。强化基层农技推广机构的公共性和公益性，构建以国家农技推广机构为主导、科研教学单位和社会化服务组织广泛参与的"一主多元"农技推广体系。创新公益性农技推广服务方式，引入项目管理机制，推行政府购买服务。鼓励县级农业技术推广机构设立区域站，支持乡镇成立综合性农业服务机构，有条件的地方实行管理在县、服务在乡。完善人员聘用和培训机制，提升农技推广人员素质，增强农技服务能力，鼓励与家庭农场、合作社、龙头企业开展技术合作。支持地方因地制宜设置基层农技推广机构，建立农科教产学研推一体化农业技术推广联盟，鼓励各类社会力量广泛参与农业科技推广。通过承担项目、定向委托、购买服务等方式，加大对各类经营性农业社会化服务组织的支持力度，引导其广泛参与农业产前、产中、产后服务（科教司牵头）。

23. 加强新型职业农民和新型农业经营主体培育。继续实施新型职业农民培育工程，整合各渠道培训资金资源，建立政府主导、部门协作、统筹安排、产业带动的培训机制（科教司牵头）。推动出台构建培育新型农业经营主体政策体系的意见，启用新型经营主体生产经营直报平台（经管司、财务司牵头）。完善家庭农场认定办法和名录制度，健全示范家庭农场评定机制，扶持规模适度的家庭农场。推进农民合作社示范社创建，引导合作社健康发展，支持农民合作社组建联合社。完善龙头企业认定标准，壮大国家重点龙头企业队伍，培育农业产业化联合体（经管司牵头）。优化农业从业者结构，深入开展现代青年农场主培养计划、新型农业经营主体带头人轮训计划和农村实用人才带头人示范培训，把返乡农民工纳入培训计划，培育 100 万人次，探索培育农业职业经理人（科教司牵头）。探索建立职业农民扶持制度，继续开展"全国十佳农民"资助项目遴选工作（人事司牵头）。

24. 积极推进农业信息化。推进"互联网＋"现代农业行动，全面实施信息进村入户工程，选择 5 个省份开展整省推进示范，年内建成 8 万个益农信息综合服务社。实施智慧农业工程，将农业物联网试验示范范围拓展到 10 个省，推进农业装备智能化。建设全球农业数据调查分析系统，完善重要农产品平衡表会商与发布制度，定期发布重要农产品供需信息，统筹各类大数据平台资源，建立集数据监测、分析、发布和服务于一体的国家农业数据云平台。在国家现代农业示范区打造一批智慧农业示范基地（市场司牵头）。加强农业遥感基础设施建设（计划司牵头）。加快推进农民手机应用技能培训。推进重点农产品市场信息平台建设。健全现代农产品市场体系，大力发展农村电子商务，推进冷链物流、智能物流等设施建设，促进新型农业经营主体与电商企业面对面对接融合，推动线上线下互动发展（市场司牵头）。

五、推进农村改革，激发农业农村发展活力

25. 落实农村承包地"三权分置"意见。加快推进农村承包地确权登记颁证工作，再选择北京、天津、重庆、福建、广西、青海等 6 个省份推进整省试点，推动有条件的地方年底基本完成。健全土地流转规范管理服务制度，加强土地流转价格监测，指导各地加强土地流转交易市场建设。建立健全农村土地承包经营纠纷调解仲裁体系。稳步开展农村土地承包权有偿退出试点，允许地方多渠道筹措资金，按规定用于村集体对进城落户农民自愿退出承包地的补偿。推进土地经营权入股发展农业产业化经营试点（经管司牵头）。

26. 稳步推进农村集体产权制度改革。全面贯彻落实稳步推进农村集体产权制度改革的意见，抓紧研究制定配套政策措施。全面总结农村集体资产股份权能改革试点经验，扩大改革试点范围，再选择一批改革基础较好的县（市、区）开展农村集体经营性资产股份合作制改革试点，确认成员身份，量化经营性资产，保障农民集体资产权利。鼓励地方开展资源变资产、资产变资本、资金变股金、农民变股民等改革，赋予农民更加充分的财产权、维护农民收益权，增强集体经济发展活力和实力。全面开展农村集体资产清产核资，加快集体资产监督管理平台建设，摸清集体家底，健全管理制度。推动制定完善农村集体产权制度改革相关法律法规（经管司牵头）。

27. 积极发展农业适度规模经营。完善土地流转和适度规模经营健康发展的政策措施，大力培育新型农业经营主体和服务主体，通过经营权流转、股份合作、代耕代种、联耕联种、土地托管等多种方式，加快发展土地流转型、服务带动型等多种形式规模经营。积极引导农民在自愿基础上，通过村组内互

换并地等方式，实现按户连片种植。完善家庭农场认定办法，扶持规模适度的家庭农场。加强农民合作社规范化建设，积极发展生产、供销、信用"三位一体"综合合作。深入推进政府购买农业公益性服务机制创新试点，研究探索农业社会化服务管理规程指引，总结推广农业生产全程社会化服务试点经验，扶持培育农机作业、农田灌排、统防统治、烘干仓储等经营性服务组织，推进农业服务业发展。研究建立农业适度规模经营评价指标体系，引导规模经营健康发展（经管司牵头）。

28. 深化农垦改革。围绕垦区集团化改革，开展改组、组建农垦国有资本投资和运营公司试点，组建一批区域性、专业性农垦企业集团。全面推进农垦办社会职能改革，按照3年内将国有农场承担的社会管理和公共服务职能纳入地方政府统一管理的目标要求，制定工作方案，明确时间表、路线图。加快推进垦区土地确权发证，尽快出台支持政策，稳步开展农场国有农用地有偿使用试点。逐步建立以劳动合同制为核心的市场化用工制度，鼓励和引导高学历、高层次、高素质人才扎根农场务农。创新垦地合作的方式方法，推进全程农业社会化服务集团化经营（农垦局牵头）。

29. 加强农村改革、现代农业和可持续发展试验示范区建设。拓展农村改革试验区试验内容，继续开展第三方评估，加强改革成果跟踪提炼和试验典型宣传，推动改革成果转化为具体政策措施（政法司牵头）。扎实推进国家现代农业示范区建设，再补充认定一批示范区，示范区总量达到350个，建立农业现代化评价指标体系。推进国家农业可持续发展试验示范区建设，研究建立重要农业资源台账制度，积极探索农业生产与资源环境保护协调发展的有效途径（计划司牵头）。

30. 加快农业法律制修订、推进农业综合执法。围绕农业投入、耕地质量保护、农产品质量安全等重大问题，加强立法研究。积极推进《农产品质量安全法》《农民专业合作社法》《农村土地承包法》《草原法》《渔业法》和《农药管理条例》《生猪屠宰管理条例》《农作物病虫害防治条例》《植物新品种保护条例》等制修订进程（监管局、经管司、畜牧业司、兽医局、渔业局、种植业司、种子局牵头）。积极推进农业综合执法，研究出台推进农业综合执法改革试点意见，建立全国农业综合执法信息平台。加强行政复议应诉工作，强化应诉能力建设，加快建立农业部门法律顾问制度和公职律师制度（政法司牵头）。落实国务院行政审批制度改革、"放管服"改革要求，加快相关配套规章制修订（办公厅、人事司分别牵头）。

31. 加快推进和提升农业对外合作。落实农业对外合作规划，创新农业对外合作部际联席会议运行机制，统筹外交、外经、外贸措施协同发力，提升对外合作水平。实施"一带一路"农业合作愿景与行动，以"一带一路"沿线及周边国家和地区为重点，支持农业企业开展跨国经营，建立农业合作示范区、农业对外开放合作试验区和境外生产基地、加工仓储物流设施等，支持建设农产品出口跨境电商平台和境外展示中心。加大农产品对外营销促销公共服务，鼓励扩大优势农产品出口。完善农业走出去公共信息服务平台，建立农业走出去企业信用评价体系和信息统计调查制度。健全产业损害风险监测评估体系，促进农产品贸易救济措施的有效使用。积极参与国际贸易规则和国际标准的制修订，推进农产品认证结果互认工作（国际司牵头）。

六、完善农业支持政策，千方百计拓宽农民增收渠道

32. 完善农业补贴制度。推动农业三项补贴改革，支持耕地地力保护和粮食适度规模经营。推动完善粮食主产区利益补偿机制，稳定产粮（制种）大县奖励政策。探索建立东北黑土地保护利用奖补机制（财务司牵头）。优化农机购置补贴，加大对粮棉油糖、畜禽养殖和饲草料生产全程机械化所需机具的补贴力度，扩大农机新产品补贴试点范围，对保护性耕作、深松整地、秸秆还田利用等绿色增产机具敞开补贴（农机化司牵头）。深入实施新一轮草原生态保护补助奖励政策（畜牧业司牵头）。

33. 推动完善粮食等重要农产品价格形成机制。坚持并推动完善稻谷、小麦最低收购价政策，继续推进玉米市场定价、价补分离改革，配合落实好玉米生产者补贴政策，改进新疆棉花目标价格补贴方式，调整大豆目标价格政策（市场司牵头）。落实专项转移支付预算编制环节源头整合改革要求，探索实行"大专项＋任务清单"管理方式（财务司牵头）。

34. 创新农村金融服务。建立健全全国农业信贷担保体系，推进省级信贷担保机构向市县延伸，支持有条件的市县尽快建立担保机构，实现实质性运营，研究制定差异化担保费用、风险代偿补助政策和考核办法。稳步推进农村承包土地经营权和农民住房财产权抵押贷款试点，探索开展大型农机具、农业生产设施抵押贷款试点。持续推进农业保险扩面、增品、提标，开发满足新型经营主体需求的保险产品。推动出台中央财政制种保险保费补贴政策，提高天然橡胶保险保费中央财政补贴比例（财务司牵头）。

35. 支持农民工、大中专毕业生、退役士兵、科技人员等返乡下乡创业创新。贯彻国办关于支持返乡下乡人员创业创新促进农村一二三产业融合发展的意见，推动落实支持农村创业创新的市场准入、财政税收、金融服务、用地用电、创业培训、社会保障等优惠政策，鼓励各地创建一批农村创业创新园区（基地）、创业孵化基地、创客服务平台（加工局牵头）。强化新型农业经营主体联农带农激励机制，推动发展合作制、股份制和订单农业等多种利益联结方式，支持农民更多分享二三产业发展收益（经管司牵头）。开展多种形式的创业创新大赛，培育一批创业创新带头人（加工局牵头）。召开"互联网＋"现代农业新技术和新农民创业创新博览会（市场司牵头）。

36. 扎实推进农业产业扶贫。指导贫困地区落实好产业精准扶贫规划，科学选择产业，发挥新型经营主体带动作用，落实资金整合、金融扶持、保险服务等政策举措。总结推广产业扶贫典型范例，组织开展环京津贫困地区发展特色农业扶贫共同行动（计划司牵头）。实施贫困村"一村一品"产业推进行动，支持开展示范村镇创建，扶持建设一批贫困人口参与度高的特色农业基地（经管司牵头）。推进贫困地区区域农产品公共品牌建设，加大农产品市场开拓力度（市场司牵头）。实施贫困地区"扶智行动"，启动武陵山区、贵州毕节、大兴安岭南麓等定点扶贫联系地区产业发展带头人3年轮训计划。继续加大农业系统干部挂职扶贫力度（人事司牵头）。

各级农业部门要紧紧围绕推进农业供给侧结构性改革这条工作主线，理清工作思路，突出工作重点，创新工作方法，整合力量资源，推动各项工作不断取得新成效。要强化试点示范，着力发现典型、树立标杆，由点带面推动工作。要创新工作机制，加强部门合作，积极争取地方政府及发改、财政等部门的支持，构建完善的政策支持体系。要加大宣传力度，充分运用报纸、广播、政务网站、微信、微博等媒体，讲好"三农"故事，传播"三农"声音，为推动"三农"工作开展营造良好的社会舆论氛围。要加强队伍作风建设，把深入学习贯彻党的十八届六中全会精神作为重要政治任务，牢固树立"四个意识"，扎实开展"两学一做"，大力倡导想干事、敢干事，坚决反对形式主义和官僚主义，坚决纠正损害农民群众利益的不正之风，以过硬作风和一流业绩树立农业系统的良好形象。

农业部关于 2017 年农业品牌推进年工作的通知

农市发〔2017〕2 号

各省、自治区、直辖市农业（农牧、农村经济）、农机、畜牧、兽医、农垦、农产品加工、渔业厅（局、委、办），新疆生产建设兵团农业局，部各有关司局、有关直属事业单位和行业协会，有关单位：

为贯彻落实中央经济工作会议、中央农村工作会议、全国农业工作会议的有关精神，加快品牌创建，深入推进农业供给侧结构性改革，提高农业综合效益和竞争力，促进农业增效和农民增收，我部决定将 2017 年确定为农业品牌推进年，现就有关事项通知如下。

一、工作思路

全面贯彻党中央、国务院决策部署，积极践行创新、协调、绿色、开放、共享的发展理念，紧紧围绕推进农业供给侧结构性改革这个主线，以创新为动力，以市场需求为导向，以提高农业质量效益和竞争力为中心，着力强化农业品牌顶层设计和制度创设，加快培育一批具有较高知名度、美誉度和较强市场竞争力的农业品牌。通过开展丰富多彩的品牌创建活动，激发全社会参与农业品牌建设的积极性和创造性，凝聚各方共识，提振发展信心，加速建设进程，确保农业品牌工作取得实质性进展。

二、工作原则

（一）政府推动，市场运作。坚持政府搭台、企业唱戏，构建合作共赢的发展机制。政府部门做好农业品牌推进年总体设计和工作安排，提供必要条件，确保实现既定目标。充分依靠市场手段动员要素，激发市场主体活力，提高社会参与度。

（二）部省协同，合力推进。坚持部省协作、上下联动，形成合力推进农业品牌建设的工作格局。农业部负责顶层设计和统筹指导，推动开展重点工作。各地农业部门主动谋划，积极参与，务求实效，并因地制宜开展相关工作，形成全国共同推进、多点突破、全面开花的工作局面。

（三）创新思路，突出重点。坚持创新发展、问题导向，积极拓宽工作思路，创新工作方法，精准谋划，突出重点，把握节奏，探索模式，构建品牌发展长效机制，发挥品牌引领作用，多方式、多业态、多渠道推动产业发展，确保农业品牌工作取得重要进展。

三、工作内容

（一）完善顶层设计。成立农业部农业品牌工作领导小组，统筹协调全国农业品牌工作。根据《国务院办公厅关于发挥品牌引领作用推动供需结构升级的意见》精神，制定《农业部关于加快推进农业品牌发展的指导意见》，进一步明确我国农业品牌的发展方向、工作重点和实现路径。

时间安排：2017 年 1—5 月

（二）召开中国农业品牌发展大会。组织召开中国农业品牌发展大会，总结交流各地推进农业品牌工作的好做法和好经验，研究部署新时期农业品牌重点工作。同时，套开中国农业品牌发展论坛等活动，展览展示农业品牌建设成果，发布 100 个国家级农产品区域公用品牌、100 个国家级农业企业品牌和 100 个特色农产品品牌，交流分享发展和建设经验。

时间安排：2017 年 1—6 月

（三）开展特色农产品优势区建设工作。根据各地特色农产品产业发展和建设情况，探索总结成功经验和做法，组织认定首批特色农产品优势区，推动杂粮杂豆、蔬菜瓜果、茶叶蚕桑、花卉苗木、中药材和特色养殖等特色产业提档升级，推进特色农产品品牌建设。

时间安排：2017 年 1—12 月

（四）办好农业展会。办好第十五届中国国际农产品交易会等农业展会，突出品牌成果展示和品牌培育创建。支持地方举办农业展会，推动开展品牌培育塑造和营销促销等活动。

时间安排：2017 年 5—12 月

（五）做好品牌营销推介。举办苹果、大米、水产品、油料等大宗农产品品牌大会，组织开展京津冀品牌农产品对接等营销推介活动。支持各地开展品牌农产品产销对接，加强品牌农产品营销促销。

时间安排：2017 年 6—12 月

（六）加强农业品牌培训和宣传。开展农业品牌专题培训，强化经验交流，推进协同合作，进一步提升农业部门农业品牌建设与管理的能力和水平。加强与中央主流媒体和网络新媒体合作，推出系列宣传活动，强化农业品牌的宣传推广。

时间安排：2017 年 1—12 月

四、工作要求

（一）加强组织协调。各地要高度重视农业品牌推进年工作，加强组织协调和资源统筹，积极参与重点工作。同时，要结合工作实际，加强政策创设，组织开展特色鲜明的品牌活动，加快推动农业品牌建设。

（二）制定工作方案。各地要按照我部农业品牌推进年工作的总体要求，认真谋划，精心安排，尽快制定本地农业品牌推进年的工作方案，提出具体的工作思路和举措，并于 2017 年 3 月 20 日前报送我部。

（三）重视宣传推广。各地要积极调动媒体资源，深入基层和企业，加强农业品牌宣传报道。充分用好新媒体新技术，形成全媒体报道格局，多角度全方位地宣传农业品牌推进年各项活动，提高农业品牌工作的关注度和影响力。

（四）做好活动总结。各地要注重总结农业品牌推进年的工作进展，总结农业品牌建设的好经验好做法，及时报送简报信息，并请于 2017 年 12 月 10 日前提交本地开展农业品牌推进年活动的工作总结。

联系人：刘月姣 白玲，单位：农业部市场与经济信息司流通促进处，电话：010-59193279，59191598，传真：010-59193147，邮箱：nybscc@126.com。

农业部

2017 年 1 月 22 日

发展概况

- 全国品牌农业发展概况
- 全国优质农产品开发发展概况
  ——农业部优质农产品开发服务中心工作综述
- 全国绿色食品发展概况
  ——中国绿色食品发展中心工作综述
- 全国农产品质量安全工作发展概况
  ——农业部农产品质量安全中心工作综述
- 中国优质农产品开发服务协会工作综述

全国品牌农业发展概况

2016年是"十三五"的开局之年。转方式、调结构，加快农业供给侧结构性改革是现阶段破解我国农业发展难题、推动农业闯关过坎的关键举措，是推动农业农村工作的一项重要任务。2016年，农业部市场与经济信息司在农业部党组的正确领导下，紧紧围绕农业供给侧结构性改革的工作主线，充分发挥品牌的引领作用，开拓创新，锐意进取，农业品牌建设取得了明显进展，营造了全社会关注支持农业品牌建设的良好氛围。具体工作主要包括以下7个方面：

一、着力基础性研究，做好顶层设计

2016年以来，农业部加强与国家发展和改革委员会沟通，参与发布了《关于发挥品牌引领作用推动供需结构升级的意见》（国办发〔2016〕44号），规划了新时期农业品牌建设重点。农业部会同国家发展和改革委员会、工业和信息化部、商务部、国家质量监督检验检疫总局、国家工商行政管理总局等部门，研究和编制了《中国品牌发展战略》，推动了"中国品牌日"的设立。为推进品牌制度创新，农业部市场与经济信息司组织专家团队，针对区域公用品牌建设、品牌营销服务体系建设等方面开展了基础性研究，并以水果、大米、茶叶、水产品为重点进行品牌建设研究，为下一步推进农业品牌顶层设计奠定了扎实基础。

二、依托农交会高端平台，强力推介农业品牌

作为我国规格最高、规模最大、影响力最强的农业展会，中国国际农产品交易会（以下简称"农交会"）是农业品牌培育、推介、交流的重要平台。在第十四届农交会期间，农业部市场与经济信息司以"品牌化"为引领，创新性开展了丰富多样的品牌活动，特别是省部长推介品牌农产品专场，社会反响强烈，受到各方广泛赞誉。韩长赋部长现场提出"品牌就是信誉，就是信用，就是信任。发展现代农业，一定要创造一批又一批的优质农产品品牌"，为推动农业品牌工作指明了方向和目标。展会期间，设立了"百个合作社百个农产品品牌"展示专区，举办了中国品牌农业论坛、第二届全国农产品地理标志品牌推介会、全国名特优果品品鉴会、四川省主宾省推介等品牌活动。展会评选工作始终贯穿"品牌化"思维，评选出301个农产品金奖、100个名优果品区域公用品牌，受到社会各界高度关注。

三、围绕舆论热点树品牌，组织开展苹果品牌大会

2016年，苹果出现"滞销卖难"现象，为切实发挥品牌引领带动作用，推动供需结构升级，进一步提振苹果消费信心，10月19～20日，农业部市场与经济信息司组织中国农产品市场协会、中国苹果产业协会、中国果品流通协会、中国农村杂志社、烟台市政府举办了第二届中国苹果品牌大会，邀请了陕西、甘肃、新疆等全国10个苹果主产区，全国80余家苹果生产经营、仓储物流、深加工企业（合作社），以及大型果品批发市场、连锁超市、电商平台等单位近400人参会。大会总结交流了苹果品牌打造、营销及流通经验，围绕苹果品牌塑造和营销进行专题对话，公布了"2016中国最有影响力的十大苹果区域公用品牌"。本次活动探索出了以大宗农产品为主题、以产业为依托、协会与产区政府部门协同配合的品牌营销模式。

四、围绕粮食打品牌，举办首届中国大米品牌大会

2015年7月，习近平总书记在吉林考察时提出：粮食也要打出品牌，这样价格好、效益好。农业部市场与经济信息司认真贯彻落实习总书记的指示精神，切实加强大宗农产品品牌建设，2015年12月4日，组织中国优质农产品开发服务协会、中国农产品市场协会在北京举办了首届中国大米品牌大会。农业部市场与经济信息司、科技教育司、种植业管理司、农产品加工局相关负责同志分别就大米产业品牌建设、科技创新、产业发展、精深加工等方面作了交流。黑龙江、辽宁、云南等稻米主产省农业主管部门有关负责同志及业内专家学者重点围绕农业品牌建设和大米品牌培育与保护等主题进行了分享。大会发布了"2016中国十大大米区域公用品牌""2016中国大米区域公用品牌16个核心企业"和"中国十大好吃米饭"。此项活动有效回应了消费者的关切，满足了消费者的新期待，让品牌大米真正成为百姓的"民心牌"。

五、围绕消费热点推品牌，办好中国水产品品牌大会

随着我国水产品对外贸易和国内消费的不断增长，水产品品牌建设日益受到业内外的广泛关注。12月7～8日，农业部市场与经济信息司组织中国水产流通与加工协会、中国农产品市场协会和中国农村杂志社在广州举办了2016中国水产品品牌大会。会议总结了我国水产品品牌管理经验，研讨了中国水产品品牌发展方向和出路，围绕水产品品牌打造、水产品电商渠道发展等热门话题展开了对话。会上发布了"2016最具影响力30个水产品区域公用品牌"和"2016最具影响力50个水产品企业品牌"。本次会议在业内受到高度关注，水产品生产经营、仓储物流、加工企业及大型水产品批发市场、连锁超市、电商平台、投融资机构等各方代表纷纷报名参会，到会代表240多人。会后，广东、江苏、山东、湖北等地均表示要继续加强品牌建设工作，并积极申请下一年度水产品品牌大会的承办权。

六、围绕国家重大战略，唱响京津冀品牌农产品

韩长赋部长曾在天津调研时指出，实现京津冀协同发展是国家重大战略，农业协同发展是其中重要方面。为推动京津冀现代农业协同发展落到实处，2016年12月9日，农业部市场与经济信息司组织北京市农村工作委员会、北京市农业局、天津市农村工作委员会、河北省农业厅、中国农产品市场协会、中国农村杂志社共同举办了首届京津冀品牌农产品产销对接活动。本次活动以"对接优势资源，推动京津冀农产品市场流通"为主题，共有来自京津冀的农业生产企业、大型商超、农产品批发市场管理者和采购商、经销商等近300人参加，现场达成意向协议4.73亿元。此次对接活动是落实党中央、国务院关于京津冀协同发展重大国家战略部署的重要举措，是落实供给侧结构性改革的重要抓手，是以品牌引领推动京津冀农产品产销对接的具体行动。

七、以培训为抓手，提升品牌管理能力和水平

农业品牌建设关键在人。为推进人才队伍建设，农业部市场与经济信息司委托农业部管理干部学院举办了三期农业品牌建设专题培训班，培训学员300多人。培训对象主要是农业部系统及各省（自治区、直辖市）农业（农牧）、农垦、畜牧兽医、渔业厅（委、局、办、集团公司）负责农业品牌工作的处级干部。培训重点交流了新常态下政府职能部门推进农业品牌建设的路径与方法，邀请了农业品牌专家授课并组织各地农业主

管部门就培育农业品牌、做好品牌工作开展　交流讨论。

全国优质农产品开发发展概况

——农业部优质农产品开发服务中心工作综述

2016年，在农业部党组和分管部领导的正确领导下，在农业部种植业管理司等相关司局的大力支持下，农业部优质农产品开发服务中心（以下简称"中心"）领导班子团结和带领全体职工，认真贯彻落实新发展理念和中央决策部署，围绕"提质增效转方式、稳粮增收可持续"和农业部中心工作及农业部种植业管理司等司局工作重点，以加快开发优质农产品为主线，全面履行优质农产品开发各项职能，扎实推进从严治党和中心自身建设，取得了积极成效。有关情况如下。

一、大力推进标准化生产，提升种植业产品质量安全

（一）认真落实园艺作物标准园创建工作任务

一是开展标准园质量管理制度建设培训。以蔬菜、水果、茶叶为重点举办3期标准园培训班，对来自全国各省份标准园创建工作的管理人员、技术人员、生产人员等共300多人进行了培训，培训对象向新增创建园、农业部对口扶贫联系点等方面倾斜。二是做好标准园信息网维护和日常管理。进一步简化用户操作流程，优化各级用户操作权限，及时做好信息审核、发布工作。三是开展标准园创建工作调研。加强标准园创建工作的总结与分析。四是以标准园为依托，开展种植业产品质量安全综合管理制度建设。研究制定2016年全国种植业产品质量可追溯制度建设示范实施方案，召开工作布置会，明确了追溯试点的总体思路、目标、要求和主要工作内容，全面完成8个省份9家单位试点，其中4家作为示范区由"园"到"区"推进。

开展种植业产品质量安全综合管理制度示范培训，做好追溯系统、追溯网维护和日常管理工作。

（二）扎实推进种植业标准体系建设

一是规范做好标准制（修）订工作。组织6次标准集中审定，审定国家标准2项、农业行业标准43项，审核上报报批稿50项。配合农业部种植业管理司在全国范围内组织征集2017年度标准立项建议420余项，推荐上报157项。受理审查标准制修订项目申报材料130项，评审上报79项。二是认真履行全国果品标准化技术委员会秘书处工作职责。顺利完成换届选举工作。三是加强种植业标准基础研究和宣传贯彻。完成种植业标准体系建设研究，开展茶叶标准国内外比对分析及发展战略研究。组织做好强制性标准精简整合工作，精简整合标准28项、计划项目13项。持续推进种植业标准宣传系列丛书编制工作，做好标准数据更新维护。完成了《设施农用地》标准征求意见、修改完善和审定报批工作。

（三）认真做好无公害农产品（种植业）认证工作

一是认真开展专业评审和现场检查。全年共受理无公害农产品种植业产品认证申请25 291个，组织专业评审会10次，评审通过22 104个产品，通过率87.4%，体现了从严的要求。完成了对黑龙江、河南等6个省（自治区）33家获证企业、113个产品的现场核查工作。二是加强基础性研究。加强专业指导和咨询服务工作，支持各地做好无公害农产品检查员、内检员培训工作。参与无公害农产品标准清理工作，梳理标准147项、

审定标准4项。

（四）规范开展良好农业规范（GAP）认证

一是规范做好认证申请受理与认证检查实施工作。全年组织完成现场检查并颁发认证证书56家。二是调整优化GAP认证内部管理。进一步修改完善质量管理体系文件，精简程序化文件，调整优化内设机构，加强检查员队伍建设。顺利通过中国国家认证认可监督管理委员会对延续中心认证资格有效期的检查工作。

（五）做好马铃薯产业发展技术服务支撑

开展马铃薯优质高产标准化生产技术等培训3期，培训各有关省份、地市、县农业部门从事马铃薯生产管理、技术推广的人员170人。实施马铃薯产业发展关键技术服务与支撑政策调研指导项目，开展马铃薯产业发展政策调研，编辑出版《马铃薯优质高产高效关键技术》。

二、打造权威展示推介平台，促进农产品产销衔接

（一）成功举办第四届中国茶叶博览会

联合中国优质农产品开发服务协会等五家单位，于10月28～31日在济南举办了以"品质、品牌、安全"为主题的第四届中国茶叶博览会，布展面积超过2万平方米。展会立足产业优势，来自14个茶叶主产省的50多个茶叶主产市（县）的农业主管部门和地方政府组团参展，参展茶企492家，95%的参展茶叶产品来自主产市（县）的一线茶园。展会精心筹划设计，举办了茶产业高层论坛、供需见面会、斗茶大赛、全国名特优新农产品（茶叶）暨区域公用品牌展等一系列活动，协助支持陕西等10多个主产省份的企业开展专场推介活动。面向参展单位遴选推荐了18个"有影响力的茶叶区域公用品牌"、25个"优秀品牌"、30个"极具发展潜力品牌"和17个"优质茶园"。优化办展思路和筹办机制，加强招商招展与展会宣传，与往届展会相比，本届展会邀请专业客商人数、地方政府组团比例、展场活动次数等均为历史之最。据不完全统计，茶博会期间现场交易额1 500余万元，签约订单及意向合作金额超过5亿元，有效地促进了产销衔接、推动了品牌培育、引导了产业发展、弘扬了产业文化。

（二）成功举办全国名特优果品品鉴推介会

作为第十四届中国国际农产品交易会（以下简称"农交会"）重大活动之一，推介会精心准备了云南、陕西、山西等23个省级展团提供的130余种地方名特优果品进行推介品鉴，涵盖了苹果、柑橘、梨、葡萄等19大类。同时，邀请了永辉超市、深圳百果园实业发展有限公司、福建超大集团等百余位知名企业的代表和采购客商参加。本次品鉴推介会累计吸引了800余人次参加，大家边品鉴边洽谈，现场气氛热烈融洽，达到了展示果业发展成就、培育知名果品品牌、促进果业产销衔接的目的。

（三）实施农产品经销商队伍建设项目

结合茶博会和果品品鉴活动，搜集整理茶叶、水果经销商信息，开展农产品经销商队伍建设项目调研。支持地方开展丰富多彩的农业与农产品营销促销活动13次。

三、积极开展农产品品牌培育与宣传推介，推进优质农产品品牌建设

（一）扎实做好2015年度全国名特优新农产品目录宣传推介

制作并发放目录产品及生产单位证书1 742张，在《农民日报》等报刊上全文刊登目录公告及名单信息，新华网等上百家媒体网站报道或转载，进一步扩大了影响。

（二）认真开展2016年度全国名优果品区域公用品牌遴选推介活动

28个省（自治区、直辖市）和新疆生产建设兵团展团组织申报区域公用品牌164个，

推荐生产单位 237 家，涉及 19 类果品。经过形式审查、专家审核、公示等程序，确定了"烟台苹果""赣南脐橙""吐鲁番葡萄"等 100 个全国名优果品区域公用品牌名单，涉及生产单位 172 家。在农交会全国名特优果品品鉴推介会上进行全面宣传推介，进一步扩大品牌影响力。农交会省部长推介品牌农产品专场上，农业部部长韩长赋，云南省委书记、省长陈豪在活动现场为 2016 年全国名优果品区域公用品牌的优秀水果品牌授牌。

（三）加强农业品牌基础研究与培训工作

一是认真做好茶叶品牌专题调研。遵照部领导的指示精神，在农业部种植业管理司的安排部署下，开展茶叶品牌专题调研，广泛收集各省份专题研究资料，赴福建、浙江两省开展实地调研，全面分析主产省茶产业发展概况，撰写《多措并举，打造国际知名的茶叶大品牌》专题研究报告。二是举办农业品牌化建设培训班。来自全国 26 个省（自治区、直辖市）相关单位 49 名学员参加了培训。三是组织编写柑橘、梨、苹果、葡萄主要果品品牌发展研究报告。

（四）组织开展第十四届中国国际农产品交易会参展产品评奖活动

召开评奖活动座谈会，修订金奖评选办法，做好申报软件更新维护。32 个省级展团（含新疆生产建设兵团）、6 个专业展团和拉萨展团报送了 318 个产品的参评推荐材料，经专家评审和现场核查，301 个产品推荐为"金奖"产品。

全国绿色食品发展概况

——中国绿色食品发展中心工作综述

2016 年，全国绿色食品有机农产品工作贯彻落实"绿色发展"理念，按照农业部农产品质量安全工作的总体部署，认真贯彻落实《农业部关于推进"三品一标"持续健康发展的意见》，围绕《全国绿色食品产业发展规划纲要（2016—2020 年）》确立的目标和任务，扎实开展各项工作，推动绿色食品、有机农产品保持稳步健康发展。

截至 2016 年 12 月 10 日统计，全国绿色食品企业总数达 10 116 家，产品总数 24 027 个，同比分别增长 5.6% 和 2.7%。中绿华夏认证有机农产品企业 951 家，产品 3 844 个。绿色食品和有机农产品抽检合格率分别为 98.8% 和 99%，均保持在较高水平。全国已建成绿色食品原料标准化基地 696 个，有机农业示范基地 24 个，总面积近 2 亿亩。绿色食品生产资料获证企业 121 家，产品 266 个。绿色食品一二三产业融合发展示范园建设正式启动。2016 年，绿色食品有机农产品从以下 6 项工作着手推动。

一、从严许可审核，着力调整结构

在产品申报量持续增长的态势下，绿色食品工作系统上下联动，各负其责，从受理申请、现场检查、材料审核、专家评审到证书颁发，严把各个关口，特别是强化了检查员的责任心和风险意识，有效防范了质量安全隐患，将不合格产品及时挡在了门外，保持了绿色食品产品质量安全水准。继续深化续展改革，严格时限要求，加大抽查和现场核查力度，绿色食品续展审查工作的规范性和有效性进一步提高。主动做好企业申报的服务与指导，积极引导龙头企业、集团公司申报绿色食品。经过近年来的努力，结构调整已初见成效，留住了一些大企业和深加工产品，2016 年龙头企业续展率较合作社高出

20 个百分点，93 家龙头企业还增报了产品及产量。

二、从严监督检查，加强标志管理

2016 年，通过落实各项监管制度，共取消了 110 个绿色食品产品的标志使用权，为近几年"摘牌撤证"数量最多的一年，并及时对外发布了公告，进一步向全社会释放了"从严监管、发现问题、坚决出局"的信号。各地通过落实企业年检"三联单"制度，强化年检现场检查，督促企业严格遵守绿色食品的"规矩"。产品抽检力度和强度不减，全年中国绿色食品发展中心（以下简称"中心"）共抽检绿色食品 4 761 个，检出不合格产品 59 个；抽检有机农产品 200 个，发现不合格产品 2 个。根据质量预警结果，扩大了南方稻米和茶叶产品的抽检比例，排除了风险隐患。2016 年各地对 47 个城市和地区的 146 个市场开展了绿色食品用标情况监察，检查样品 4 178 个，及时处理了用标不规范产品和假冒产品。中心还配合各地工商、质检和农业行政执法部门对 133 件举报、投诉案件进行了处理。

三、完善技术标准，扩大示范效应

2016 年，绿色食品标准建设持续推进，完成 14 项标准的修订，发布实施 27 项标准，绿色食品有效标准达到 141 项。为保持标准的先进性和实用性，中心开展了部分通用类标准应用的跟踪研究与评估工作，加快了生产技术规程编制工作。为确保标准执行到位，整个工作系统通过组织交流检查、举办培训班等方式加强标准的宣传贯彻，通过原料基地、产业园区建设发挥示范带动作用。2016 年新增绿色食品原料标准化生产基地 31 个，有机农业示范基地 3 个。河北、吉林、江苏、浙江、安徽、福建、山东、广西申报的 8 个绿色食品一二三产业融合发展示范园已通过中心初审，进入创建期。

四、强化市场建设，做好品牌宣传

2016 年，各地通过场内场外结合、线上线下互动的方式，统筹推进市场建设和品牌宣传，取得了较好的效果。中心和各地绿色食品发展办公室共同努力，成功举办了第十七届全国绿色食品博览会和第十届中国国际有机农产品博览会，支持黑龙江齐齐哈尔、内蒙古扎兰屯、辽宁大连等地继续举办区域性绿色食品博览会，充分发挥了展会功能作用。适应"互联网＋"形势，积极与电商平台合作，工商银行融 e 购已进驻 700 家绿色食品企业，在线销售额近 9 000 万元；中绿生活网对接企业 1 000 家，签约额达 3 500 万元。在绿色食品宣传方面，传统媒体上档次、影响大，新型媒体有创意、黏度高，全国绿色食品博览会、绿色食品监管等信息上了中央电视台新闻，国内知名网站主动发布绿色食品信息，"中国绿色食品""绿色食品博览"两个微信公众号传播快、效果好。

五、发挥体系优势，推进有机工作

为了提高中绿华夏有机农产品品牌的竞争力，推进了有关改革措施并初显成效。全年受理新申报企业达到 210 家，同比增长 58%，企业再认证率达到 91.6%，创历史最高水平，发放有机防伪标签 12 亿枚，占全国所有认证机构销售量的 75%。通过开展对外交流与合作，实现了境内企业"走出去"、境外企业"请进来"的发展格局。2016 年，由中绿华夏认证的境外企业达 56 家，同比增长 86.7%，覆盖全球 23 个国家和地区。

六、加强队伍建设，注入发展动能

在办好全国性绿色食品、有机农产品培训班的同时，通过提供师资力量、培训资料、经费补助等条件，支持地方绿色食品管理办公室开展培训工作，既提升了队伍素质和能力，又保持了专业队伍和业务工作的稳定性。

一年来，各地共开展了 24 期业务培训，培训人员 3 000 余人次。累计举办 14 期企业内检员培训，培训在岗内检员约 2 500 人。为了调动队伍的积极性、主动性，中心继续实施业务工作激励机制，表彰了 100 名绿色食品优秀检查员、50 名有机农产品优秀检查员。

全国农产品质量安全工作发展概况

——农业部农产品质量安全中心工作综述

2016 年，农业部农产品质量安全中心（以下简称"中心"）全面落实中央农村工作会议和全国农业工作会议精神，按照农业部农产品质量安全监管工作的总体部署，规范认证登记审查，强化证后监督管理，加快追溯平台建设，全面加强自身建设，取得了积极进展。现将全年工作总结如下。

2016 年，新备案无公害农产品产地 7 880 个，目前全国有效无公害农产品产地 35 424 个，其中种植业产地面积 1 604 万公顷，约占全国耕地总面积的 12.3%。全年共评审通过无公害农产品 25 103 个，其中新认证 12 932 个、复查换证 12 171 个，目前全国有效无公害农产品 78 282 个，获证单位 35 607 家。全年新公示农产品地理标志 231 个，新公告颁证农产品地理标志 212 个，目前全国累计登记农产品地理标志 2 004 个。

2016 年以来主要抓了 5 个方面工作。

一、扎实开展无公害农产品认证

一是严格审核评审。进一步完善专家评审制度，实行"审前引导、审后复核"的审核制度，在评审开始前，向专家介绍评审相关规范，明确评审要求，强化专家职责；在评审结束后，组织复核，对未通过的产品材料进行集中会审，统一评审尺度和结论，进一步提高终审工作的规范性、准确性和权威性。二是开展审核工作质量督导。以复审及终审中发现的突出问题为重点，先后组织有关专家对江苏、天津等 11 个省（直辖市）开展了初审工作质量督导检查，共检查生产主体 30 多家、抽查申报材料 100 余份，督促指导相关工作机构和生产主体严格执行有关规定。三是完善管理系统功能。深化无公害农产品管理系统（三、四期）功能开发和完善，加强系统应用的业务指导，举办了无公害农产品管理系统应用及认证业务培训班，全面启动无公害农产品管理系统（二期）在全国各县市应用，目前除西藏、新疆生产建设兵团等地外，各省市县无公害农产品工作机构已全面推广应用。四是探索完善复查换证、现场检查工作制度规范。研究起草加强复查换证工作意见，明确部省职责分工，优化工作流程要求，提高复查换证质量和效率。进一步明确现场检查工作重点内容，优化现场检查考评项目，在现行《无公害农产品认证现场检查规范（修订稿）》基础上，起草形成《无公害农产品认定认证现场检查规范》标准草案。

二、稳步推进地理标志产品登记

一是规范产品登记审查。修订完善审查表格，进一步规范形式审查工作。严格审查把关，加强名录外产品审定、受理公示、在先知识产权衔接等工作，确保登记申报材料质量。对于新申报的产品，全部实行电子信息同步传递，充实、完善地理标志管理系统及基础数据库。二是加大示范创建和培训力度。新授予金山时雨、丹棱桔橙等 8 个产品国家级农产品地理标志示范样板创建资格，截至 2016 年，全国已创建国家级样板 20 个。积极开展农产品地理标志核查员、管理系统、品牌建设、示范创建等专题培训，举办 2 期全国地理标志培训班，支持黑龙江、山东、安徽等地开展本地区、本行业核查员培训。三是积极推进国际交流合作。全面参与中欧、中美等双（多）边地理标志和知识产权磋商对话，全程参加中欧地理标志协定第 11 轮和 12 轮谈判，展示和维护我方利益关切。派员参加美国农业部地理标志交流项目、欧盟欧洲日地理标志交流活动，加强与重点国家和地区的互动交流。开展中欧农产品地理标志国际合作研究，召开中欧农产品地理标志工作现场会。组织起草《国外农产品地理标志管理办法》。四是全方位加强品牌宣传。在第十四届中国国际农产品交易会期间，成功举办了农产品地理标志展区展览及第二届全国农产品地理标志品牌推介会重大活动。世界知识产权日期间，在《农民日报》刊登农产品地理标志知识产权专版，在中央电视台播出专题节目，收到良好反响。组织开展全国农产品地理标志品牌价值评价工作，做好全国农产品地理标志大型纪录片《源味中国》的组织协调工作，组织编撰《中国农产品地理标志》系列丛书，宣传推介我国农产品地理标志发展成果及精品形象。

三、狠抓获证产品质量管控和标志使用管理

一是建立健全监管制度。组织起草了《无公害农产品监督管理办法》《无公害农产品监督检查规范》和《无公害农产品质量监测规范》，规范证后监管工作。二是开展综合检查和质量监测。组织专家对 10 个省（自治区）41 个县（区）的 81 个获证单位和 18 个市场（超市）实施了检查，重点检查监管制度的落实、监管工作的开展及获证单位生产情况。全年共抽检无公害农产品 847 个、地理标志农产品 30 个，无公害农产品抽检合格率达到 99.78%。三是提升监管能力。实行监管信息在线管理，目前管理系统已录入 12 425 个产品的监督检查和抽检信息，指导

地方根据获证主体信用状况实施差别化监管。开展无公害农产品监管专题培训，从监管法律要求、抽检注意事项、农兽药残留等方面进行培训讲解，提升体系监管能力。四是加强标志管理。全面启用新型二维码无公害农产品标志，方便消费者查询。开展无公害农产品标识监测，防范标识使用带来的质量安全风险。"3·15"国际消费者权益日期间，组织开展无公害农产品和地理产品标志使用专项检查，全国共出动检查人员 4.8 万人次，检查农贸市场、批发市场、超市 1.2 万个，发放宣传材料 102.9 万份。五是依法处理问题产品。对于监管中发现问题的无公害农产品，经严格审核确认后，及时依法依规处理。全年共撤销无公害农产品证书 38 个、注销 101 个、暂停 3 个，所有撤（注）销证书信息均在中国农产品质量安全网进行公告，切实维护无公害农产品品牌形象。

四、加快追溯体系建设

一是严格国家平台项目管理。积极推进项目建设招标，完成软件开发、监理、项目集成服务与基础软硬件购置、指挥调度中心室内改造与设备购置安装等招标工作。制定软件开发工作对接方案和监理工作对接方案，严格落实项目建设工作实施管理。组织制定了追溯平台项目管理、监理管理、合同管理、档案管理等制度，切实规范项目管理。二是加快组织软件开发。在初步设计报告和需求调研基础上，组织编制了软件需求规格说明书，在此基础上加快推进平台系统开发，目前软件开发已完成开发任务的 80%。三是组织制定相关政策意见和标准规范。组织修改完善《农产品质量安全追溯管理办法》和《农业部关于加快推进农产品追溯体系建设的意见》，其中指导意见已经以农业部发文印发各地指导开展工作。组织起草完成了《农产品质量安全追溯管理专用术语》等 8 项追溯标准。此外，组织开展追溯管理相关研究，

积极谋划试运行工作，形成了《试运行总体部署方案》和《试运行行动指南》。

五、强化技术支撑

一是加强标准体系建设和技术服务工作。开展强制性标准清理工作，完成了41个强制性无公害农产品标准的整合精简清单和标准文本上传，提出了165项无公害农产品标准总体整合精简建议。继续开展无公害农产品检测目录跟踪评估工作。二是加强检测机构管理。组织无公害农产品定点检测机构参加农业部组织的能力验证考核，考核合格率为95.2%，比2015年提高了6个百分点。根据能力验证结果，续展定点检测机构14家、增

加1家、恢复3家、取消2家；备案产地环境检测机构15家。截至2016年，全国共有无公害农产品有效定点检测机构154家、产地环境检测机构174家。三是加强检查员和内检员队伍培训服务和注册管理。举办了全国无公害农产品师资培训提高班和检查员培训班，派出51人次师资为各地工作机构培训授课。指导各地开展检查员培训65期，培训7 037人；开展内检员培训171期，培训24 781人。截至2016年，全国共有师资870人，累计培训检查员40 864人次，有效期内有17 037人；累计培训内检员171 542人次，有效期内有69 749人。

中国优质农产品开发服务协会工作综述

2016年，中国优质农产品开发服务协会（以下简称"协会"）认真学习贯彻党的十八大以来的重要会议和习近平总书记系列重要讲话精神，按照中央农村工作会议和农业部党组的部署，紧紧围绕"四个服务"的宗旨，坚持以推进农业品牌战略为主线，以"主攻流通、主打品牌"为重点，积极进取，锐意创新，不断开拓工作新局面，各项工作取得了显著成效，得到了农业部领导的充分肯定和赞誉。现将工作情况报告如下。

一、大力推进品牌农业发展

协会把推进品牌农业建设作为转变农业发展方式、发展现代农业和提高农产品质量安全水平及优质率的重点，着力增强供给结构对需求变化的适应性和灵活性，提高农产品竞争力。

一是积极建言献策，推进国家实施品牌战略和科技引领。通过认真学习领会习近平总书记系列重要讲话精神，特别是总书记2013年11月在山东考察时关于"三个导向"

的重要论述、2014年5月在河南考察时关于"推动中国制造向中国创造转变、中国速度向中国质量转变、中国产品向中国品牌转变"的重要思想以及2013年12月在中央农村工作会议上关于要大力培育食品品牌，用品牌保证人们对产品质量的信心的重要讲话，并结合近几年在推进农业品牌建设中的体会和经验，协会认为，要提高我国优质农产品竞争力，实现总书记提出的要求，就应该将推进品牌农业发展上升为国家战略，依靠科技，提升我国农业现代化水平，改变我国优质农产品因缺乏品牌而难以卖出好价钱的被动局面。为此，协会强化了实施品牌农业发展战略的研究工作，形成了有关报告。朱保成会长在2016年1月5日全国政协主席俞正声主持召开的关于"加快推进品牌建设"双周协商座谈会上提出了四点建议：一是应加强农业品牌顶层设计和制度安排；二是应加强质量安全管控，以提升政府公信力，增强消费者信心；三是应加强知识产权保护和市场监管，净化农产品市场；四是应加强农业品牌

的公益宣传，让优质放心品牌提高市场知名度，在保证消费安全的同时，倒逼农业供给侧结构转化升级。在2016年全国两会期间，朱保成会长联合3名全国政协委员提交《实施健康土壤战略，夯实粮食安全基础》提案，建议把培育健康土壤作为确保国家粮食安全和农业可持续发展的重要战略，强化依法保护耕地质量的工作力度，设立"国家健康土壤日"；建立耕地占用税、开垦费和土地出让金的合理分配机制；尽快完成耕地质量建设与保护立法工作；明确各级政府的主体责任，实施目标责任管理，建立责任追究制度；国土、农业等部门要联手加强自上而下的耕地数量、质量监察力度；完善现有耕地及补充耕地的质量评估评价体系，建立与耕地质量挂钩的责任考核制度。朱保成会长还提交了《运用生物酵素技术，发展优质安全农产品，推进供给侧结构性改革的建议》的提案，该提案经全国政协主席团会议讨论被确定为全国政协2016年重点"督办提案"之一。李海峰副主席为组长就该提案所提出的建议于2016年5月26日专题进行了督办调研，她强调"实施创新驱动发展战略，通过农业科技进步来不断提高农业生产现代化水平，是我们推进农业供给侧改革的根本出路。特别是对一些能够增产、提质、环保的农业科技新技术，必须采取有利措施加大研发力度，加快生产示范和推广应用"。生物酵素技术在2016年的示范项目验收中表现出了较明显的增产效果，得到了科技部、农业部等部门专家和有关部门领导的肯定。这对推进品牌农业的发展和促进国家有关品牌农业发展政策的出台发挥了积极作用，具有里程碑意义。

二是加强品牌农业发展国际交流，着力打造国家合作平台。近几年品牌农业建设的实践表明，要提高我国农业品牌的国际影响力和竞争力，就必须更多地借鉴国际特别是农业发达国家品牌农业建设的经验，使更多的国家及国际组织了解中国品牌农业发展情况，这既有利于加快我国农业品牌培育步伐，提升中国农业品牌的档次和知名度，也有利于实施农业走出去战略，促进农业提质增效和农民增收。为此，协会在总结连续举办品牌农业发展国际研讨会经验基础上，决定继续召开2016品牌农业发展国际研讨会并借助此盛会召开与多个国外的农业社会组织共同发起成立"国际农业协会联盟"。在农业部国际合作司支持下，研讨会于2016年11月27日在北京雁栖湖召开，农业部副部长屈冬玉出席会议并致辞。会议旨在促进各国品牌农业的发展与交流，在"一带一路"背景下构建国际农业产业合作构架和协作平台，进一步提升农业品牌合作成效，强化相关农业国际合作机制，推进品牌农业可持续发展。来自联合国、世界贸易组织（WTO）及21个国家的官员、行业协会、科研教育机构和企业的负责人以及媒体记者等300余人参加了会议。

中国优质农产品开发服务协会联合俄罗斯国家果蔬种植者联盟、波中友好协会、日本农业协会、西班牙加泰罗尼亚农业合作社联合会、马来西亚国际商务促进协会，商讨并签署多边框架合作备忘录，共同发起成立了国际农业协会联盟（WUAA）。并与摩尔多瓦政府、波兰雇主协会、西班牙安达卢西亚UPA联盟协会签署了合作备忘录，为未来进一步深化合作打下了坚实基础。

协会还组织有关会员参加了首届亚洲印度洋博览会、荷兰果品产业链考察和日本农业考察活动。

三是强化品牌资源共享，着力培育品牌推广平台。协会在系统总结近四年成功举办品牌农业推进会、论坛和研讨会经验的基础上，决定继续联合有关单位举办2016品牌农业论坛，并针对品牌农业发展中农商联合不紧密影响品牌培育的情况，决定举办第五届品牌农商发展大会，以搭建更多品牌农业交流的平台。

协会将第五届品牌农商发展大会的主题确定为"供给侧改革创造新机遇"，会议主要任务是贯彻落实习近平总书记系列重要讲话，学习国务院办公厅2016年6月10日印发的《关于发挥品牌引领作用 推动供需结构升级的意见》，深入分析在我国经济进入新常态，中央提出推进供给侧结构性改革要求的时代背景下，我国农业品牌发展面临的新形势；研究在市场经济条件下我国农业领域更好发挥品牌引领作用，加快推动供给结构优化升级，适应引领需求结构优化升级，为经济发展提供持续动力的方法；探索农产品增品种、提品质、创品牌，提高供给体系质量和效益的现实路径。

大会设置了"开幕式及主题演讲""增加中高端供给，让天下人享受水果好生活""品牌价值评价与提升，建立优质供给的标杆""推动'互联网＋'创新，增加农业科技有效供给"等专题，来自地方政府部门和行业协会的领导、专家、企业家等做了交流发言和研讨。全国政协常委、经济委员会副主任、原中央农村工作领导小组副组长兼办公室主任陈锡文出席大会，并做了题为《关于农业供给侧结构性改革的若干问题》的主题报告，农业部党组成员、副部长屈冬玉出席大会并致辞。协会会长朱保成做了题为《以科技创新驱动优质农产品发展，为农业供给侧结构性改革注入新动力》的主旨演讲。大会凝聚了广泛共识，对我国下一阶段推进农业品牌工作具有导向作用。

为大力拓展品牌农业对外交流空间，协会进一步强化了与有关单位和组织的联系，利用各种渠道向国际社会宣传推荐我国品牌农产品。协会连续第四次组织具有中国特色的优质农产品参加了2016年1月在德国柏林举办的柏林国际绿色周，参展主题是"品味中国"，展示了中国的饮食文化，推荐了农产品和食品。

四是立足提升品牌价值，组织开展农业品牌价值提升工程研究和品牌农产品品牌价值评价。在总结梳理近几年品牌农业工作经验中，协会坚持认为，推进农业品牌建设的关键之一，就是要对品牌价值有足够认识，为此必须建立符合我国国情的农业品牌价值评价标准和体系。协会在2014年牵头起草《品牌价值评价 农产品》国家标准的基础上，强化了品牌价值评价研究，向国家质量监督检验检疫总局（以下简称"质检总局"）提交了《农产品品牌价值提升工程研究工作方案》，并组织了农业和品牌专家，分为三个研究小组开展了研究工作，提交了研究报告7个。协会组织开展了2016年中国农业品牌价值评价工作，向质检总局推荐了30个农产品品牌和4个创新品牌，并于2016年12月12日，与有关方面在中央电视台联合举行了"2016中国品牌价值评价信息发布"活动。公布的品牌得到了社会各界的广泛认可，为提升我国农业品牌价值的公众认可度发挥了积极有效作用。

五是强化品牌产品培育，开展优质农产品示范基地认定。质量是品牌农产品的价值核心，培育品牌农产品必须从生产源头抓起。为此，协会先后修订了包括《中国优质农产品示范基地管理暂行办法》在内的一批优质农产品认定制度，以期通过示范基地的引导辐射，带动更多的会员单位规范发展优质品牌农产品。2016年，协会通过严格筛选，在会员单位中认定了7个"中国优质农产品示范基地"、17个"优质茶园"和100个"优质果园"。

二、积极促进优质农产品产销对接

按照"主攻流通、主打品牌"的工作思路，协会把主办或主持举办优质特色品牌农产品展销会、构建优质农产品展示交易中心作为工作重点，把推进"品牌农业中国行"作为提升品牌农业发展理念、推进品牌建设的着力点。

协会与农业部优质农产品开发服务中心等单位一起，于2016年10月联合主办了第四届中国茶叶博览会（以下简称"茶博会"），茶为国饮，茶业是我国传统特色农业产业，在古丝绸之路上，一直占据着重要地位，成为中国送给世界的礼物。随着农业供给侧结构性改革和"一带一路"倡议的全面推进，茶叶以其自身的产品特性和文化承载特点，迎来难得的发展机遇。作为农业部批准的唯一一个茶叶专业展会，第四届茶博会是贯彻农业部"把我国茶叶做成优质高效、品牌高价、世界皆知、全球畅销的大产业""大力培育大企业、大品牌"要求的重要举措，对营销推介茶产品、培育塑造茶叶品牌、传承推广茶文化、促进茶产业提质增效和农民增收、引导中国茶业健康可持续发展具有重要现实意义与作用。与新华社全媒体等单位一起，联合主办了"发现中国好食材"遴选活动，发布了"中国好食材"优选品牌名录。与浙江省农业厅、余姚市政府等单位一起于2016年1月，联合主办了以"健康、精致、生态、高效"为主题的第七届中国余姚·河姆渡农业博览会暨第三届中国甲鱼节，展示展销了3 000余种名优农产品。与辽宁省盘锦市政府等单位于2016年9月，联合主办了以"生态稻米、优质河蟹"为主题的盘锦大米河蟹（北京）展销会。同时，协会还与相关单位一起，承办了由农业部和云南省政府主办的以"云南特色冬农魅力"为主题的云南高原特色农业展示推介活动；支持云南省有关方面举办了第十五届中国普洱茶节及普洱茶产品交易博览会；支持中国检验检疫学会、国家防伪工程技术研究中心产品追溯委员会等单位举办了首届中国（北京）食品追溯技术全产业链高峰论坛暨展览会；支持湖北恩施土家族苗族自治州政府举办了2016南方（恩施）马铃薯大会；支持内蒙古农牧业厅等举办中国·内蒙古第四届绿色农畜产品博览会；支持第五届中国·陕西（眉

县）猕猴桃产业发展大会。上述活动，得到了有关部门和地方政府的高度赞誉和肯定，对拓展优质农产品销售空间、搞活农产品流通和提高品牌农产品知名度发挥了重要作用。

为进一步提升"强农兴邦中国梦·品牌农业中国行"活动的效果，加快培育地方特色品牌农产品，协会在总结这几年"品牌农业中国行"实践经验的基础上，调整活动内容、规范活动程序，把重点放在了专家引导培训、共同探讨特色品牌农产品发展之路方面，并依据所到地区的特色农产品情况，有针对性地筛选专家，着力做好走进地方前的研究探讨工作。2016年，先后走进桂林市、重庆市、沧州市、大连市等。活动取得良好效果，既普及推广了品牌农业发展知识和理念，也帮助地方解决了品牌农业发展中的一些实际问题。

三、着力推进实施"藏粮于技""藏粮于地"战略

抓住我国农业实施"藏粮于技""藏粮于地"战略的机遇，总结农业技术推广和土壤改良经验，进一步推进农业科技的应用，特别是协会会员所掌握的成熟农业生产技术应用，进一步推广示范，形成一定模式，改良土壤，发展优质安全农产品，扩大优质农产品供给，为供给侧结构性改革做出贡献。朱保成会长在全国政协提案基础上，参加了全国政协专题督办调研组，赴吉林、黑龙江等地开展了"应用生物酶素技术"的调研，推进了有关技术的深入交流和扩大示范，参加了示范项目的验收，为生物酶素技术的进一步研究和推广奠定了广泛的科学试验基础。协会与中国生产力创新品牌产业联盟和张家口市人民政府等主办了"生物酶素技术产业化应用研讨会"。协会专题调研了成都市蒲江县实施耕地质量保护与提升行动，认为蒲江县在全域实施耕地质量保护与提升三年计划，创新财政、金融支农服务方式，推广"5+1"

综合服务模式，促进猕猴桃、柑橘、茶叶产业转型升级方面，相关经验做法值得认真总结、积极推广。农业部部长韩长赋在调研报告上做出批示要求"请有关专家对蒲江县做法做一评估总结"。农业部种植业管理司印发《关于对蒲江县实施耕地质量保护与提升行动开展评估的通知》组织专家进行了专题评估。朱保成会长等协会领导还专题调研了广西壮族自治区桂林市华夏大地生态工程技术有限公司的纳米腐殖质生物调理剂和深圳市翼航东升航空科技有限公司的农业用无人机等产品和技术。

四、全面创新服务方式

强化"四个服务"特别是面向会员的服务是协会的基本遵循，一年来，协会从打基础、建平台、设基金、强宣传等方面，拓展服务领域，创新服务方式，着力加强对会员的服务。

一是加快专业性分支机构建立，提高面向会员的服务能力。具有专业特色和特长的分支机构是为会员提供专业服务的保障，2016年协会加快了专业分会的设立步伐，先后设立了设施园艺分会、优质稻米分会、道地中药材种植加工分会、电子商务分会等。在发挥原有分支机构的基础上，设立了重庆办事处。重庆办事处协办了品牌农业中国行走进重庆活动。枸杞产业分会协助完成了宁夏枸杞品牌战略研究项目并举办了宁夏枸杞品牌战略发布会及论坛，得到了宁夏回族自治区政府有关领导的肯定。农产品加工业分会（以下简称"加工分会"）与农业部农产品加工局、安徽省农业委员会共同主办了2016年全国农产品加工科技创新推广活动；加工分会负责组织开展第十九届中国农产品加工业投资贸易洽谈会参展产品评定工作和科技对接活动；加工分会紧紧围绕马铃薯主食化国家战略需求，积极开展多种形式的营养健康知识科普宣传，通过营养健康知识进校园、进社区等科普宣传活动，提升国民营养健康知识水平。在农业部市场经济信息司支持下，优质稻米分会承办了首届大米品牌大会，发布了"2016中国大米十大区域公用品牌"，现场评选了"2016中国十大好吃米饭"。道地中药材种植加工分会与中国民间中医药研究开发协会联合组织开展了"本草寻根，百县千社道地行"活动，首次云南行活动得到国家中医药管理局、中国中医科学院、云南省农业厅、云南省科技厅以及相关部门的大力支持，并取得圆满成功，实现了产销对接，投资对接，为规范化种植加工示范基地的建设奠定了良好的基础，并通过活动培养产地政府打造优质中药材品牌的意识，提升优质中药材品质，推进了分会工作进程。高原特色农业分会协助完成了协会组织的农产品加工技术培训班，并支持了第十七届中国昆明国际花卉展等活动。枸杞产业分会协助开展了枸杞种子搭载长征十号卫星试验和育种试验以及协助组织枸杞栽培技术培训班15次。设施园艺分会积极开展扶贫工作，对接了金寨光伏农业项目。正在筹备中的其他分会也正在积极联络发展会员，探索专业服务手段，加紧设立筹备工作。

二是强化品牌宣传，为品牌农产品发展创造良好氛围。主要是提升《优质农产品》杂志影响力、扩大"品牌农业周刊"报道面、拓展新媒体传播途径、继续出版《中国品牌农业年鉴》。

协会主编的《优质农产品》杂志自创刊以来，积极宣传我国优质农产品发展政策、传播品牌故事、大力推介我国品牌农产品，得到了各方面的广泛好评。2016年杂志新创办了"品牌定位"等专题栏目，为从事农业产业化和致力于品牌塑造的农业企业提供了指导，受到了社会广泛关注和认可，其影响力不断提升。协会协办的《农民日报》"品牌农业周刊"，加大了品牌农业专题报道力度，系统报道了包括农业区域公用品牌在内的一大批优质农产品品牌。协会网站和协会主管的中国品牌农业网，通过新闻报道、专题展示、网络调查、品牌推介和微信推送等，报道了与品牌有关的专题活动十多场，推介区域品牌和企业品牌超过 100 个。同时，为记载、展示和宣传我国品牌农业发展情况，协会和中国农业出版社继续联合出版了《中国品牌农业年鉴》2016 卷。

五、提高协会工作能力和规范化管理水平

一是发挥党支部的作用，始终把学习放在首位。协会党支部完成了换届，认真组织开展"两学一做"，组织学习习近平总书记系列重要讲话精神和党的全会及中央 1 号文件精神，举办有关学习交流座谈会，朱保成会长出席并围绕学习领会中央精神、推进协会健康发展作辅导报告。大家认为，加强理论学习与交流，是协会工作不断创新发展的动力源泉，协会要始终坚持把学习领会党和国家治国理政的新理念及政策作为基础性、经常性工作突出出来，不断提高政治理论水平和决策执行力，增强做好服务工作的责任感、紧迫感和荣誉感。

二是不断壮大会员队伍。随着协会各项工作的开展，协会的社会影响力、吸引力不断扩大，农业企业和农民专业合作社等市场主体加入协会的热情不断提高。2016 年，协会先后分 3 批吸纳了 721 个会员。截至 2016 年 12 月 31 日，协会共有会员 1 893 个，其中单位会员 1 666 个，个人会员 227 个。

三是强化制度和民主议事规程建设。按照社会组织管理改革精神，协会继续规范管理、完善制度。完善有关机构人员配置，强化文件登记管理；规范会长办公会、常务理事会和理事会筹备工作，提高会议质量和效果。全年召开理事会 3 次、常务理事会 2 次、会长办公会 4 次。

各地品牌农业概况

- 北京市品牌农业发展概况
- 天津市品牌农业发展概况
- 河北省品牌农业发展概况
- 山西省品牌农业发展概况
- 内蒙古自治区品牌农业发展概况
- 辽宁省品牌农业发展概况
- 吉林省品牌农业发展概况
- 上海市品牌农业发展概况
- 江苏省品牌农业发展概况
- 浙江省品牌农业发展概况
- 安徽省品牌农业发展概况
- 福建省品牌农业发展概况
- 江西省品牌农业发展概况
- 山东省品牌农业发展概况
- 河南省品牌农业发展概况
- 湖北省品牌农业发展概况
- 湖南省品牌农业发展概况
- 广东省品牌农业发展概况
- 广西壮族自治区品牌农业发展概况
- 海南省品牌农业发展概况
- 重庆市品牌农业发展概况
- 四川省品牌农业发展概况
- 贵州省品牌农业发展概况
- 云南省品牌农业发展概况
- 西藏自治区品牌农业发展概况
- 陕西省品牌农业发展概况
- 甘肃省品牌农业发展概况
- 青海省品牌农业发展概况
- 宁夏回族自治区品牌农业发展概况
- 新疆维吾尔自治区品牌农业发展概况
- 新疆生产建设兵团品牌农业发展概况

北京市品牌农业发展概况

【基本情况】　自北京农业品牌建设开展以来，北京农业品牌经过重点打造、营销推广、品牌维护等实施工作已取得显著成效。全市累计拥有首农集团、顺鑫控股等农业产业化国际重点龙头企业39家。大兴农业等区域性公共品牌10余个；鑫城缘草莓等4个农产品被评为农业部全国百家合作社百个农产品品牌；2016年绿山谷芽苗菜等5个农产品被评为中国国际农产品交易会金奖产品；平谷鲜桃等4个品牌被授予2016年全国名优果品区域公用品牌。拥有"优农佳品"网络平台1个，建立了全国农业精品馆北京馆、金质生活社区体验店、小汤山蔬菜大观园等多个展示销售点，开展线上线下同步展卖。

【主要工作措施】　北京农业已经进入品牌发展阶段，必须增强首都农业的应急保障、生态休闲、科技示范等功能，打造北京"安全农业"品牌，着力提升农业现代化发展水平。

一是坚持"安全"农业理念，做好农业品牌的提升和维护。全市在加大营销推介力度，提高市场影响力，强化监督管理，依法保护品牌，维护品牌的质量、信誉和形象等方面下足功夫。正确引导和推动本地农业资源的整合、特色农业的发掘和培育、区域品牌的形成和推介、农业品牌的提升和维护等。妥善处理好政府推动、市场引导和农民主体的关系，切实以解决农业特色资源、产业龙头、农业品牌的内生关系为工作重点。截至2016年年底，全市共获得"三品"认证产品总计3 663个。有机食品认证企业70家，产品449个，年产量4.0万吨；绿色食品认证企业67家，产品336个，批准产量125.48万吨；无公害农产品认证企业1 112家、产品2 710个，年产量139万吨。拥有"昌平苹果""平谷大桃"等20个国家地理标志产品。

二是着眼科学化发展战略，建立农业品牌发展长效机制。全市坚持在特色资源基础上建立农业品牌，科技支撑和产业化形成为着重点，加速构建农业科技创新体系，通过政策和技术引导，提高农业科技的推广应用程度，建立健全新型农业技术推广体系，促进农业生产标准化、经营产业化、产品市场化和服务社会化的形成，以现代经营形式支撑起产业组织体系。

三是创建品牌宣传网站及APP，引导和规范品牌化发展。北京市根据自身特点，拥有众多企业品牌、产品品牌和自主创新品牌。为整合品牌资源，由市农业局牵头组织创建了"优农佳品"产销综合服务管理平台，借此平台，积极推介并培育全市农业品牌，充分发挥项目、龙头企业和强势品牌带动作用，引导品牌健康发展，面向全国展示北京市农业品牌。并于京东商城建立北京馆，宣传北京品牌农产品。

四是推广全国名特优新农产品品牌，带动郊区品牌建设。积极联合金泰集团、金色榜样公司、北青新媒体等大型集团企业开展系统化、专业化、品牌化，名为"北京农业在社区"的农业进社区主题活动，活动以品牌农产品推介为核心，积极向市民推介品牌农产品，并带动各郊区农业企业、电商企业开展品牌宣传工作，在区域公共品牌，地理标志产品逐渐成熟的基础上，进一步强化影响力，推动品牌化农业快速发展。

五是注重通过文化营销，有效提升农业品牌内在价值。文化营销就是在农产品中注入文化的内涵，从而使产品区别于竞争对手的产品，提高其品牌价值。全市深入挖掘文化营销模式、农业产业文化资源特点与消费者需求趋势，依托各地特色产品历史悠久、源远流长的文化底蕴，塑造农产品品牌的个性特色，丰富品牌的文化内涵，提升品牌价值。

六是充分利用精品展示点，常年展示农业品牌。由市农业局牵头在全国优质农产品精品馆开辟北京馆，重点用于面向全国展示北京品牌农产品，并于各类产销工作中，逐步强化品牌展示点存在价值。多个区和品牌企业建立了类似的展示销售平台，利用"互联网＋"模式开展营销活动。

【典型案例】

一是大兴区品牌创建案例简析。近年来，大兴区转变农业经营理念，积极整合区内农业资源，结合自身产业优势，成功地将工业企业管理与市场营销的理念引入农业发展，创立培育了"大兴农业"区域品牌，在多年的专业化发展过程中，逐步凸显了农业产业的特色与优势，大兴西瓜、大兴梨、大兴甘薯等已享有较高的市场知名度，不仅为区域品牌的形成奠定了基础，还为农产品销售建立了一个区域性形象平台，扩大了区域影响、创造了市场需求、树立了消费者信心。

通过"大兴农业"品牌的总体格局规划建设，大兴区形成了与本地资源和功能相适应的规模化、区域化产业集群和一批优质主导产业带。如"榆垡农业""留民营""黎明益农"和"永定河"等蔬菜品牌；"宋宝森""乐平""汉良"等西瓜品牌；"庞御园"甘薯品牌；"龙河畔""御丰果业""惠家佳"和"圣泽林庄园"等精品梨品牌；"京采"葡萄品牌；"安定"桑葚品牌；"金把黄"鸭梨品牌等。还培育了一批有代表性的农产品加工企业，如桑葚产业的"珑桑"、酱菜加工的"聚福"、肉牛业的"福仁"和鸭业的"大营宏光"。庞各庄镇、安定镇和魏善庄镇分别被誉为"中国西瓜之乡""中国桑葚之乡""中国梨乡"。

二是顺义区品牌创建案例简析。为加快区域经济发展、提高区域竞争力，顺义区开始实施品牌战略，并以食品、饮料为重点发展目标。品牌是一家企业最持久的竞争力，顺义区经过30年的发展，从1980年的燕京啤酒诞生开始，"汇源""牛栏山""牵手"等

系列本土品牌纷纷诞生，培育了一批国内外响当当的名牌产品。截至2016年，顺义品牌总量位居北京市远郊区第一位，全区有5个中国名牌产品和15个北京市名牌产品，有中国驰名商标12件和北京著名商标34件。较为著名的品牌有"汇源""金路易""鹏程""北郎中""顺鑫农业""大三环""牛栏山""恒慧通"等。以打造"品牌经济、活力顺义"为目标，围绕"环境吸引品牌、政策抚育品牌、市场推进品牌"的发展思路，积极制定品牌发展政策，大力扶持品牌企业发展。

三是昌平区品牌创建典型简析。近年来，昌平区的农业产业发展迅速，标准化农业基地示范作用进一步增强，农民增收不断提升。全区按照"标准化管理、提质增效、适度扩大规模"的农业产业发展总要求，农业产业结构和优化升级扎实推进，初步形成了覆盖全区、特色鲜明、以"一花三果"为主导的都市型现代农业布局和产业集群。建成了苹果、草莓等5个国家级农业标准化示范区和117个农业标准化生产基地。并以此为基础发展打造了一系列知名农产品品牌和知名企业。昌平区地理位置优越，为打造精品农业、生态农业、观光农业、特色农业提供了良好的发展空间。著名品牌有"昌平'静香'百合花""昌平草莓""昌平苹果""昌平柿子"等，更有"天翼生物""天润园""阿卡农庄"等著名企业。为促进品牌农业建设，开展苹果文化节、草莓大会、农业嘉年华等著名展会。

【主要成效和经验】 转变农业经营理念，全市积极整合各区农业资源，结合自身产业优势，成功地将工业企业管理与市场营销理念引入农业发展，创立培育了众多品牌。从大力培育优势农业市场流通主体，建立多层次市场营销体系，开辟网络营销新渠道，推进农产品流通体系的建设，积极探求"互联网＋"的营销模式，开辟渠道、创新途径，有效地提升了北京农业的品牌影响力，树立

了良好的区域品牌形象，取得了较好的经济和社会效益。这其中包含了众多因素与经验，尤为突出的是以下几点：

一是会展发展对北京农业品牌有着重要促进作用。世界种子大会、葡萄大会、月季洲际大会、世界园艺博览会、国际食用菌大会、第九届中国（北京）国际园林博览会相继落户北京，积极参与中国国际农产品交易会、全国优质农产品（北京）展销周、全国果品交易会等，坚持开展北京农业嘉年华、北京农业在社区等会展活动。可以说，会展行业的兴起对北京农业品牌的建设与推广具有至关重要的作用。

二是结合自身特点发展沟域经济。沟域经济发展迅速，重点打造以"白河湾—天河川—百里画廊"沟域环线和古北水镇、斋堂古镇"一环两镇"为主体的沟域集群，形成了一批重点品牌沟域。持续开展休闲农业与乡村旅游示范乡镇，星级园区活动也成效显著，并于2016年联合密云开创京郊生态休闲园区路线，成为了品牌打造与创建的基础。

三是针对具体问题转变发展方式。全市一直非常重视农产品商标的注册。但一些地方和企业对农业品牌的概念理解偏颇，对农业品牌缺乏系统的认识，大多仅停留在较初级的商标注册和商标保护层面，致使绝大多数商标缺乏地域特点和个人诉求，在很大程度上导致了"一种特色农产品，多少个注册商标"的分散局面和恶性竞争局面，从而导致重复性竞争或者准入标准不健全，甚至出现了良莠不齐、假冒泛滥的现象，也影响了消费者信息的获取。为了解决农产品品牌多而杂、产销环节标准不统一导致农产品市场竞争力分散，规模效应得不到体现，地区特色被削弱，形不成整体优势的问题，市政府积极创立具有区域特点与产品形象融合的农业品牌，创造性地将区域经济的整合与农产品品质的提升工作融为一体。例如："大兴农业"在多年的专业化发展过程中，逐步凸显农业产业的特色和优势，大兴西瓜、大兴梨和大兴甘薯等已经享有较高的市场知名度，为区域名牌的形成奠定了产业基础。由此可见，针对自身特点适时转变发展方式也成为了北京农业品牌创建的关键。

（北京市优质农产品产销服务站）

天津市品牌农业发展概况

【基本情况】

（一）农产品品牌化建设完成顶层设计

组织有关部门和专家大力开展调研，把品牌化调研成果转化为推动工作的政策文件，制定并印发了《关于加快推进农产品品牌建设的实施方案》（津农委〔2016〕41号），完成农产品品牌化发展顶层设计。同时，制定了《关于落实"互联网＋"现代农业实施"三网联动"工程实施方案》（津农委〔2016〕42号）和《天津市推进规模新型农业经营主体产品网络销售全覆盖实施方案》等一系列方案，共同促进全市农产品品牌化发展。

（二）农产品"三品一标"认证持续推进

截至2016年，全市获得"三品一标"认证且在有效期内的农产品共计1 330个（其中无公害农产品1 109个、绿色食品188个、有机食品2个、地理标志31个），"三品一标"认证工作持续发展。

（三）农产品品牌体系初步形成

天津品牌农产品已覆盖肉、蛋、菜、奶、鱼、果、粮、种等八大农业优势产业，截至2016年年底，天津品牌农产品共有187个（其中区域公用品牌25个，企业品牌85个，产品品牌77个），农产品品牌体系初步形成。

【主要工作措施】 结合天津市农产品发展实际，充分利用现有资源优势、整合现代资源要素、有效配置信息资源等，多措并举，形成合力，共同推动全市农产品品牌化建设。

（一）以质量安全为抓手，夯实品牌发展根基启动实施了"放心菜""放心肉鸡""放心猪肉"和"放心水产品"等放心农产品系列工程,建设了质量追溯综合服务平台。全市地产食用农产品质量安全抽检合格率达到99.3%,没有发生重大农产品质量安全事件,农产品质量安全继续保持全国领先。主要菜篮子产品产量稳中有增,质量提高,保障有力。

(二)以标准化建设为抓手,提供品牌技术支撑

全市积极开展农产品质量标准体系建设,制定和修订农业生产、良种繁育、病虫防治、检验检测等各类生产标准和技术规范,逐步形成以国家技术法规和国家标准为核心,行业标准、地方标准、企业标准和操作规程为补充的较为完善的农产品质量标准体系。同时大力推进农业标准应用,健全推广和服务体系,实现新型农业经营主体产前、产中、产后全过程的标准化、规范化全覆盖。

(三)以"三网联动"为抓手,促进品牌农产品的生产、销售和消费之间的衔接

研究制定了关于落实"互联网+现代农业",实施"三网联动"的共同方案,加快推进天津市互联网创新成果,实现与现代农业的深度融合,实施"物联网+品牌农业",促进生产方式的转变,实施"电商网+品牌农业",促进流通方式的转变,实施"信息网+品牌农业",促进农业服务方式的转变。这三大工程,全面提升了天津现代都市型农业的发展水平。尤其是针对"电商网+品牌农业"工程,计划用3年的时间,市财政投资0.6亿~1亿元推进农产品电子商务的发展,重点是建设完善一批区域电商平台,一批优质品牌生产平台,一批农产品生鲜电商企业平台。"三网联动"有效促进了品牌农产品的生产、销售和消费之间的衔接。

(四)以宣传推广为抓手,提高市场竞争力

组织各区农业行政主管部门负责人、规模新型农业经营主体等共计200余人参加"农产品品牌培训会",让大家了解品牌的重要意义;组织农业企业、市级以上合作社和特色种植养殖大户等规模新型农业经营主体20余人次参加"品牌专题培训班",让大家知道如何打造品牌;组织品牌农产品生产企业百余家参加"中国国际农产品交易会""首届京津冀品牌农产品产销对接活动"等各种展销活动,加强对品牌农产品的宣传营销,提高市场影响力。

【存在的主要问题】

(一)农产品品牌认识不够,缺少统筹规划

许多农业生产者品牌意识淡薄,对品牌的概念、定位、策划等知识严重缺失;各级政府部门对农产品品牌缺少统筹规划、政策创设和工作方案,没有将农产品品牌建设工作作为现代都市型农业发展的重要内容。

(二)农产品品牌创建积极性不高,缺少资金支持

农产品品牌建设是一个系统工程,品牌培育周期长,效益短期内难以显现,而且需要一定的投入,所以一些农业生产者创建品牌积极性不高。

(三)品牌定位缺乏差异性

一是部分乡镇品牌农产品规模小而且分散,存在"一品多牌"现象,难以形成合力,缺乏市场竞争力;二是许多农产品品牌缺乏文化内涵,核心价值没有充分挖掘,品牌故事没有讲好;三是很多企业品牌宣传高度不够,市场影响力和竞争力不强,与销售市场衔接不深入,存在脱节现象。

(四)农产品品牌侵权行为时有发生,缺乏监管保护

天津有很多农产品品牌,如七里海河蟹、茶淀葡萄、沙窝萝卜、小站稻等,这些品牌被假冒、高仿现象时有发生,在外观、包装和商标上真假难辨,亟须加强对农产品品牌的管理和保护。农业生产者在品牌保护和使

用方面意识淡薄，行业协会在维护品牌和市场管理方面缺乏力度。

（天津市农村工作委员会）

河北省品牌农业发展概况

【基本情况】　河北环京津、临渤海，地形地貌齐全，农业物产多样，是全国重要的"米袋子"、"菜篮子"产品生产供应基地。近年来，河北省立足农业资源禀赋，瞄准消费趋势变化，抢抓京津冀协同发展机遇，大力实施农业品牌创建提升行动，有力支撑了农业供给侧结构性改革。目前，全省农产品品牌6.12万个，涉农中国驰名商标65个，地理标志87个，农产品品牌价值得到提升。

【主要工作措施及成效】

（一）强支撑，夯实发展基础

充分依托并整合区域优势资源，发展特色农业，培育优势主导产业。一是育特色。大力发展了120个省级现代农业产业园，30个农产品加工示范园。重点发展设施蔬菜、食用菌、马铃薯、中药材等特色农产品1 238.7万亩，创建了沧州金丝小枣、宣化葡萄、涿鹿杏扁等中国特产之乡33个，为品牌培育筑牢产业基础。二是促加工。实施了农产品加工业倍增行动，重点打造了小麦、玉米和乳品、肉类、油料、蔬菜、果品、杂粮、薯类、水产品、食用菌、中药材等十二大加工产业链，通过引进和开发新技术，风味型、营养型、便捷型甚至功能型的加工食品占比逐年加大，提高到了品牌产品档次。三是壮主体。做大做强龙头企业，培育了640家亿元以上农业产业化龙头企业，其中五得利、今麦郎、养元智汇、汇福粮油、梅花味精等5个年销售额超百亿元。发挥龙头企业引领作用，发展了102个省级示范农业产业化联合体，为品牌的创立和发展提供了主体依托。

（二）抓服务，构建保障体系

坚持做到"五个到位"，为农业品牌建设保驾护航。一是政策保障到位。印发《河北省农业品牌建设工作推进方案》，明确工作目标、路径，进行台账督导。二是资金投入到位。协调省财政厅，整合财政资金3 000万元专项用于全省农业品牌建设工作。三是智力支持到位。对接中国农业品牌研究中心、农业品牌化智库等，筹建河北农业品牌专家顾问团，进行全省农业品牌专题培训，增强品牌发展意识。四是质量监管到位。强化产品监测和质量追溯，构建产地准出和市场准入无缝衔接监管机制，全年未发生重大农产品质量安全事件。五是品牌保护到位。利用12316三农服务热线、农产品质量安全信息平台等信息化手段，加大对农业品牌盗用、冒用、乱用等行为的打击力度。

（三）重创新，丰富品牌形式

大力实施"区域、企业、产品"三位一体品牌发展战略。一是建立品牌目录制度。建立河北省知名农产品品牌目录制度，评选出了首届河北十大农产品企业品牌、十佳农产品区域品牌和1 000个名特旅游农产品，形成了一套完整农产品消费索引，打造"后备箱经济"。二是推行母子品牌运营。按照"以区域公用品牌为统领，企业品牌为支撑"的思路，实施"一县一业一品一牌"培育计划，指导各市县开展"区域＋企业"农产品区域公用品牌运营模式。平泉县以"政府＋协会＋企业＋智囊＋媒体"的运营模式，打造"平泉食用菌"公用品牌，培育企业和产品品牌25个，产品销售至12个国家、地区及国内60多个城市，产业链产值超过50亿元，人均增收3 400元。三是打造休闲农业品牌。推动农业品牌由传统的农产品生产、加工向休闲农业和乡村旅游领域拓展，依托自然资源优势，打造田园综合体，实现了农村一二三产业融合发展。28条线路入选农业部精品休闲农业线路，临城·中国核桃节、黄骅冬枣节等已成为休闲观光的首选，形成"春赏花、夏看绿、秋品果、冬摘菜"新格局。

（四）搭平台，扩大市场份额

着眼于提升河北农产品竞争力，搭建线上线下发展平台。一是宣传推介平台。启动了河北农业品牌建设提升年宣传活动，利用中央电视台、新华社、人民网等高端媒体，开设河北农业品牌专题专栏，承办中国奶业D20峰会，举办河北省农业品牌发展大会，借助中国国际农产品交易会等展会，开展"冀在心田"主题宣传，扩大河北农业品牌影响力。二是电商服务平台。加强电子商务交易平台建设，建成县级农村电子商务服务中心87个，村级服务站15 429个，与阿里巴巴集团签订了《互联网＋农业电子商务工作备忘录》，探索建立了"政府引导＋企业运营＋淘宝支持"农村电商工作模式。三是营销渠道平台。举办了首届京津冀品牌农产品产销对接大会、京津冀首届蔬菜产销对接大会、全省首届中药材产业发展大会等一系列产销对接活动，签约交易额超50亿元。积极对接北京二商、首农、新发地、国安社区、菜篮子集团等北京大型企业，开展"六进行动"，支持各类主体在北京建设社区连锁直营店115个，打通了百姓消费的"最后一公里"。河北蔬菜、猪肉、牛肉、羊肉、鸡肉在北京市场占有率分别达到55％、23.8％、81.6％、50.8％、50％。

（河北省农业厅）

山西省品牌农业发展概况

【基本情况】 山西是特色农业大省，被誉为"小杂粮王国""全国醋都""面食之乡"等，农产品种类丰富、品质优良。运城苹果、吕梁红枣、太行小米、山西陈醋等区域农产品公共品牌影响力较大。山西省委、省政府高度重视品牌建设，近年来，围绕特色优势农产品基地建设，始终坚持发挥特色优势，做强特色品牌，做大特色农业企业，促进经济转型，调整产业结构，不断提升山西特色

农产品品牌影响力。

【主要工作措施及成效】

（一）抓"三品一标"农产品建设，着力丰富品牌内涵

截至2016年年底，全省"三品"有效用标主体762家，产品1 614个，产地面积598.72万亩，约占全省耕地总面积的9.8％，产量765.1万吨，约占全省农产品商品总量的15％。全省获得农产品地理标志登记共119个产品，其中登记种植面积1 421.42万亩，约占全省耕地面积的24.5％，年产量708.5万吨；登记畜产品规模747 987万只（万头、万羽），年产量2.13万吨，共登记农畜产品总产量710.6万吨，约占全省主要农畜产品产量的14％。"三品一标"认证登记农产品产量占全省农产品总量的29％。在"三品"管理上，加强审查制度和规范建设，严格把好准入关。对申报主体的诚信记录、产地环境状况、质量管理水平、投入品管控、标准化生产能力等开展综合评估审核，提高准入门槛。在"地标产品"管理上，尝试建立"先申报名录、分梯次保护"的办法，在全省范围内普查、摸底出400多个满足地理标志农产品要求，能够纳入《全国地域特色农产品普查备案名录》的产品。深入挖掘山西厚重文化资源和产品内在特质，注重品牌的传承和创新，丰富地域特色农产品品牌内涵。

（二）抓农业企业品牌培育，着力开发品牌资源

截至2016年，全省农产品加工企业中获得绿色认证的企业253家，获得认证的食品598个，获得中国驰名商标24个，获得中国名牌产品7个，入选"中华老字号"的企业27家，获得省级著名商标和名牌产品称号的近300家。在农业部组织的"100个农民合作社、100个品牌公益宣传"活动中，山西省的清徐"日前牌"葡萄、吉县"JX牌"苹果、临猗"老吴牌"苹果、翼城"隆化垣牌"小米、汾阳"智源牌"核桃获得殊荣。据初

步统计，2011年以来，全省已经连续举办了四届中国（山西）特色农产品交易博览会、在北京举办了四次山西特色农产品展销活动。每次展会的省内参展企业约1 100多家，共评选出展会农产品金奖400多个、"最受欢迎的农产品"100多个。

（三）抓农产品品牌宣传，着力推进品牌"走出去"

近年来，山西省十分重视农产品品牌宣传工作，充分利用各类农业展会、互联网络等渠道和农业区域合作的平台，大力宣传山西特色农产品品牌。2015年以来，先后在深圳市、青岛市、杭州市、满洲里市、昆明市等10多个大城市举办了"山西省特色农产品宣传推介活动""山西地理标志农产品推介活动"；参加了每年举办的中国国际农产品交易博览会、全国优质农产品北京展销周、全国名优果品交易博览会等各类农业展会；参加了省商务部门组织的"山西品牌中华行"活动。通过组织省内农业企业参加展会和宣传推介，进一步增强了企业品牌意识。

（山西省农业厅）

内蒙古自治区品牌农业发展概况

【基本情况】

（一）区位优势明显，绿色农畜产品量大质优

内蒙古自治区位于北纬40度优质农畜产品生产黄金带上，东西跨度大，天蓝水净、空气清新、土壤污染少，农畜产品种类多、品质优、数量大。牛奶、羊肉、山羊绒等主要农畜产品产量均居全国首位，加上历史上形成的蒙元文化、游牧文化，使内蒙古农畜产品在国内同类产品中具有极高的辨识度，为全区打造优质绿色农畜产品品牌提供了良好的基础。截至2016年，共创建绿色无公害生产基地490个，绿色有机产品生产企业213家，有机产品产量和生产规模已居全国

首位。全区已具备常年为国家提供200亿斤商品粮、500万吨牛奶、50万吨羊肉的生产能力。

（二）农畜产品加工业发展较快

内蒙古自治区大力推进农牧业产业化，重点培育了乳、肉、绒、粮油、薯菜、饲草料、林下及特色经济等七大主导产业，农畜产品加工率达到60.9％。2016年，全区销售收入500万元以上农畜产品加工企业实现销售收入4 398.5亿元，同比增长7.6％；农畜产品加工业已经成为全区第三大支柱产业，牛奶、羊绒、羊肉、马铃薯加工水平和加工能力均居全国前列。

（三）绿色农畜产品品牌建设取得初步成效

大力扶持龙头企业，加强品牌建设、技术改造、产品创新及专业市场建设，逐步培育了一批带动能力强的重点龙头企业。内蒙古现有国家级农牧业产业化重点龙头企业38家，自治区级重点龙头企业556家，农业部地理标志农产品达到89件，农畜产品中国驰名商标达到70件，占全区中国驰名商标的70％以上，培育出了伊利、蒙牛、鄂尔多斯、小尾羊等全国家喻户晓的驰名品牌，打造出了圣牧、蒙羊、大牧场、鹿王、正隆谷物等优秀品牌。同时，形成了"锡林郭勒羊肉""科尔沁牛肉""敖汉小米""武川土豆"等一批区域品牌。通过全方位多途径多层次搭建集展示、体验、营销、宣传一体化的农畜产品输出平台，内蒙古农畜产品的品牌知名度逐步扩大。

【主要工作措施】

（一）加强政策支持

近年来，相继出台了《内蒙古自治区人民政府关于加快推进品牌农牧业发展的意见》《内蒙古自治区人民政府关于支持农牧业产业化龙头企业发展的意见》《内蒙古自治区人民政府关于振兴羊绒产业的意见》《关于深化农村牧区改革建立完善龙头企业与农牧民利益

联结机制的意见》和《内蒙古自治区人民政府关于加快培育领军企业推进产业集群发展、提升农牧业产业化经营水平的意见》等多个重要文件，加快引导农牧业产业化重点龙头企业为主体的品牌创建工作，形成了各级政府齐抓共管、社会各界积极参与推进农牧业产业化的氛围。

（二）加大品牌营销力度

为进一步拓宽农畜产品品牌展示宣传和销售渠道，2013年全区启动了"农畜产品输出工程"。一是积极发展会展经济。连续举办了四届内蒙古绿色农畜产品博览会，累计销售额9 000余万元，签约及意向合作超过50亿元。举办了两届内蒙古绿色农畜产品（北京）展销会，有效促进了京蒙农业合作。举办了首届中国－蒙古国博览会，打通了中蒙合作新渠道。同时，每年积极组织企业参加国内外大型农业展会10多个，促进产销对接和合作交流。二是布局农畜产品精品馆。在北京、上海、广州建设运营了绿色农畜产品精品馆，常年展示销售内蒙古绿色农畜产品，打造永不落幕的农业博览会。同时，还将继续在大连、云南、海南等地开设精品馆，逐步构建起内蒙古绿色农畜产品向全国重要城市流通的网络。三是推动电子商务发展。加强与京东、淘宝等电商平台的合作，借助大型电商强大的渠道能力和快捷的物流体系，打开农畜产品销路。同时，大力支持本土电商的发展。通过线上线下相结合、展示体验相促进，进一步拓展市场空间，让最具内蒙古特色的优质绿色农畜产品真正走出去。

（三）强化农畜产品安全监管

质量是品牌的基础和生命线。为了强化对农畜产品的质量监管，全区提出将产业扶持政策与农畜产品质量安全挂钩，推行"扶优、扶强、扶安全"的政策扶持导向，在全系统树立起了"管行业即管安全""发现问题是业绩，消除隐患是政绩"的工作新理念，保持重大农畜产品质量安全事件"零发生"，

切实保障农牧业产业健康发展和农畜产品质量安全，保障人民群众"舌尖上的安全"。

【存在的主要问题】 基于得天独厚的农牧业资源和环境条件，全区农畜产品质优量大。但近年来，优质农畜产品出现优质不优价的问题，产品品牌建设仍然薄弱并且滞后。

一是品牌多，名牌少。知名品牌数量少，市场整体竞争力不强。多数品牌处于各自为政、无序竞争的状态，难以形成组团出击、集中打响品牌的合力。

二是企业品牌意识不强。除一些有实力的企业，大部分企业以加工、销售为主，虽然也注册了品牌，但缺乏长远规划，在品牌宣传和推广上力度不够。

三是政府投入力度不够。各级政府在品牌和市场建设方面资金投入不够，各有关部门间缺乏有效的组织协调，未能形成统一行动的品牌建设格局。

（内蒙古自治区农牧业厅）

辽宁省品牌农业发展概况

【基本情况】 近年来，特别是2013年以来，辽宁省农业品牌建设工作在农业部的大力支持和正确指导下，以大力发展现代农业为动力，以推进农业供给侧结构性改革为目的，以市场需求为导向，以提高农业比较效益和农产品市场竞争力为主要内容，正确处理生产和消费关系，努力做好加减法，不断增加绿色高端有效供给，减少低端无效供给，深入实施农业品牌战略，打造了一批市场信誉度高、影响力大的区域公共品牌、企业品牌和产品品牌，农业品牌建设取得了可喜成绩。具体表现：一是培育了一批国家级区域公共品牌。2011—2016年，共评选产生了16个区域公共品牌。分别为东港草莓、耿庄大蒜、盘锦大米、盘锦河蟹、盘锦河豚、庄河大骨鸡、庄河滑子蘑、旅顺洋梨、庄河山牛蒡、前所苹果、海城南果梨、北镇葡萄、大

连东马屯苹果、瓦房店小国光苹果、绥中白梨、铁岭葡萄。2015年，辽宁省6个水果品牌获得第十三届中国国际农产品交易会（以下简称"农交会"）会有较强影响力的果品区域公用品牌，2016年有3个水果品牌荣获"全国名优果品区域公用品牌"称号，进一步提升了辽宁农业品牌的知名度、美誉度和影响力。二是"全国百家合作社百个优质农产品品牌"达到9个。2015年，辽宁省有3个专业合作社首批入选，即丹东圣野浆果（圣野果源草莓）、盘山县胡家秀玲河蟹（秀玲河蟹）、大连瓦房店东马屯水果（东马屯苹果）。农业部部长韩长赋亲自为圣野浆果合作社马廷东理事长颁奖。2016年，全省又有6个农民专业合作社的农产品荣获"2016年全国百个合作社百个农产品品牌"称号，即大连老虎山水果专业合作社的大樱桃、鞍山海城市祝家南果梨种植专业合作社的南果梨、锦州凌海市忠利养猪专业合作社的如泉猪肉、鞍山海城市宏日种植专业合作社的天蒜耿庄大蒜、朝阳市朝阳县华诚蔬菜专业合作社的三燕大地西红柿、辽阳市辽宁新山有机农业专业合作社的新山秀大米。三是获得农交会金奖产品数量较多。仅以2013—2016年为例，辽宁省在第11～14届农交会上，共荣获参展产品金奖23个，其中，在第十三届农交会上，辽阳富虹集团有限公司非转基因一级大豆油（富虹油品）、辽宁华原葡萄酒庄有限公司绿缇蒸馏酒（绿缇）、大连圣诺食品有限公司糖水黄桃罐头（红塔）、阜蒙县润东实业有限公司阜新花生（屈氏庄园）4个产品参展，在第十四届农交会上，本溪桓仁思帕蒂娜有限公司的冰酒、大连棒棰岛海产股份有限公司的海参、锦州北镇市常兴鸿远的葡萄、葫芦岛辽宁正业花生产品发展有限公司的花生、绥中县大王镇富农果业合作社的白梨等5个参展产品荣获组委会金奖产品，按照新的金奖产品评选办法，这两批的金奖产品含金量进一步提升。此外，每两年举办一届的辽宁省农产品交易会也评选出一大批金奖产品。四是"三品一标"产品稳步增加。其中，2016年，全省认证无公害农产品650个，绿色食品283个，有机食品80个，登记地理标志农产品5个，"三品一标"认证产品总数累计达到3 330个。五是名牌农产品评选认定工作成效显著。由省农村经济委员会、省林业厅、省水产厅、省畜牧兽医局4厅局共同评选认定，评选范围由原来单一的种植业产品扩大至农林牧渔全口径大农业的农产品初级品和初级加工品。从2007年开始，至今已10年，截至2016年，在册的辽宁名牌农产品125个、企业99个，特产之乡50个。

【主要工作措施】

（一）领导重视，纳入日程

全省以参加和举办农产品交易会、开展优质农产品推介活动为平台，省市县级政府和农业部门，均把此项工作列入重要议事日程，建立机构，保障经费，明确任务，落实到人。省政府领导每年都率团参加中国国际农产品交易会，筛选优秀企业和优质产品参展，亲自宣传推介产品，充分调动了参展企业的积极性。大连市每年都由主管市长带队，率领当地优秀农产品企业和优质产品，到满洲里、北京、上海、深圳等地开展省外推介活动，为农业品牌培育和优质农产品营销促销搭建平台。朝阳市出台农业品牌建设指导意见，推动农业区域品牌建设工作。盘锦市政府连续三年在北京举办"盘锦河蟹和大米"展销会。其他市县也因地制宜开展了丰富多彩的农业品牌培育和宣传活动，大大提高了辽宁省品牌农产品的信誉度、知名度和市场影响力、竞争力。

（二）政策引导，加强培育

2007年，辽宁名牌农产品和辽宁特产之乡评选活动启动。为确保评选质量，由辽宁省农村经济委员会牵头专门成立了辽宁名牌农产品评选工作领导小组和辽宁特产之乡评选工作领导小组，印发了《辽宁名牌农产品评选认定管理办法》和《辽宁特产之乡评选认定活动实施方案》。2016 年由省农村经济委员会、省林业厅、省水产厅、省畜牧兽医局 4 个厅局联合开展辽宁名牌农产品评选认定活动。申报范围由原来的种植业农产品提升为农、林、牧、渔全口径初级产品和初级加工品。明确评选程序是企业或乡镇自主申报，市级审核推荐，各厅局对上报材料进行初审，领导小组办公室组织专家综合评定，对有质疑的企业进行现场核查，确定初选结果，进行社会公示，无异议后，由 4 个厅局联合向获认单位授予辽宁名牌农产品或辽宁特产之乡称号，并颁发牌匾和证书。同时，大连市、鞍山市等部分市（县）对获得省级名牌农产品的单位也制定了相应的奖励政策。各市对获得"三品一标"认证产品也制定了不同奖励政策。

（三）部门配合，市县先行

辽宁省农村经济委员会的农业品牌建设工作，由市场与经济信息处牵头，农产品质量安全局、省绿色食品发展中心、信息中心也分别从各自职能抓起，互相配合，形成齐抓共管的局面。同时，主动协调省海洋与渔业厅、省畜牧兽医局、省工商行政管理局、省质监局、省名牌战略推进委员会等省直部门开展农业品牌的评选、培育和管理工作。在农业品牌建设中，坚持市县先行，结合实际，鼓励创新，不断总结地方培育农业品牌的好经验好做法，发现典型，进行宣传。沈阳、大连、朝阳、营口、辽阳、盘锦等市都取得了很好的经验和成效。

（四）市场导向，企业主体

各级政府主要是扶持区域公用品牌的建设，包括企业品牌和产品品牌，坚持以市场为导向，以企业为主体，实现功能划分，优势互补。这些年，政府更多的是从为企业搭建平台、出台政策、加强培育、保护管理、营造公平合理的市场氛围和秩序来推进。省内举办农交会、推介会、优质农产品营销促销活动、品牌产品评定、"三品一标"认证，都是围绕企业这个主体，调动企业积极性，

引导企业增强品牌意识，加强品牌培育，以品牌争市场，以品牌求效益。

（五）加强宣传，创新方式

一是组织央视、卫视和网络媒体，对省内品牌企业和品牌产品开展公益性宣传，帮助企业和产品扩大知名度。二是构建品牌农产品网上营销平台，充分利用互联网思维，实行线上线下销售。

【存在的主要问题】 辽宁省的农业品牌建设工作，经过各方的共同努力，虽然取得了一定成效，但由于起步较晚，与先进省份相比，与发展现代农业、推进农业供给侧结构性改革的要求相比，与农事企业和农民的期盼相比，还有一定差距。主要表现：一是品牌意识还不够强。包括各级政府、农业部门和企业都不同程度存在。二是政策扶持力度不够。目前，还没有全省性的政策扶持文件，投入渠道和力度都不够。三是企业规模小，影响力弱，导致品牌数量相对较少。

（辽宁省农村经济委员会）

吉林省品牌农业发展概况

【主要工作措施及成效】 2015 年 7 月，习近平总书记在吉林省考察时指出"粮食也要打出品牌，这样价格好、效益好"。吉林省委、省政府认真贯彻落实习总书记重要指示精神，大力实施农业品牌发展战略，打造"吉字头"优质特色农产品品牌，积极推进农业供给侧结构性改革，为全省率先实现农业现代化探索出了一条品牌引领之路。

（一）发挥政府职能作用，进一步完善品牌发展顶层设计

推进农业品牌建设，政府责无旁贷，抓好顶层规划设计至关重要。吉林省委、省政府将农业品牌建设列入重要议事日程，作为推进农业供给侧结构性改革、加快率先实现农业现代化的重要措施来抓。一是领导高度重视。省委书记巴音朝鲁、省长刘国中多次

强调指出：要抓好品牌建设，增加绿色、有机、无公害和地理标志农产品供给，进一步做大做强一批"吉字头"的优质农产品特色品牌，提高吉林农产品的市场竞争力。近三年全省农村工作会议都对加快推进农业品牌工作专门作出安排部署。二是健全组织领导机制。省政府成立农业品牌工作领导小组，由隋忠诚副省长任组长，省政府办公厅、省农业委员会、省粮食局、省畜牧业管理局等相关部门负责同志为组员，健全工作协调会商机制，统筹协调全省农业品牌工作。2016年，省品牌建设领导小组先后6次组织召开联席会议、举办农业品牌发展高峰论坛，研究全省农业品牌建设发展方向、工作重点和实现路径。三是完善政策规划。吉林省先后出台了《吉林省率先实现农业现代化总体规划（2016—2025年）》（吉发〔2015〕20号）、《农业服务业发展攻坚"十项行动"实施方案》等政策文件，都把农业品牌建设作为重要内容，为品牌工作提供了政策遵循。省政府各职能部门编制了"吉林大米""吉林杂粮杂豆""长白山人参"等品牌发展战略规划。从2016年开始，省农业委员会还专门把品牌建设列入对各市（州）农业行政部门延伸绩效考核，进一步优化了全省农业品牌发展政策环境。

（二）立足生态资源禀赋，加快培育"吉字头"农产品品牌

吉林省是全国生态示范省，白山松水、黑土凝香、物华天宝，农业生态资源丰富，大米、杂粮杂豆、人参、食用菌等农产品品质优良，农业品牌建设具有得天独厚的资源优势、生态优势和品质优势。全省集中各方面力量，多措并举，打造出一大批"吉字头"品牌，靠品牌抢占市场，提升农产品有效供给水平。一是打造"吉林大米"品牌。2013年，省政府实施"健康米"工程，探索吉林大米产业联盟发展模式，实行"吉林大米＋区域品牌＋优质品种"的整合方式，实现优

势互补、资源共享、抱团出击的营销策略，全省33家大米加工营销核心企业加盟，统一使用"好吃、营养、更安全"品牌价值宣传口号和Logo标识。搭建"吉林大米网"电商平台，推广线上线下体验配送营销模式，在省外重点城市设立直营店30余家、商超专柜200多个。二是打造"吉林杂粮杂豆"品牌。高起点谋划推进杂粮杂豆品牌建设，以打造松原小米、扶余四粒红花生和白城绿豆、白城燕麦等品牌为突破和引领，研究制定全省杂粮杂豆产业发展战略规划，利用中国国际农产品交易会、中国绿色食品博览会、中国长春国际农业食品博览（交易）会等展会，举办吉林杂粮杂豆品牌战略发布会和推介品牌，开展杂粮杂豆"百家企业、百个品牌"遴选活动，支持30家企业（合作社）加盟品牌协会。三是打造"长白山人参"品牌。集中整合、打造和推介"长白山人参"品牌，加强品牌原料基地、生产标准、技术规程和土壤产品检验检测等基础建设，成立长白山人参种植联盟，建立完善品牌准入准出和质量安全可追溯机制，探索建立品牌产品专卖和连锁营销模式，支持企业加强人参系列产品研发与成果转化，人参药品、食品、保健品、化妆品、生物制品等名优特新产品达上千种，"长白山人参品牌"产品市场影响力和占有率加快提升。四是打造"长白山食用菌"品牌。调整优化食用菌产业布局，在长白山北麓的吉林、延边地区重点建设黑木耳产业带，在长白山西南麓的通化、白山地区重点建设香菇产业带，在中西部地区重点建设草腐菌产业带。重点加强食用菌标准化园区、菌棒加工、市场培育和废弃菌包处理等综合能力建设，培育生态循环食用菌产业和产品品牌。五是打造吉林放心肉品牌。全省推进建设无规定疫病省，叫响放心肉品牌，打造食源性安全优质畜产品生产基地。突出抓好生猪、肉牛、肉羊、肉鸡、奶牛和梅花鹿6条产业链建设，推进规模养殖，支持加工企

业、合作组织、家庭牧场、专业养殖公司等自建联建养殖基地，延长产业链，提高产业抗风险能力。全省先后培育出皓月、华正、精气神等一批国内知名企业和畜产品品牌，吉林"放心肉"享誉国内中高端消费市场。

（三）坚持市场需求导向，不断提升吉林品牌农产品市场竞争力

吉林省注重发挥市场这只"看不见的手"的作用，不断提升农业品牌的市场化程度和市场竞争力。一是组织区域公用品牌建设培训。2016年，省农业委员会同省委组织部联合开展"引导农民闯市场、帮助企业创品牌"培训宣传活动，围绕大米、人参、杂粮杂豆、食用菌等重点区域公用品牌建设，先后在吉林、四平、松原、白山等地举办4期专题培训班，邀请国内知名专家讲市场、讲品牌、讲电商，并制作授课光碟下发全省农村基层党支部组织大规模学习培训，帮助各类新型经营主体特别是品牌生产加工企业研究市场、开发市场，引导农民适时调整种植结构。二是实施品牌质量提升行动。针对市场多样化、个性化、安全化消费需求，重新修订完善大米、人参、杂粮杂豆等品牌产品地方标准，组织吉林农业大学、吉林省农业科学院等科研机构，加强品种选育和研发，在品牌核心生产基地投入建设物联网，累计建设100个"长白山人参"品牌产品原料生产示范基地，全省52户企业开通大米质量可追溯信息系统。品牌化倒逼生产标准化，2016年"吉林大米"产量128.42亿斤，其中，中高端大米15亿斤以上，成为杭州G20峰会和中国女排的指定用米。三是加强品牌宣传推介。省政府每年安排专题经费5 000余万元，用于"吉林大米""长白山人参"等品牌宣传推介。2016年，结合国内大型展销活动，在北京、上海、杭州、深圳等重点城市举办20多场推介活动。在昆明第十四届中国国际农产品交易会上，吉林省展团集中主打杂粮杂豆品牌，吉松岭炭泉小米等8个产品荣获金奖称号，迅

速打响品牌，成功塑造"国人膳食营养仓"品牌形象。《农民日报》刊发题为《调结构打品牌杂粮杂豆顺势突围》文章，充分肯定和宣传了吉林杂粮杂豆品牌建设工作取得的成绩。

（吉林省农业委员会）

上海市品牌农业发展概况

【基本情况】　2016年，按照上海市政府和农业部的总体部署，本市积极推进农业品牌建设，着力提升农产品品质，大力培育区域公用品牌，加强品牌农产品宣传推介，推进农产品从产品向品牌转变。2016年，本市地产农产品品牌化销售率达到71.75%，比2015年提高5个百分点，其中，禽肉、猪肉、食用菌和瓜果品牌化销售率提高最多，分别为12.9个、10个、9.7个和8.2个百分点。

【主要做法和成效】

（一）积极开展品牌推荐认定，支持知名品牌发展

积极开展各类农产品品牌推荐工作，本市绿笋芦笋种植专业合作社"白狗"芦笋等4个农民合作社农产品获"全国百家合作社百个农产品品牌"称号；奉贤黄秋葵、施泉葡萄等8个农产品获2015年度全国名特优新农产品；光明莫斯利安巴氏杀菌酸牛奶等6个农产品被评为第十四届中国国际农产品交易会金奖产品。根据市名牌推荐委员会办公室的要求，组织开展本市2016年度上海名牌（农产品类）评审，本市"桃咏"水蜜桃等49个农产品被评定或延续评定为上海名牌。目前有效期内上海名牌（农产品类）达到67个，市著名商标（农产品类）达到100个。支持行业协会评选出"绿妮"等十大西瓜品牌、"传伦"等十大葡萄品牌、"锦绣"等十大桃子品牌。

（二）结合地方特色和优势，培育区域公用品牌

成功推荐"南汇西瓜"为2016年全国名

优果品区域公用品牌。积极组织申报农产品地理标志登记,崇明白山羊、枫泾猪、金山蟠桃、三林崩瓜、崇明沙乌头猪、嘉定梅山猪、崇明金瓜、亭林雪瓜、马陆葡萄、崇明水仙、庄行蜜梨、奉贤黄桃、彭镇青扁豆等13个农产品获得农业部颁发的农产品地理标志登记证书。开展农产品区域公用品牌调查,梳理出本市重点发展的20个农产品区域公用品牌,其中,有12个获得农业部或国家工商行政管理总局或国家质量监督检验检疫总局的农产品地理标志认定;从行业分布来看,涉及"松江大米""崇明大米"2个粮食类品牌,"彭镇青扁豆""练塘茭白"2个蔬菜类品牌,"南汇水蜜桃"等14个瓜果类品牌,"崇明白山羊"1个畜禽类品牌,"崇明清水蟹"1个水产类品牌。鼓励各区根据地方特色,积极培育农产品区域公用品牌,对区域品牌农产品标准化生产、品牌化销售、新技术推广等方面进行指导和政策扶持。

(三)推进"三品"认证和监管工作,保障品牌产品质量

积极推进无公害农产品、绿色食品、有机食品认证,截至2016年年底,本市"三品"认证率达到72%。落实"三品一标"奖补政策,2016年共计奖补企业290家,发放奖补金额445.92万元,其中,无公害农产品奖补企业256家,发放奖补金额298.85万元,绿色食品奖补企业18家,发放奖补金额2.434万元。加强"三品"农产品监管,2016年完成601个"三品一标"农产品的质量监督抽样,其中无公害农产品完成检测357个、绿色食品完成检测40个、有机产品完成检测15个,"三品一标"产品抽样检测合格率为100%。全年组织完成对全市1 537家"三品一标"农产品获证企业生产过程的监管检查,并对143个绿色食品产品证书完成年检,监督抽查合格率为100%。

(四)以品牌为纽带,促进产业发展

通过"上海农业网"、《东方城乡报》、"上海三农"微博微信等平台积极宣传品牌农产品。组织农业龙头企业和农民合作社参加中国国际农产品交易会等展会,举办新春农副产品大联展等各类特色农产品展销会,为农业品牌走向国内、国际市场创造条件。鼓励各区举办"上海桃花节""奉贤黄桃节""金山蟠桃节""嘉定马陆葡萄文化节""崇明橘黄蟹肥稻米香文化旅游节""练塘茭白节""仓桥水晶梨节"等各类农业节庆活动,积极宣传推介本区品牌农产品。支持各区通过农超对接、开设专卖店、发展农产品电子商务等方式,不断拓宽品牌农产品销售渠道,2016年7月,浦东新区推进品牌水蜜桃以跨境电商形式进入香港特区市场销售。

【存在的主要问题】 面对日趋严峻的农产品市场竞争和现代农业发展要求,上海品牌农业发展还存在小、散、弱的缺点,品牌科技含量不高,品牌发展模式有待探索,品牌扶持政策有待完善,急需完善农业品牌顶层设计和制度创设,构建品牌发展长效机制,激发各方参与农业品牌建设的积极性和创造性,营造全社会关心和支持农业品牌建设的有利氛围。

(上海市农业委员会)

江苏省品牌农业发展概况

品牌化是农业现代化的重要标志,是推进农业供给侧结构性改革的重要切入点。近年来,全省上下深入实施品牌战略,大力培育农产品品牌,各地农产品品牌建设实践成果丰硕,品牌成为实现农产品优质优价、提升农业质量效益和竞争力、发展区域经济的重要驱动力。

【发展现状】 据不完全统计,目前全省共有"三品"总数超过1.7万个,48个农产品商标被评为中国驰名商标,490个农产品商标被评为江苏省著名商标,220多个农产品品牌被评为江苏名牌产品,48个农产品品

牌获农业部农产品地理标志保护，28 个农产品区域公用品牌入选全国农产品区域公用品牌价值榜。主要有以下几个特点：一是品牌农产品覆盖所有农业产业领域。在各类农产品品牌中，各类产业均有涉及，彰显了江苏"鱼米之乡"的风貌。二是品牌农产品涵盖各类市场主体。从各类农产品品牌拥有的主体来看，不仅有农业企业，也有行业组织和政府，还有农户，因品牌形式不同而各占主导地位。三是品牌农产品遍布所有涉农县市区。全省各县（市、区）均培育了一定数量的农产品品牌，且苏南苏中苏北地区数量分布相对均衡，体现了各地优势农产品产业的特色。

【主要做法】 品牌化是农业转方式、调结构的重要抓手。近年来，各地围绕农业结构调整和转型升级，不断强化品牌意识，加强政策扶持，注重营销推介，大力培育"苏牌"农产品品牌。

一是强化顶层设计，加大政策和资金扶持力度，营造品牌建设良好氛围。研究制定加快推进农产品品牌建设的意见，形成"十三五"推进农产品品牌建设的总体思路、目标任务、主要做法等。构建农产品品牌建设统筹协调工作机制，启动"苏牌"农产品品牌创建行动，明确从探索建立江苏农产品品牌目录制度、开展最受消费者喜爱的江苏农产品品牌推介、开展专题宣传等方面，推动创建区域公共品牌、农产品大品牌，以品牌引领结构调整和产业发展。加大对农产品品牌建设的扶持力度，南京、无锡、常州、泰州、盐城、宿迁等地均设立农产品品牌建设专项资金对农产品品牌建设主体进行奖补。

二是强化营销推介，加大境内外展示展销力度，提高品牌知名度。积极组织品牌农产品生产主体参加国内外展示展销活动，成功举办了 17 届江苏农业国际合作洽谈会、13 届江苏名特优农产品（上海）交易会，连续 12 年开展农产品境外促销，提高江苏品牌农产品知名度和影响力。在上海西郊国际农产品展销中心设立江苏名优农产品展销馆，为江苏品牌农产品在上海销售、展示搭建常态化平台，已连续 13 年举办专题营销推介活动。在南京建成江苏国际农业展览中心，成为各地展示展销、宣传推介品牌农产品的有效载体，仅 2016 年举办品牌农产品展销活动 16 场，展示品牌农产品近千种。

三是强化优质品牌认定，不断提升农产品"三品一标"认证规模，争创品牌竞争优势。坚持"企业为主、市场导向、政府推动"方针，以农产品行业协会为龙头，以企业为载体，以区域特色、名特优产品为重点，围绕优势农产品和特色产业，积极开展原产地保护、地理标志农产品认定认证，大力发展无公害农产品、绿色食品、有机农产品。目前，全省"三品一标"农产品有效数总量位居全国第一，种植业"三品"产量占种植业食用农产品产品总量的比重达 35.3%；涌现了"维维""圣象""鑫缘""桂花鸭""恒顺""中洋"等一批国内外知名品牌，洞庭山碧螺春、阳山水蜜桃、高邮鸭蛋、邳州大蒜、盱眙龙虾、射阳大米等品牌已成为重要的城市名片。

四是强化质量安全监管，严把"产""管"两道关口，夯实品牌建设基础。按照"政府推动、市场引导、企业带动、农民实施"的要求，以农产品生产企业、农民专业合作组织等为主体，加大农业标准的示范、推广力度，引导农产品生产者和经营者按标准生产、加工和销售。同时，积极推进农业标准化实施示范，逐步加大绿色食品、有机农产品原料基地建设力度，以标准化示范区、基地建设为载体培育农产品品牌。"十二五"期间，全省新增农业地方标准 847 项，总数达到 2 034 项，覆盖农产品品种、产地环境、生产加工、分等分级、检测技术等各个环节，累计建设国家级、省级农业标准化示范区 471 个，推广实施各类农业标准 5 200 多项，17 个县（市）被列为国家级农业标准化实施示范县（市），绿色食品原料标准化基地2 739万亩，"三品一标"基地占耕地面积的比例达85%以上。

五是强化品牌监管保护，大力培育农产品区域公用品牌，推动品牌联合融合发展。根据区域定位、历史文化及品牌现状，遵循"政府主导、协会运作、企业参与"的原则，引导生产主体联合打造农产品区域公用品牌，提升市场美誉度，射阳大米、兴化香葱、邳州大蒜、沛县狗肉、淮安黑猪等一批农产品区域公用品牌展现了较高的市场竞争力。加强对品牌的监管与保护，将"三品"发展纳入农业基本现代化进程监测、农产品质量安全绩效管理等不同层级的考核，制定科学合理的动态管理方案，通过加强现场检查、常规抽查、例行监测等监督手段，构建品牌监管的长效机制。同时，组织开展农产品质量"创牌立信"活动，督促品牌主体切实加强品牌质量保证体系与诚信体系建设，进一步提高品牌公信力。2015年度和2016年度分别授予100家、101家品牌农产品企业省级农产品质量"创牌立信"示范单位荣誉称号，树立了江苏品牌农产品良好形象。

【存在的主要问题】 虽然全省农产品品牌建设在不断推进，但依然存在一些需要引起重视的问题。一是农产品品牌建设的意识有待强化。家庭农场、农民合作社、农业企业等新型农业经营主体近年来迅速发展，成为农业现代化建设的重要力量，但其农产品品牌建设意识有待强化。全省省级以上农业龙头企业达698家，但获得"三品一标"认证的企业数量只占52.1%；农民合作社总数7万多家，但拥有有效注册商标的合作社数量仅占8.6%。二是农产品品牌整合力度有待加大。当前农产品品牌创建存在重数量轻质量的现象，品牌整合的力度还不够大，如仅稻米产业就有100多个大米品牌通过无公害、绿色、有机农产品和名牌产品认证，推进品牌整合融合发展还有很大空间。三是农产品品牌宣传和营销推介方式有待创新。目前，全省利用"互联网＋"开展农产品品牌宣传和营销推介方面做得还不够，创新的方式还不够多，创新的力度还不够大。

（江苏省农业委员会）

浙江省品牌农业发展概况

【品牌建设现状】

（一）注重政策扶持，引导品牌塑造

为推进农业品牌建设，省农业厅成立了推进品牌农业建设领导小组，制订并实施《浙江名牌农产品管理办法》，开展浙江名牌农产品和"浙江农业之最"评选，建立优胜劣汰的管理机制。推行农产品质量认证，支持品牌营销，为农产品品牌创建工作奠定基础。一些地方安排专项资金对证明商标注册、地理标志保护登记及获得各级农业名牌认定的农产品进行补助奖励，加强农业品牌建设的引导和管理。省农业厅还会同省工商行政管理局、省质量技术监督局、省食品药品监督管理局联合下发《关于支持"丽水山耕"品牌提升发展的若干意见》，从支持实施商标品牌战略、扶持培育重点龙头企业、支持开展示范创建等方面提出14条意见，推动"丽水山耕"品牌提升发展。

（二）培育多元主体，强化品牌理念

各级政府和相关部门通过培育农业企业和专业合作社等生产经营主体，使之成为农业创牌的主力军。通过多年的努力，全省农产品商标注册数达13.2万余件，农副产品驰名商标51件，省著名商标近700件；浙江名牌农产品234个，其中区域名牌农产品19个；无公害农产品、绿色食品、有机农产品7 281个，列入国家农产品地理标志保护产品44个，品牌农业初具规模。

（三）注重质量安全管理，夯实品牌基础

各地坚持量质并举、以质塑牌，按照政府推动、市场引导、企业带动、农民实施的要求，以农业龙头企业、农民专业合作社等为主体，加大农业标准的示范、推广和培训力度，引导农产品生产者和经营者按标准生产、加工和销售。组织开展标准化"三园一场"示范创建和农产品质量安全追溯体系建设，全省农业标准化生产程度达 62.9%，农产品定期抽检合格率多年保持较高水平。

（四）整合品牌资源，显现联动效应

各地对传统品牌，通过申报农产品地理标志、集体证明商标等与国际接轨的手段整合资源，提高品牌效应。对新兴品牌，充分利用质量、科技、形象等优势，借助现代营销等手段，增强市场竞争力。对区域性、同质性的优势产品，按照"政府主导、协会运作、企业参与"的原则，引导生产主体联合打造农产品区域公共品牌，扩大品牌农产品规模，提升市场美誉度。丽水市依托"丽水山耕"区域公用品牌，全力推动农业产业和丽水生态精品农产品品牌的发展。"余姚杨梅""常山胡柚""浦江葡萄""黄岩蜜橘""乐清铁皮石斛"等一批知名度高、美誉度好、带动农民增收能力强的区域品牌茁壮成长。

（五）搭建营销推介平台，扩大品牌影响

各地积极组织企业参加中国国际农产品交易会、浙江农业博览会和浙江（上海）名特优新农产品展销会，举办各种类型的农产品展示展销、产品推介、新闻发布会等活动，组织企业赴境外开展营销推介，引导企业、农户运用多种渠道推广宣传农产品品牌。各地举办以特色农产品为主的采摘和文化节庆活动，组织消费者参与体验，联结新闻媒体，加大品牌宣传力度，扩大品牌知名度。近年来，大力推进电商拓市，引导优势农产品开展网上销售，线上线下、"互联网＋"的农产品营销新模式蓬勃兴起。2016 年全省农产品网络零售额超过 396 亿元，同比增长 30.2%。

【存在问题】 浙江省农业品牌建设与工业、服务业等产业相比，与其他先进省份、发达国家相比，仍存在较大差距。

（一）做大做强农业品牌意识较为薄弱

一些地方在农业品牌建设上缺乏长远规划、整体设计以及政策支持，农业生产经营主体品牌宣传投入不足。

（二）农业品牌存在着小、散、弱现象

缺少领军企业、领军品牌，区域公用品牌总量少、品牌价值低、带动能力不够强。

（三）农业品牌建设缺乏合力

农业品牌在策划、运营、传播、推广、保护等诸多环节衔接不够紧密，在标准体系建设、市场监管、品牌保护等方面尚未形成整体合力。

（浙江省农业厅）

安徽省品牌农业发展概况

【基本情况】 近年来，安徽省紧紧围绕推进农业供给侧结构性改革这条主线，深入贯彻创新、协调、绿色、开放、共享发展理念，以区域公用品牌、企业品牌、产品品牌为重点，大力实施农业品牌化战略，积极组织实施"绿色皖农"品牌培育计划，取得积极进展，为全省现代农业发展注入生机与活力。

一是形成一批叫得响的区域公用品牌。充分发挥安徽省农产品资源、生态环境资源优势，结合历史文化传承，加大区域公用品牌创建力度，引导鼓励品牌创建主体注册地理标志、原产地保护以及证明商标，打造出以祁门红茶、太平猴魁、长丰草莓等为代表的一批具有安徽特色、安全绿色、市场认可的农产品区域公用品牌。在农业部组织开展的"2015 中国农产品区域公用品牌百强"网络投票评选中，祁门红茶、符离集烧鸡、宁国山核桃、太平猴魁荣获该荣誉称号。祁门红茶以 24.26 亿元的品牌价值连续第六年入选"中国茶叶区域公用品牌价值十强"，同时，祁门红茶品牌还获得"2015中国茶叶最具传播力品牌"称号，太平猴魁荣获中国茶叶"最具品牌经营力品牌"称号。"长丰草莓"被授予"2015最受消费者喜爱的中国农产品区域公用品牌"，品牌价值达24.47亿元，被农业部优农中心评为"畅销产品"。2016年，砀山酥梨、怀远石榴、长丰草莓入选全国百个名优果品区域公用品牌。

二是打造一批有市场竞争力的企业品牌。强化龙头企业、农民合作社、家庭农场和种养大户品牌意识，支持农业龙头企业、农民合作社、家庭农场创建品牌，培育一批实力强、信誉好的品牌运营核心企业，引导核心企业发展农业"三品一标"，争创驰名商标、著名商标和名牌产品，打造具有一流产品质量、一流包装设计、一流营销业绩，在国内外市场上打得出、叫得响的企业品牌。据不完全统计，全省农产品注册商标总数达到33 000个以上，全省已获得知名以上农产品品牌1 702个，其中中国驰名商标99个，安徽省著名商标1 028个，安徽名牌产品548个，中华老字号27个。"古井贡"酒、"洽洽"香瓜子、"猴坑"太平猴魁、"谢裕大"黄山毛峰、"溜溜梅"、"詹氏"山核桃、"同福"碗粥等企业品牌已具备一定知名度，产品市场占有率稳步上升。2015、2016年，安徽省连续两年组织参加全国百个合作社百个农产品公益宣传活动，宁国市富民中药材专业合作社"春莲"牌宁前胡、砀山县二分水果种植专业合作社"二分"牌酥梨、望江县金穗种植专业合作社"亮晶香"牌大米以及绩溪县上庄茶叶专业合作社"瀚徽"牌茶叶、蚌埠涂山石榴专业合作社"涂山"牌石榴、砀山县双赢水果专业合作社"珍星"牌砀山酥梨，分别入选2015、2016年全国百个合作社百个农产品品牌，为全省农民专业合作社品牌发展打下了坚实基础。依托互联网平台优势，大力发展农产品电子商务，以"三只松鼠"为代表的一批效益好，网民认可度高的农业互联网企业品牌异军突起。

三是培育一批安全优质特色农产品品牌。积极推动无公害农产品、绿色食品、有机农产品和农产品地理标志等"三品一标"产品生产，截至2016年年底，全省已认定有效无公害农产品产地991个，有效获证无公害农产品1 914个，绿色食品总数达到1 705个，通过有机食品企业达174家，认证证书241张，认证产品403个。全省农产品地理标志登记产品已达35个。立足优势主导特色产业，把握产业定位，整合品牌资源，推进粮食、优质安全畜禽产品、生态绿色渔业、特色农业品牌建设，培育引领主导产业发展的产品品牌。在粮食品牌上，安徽省在全国率先启动发展品牌粮食试点，以品牌经济为纽带，通过粮食生产、加工、服务一体化，形成粮食全产业链，提高粮食综合竞争力。全省参与品牌小麦企业213家，建立品牌小麦生产基地530万亩；参与品牌水稻企业776个，建立品牌稻谷生产基地562万亩。安徽瑞福祥食品有限公司年加工小麦23万吨，其面粉、谷朊粉、淀粉、小麦浓缩蛋白、小麦胚芽等产品，畅销全国10多个省份。在优质安全畜禽产品品牌上，巩固和发展生猪产业，大力发展具有比较优势和市场潜力的节粮型草食牲畜，调动皖北地区母牛饲养积极性，扶持皖北地区樱桃谷鸭产业和皖南地区家禽业发展，初步形成布局合理、特色突出、竞争有力的优势产业集群，并在此基础上着力发展畜牧业产品品牌。安徽浩翔农牧有限公司以猪育种为核心，饲料加工为平台，食品深加工为龙头，已成为安徽畜牧业明星品牌。在生态绿色渔业品牌上，结合渔业绿色健康养殖模式攻关，集中创建"稻田虾、鳖""水库有机鱼""虾稻米"等生态绿色渔业品牌。安徽富煌三珍食品集团有限公司开发冷冻调理类、火锅料理类、调味品类、风味食品类四大系列100多个单品，共有"巢三珍""三珍""sungem"等6个"安徽省著名商标"，将巢湖水产卖向全球。在特色农业品牌上，聚焦茶叶、水果两大主线，加强黄山毛峰、六安瓜片、太平猴魁、祁门红茶等四大品牌茶及迎客松、润思、大业茗丰3个企业品牌集群宣传，加大对砀山酥梨、长丰草莓等国家地理标志产品推广，提高市场认知度。

【主要做法】

（一）加强工作推动

省政府成立全省质量品牌升级工程推进小组，开展质量品牌示范年活动，把农业质量品牌工作作为重要内容，积极培育农业品牌，建设全国知名品牌示范区和省级专业商标品牌基地，推进国家地理标志、原产地、老字号和知名商号品牌以及区域品牌保护。省政协围绕品牌粮食主题开展对口协商，为全省品牌粮食发展献计出力。2016年8月10日，安徽省政协举行发展品牌粮食情况通报会，充分运用协商成果，为加快构建品牌粮食产业体系、生产体系和经营体系，进一步提高粮食产业的比较效益和市场竞争力资政建言。各级农业部门把农业品牌工作摆上重要日程，积极组织实施"绿色皖农"品牌培育计划，落实领导责任，明确工作任务，加强政策引导，完善工作机制，制定具体措施，做好指导、扶持和服务工作，以区域公用品牌为统领，以企业品牌为支柱，以产品品牌为基础，夯实全省农业品牌创建基础，依托农业产业化龙头企业"甲级队"和现代农业产业化联合体，健全完善农业品牌培育、发展、保护和营销体系，培育和创建一批在国内外有较大影响力的知名皖字号农业品牌。省发改委、财政、科技、工商、质检、食监、商务、税务等部门也从本单位职能出发，加大对农业品牌发展支持力度。组织成立农业品牌协会或专家委员会，积极引导行业协会、中介组织参与农业品牌创建，开展优质特色区域公用品牌、企业品牌、产品品牌评选活动。2016年，安徽省渔业协会组织推介发布当涂县"姑溪湖"、安庆市"皖江"、芜湖市"渡江宴"等徽蟹十大品牌。

（二）加强政策支持

2016年起，省财政连续两年安排专项资金400万元支持农业品牌建设，开展品牌质量追溯体系建设试点。2016年省财政安排产业化专项资金6 300万元，用于省级以上龙头企业品牌创建企业奖补、主营业务销售额突破50亿元企业奖补、电子商务奖补等。省农业委员会将"三品一标"作为农产品品牌建设重要指标，纳入对市、县农委的检查考核。2016年首次把"三品一标"列入民生工程项目，明确目标任务，细化工作措施，全年新发展"三品一标"企业860家，安排奖补资金3 000万元，用于农业"三品一标"认证主体补助。积极整合现有各类涉农专项资金，大力支持品牌培育。各类农业项目与推进"绿色皖农"品牌培育计划有机结合。2016年省财政对获得中国驰名商标的龙头企业，在《安徽省人民政府关于实施商标战略促进经济发展的意见》（皖政〔2010〕79号）奖励政策的基础上，从省级农业产业化专项资金中一次性再给予20万元奖励。省财政安排"一村一品"专项资金400万元，重点对40个专业村镇主导产业培育、"三品"认证、品牌宣传推介等进行扶持。各地相继出台一系列政策文件支持鼓励现代农业发展和品牌建设，对龙头企业新认定驰名商标、著名商标、安徽名牌产品的给予奖励，对发展农业品牌起到了积极引领作用。宿州市委、市政府相继出台《关于加快推进国家现代农业示范区建设的若干意见》《关于加快现代农业"两区"建设的奖励扶持办法（修订）》，对名优品牌、"三品一标"、农业标准化示范基地等，加大资金奖励力度。淮南市制定政策，对获得中国驰名商标和省、市名牌产品及认证通过的"三品一标"产品给予一定的奖励。

（三）加强宣传培训

依托中国国际农产品交易会、中国安徽

名优农产品暨农业产业化交易会及其他农业行业展会平台，充分利用电视、广播、报纸、网络等媒体，宣传推介品牌农产品，努力扩大皖字牌农产品品牌知名度。2016 中国安徽名优农产品暨农业产业化交易会展示展销区设置展位 3 200 多个，展示的品牌及产品 18 000 多种，现场销售额达 4 100 万元，签订贸易定单 6 037 份，金额 121.3 亿元。9 月份在长春举办的第十七届中国绿色食品博览会，安徽省组织了 31 家绿色食品企业和一批有机食品、农产品地理标志、绿色食品生产资料企业共百余种产品参展，现场销售"三品一标"产品 18.7 万元，签订意向协议超过历年博览会，经组委会评审，8 个产品获得展会"金奖"。各地积极组织名特优农产品参加各种展示展销会，提升品牌效应。六安市每年举办六安茶谷开茶节、羽绒文化节、霍山黄芽茶文化节、万佛湖鱼头文化节、金安脆桃产销对接会等重大节庆活动。阜阳市充分利用科技下乡、重要节日、纪念日活动等形式，广泛宣传"三品一标"知识，把"三品"生产监管列入新型职业农民培训工程内容，并与阜阳电视台《田野风》栏目合作，开辟绿色食品专题宣传栏目。黄山市从 2005 年开始，连续多年在北京、上海等地举办茶叶等名优农产品展示交易活动，并先后举办首届"黄山茶会"和"2016 北京国际茶展"。通过宣传推介活动，有力地提升了安徽农产品品牌形象，提高了安徽农产品的市场占有率。

【存在的主要问题】　一是品牌意识不强。农业生产经营者对农业品牌意识薄弱，对强化产品形象，提升品牌竞争力等方面意识不强，同时缺乏保护品牌的法律意识。二是知名品牌不多。以安徽省茶叶品牌为例，小品牌众多，企业生产分散，缺乏组织化、产业化生产能力，亟须以龙头企业整合产业链上下游，形成市场认可的农产品知名品牌。三是关键环节薄弱。重点表现在农产品质量安全工作有待加强，质量安全追溯体系不健全，农业品牌形象趋同，品牌文化内涵挖掘不够。

（安徽省农业委员会）

福建省品牌农业发展概况

【基本情况】　近年来，福建省坚持把农业品牌建设作为发展现代农业的关键措施，突出区位优势、特色优势、品质优势，围绕茶叶、水果、食用菌、畜禽等主导产业和特色产品，积极创建具有明显竞争优势和影响广泛的区域公共品牌、企业品牌和产品品牌，福建特色的农业品牌集群效应基本形成，品牌效益显著提升。

【发展成效】

（一）品牌创建成效显著

截至 2015 年年底，全省工商系统登记的农民合作社 3.2 万家、家庭农场 1.8 万家，共有国家级龙头企业 52 家、省级龙头企业 774 家，其中 441 家企业获得驰名商标或名牌产品、著名商标认定，全省共评选 366 个"福建省名牌农产品"。截至 2016 年，福建省获得农业部登记保护的农产品地理标志 62 个，累计无公害农产品 2 841 个，绿色食品 692 个，有机食品 101 个。农产品品牌涵盖了粮油、蔬菜、笋、水果、食用菌、茶叶、畜禽、水产、中药材、特色产品等十一大类。

（二）品牌集聚效应明显

通过优化产业布局，农业生产向生态最适宜区集中，产业聚集促进了品牌集聚，形成了安溪铁观音、福鼎白茶、福州茉莉花茶、武夷山大红袍、坦洋工夫、琯溪蜜柚、福安葡萄等众多区域公共品牌。安溪县八马、日春、华祥苑、三和、魏荫、凤山、坪山等多个铁观音茶叶品牌年营销额均在 1 亿元以上；平和县企业集群开发琯溪蜜柚深加工，形成比较完善的产业链，每吨鲜果可增值 8 倍；全省获得农业部优质农产品开发服务中心评选的中国著名区域公用农产品品牌 11 个。

（三）品牌效益显著提高

据 2016 中国茶叶区域公用品牌价值评估，安溪铁观音 60.04 亿元、福鼎白茶 33.80 亿元、福州茉莉花茶 28.52 亿元、武夷山大红袍 25.75 亿元、坦洋工夫 24.38 亿元，分列第一、四、七、九、十名；平和琯溪蜜柚总产量达 120 万吨，产值 50 亿元，带动相关产值 100 亿元，创下了种植面积、产量、产值、市场份额、品牌价值、出口量 6 项全国第一，2015 年入选"50 个品牌价值 50 亿元以上的中国地理标志产品"；福安葡萄以品质优、果型美、风味独特、产业体系健全、市场信誉良好等优势，获评区域品牌价值 71.93 亿元。

【主要做法】 福建品牌农业经过多年的发展，取得了一定成效，走出了一条标准化、区域化、全程化、精品化、制度化相结合，社会效益、生态效益、质量效益协调发展的新路子。

（一）推进标准化生产，夯实品牌基础

通过加快制定或修订农业标准化生产技术规范和操作规程，全省逐步建立了具有福建特点又符合品牌农业发展需要的农业标准体系。通过加强政策引导、项目扶持和技术指导，推进农产品生产、加工、流通等领域标准化，创建农业标准化示范区（基地），累计创建省级以上园艺作物标准园和畜禽养殖标准化示范场 1 225 个，指导建设标准化生产基地 2 475 个［其中种植业标准化生产基地 750 个，带动按标生产 285 万亩；食用菌标准化生产基地 63 个，带动按标生产 4.9 亿袋（瓶）；畜牧业标准化生产基地 1 662 个，带动生猪标准化养殖 505 万头、家禽 1.15 亿羽］。通过标准的制定转化、宣传培训、示范推广等有效措施，显著提升了全省农产品按标生产水平和覆盖面。

（二）优化区域化布局，挖掘品牌特色

福建倚山滨海，山海资源丰富，在品牌农业特色上具有较大的发展潜力和优势。一是围绕建设 10 个国家现代农业示范区、6 个台湾农民创业园、16 个福建农民创业园和 50 个农民创业示范基地，引导农业龙头企业和产业链上下游经营主体向园区集聚发展，打造品牌农业发展高地。目前，已形成了园艺、畜牧、水产、花卉、种苗等特色优势产业集中区 41 个。二是围绕做大做强优势特色产业，加快建设闽东南高优农业、闽西北绿色农业、沿海蓝色农业三条特色产业带，大力发展蔬菜、水果、食用菌、畜禽、水产、茶叶、中药材、烤烟、花卉、林竹等十大重点农产品，着力打造全产业链总产值超千亿元的品牌优势特色产业。目前，十大重点农产品产值占农林牧渔业总产值的 87%，毛茶产量、产值均居全国首位，食用菌产量、出口量和出口额均居全国第一，生猪、蛋鸡、肉鸡、奶牛等规模化率位居全国前列。

（三）加强全程化监管，维护品牌信誉

将品牌农产品、品牌企业、公共区域品牌的维护与推进 4 个国家级、26 个省级农产品质量安全县创建结合起来，以品牌推动生产、以品牌促进消费。2016 年以来开始实施品牌企业、品牌产品白名单、红名单和黑名单制度；持续开展农产品质量安全专项整治和"检打联动"，突出重点行业、重点区域、重点问题，深入排查风险隐患，严厉打击农产品生产领域的违法违规行为，对存在的隐患问题及时约谈品牌企业，对违法违规的企业和产品按规定予以处罚，列入黑名单，与以后项目申报、经费扶持挂钩。同时，积极落实监管信息化，2015 年以来已有 2 000 多家国家级、省级龙头企业、农民合作社纳入全省农产品质量可追溯平台，做到农产品质量安全追溯信息录入准确完整、即时可查，保障消费安全；同时，实施农资监管信息化网络，目前已有 2 007 家农药企业、904 家兽药企业纳入监管平台管理。

（四）实施精品化培育，壮大品牌主体

扶持国家级重点龙头企业、省级重点龙

头企业创设品牌，支持茶叶、水果、蔬菜、食用菌、畜牧等优势产业龙头企业精细化打造大品牌，形成了安溪铁观音、武夷岩茶、福安葡萄等一批具有福建特色、影响广泛的区域公用品牌、知名企业品牌和产品品牌。支持品牌农业展示、推介和宣传，每年组织开展"闽茶海丝行"经贸活动，组织茶叶龙头企业走出国门，推广茶文化，推广茶产品，进一步扩大闽茶国际影响，扩大茶叶出口贸易。通过中国国际农产品交易会、绿色食品博览会、海峡项目成果交易会、"闽货中华行"及其他地区农产品博览会等大型会展活动的有效载体，搭建农产品销售平台，强力推介福建品牌，提升福建农产品市场竞争力、品牌影响力和产品美誉度。

（五）强化制度化保障，支撑品牌发展

福建省委已连续13年出台推动农业农村发展的1号文件，品牌农业始终是重要内容。2008年，福建省农业厅印发了关于促进品牌农业发展的若干意见，开展名牌农产品的评选、认定、管理和品牌的营销、整合等工作。2015年印发了《福建省第八轮农业产业化省级重点龙头企业认定办法》，严把认定标准，确保龙头企业质量。2016年省农业厅、省财政厅印发了关于支持"三品一标"品牌发展的政策文件，对通过"三品一标"认证的生产经营主体给予奖补，这些都为推动全省品牌农业的发展提供了强有力的支持。各级财政也安排专项资金鼓励企业争创农产品品牌，对企业争创品牌予以5万～100万元的奖励。同时，有关部门也对扶持品牌农业的项目资金进行整合，集中力量培育壮大一批重点企业和重点品牌，扶持一批为品牌农业服务的公共服务平台，在全社会形成发展品牌农业的良好氛围。

【推进思路】 福建品牌农业发展中的问题与全国总体相似，主要表现在品牌意识不够强、区域优势发挥不充分、品牌宣传投入不足、品牌营销力度不够等方面。针对这些

问题，省农业厅2016年将品牌农业列为全省农业的重点工作，以推动农业供给侧结构性改革为契机，围绕"打基础、守底线、创品牌、育主体"工作主线，大力推动良种、良法研发推广，打牢品牌农业基础；强化农产品质量监管，守住品牌农业底线；积极创建区域公共品牌、企业品牌和产品品牌，提升品牌农业水平；大力扶持培育企业品牌主体，构建品牌农业产业体系，以品牌优化供给促进消费，以品牌保障安全提升效益；力求通过5年的努力，使全省农产品绿色优质率得到大幅提升，农业品牌培育、发展和保护体系日益完善，形成一批具有福建特色、影响大的知名农业品牌，大幅度增加品牌经济总量，把福建打造成为品牌农业强省。

（一）转变观念，做好顶层设计

深入研究全省品牌农业的现状，明确品牌农业发展的目标、重点、任务、措施和保障。坚持以质量效益为核心、市场需求为导向，切实转变只追求产量、不注意质量、不考虑效益，只重视发展生产、不了解市场需求的思维模式，做到既追求发展生产，又着力推动产品营销，大力提升农产品市场化品牌化水平。坚持以产业升级为目标，切实改变名优产品为认证而认证、以产品通过认证为终极目标的狭隘做法，全力推动以品牌为标准，企业为主体，通过企业市场主体运作带动整个产业的升级发展。

（二）创新思路，注重品牌创建

坚持以优质品种为基础，通过实施种业创新工程，全力推广优质高效的品种，优化品种品质结构，推进优质品种的合理布局。全力推进标准化生产，坚持管产业必须管质量，坚持良种良法配套，严格控制农业投入品使用，确保不突破农产品质量安全的底线。注重品牌打造。坚持品牌塑造与品牌宣传两手抓、公共品牌和企业品牌齐发展，进一步抓好公共区域品牌建设，加快"三品一标"认证服务，突出产业区域特色的优质农产品，

打造福建农产品的公共区域品牌。

（三）突出重点，提升品牌质量

一是突出重点产业。着力扶持发展茶叶、水果、蔬菜、食用菌、畜牧等重点产业，培育一批具有福建特色的优质农产品品牌。二是突出重点企业。选取具规模、上档次、有潜力的龙头企业，开展品牌农业"季度攻势"，争取 2017 年夏季推出福建百香果"夏季攻势"，保证每个季度都要有重点、亮点和突破点。三是突出重点支持。支持企业开展品牌打造营销，支持标准化生产基地建设，帮助企业建立 GAP 生产基地、实现欧盟的认证，巩固提升"闽茶海丝行"活动成果。支持农产品加工业质量品牌建设，农产品产地初加工补助项目等政策要优先向区域公用品牌创建好的地方倾斜。

（四）强化保障，建立良好机制

一是省农业厅成立工作领导小组，由分管品牌农业工作的厅领导担任组长，相关处室（单位）主要负责人作为领导小组成员，研究品牌农业发展过程中存在的问题，形成合力共同推进。二是强化政策支撑，搞好顶层设计，争取省政府出台《关于加快推进品牌农业建设的若干意见》，进一步明确全省品牌农业发展的目标、重点、任务、措施和保障。三是强化资金投入。积极整合项目资金，优化支出结构，切实加大对农产品品牌建设的投入，对通过"三品一标"认证的生产经营主体给予奖补，充分调动农业生产经营主体创建农产品品牌的积极性。

（福建省农业厅）

江西省品牌农业发展概况

【基本情况】 近年来，在农业部大力支持下，在江西省委、省政府的正确领导下，省农业厅紧紧围绕打造"生态鄱阳湖、绿色农产品"品牌，按照"企业培育产品自主品牌、政府培育区域公用品牌"的思路，依据

现有基础，加大扶持力度，创新工作思路、强化宣传推介，推动了农业品牌快速发展。

【主要成效】

（一）形成了农产品品牌发展体系

农产品品牌数量、发展水平直接反映了一个省农业整体实力，也是现代农业一个重要衡量指标。随着江西现代农业的不断发展，打造一批在全国乃至世界有影响力的江西农产品品牌成为了发展现代农业、提升农产品竞争力、促进农民增收的战略选择。

2006 年省农业厅就成立了江西省农业厅名牌农产品评选认定委员会，印发了《江西省名牌农产品评选认定管理办法》《江西省名牌农产品评选认定实施细则》《江西省名牌农产品评选认定产品目录（第一批）》，以名牌农产品认定为抓手，推动品牌农业发展。该项工作虽然在 2012 年暂停，并于 2014 年省农业厅权利清单制定过程中被清理，但在阶段性工作中为江西农业品牌的发展起到了非常大的促进作用，为江西农产品开拓市场增添了砝码。

2015 年，省农业厅把农业品牌工作列为全厅重点工作，倾注了大量心血，在深入调研、多方论证的基础上编制了《江西省农业品牌"十三五"发展规划》，为今后一段时间全省农业品牌的发展指明了方向。同时，经省政府授权，省农业厅首次向各市、县（区）政府印发了《关于加强农产品品牌建设工作的意见》，之后还出台了《关于推动全省茶叶品牌整合的实施意见》《关于加强"泰和乌鸡、崇仁麻鸡、宁都黄鸡"等地方鸡品牌建设的指导意见》，为品牌建设提出了明确方向、强化了要求、压实了工作任务。

（二）营造了全社会关心支持农业品牌发展的浓厚氛围

经过多年不懈努力，江西农业品牌工作越来越受到领导和社会各界的关心、重视和支持。省委书记鹿心社在省政协一份发言材料中特别圈出"深入挖掘我省农产品丰富的

人文价值，认真谋划农业品牌的顶层设计，加快实现从产品经营向品牌经营的转变"等内容，并批示："请省委农工部、住建厅、农业厅、国土厅研究"。原任省委书记强卫调研农业时指出："要做好品牌建设规划，着力打造菊花、崇仁麻鸡、宁都黄鸡、泰和乌鸡等品牌，以及赣南脐橙、井冈蜜柚等地方性品牌。"这两年，省人大代表和政协委员加大了对农业品牌工作的研究，每年关于农业品牌的提案和建议十多份。

（三）夯实了发展农业品牌的基础

经过多年的培育创建，江西农业品牌呈现"全、广、高、好"的发展局面，为下一阶段的品牌打造打下了坚实基础。一是品牌类型较全。江西省农业品牌数量虽然不多，但各级品牌类型较全。截至2016年，全省有中国驰名商标38个，中国名牌产品8个，中华老字号14个，江西著名商标和江西名牌产品258个，各类农产品知名区域品牌56个，为今后做大做强和有序推出一批批江西农业品牌奠定了扎实的基础。二是覆盖行业较广。江西省农业品牌产品覆盖种植业、畜牧业、渔业等多种业态和全省绝大多数设区市。例如，果业的南丰蜜橘、赣南脐橙等；茶叶的宁红茶、庐山云雾、遂川狗牯脑、婺源绿茶、浮梁茶等；家禽的泰和乌鸡、崇仁麻鸡、宁都黄鸡、皇禽酱鸭、安福火腿等；稻谷的万年贡米、金佳大米、香贡世家等；渔业的鄱阳湖水产品和军山湖水产品。三是品牌价值较高。随着近几年对农业品牌建设的重视，全省农业品牌价值呈现持续增长趋势。2016年度全国茶叶区域公用品牌估价中，庐山云雾茶品牌价值17.9亿元，增长7.5%；浮梁茶14.6亿元，增长19.9%；婺源绿茶14.5亿元，增长14.2%；狗牯脑13.4亿元，增长16.4%；宁红茶11.2亿元，增长15.3%。在2016中国果品区域公用品牌价值榜中，赣南脐橙品牌价值69.7亿元，增长20.8%，仅次于山东的烟台苹果，排名第二；南丰蜜

橘46.1亿元，增长12.6%，排名第七，广丰马家柚也以3.4亿元的品牌价值进入前100强，排名第九十六。四是发展基础较好。目前，全省"三品一标"产品保有量达3 657个，其中绿色食品590个，绿色食品产地面积941万亩，全国第十二位；有机产品1 024个，面积约5.53万公顷，全国第四位；农产品地理标志74个，全国第六位。创建全国绿色食品原料标准化生产基地41个，面积791.6万亩，全国第四位。五是智慧农业蓬勃发展。组织实施物联网建设，加快与省农业厅信息平台对接步伐，逐步实现经济作物产前、产中、产后全程监控。全省已建成投入使用的经济作物物联网生产基地26个。其中综合性生产基地4个、蔬菜8个、水果4个、茶叶8个、棉花1个、中药材1个。此外，有8个基地的物联网与省农业厅"智慧农业"云平台端口进行了对接。

【主要做法】

（一）以标准保质量

全省围绕主导、特色产业和优势农产品，制定了一批切实可行，又能与世界接轨的优势农产品标准，为实现标准化生产、培育品牌奠定了基础。据统计，全省现有地方农业标准近400项。特别是"赣南脐橙""江西绿茶""鄱阳湖"等品牌产品的生产、包装和质量管控标准的推广实施为树立品牌形象、提高市场竞争力起到了重要的推动作用。在有法可依、有标可依的基础上，省农业厅加大了农产品质量安全监管力度，建立了4个部省级、11个地市级和90个县级农产品质检机构，基本实现了检测区域和品种的全覆盖，开展了农产品质量安全例行监测等工作。2015年，全省农产品质量安全抽检合格率达到98.8%，高于全国平均水平。

（二）以示范促发展

2016年年初，农业部批复江西省以省为单位创建全国绿色有机农产品示范基地试点省，全国唯一。以此为契机，省农业厅积极

探索开展绿色有机农产品示范县（基地）创建，专门安排了1000万元奖补资金，在全省扶持创建了10个省级绿色有机农产品示范县。拟以省政府名义印发《绿色有机农产品示范基地创建实施意见》，准备在全省范围启动绿色有机农产品示范基地创建。同时，积极发挥"三品一标"产品在农业标准化战略中的引领作用，安排了1000万元资金，对"三品一标"获证产品进行奖补，提高企业开展标准化生产，发展"三品一标"的积极性。

（三）以整合求突破

一是"赣南脐橙"品牌整合成效显著。为保护赣南脐橙品牌，赣州市向国家工商行政管理总局申请注册了赣南脐橙证明商标，并在全市大力推广赣南脐橙证明商标，要求所有果品加工企业统一使用赣南脐橙商标，唱响赣南脐橙品牌，维护赣南脐橙品牌。同时，赣州市联合有关部门在省内外积极开展打假维权行动，维护广大消费者的合法权益，保护果农的利益，促进赣南脐橙产业的健康发展。二是大力推进茶叶品牌整合。全省上下确立了"以市场为导向，以区域品牌整合为基础，以企业实施为主体，以品牌提升为目标，5年内打造1～3个全国茶叶知名品牌"的工作思路。省政府整合涉农资金，设立茶叶品牌整合专项资金，从2015年起，省财政连续5年每年整合资金1亿元，专项支持茶叶品牌整合。确立了"江西茶香天下"主体广告语，策划制作了15秒广告宣传片，并从2016年12月16日开始在央视《朝闻天下》栏目、江西卫视《江西新闻联播》栏目开播和地铁、高铁上宣传。三是"鄱阳湖"水产品牌培育进展顺利。省农业厅成立了"鄱阳湖"水产品牌推进工作领导小组，负责协调推进"鄱阳湖"水产品牌建设的各项工作。江西省渔业协会成功注册"鄱阳湖"商标，涵盖了清水大闸蟹、鳙鱼、冷冻食品等六大系列40余个产品，出台了《"鄱阳湖"注册商标授权管理办法》，进一步规范了"鄱阳湖"注册商标的授权和管理。着力推动"鄱阳湖大闸蟹"品牌专卖店营销体系建设，批准设立了"鄱阳湖大闸蟹"品牌专卖店52个。四是地方鸡品牌开局良好。成立了由省农业厅牵头、省直13个单位组成的地方鸡品牌建设协调推进小组和省级技术专家组，加强地方鸡品牌建设的统筹协调和技术指导。落实了扶持资金。整合现有资金项目，将省财政现代农业水禽建设项目1000万元列为地方鸡品牌建设扶持资金，还将通过畜禽养殖标准化项目、产业化扶持、惠农信贷通等，向地方鸡品牌建设倾斜。

（江西省农业厅）

山东省品牌农业发展概况

【主要做法】

（一）坚持规划引领，加强顶层设计

2015年5月，以省政府办公厅名义出台了《关于加快推进农产品品牌建设的意见》，率先提出了"打造一个在国内外享有较高知名度和影响力的山东农产品整体品牌形象、培育一批区域公用品牌和企业产品品牌、制定一个山东农产品品牌目录制度、建立一套实体店与网店相结合的山东品牌农产品营销体系"的"四个一"目标体系。2015年8月，建立了由省农业厅牵头，省委宣传部、省发改委、财政、科技、工商等15个单位为成员的农产品品牌建设联席会议制度，健全完善了全省农产品品牌建设工作机制。2016年9月，又以省政府名义印发了《山东省农产品品牌建设实施方案》，围绕"四个一"目标，提出了"实施山东农产品整体品牌形象塑造工程、建立健全品牌农产品标准体系、建立品牌农产品评价体系、建立线上线下品牌农产品营销推广体系、健全完善农产品品牌建设的政策扶持体系、夯实品牌农产品建设的基础"等六大实施路径，进一步细化了品牌建设措施。全省大部分地市分别以市政府或市政府办公室名义印发了农产品品牌建设意见或方案，其他部分市也已研究拟订品牌建设意见或方案。

（二）设立专项资金，强化扶持引导

自2015年以来，省财政连续3年列出农产品品牌发展专项资金，扶持、引导农产品品牌建设，分别对省首批知名农产品区域公用品牌和品牌农产品专营店主体进行了奖补扶持。各市也分别制定了不同形式的奖励扶持政策。济南、德州等市设立专项资金，鼓励引导生产经营主体创建品牌。淄博、临沂、聊城等市设立了农产品品牌专项资金支持品牌农业建设。枣庄、东营、潍坊、济宁、泰安、日照、莱芜、菏泽等市设立了"三品一标"认证奖励专项资金，引导扶持品牌认证。

（三）设计整体形象标识，打造区域整体品牌

为充分整合山东特色农产品资源，提升农产品的整体知名度和竞争力，大力塑造山东农产品整体品牌形象，面向国内外公开征集了山东农产品整体品牌形象标识。在挖掘农耕文化资源的基础上，结合现代农产品的消费定位，设计了山东农产品整体品牌形象标识和"齐鲁灵秀地品牌农产品"的宣传口号，并召开全省农产品品牌建设大会予以对外发布。淄博市通过公开征集评选，确立了"hello.品淄博"形象和"齐民要术上乘农品"广告语；烟台市重新提炼了"中国第一个苹果，烟台苹果"品牌口号、"大拇指苹果"形象；临沂市推出了"产自临沂"区域公用品牌；聊城市在北京举行聊城农产品区域公用品牌发布会，推出"聊·胜一筹"区域公用品牌。

（四）加大宣传推介，扩大品牌影响

2015年，与大众报业集团签署战略合作协议，大众报业集团通过旗下的《大众日报》《齐鲁晚报》《农村大众》等宣传载体，无偿提供2 000万元的公益版面对山东省知名区域公用品牌、各地品牌建设经验等进行系列

深入采访报道。2016年，省农业厅与山东广播电视台达成战略合作协议，并在农科频道推出了《品牌农业在山东》栏目，以公益形式宣传推介全省知名农产品区域公用品牌，先后制作并播出了《烟台苹果》《日照绿茶》《黄河口大闸蟹》《章丘大葱》等15个区域公用品牌节目，累计播出12小时，受众达750万人次。同时，积极实施农业"走出去"战略，大力开拓国际农产品市场，组织参加了新加坡、西班牙等境外展会。烟台、威海等市分别举办特色农产品网络平台对接会、大型品鉴推介活动等，宣传推介当地品牌农产品。淄博、潍坊、泰安、日照、临沂、聊城等市通过自行举办地方博览会、年会、采摘文化节、品牌发布会、电视、户外广告等形式展销、宣传当地特色农产品。

（五）开展品牌遴选，建立品牌目录

为充分发挥典型示范作用，引领带动品牌建设，2016年省农业厅制定印发了《山东省知名农产品品牌目录制度管理办法》等，初步建立省知名农产品品牌评选体系，并首次在全省范围内启动了省知名农产品区域公用品牌和企业产品品牌遴选工作，遴选出11个区域公用品牌和100个企业产品品牌，建立了首批山东省知名农产品品牌目录。青岛、淄博、东营等市相继开展了本市品牌评选等活动，推出了全市知名农产品品牌。

（六）探索建立营销体系，拓宽销售渠道

2016年，创新开展了品牌农产品专营体验店遴选工作，首批遴选出20个品牌农产品专营体验店，作为展示、宣传、营销山东品牌农产品的新窗口，初步建立了线下农产品营销体系。积极发展农产品电子商务，编制并印发了《山东省发展农产品电子商务实施方案》，2015、2016年连续两年举办了全省农产品电子商务培训班，累计培训1 200人次。烟台市建设了农产品垂直电商平台——烟台苹果网，举办了农产品电商节活动等。枣庄市创办了枣庄农副产品O2O体验馆，实

现线上线下共同销售。

（七）开展品牌培训，提升品牌创建能力

依托新型职业农民等培训平台，通过增加品牌业务内容，开展农产品品牌培训。2016年9月份，组织部分地市农业部门及企业、合作社等赴我国台湾地区考察学习了现代农业和农产品品牌建设工作。全省各市农业部门纷纷举办了内容丰富、形式多样的品牌培训活动。潍坊市在浙江大学举办了全市品牌农业专题培训班，市县负责农业品牌建设的部门负责人、部分龙头企业、合作社、家庭农场负责人等70余人参加培训。临沂市邀请农业品牌专家贾枭为各县市区农业部门主要负责人和分管负责人作了区域公用品牌创建专题培训。菏泽市组织负责品牌建设的人员到杭州市考察学习农产品品牌建设经验。

（八）召开品牌大会，营造舆论氛围

2016年6月，根据省政府统一安排，省农业厅牵头组织举办了全省品牌建设大会农业分会议，邀请6位知名专家和企业家围绕农业品牌建设进行了深入交流探讨，全省各市农业部门有关负责同志和农业龙头企业、农业合作社、农业协会负责人250余人参加会议。2016年11月20日，省农业厅联合山东广播电视台、省海洋与渔业厅、省林业厅、省畜牧兽医局召开了山东省农产品品牌建设大会，发布了山东农产品整体品牌形象标识，公布了山东省首批知名农产品区域公用品牌、企业产品品牌、品牌农产品专营体验店名单，并举行授牌仪式，组织首批品牌农产品专营体验店与首批知名农产品区域公用品牌、企业产品品牌主体对接洽谈活动，签署了供销合作协议。副省长赵润田出席会议并为山东农产品整体品牌形象标识揭幕。

【存在的主要问题】

（一）品牌建设基础薄弱，资金保障不足

与工业等其他行业相比，山东省农产品品牌建设整体起步晚、基础弱、欠账多，资金需求量大，仍是全省品牌建设的短板所在，需要更多政策、更大资金方面的扶持。

（二）省内品牌建设不平衡、差距大

部分市对农产品品牌建设重视程度高，工作抓得早，历史基础较扎实，资金投入较大，品牌建设成效明显。但是，也有一些地方品牌历史基础较差，工作起步晚，资金投入少，品牌建设相对滞后。

（三）企业品牌培育主体动力不足

当前，全省各级政府品牌建设热情高涨，对品牌重视程度历史空前，但是由于品牌建设投入大、显效慢、风险高，企业专注品牌建设的动力不足。

（四）品牌专业人才匮乏

由于农产品品牌建设起步较晚，国内专注农业品牌研究的机构、人才相对较少，政府、企业开展品牌建设面临经验不足、模式单一的问题。

（山东省农业厅）

河南省品牌农业发展概况

【基本情况】 河南是农业大省，也是农产品加工和农业品牌大省。2016年，全省粮食总产量达1 189.32亿斤，油料、蔬菜、瓜果、水产等菜篮子产品供应充足，肉蛋奶产量分别达715万吨、420万吨、355万吨。充足的原料供给促进了农产品加工的快速发展，全省农产品加工业达到7 779家，实现营业收入2.33万亿元，占全省工业产值的1/3。全国2/3的水饺，1/2的火腿肠，1/3的方便面，1/4的馒头都来自河南。农产品加工业的快速发展，使河南培养出了一大批知名农业品牌。全省有21个农产品品牌被命名为"中国名牌"，47个农业企业的产品商标被认定为"中国驰名商标"；河南省级农产品品牌154个；地方级农产品品牌207个。涌现出双汇、华英、三全、好想你、雏鹰、信阳毛尖、灵宝苹果等一大批知名企业和名牌。河南不仅成为全国名副其实的大粮仓、大厨房、大餐桌，也锻造了"河南制造"的农产品大品牌。

【主要做法及成效】

（一）加强品牌主体培育，打牢品牌创建基础

企业是品牌建设的主体，只有做强做大才能创建有影响力的品牌。长期以来，全省坚持产业集聚的发展理念，大力发展农业产业化集群。截至2016年，全省农业产业化集群已发展到517个，分布11个产业、50多个子产业，基本覆盖全省优势农产品和区域性特色产业。其中，年销售收入30亿元以上的84家；规模以上农产品加工企业7 315家，占全省规模以上工业企业年营业收入的27.6%，稳居全省"第一支柱产业"。同时，全省调整财政支持方向，把新型农业经营主体作为农村一二三产业融合发展补助、农业支持保护补贴、农机具购置补贴、农业结构调整专项等财政项目资金重点扶持对象，强化新型农业经营主体培育。创建农民合作社示范社、示范家庭农场，创新"龙头企业＋合作社＋农户"等生产经营模式，促进完善主体之间的利益联结机制，加速"两新"融合、一体化发展。2013年以来，省、市、县三级共安排16.6亿元专项资金，用于龙头企业新上项目贴息支持。目前，全省新型农业经营主体已超过17万家，为品牌创建培育了丰沃的土壤。

（二）加强品牌质量监管，确保品牌产品品质

坚持依托"三品一标"公用品牌发展企业品牌，推动企业品牌走向高端市场和国际化。全省各地加大财政支持力度，引导企业创品牌、创名牌。对获得"三品一标"认证的企业（农民合作社），分别给予0.5万～10万元奖励，对获得省级、国家级名牌产品的分别给予5万元、10万元奖励。目前，全省"三品一标"农产品2 776个。同时，强化质量监管，落实企业主体责任、部门监管责任、

政府领导责任。在全省28个省辖市、直管县（市）和所有涉农县（市、区）建立了农产品质量安全监管机构，建成1个省级综合检测中心、18个市级检测中心、140个县级检测机构，构建起横到边、纵到底、全链条、无缝隙、网格化农产品质量安全监管检测体系。农产品质检和品牌认证监管部门通过例行检测、监督检测、监督检查、年检和换证（续展、再认证）等手段，保持对获证企业和产品监管的常态化和持续性。同时，加强对企业内检员的培训，提升企业内部质量管理水平，全年各类抽检"三品一标"全部合格，确保了品牌农产品的质量和品质。

（三）加强品牌宣传推介，营造品牌发展环境

酒香也怕巷子深，创建品牌农产品需要多吆喝，更离不开政府部门的政策支持和发展环境的营造。一是建立品牌目录。从全省"三品一标"农产品中，遴选20个省级农产品区域公用品牌，34个省级农业企业品牌，100个省级特色农产品品牌，207个地方级农产品品牌，建立了河南农产品品牌目录。实行动态管理，实时发布信息，接受社会监督，优进劣汰。二是加强品牌宣传。充分利用报纸、电视、网络等传统媒体，宣讲普及农业品牌知识，组建"河南农产品质量安全交流群""三品一标大家庭"等覆盖全省的微信群和QQ群，多渠道发送品牌建设动态，形成了农业部门领唱、企业合奏、媒体跟进的宣传态势，实现了纸媒有板块、电视有画面、电台有声音、网站有动态、QQ群里有消息、朋友圈有喝彩的农业品牌宣传格局。三是搭建推介平台。积极组织全省农业知名品牌参加省内外大型农业展会，扩大品牌知名度和影响力，促进产销衔接。已连续参加了农业部主办的14届中国国际农产品交易会，累计参展企业2 084家，贸易签约额1 105亿元，有110个产品获得农交会金奖产品。河南省主办、承办了多届"中国（驻马店）农产

加工业投资贸易洽谈会""中国（信阳）国际茶业博览会""中原畜牧业交易博览会""中国（漯河）食品博览会"等专业展销展览会，影响力逐年提升，让更多的河南农业品牌产品走出去，让更多的人们了解河南农业品牌。

（四）加强品牌示范带动，提升农业比较效益

事实证明，在由吃得饱向吃得好的转变中，农产品的品牌影响越来越大。在消费者眼中，品牌代表着过硬的质量，代表着让人放心的信誉，代表着生活的品味，甚至也代表着一个省的形象。品牌的创建带动了产业链的延伸，推动了产业的发展。

漯河双汇集团作为以肉类加工为主的大型食品集团，始终围绕"双汇"这个大品牌做文章，以屠宰和肉制品为核心产业，已经形成以养殖业、屠宰业、肉制品加工业、化工包装、物流配送等一体化的产业链。年产销肉类产品300多万吨，年销售收入500多亿元，在收购了美国史密斯菲尔德公司后，在肉制品、生鲜品和生猪养殖三大领域均排名全球第一，成为全球规模最大、布局最广、产业链最完善、最具竞争力的猪肉加工品牌。

三门峡市立足"灵宝苹果"这个区域公用品牌优势，坚持把苹果产业作为推动农民增收的支柱性产业，着力打造优势区域，持续培强苹果品牌，有力地促进了全市果品产业的转型升级和提质增效。2016年，苹果种植面积177万亩，实现产值63.6亿元，占全市农业总产值的33%，农村居民人均可支配收入的1/4来自果品产业。

信阳种茶已有2 300多年的历史，信阳毛尖1915年获巴拿马万国博览会金奖，蜚声海内外。1990年，在全国绿茶评比中以最高分获得中国质量奖金奖。近年来，信阳市充分利用信阳毛尖这个金字招牌，大力发展茶产业，全市茶园面积已达210万亩，茶产业年产值达80亿元。有茶农近100万人，从业人员120万人，茶产业已发展成为信阳特色

农业经济和农民致富的重要支柱产业。

除此之外，河南省以"三全""思念"为主导的冷冻食品系列品牌，以"好想你"枣为主导的特色食品系列品牌，以"白象方便面""一加一面粉"等为主导的面制品系列品牌等，在提高农民收入、提升农业农村效益等方面都起到了巨大的主力军作用。

（河南省农业厅）

湖北省品牌农业发展概况

【基本情况】 湖北自古以来就有"千湖之省、鱼米之乡"和"湖广熟、天下足"的美誉，是全国重要的农产品生产基地。近年来，湖北把加快推进农产品品牌建设作为转变农业发展方式，提高农业发展质量和效益，促进农民增收的重大举措，努力实现让全国人民更多地"饮长江水、吃湖北粮、品荆楚味"的目标。"十二五"期间湖北以"三品一标"为发展重点，着力培育农业精品名牌。截至2016年年底，全省有效使用无公害农产品、绿色食品、有机食品和地理标志农产品企业1 670家，品牌总数4 176个，总产量达1 957万吨，总产值达679亿元，出口创汇3.4亿美元。其中2016年新获得农业部登记保护的农产品地理标志品牌18个，全省农产品地理标志产品品牌总数达到112个。潜江龙虾、房县香菇、宜都宜红茶等农产品地理标志品牌列入农业部首批推荐的中欧互认农产品地理标志目录。宜昌蜜橘、秭归脐橙、武当道茶等农产品地理标志品牌入选中国著名区域公用品牌"百强"。

【主要做法】

（一）政策引导促进品牌发展

湖北省委、省政府高度重视农产品品牌创建与发展，把品牌建设作为提升农业产业化经营水平，提高产品市场竞争力的重要抓手。先后出台《关于实施农产品加工业"四个一批"工程的意见》，提出打造一批在全国

有影响的知名品牌；《关于推进品牌强省建设的若干意见》，提出新培育和发展 30 个以上在全国有较高知名度的农产品加工品牌。2016 年出台《关于发挥品牌引领作用推动供需结构升级的意见》，提出农业"三品"中"三名"商标比例达到 80％以上，地理标志数量持续增长，农产品品牌示范基地带动辐射效应明显。此外，湖北省工商行政管理总局和湖北省农业厅也于 2016 年联合下发《关于加快推进农产品品牌建设的通知》，提出全面开展农产品品牌精准培育工程，力争通过 3 年左右的时间，省级农产品品牌示范基地带动辐射效应明显，湖北农产品品牌知名度和市场竞争力明显提高。这些政策的出台和实施，有效促进了全省农产品品牌的创建与发展，提升了湖北农产品的市场知名度和竞争力。

（二）标准化建设提高品牌质量

按照"种植业建板块、畜牧业建小区、水产业建片带"的发展方针，近几年省级财政共投入板块专项资金 9 亿多元，吸引 100 多亿元社会资金参与现代农业板块建设，形成了优质稻、蔬菜、水产、桑茶药、油菜、水果、棉花等板块，基地覆盖率达到了 45％。通过板块基地建设，带动了农业规模化、专业化、标准化、产业化发展。同时，组织开展标准化示范区建设，健全生产全程控制和质量安全追溯体系，建立"三品一标"认证动态管理机制，有效提高了农产品质量安全水平。2011—2016 年，农业部对湖北农产品质量安全监测总体合格率分别达到98.5％、98.8％、99.2％、98.5％、98.8％、98.5％，连续 6 年位居全国前列，农业部连续 6 年致信分管省领导给予高度肯定。

（三）搭建平台扩大品牌影响

为大力宣传推介全省优质农产品，湖北省连续 14 年组织参加农业部举办的中国国际农产品交易会（以下简称"农交会"），连续13 年举办武汉农业博览会（以下简称"农博会"），连续 3 年举办汉江流域（襄阳）农业博览会，通过农交会和农博会等平台，积极宣传推介湖北省"三品一标"品牌产品及特色农产品。一大批农产品深受市场青睐，在第十三届农交会期间，仅湖北星翔农产品专业合作社"夷陵红"牌宜昌蜜橘就与经销商现场签约 3.5 亿元。近几年湖北省还在香港特区等地举办了美食名茶推介会等系列活动。围绕油菜产业和茶产业品牌推广，组织了"湖北菜籽油品牌推广高峰论坛及鄂产菜籽油推广月"活动和重走"万里茶道"走进北京、走进俄罗斯等活动，引起了较大反响和广泛关注。

2016 年 8 月组织湖北青砖茶健康西北行活动，在青海、内蒙古等边疆少数民族地区举行大型专场推介会，巩固了内蒙古老销区市场，开拓了青海市场。

（四）整合资源形成品牌优势

近几年全省整合茶叶、水产、油菜等优势特色农业资源要素，走抱团发展之路。在茶叶品牌整合上，宜昌市依托采花毛尖——"湖北第一名茶"品牌，上下联运，整合资源，引导 18 家规模较大的茶叶企业与采花毛尖茶业有限公司进行合作联合，用现代工业化理念，培育大品牌，抢占大市场，带动大基地，推动大发展。在水产品牌整合上，按照成立一个协会、制定一个章程、规范一套程序、统一一个标准、注册一个商标的"五统一"模式，整合"一鱼一虾一蟹"三大公共品牌，成功打造了"楚江红"小龙虾、"梁子"牌梁子湖大河蟹和"洪湖渔家"生态鱼三大水产品牌，形成了较强的竞争优势，带动了全省名优水产品养殖生产、加工和出口创汇。"楚江红"小龙虾"蹦"过大洋，"跃"向国际市场，成为欧美超市里的畅销品。

【存在问题】 湖北农业品牌建设虽然取得了一些成绩，但品牌多而不精、大而不响的问题普遍存在。品牌企业整体实力较弱，多数自主创新能力不强，初级产品多，精深加工产品少，产业链条短，附加值不高，竞争力弱，带动能力不强。品牌整合难，没有形成合力。

（湖北省农业厅）

湖南省品牌农业发展概况

【主要成效】 湖南省始终坚持把农业品牌建设作为增强农产品竞争力、提高农业效益的重要举措，以"扩大品牌总量、提升品牌质量"为主线，大力实施品牌强农战略，农业品牌建设取得了较好的成效。

（一）品牌数量逐年增多

截至 2016 年，全省农产品加工企业共获得"中国驰名商标"167 件，获得"中国名牌产品"41 件，获得"省著名商标"436 件，获得"湖南名牌农产品"97 件。"三品一标"认证产品达到 2 965 个，其中无公害农产品 1 673 个、绿色食品 1 113 个，有机农产品 136 个，地理标志农产品 43 个，产量 744.8 吨，产值 710 亿元。

（二）品牌覆盖面不断扩大

农业品牌涉及农、林、牧、副、渔、植保、农机等领域，涵盖农业生产、加工、休闲、储运、购销等多个环节。粮食、畜禽、果蔬、油料、茶叶、水产、竹木等主导产业，都拥有了一批知名品牌。

（三）品牌知名度逐步提升

通过展示展销、宣传推介，农业品牌市场知名度不断提升。"唐人神"先后摘取"中国名牌""中国驰名商标"桂冠，影响力与日俱增，经中国品牌研究院评估，品牌价值达 24 亿元；道道全食用油、果秀食品等一批企业品牌享誉全国、走向世界；首届湖南十大农业品牌的出炉、"一面之交，终生难忘"金健米业、"舜华临武鸭天下"等品牌传遍大江南北，逐渐融入人们的消费理念，主导着消费选择。

（四）品牌经济效益明显

通过打造品牌，擦亮了农业品牌的"市场通行证"，扩大了市场占有份额，促进了农业发展、企业增效和农民增收。2016 年，安化黑茶实现茶叶加工量 6.5 万吨、综合产值 125 亿元、茶产业税收达 2 亿元，茶产业及关联产业从业人员 32 万人，实现劳务收入 30 亿元以上。2015 年，唐人神集团股份有限公司销售收入达 133 亿元，金健米业股份有限公司销售收入近 50 亿元。浏阳市的大围山水蜜桃、梨每斤最高售价 18 元，最低也能卖到每斤 10 元，每亩增收 2 万多元。被誉为"猪中大熊猫"的宁乡花猪每斤肉价高达 70 元，宁乡县有 1 万多农户从事花猪养殖，户均增收 2 万元。

【经验做法】

（一）搞好宏观规划是关键

省委、省政府高度重视农业品牌建设工作，在一系列重要文件中进行部署。坚持"市场主导、企业主体、政府引导"的原则，按照"一个公用品牌、一套管理制度、一套标准体系、多个经营主体和产品"的思路，出台了《关于进一步加快推进农产品品牌建设的指导意见》（湘政办发〔2017〕2 号）。明确：力争用 5 年时间，建立完善农产品品牌培育、发展和保护体系，形成标准化生产、产业化经营、品牌化营销的现代农业发展新格局，大幅增加品牌农业经济总量，构建以区域公用品牌和企业产品品牌为主体的湖南农产品品牌体系。

（二）加强产业建设是基础

引导市县依托资源优势加强特色产业建设，粮食、生猪、蔬菜、油菜、柑橘、茶叶等十大优势产业带初具规模，"一村一品"乡镇、村分别发展到 170 个、762 个，形成了一批特色鲜明的优势县、特色乡镇、特色村。深入实施"百企千社万户"工程，采取固定资产贷款贴息、税收上台阶和基地建设奖励等措施，进一步加大对龙头企业、农民合作社、家庭农场的扶持力度，目前全省规模以上农产品加工企业、农民合作社、家庭农场分别达到 3 750 家、6.2 万个、3 万户，联结基地8 200万亩，品牌创建主体进一步发展壮大，夯实了农业品牌建设的基础。

（三）强化农产品质量管理是根本

品质是品牌的灵魂，一直以来，全省坚持将农产品质量安全作为打造农业品牌的根本保证。推进农业标准化生产，全省标准化基地面积达到4 200万亩，生猪标准化养殖规模突破2 800万头，400多家龙头企业通过质量管理体系认证。加强农产品质量安全监管体系建设，监管机构实现市、县和涉农乡镇全覆盖；积极开展农业、畜牧执法检查工作，保证了农产品和畜产品质量安全。切实加大对农药、化肥等农资市场的监管，不断完善投入品管理、生产档案、产品检测、基地准出、质量追溯等5项全程质量管理制度，形成农产品质量安全管理长效机制。

（四）搭建品牌创建平台是重点

连续多年举办中部农博会、西部农博会、湘南农博会等展会活动，实施了"湘品出湘"工程，在北京、上海、广州等地建立名特优农产品展销中心。为进一步扩大全省农业品牌的影响力，省农业委员会决定，从2016年开始连续5年组织开展湖南十大农业品牌评选活动，旨在加大全省农产品品牌创建力度，宣传知名自主农产品品牌，提高自主农产品品牌影响力和市场竞争力，打响具有湖南特色的知名农业品牌。首届十大品牌评选活动，通过各市州申报、资料审核、网络微信投票、专家评审及公示，安化黑茶、古丈毛尖、保靖黄金茶、黔阳冰糖橙、炎陵黄桃、江永香柚、华容芥菜、沅江芦笋、新晃黄牛、宁乡花猪和汉寿甲鱼（并列）被评为首届湖南十大农业品牌。此项活动的举办，有力推进了品牌创建工作，农业品牌的影响力进一步增强，有效提升了农业经济效益。收集整理获得"三品一标"认证、地理标志农产品情况，编辑农产品品牌名录。

【存在的主要问题】　湖南省农业品牌建设虽然取得了一些成绩，但品牌建设水平与现代农业发展要求相比还有一定的差距，与农业大省的地位还不相匹配，仍存在一些亟待研究解决的问题。主要表现在以下三个方面：

（一）品牌意识依然淡薄

受"保产量、保供给"思维惯性影响，重农业生产、轻品牌建设的现象比较突出，没有认识到品牌在市场经济中的"蝶变"效应，品牌创建氛围不浓。另外，一些企业也缺乏战略眼光，认为培育品牌投入大、时间长，短期内经济效益不明显，舍不得在这方面下功夫。如郴州鸿源果业公司所产的"临武蜜橘"，因品相佳、味道好不愁销路，一直没有创建品牌，在市场上经常被别人冒名顶替，影响了企业的形象和效益。

（二）品牌整体实力仍然不强

农业品牌整体水平仍然不高，湖南独具特色的资源优势、产业优势仍未得到充分彰显，"品牌持有数量不多、品牌竞争力不够强、品牌形式大于内涵"等问题急需研究解决。目前，全省年销售收入过100亿元的区域公用品牌只有1家，年销售收入过100亿元企业品牌只有4家。由于品牌竞争力不强，农业主导产业产品的优势不明显，大多是"一等原料，二等加工，三等价格"。

（三）品牌无序发展现象严重

由于缺乏科学规划，全省农产品品牌建设比较杂乱，质量参差不齐，相互恶性竞争，难以形成品牌集约效应。比如，全省茶叶各类知名及著名商标、"三品"认证数多达150多个，茶叶品牌在三湘大地遍地开花，"各吹各的号、各唱各的调"，没有拧成一股绳，难以与"西湖龙井""福建铁观音"等品牌相媲美；新兴的茶油加工产业发展势头看好，占到全国市场份额的70%，但各地冒出的品牌有100多个，星星点点到处都是，没有形成规模效应。

（湖南省农业委员会）

广东省品牌农业发展概况

【基本情况】　从 2014 年起，广东省农业厅在持续开展多年的广东省名牌产品（农业类）评价工作基础上，突破性地启动了广东省"十大名牌"系列农产品、广东省名特优新农产品评选推介活动，打造了一批承载岭南文化、体现广东特色、展现现代农业科技成果、受到广大百姓信赖赞誉的品牌农产品。截至 2016 年，全省共评选推介广东省"十大名牌"系列农产品 149 个，有效期内的广东省名牌产品（农业类）1 042 个，广东省名特优新农产品入库 1 000 个（其中区域公用品牌 300 个，经营专用品牌 700 个），基本形成了广东农业品牌建设的总体布局和架构，逐步走出了一条以"区域公共品牌""经营专用品牌"为类别，按"十大名牌""广东名牌""广东名特优新"农产品三级品牌划分的广东现代农业"两类三级"的品牌发展新模式。

【成效成果】　随着广东农业品牌带动战略的不断深入推进，品牌农业已逐渐成为加快农业转型升级、提升农产品质量安全、促进农民增收致富的重要抓手，农业品牌效应正日益凸显。据调查统计，2016 年全省品牌农产品生产经营主体带动农户数达 420.8 万，同比增长 9.13%，带动农户增收 215.1 亿元，同比增长 16.2%，户均增收 5 112 元，同比增长 6.5%，品牌农产品产值占农林牧渔产值比重达到 12.6%，销售额占主体营收比重达 38.9%，两项数据均逐年提升。

与此同时，在一系列加大品牌宣传力度的措施引导下，农产品品牌的社会影响力亦不断扩大。据调查统计，2016 年参与品牌评选公众投票人次达 71.4 万，同比增长 31.5%，品牌宣传媒体报道篇次达 112.5 万，同比增长 9%，阅读省名牌产品微信公众号人次达 119.8 万，同比增长 6.5%，品牌宣传推介信息受众人次达 3 350 万，同比增长 3.4%，倾向购买品牌农产品的受访者占比达到 65.3%。

【经验做法及相关政策】　近年来，全省在农业品牌培育及品牌农产品评选推介工作中的主要做法和经验可概括为"社会齐参与，政府、企业、民众、专家、媒体共同推动"，即充分依靠专家学者、新闻媒体和公众的力量，由相关省级政府部门联合组织，市县级农业部门联动发力，为广大农业企业搭台唱戏，以认真负责的态度，积极传播品牌理念、宣传推介农业品牌、促进农业提质增效，营造全社会争创品牌、信任品牌、保护品牌的良好氛围。

（一）领导高度重视，组织有序

近年来，广东省委、省政府主要领导在全省农村、农业工作会议上对农业品牌建设作出了重要部署，原省委常委、宣传部长庹震，省政府副省长邓海光也分别对品牌农产品评选推介工作作出重要指示，要求注重品牌带动和名牌战略，抓好广东名牌农产品建设，增强广东农产品的影响力和竞争力，提高农产品的附加值。

广东省农业厅认真落实广东省委、省政府工作部署，把大力实施农业品牌战略、开展品牌农产品评选推介活动作为全省着力转变农业发展方式，加快推进农业现代化建设重点工作来抓，充分发挥农业品牌的引领带动作用。2014 年，广东省农业厅联合广东省科技厅、林业厅、海洋渔业厅、质监局、社科院、南方报业传媒集团、广东广播电视台共同成立了广东省"十大名牌"系列农产品评选委员会，由省农业厅厅长郑伟仪担任委员会主任，各相关厅局副厅（局）长担任副主任，确保评选推介工作的顺利实施。到 2016 年，评选委员会成员单位从原有的 8 家增至 12 家，省商务厅、贸促会、旅游局、农垦总局的资源优势纷纷注入农业品牌建设，为品牌农产品树形象、拓影响、走出去提供了更加广阔的发展空间。在品牌农产品评选推介过程中，评选委员会多次召开会议听取活动最新的进展，研究部署工作，多部门精诚合作、联合推进农业品牌建设的工作机制得到逐步健全和深化。

（二）知名顾问、专家担纲，充分保障活动的科学性、权威性

省农业厅积极组织动员，邀请中国工程院林浩然院士、吴清平院士、欧洲科学院、国际食品科学院孙大文院士，多位国家级、省级农业产业技术体系首席、岗位科学家担任"十大名牌"系列农产品和名特优新农产品评选推介活动顾问，为农业品牌创建培育及宣传推介献计献策，并组建了由省内近百名不同产业的知名专家组成的农业品牌专家库，科学严谨把关评价体系、申报材料评审、实物品鉴、实地考察、会商讨论等环节，为参评参品的农产品和企业给出最客观、公正的评价，充分确保活动的科学性、严谨性、权威性。

（三）以评选为手段，着重宣传推介

全省坚持"农业品牌不是'评出来'的，而是'做出来'的，也是'推出来'的"理念，以农产品评选为手段和切入点，为广大农业企业搭建起宣传推介农业品牌的舞台，逐步营造全社会争创农业品牌、信任农业品牌、保护农业品牌的良好氛围。2014年以来，全省21个地级以上市共举办品牌农产品现场推介活动近30场，线上、线下的农产品品鉴活动20多场（期），参与宣传报道的国家级、省市级新闻媒体40多家，特别是联合省广播电视台制作《舌根上的幸福》系列宣传片，联合南方生活广播开设农业品牌宣传专栏，联合南方报业传媒集团旗下南方农村报团队开展专题宣传推介工作。评选推介活动还开辟了网络渠道，在广东省名牌产品（农业类）网上增设"广东省十大名牌系列农产品评选推介活动""广东省名特优新农产品评选推介活动"专栏，通过设立官方微信、

官方微博，开展网络推荐、网络投票等活动。同时，借力广东省现代农业博览会，高起点高姿态向社会推荐农业品牌，从2014年起连续3年，在广东省现代农业博览会开幕式上现场揭晓获表彰的"十大名牌"系列农产品及名特优新农产品名单，并由省政府邓海光副省长等领导亲自为获奖代表授牌，充分彰显政府部门加快农业品牌建设的态度与决心。

（四）投入力度大，提供有力经费保障

省农业厅积极统筹涉农资金，从2014年起每年安排900万～2 000万元专项用于品牌农产品评选推介活动。

【存在的主要问题】　虽然广东省农业品牌建设取得了一定成效，但在农产品品牌建设过程中还存在一些问题。

一是品牌影响力亟须扩大。广东农产品品牌影响力还要进一步加强，影响面还需要进一步拓宽，品牌的社会知名度有待提升。生产企业对品牌宣传、树立品牌形象的意识不强，老百姓对品牌农产品的信赖仍需加大宣传。

二是区域公用品牌建设亟待加强。全省区域特色农产品品牌资源仍未得到充分挖掘，区域公用品牌有待加强，虽然拥有清远鸡、英德红茶等一批知名品牌，但品牌总体效益不高，缺少像涪陵榨菜、西湖龙井、安溪铁观音这类家喻户晓且高产值高效益的区域品牌，农业品牌发展水平与农产品消费大省的地位有一定落差。

三是品牌农产品消费渠道亟待拓宽。品牌农产品凝集了农业经营主体的信誉，农业经营主体投入更多的资金、人力、技术形成品牌农产品，其价值应该得到进一步提升。但是目前大部分品牌农产品的市场渠道仍然与普通产品的渠道并行，未能精准对接到中高层次的消费群体、对品质和质量要求较高的消费群体，品牌农产品价格空间有待进一步挖掘。

（广东省农业厅）

广西壮族自治区品牌农业发展概况

【构建思路及成效】

（一）做好顶层设计，以品牌建设助推农业供给侧结构改革

近年来，广西壮族自治区大力实施品牌引领战略，推动农产品全产业链提升。2014年，自治区党委、政府作出创建特色农业示范区的决定，先后出台了《广西现代特色农业（核心）示范区创建方案》《广西现代特色农业示范区建设（2016—2017年）行动方案》等文件，积极转变农业发展方式，抓特色、抓生态、抓加工、抓物流，延长产业链、提升价值链，促进一二三产业融合发展。到2016年，已启动创建了959个示范区，累计引进农业龙头企业770个，成立合作组织1 068个，共完成投资194.5亿元。现代特色农业示范区的创建为带动全区农产品品牌走上适度规模经营、数量质量效益并重的现代化发展道路提供了重要载体。

2015年，广西壮族自治区党委、政府全面启动实施广西现代特色农业产业"10＋3"提升行动，选取粮食、糖料蔗、水果、蔬菜、茶叶、桑蚕、食用菌、罗非鱼、肉牛肉羊、生猪十大种养产业，以及富硒农业、有机循环农业、休闲农业3个新兴产业，实施现代特色农业产业品种品质品牌提升活动，并把"推动营销品牌化，着力提升产品竞争力"作为提升行动最急需突破、最有提升潜力的六大环节之一，通过重点培育和扶持主导产品的发展，为广西农业名牌产品的发展打下了坚实的基础。2016年，全区水果总产量继续保持全国第五，其中：柑橘面积565万亩，列全国第三；产量580万吨，列全国第一。蔬菜产量、产值增长4％，居全国第五位，是全国重要的南菜北运基地和最大的全国秋冬菜基地。落实"东桑西移"战略，全区蚕

茧产量继续位居全国第一。富硒农产品示范基地新增面积20.9万亩，有15个产品被评为"中国名优硒产品"，8个产品被评为"中国特色硒产品"。全区成立了农业标准化工作领导小组，组建了广西农业种植业标准化技术委员会，成立农业标准化分技术委员会等组织机构，负责农业标准化工作的具体实施和监督、管理。仅2016年围绕"10＋3"特色优势产业，每个产业制（修）订推动产业发展的重要地方标准3～5项以上，制（修）订30项以上的重点标准，有力地推动了广西农业标准化生产，提高了农民的质量和品牌意识，提高了农产品品质和市场竞争力。

（二）狠抓品牌提升，"三品一标"认证推广再创佳绩

全区通过采取了政策推动、激励引导、优化服务、主体培育等措施，推进"三品一标"品牌稳步发展。2016年全区"三品一标"产品总量、认证（保护）面积均处于开展这项工作14年来的最高时期，全区农业（种植业）共获得农业部有效期内的"三品一标"品牌企业、单位379个，产品923个，总监测面积1 325万亩，比上年增长6.1％，核准产量1 291万吨，比上年增长5.8％。全区"三品一标"品牌农产品产值超过400亿元。全区形成了一批有影响力的"三品一标"品牌，如绿色食品中的白砂糖系列产品、香蕉产品、沙糖橘、西麦燕麦片，有机产品中的有机茶系列产品，农产品地理标志产品中的荔浦芋、百色芒果、百色番茄、南宁香蕉、桂林桂花茶、钦州黄瓜皮等，提高了农产品的知名度，促进了广西特色农业大品牌的打造。2016年，全区共有207.79万吨白砂糖拥有了绿色食品品牌，约占全区产糖量的36％，绿色食品白砂糖品牌使每吨售价提高200～300元，仅此一项年增收4亿元以上。

值得一提的是，广西农产品地理标志总量居全国前列，农产品地理标志示范样板创

建成全国标杆。通过积极开展农产品地理标志资源调查、挖掘、评价、申报等工作，到2016年，全区累计85个农产品拥有农业部颁发的农产品地理标志，其中种植业52个，排全国第六，排西南、华南第一，比上年增长19.7%，"百色芒果"农产品地理标志被确定为为数不多的国家级农产品地理标志示范样板。2016年，中国政府与欧盟互认谈判的地理标志农产品共35个，广西"百色芒果"和"桂平西山茶"名列其中，产品将可通过欧盟地理标志产品绿色通道走向欧盟。

（三）创新品牌推介，广西品牌农产品行销全国深受欢迎

全区坚持每年通过举办"一内一外"两届广西名特优农产品交易会、中国（广西）荔枝龙眼产销对接会，组织参加中国国际农产品交易会、中国—东盟博览会农业展、中国国际有机食品博览会、中国绿色食品博览会和全国农产品交易会地理标志专展等系列农产品展销促销活动，让广西绿色生态农产品品牌"走出去"。2016年全区累计有2 200多家（次）农业企业（合作社）参加活动并从中受益，宣传推介农产品及加工产品4 000多个，实现现场销售收入1.27亿元，签订农产品购销（意向）合同金额近39亿元，吸引了46.5万人次观众参观购物。广西农业投资项目推介洽谈会暨第二届农业科技成果展示对接会签约合同项目140个，投资额319.7亿元。特别是2016年8月在香港特区举办的第十届广西名特优农产品交易会，组织了41个企业141个获"三品一标"的农产品进入香港超市，141个产品全部达到香港特区食品卫生标准，首次打通广西名特优农产品进港超市直销推广渠道。广西特产在香港超市销售异常火爆，南宁火龙果、天峨珍珠李、贵港富硒米等产品，进入香港超市不到1天就被抢购一空，港方要求追加送货。交易会共接洽客商近5万人次，签订贸易合同和意向合同16.5亿元人民币，战略合作协议涉及

投资9.65亿元人民币，提升了广西农产品品牌的知名度和美誉度。

此外，2016年12月，在第十一届广西名特优农产品交易会期间，首次举办厅市长推介品牌农产品电视直播活动，打造品牌农产品，宣传推介新品牌。自治区农业厅厅长、14个设区市市长变身"推销员"，提篮呐喊，通过电视直播向全国推荐广西品牌农产品，联合为广西品牌农产品代言。南宁火龙果、贵港富硒米、百色芒果、梧州六堡茶、钦州大蚝、桂林柑橘、柳州三宝、北海豇豆、防城金花茶等一大批知名农产品品牌经过市长们的精心推介，脱颖而出，成为各地客商追逐的好产品。

（四）发挥品牌作用，广西品牌农产品助推精准扶贫

全区农业部门上下合力，从政策环境、品质管理、品牌建设、产业发展、物质保障等方面精心策划，扎实推进，制定并实施了《百色芒果农产品地理标志公共标识使用管理制度》。2016年通过验收，已规范授权26家企业（合作社）使用农产品地理标志，建设了核心示范样板基地14万亩，成功塑造了"百色芒果"地理标志品牌。百色芒果获得农业部农产品地理标志登记，并成为国家级农产品地理标志示范样板。2016年，百色芒果销往广西区外数量大幅度增长，销售价格连续两年以10%以上的幅度增长，促进了"百色芒果"产业规模迅速壮大，2016年百色芒果总产值28.79亿元，带动种植农户9.5万户45.25万人，果农人均收入3 315元，带动265个贫困村6.8万贫困户32.38万人依靠种植芒果实现脱贫致富，年收入10万元以上的有1.1万户。全国产业扶贫现场会在百色召开，推广了"百色芒果"扶贫范例。

【存在的主要问题】　总体上看，广西农产品品牌发展保持积极、持续、向好的态势。但是，也存在一些不足和问题。一是品牌散。全区品牌高度分散，缺少国际国内知名大品

牌。二是品质品牌层次不够高。一些农业企业生产经营还处于简单粗放状态，精深加工产品少、二次增值产品少、高科技产品更少。

（广西壮族自治区农业厅）

海南省品牌农业发展概况

【主要成效】 按照习近平总书记在海南视察时强调"使热带特色农业真正成为优势产业和海南经济的一张王牌"的指示精神，全省以特色农业资源为依托，以质量为基础，以科技创新为动力，以农业增效、农民增收为核心，以转变农业发展方式为目标，按照"市场主导、企业主体、政府推进、自主创新、各方参与"的原则，大力实施品牌创建工程，推进农业区域化布局、标准化生产、产业化经营、品牌化运作，高标准建设国家热带现代农业基地，全面提升海南现代农业整体发展水平，把品牌农业作为现代农业的总抓手，采取有力措施，品牌农业发展取得了新的成效。

一是标准化基地建设加快。海口、三亚、文昌、澄迈、陵水等市县建设了一批名牌农产品生产基地，现代农业园区加速形成。全省已建成3个部级现代农业园区，70个标准化园艺示范场、54个畜禽标准化示范场以及27个万亩特色蔬菜、水果、橡胶生产基地。

二是"三品一标"认证提速。至2016年，全省有无公害农产品495个、绿色食品41个，三亚芒果、琼中绿橙、五指山红茶等13个产品获得农业部农产品地理标志登记保护。全省规模以上品牌农业企业达到1 095家。近年来品牌农产品未发生重大农产品质量安全事件。文昌椰子、兴隆咖啡、陵水黄灯笼辣椒、万宁柠檬等正在积极申报农产品地理标志登记保护，农产品地理标志已成为保护农业生物资源多样性和传统优势品种、农业增效农民增收的重要抓手。

三是品牌产品质量提升。根据农业部年内例行监测数据显示，海南"三品一标"产品合格率达99%，农产品抽检合格率达99.8%，蔬菜、畜产品合格率高于全国平均水平。全省建成48个出口农产品质量安全示范区、58个供港农产品生产基地。

四是品牌效应初步显现。全省农产品注册商标大幅增加，截至2016年，全省涉农商标8 266件，比2012年增长1.24倍，占全省商标总数的27%。品牌农产品销售收入大幅增加，2016年全省"三品一标"产品销售收入达49亿元，其中，无公害农产品销售额45亿元、绿色食品销售额4亿元。

五是区域品牌体系逐步完善。根据《关于加快推进品牌农业发展的意见》精神，全省从2014年开始，用3年时间制定30个海南名牌农产品标准，2014年已制定了莲雾等9个海南名牌农产品标准并下发全省指导生产，2015年完成11个海南名牌农产品标准的制定，共达到20个，同时制定了《海南名牌农产品评选认定管理办法》《海南名牌农产品评选认定流程》及《海南名牌农产品标志管理暂行办法》，通过媒体在网上公开征集海南名牌农产品标志（logo），目前标志已经完成了图形保护登记，2015年、2016年评选认定55家企业的71个产品为海南名牌农产品。

【重点措施】

一是出台措施、激发热情。省政府出台《关于加快推进品牌农业发展的意见》，2013年、2014年连续两年在品牌农业发展较好的文昌市和澄迈县召开全省品牌农业推进大会和全省现代农业示范园区建设暨品牌农业推进大会，省政府进一步出台品牌农业奖励政策，2014—2018年从省级财政资金拿出1亿元用于品牌农业发展资金，采取先做后奖的办法，对品牌农业发展好的市县和企业给予奖励，极大地激发了企业创建品牌的积极性。

二是搞好规划、理清思路。开展了品牌农业发展专题调研，摸清了全省品牌农业的底数，制定《海南品牌农业发展规划

（2015—2020）》，并举办系列专题培训班，切实增强了市县抓品牌农业建设的思想认识和工作能力，推动三亚、澄迈、乐东、文昌、琼中等市县出台了促进品牌农业发展的具体政策。

三是制定标准、打响区域品牌。制定并实施莲雾、绿橙、文昌鸡等20个地方特色名牌农产品标准，向社会公开征集、评定了"海南名牌农产品"标志，修订豇豆、四季豆、苦瓜、西瓜栽培技术规程，出台了《海南名牌农产品评选认定管理办法》。今后，只有按照品牌标准生产的农产品，才能使用"海南名牌农产品"标志，迈出了全省品牌农业标准化生产、规范化包装、品牌化营销的重要步伐。

四是创新机制、加强营销。建立实体市场与虚拟市场相结合的品牌农业营销网络。打造海南品牌农产品网上销售平台，全省农产品电商达1 600家，销售额突破60亿元。在太原、西安等5大城市建设海南品牌农产品直销配送中心，带动销售海南品牌农产品28万吨，销售额11.7亿元。同时积极组织企业参加中国绿色食品博览会和中国国际农产品交易会以及农业部和海南省政府共同举办的"冬交会"，通过各种方式推介海南名牌农产品。

五是深化改革、培育主体。积极落实《关于加快推进品牌农业发展的意见》精神，以企业和农民合作社为重点，大力培育品牌农业主体。全省规模以上品牌农业企业达到1 095家，注册商标的合作社突破1 000家。

【存在的主要问题】 海南品牌农业发展虽取得一些成效，但仍处于初级阶段，还存在不少问题和不足。一是部分市县品牌创建的目标不明确，措施针对性不强；二是生产经营主体规模较小，带动能力不足；三是区域公共品牌打造力度有待加大。

（海南省农业厅）

重庆市品牌农业发展概况

【基本情况】 近年来，全市各地培育发展了一大批区域公用品牌和企业产品品牌，有力地提升了重庆农产品的整体形象，增强了市场竞争能力。截至2016年年底，经农业部认证登记有效期内的无公害农产品1 516个、绿色食品836个、有机食品83个、农产品地理标志46件。涪陵榨菜、荣昌猪、涪陵青菜头入选2015中国农产品区域公用品牌价值评估前100强，其中涪陵榨菜的品牌价值高达138.78亿元，连续两年保持中国农产品区域公用品牌价值第一位。12个产品获评"全国百家合作社百个品牌"、13个产品被《2015年全国名特优新农产品目录》收录，"金佛山"牌南川米被评为"中国十大好吃米饭"。有效期内的重庆名牌农产品173个。初步形成天生云阳、江津富硒农产品、金佛山、大观园、潼南绿、石柱红、永川秀芽、武陵遗风等一批地方区域公用品牌。

【主要做法及成效】

（一）工作逐步受到重视

市委、市政府高度重视品牌建设工作。多数区县把农产品品牌建设作为促进区域经济发展的重要内容，作为推进供给侧结构性改革的重要举措，作为提升农业核心竞争力的重要手段，作为促进农业增效、农民增收和农村增绿的重要抓手。围绕农产品品牌培育，争取出台了相应的扶持政策。2011年市政府制定了《关于加强农产品质量安全监管工作的意见》（渝府办发〔2011〕245号），明确了对"三品一标"获证产品进行财政扶持，每个无公害农产品补助5 000元、绿色食品1万元、有机食品2万元、农产品地理标志登记产品2万元；截至2016年年底，全市"三品一标"认证累计补助金额近2 000万元。工商、质监、文化、商委也出台了渠道内培育农产品品牌相应的补助扶持政策。

铜梁、永川、江津、开州等区县相继出台了本地"三品一标"发展补贴政策。江津、云阳、忠县、石柱等区县还设立了农产品品牌发展专项资金，打造农产品品牌。

(二) 工作基础不断改善

重庆市于 2001 年在全国率先制定《重庆市名牌农产品认定管理办法》，于 2006 年、2010 年、2015 年三次修订完善，已在市法制办备案。通过一年一度的重庆名牌农产品评选认定，有效促进了重庆农产品品牌的发展，万州、南川等区县制定了本辖区名牌农产品认定管理办法，开展名牌农产品评定活动。各区县还结合自身优势，利用专项整治、放心农资送下乡、参加各类展会等载体，在基地建设、品牌培育、品牌宣传等方面做了大量工作，"用品牌保证人们对产品质量的信心"的理念不断得到增强。部分区县还在人员配置、物资保障上给予倾斜，为农产品品牌建设奠定了良好基础。

(三) 品牌效益初步显现

一个品牌带动一个产业，一个品牌富裕一方百姓。涪陵榨菜品牌价值已达 138.78 亿元，连续两年保持中国农产品区域公用品牌价值第一位。荣昌猪、涪陵青菜头等知名品牌在带动区域经济发展和农民增收致富中发挥了重要作用。通过品牌带动，促进基地规模化、生产标准化、经营产业化，有效提升了农产品品质规格和市场竞争力，壮大了一批产业，经济效益明显。据测算，全市通过"三品一标"认证登记，每年新增农产品产值 15 亿元。有效期内重庆名牌农产品获证种植类企业，辐射带动标准化示范基地 92 个，示范规模 140 万亩。"天生云阳"区域公用品牌形成后抱团参展，在 2016 年中国西部农交会现场签订销售订单 1.3 亿元。通过品牌培育，强化源头控制和全程监管，促进了农产品质量安全，近年来重庆市未发生一起较大的农产品质量安全事故。品牌农产品企业发展壮大为社会提供了更多就业机会。通过品牌倡

导，遵循资源循环无害化利用，促进了绿色、减量、清洁化生产，生态效益明显。

【**存在的主要问题**】 随着全球经济一体化进程的不断加快、农业市场化程度的不断提升，以及消费需求个性化、多元化、优质化的发展趋势，农业市场竞争已经不再是增数量、扩规模这样的低水平重复竞争，而是以提升品牌、提高效益为重点的综合实力的竞争，农业发展也进入了转型升级的关键时期，农产品品牌的价值和地位愈发突出。尽管重庆市在农产品品牌建设上取得了初步的成果，但品牌农产品的培育体系、评价体系、营销推广体系亟待完善，品牌化率低的问题还比较突出。主要表现在以下 5 个方面：

(一) 体制机制有待完善

市级层面，尚未建立统筹协调农产品品牌培育的组织机构，缺乏总体设计与规划。区县层面，农产品品牌培育工作机构多是由农业行政主管部门临时指定，随意性大，多数工作机构与市农产品品牌培育工作部门在业务上不对口，全市农产品品牌培育工作协调困难。极个别区县农产品品牌培育工作处于停滞状态。在市级层面，市农业部门评定重庆名牌农产品、质监部门评定重庆名牌产品、工商部门评选著名商标、商委评老字号、文化委评非物质文化遗产，涉及相同的企业、相同的产品，各部门独自按自己的办法评选认定，信息资源共享较少，各部门农产品品牌培育未形成合力。

(二) 标准化、规模化、组织化程度有待提高

标准化、规模化、组织化是做大做强农产品品牌的基础。国家层面，农药残留限量标准尚缺 6 000 余项。重庆立体气候明显，对生产标准的需求量大，部分标准的技术内容陈旧，需及时跟进修订，以及对收储运环节、包装标识等标准忽视，导致标准严重不足。加上标准转化不够，对已制定标准的宣传推广不到位，导致农业标准化的覆盖面有

限。生产主体对标准化的内生动力不足，也制约了农业标准化发展。

生产经营主体小而分散，全市农户总数724万户，户均耕地面积4.6亩，加入农民专业合作社的农户为328.6万户，仅占45.4%，部分合作社管理不够规范，组织化程度低。由于地质地貌区域差异大，加上土地流转有限，规模化程度不高。

（三）农产品生产经营企业的主体作用有待加强

企业是农产品品牌发展的主体。调研中发现，有的企业对品牌发展的主体作用认识不到位，存在等靠的思想，个别企业认证品牌只是为了获取国家补贴，缺乏挖掘品牌文化内涵、持续宣传推介的内生动力，加上商超入场等费用较高，制约了部分企业培育品牌的积极性。有的企业品牌意识模糊，对市场需求以及供给渠道研究不够，定位不准，"人无我有，人有我优"的独特品质挖掘不够。有的过分注重眼前利益，满足于注册认证，对于如何做大做强品牌没有长远谋划、持续推进。有的企业虽然拥有不少品牌，甚至在各项评比中"获了奖、成了名"，却将其束之高阁，未能"借奖壮牌，借牌抢市"。有的更是恶性竞争，相互攻讦，制造事端，主导品牌难以形成。加上企业农产品品牌人才匮乏，品牌发展"瓶颈"亟待突破，企业主体作用需要进一步调动。

（四）农产品品牌营销推广体系有待拓展

利用媒体宣传、借助展会推介，已经不能满足"互联网+"时代品牌营销的功能需求。从全市看，集宣传、展示、交流、交易、可追溯为一体的，促进线上线下相融合互动，实现生产、经营、消费无缝链接的重庆品牌农产品综合服务平台尚未建立。奉行互利共赢的开放战略，通过品牌效益引领作用，让生产经营者全面共享品牌营销红利，激发全链条品牌营销的内生动力，推进抱团协作，避免各自为战、单打独斗的营销理念还需强

化。着眼国内国际两个市场，借"一带一路"东风，塑造重庆整体品牌形象，推动农产品品牌市场开拓，促进与国际及区域交流合作力度还需加强。全市农产品品牌的营销推广急需构建"线上与线下相结合、整体品牌形象塑造与渠道营销紧密结合"的营销推广体系。

（五）品牌扶持政策有待优化

目前，全市农产品品牌扶持，过多注重品牌认证环节的奖补，对挖掘品牌内涵和品牌文化，塑造品牌形象，对参加各类品牌评比和展会推介，提升品牌影响力，关注不够，扶持不到位。缺乏品牌设计、形象打造、质量控制、宣传推介扶持办法。如何利用工商资本反哺农业、财税政策优惠农业，打破农产品品牌培育"瓶颈"路径需要探索，农业项目资金引领农产品品牌培育机制需要建立。整合农产品品牌扶持资源，建立财政专项资金，加大资金投入力度，势在必行。

（重庆市农业委员会）

四川省品牌农业发展概况

【主要做法及成效】

（一）加强组织领导，四川农业品牌建设迎来新机遇

四川省委、省政府领导高度重视和支持农业品牌建设工作，省委书记王东明为"天府龙芽"茶品牌打造多次作出重要批示，省长尹力多次为农产品品牌宣传推介、产品出川活动等作出重要指示，副省长王铭晖亲自为农产品品牌建设提出工作思路、部署工作要求。2016年以来，四川省政府先后印发了《发挥品牌引领作用推动供需结构升级的实施方案》《推进农业供给侧结构性改革加快四川农业创新绿色发展行动方案》等文件，对农产品品牌建设提出了奋斗目标、工作任务和保障措施。《全省农产品品牌建设"五大工程"实施方案》已印发各级农业部门并深入

推进落实。

在省委、省政府的重视与关心下，四川省级财政每年设立专项资金支持农业品牌建设，安排 3 000 万～5 000 万元用于"天府龙芽"茶叶品牌的培育打造，支持川茶集团在省内外建立 200 多个"天府龙芽"品牌专营店，在俄罗斯和中国香港等 10 多个国家和地区建设了"天府龙芽品牌川茶推广中心""四川省川茶品牌促进会联络处"等营销机构；安排 1 000 万元用于优秀区域品牌和优质品牌农产品培育、打造，其中，对推选的每个优秀区域品牌以奖代补 25 万元，对推出的每个优质品牌农产品以奖代补 15 万元；在 30 个（县）现代农业产业融合示范园区中也配套 1 800 万～3 000 万元不等的品牌建设专项资金，原则要求每个园区培育品牌农产品 3～5 个，每个给予以奖代补资金 20 万元。此外，还投入 600 万元专项资金用于"川"字号农产品、贫困地区品牌农产品的宣传推介和产销对接等。四川农业品牌建设迎来发展新机遇。

（二）实施"五大工程"，四川农业品牌建设取得新进展

一是实施品牌孵化工程。引导新型农业经营主体，结合当地资源禀赋和特色优势，大力发展无公害农产品、绿色食品、有机农产品、原产地保护和地理标志农产品，新增了一批有质量信誉、有市场优势的拳头产品。二是实施品牌提升工程。引导已有一定知名度的农产品品牌，积极争创更高含金量的中国驰名商标、中国质量奖、四川名牌等品牌，促进了老品牌做大做强。三是实施品牌创新工程。引导老字号品牌企业适应时代特点，在传承与保护的基础上，增强自主创新能力，挖掘、弘扬传统工艺和文化，延伸产业链条，激活了老字号、焕发了新活力。四是实施品牌整合工程。发展本土品牌与引进品牌相结合，支持中小品牌抱团发展，通过融资、兼并、重组等方式，组建大品牌大企业大集团，

构建产业集群，打造旗舰品牌。五是实施品牌信息工程。大力实施"互联网＋四川农产品"行动，瞄准电商大市场，抢占新生代消费市场，促进线上线下互动融合，打造了一批农产品电商品牌。

目前，四川有效期内的"三品一标"农产品累计达到 5 466 个，天府龙芽、四川泡菜、大凉山、广元七绝、天府源、遂宁鲜、通威、新希望、高金、可士可、竹叶青、吉香居、郫县豆瓣、张飞牛肉、通威鱼、中药材天地网、天虎云商、麦味网等一大批"川"字农业区域品牌、企业品牌、产品品牌和电商品牌做大做强。川菜、川果、川茶、川猪、川药等产业品牌也唱响市场，在川菜品牌上，内江、广元、眉山、甘孜、阿坝等高山高原蔬菜和菌类品牌畅销高端消费市场，代表蔬菜精深加工业的"四川泡菜"远销 100 多个国家和地区。在川果品牌上，蒲江、安岳、会理分别成为全国猕猴桃、柠檬、石榴生产第一县。"盐源苹果""广安蜜梨""合江荔枝""攀枝花芒果""汶川红樱桃""龙泉驿水蜜桃"等众多品牌深受消费者喜爱。在川茶品牌上，"天府龙芽""峨眉雪芽""川红功夫"等茶叶品牌更加响亮；"大凉山苦荞茶"入围最具投资价值的中国农产品区域公用品牌，"蒲江雀舌""宜宾早茶"入围全国茶叶类地理标志产品前 5 位。在川猪品牌上，川藏黑猪、内江猪、乌金猪等品牌享誉全国，温氏、特驱、铁骑力士、巨星、齐全等企业也成为行业品牌中的佼佼者。在川药品牌上，川芎、附子、鱼腥草、麦冬、川贝母等品牌成为四川中药材的代表，雅安三九、四川新荷花、四川好医生药业等创建的"新荷花""999"等品牌成为中国驰名商标；"中药材天地网""中药通"等成为全国性中药材电商品牌，2016 年实现网上交易达 180 亿元以上。

（三）构建"五大体系"，四川农业品牌建设实现新支撑

一是强化农业标准化生产体系。围绕重

点特色产业，大力推进标准化生产，省级农业地方标准达到 923 项，创建粮油绿色高产高效万亩示范片 500 个、现代经作产业标准化基地 200 万亩，新改扩建畜禽标准化规模养殖场（小区）2 025 个，改造标准化池塘 2.5 万亩。二是强化农产品质量安全监管体系。深入推进"一控两减三基本"年度任务落实，8 个县开展畜禽粪污综合利用试点，划定 117 个县、2.3 万平方千米禁养区域；建立化肥减量增效重点县 12 个、示范区 240 万亩；建立主要农作物绿色防控示范区 712 万亩，覆盖率达 25.8%；落实重大植物疫情阻截防控 230 万亩，重大动物疫病免疫密度均达 100%；新认定 4 个市、39 个县为第三批农产品质量安全监管示范县，5 个市、县被农业部命名授牌，135 个县（市、区）、2 128 家生产经营主体入驻省级追溯平台；生猪定点屠宰资格清理工作全面完成。三是强化品牌建设保护监管体系。把"三品一标"认证作为农产品品牌培育的基础性工作，加强认证管理，提高认证科技手段，缩短认证时间，降低认证成本。强化与工商、质监、食药监等部门协调，依法保护品牌农产品的商标、标识、域名，维护品牌企业的合法权益，严厉打击假冒品牌农产品违法行为和侵权行为；定期对品牌农产品进行跟踪监测，保证品牌农产品的质量和信誉。四是强化品牌建设指导服务体系。紧紧围绕各地农业主导产业和区域特色产业，统筹制定农产品品牌培育发展规划，防止品牌杂乱和无序竞争。鼓励发展一批农业品牌建设中介服务组织和服务平台，提供农业品牌设计、认证咨询、品牌推介、市场营销、人才培训、商标代理、社会评价等服务。五是强化品牌建设政策支持体系。协调财政部门设立农产品品牌建设专项资金。协调经信、环保、科技、金融、税务等部门，建立完善配套政策，扶持品牌主体做大做强。整合农业项目投入，在优势农产品基地、标准化园区、现代农业产业融合园区等建设中增加品牌培育和市场开拓的投入比重。

【存在的主要问题】 四川农业品牌建设虽然取得了一些成效，但也还存在一些问题，一是品牌同质化现象突出，品牌声誉不响，品牌小众分散，缺少精品极品，"小、散、乱、弱"还较为普遍。二是品牌理论、文化、策划、交易、服务等软实力建设还较为缓慢。三是新型农业经营主体的品牌发展与知识产权保护意识还较为薄弱。四是品牌管理、研究、营销、推广等人才还较为短缺。

（四川省农业厅）

贵州省品牌农业发展概况

【基本情况】 贵州省位于云贵高原东部，平均海拔 1 100 米左右。境内 92.5% 的面积为山地和丘陵，耕地面积 6 815.84 万亩。2016 年，全省第一产业增加值 1 944.66 亿元，占地区生产总值的 15.8%。贵州农业资源富集，境内栽种的粮食、油料、经济作物 30 多种，水果品种 400 余种，可食用的野生淀粉植物、油脂植物、维生素植物主要种类 500 多种，天然优良牧草 260 多种，畜禽品种 37 个，有享誉国内外"地道药材"32 种，是中国四大中药材产区之一，也是茶叶的原产地。

近年来，贵州省委、省政府高度重视品牌和质量工作，成立了质量兴省领导小组，在品牌宣传与市场拓展，标准化生产与加工，基地建设与质量安全等方面，全产业链提升打造，大力培育农产品品牌，建设无公害绿色有机农产品大省，威宁洋芋、都匀毛尖、从江香猪和椪柑、榕江脐橙、贵定酥李和大鲵、麻江蓝莓、龙里刺梨、乌当水果、三都葡萄等逐步成为享誉市场的优质特色农产品。贵州省有茶园面积 670 万亩，全国排第一；年蔬菜种植面积 2 000 余万亩，其中夏秋蔬菜畅销南方市场；果园面积 500 多万亩，精品水果品类繁多；畜禽规模化养殖水平大幅提高。贵州农产品名牌培育和创建发展迅速，成效显著，经营主体品牌意识日益提升，品牌效应逐步显现。截至 2016 年，贵州农产品商标累计注册数达 19 754 个（件），占全省商标注册总数的 22.04%，老干妈、"茅贡"牌大米、湄潭翠芽、兰馨、石阡苔茶、凤冈锌硒茶、"牛头"牌牛肉干、兴仁薏仁米、梵净山茶、正安白茶、老干爹等 12 个农产品荣获中国驰名商标称号，创建贵州省名牌农产品 230 个。

【主要做法】

（一）特色产业引领，持续推进结构调整

近年来，贵州立足资源禀赋，实施品牌带动，持续推进产业、产品及区域结构调整优化，大力发展生态畜牧业、蔬菜、茶叶、马铃薯、精品水果、大鲵等特色产业。一是加快果蔬产业发展，打造了一批果蔬知名品牌，通过优质安全果蔬品牌培育，全省特色生态蔬菜和特色精品水果整体竞争力得到全面提升。二是主打特色养殖牌，按照"五化"要求，持续推进畜禽养殖标准化示范场创建，持续支撑畜产品品牌发展，推动扩大"三品一标"认证，从江香猪、三穗鸭、长顺绿壳鸡蛋等一大批产品品牌效应迅速扩大。

（二）加强农业标准化，稳步推动"三品一标"认证

围绕农业生产标准体系建设，加快完善贵州省茶叶、辣椒全产业链技术标准体系，促进贵州茶叶、辣椒两大重点优势产业持续健康快速发展。积极开展标准化示范区创建，稳步推进农业标准化和"三品一标"认证工作。截至 2016 年，全省有效无公害农产品产地 4 731 个，种植业产地面积 2 082.1 万亩，无公害农产品 1 916 个；有效绿色食品企业 28 家，绿色食品产品 39 个，基地面积 84.44 万亩（其中，省内基地面积 72.94 万亩）；有机农产品 370 个，种植面积 70.76 万亩。

（三）打造高效农业园区，培育品牌农业主体

积极发挥高效农业园区载体作用，通过资源集中整合、要素集聚保障、措施集合显效，辐射带动农业农村发展，不断提高农业科技含量和效益，推动产业产品升级；积极培育龙头企业和职业农民，鼓励发展农民合作社、家庭农场和生产大户。品牌农业市场主体稳步发展。

（四）加快建设农产品质量安全追溯体系

按照国家农产品质量追溯工作安排，依托贵州农产品质量安全追溯平台，大力开展农产品质量安全追溯工作，截至 2016 年年底，全省累计 369 个农产品生产企业入驻贵州省农产品质量安全追溯系统，其中茶业企业 121 个、蔬菜水果企业 213 个、禽蛋企业 27 个，养猪企业 5 个。2016 年底，省政府办公厅印发《贵州省加快推进重要产品追溯体系建设实施方案》，要求制定食用农产品质量安全追溯体系建设实施方案，建立主要食用农产品质量安全监测、追溯管理信息平台。要加强管理、创新管理，建立完善的质量安全追溯长效运行机制。

（五）加强特色农产品宣传推介

连续成功举办"中国·贵阳国际特色农产品交易会""中国·贵州国际茶文化节暨茶产业博览会"等省内大型农产品促销活动，积极组织省内名优特农产品参与"中国西部（重庆）国际农交会""东北亚博览会""广西名特优农产品交易会"等全国性、国际性大型展销会，通过展会舞台，不断提升贵州农产品整体品牌形象，把特色优质农产品推向省内外市场。

【存在的主要问题】

（一）精品名牌少，影响力不大

品牌多、小、散，现有品牌宣传推广不足，品牌效应不突出，品牌效益难以形成。品牌创建与使用脱节，商标形式简单，内涵不足。

（二）品牌意识不强，品牌培育不足

多数农业经营主体只注重商标注册，忽视品牌形象塑造和优势培育，缺乏品牌创建理念，"酒香不怕巷子深"的传统观念在一定程度上仍然存在。

（三）农产品加工企业实力弱

产业化龙头企业是农产品品牌建设主体和关键。目前，贵州农产品加工企业大多规模小、实力弱，特色农产品加工企业起步较晚，农产品深加工不够，加工转化增值能力较弱，附加值较低，难以为农产品品牌建设提供有力支撑。

（贵州省农业委员会）

云南省品牌农业发展概况

【基本情况】 近年来，云南省充分发挥独特的地理优势、气候优势、物种优势、生态优势和开放优势，按照"市场导向、企业主体、政府推动、社会参与"的总体思路，以创基地、强监管、拓市场、搭平台为重点，通过差异化、凸显特色化，集中打造了一批具有区域特色的云茶、云花、云咖、云果、云菜、云畜、云药、云菌等"云系""滇牌"知名产业品牌，重点培育了普洱茶、文山三七、斗南花卉、云岭牛等一批高原特色农产品品牌。

【主要做法及成效】

（一）推进农业标准化和监管，夯实农业品牌化发展的生产基础

坚持用标准提升特色、壮大品牌。大力推进农产品产前、产中、产后各环节的农业标准化建设，为云南农业品牌的树立打牢了基础。截至2016年年底，全省累计制定发布农业地方标准近1 500项，农业生产技术规程近5 000项。累计支持建设蔬菜水果茶叶标准园230个，89个国家级、297个省级畜禽养殖标准化示范场，94个国家级、68个省级水产健康养殖场。加强农产品监管，全省定量监测样品5 000个（批次），综合合格率达99%，水平居全国前列，通过农产品质量安全流动检测车及县乡农产品检测机构共完成快速检测样品30.9万个以上。

（二）开展"三品一标一名牌"认证，集中打造云南农产品品牌

紧紧围绕"推动发展、加强监管、打造品牌、提高效益"的目标，把开展"三品一标"认定和"云南名牌农产品"评选作为推进农业标准化、打造农业品牌、促进农业增效、农民增收和提高农产品质量安全水平的具体措施来抓，集中培育打造云南农产品品牌。截至2016年，全省累计共有"三品一标"有效获证企业810家，产品1 792个，农产品地理标志产品74个，认定云南名牌农产品9批587个产品。

（三）开展"六个六"评选，努力培育优质种质资源品牌

发掘云南畜禽、水产、粮食地方品种资源，努力培育具有云南地方特色的优势种质资源品牌。组织开展了"云南六大名猪、六大名牛、六大名羊、六大名鸡、六大名鱼、六大名米"评选认定活动，进一步提高了社会公众对农业、畜牧养殖业以及特色农产品的认知度，有效提升了全省特色畜禽、水产品、粮食种资源的知名度和影响力，为优质特色农产品的生产和农业品牌的打造孕育良好的基础。

（四）发展特色优势产业，积极打造区域农产品品牌

围绕优势特色产业，选择最适宜本区域生产的农产品作为主导产业和产品进行培育和发展，把云南历史悠久、品质优良、规模影响力大的品种和农产品列入地理标志登记保护，积极打造知名特色产业品牌，为农业品牌发展提供了扎实的产业和地域支撑。云茶、云花、云咖、云果、云菜、云畜、云药、云菌等"云系""滇牌"知名产业品牌已享誉国内外。农业科研人员历经30年努力培育出

的"云岭牛"，成为云南拥有自主知识产权的第一头肉牛。云南普洱茶、宣威火腿、文山三七、斗南花卉、昭通天麻、丘北辣椒、蒙自石榴、元谋蔬菜、昭通苹果等一批特色明显的区域品牌远销国内外市场。

（五）依托展示推介活动，积极打造农产品品牌

坚持市场为导向，积极组织展示推介活动，打造云南农产品品牌。积极组织专场推介、产销对接和招商引资等活动，积极组织农业龙头企业、农民专业合作社等新型主体到北京、上海以及我国台湾、香港地区，南亚、东南亚、欧洲国家或地区展示推介云南高原特色农产品。通过坚持不懈地开展形式多样、形象生动、感受直观的农产品展示推介活动，云南农产品生态优质、丰富多样的特性受到海内外消费者的热烈追捧，"选择云南就是选择健康、选择云南就是选择安全"的消费理念逐渐树立。全省农产品出口已达116个国家和地区，连续多年稳居全省第一大宗出口产品，直接出口额连续多年居西部省区第一。褚橙、大益、戎氏、龙润普洱茶、昌宁红、滇红茶、后谷、朱苦拉咖啡等产品品牌已享有较高的知名度。

【存在的主要问题】

（一）农业品牌发展意识有待提升

有些地方农业行政主管部门对加强农业品牌建设认识上还有偏差和存在误区，缺乏农业品牌化发展的新思维、新办法。部分农业龙头企业、农民专业合作社等新型经营主体长期受小农经济思想的禁锢，认识不到品牌建设在企业发展中的战略地位和作用。

（二）农业品牌建设缺乏统筹协调

各级政府部门对农业品牌建设缺乏统一规划和引导，工作协调整合机制不健全，建设过程中条块分割、各行其是的情况仍然存在。制定促进农业品牌建设针对性政策不够，投入推进农业品牌建设专项补贴资金不足等问题没有从根本上得到解决。

（三）农业品牌建设基础仍需夯实

农业生产条件有待改善，农业产业布局仍需科学统筹，农业物流体系建设仍需加强，农业标准化的覆盖面仍需扩大，农产品安全监管工作机构仍需进一步健全，农业品牌宣传推广力度还需进一步加大。

（云南省农业厅）

西藏自治区品牌农业发展概况

【基本情况】 西藏自治区党委及政府高度重视农业品牌建设，认真贯彻落实中央决策部署，严守耕地保护红线和生态安全底线，以农业供给侧结构性改革为主线，以打造"重要的高原特色农产品基地和重要的世界旅游目的地"为重点，主打高原特色和净土产业品牌，推进农牧业区域化布局、标准化生产、产业化经营、品牌化营销，增加优质、绿色、生态、安全农产品有效供给，提升高原特色农产品的社会影响力、市场占有率和产业竞争力，加快现代农牧业发展。

【主要做法及成效】

（一）强化基地建设，夯实品牌建设基础

西藏地处世界屋脊的青藏高原，平均海拔超过4 000米，是亚洲主要河流的发源地，有世界最高水塔之称；南起北纬26度52分，北至北纬36度32分，西自西经78度24分，东到东经99度06分；喜马拉雅山高耸入云，阻隔了来自印度洋的暖湿气流，但雅鲁藏布江在喜马拉雅山脉上撕开了一个口子，把印度洋的暖湿气流放进来些许，形成了西北严寒干燥、东南温暖湿润、河谷深切高原、高山峡谷明显、气候垂直变化的西藏特征，孕育了独具特色、丰富多样的高原农牧产业。这些年，自治区农牧厅充分发挥天蓝、地绿、水清、气净的自然地理优势，编制了《高原特色优势农产品发展规划》，着力推动优势农产品基地建设，形成了藏东北牦牛、藏西北绒山羊、藏中奶牛、藏中北绵羊、藏中优质

粮油、城郊无公害蔬菜、藏中藏东藏猪藏鸡等十大优势农产品竞相发展的格局，为高原特色品牌建设打下了坚实的基础。到2016年底，全区粮食总产量达到102.71万吨，比上年增加2.08万吨，其中青稞产量74.67万吨，比上年增加3.82万吨；蔬菜产量达到87.3万吨，比上年增加4.57万吨；肉奶产量达到68.3万吨（其中肉产量30.5万吨、奶产量37.8万吨），比上年增加3.4万吨；高原农畜产品生产基地200多个，实现群众增收10多亿元，受益群众达160多万人。"十三五"期间，农牧业重点建设项目投资87.18亿元（其中规划内58.47亿元），建设畜禽养殖、优质饲草料基地各10个，建设万亩以上优质青稞标准化基地10个，建设标准化设施农牧业基地15个，实现粮食产量稳定超过100万吨、肉奶产量达到100万吨、蔬菜产量达到100万吨。

（二）强化质量安全，提升品牌市场美誉

农产品安全认证是农业品牌化工作的重要内容，质量安全是品牌建设的生命线。一是建体系。全区农产品质量安全监管、检测体系不断完善，完成了7个县级农产品质量安全检验检测站项目、自治区农产品质量安全检验检测能力提升项目和农业部农产品质量安全监督测试中心（拉萨）风险评估能力提升项目申报工作，落实资金2 828万元。完成拉萨市检测中心"计量认证和机构考核"工作，突破了全区农牧系统无"双认证资质"检测机构的历史。二是重标准。发挥西藏自治区农牧业标准化技术委员会的作用，积极推进农畜产品标准化工作，组织编制了78个农牧业生产技术规程。加大"三品一标"工作，认定无公害农产品生产基地22家、无公害农产品105个，通过绿色食品认证产品12个、有机食品认证产品8个、地理标志认证产品10个。三是强监测。加强产后的农畜产品质量安全检验，各地市自行开展的西藏境内农畜产品质量安全监测合格率保持在99%

以上；农业部例行监测（风险监测）中，基地产品抽样监测合格率保持在100%，批发市场、农贸市场和超市产品合格率保持在96.4%以上。"三品一标"认证产品抽检合格率均为100%。

（三）强化企业引领，增强品牌竞争能力

名牌农产品认定工作是现阶段推进农业品牌化工作的重要内容，是支持做大做强名牌农产品和保护知名品牌的重要措施。积极推荐农牧业企业参加自治区著名商标、知名商标的认定评选活动，如"圣鹿"食用油、"洛丹"糌粑、"嘎玛"苹果、"达美拥"葡萄酒、"雅江源"马铃薯水晶粉丝等一批名优特产品获得了西藏自治区著名商标称号，已成为西藏名牌产品；"甘露""诺迪康""奇正"等已成为中国驰名商标。圣鹿核桃油、食用菜籽油、"雪域圣谷"青稞香米等17个产品获得中国国际农产品交易会金奖。农业产业化经营龙头企业，包括农牧民专业合作社在内的相当一部分农牧业生产经营主体积极申请商标注册和质量认证，创建自己的品牌。同时，消费者也把品牌作为识别农畜产品品质的重要标志，具有高原特色的优质名牌农畜产品越来越受到区内外市场的欢迎，受到广大消费者的赞誉。

（四）强化旅游带动，扩大品牌市场影响

高原特色旅游产业的发展，已经成为西藏重要的支柱产业。全区各地市依托本地旅游文化节，如拉萨的雪顿节、林芝的桃花节、日喀则的珠峰文化节、山南的雅砻文化节等进行农畜产品展示展销，促进西藏特色农畜产品的市场占有额，扩大影响力。到2016年旅游共接待游客2 300多万人次，旅游总收入达到330.75亿元。旅游业的发展带动了全区高原特色农畜产品的发展，发挥了西藏高原特色农牧业生产的资源优势和天蓝水净质优的产品优势，加快推动了农牧民脱贫致富和农牧转型升级。

（五）强化典型示范，打造品牌建设样板

优化区域布局，加强品牌保护，做强高原特色和净土产业。如拉萨市充分发挥当地资源禀赋、环境容量和产业基础，以净土环境为依托，以现代科技为引领，科学制订了《拉萨市净土健康产业发展规划种植篇（2014—2020）》《拉萨市净土健康产业发展规划养殖篇（2014—2020）》，依据规划确定了奶业、生猪、藏香鸡、经济林木、藏药材、天然饮用水等九大主导产业。充分发挥市场主体和企业作用，拉萨净土健康产业以企业化的运作模式以及资本运营方式来推动发展净土健康产业，走出了一条具有高原特色的产业发展路子。截至2016年，仅拉萨市达孜县工业园区，入驻园区净土健康产业企业58家，成功打造"优敏芭"系列藏香、"藏源""羌塘布"青稞酒等国家级驰名商标20个品牌、110个产品。拉萨净土健康产业的发展，从根本上改变了拉萨市特色产品没体系、没规模、没市场的状况，从根本上改变了生产自给自足、小规模生产的格局，从根本上改变了有产品无品牌、有品牌不知名的低端经济形态。

（六）强化组织领导，支持名优品牌创建

自治区人民政府高度重视农业品牌建设，鼓励企业获得农产品名牌和著名商标，形成创建农牧业品牌良好氛围，全区农牧业品牌建设成为农业产业化发展的助推器。为加强产品营销推介力度，自治区农牧厅积极推动特色优势农畜产品"走出去"，广泛开展招商引资"引进来"社会资本，着力搭建交流合作平台，组织龙头企业、合作社连续参加14届中国国际农产品交易会，帮助企业走向市场，提高西藏农畜产品的知名度。西藏生产的农畜产品倍受国内外客商的青睐，交易会上的签约量不断增加。同时，全区还实施了商标品牌战略，专门下发《西藏自治区人民政府关于大力实施商标战略的意见》。截至2016年年底，全区有效注册商标达7 968件，驰名和著名商标达到110件。

【存在问题】　虽然西藏农业品牌建设取得了显著进步，但与内地相比特别是与品牌建设大省相比还有很大差距，总体上还处于起步阶段，农业品牌建设还存在水平低、规模小、经营分散、竞争力弱等问题，竞争无序、规范不够、短期行为较为普遍。分析原因，主要是品牌发展和保护意识不强，规模化生产经营水平较低，农畜产品标准生产化体制机制没有完全建立，农牧业生产经营组织化程度不高等。

（西藏自治区农牧厅）

陕西省品牌农业发展概况

【主要做法及成效】

（一）开展优质农产品评选，打造企业产品品牌

从2011年起，陕西连续5年开展了全省优质苹果评选，累计参评企业416家，参评样品688个，评选出优质苹果金奖150个，银奖220个，在当年的陕西洛川苹果节上授牌颁奖。2014年起开展了优质猕猴桃评选，累计269个样品参评，评选出优质猕猴桃金奖40个，银奖75个。2016年开展了优质茶叶评选，参评企业269家（次），参评样品343个，164个产品获奖。

（二）开展名特优新目录推荐，提升企业产品品牌

2013年、2015年分别推荐107个、76个农产品参加全国名特优新目录评选，分别入围14个和33个。

（三）开展地理标志登记保护评选，打造区域公用品牌

挖掘特色产品412件，地理标志登记保护了70件。推荐区域品牌参加全国区域品牌评选和价值评估，眉县猕猴桃、阎良甜瓜、太白甘蓝等23个品牌先后入选2011年、2012年区域公用品牌百强。2015年眉县猕猴桃品牌价值评估为91.5亿元，2016年为

98.28亿元，大荔冬枣首次上榜，品牌价值为38.67亿元。

（四）强力推进"三品一标"，打造质量安全品牌

"无公害农产品、绿色食品、有机食品、农产品地理标志"是农业部着力打造的安全农产品品牌。截至2016年，累计认证认定"三品一标"2 300多个，其中无公害产品1 700多个，绿色食品400多个，有机食品200多个，农产品地理标志70个。

（五）借助各类展会，宣传推介农业品牌

组织全省优势特色产品如苹果、猕猴桃、茶叶等及华圣、奇峰、紫阳富硒茶等知名品牌积极参加中国国际农产品交易会、中国茶叶博览会、中国绿色食品博览会、全国名优果品博览会等大型展会。累计组织150家企业（合作社）参加了全国名优果品博览会，487家企业（合作社）参加了历届中国国际农产品交易会（以下简称"农交会"），23个产品35家企业参加了农产品地理标志专展，近60个产品获得历届农交会金奖产品。从2013年起，将泾阳茯茶、汉中仙毫、安康富硒茶、秦岭泉茗等整合为"秦茶天下"，抱团参加中国茶叶博览会，累计120多家茶企近200个品系参展，举办"陕茶"专场推介；"汉中仙毫""安康富硒茶""天竺翠峰""泾阳茯砖茶"等屡获"区域公用品牌"奖，约40家企业获"优秀品牌""极具发展潜力品牌"奖，近百个茶叶产品获金奖、银奖等。建立了"陕西省优质农产品展示网"，打造"永不落幕的农博会"。

（六）多措并举，强化品牌监管

一是着力开展追溯体系建设，将安全生产与品牌建设直接链接，夯实品牌建设安全基础。目前实施追溯企业500多家，部分企业产品知名度和市场占有率逐步攀升。二是加大"三品一标"检查力度。定期开展"三品一标"标识检查，杜绝滥用、盗用、冒用等现象，维护品牌形象。三是持续开展参展企业回访。以问卷调查、现场座谈等形式，定期回访各大展会参展企业，了解参展前后变化及企业需求，不断调整工作思路和工作方法。

（陕西省农业厅）

甘肃省品牌农业发展概况

【基本情况】　近几年来，省农牧厅紧紧围绕农业增效、农民增收这个目标，狠抓农产品品牌培育和农产品营销促销，形成了定西马铃薯、静宁苹果、高原夏菜、张掖玉米杂交种、酒泉洋葱等一批在全国有一定影响力的大宗鲜活类农产品品牌。同时，兰州百合、甘肃高原夏菜、平凉金果、秦安花椒、秦安苹果、板桥白黄瓜、秦安蜜桃、平凉红牛、康县黑木耳、花牛苹果等农产品品牌荣获了最具影响力中国农产品区域公用品牌称号。

陇南橄榄油、甘南牦牛肉、兰州百合、天水、平凉、庆阳苹果、张掖花寨小米等一批产品质量过硬、品牌知名度高、示范带动作用强的绿色有机食品精品迅速进入国内外市场。天祝白牦牛地理标志产品入选中一欧互认清单。地理标志产品武都红芪在全国第一次估价中品牌估价达18亿元。消费者对"三品一标"的综合认知度已超过80%，其价格与普通农产品相比较占有一定优势。

【主要做法及成效】

（一）以节会展会为载体，培育农产品品牌

一是组织举办中国·定西马铃薯大会，创建中国薯都。通过连续举办中国·定西马铃薯大会，邀请国内大型经销商和国家级新闻媒体，实地考察基地建设、良种繁育、淀粉加工，大力宣传定西马铃薯品牌，使得定西马铃薯价格连年高于外省马铃薯产地价格。

二是组织举办高原夏菜产销对接会，构建西菜南运基地。通过举办高原夏菜对接会、到南方销地开拓市场等形式，使甘肃的高原夏菜品牌走向全国。目前，除东北三省和海

南没有直销点外，全国80多个城市的100多个蔬菜批发市场都有甘肃高原夏菜直销点，此外还出口韩国、日本、东南亚等国家及我国香港、澳门、台湾地区。

三是组织企业参加中国国际农产品交易会。近5年来，组织省内上百家企业近千种农产品参加中国国际农产品交易会，先后有41个农产品荣获"中国国际农产品交易会金奖"。

四是创办网上展厅。在甘肃农业网开通了"网上展厅""一站通"两个栏目，充分展示和宣传甘肃农产品。

（二）以创办直销窗口为突破口，拓展农产品品牌

一是办窗口。省农牧厅先后在浙江省义乌农贸城、北京市丰台区中国绿色食品总部基地、广州绿博隆农产品批发城、兰州城关区分别开设了甘肃特色农产品义乌、北京、广州、兰州展销馆，着力推动农产品外销，构建农民增收的新渠道。截至2016年，已有省内200余家农产品生产、加工企业和农民专业合作社参加"甘肃馆"展销活动，展销的农产品有高原夏菜，兰州百合，陇南黑木耳，武威人参果，会宁小杂粮，甘南牛羊肉，天水花牛，庆阳和平凉红富士等十几大类上万个品种。

二是走边贸。重点在广西、西藏、新疆口岸开展农产品边贸促销活动，其中甘肃秦冠、红星、早酥梨等果品通过西藏樟木口岸向东南亚国家边贸出口量增长明显，与10年前相比出口量增长了13倍多。据测算，仅静宁一地，包装、冷藏、用工等配套服务年增加收入5 500万元，增加用工500人以上；秦冠、红星苹果因价格提高果农增加收入1.16亿元以上，苹果单价较国内售价提高1倍左右。在外省设立农产品窗口、在口岸进行农产品边贸促销，使甘肃的农产品不仅走向了全国，而且走向了国外。

（三）以电子商务为平台，开辟农产品品牌建设新途径

积极与兰州银行协商，签订了《省农牧厅、兰州银行共同推进甘肃农产品电子商务合作协议》，共同建设一个服务三农、汇集甘肃特色优势农产品和在全国有较高知名度的农产品电子商务平台。目前，正在进行平台设计、建设等事宜。该平台建成后，将充分发挥双方资源和职能优势，创新农产品流通手段，培育一批示范效应好、带动能力强的农产品网上经销企业，打造一批品牌声誉响亮、深受全国消费者喜爱的甘肃农产品，大力促进甘肃农产品流通外销，持续推动农业增效和农民增收。

（四）以农产品质量安全为抓手，为品牌建设提供保障

近几年，全省将"三品一标"农产品认证作为推进农业标准化的一个重要抓手，也将其列为对各地食品安全考核的重要指标。通过多年来的发展，截至2016年年底，全省"三品一标"农产品新增认证产品147个，累计达到1 628个，其中无公害农产品811个，绿色食品647个，有机农产品97个，地理标志农产品73个，"三品一标"农产品生产总量或规模占全省食用农产品生产总量或面积的比重达到50%以上。"三品一标"各项指标均比"十一五"末有了较大提高。

【存在的主要问题】 近年来，各地各级政府、部门、行业协会、农业企业等相关主体顺应形势发展需要，积极探索农产品品牌发展路径，推动品牌农业发展。一大批具有地方特色的名、优、特农产品逐渐成长为具有较高知名度、美誉度和较强市场竞争力的品牌，如静宁红富士苹果、天水花牛苹果、兰州百合、张掖玉米种子等产品品牌。但是，由于全省农产品品牌建设基础差，除了极少数知名品牌外，多数品牌影响力还停留在局部地域，跨省跨区域品牌不多，农产品品牌市场影响力有限。另外，大多数农产品品牌由于缺乏标准化、规范化的经营管理，其品质难以得到有效保障，品牌形象难以得到有效宣传，产品附加价值低，盈利能力较弱。

（甘肃省农牧厅）

青海省品牌农业发展概况

【基本情况】 近年来，青海省紧紧围绕省委、省政府提出的"生态立省"战略，牢固树立保护生态就是保护生产力、建设生态就是发展生产力的理念，把保护生态作为促进现代农牧业发展的重要原则和重要路径，立足全省特色农畜产品丰富的资源优势，全力推进农畜产品品牌建设，积极打造"生态、绿色、有机"牌，农畜产品品牌建设有了质的提升。

一是品牌建设取得新进展。全省已注册农畜产品商标6 320件、获得中国驰名商标农产品18件、青海省著名商标农产品80件。全力打造"有机"牌，祁连、河南、泽库、甘德4县成为有机畜牧业县，有机畜产品认证监测面积达到6 000多万亩。加强绿色食品原料标准化生产基地认证，诺木洪农场枸杞、门源浩门农场小油菜、湟源马牙蚕豆、湟中马铃薯、大通马铃薯及互助蚕豆、饲料等8个基地被认定为全国绿色食品原料标准化生产基地，基地面积达到120万亩。

二是"三品一标"稳步发展。通过建基地、创品牌、走特色之路等措施，加大"三品一标"农畜产品认证力度，全面推进"三品一标"发展进程，"三品一标"产品品种不断增加、基地面积持续扩大、品质规格稳步提升。截至2016年年底，全省认证"三品一标"农产品662个，其中，无公害农产品241个，绿色食品244个，有机农产品114个，地理标志农产品49个，绿色生产资料14个。"三品一标"农产品监测合格率达到了98%以上。

三是品牌效应日益明显。消费者品牌意识的逐步增强，激发了龙头企业和农牧民专业合作社的品牌意识和质量安全意识。全省394家农牧业产业化龙头企业中，93家省级以上龙头企业获得中国驰名商标13件、青海省著名商标35件，实现销售收入55.5亿元，品牌企业辐射带动农牧户50.9万户，带动农牧户增收总额6.6亿元；全省登记备案的6 719家农牧民专业合作社中，实行标准化生产的合作社30个，拥有注册商标的合作社256个，合作社成员达到33万人，带动农牧户25万户。

四是品牌知名度不断提升。通过组织品牌企业参加"青洽会""清食展""农交会""绿博会""有机博览会"等省内外大型展会以及各类宣传推介活动，青海特色名优农畜产品在全国知名度显著提升，市场认可度持续提高。绿草源牛羊肉、江河源菜籽油、仙红线椒等主导产业品牌在全国市场享有良好口碑，"八宝"祁连牛羊肉、诺木洪枸杞、"恩露"富硒农产品、"高原湖"三文鱼等一批特色品牌农畜产品多次获得全国绿色食品博览会等省内外大型展会奖项。

五是品牌工作基础逐步夯实。省委、省政府高度重视农畜产品品牌建设工作。省政府办公厅出台了《关于印发青海省推进农畜产品商标和地理标志品牌战略实施意见的通知》。省农牧厅编制了《青海省"十三五"农畜产品品牌发展规划》，召开了全省农产品品牌建设工作座谈会议，就农产品品牌战略发展情况向严金海副省长作了专题报告。开展了全省十大绿色品牌和十大农产品地理标志品牌推荐评选活动。连续两年扶持了农产品品牌60个，连续两年对"三品一标"农产品进行了认证奖补。逐步夯实了品牌工作基础，提质增效得以显现。

【主要做法及成效】

（一）加强了农产品质量安全监管检测体系建设

行政监管体系进一步健全，目前已建立省级农产品质量安全监管机构，西宁、海东、海西、玉树建立了市（自治州）级监管机构，县级有兼职的农产品质量安全监管工作人员。检验检测体系进一步完善，全省已有农产品质量安全检测机构 36 个，其中，省级 1 个、市（州）级 8 个、县级 27 个，西宁市、海东市、海南藏族自治州、黄南藏族自治州实现了县级检测站全覆盖。乡镇农产品质量安全监管机构进一步落实，按照农业部立足现有，不另起锅灶的原则，在现有机构基础上挂牌子、定职能、定人员、配设备。全省 358 个涉农乡镇挂牌建立了乡镇农产品质量安全监管站，并对 296 个乡镇监管站配备速测设备。对乡镇监管机构人员进行了农药残留检测及监管追溯平台操作技术培训工作。农畜产品质量安全监管能力进一步提升，为农畜产品品牌建设提供了有力支撑。

（二）推进了农牧业标准化工作

强化了标准制（修）订。近 6 年来，全省制定行业标准 4 项、地方标准 295 项，审定发布地方标准 229 项。涵盖初级农畜产品及生产全过程。加强了标准化示范创建，累计扶持建设了国家级农业标准化示范县 15 个；标准化生产基地 111 个，其中，种植业基地 81 个、养殖业基地 27 个、渔业基地 3 个。标准化示范创建既提升了农牧业产业发展水平，同时有力保障了农产品质量安全。加快了"三品一标"认证工作，推进有机畜牧业发展，先后在黄南、海南、海北藏族自治州所辖的 6 县投入资金 4 500 万元，用于推进有机畜产品基地建设工作。依托优势农牧业产业和特色农产品，大力发展无公害、绿色和有机农产品生产基地，为农畜产品品牌建设奠定了工作基础。

（三）强化了农产品质量安全专项整治工作

针对蔬菜农残超标、畜产品"瘦肉精"、生鲜乳违禁物质、兽药质量安全、假劣农资及水产品有毒有害物质残留等问题和隐患，连续 9 年在全省范围内开展农畜产品质量安

全专项整治行动。农牧部门与农资经营单位签订农资诚信经营目标书，建立农资诚信经营档案，查处假劣农资案件，整顿和规范农资市场，有效解决了农畜产品质量安全突出问题和隐患，震慑了假劣农资生产和销售行为，强化了农畜产品生产全程监管，为农畜产品品牌发展提供了质量保障。

（四）健全了农产品质量安全长效机制

完善了农产品质量安全监管制度。先后制定了农产品市场准入工作实施方案，农产品质量安全突发事故应急预案，不合格农产品反馈整改制度，信息发布制度，地方农产品质量安全管理办法等相关制度。为加大农产品出口监管力度，省农牧厅与省出入境检验检疫局连续 3 年签订了《关于提高农产品质量安全水平，扩大农产品出口的合作协议》，促进了全程监管工作的有效开展。农畜产品质量安全工作机制的逐步完善，为农畜产品品牌发展提供了制度保障。

（五）发展壮大了特色优势农畜产业

通过实施百里百万亩马铃薯、百里百万亩油菜、百里万棚蔬菜、百里十万亩薄皮核桃、百里万头奶牛、百里万头肉牛肉羊、百里万头生猪、百里万亩大果樱桃等 8 个百里万亩万头计划，特色产业规模进一步扩大。全省蔬菜播种面积达 70 万亩，总产量达 148 万吨；特色果品种植面积达 20 万亩，其中薄皮核桃 14.22 万亩、大樱桃 0.87 万亩，各类特色果品总产量达 3.65 万吨；中藏药材种植面积达 30 万亩，总产达 6 万吨；全省肉类总产量达 32 万吨，奶类总产量达 32.1 万吨，禽蛋总产量达 2.05 万吨。特色产业的发展，为推进农畜产品品牌发展提供了资源保障。

【存在的主要问题】

（一）品牌意识淡薄

相关部门和生产经营主体对品牌重要性的认识不够到位，品牌意识和市场意识淡薄，缺乏培育品牌和开拓市场的主动性。

（二）名牌产品数量少，实力弱

自主创新能力不强，初级产品多，精深加工产品少。品牌产品规模小，竞争力弱，市场占有率低。优势产业品牌带动能力不足，与青海丰富的农畜产品资源禀赋不相称。

（三）品牌宣传面不宽，宣传力不够

品牌应用推广不够，大量富有青海特色、品质优良的地理标志农畜产品有实无名、有名不强或优质不优价。行业协会没有充分发挥作用，对企业的协调指导服务还停留在较低水平。

（青海省农牧厅）

宁夏回族自治区品牌农业发展概况

【基本情况】　近年来，宁夏按照特色产业、高品质、高端市场、高效益的"一特三高"现代农业发展理念，立足宁夏资源禀赋，围绕提质转型升级目标，在精耕细作、精深加工、精细管理、精准施策上多处发力，全力打造以优质粮食和草畜、蔬菜、枸杞、葡萄为主的"1+4"特色优势精品农业。自治区先后出台了《宁夏回族自治区名牌产品推进办法》《关于加快发展特色优质农产品品牌建设的意见》。通过实施特色化、差异化品牌发展战略，注重标准化生产和质量控制，不断推进品牌整合和塑造，加大对外宣传推介力度，造就了独特的"宁"字号农业品牌。目前，已形成了贺兰山东麓葡萄酒、盐池滩羊、六盘山马铃薯等一批区域品牌；百瑞源、涝河桥、塞北雪等一批企业品牌；"三品一标"认证居全国中上游水平，有机食品认证数量居西北首位。

【主要做法及成效】

（一）"三品一标"助推标准化生产，夯实农产品品牌基础

质量是农产品品牌的根本。以农产品质量安全检测体系和农业标准化推广应用为重点，着力抓好标准化种养基地建设。截至2016年年底，全区有效期内"三品一标"产品562个，"三品一标"抽检合格率100％；其中：无公害农产品230个，绿色食品232个，有机农产品48个，农产品地理标志52个。无公害农产品产地382个。覆盖了全区81％的种植面积、85％的畜禽养殖规模和80％的水产养殖面积。建设国家级农业标准化示范园区69个、自治区级农业标准化示范园区29个。创建全国绿色食品原料标准化生产基地16个、全国有机农业示范基地2个，涉及全区12个市县220万亩土地。

（二）着力推进农业产业化经营，培育农产品品牌主体

龙头企业、农民专业合作社、农业协会是品牌培育经营的主体。坚持把培育壮大龙头企业、专业合作社作为推进农业特色优势产业发展、农产品品牌培育的关键环节抓紧、抓实、抓好。按照"主导产业＋龙头企业＋专业协会＋知名品牌"的发展模式，在"一县一业"主导产业明晰的县区，通过"培育一个区域公用品牌，扶强一个龙头企业（合作社），带动一个产业"的思路，以龙头企业为重点，对外组织营销公司，确立自己的品牌，对内发展订单合同，形成多层次的农产品品牌发展体系。突出重点，集中资金，支持龙头企业发展壮大。全区农业产业化龙头企业国家级19家、自治区级289家。销售收入亿元以上龙头企业达48家、5亿元以上的14家、10亿元以上的7家。以产业龙头企业打造"昊王米业""夏华牛肉""西夏王葡萄酒""百瑞源枸杞"等知名品牌。创建了"中卫香山硒砂瓜""海原鸿鑫马铃薯"等8个全国百个合作社知名品牌。

（三）聚力宣传推介，唱响"宁"字号农产品品牌

"好酒也怕巷子深"。为了让国内外市场全面认知和接受宁夏的特色优质农产品，自治区农牧厅加大推介力度，依托中国—阿拉伯国家博览会、中国国际农产品交易会、中

国绿色食品博览会等平台，组织企业积极推介展示。在厦门、泉州、福州等地举办了宁夏特色优质农产品推介展销系列活动，在上海举办了宁夏枸杞专题推介会；在北京、厦门、大连等城市设立了宁夏优质农产品直营店；与淘宝、京东等电商合作，建成了一批村级电商服务站，形成了线上线下多种交易模式，覆盖了全区1/3以上的行政村，进一步促进了农产品销售。连续举办六届的中国（宁夏）园艺博览会，每届签订的优质农产品销售合同近百亿元，宁夏品牌农产品市场公信力和公众美誉度显著提升。

（宁夏回族自治区农牧厅）

新疆维吾尔自治区品牌农业发展概况

【主要做法和成效】

（一）亮出品牌，提振农产品市场化信心

全疆上下同心协力，提高了"阿克苏苹果""库尔勒香梨""吐鲁番葡萄""哈密瓜"等国际名牌的消费者美誉度和市场影响力，打造了伽师瓜、木垒鹰嘴豆、吉木萨尔红花、和田薄皮核桃、若羌红枣、皮亚曼石榴、莎车巴旦姆、阳光沙漠玫瑰精油、解忧公主薰衣草精油、赛湖冻鱼等新生代特色名牌，这些名牌农产品大都已经走向国内外，满足了部分消费者的生活需求。

依托自治区"农产品品牌名牌创建活动"，围绕"新疆农业名牌产品"评选，"十二五"以来共认定新疆农业名牌产品303个，有效期内有120个；涉农中国驰名商标26件、有效期内新疆著名商标140件、有效期内新疆名牌产品134个；农产品地理标志产品69个、原产地证明商标49件、地理标志保护产品27个；获评"中国国际农产品交易会金奖产品"82个；通过新闻发布、报刊专版、组织企业参加中国农产品包装设计大赛、参与全国农产品区域公用品牌价值评估、组织申报

农业部《全国名特优新农产品目录》、组织新疆农产品产销对接会、新疆农业名牌产品宣传推介会、网络宣传、印制发放宣传画册等方式，宣传推介新疆名特优新农产品，提升了新疆特色农产品的消费者美誉度和市场影响力。

健全组织机构，落实扶持政策。2010年，自治区成立了农产品品牌领导小组及办公室，出台了加快推进农产品品牌建设意见，落实自治区财政专项农产品品牌建设奖励补助资金500万元，制定了农产品品牌建设奖励补助资金管理办法，开展了农产品品牌建设评比表彰活动，对品牌建设先进单位和个人进行了表彰奖励。成立了新疆农产品华北市场开拓办公室，几年来自治区人民政府对该远销平台的建设给予了一定的资金扶持，保障了该平台的持续稳定运行，并拨入了专项经费在北京举办新疆农产品北京交易会，在疆内举办了几期产销对接活动。在新疆本地和沿海发达省份分别举办自治区农产品品牌建设培训班，邀请国内知名品牌研究机构和策划机构专家讲课，考察品牌建设优秀企业，学习先进经验。

规范评选程序，认定农业名牌。通过企业自愿申报、地州市农业部门推荐、专家组评审、认定委员会委员表决、认定结果公示、面向社会发布等程序，评选认定新疆农业名牌产品。协助新疆名牌战略推进委员会做好新疆名牌产品农业类产品评审认定工作。

多渠道宣传推介新疆名牌。每年制作《魅力新疆，品质农业》专题片，在各个展会上播放，编印《新疆名特优新农产品目录》及各年度《新疆农业名牌产品企业》宣传册，召开了新闻发布会，报纸、广播、电视、网络等媒体形成了全方位、高密度、多层次、立体宣传攻势。新疆已有7个农产品入选第一批《全国名特优新农产品目录》丛书。

品质极优的新疆特色农产品，越来越多地走入了国内外消费者的生活。新疆农业特色名牌、国内国际名牌，定会助阵"一带一

路"倡议的全面实施。

（二）注重三个转变，努力实现展会效益最大化

在实施品牌战略的同时，自治区农业厅着力华北地区农产品市场开拓，在北京市建立新疆特色农产品展销中心，连续7年承办"新疆特色农产品北京交易会"，建成以北京为中心，辐射华北片区，集"展示中心、信息中心、销售中心和市场开拓中心"于一体的展销平台。探索在天津市、河北省、山西省、山东省等地建立展销平台，举办或参加相关展会、推介会、对接会50多场次，在当地形成了较为完善的新疆特色农产品销售网络，提升了新疆特产的美誉度。

实现了简约实效化办展。本着节俭、务实、高效的原则，举办和组织参加新疆农产品北京交易会、新疆名优特及精深加工农产品上海展销会、中国国际农产品交易会、全国名优果品交易会等交易会、博览会。从2013年开始，新疆农产品北京交易会取消了大型开幕式、论坛等活动，不再设置特装展示区，将产品展示洽淡与产品销售设置有机结合，每个销售展位按照统一规格搭建个性化展棚，调整规模，提高效率，节约开支，加强服务，减轻负担，调动了企业参展积极性。

探索展会市场化运作。探索由"政府搭台、企业参与"转向"政府服务、企业运作"，引入市场机制，让展会与市场接轨，企业协会及专业会展公司办展成为近两年展会的新亮点。

实现企业效益长久化。从"以展为主"转向"以销为主、展销结合"，精心策划节点安排、城市选择和展会协调，让企业参展既能扩大影响，又能销售产品，把新疆农产品北京交易会展期安排在"十一"黄金周，满足了首都市民和客户对新疆特色农产品的需求，为企业扩大销售量创造了有利条件，近几年现场销售额均达600万元以上。

（三）发挥三大优势，全力推进华北市场开拓

发挥新疆农副产品华北市场开拓办公室的作用，采取实地走访、发放调查问卷、收集数据资料、开座谈会等形式，多次对北京、天津、太原、武汉等城市新疆农产品销售情况进行全方位的调研，并开展新疆农产品华北市场开拓策略课题研究，探索新疆特色农产品在北京及整个华北市场开拓新路径。

发挥援疆机制的资源优势。积极争取天津、河北、山西和浙江等地农业部门、部分新疆农产品经营商户、会展单位的支持帮助，使新疆农产品进入当地市场。北京市农村工作委员会对新疆在北京市举办的交易会连续5年给予经费支持，并组织采购商到新疆开展产销对接。天津市农村工作委员会邀请新疆企业参加"津洽会"，每个展位优惠1500元；天津市食品工业协会对新疆组团参加环渤海国际食品交易展，给予了50%的展位费优惠。山西省农业厅在每两年一度的中国（山西）特色农产品交易博览会上，也免费提供一定数量的销售展位给新疆展团，助力新疆农产品走入山西。

发挥各地商会的资源优势。主动接洽并积极配合各省市的新疆商会，扶持商会企业在内地市场建设销售平台，利用商会企业在内地的销售网络，宣传推广新疆优质特色农产品。

（四）采用三种模式，促进农产品外销

召开产销对接活动，"请进来"促销。自治区近年来分别在北京、吐鲁番、库尔勒、乌鲁木齐、喀什、阿克苏等地举办了新疆特色农产品产销对接活动，邀请内地农产品批发市场近200家采购商批发商来疆，与新疆约300家企业达成合作，现场签订新疆农产品购销协议近70亿元。

开展媒体直播活动，"面对面"促销。在各类展会上为新疆农业名牌产品企业搭建宣传展示平台，2016年在北京举行的新疆农产品交易会及在昆明举行的全国农产品交易会

上，开展了新疆名牌农产品推介活动并组织了专访，有效地提升了新疆农业名牌产品在社会的曝光率和美誉度。开展了"攒劲新疆——一县一品"新媒体联动征选推广系列活动，在各界领导的支持下，各地农业企业和种植户、广大网民踊跃参与，通过网络评选和线上线下知名媒体的宣传报道，对打造和宣传全区地域优势特色产业发挥了积极显著的推进作用。

鼓励企业拓展市场，"走出去"促销。先后协助多家疆内企业在北京、合肥、青岛、烟台、太原、武汉、杭州等城市建立展销厅、专营店、实体店、网店。协调各地的新疆商会与新疆果业集团、沙迪克、西部特产等新疆特色农产品经营企业，入驻北京市牛街新疆特产店、新发地新疆厅二层、全国农业展览馆精品馆等营销场所。

开展优质农产品电子商务试点项目，在农产品品牌建设、电商企业农产品标准制定、互联网营销模式开拓创新等领域进行合作，探索农产品与农业生产资料的电子商务模式，影响和带动全区农产品电子商务加快发展。

【存在的主要问题】 在农产品品牌创建、助力农产品市场开拓等方面开展了一些工作，但也存在一些问题，制约着农产品品牌创新发展。

一是组织体系不健全。品牌管理的核心组织与权威信息缺位，协会在组织、协调、服务、监管等方面尚未开发功能、发挥作用。

二是能力不足。品牌建设及市场开拓均为"十二五"以来自治区根据形势发展所采取的新举措，承担此项工作人员的知识结构尚不适应业务开展需求，区内也缺乏相应的智力支持体系，对新常态下，如何提升新疆农产品的品牌影响力、如何利用信息化手段开展"互联网＋农产品"营销等创新型手段开展工作存在"本领恐慌"，能力提升较慢。

三是农产品品牌意识薄弱，品牌集聚效力相对不足。存在着"重评比、轻培育"的

现象，创统一区域品牌意识不强，农业生产企业之间缺乏协同合作，同类产品不同品牌间尚未形成区域竞争合力，各树各的品牌，规模、市场影响力小的农产品品牌既无力创建品牌，又分散了建立优势品牌的资源，新疆独特的资源优势尚未转化为品牌优势。

四是缺乏有效管理。从原产地保护的起源和重点看，保护的对象主要是具有自然属性和人文因素的农产品及其加工品。由于存在部门间职能交叉、管理错位，导致多部门管理，目前还未形成一个理性的保护制度。

（新疆维吾尔自治区农业厅）

新疆生产建设兵团品牌农业发展概况

【发展成效】 近年来，兵团高度重视农业品牌化建设，围绕发展现代农业的目标，发挥农业产业资源优势，大力实施品牌战略，以市场为导向，以产业育品牌，以品牌拓市场，品牌农业呈现出了良好的发展势头。

（一）培育一批农业品牌

着力实施农产品品牌战略，积极整合品牌资源，坚持"创造一个名牌，激活一家企业，带动一片产业"，加快以品牌农产品生产为主的规模化生产基地建设，集中培育了一批具有竞争优势和区域特色的名牌产品。目前，新疆兵团已拥有新疆名牌产品72个、新疆著名商标91件、中国驰名商标10件。形成了"伊力特""北疆红提""羚羊唛""西沁""天康""绿翔""昆仑山""天山雪""昆神"等知名品牌，品牌农产品产值和市场占有率大幅提高。

（二）加快推广"三品一标"产品

2016年新认证了4家企业5个无公害农产品，30家企业48个绿色食品，2家企业2个有机食品，8家企业8个地理标志农产品。目前，兵团有70家企业128个绿色产品，有44家企业134个无公害农产品，有4家企业

13 个有机食品，有 27 家企业 27 个农产品地理标志。

（三）稳步推进"一团一品"

根据地域、资源禀赋的不同，各团场加快农业结构调整，推进"一团一品"工程，涌现出马铃薯之乡、辣椒之乡、红提葡萄之乡、薰衣草之乡、哈密瓜之乡、彩棉之乡等一批有特色产品的团场。出产伊香大米的六十八团、出产番茄的一二四团、出产张裕酿酒葡萄的一五二团、出产西域楼兰红枣的三十四团、出产金皇后哈密瓜的一〇三团八连被农业部认定为全国第一批一村一品示范村（镇）。

【主要经验】

（一）抓龙头企业促进品牌发展

通过制订产业导向、发展龙头企业、培育农业品牌等举措，充分发挥品牌农业企业的产业链优势，提高标准化、区域化、产业化经营水平，提高农业经济整体效益，有力地推进区域经济的增长。兵团第十四师的和田昆仑山枣业公司大力发展"品牌＋合作社＋订单＋种植户"的新型模式，实现用商标品牌带动一个产业的目标。如第十四师自注册"和田玉枣"商标后，2014 年被评为"中国驰名商标"，目前已成为十四师枣业发展的先锋。

（二）抓农产品质量安全保障品牌发展

农产品质量追溯系统建设是提升农产品质量安全水平和监管能力的重要途径和有效手段。兵团已有 20 家单位大米、牛羊肉、红枣、奶粉等产品实现了"生产有记录、流向可跟踪、信息可查询、质量可追溯"。新疆兵团不断加大追溯系统建设规模，以红枣整体推进为试点，在构建红枣质量安全追溯信息平台的基础上，逐步在果品、牛奶、畜禽产品等大宗食用农产品上推进。同时，向生产者和消费者提供查询农产品追溯信息服务，扩大宣传追溯农产品。加强可追溯农产品监管，建立淘汰和退出机制，探索实施农产品质量安全监管信息化和智能化，为新疆兵团农产品质量安全监管和品牌建设提供有力支持。

（三）抓标准化生产提升品牌质量

目前，兵团农产品生产企业累计完成近 40 项国家标准和行业标准制定和 85 个国家级农业标准化项目建设，5 个国家级服务业标准化试点项目和社会管理综合标准化试点项目稳步推进，与西北五省（自治区）共同成立了"新丝路标准化战略联盟"。1 000 多家企业获得各类管理体系认证和产品认证。

（四）抓强化宣传提升品牌效应

组织开展兵团特色农产品产销对接活动，建立稳定购销渠道。自 2015 年开始，兵团每年都在 11 月份举办一次兵团特色农产品产销对接活动。活动对促进兵团农产品营销促销起到了积极的推动作用。对接活动不仅搭建了购销平台、拓宽了购销渠道，而且实现了双赢、多赢。组织参加中国国际农产品交易会。每年兵团都组织数十家兵团企业参会，通过展销会的平台不断宣传推介兵团的优质特色农产品，知名度和市场占有率得到很大提高。

（新疆生产建设兵团农业局）

展览展示

- 第81届柏林国际绿色周
- 第七届余姚河姆渡农博会
- 第十七届中国（寿光）国际蔬菜科技博览会
- 第十届中国国际有机食品博览会
- 第十七届中国绿色食品博览会
- 第九届中国东北地区绿色食品博览会
- 第十四届中国国际农产品交易会暨第十二届昆明泛亚国际农业博览会
- 第二十三届杨凌农业高新科技成果博览会
- 第八届全国优质农产品（北京）展销周

第81届柏林国际绿色周

【展会时间】　2016年1月15～24日
【展会地点】　德国柏林国际展览中心
【展会概况】

从1926年创办至今，"柏林国际绿色周"在2016年隆重迎来第81届盛事。柏林国际绿色周（IGW）是世界食品工业、农业及园艺领域最大、最具影响力的博览会。每年将与全球除德国外的一个国家作为主要贸易伙伴联合展示，2016年的伙伴国家为摩洛哥，是迄今为止第一个成为伙伴国的非洲国家。

展会期间，第八届全球食品与农业论坛（GFFA）暨农业部长峰会与国际商业研讨会也于1月14日至1月16日举行。本次论坛的主题为"城市化时代的农业和农村"。来自全球政界、商界以及科技界等诸多代表将齐聚柏林，共同探讨目前食品及农业发展中面临的问题与挑战。

2016年，柏林国际绿色周共吸引来自全球65个国家和地区的1 660家展商参展。从农业部长到商界领袖，从先进科技到创新模式，从优质产品到专业渠道，从各地美食到风土人情，都在这里展现自己的风采，是我国相关企业开拓海外市场的最佳平台。

中国展区位于6号展馆，大红色的背景与古香古色的故宫宫门设计极具东方韵味。白酒、香醋、茶叶、蜜柚……展团带来了近百种中国特色食品和农产品。灯笼、春联等中国文化元素也为展台增添了喜庆气氛。同时推出了"茶之美"中国茶叶知识展板，通过向各国参观者介绍中国名目众多的茶叶种类，普及东西方饮茶习惯的区别。

【展会内容】　农业、食品、饮料、鱼类、粮食、园艺用品、畜产品、肉制品、酒类等。

第七届余姚河姆渡农博会

【展会时间】　2016年1月27～31日
【展会地点】　余姚中塑国际会展中心
【展会主题】　健康、精致、生态、高效
【组织机构】　中国优质农产品开发服务协会、浙江省农业厅、宁波市农业局、余姚市人民政府
【展会概况】

河姆渡农博会作为全国唯一一个县级举办的国字号农业博览会，本届农博会共有国内外600余家企业（合作社、家庭农场）参展，除了230多家本土企业，还有其他省市的参展企业270多家，境外参展企业近100家。展示展销面积达2.8万平方米，设本市名优农产品、中国优质农产品、中国台湾及国际农产品、传统小吃休闲区及现代农业成果展示区等展区，展示展销的名优农产品达3 600余种，还将举办"互联网＋现代农业"专题讲座、余姚现代农业成果展示等活动。

本届农博会同时举办多项专题活动，重点突出中国台湾元素和"互联网＋"元素，包括台湾民俗风情专题展示、余姚渔业成果展示与互动专题活动、淘宝"特色中国·余姚馆"开通仪式、"互联网＋现代农业"专题讲座暨淘宝"特色中国·余姚馆"新闻发布会、淘宝"特色中国·余姚馆"推介宣传特装展示等专题活动。

据农博会组委会统计，在为期5天的展会期间，参展人数达到26.2万余人次，比上届略有增加。本届农博会总交易额超过7 280万元，比上届增长5.3％；其中本市农产品销售额占总交易额的60％以上，水产（甲鱼）销售额达2 500多万元。

第十七届中国（寿光）国际蔬菜科技博览会

【展会时间】 2016 年 4 月 20 日至 5 月 30 日

【展会地点】 山东省寿光市蔬菜高科技示范园

【组织机构】

主办单位：中华人民共和国农业部、中华人民共和国商务部、中国国际贸易促进委员会、山东省人民政府、中国农业科学院、国家标准化管理委员会、中国农业大学

【展会主题】 绿色·科技·未来

【展会概况】

中国（寿光）国际蔬菜科技博览会（简称菜博会）是经商务部批准、国务院备案的年度例会，认定为 AAAAA 级专业展会，每年 4 月 20 日～5 月 30 日在 AAAA 级旅游景区——寿光市蔬菜高科技示范园内举办。

自 2000 年至今，中国（寿光）国际蔬菜科技博览会（简称菜博会）已连续成功举办十六届，先后有来自 50 多个国家、地区和 31 个省、直辖市、自治区的 2 200 多万人次参展参会。本届展会总展览面积 45 万平方米，其中室内 16.5 万平方米，设有 12 个展馆、大棚优质高效生产示范区、蔬菜博物馆及广场展位区，共展出国内外蔬菜品种 2 000 多个，新增品种 200 多个，新技术 100 多项，栽培模式 80 多种。步入展区，给您带来一种全新的感觉，映入眼帘的是高大、宽敞、排列整齐的展馆。展示内容各具特色，世界农业发达国家的蔬菜良种和寿光自主研发的蔬菜新品种得到全面展示，国内外先进的生产资料、国际精品农产品以及工业产品受到广大客商的青睐。实地种植的多品种蔬菜长势喜人，鲜脆欲滴，笑迎络绎不绝的游客。神奇而迷人的高科技栽培，美轮美奂的蔬菜景观，壮观的大棚优质高效生产示范区，现代化原生态的采摘园（12 号馆），以及穿越历史时空的蔬菜博物馆，给您带来奇丽的菜景和憧憬美好未来的绿色梦想。

展会的实地种植是寿光现代农业标准化、基地化、品牌化、种苗化、高端化的缩影。馆内蔬菜高科技栽培种类之多、模式之新，走在了世界现代农业前沿。展会通过展位展示和实地种植相结合的展览模式，全面汇集展示和交流共享国内外蔬菜产业领域的新技术、新品种、新成果、新理念，推动农业科技创新和成果转化，加快农业现代化发展步伐。蔬菜前沿技术在展馆内得到全面、立体展示。

菜博会通过 16 年的努力和拼搏，已发展成为代表和反映整个蔬菜产业前沿动态和发展趋势的品牌展会。发挥品牌效应，菜博会统筹国际、国内两个市场两种资源，不断创新展会体制机制，拉长展会经济产业链条，加强国内外经贸交流合作，为招商引资搭建了一个广阔的大舞台，成为区域经济发展的助推器。16 届菜博会，实现签约总额达 2 211 亿元，贸易总额达 1 919 亿元。菜博会不仅成为我国农业科技成果示范推广和蔬菜产业发展、创新的平台，也是多个领域交流与合作的平台，给寿光经济社会发展带来了蓬勃生机和动力。

第十届中国国际有机食品博览会

【展会时间】 2016 年 5 月 26～28 日

【展会地点】 上海世博展览馆

【组织机构】

主办单位：中国绿色食品发展中心（CGFDC）、德国纽伦堡展览集团（NM）

支持单位：中华人民共和国农业部、国际有机农业运动联盟（IFOAM）

【展会概况】

由中国绿色食品发展中心与纽伦堡国际博览集团共同主办的中国国际有机食品博览

会（BIOFACH CHINA）是亚洲最具影响力的有机产品贸易盛会，自 2007 年以来已成功举办 10 届。本届展会展出面积达 1.2 万平方米，参展商 350 余家，其中包括 15 个国家和地区的海外展商 40 余家。

中国国际有机食品博览会已形成了一套国际化的运作模式，打造了专业化的博览会品牌，创立了环保、时尚、可持续的博览会文化，并以其迅猛增长的规模和国际影响力，成为了亚洲地区和全球有机食品展示、交易和信息交流的重要平台和风向标。

【参展对象】

（一）依据中国国家标准、欧盟 EEC、美国 NOP 或日本 JAS 有机产品标准认证的生产企业。参展产品包括：

1. 有机食品或有机转换食品；

2. 有机农药、肥料或土壤改良剂等生产资料类产品；

3. 有机纺织品；

4. 有机化妆品等。

（二）有机相关行业协会、团体。

（三）有机认证或咨询机构。

第十七届中国绿色食品博览会

【展会时间】　2016 年 9 月 2～5 日

【展会地点】　长春农业博览园

【展会主题】　绿色生态、绿色生产、绿色消费

【组织机构】

主办单位：中国绿色食品发展中心、吉林省农业委员会、长春市人民政府

承办单位：吉林省绿色食品办公室、长春市农业委员会、长春农业博览园

【展会概况】

中国绿色食品博览会（以下简称"绿博会"）是绿色食品产业最具权威性和影响力的龙头展会和农业精品展会，由农业部中国绿色食品发展中心主办，是集商业洽谈、品牌展

示、合作交流和知识普及为一体的专业展览平台。绿博会自 1990 年开始举办，已先后在北京、上海、天津、广州、昆明、福州、烟台、青岛、西安等 9 个城市成功举办。绿博会的举办宗旨是展示成果、促进贸易、推动发展，自 2009 年开始从每两年一届改为每年举办一届。

第十七届绿博会共有 34 个展团，展会面积 18 400 平方米，共设立 778 个标准展位；参展企业达到 1 299 家，产品 7 595 个，包括粮油、果蔬、畜禽、水产、乳制品、茶叶、饮料等。参展产品主要为绿色食品、有机食品、无公害农产品和地理标志农产品。实现订单交易额 24.37 亿元，比上届增长 2.14%，合作意向金额 46.5 亿元，比上届增长 23.88%。山西、四川、甘肃、黑龙江、湖北、吉林等展团达成交易额超亿元。组委会统一搭建推介平台，组织了 10 多场有针对性的推介活动。

第九届中国东北地区绿色食品博览会

【展会时间】　2016 年 9 月 9～12 日

【展会地点】　大连星海会展中心

【组织机构】

主办单位：新华社辽宁分社、大连市农村经济委员会、中国国际贸易促进委员会大连市分会、大商集团

协办单位：黑龙江省绿色食品发展中心、黑龙江省农垦绿色食品办公室、吉林省绿色食品发展办公室、辽宁省绿色食品发展中心、内蒙古自治区绿色食品发展中心、大连市连锁经营协会

承办单位：大连市绿色食品发展中心、大商展览公司

支持单位：中国绿色食品发展中心

【展会概况】

中国东北地区绿色食品博览会（以下简称"绿博会"）于 2007 年由大商集团在大连创办，是大商集团精心打造的消费类专业展

会，也是具备国际国内影响力的绿色食品展会，得到了中国绿色食品发展中心的认可与支持，将其列入年度展会计划，辽宁、吉林、黑龙江省及内蒙古自治区绿色食品发展中心、黑龙江省农垦绿色食品办公室是本会协办单位，每年都组织本地区绿色食品企业参加展会。中国东北地区绿色食品博览会曾荣获"全国综合性二类优秀农业展会"等荣誉，现已成为全国、特别是东北地区具有广泛影响力、知名度的专业食品展会。

绿博会以"发展绿色食品生产、促进绿色食品贸易、培育绿色食品市场、倡导绿色食品消费"为宗旨，大力宣传天然、绿色、安全、健康食品及品牌，推广绿色食品生产技术，促进绿色食品生产快速发展，为广大食品展商提供一个高层次的展示、交流、贸易平台，让广大消费者享受到更多的放心食品，满足百姓高品质的生活需求。东北绿博会在推动东北地区"三品一标"（绿色食品、有机食品、无公害农产品和地理标志农产品）农产品企业发展和农产品品牌化建设方面发挥了积极作用。

【展会定位】

线上线下全渠道贸易推广平台：参展商通过参展展示、贸易对接实现线上线下全渠道贸易推广，既可与线下实体零售商开展贸易合作，有机会进入大商全国实体店铺全国市场分销，同时可以同步进入大商天狗网移动客户端线上全国分销。

稀缺优质商品采购交易平台：各国、各地优质、特色、稀缺商品生产商、制造商，通过展会线上线下宣传推广、信息交互、线下贸易对接洽谈、推介会大会推介、贸易对接会一对一洽谈实现产销对接交易。

名优特产品牌展示宣传平台：参展的名优特产老字号、新品牌、进口品牌，通过线下广告传媒（如大商自媒体集团报、超市DM、X展架，展场内外会刊、门票等）和线上新媒体（如天狗网绿博会专栏、绿博会官方网站、微信、微博平台等），向采购商、贸易商、观展消费者、大商全国实体店铺的顾客、会员、天狗网粉丝、网购人群等推广品牌、推介产品，提升品牌知名度、影响力。

【展览范围】 展品以优质商品为主，包括"三品一标"、各国进口商品、全国各地名优特产等。

第十四届中国国际农产品交易会暨第十二届昆明泛亚国际农业博览会

【展会时间】 2016 年 11 月 5～8 日
【展会地点】 云南昆明国际会展中心
【组织机构】
主办单位：农业部、云南省人民政府
承办单位：昆明市人民政府、云南省农业厅、全国农业展览馆

【展会概况】 中国国际农产品交易会（以下简称"农交会"）是农业部唯一主办、商务部重点引导支持的大型综合性农业盛会，已连续成功举办 13 届，在促进农业增效、农民增收、农产品国际竞争力增强等方面发挥了重要作用，成为国内外具有重大影响力的大型农业行业盛会。

【宗旨、原则和主题】 本届农交会秉承"展示成果、推动交流、促进贸易"的办展宗旨和"精品、开放、务实"的办会原则，以"供给改革、产业融合、绿色共享、创新发展"为主题，以现代农业成就展示、农业交流合作、农业贸易洽谈为主要内容，努力打造符合"市场化、专业化、国际化、品牌化、信息化"要求的高品质农业贸易和交流平台。

【规模和布局】 本届农交会室内展览面积 55 000 平方米，室外展览面积 10 000 平方米。展区设有 33 个省级展区（含中国台湾和新疆生产建设兵团）、国际展区和扶贫、农村金融服务创新、农产品地理标志、农垦、农药、渔业、畜牧、土传病虫害防控、种业、双创（包括农业电商）、休闲农业等专业展区

以及销售区。其中，省级展区、国际展区和专业展区以贸易洽谈为主，各展团按产品分类设计布展；销售区以现场销售为主，按产品类别统一布展。

【重大活动】　本届农交会将安排筹备工作会议、设计方案审查会、中国—中东欧国家农业经贸合作论坛暨中国国际农业合作经贸论坛、农业信息化高峰论坛、中国品牌农业论坛、风险管理与农业发展研讨会、全国名特优果品品鉴推介会、农产品地理标志产品推介专场、振兴中国乳业沙龙、农药经销形势分析与经验交流会、云南高原特色现代农业国际合作论坛和总结大会等重大活动。各展团将利用农交会平台，组织技术交流、项目推介、招商引资、采购需求发布等同期活动。

【企业和产品】　本届农交会严格准入条件，参展主体以地市级以上农业龙头企业、地市州盟政府组团、农业新型经营主体、科研机构、中外合资合作企业、外商独资企业为主；大型、国际型农业企业可以申请独立参展。参展产品要获得"三品一标"或通过HACCP、GAP等国际体系认证。

第二十三届杨凌农业高新科技成果博览会

【展会时间】　2016年11月5～9日

【展会地点】　陕西杨凌农业高新技术产业示范区

【组织机构】

主办单位：中华人民共和国科技部、商务部、农业部、国家林业局、国家知识产权局、中国科学院和陕西省人民政府。

支持单位：中华人民共和国教育部、水利部、国家工商行政管理总局、国家食品药品监督管理总局、国务院台湾事务办公室、国家外国专家局、中华全国供销合作总社、中国科学技术协会、海峡两岸关系协会。

协办单位：联合国粮食与农业组织、联合国工业发展组织、加拿大农业与农业食品部、哈萨克斯坦农业部、荷兰农业协会、荷兰德伦特省政府、英国创新署农业技术中心、上海合作组织实业家委员会、中国农村技术开发中心、中国农村专业技术协会。

承办单位：陕西省人民政府

【展会主题】　落实发展新理念　加快农业现代化

【展会概况】

中国杨凌农业高新科技成果博览会（简称"农高会"）创办于1994年，是由中华人民共和国科学技术部、商务部、教育部、财政部、住房和城乡建设部、农业部、水利部、环境保护部、海关总署、国家税务总局、国家质量监督检验检疫总局、国家林业局、国家知识产权局、中国科学院、国务院发展研究中心、中国证券监督管理委员会、国家外国专家局、中华全国供销合作总社、中国科学技术协会等19个部委与陕西省人民政府联合主办，由中国农村技术开发中心、国家农业综合开发办公室、中国农村专业技术协会、中华全国工商联合会农业产业商会、中国农业发展集团总公司、新西兰农业部、联合国教科文组织、联合国工发组织、奥地利农业部、以色列农业与乡村发展部、加拿大农业与农业食品部、澳大利亚贸易委员会、泰国农业与合作社部、加拿大国际科学与技术合作中心等单位协办的国际性农业科技盛会，每年秋季在陕西杨凌农业高新技术产业示范区举办。

本届农高会共设4个室内展馆、2 020个标准展位以及6个室外观摩体验区，共举办国家"十二五"科技创新成就农业领域巡回展、全国地理标志产品专题展等36个专题展。国家9个部委、18个省份以及国外的2 000多家企业和单位组展参会，集中展示了8 500多项农业科技成果及先进适用技术。共接待国内外各界代表和群众170万人次。以德国为主宾国，参展参会国家和地区达 55 个，国外客商展位数达 266 个，较上届净增 113 个，共举办杨凌现代农业高端论坛、中德现代农业发展研讨会、丝绸之路经济带跨境投资推介会等 19 项国际合作交流活动。

第八届全国优质农产品（北京）展销周

【展会时间】 2016 年 12 月 9～12 日

【展会地点】 全国农业展览馆 1、3 号馆

【组织机构】

主办单位：中国农业展览协会、全国农业展览馆

承办单位：全国农业展览馆农业会展促进中心

协办单位：浙江省农业厅、四川省农业厅、山西省农业厅、河南省农业厅、北京市农业局、山东省农业厅、北京首都农业集团有限公司

【展会主题】 优质食品与健康生活

【展会概况】 全国优质农产品展销周是经农业部批准，由中国农业展览协会和全国农业展览馆牵头举办的农业展会，展会的主要宗旨是推介全国优质农产品开拓北京以及华北市场，满足北京市民元旦、春节前采购需求，已连续举办八届。展会组织国内优秀的农业企业和优质特色农产品、食品等参展，整个活动集"产品热卖、农超对接、合作洽谈、现场品尝、信息发布"为一体，邀请农产品经销商、代理商、分销商、应用商、配送公司、绿色食品专供中心以及农业部定点农贸批发市场、大型超市、绿色食品连锁店和经营专柜、社区连锁超市和便利店、专业市场等；酒店、宾馆、餐厅、各大俱乐部、度假村等重要团购单位；行业协会、各大院校与科研机构等到会采购。努力让每个参展参会企业都有较大的收获。第七届全国优质农产品（北京）展销周吸引了来自全国 20 多个省份的 500 多家企业参展，集中展示并销售各地优质特色的绿色、有机、无公害产品近万种，包括粮油、茶叶、禽肉蛋奶、酒水饮料、调味品、休闲食品、罐头食品、水果、水产品、保健食品等。展览面积 10 000 平方米，观众人数近 10 万人，参展商满意度高达 95% 以上。

【展会范围】 种植业产品：粮食作物产品、经济作物产品、瓜果蔬菜、食用菌类、种子油料作物、干果及坚果。水产品：渔业产品、水产加工品。食品：传统食品、方便食品、冷冻食品、罐装食品、肉类食品、糖果点心、饮料、调味品、酒类饮品。

领 导 讲 话

- 韩长赋在全国食品安全示范城市创建和农产品质量安全县创建工作现场会上的发言
- 屈冬玉在第五届品牌农商发展大会上的讲话
- 屈冬玉在2016品牌农业发展国际研讨会上的致辞
- 朱保成在全国政协双周协商座谈会上的发言
- 朱保成在第五届品牌农商发展大会上的讲话
- 朱保成在农村金融与保险论坛上的讲话

韩长赋在全国食品安全示范城市创建和农产品质量安全县创建工作现场会上的发言

（2016 年 10 月 21 日）

2014 年以来，各级农业部门认真贯彻落实党中央、国务院的部署要求，在国务院食品安全委员会的统筹领导下，以农产品质量安全县创建为抓手，落实责任，加大投入，创新机制，大力推进标准化生产和法制化监管，取得了积极成效。

一是质量安全监管责任进一步强化。各地把落实责任摆在创建工作的首位，建立了政府、部门、企业和社会"四位一体"责任体系，各有关部门建立协调联动机制，层层签订责任状，做到责任到人。各试点县政府把农产品质量安全纳入绩效考核，平均权重由 2.5% 提高到 5.8% 以上，山东寿光达 10%。广东云浮建立信用档案，将质量安全与惠农政策挂钩，推动落实生产经营主体责任。陕西商洛实行举报奖励制度，对举报人给予 500～20 000 元奖励，推进社会共治。

二是质量安全监管方式不断创新。各试点县针对监管的重点难点，结合实际创新监管，形成了一大批可推广可复制的经验做法。浙江奉化率先启动"食用农产品合格证"制度，保障了上市农产品质量安全；四川成都建立智慧监管 APP，整合信息，实现了产前、产中、产后全程监管智能化；安徽金寨建立了农药配送、包装回收和财政补贴"三统一"体系，调动了农民规范用药的积极性。

三是质量安全监管能力明显提高。各试点县建立起严密高效的网格化监管体系，平均每个县三级监管人员数量由创建前 200 多人增加到 400 多人，每年财政预算由 30 万元增加到 200 万元，农产品定量检测数量由 300 个增加到 800 个，培训监管人员 1 200 人次。

四是品牌农业建设取得新成效。各试点县充分发挥质量安全县的正面效应，发展特色产业和优质品牌农产品，带动了农业增效农民增收。重庆荣昌打造"荣昌猪"区域公共品牌，品牌市场价值达到 25 亿元。湖南东安通过打造安全县这个金字招牌，吸引大量外来投资，带动全县农业产值增长 11.8%、农民增收 11.7%。

实践证明，农产品质量安全县创建活动是提升质量安全水平的有效抓手。试点县在监管体系建设、标准化生产、全链条监管、全程可追溯、诚信体系建设上发挥了率先作用。今年前三季度全国农产品质量例行监测合格率为 97.4%，试点县监测合格率达到 99.3%，比创建前提高 2 个百分点，群众满意度达到 90%，比创建前提高约 20 个百分点。

"十三五"是全面建成小康社会的决胜阶段，保障老百姓吃得安全、吃得放心，农业部门要做得更好。为此，要贯彻落实"四个最严"要求，把农产品质量安全作为推进农业供给侧结构性改革的关键环节，坚持"产出来""管出来"两手抓，以绿色发展为引领，深入开展创建活动，力争"菜篮子"规模基地基本实现标准化生产，龙头企业、合作社等规模主体基本实现可追溯，主要农产品总体合格率稳定在 97% 以上。重点是"五强化、五提升"。

第一，强化产地环境治理，提升源头控制能力。在加强生产过程管控的同时，强化产地环境污染治理，把好质量安全源头关。围绕"一控两减三基本"目标，深入开展化肥农药零增长行动，实施果菜茶有机肥替代化肥计划，强化废旧农膜、秸秆、畜禽粪便综合利用，净化产地环境。

第二，强化投入品管理，提升绿色生产水平。在加强农兽药等投入品生产销售管理的同时，进一步强化安全用药指导服务，有效控制残留超标，消除风险隐患。全面铺开高毒农药定点经营、实名购买，扎实推进饲料、兽药质量安全管理规范，坚决打击制假售假、非法添加等违法行为。加快发展统防统治，大力推广安全用药知识，普及绿色防控、配方施肥、健康养殖等技术。

第三，强化标准应用，提升标准化水平。在加强标准制修订的同时，强化推广应用，提高农产品品质，打造农产品品牌。每年新制定 1 000 项农残标准、100 项兽残标准。扩大果菜茶标准园、畜禽水产健康养殖场生产规模，大力发展无公害、绿色、有机和地理标志农产品，力争"十三五"期间"三品一标"获证产品数量年增幅 6%。

第四，强化准入准出，提升产品追溯能力。在加强生产监管的同时，强化全链条控制，实现全程监管无缝对接。加强与食品药品监管部门协调配合，推行食用农产品合格证制度，实现产品源头可追溯。推进智慧监管，强化国家农产品质量安全追溯信息平台建设应用，推行主体备案和"二维码"扫码交易制度，建立"从农田到餐桌"的追溯体系。

第五，强化主体培育，提升规范化生产的自觉性。在加强质量安全工作的同时，强化技术指导和宣传引导，落实生产者第一责任。加大农产品质量安全培训力度，纳入新型职业农民培育工程，每年培训 100 万人以上。大力推进农产品质量安全知识进村入户，做到标语上墙、指导到人、技术到田。

近期，我们将对首批试点县进行命名授牌，确定第二批 200 个创建试点单位。下一步，各级农业部门要巩固创建成果，总结推广好经验好做法，带动农产品质量安全工作迈上新台阶。国家农产品质量安全县这个招牌，责任大于荣誉。各县要珍惜荣誉，落实责任，切实加大工作力度，努力把安全县打造成"四个样板区"。一是标准化生产样板区，率先实现规模基地标准化生产全覆盖，做到生产记录和休药期制度全面落实。二是全程监管的样板区，率先建立从田头到市场到餐桌的全链条监管体系，实现主要农产品可追溯。三是监管体系建设的样板区，率先实现网格化监管体系全覆盖，做到村有人看、乡有人管、县有人查。四是社会共治的样板区，率先建立守信激励、失信惩戒的质量安全信用体系，做到全社会共治共管。

屈冬玉在第五届品牌农商发展大会上的讲话

（2016 年 6 月 28 日）

今天，第五届品牌农商发展大会隆重召开。首先，我谨代表农业部对大会的召开表示热烈的祝贺！向出席会议的各位嘉宾致以诚挚的问候！

今年，是我国第十三个五年规划开局之年。当前，调结构转方式是我国农业农村经济工作的重要任务，也是促进农业持续稳定发展的关键所在。深入实施农产品品牌战略，强化农业品牌建设是推进农业供给侧结构性改革的重要抓手，是加快推进农业转型升级的重要手段，也是提升我国农业竞争力和促进农民增收的重要举措，意义十分重大。

党中央、国务院高度重视农业品牌化发展，把加强品牌建设作为加快农业现代化发展的重要战略举措。习近平总书记2015年在吉林考察时强调:"粮食也要打出品牌,这样价格好,效益好。"李克强总理明确指出,要增加市场紧缺和适销对路产品生产,大力发展绿色农业、特色农业和品牌农业。他还强调,各行各业要弘扬工匠精神,勇攀质量高峰,打造更多消费者满意的知名品牌。农业部和各级农业部门认真贯彻落实中央精神,不断适应现代农业发展的阶段性特征,积极开展农业品牌建设,从规范认证、试点示范、展示展销、品牌传播、品牌研究等方面开展工作,初步形成了以标准化生产和质量认证为基础、以产销促进和品牌推介为手段的农业品牌工作机制。农业品牌建设已经成为农业农村经济发展的重要推动力。

农业品牌化建设要创新思路、理念和方式方法。在"互联网+"迅猛发展的大背景下,农业品牌可以借助信息化技术和互联网平台,充分发挥互联网的扁平化和泛在化的特点,丰富展示方式,拓宽宣传渠道,增强信任度,提升认可度,加快提升优质农产品的品牌影响力。充分发挥线上农业的优势,推动线下农业的品牌化、优质化、高效化,通过农业电子商务等互联网技术的应用,推动农业生产以产品为中心转变为以市场为导向、以消费者为中心,促进高产、优质、高效、生态、安全的现代农业发展,促进农产品走质量创牌之路,做大优势品牌,创建特色品牌,不断提高产品竞争力和品牌塑造力。

随着消费结构升级及市场竞争加剧,品牌、科技、金融、营销等现代要素不断植入,先进商业运作理念和方式不断引入,农业产业形态与商业模式加快融合,对农业产业升级、品牌战略实施和竞争力提升的推动作用愈发凸显。如何把资源优势转变为品牌优势,把品牌优势转变为市场优势至关重要,推动农商创新融合应该是一个重要途径。农商的主体是新型农业经营主体和从事农产品经营的企业。目前全国农村经纪人和农产品经销商达600万人以上,在衔接产销、搞活流通、促进销售、繁荣农村经济等方面发挥了越来越重要的作用,已经成为农业农村经济发展不可替代的重要生力军。下一步,农业部将根据农业发展实际和需求,加快培育现代农业营销主体,积极引导经销商和经纪人向集团化、产业化与品牌化方向发展。

品牌化是农业现代化的内在要求和核心标志,是农业走出去的重要驱动力。让我们携起手来,共同努力,加快推进农业品牌建设步伐,通过农商模式创新,开拓品牌战略思路,提升品牌建设水平,为提升中国农业质量、效益和竞争力做出更大的贡献。

屈冬玉在 2016 品牌农业发展国际研讨会上的致辞

(2016 年 11 月 26 日)

各位来宾,女士们、先生们:

大家上午好!

"大雾锁燕赵,雁栖论品牌",这迷人的景色,就像我们今天要讨论的主题——品牌一样,雾里花,风中香,时时现。

2016 品牌农业发展国际研讨会隆重开幕了,首先我谨代表中华人民共和国农业部,对这次会议的举办表示衷心的祝贺,向出席今天会议的各位嘉宾表示热烈的欢迎!祝各位来宾和朋友们在美丽的雁栖湖畔度过迷人的时光。

品牌化是特色化、标准化、科技化的过程,也凝聚了生产者的辛劳,管理者的智慧,营销者的情感,消费者的向往。

中国有着悠久的农业文明，茶马古道、丝绸之路本身就是地域品牌，茶叶、丝绸、瓷器就是亮丽的中国名牌。勤劳务实创新的中国人民，用情感、文化创造了一大批属于自己的品牌，提升了我们自己的生活质量，传播了我们的农业文明。当今世界主要的农业大国、农业强国，更是农业品牌大国、农业品牌强国。他们依靠品牌开拓市场，提升影响。在座的外国嘉宾，大都在加强农产品品牌建设方面有着先进的理念和成熟的做法。

中国政府高度重视品牌农业建设。改革开放以来，特别是我们在解决了十几亿人口的温饱问题后，更加重视并推进农产品质量安全和品牌建设。当前，中国实施了优质农产品区域布局规划，构建了有机农产品、无公害农产品、绿色农产品和农产品地理标志"三品一标"产品认证体系，培育了一批知名度和市场认可度较高的名牌产品。中国国际农产品交易会等一系列展会影响着国内外，中国农业品牌建设步入了一个新阶段。

中国将秉承开放、包容、互利共赢的原则，继续推进与世界各国，包括品牌建设在内的农业交流合作。中国地域辽阔、物产丰富、生态多样，农产品区域性、差异性明显，农业品牌建设具有得天独厚的优势和条件。特别是人口众多，经济快速发展，中产阶层队伍迅速壮大，将构建起世界最大的优质农产品、品牌农产品消费市场。为我们中国农业和世界农业的升级换代提供了广阔的市场前景。

中国农业部将借鉴世界上一切好的经验、先进的技术和做法，支持中国各地各类农业社会组织、企业和新型经营主体与世界各国合作伙伴的交流、合作与业务往来，加快推进农业品牌建设步伐，带动农业升级换代，助力农民增收，造福广大消费者。

我们真诚地希望大家充分利用研讨会这个平台，交流信息、分享经验、相互启发、促进合作，提升中国农业现代化水平，为世界农业的健康发展提供我们的力量。

最后，预祝 2016 品牌农业发展国际研讨会圆满成功。祝大家在北京郊区生活愉快。

朱保成在全国政协双周协商座谈会上的发言

（2016 年 1 月 5 日）

这次双周座谈会以加快推进品牌建设为主题，我认为恰逢其时。习近平总书记指出，要大力培育食品品牌，用品牌保证人们对产品质量的信心。刚刚结束的中央农村工作会议强调，要着力加强农业供给侧结构性改革，着力提高农业供给体系质量和效率，使之契合消费者需要。培育好、建设好、保护好农业品牌，对加强农业供给侧改革意义重大。为此，提出以下建议：

一是应加强农业品牌顶层设计和制度安排。近年来，在农业部及地方政府的努力推动下，以"三品一标"（注：无公害农产品、绿色食品、有机农产品和农产品地理标志）为代表的品牌发展取得了积极进展，但依然存在法律法规不健全、缺乏顶层设计、品牌主体不强、品牌小杂乱现象突出、区域品牌理念尚未普及等问题和短板。因此，建议把农业品牌建设放到更高的层面，加强顶层设计和制度安排，并研究出台相关制度政策。

二是应加强质量安全管控。品牌是对产品质量和信誉的一种承诺和保证，具有规范生产和引导消费的双重作用。实践表明，农业现代化水平比较高的地区，往往也是产品质量好、品牌影响力大的地区。安全放心的品牌农产品是"产"出来的，也是"管"出来的。因此，建议要以实施品牌战略为契机，建立一套完善的符合市场规律、弘扬品牌价值的标准体系、认证体系及监管追溯体系，以提升政府公信力，增强消费者信心。

三是应加强知识产权保护和市场监管。知识产权是一个国家发展的战略性资源和国际竞争力的核心要素。但农业的非标准性、同质性等特点，使得保护工作困难重重。知识产权越来越成为现代农业的重要支撑，成为农业品牌建设的一项关键要素。因此，要下更大力气保护以农产品地理标志为代表的

农业知识产权，以提升农产品竞争力。要不断加大执法力度，严格依法依规打击生产销售假冒伪劣品牌农产品的行为，净化农产品市场。

四是应加强农业品牌的公益宣传。农业品牌相对其他品牌具有公益性、弱质性和特殊性，农业品牌主体相对较弱，对品牌的营销推广能力有限，而农业品牌事关消费者"舌尖上的安全"，其影响很大。因此，建议政府应加强农业品牌的公益宣传，让优质放心品牌提高市场知名度，在保证消费安全的同时，倒逼农业供给侧结构转化升级。

朱保成在第五届品牌农商发展大会上的讲话

（2016 年 6 月 25 日）

今年是"十三五"决胜全面小康的开局之年，是党和国家各项事业站在新起点、描绘新篇章的关键之年，农业供给侧结构性改革正在拉开大幕。

中国优质农产品开发服务协会始终致力于优质农产品的开发服务，尤其是党的十八大以来，我们深入贯彻落实创新、协调、绿色、开放、共享的发展理念，在如何更好发挥社团组织桥梁纽带功能、行业联系指导功能、社会服务支持功能，如何更好推动农业品牌建设、优质农产品有效供给等方面，进行了深入探索。我们牵头创办品牌农商发展大会，初衷就是发挥品牌引领作用，促进优质农产品供给，推动供需结构升级。发展优质安全农产品，科技支撑是关键。

习近平总书记指出，农业出路在现代化，农业现代化关键在科技进步；推进农业供给侧结构性改革，要以市场需求为导向调整完善农业生产结构和产品结构，以科技为支撑走内涵式现代农业发展道路；大幅增加公共科技供给，让人民享有更放心的食品药品。

近日，国务院办公厅又印发了《关于发挥品牌引领作用推动供需结构升级的意见》，对如何发挥好政府、企业、社会作用，着力解决制约品牌发展问题和供需结构升级做出部署。当前，我国优质农产品总量偏低，有统计显示，"三品一标"产品占整个农产品总量的比重不足 20%，显然难以满足全面建成小康社会日益增长的市场需求。产生这一现象的原因有很多，但科技创新始终是一个基础性问题，并体现在产前、产中、产后整个产业链条和农业经营主体、农业设施装备和农产品等资源要素中。

首先，治理和修复农业生态环境，优化资源利用方式，从根本上破解农业资源环境两道"紧箍咒"的制约，离不开科技创新。比如，针对当前比较突出的土壤污染，耕地长期高强度、超负荷利用，化肥农药过量使用，有机质含量偏低，造成土壤生态系统退化、基础地力下降，长期处在数量短缺和质量不高的"亚健康"问题，今年中央 1 号文件明确提出，加强资源环境保护和生态修复，

推动农业绿色发展，实施好耕地质量保护与提升行动，加快改造盐碱地，推进耕地数量、质量、生态三位一体保护。当前农业部等相关部门都提出了一系列改善思路和措施，其中一个基本的途径就是要加强科技创新。中国优质农产品开发服务协会会员北京嘉博文生物科技有限公司凭借自身生物腐殖酸专利金奖技术和产品，融入商业模式，将有机质高效循环利用、有机肥料生产使用、健康土壤培育、土壤大数据、小型机械化应用，引入电商平台以及生产综合服务保障进行有机组合，与四川省蒲江县共同创建了"5＋1"耕地质量提升综合服务模式，被农业部总结推广。在此基础上建立了2.5亿元规模的健康土壤基金，这也是将公私合作（PPP）模式引入土壤改良领域的重要尝试。再比如，协会会员北京威业源生物科技有限公司利用生物技术进行土壤修复和盐碱地治理，取得了一系列重要成果。他们为治理和修复农业生态环境探索了新的路子。

其次，优化产品结构必须依托扩大有效中高端供给，建立拥有农业生态科学系统的标准化生产管理。适应市场需求，必须调优、调高、调精农业生产结构，增加适销对路的优质农产品。但目前在优质产品品种培育上，尤其是各地特色农产品品种培育上还不能满足需求。在农业标准化生产上，在建立健全质量安全监管和追溯体系上，也都欠缺一系列科技研发和推广。节本增效、优化生产体系，也欠缺科技支撑。节本就是增效，就是增收。推进农业机械化、信息化，发展现代种业，都离不开农业科技创新和推广应用。协会会员北京康鑫源生态农业观光园，从改良土壤入手，结合水处理技术，在农业生态科学系统管理方面取得了重要进展，无农药、无化肥，优质高产，高抗氧化，科技活力尽显成效。再比如，协会会员京福龙科技公司运用生物酵素技术，在农牧业生产中，实现了产量和品质的同步提升。这一生物技术的

运用情况作为政协委员提案，被列入全国政协重点提案题目。5月下旬，全国政协领导率队赴黑龙江、吉林开展了"运用生物酵素技术发展优质安全农产品"重点提案督办调研，大力推进相关研究和试验示范。

第三，发展农产品加工，通过前延后伸延长产业链、提升价值链，构建现代农业产业体系，亟须核心技术支撑。发挥一二三产业融合的乘数效应，使融合所产生的效益大于单纯每个产业之和所产生的效益，发展壮大新产业、新业态、新模式，提高农业综合效益，特别是农产品加工业的发展，更离不开具有核心竞争力的技术和研发能力。五年来，协会着力优化调整机构体系，设立了枸杞产业分会、农产品加工业分会、健康土壤分会、清真产业分会、道地中药材种植加工分会等，为优质农产品开发服务、支持农产品加工业的发展提供专业支撑。比如，协会会员三亚玫瑰谷，从种植的玫瑰花中提取精华加工成化妆品进行现场销售，农产品加工分会把研发的马铃薯系列加工产品推向市场。他们都为一二三产业融合提供了有益借鉴。

第四，推进产业深度融合，离不开"互联网＋"、大数据、云计算等信息化技术的广泛应用，更离不开金融创新支撑。现代农业不仅仅是农业生产自身要素的集合、规模的扩大、管理和组织方式的完善，更是在产业形态上形成与商业、休闲、旅游、文化、教育、养生养老等产业的融合，通过农商、农旅、农文等经营一体化，发展农商直供、食品短链、加工体验等，把农业产品的品质提升起来，把商业的品牌优势发挥出来，把农业产业竞争力凸显出来，进而全面提高农业现代化水平。协会将"互联网＋"用于解决优质与信任难题，大力推进优质农产品信任系统和智慧电子商务平台建设，在中国农产品市场协会的支持下，组织会员单位在上海、云南普洱、广东肇庆、宁夏中宁等地构建优质农产品交易中心（所），并上线运营。在中

国品牌建设促进会的支持下，开展了农业品牌价值评价及信息发布，逐步提高品牌公信力。协会还设立了农业品牌发展扶持基金，专门支持会员企业进行创新和品牌打造。

以科技创新驱动优质安全农产品发展，为农业供给侧结构性改革注入新活力，是时代的召唤。中国优质农产品开发服务协会广大会员单位站在农业改革与发展的潮头，坚持以市场为导向，努力在实践中探索发展优质安全农产品的新模式，具有重要意义。中国优质农产品开发服务协会将以习近平总书记"三农"问题重要论述为基本遵循，以贯彻国办发〔2016〕44号文件为契机，要在推动农业科技创新、农业品牌战略、增加中高端农产品供给、提高质量安全等方面集中发力，久久为功。我在这里提出以下建议：

一是通过科技创新，调动企业等社会科研力量，增加绿色、有机安全和特色农产品供给。推进农业供给侧结构性改革，是当前和今后一个时期我国农业政策改革和完善的主要方向。我们必须抓住这一重点需求，加大联合攻关、技术集成和推广力度，创制重大突破性新品种，创新高效生产、加工技术和设施装备，打通全产业链、全价值链关键核心技术，为优化产品结构、产业体系、生产力布局提供强有力的科技支撑。比如，协会会员河北松塔坡农业开发公司与科研人员合作创建产学研项目孵化基地平台，开展育种研究及杂交谷子科研成果转化的做法值得借鉴。

二是通过科技创新，提升产品品质，降低生产成本，增强我国农业的国际竞争力。我国农业大而不强、多而不优的问题比较突出。近年来，我国农业生产成本持续上涨，稻谷、小麦、玉米生产成本年均增长10%以上，与此同时，近三年来全球粮价下跌了40%以上，肉、奶制品等畜产品也是如此。这"一涨一跌"，使国内外农产品价差越来越大，使我们失去了竞争优势。因此，我们必须瞄准制约农业竞争力提升的关键因素，围绕品质、节本、高效、绿色等产业发展的薄弱环节，加大自主创新力度，强化推广应用落地生根，为提高农业质量效益和国际竞争力提供强有力的科技支撑。

三是通过科技创新，以及应用模式创新，转变农业发展方式，促进农业绿色发展。比如，要充分认识运用生物酵素、生物修复等先进生物技术，突破农业清洁生产、农业面源污染防治、农产品产地污染治理修复等难题，开展畜禽粪便、秸秆等农业有机废弃物的资源化利用的科研攻关，为农业绿色发展提供强有力的科技支撑。通过农业科技应用推广的模式创新来解决土壤改良等特殊领域技术落地的瓶颈。

四是通过科技创新，运用互联网思维和方式，推进农业信息化。当前，我国正处在从传统农业向现代农业转变的关键时期，相对于快速发展的新型工业化、信息化、城镇化，农业现代化依然是短板，急需要加长补壮，而农业信息化是一个关键环节，我们必须运用互联网思维和信息化技术，武装农业、改造农业，发展新产业、新业态、新模式，培育新的战略增长点。

朱保成在农村金融与保险论坛上的讲话

(2016年9月6日)

非常高兴参加这次农村金融与保险论坛，与各位嘉宾一起交流分享新常态下金融保险领域如何支持农业发展，共同研究探讨"十三五"时期农业现代化建设新方向、新目标和新任务。

当前制约现代农业发展的一个重要瓶颈是"三农金融"。近年来，中国优质农产品开发服务协会做了一些探索，比如，报经农业部及民政部有关部门批准，建立了优质农产品发展扶持基金，支持会员单位建立了健康土壤基金，正在筹备酵素产业发展基金等。下面，我想就"推进农业保险跨界融合，助力优质农业品牌建设"这个主题，跟大家分享我的看法。

对于优质农产品的发展问题，中央历来高度重视。新一届中央领导集体更是对提高农产品质量问题倾注了极大心血。习近平总书记指出，"以满足吃得好吃得安全为导向，大力发展优质安全农产品。""要大力培育食品品牌，用品牌保证人们对产品质量的信心。"通过学习领会习近平总书记系列重要讲话精神，我们一方面感觉到了农业品牌建设的责任感和紧迫感，另一方面也感到大力发展优质安全农产品和品牌农业，迎来了重大发展机遇。

金融是现代经济的核心。实践表明：农业现代化程度越高的国家，农业和金融保险业融合发展就越充分，创新能力就越强。农业和金融保险业融合不仅仅是一种生产、流通的顺序连接，还是产业链条的升级、价值链条的放大。在实现优质农产品产业化、市场化、品牌化的过程中，在确保食品安全、培育食品品牌过程中，这种融合功能显现了放大效应。2016年中央1号文件要求保险更多地融入我国现代农业建设各个环节，在农村金融体系建设、农业产业化结构调整和转型升级中发挥更多作用。

如何通过产业融合、模式创新把农业资源优势、生产优势，转化为质量优势、品牌优势和效益优势，提高优质农产品的品牌竞争力？我认为以下几个角度可以给出答案：

一、推动保险与农业经营主体深度合作，提升农业品牌建设水平

我国农业品牌历史悠久、资源丰富，但市场价值远未发挥。美国、法国等发达国家较早进入农业产业化和品牌化时代，以品牌为标志，其农产品牢牢占据国际市场。而中国尽管农产品品种数量世界第一，但在国际市场上具有明显竞争力和影响力的知名品牌屈指可数。

品牌强则农业强，品牌强则农民富，品牌强则生态优，品牌强则信心满。随着现代化农业建设步伐的加快，我国农业生产主体也在发生变化。今年中央1号文件明确指出，"支持新型农业经营主体和新型农业服务主体成为建设现代农业的骨干力量"。我认为，保险业可以从产品供给和支农融资方面支持农业经营主体实施品牌战略，做优做强做大。一是加快产品创新，在增加保险有效供给上下功夫，积极开发适应新型农业经营主体需求的保险品种，提供完善的风险保障，助力新型农业经营主体提升品牌内涵价值，提升市场竞争能力；二是充分发挥保险功能，鼓励保险资金开展支农融资业务创新试点，帮助解决农业龙头企业、种养大户、农场主、合作社等农业经营主体融资问题，支持农业经营主体做优做强品牌，进而培育参与和引领国际经济合作竞争的新优势。

二、促进保险与食品安全互动融合，打造优质农产品品牌

当前，在全面建成小康社会的伟大进程中，党和政府心系民生福祉，把农产品质量安全及品牌问题提到前所未有的高度，强调能不能在食品安全上给老百姓一个满意的交代，是对执政能力的重大考验。质量安全是品牌产品的前提和根基，只有质量可靠的优质农产品和食品才可能成为品牌产品。中央明确提出，要大力培育食品品牌，用品牌保

证人们对产品质量的信心。品牌建设被赋予了规范生产经营、引导消费需求的重大责任。

我们知道，安全的农产品是"产"出来的，也是"管"出来的。随着农业保险市场实践的深入推进，我看现在可以加上一个"保"出来。从政府角度来说，出于公共利益需求，必须建立不同层次的产品质量标准体系，借政府公信力，来增强消费者的信心。从保险的角度来说，保险在整个农业的产业链中尤其是农产品质量安全方面均能发挥重要作用。农产品的食品安全是涉及国计民生的重大问题，也是全社会高度关注的一个热点，可以通过对优质农产品的质量保证保险从源头上抓食品安全；与此同时，对于因使用优质投入品导致的农民成本提高，可以通过保险的金融支持作用，为农民提供贷款担保；对于优质农产品的销售，一方面通过价格指数保险保障售价，另一方面通过保险的背书，增强消费者信心，从而促进销售。

三、把握"互联网＋保险"带来的发展机遇，推进农业品牌营销

2015年，"互联网＋"写入政府工作报告，这标志着"互联网＋"正式被纳入顶层设计，成为国家经济社会发展的重要战略，"互联网＋"为农业发展提供了前所未有的战略机遇。

在今天，当工业4.0、互联网、移动互联网、共享经济范式以前所未有的方式冲击我们的思维时，农业还在以线性的速度缓慢发展。要让农业搭上工业、移动互联网发展的快车并分享红利，就要开发跨界合作，整合优质资源，发挥叠加优势，抓住农业发展的历史机遇而有所作为。一方面，保险企业可充分利用3S空间定位技术、遥感技术、地理信息系统和移动互联（3G或4G）等新技术、新平台进行"精细化"提升，推出系统性、专业化的服务于投保、验标和查勘等环节的信息化服务工具，促进"互联网＋"现代农业全产业链的改造升级。另一方面，要以移动互联技术为基础，整合社会资源为优质农产品生产规范、物流保障、品牌宣传、渠道开拓（包括线上电商和线下服务）、金融服务和产品销售等全产业链进行建设和保障，保证消费者可以买到有保障的优质农产品。创造既让人民群众买得放心、吃得安心，又让农产品生产企业种得省心、卖得开心的"双赢"效果。

女士们、先生们、朋友们，农业全球化及品牌国际化发展对中国农业竞争力提出了更高要求，这需要农业和保险业跨界融合从理念到行动向纵深推进。今天在这里，我们还将举行农业保险创新联盟的启动仪式，我谨代表中国优质农产品开发服务协会对农业保险创新联盟的成立表示支持！也希望参与到联盟中的农业企业和金融保险企业多交流，让农业与金融保险业融合发展的新思想、新理念、新观点在这里竞相迸发！最后祝愿各位嘉宾能够享受一场思想交流的盛宴！

法律法规与规范性文件

- 国务院关于印发全国农业现代化规划（2016—2020 年）的通知
- 国务院办公厅关于印发 2016 年食品安全重点工作安排的通知
- 国务院办公厅关于发挥品牌引领作用推动供需结构升级的意见
- 国务院办公厅关于建立统一的绿色产品标准、认证、标识体系的意见
- 关于印发《"互联网＋"现代农业三年行动实施方案》的通知
- 农业部关于扎实做好 2016 年农业农村经济工作的意见
- 农业部关于推进马铃薯产业开发的指导意见
- 农业部关于开展农产品加工业质量品牌提升行动的通知
- 农业部关于加快推进渔业转方式调结构的指导意见
- 农业部关于推进"三品一标"持续健康发展的意见
- 农业部关于开展鲜活农产品调控目录制度试点工作的指导意见
- 农业部关于加快推进农产品质量安全追溯体系建设的意见
- 农业部关于印发《"十三五"全国农业农村信息化发展规划》的通知
- 农业部关于印发《全国农产品加工业与农村一二三产业融合发展规划（2016—2020 年）》
- 国家粮食局关于加快推进粮食行业供给侧结构性改革的指导意见
- 河北省人民政府办公厅关于发挥品牌引领作用推动供需结构升级的实施意见
- 山西省人民政府办公厅关于发挥品牌引领作用推动供需结构升级的实施方案
- 辽宁省人民政府办公厅关于发挥品牌引领作用推动供需结构升级的实施方案
- 吉林省人民政府办公厅关于发挥品牌引领作用推动供需结构升级的实施意见
- 黑龙江省人民政府办公厅关于发挥品牌引领作用推动供需结构升级的实施意见
- 上海市人民政府办公厅关于贯彻《国务院办公厅关于发挥品牌引领作用推动供需结构升级的意见》的实施办法
- 安徽省人民政府办公厅关于发挥品牌引领作用推动供需结构升级工作的实施方案
- 福建省人民政府办公厅关于发挥品牌引领作用推动供需结构升级的实施方案
- 湖北省人民政府办公厅关于发挥品牌引领作用推动供需结构升级的意见
- 湖南省人民政府办公厅关于发挥品牌引领作用推动供需结构升级的实施意见
- 广西壮族自治区人民政府办公厅关于发挥品牌引领作用推动供需结构升级的实施方案
- 重庆市人民政府办公厅关于发挥品牌引领作用推动供需结构升级的实施方案
- 四川省人民政府办公厅关于发挥品牌引领作用推动供需结构升级的实施方案
- 贵州省人民政府办公厅关于发挥品牌引领作用推动供需结构升级的实施方案
- 陕西省人民政府办公厅关于发挥品牌引领作用推动供需结构升级的实施方案
- 甘肃省人民政府办公厅关于发挥品牌引领作用推动供需结构升级的实施方案
- 青海省人民政府办公厅关于发挥品牌引领作用推动供需结构升级的实施意见
- 宁夏回族自治区人民政府办公厅关于发挥品牌引领作用推动供需结构升级的实施方案

国务院关于印发全国农业现代化规划（2016—2020年）的通知

国发〔2016〕58号

各省、自治区、直辖市人民政府，国务院各部委、各直属机构：

　　现将《全国农业现代化规划（2016—2020年）》印发给你们，请认真贯彻执行。

国务院
2016年10月17日

全国农业现代化规划（节选）

（2016—2020年）

为贯彻落实《中华人民共和国国民经济和社会发展第十三个五年规划纲要》的部署，大力推进农业现代化，特编制本规划。

第一章　认清形势　准确把握发展新特征

一、农业现代化建设成效显著

"十二五"以来，党中央、国务院不断加大强农惠农富农政策力度，带领广大农民群众凝心聚力、奋发进取，农业现代化建设取得了巨大成绩。综合生产能力迈上新台阶。粮食连年增产，产量连续三年超过12 000亿斤。肉蛋奶、水产品等"菜篮子"产品丰产丰收、供应充足，农产品质量安全水平稳步提升，现代农业标准体系不断完善。物质技术装备达到新水平。农田有效灌溉面积占比、农业科技进步贡献率、主要农作物耕种收综合机械化率分别达到52%、56%和63%，良种覆盖率超过96%，现代设施装备、先进科学技术支撑农业发展的格局初步形成。适度规模经营呈现新局面。以土地制度、经营制度、产权制度、支持保护制度为重点的农村改革深入推进，家庭经营、合作经营、集体经营、企业经营共同发展，多种形式的适度规模经营比重明显上升。产业格局呈现新变化。农产品加工业与农业总产值比达到2.2∶1，电子商务等新型业态蓬勃兴起，发展生态友好型农业逐步成为社会共识。农民收入实现新跨越。农村居民人均可支配收入达到11 422元，增幅连续六年高于城镇居民收入和国内生产总值增幅，城乡居民收入差距缩小到2.73∶1。典型探索取得新突破。东部沿海、大城市郊区、大型垦区的部分县市已基本实现农业现代化，国家现代农业示范区已成为引领全国农业现代化的先行区。农业现代化已进入全面推进、重点突破、梯次实现的新时期。

二、农业现代化发展挑战加大

"十三五"时期，农业现代化的内外部环境更加错综复杂。在居民消费结构升级的背景下，部分农产品供求结构性失衡的问题日益凸显。优质化、多样化、专用化农产品发展相对滞后，大豆供需缺口进一步扩大，玉米增产超过了需求增长，部分农产品库存过多，确保供给总量与结构平衡的难度加大。在资源环境约束趋紧的背景下，农业发展方式粗放的问题日益凸显。工业"三废"和城市生活垃圾等污染向农业农村扩散、耕地数量减少质量下降、地下水超采、投入品过量使用、农业面源污染问题加重，农产品质量安全风险增多，推动绿色发展和资源永续利用十分迫切。在国内外农产品市场深度融合的背景下，农业竞争力不强的问题日益凸显。劳动力、土地等生产成本持续攀升，主要农产品国内外市场价格倒挂，部分农产品进口逐年增多，传统优势农产品出口难度加大，我国农业大而不强、多而不优的问题更加突出。在经济发展速度放缓、动力转换的背景下，农民持续增收难度加大的问题日益凸显。农产品价格提升空间较为有限，依靠转移就业促进农民收入增长的空间收窄，家庭经营收入和工资性收入增速放缓，加快缩小城乡居民收入差距、确保如期实现农村全面小康任务艰巨。

三、农业现代化条件更加有利

展望"十三五"，推进农业现代化的有利条件不断积蓄。发展共识更加凝聚。党中央、国务院始终坚持把解决好"三农"问题作为全部工作的重中之重，加快补齐农业现代化短板成为全党和全社会的共识，为开创工作新局面汇聚强大推动力。外部拉动更加强劲。新型工业化、信息化、城镇化快速推进，城乡共同发展新格局加快建立，为推进"四化"同步发展提供强劲拉动力。转型基础更加坚实。农业基础设施加快改善，农产品供给充裕，农民发展规模经营主动性不断增强，为农业现代化提供不竭原动力。市场空间更加广阔。人口数量继续增长，个性化、多样化、优质化农产品和农业多种功能需求潜力巨大，为拓展农业农村发展空间增添巨大带动力。创新驱动更加有力。农村改革持续推进，新一轮科技革命和产业革命蓄势待发，新主体、新技术、新产品、新业态不断涌现，为农业转型升级注入强劲驱动力。

综合判断，"十三五"时期，我国农业现代化建设仍处于补齐短板、大有作为的重要战略机遇期，必须紧紧围绕全面建成小康社会的目标要求，遵循农业现代化发展规律，加快发展动力升级、发展方式转变、发展结构优化，推动农业现代化与新型工业化、信息化、城镇化同步发展。

第二章 更新理念 科学谋划发展新思路

一、战略要求

——发展定位。农业的根本出路在于现代化，农业现代化是国家现代化的基础和支撑。没有农业现代化，国家现代化是不完整、不全面、不牢固的。在新型工业化、信息化、城镇化、农业现代化中，农业现代化是基础，不能拖后腿。

——发展主线。新形势下农业主要矛盾已经由总量不足转变为结构性矛盾，推进农业供给侧结构性改革，提高农业综合效益和竞争力，是当前和今后一个时期我国农业政策改革和完善的主要方向。

——战略重点。坚持以我为主、立足国内、确保产能、适度进口、科技支撑的国家粮食安全战略，确保谷物基本自给、口粮绝对安全。坚定不移地深化农村改革、加快农村发展、维护农村和谐稳定，突出抓好建设现代农业产业体系、生产体系、经营体系三个重点，紧紧扭住发展现代农业、增加农民收入、建设社会主义新农村三大任务。

二、指导思想

全面贯彻党的十八大和十八届三中、四中、五中全会精神，深入贯彻习近平总书记系列重要讲话精神，按照"五位一体"总体布局和"四个全面"战略布局，牢固树立创新、协调、绿色、开放、共享的发展理念，认真落实党中央、国务院决策部署，以提高质量效益和竞争力为中心，以推进农业供给侧结构性改革为主线，以多种形式适度规模经营为引领，加快转变农业发展方式，构建现代农业产业体系、生产体系、经营体系，保障农产品有效供给、农民持续增收和农业可持续发展，走产出高效、产品安全、资源节约、环境友好的农业现代化发展道路，为实现"四化"同步发展和如期全面建成小康社会奠定坚实基础。

三、基本原则

——坚持农民主体地位。以维护农民权益与增进农民福祉为工作的出发点和落脚点，尊重农民经营自主权和首创精神，激发广大农民群众创新、创业、创造活力，让农民成为农业现代化的自觉参与者和真正受益者。

——坚持优产能调结构协调兼顾。以保障国家粮食安全为底线，更加注重提高农业综合生产能力，更加注重调整优化农业结构，提升供给体系质量和效率，加快形成数量平衡、结构合理、品质优良的有效供给。

——坚持生产生活生态协同推进。妥善处理好农业生产、农民增收与环境治理、生态修复的关系，大力发展资源节约型、环境友好型、生态保育型农业，推进清洁化生产，推动农业提质增效、绿色发展。

——坚持改革创新双轮驱动。把体制机制改革和科技创新作为两大动力源，统筹推进农村土地制度、经营制度、集体产权制度等各项改革，着力提升农业科技自主创新能力，推动农业发展由注重物质要素投入向创新驱动转变。

——坚持市场政府两手发力。充分发挥市场在资源配置中的决定性作用，更好发挥政府在政策引导、宏观调控、支持保护、公共服务等方面作用，建立主体活力迸发、管理顺畅高效、制度保障完备的现代管理机制。

——坚持国内国际统筹布局。顺应全方位对外开放的大趋势，实施互利共赢的开放战略，加快形成进出有序、优势互补的农业对外合作局面，实现补充国内市场需求、促进结构调整、提升农业竞争力的有机统一。

——坚持农业现代化和新型城镇化相辅相成。引导农村剩余劳动力有序向城镇转移，积极发展小城镇，加快农业转移人口市民化进程，为发展多种形式适度规模经营、提高农业质量效益、实现农业现代化创造条件。

四、发展目标

到2020年，全国农业现代化取得明显进展，国家粮食安全得到有效保障，农产品供给体系质量和效率显著提高，农业国际竞争力进一步增强，农民生活达到全面小康水平，美丽宜居乡村建设迈上新台阶。东部沿海发达地区、大城市郊区、国有垦区和国家现代农业示范区基本实现农业现代化。以高标准农田为基础、以粮食生产功能区和重要农产品生产保护区为支撑的产能保障格局基本建立；粮经饲统筹、农林牧渔结合、种养加一体、一二三产业融合的现代农业产业体系基本构建；农业灌溉用水总量基本稳定，化肥、农药使用量零增长，畜禽粪便、农作物秸秆、农膜资源化利用目标基本实现。

专栏1 "十三五"农业现代化主要指标				
类　别	指　标	2015年基期值	2020年目标值	年均增速〔累计〕	指标属性
粮食供给保障	粮食（谷物）综合生产能力（亿吨）	5	5.5	〔0.5〕	约束性
	小麦稻谷自给率（%）	100	100	—	约束性
农业结构	玉米种植面积（亿亩）	5.7	5	〔—0.7〕	预期性
	大豆种植面积（亿亩）	0.98	1.4	〔0.42〕	预期性
	棉花种植面积（万亩）	5 698	5 000	〔—698〕	预期性
	油料种植面积（亿亩）	2.1	2	〔—0.1〕	预期性
	糖料种植面积（万亩）	2 610	2 400	〔—210〕	预期性
	肉类产量（万吨）	8 625	9 000	0.85%	预期性
	奶类产量（万吨）	3 870	4 100	1.16%	预期性
	水产品产量（万吨）	6 699	6 600	—0.3%	预期性
	畜牧业产值占农业总产值比重（%）	28	＞30	〔＞2〕	预期性
	渔业总产值占农业总产值比重（%）	10	＞10	—	预期性
	农产品加工业与农业总产值比	2.2	2.4	〔0.2〕	预期性
质量效益	农业劳动生产率（万元/人）	3	＞4.7	＞9.4%	预期性
	农村居民人均可支配收入增幅（%）	—	—	＞6.5	预期性
	农产品质量安全例行监测总体合格率（%）	97	＞97	—	预期性
可持续发展	耕地保有量（亿亩）	18.65	18.65	—	约束性
	草原综合植被盖度（%）	54	56	〔2〕	约束性
	农田灌溉水有效利用系数	0.532	＞0.55	〔＞0.018〕	预期性
	主要农作物化肥利用率（%）	35.2	40	〔4.8〕	约束性
	主要农作物农药利用率（%）	36.6	40	〔3.4〕	约束性
	农膜回收率（%）	60	80	〔20〕	约束性
	养殖废弃物综合利用率（%）	60	75	〔15〕	约束性
技术装备	农田有效灌溉面积（亿亩）	9.88	＞10	〔＞0.12〕	预期性
	农业科技进步贡献率（%）	56	60	〔4〕	预期性
	农作物耕种收综合机械化率（%）	63	70	〔7〕	预期性

（续）

类 别	指 标	2015年基期值	2020年目标值	年均增速〔累计〕	指标属性
规模经营	多种形式土地适度规模经营占比（%）	30	40	〔10〕	预期性
	畜禽养殖规模化率（%）	54	65	〔11〕	预期性
	水产健康养殖示范面积比重（%）	45	65	〔20〕	预期性
支持保护	全国公共财政农林水事务支出总额（亿元）	17 380	>17 380	—	预期性
	农业保险深度（%）	0.62	0.9	〔0.28〕	预期性

备注：1. 小麦稻谷自给率是指小麦稻谷国内生产能力满足需求的程度。
2. 农业保险深度是指农业保费收入与农林牧渔业增加值的比值。

第三章 创新强农 着力推进农业转型升级

创新是农业现代化的第一动力，必须着力推进供给创新、科技创新和体制机制创新，加快实施藏粮于地、藏粮于技战略和创新驱动发展战略，培育更健康、更可持续的增长动力。

一、推进农业结构调整

（一）调整优化种植结构。坚持有保有压，推进以玉米为重点的种植业结构调整。稳定冬小麦面积，扩大专用小麦面积，巩固北方粳稻和南方双季稻生产能力。减少东北冷凉区、北方农牧交错区、西北风沙干旱区、太行山沿线区、西南石漠化区籽粒玉米面积，推进粮改饲。恢复和增加大豆面积，发展高蛋白食用大豆，保持东北优势区油用大豆生产能力，扩大粮豆轮作范围。在棉花、油料、糖料、蚕桑优势产区建设一批规模化、标准化生产基地。推动马铃薯主食产业开发。稳定大中城市郊区蔬菜保有面积，确保一定的自给率。在海南、广东、云南、广西等地建设国家南菜北运生产基地。（农业部牵头，国家发展改革委、财政部、水利部、商务部等部门参与）

（二）提高畜牧业发展质量。统筹考虑种养规模和资源环境承载力，推进以生猪和草食畜牧业为重点的畜牧业结构调整，形成规模化生产、集约化经营为主导的产业发展格局，在畜牧业主产省（自治区）率先实现现代化。保持生猪生产稳定、猪肉基本自给，促进南方水网地区生猪养殖布局调整。加快发展草食畜牧业，扩大优质肉牛肉羊生产，加强奶源基地建设，提高国产乳品质量和品牌影响力。发展安全高效环保饲料产品，加快建设现代饲料工业体系。（农业部牵头，工业和信息化部、质检总局、食品药品监管总局等部门参与）

（三）推进渔业转型升级。以保护资源和减量增收为重点，推进渔业结构调整。统筹布局渔业发展空间，合理确定湖泊和水库等公共水域养殖规模，稳定池塘养殖，推进稻田综合种养和低洼盐碱地养殖。大力发展水产健康养殖，加强养殖池塘改造。降低捕捞强度，减少捕捞产量，加大减船转产力度，进一步清理绝户网等违规渔具和"三无"（无捕捞许可证、无船舶登记证书、无船舶检验证书）渔船。加快渔政渔港等基础设施建设，完善全国渔政执法监管指挥调度平台。规范有序发展远洋渔业，完善远洋捕捞加工、流通、补给等产业链，建设海外渔业综合服务基地。（农业部牵头，国家发展改革委、财政部、国家海洋局等部门参与）

（四）壮大特色农林产品生产。开展特色

农产品标准化生产示范，推广名优品种和适用技术，建设一批原产地保护基地，培育一批特色明显、类型多样、竞争力强的专业村、专业乡镇。实施木本粮油建设工程和林业特色产业工程，发展林下经济。（农业部、国家林业局牵头，国家发展改革委、财政部等部门参与）

二、增强粮食等重要农产品安全保障能力

（一）建立粮食生产功能区和重要农产品生产保护区。全面完成永久基本农田划定，将 15.46 亿亩基本农田保护面积落地到户、上图入库，实施最严格的特殊保护。优先在永久基本农田上划定和建设粮食生产功能区和重要农产品生产保护区。优先将水土资源匹配较好、相对集中连片的稻谷小麦田划定为粮食生产功能区，对大豆、棉花、糖料蔗等重要农产品划定生产保护区，明确保有规模，加大建设力度，实行重点保护。（国家发展改革委、国土资源部、农业部牵头，财政部、环境保护部、水利部、国家统计局、国家粮食局等部门参与）

（二）大规模推进高标准农田建设。整合完善建设规划，统一建设标准、监管考核和上图入库。统筹各类农田建设资金，做好项目衔接配套，形成高标准农田建设合力。创新投融资方式，通过委托代建、先建后补等方式支持新型经营主体和工商资本加大高标准农田投入，引导政策性银行和开发性金融机构加大信贷支持力度。（国家发展改革委牵头，财政部、国土资源部、水利部、农业部、人民银行、中国气象局、银监会等部门参与）
……

第四章 协调惠农 着力促进农业均衡发展

协调是农业现代化的内在要求，必须树立全面统筹的系统观，着力推进产业融合、区域统筹、主体协同，加快形成内部协调、

与经济社会发展水平和资源环境承载力相适应的农业产业布局，促进农业现代化水平整体跃升。

一、推进农村一二三产业融合发展

（一）协同推进农产品生产与加工业发展。统筹布局农产品生产基地建设与初加工、精深加工发展及副产品综合利用，扩大产地初加工补助项目实施区域和品种范围，加快完善粮食、"菜篮子"产品和特色农产品产后商品化处理设施。鼓励玉米等农产品精深加工业向优势产区和关键物流节点转移，加快消化粮棉油库存。提升主食产业化水平，推动农产品加工副产物循环、全值、梯次利用。（农业部牵头，国家发展改革委、工业和信息化部、财政部、国土资源部、商务部、国家粮食局等部门参与）

（二）完善农产品市场流通体系。在优势产区建设一批国家级、区域级产地批发市场和田头市场，推动公益性农产品市场建设。实施农产品产区预冷工程，建设农产品产地运输通道、冷链物流配送中心和配送站。打造农产品营销公共服务平台，推广农社、农企等形式的产销对接，支持城市社区设立鲜活农产品直销网点，推进商贸流通、供销、邮政等系统物流服务网络和设施为农服务。（国家发展改革委、商务部、农业部牵头，财政部、交通运输部、食品药品监管总局、国家粮食局、国家邮政局、供销合作总社等部门参与）

（三）发展农业新型业态。加快发展农产品电子商务，完善服务体系，引导新型经营主体对接各类电子商务平台，健全标准体系和冷链物流体系，到"十三五"末农产品网上零售额占农业总产值比重达到8%。推动科技、人文等元素融入农业，稳步发展农田艺术景观、阳台农艺等创意农业，鼓励发展工厂化、立体化等高科技农业，积极发展定制农业、会展农业等新型业态。（农业部、商务部牵头，国家发展改革委、工业和信息化

部、供销合作总社等部门参与）

（四）拓展农业多种功能。依托农村绿水青山、田园风光、乡土文化等资源，大力发展生态休闲农业。采取补助、贴息、鼓励社会资本以市场化原则设立产业投资基金等方式，支持休闲农业和乡村旅游重点村改善道路、宽带、停车场、厕所、垃圾污水处理设施等条件，建设魅力村庄和森林景区。加强重要农业文化遗产发掘、保护、传承和利用，强化历史文化名村（镇）、传统村落整体格局和历史风貌保护，传承乡土文化。（农业部、国家旅游局牵头，国家发展改革委、财政部、住房城乡建设部、水利部、文化部、国家林业局、国家文物局等部门参与）

（五）创新一二三产业融合机制。以产品为依托，发展订单农业和产业链金融，开展共同营销，强化对农户的技术培训、贷款担保等服务。以产业为依托，发展农业产业化，建设一批农村一二三产业融合先导区和农业产业化示范基地，推动农民合作社、家庭农场与龙头企业、配套服务组织集群集聚。以产权为依托，推进土地经营权入股发展农业产业化经营，通过"保底＋分红"等形式增加农民收入。以产城融合为依托，引导二三产业向县域重点乡镇及产业园区集中，推动农村产业发展与新型城镇化相结合。（国家发展改革委、农业部牵头，中央农办、财政部、人民银行、银监会、保监会等部门参与）

二、促进区域农业统筹发展

（一）优化发展区。对水土资源匹配较好的区域，提升重要农产品生产能力，壮大区域特色产业，加快实现农业现代化。（农业部、国家发展改革委牵头，财政部、国土资源部、环境保护部等部门参与）

东北区。合理控制地下水开发利用强度较大的三江平原地区水稻种植规模，适当减少高纬度区玉米种植面积，增加食用大豆生产。适度扩大生猪、奶牛、肉牛生产规模。

提高粮油、畜禽产品深加工能力，加快推进黑龙江等垦区大型商品粮基地和优质奶源基地建设。

华北区。适度调减地下水严重超采地区的小麦种植，加强果蔬、小杂粮等特色农产品生产。稳定生猪、奶牛、肉牛肉羊养殖规模，发展净水渔业。推动京津冀现代农业协同发展。

长江中下游区。稳步提升水稻综合生产能力，巩固长江流域"双低"（低芥酸、低硫甙）油菜生产，发展高效园艺产业。调减重金属污染区水稻种植面积。控制水网密集区生猪、奶牛养殖规模，适度开发草山草坡资源发展草食畜牧业，大力发展名优水产品生产。

华南区。稳定水稻面积，扩大南菜北运基地和热带作物产业规模。巩固海南、广东天然橡胶生产能力，稳定广西糖料蔗产能，加强海南南繁基地建设。稳步发展大宗畜产品，加快发展现代水产养殖。

（二）适度发展区。对农业资源环境问题突出的区域，重点加快调整农业结构，限制资源消耗大的产业规模，稳步推进农业现代化。（农业部、国家发展改革委牵头，财政部、国土资源部、环境保护部等部门参与）

西北区。调减小麦种植面积，增加马铃薯、饲用玉米、牧草、小杂粮种植。扩大甘肃玉米良种繁育基地规模，稳定新疆优质棉花种植面积，稳步发展设施蔬菜和特色园艺。发展适度规模草食畜牧业，推进冷水鱼类资源开发利用。

北方农牧交错区。推进农林复合、农牧结合、农牧业发展与生态环境深度融合，发展粮草兼顾型农业和草食畜牧业。调减籽粒玉米种植面积，扩大青贮玉米和优质牧草生产规模，发展奶牛和肉牛肉羊养殖。

西南区。稳定水稻面积，扩大马铃薯种植，大力发展特色园艺产业，巩固云南天然橡胶和糖料蔗生产能力。合理开发利用草地资源和水产资源，发展生态畜牧业和特色渔业。

（三）保护发展区。对生态脆弱的区域，

重点划定生态保护红线，明确禁止类产业，加大生态建设力度，提升可持续发展水平。（环境保护部、农业部、国家发展改革委牵头，财政部、国土资源部、国家海洋局等部门参与）

青藏区。严守生态保护红线，加强草原保护建设。稳定青稞、马铃薯、油菜发展规模，推行禁牧休牧轮牧和舍饲半舍饲，发展牦牛、藏系绵羊、绒山羊等特色畜牧业。

海洋渔业区。控制近海养殖规模，拓展外海养殖空间。扩大海洋牧场立体养殖、深水网箱养殖规模，建设海洋渔业优势产业带。

……

第五章　绿色兴农　着力提升农业可持续发展水平

绿色是农业现代化的重要标志，必须牢固树立绿水青山就是金山银山的理念，推进农业发展绿色化，补齐生态建设和质量安全短板，实现资源利用高效、生态系统稳定、产地环境良好、产品质量安全。

……

三、确保农产品质量安全

（一）提升源头控制能力。探索建立农药、兽药、饲料添加剂等投入品电子追溯码监管制度，推行高毒农药定点经营和实名购买，推广健康养殖和高效低毒兽药，严格饲料质量安全管理。落实家庭农场、农民合作社、农业产业化龙头企业生产档案记录和休药期制度。（农业部牵头，工业和信息化部、食品药品监管总局等部门参与）

（二）提升标准化生产能力。加快构建农兽药残留限量标准体系，实施农业标准制修订五年行动计划。创建农业标准化示范区，深入推进园艺作物、畜禽水产养殖、屠宰标准化创建，基本实现全国"菜篮子"产品生产大县规模种养基地生产过程标准化、规范化。（农业部、质检总局牵头，食品药品监管

总局等部门参与）

（三）提升品牌带动能力。构建农业品牌制度，增强无公害、绿色、有机农产品影响力，有效保护农产品地理标志，打造一批知名公共品牌、企业品牌、合作社品牌和农户品牌。（农业部牵头，商务部、质检总局、食品药品监管总局等部门参与）

（四）提升风险防控能力。建立健全农产品质量安全风险评估、监测预警和应急处置机制，深入开展突出问题专项整治。启动动植物保护能力提升工程，实现全国动植物检疫防疫联防联控。加强人畜共患传染病防治，建设无规定动物疫病区和生物安全隔离区，完善动物疫病强制免疫和强制扑杀补助政策。强化风险评估，推进口岸动植物检疫规范化建设，健全国门生物安全查验机制。（农业部、质检总局牵头，国家发展改革委、财政部、国家卫生计生委、海关总署、食品药品监管总局等部门参与）

（五）提升农产品质量安全监管能力。建立农产品追溯制度，建设互联共享的国家农产品质量安全监管追溯管理信息平台，农业产业化龙头企业、"三品一标"（无公害、绿色、有机农产品和农产品地理标志）获证企业、农业示范基地率先实现可追溯。创建国家农产品质量安全县，全面提升质量安全水平。开展农产品生产者信用体系建设，打造农产品生产企业信用信息系统，加大信用信息公开力度。（农业部牵头，国家发展改革委、工业和信息化部、商务部、工商总局、质检总局、食品药品监管总局、国家粮食局等部门参与）

第六章　开放助农　着力扩大农业对外合作

开放是农业现代化的必由之路，必须坚持双向开放、合作共赢、共同发展，着力加强农业对外合作，统筹用好国内国际两个市场两种资源，提升农业对外开放层次和水平。

一、优化农业对外合作布局

统筹考虑全球农业资源禀赋、农产品供求格局和投资政策环境等因素，分区域、国别、产业、产品确定开放布局。加强与"一带一路"沿线国家在农业投资、贸易、技术和产能领域的合作，与生产条件好的农产品出口国开展调剂型、紧缺型农产品供给能力合作。强化与粮食进口国和主要缺粮国的种养业技术合作，增强其生产能力。（农业部、国家发展改革委、商务部牵头，外交部、财政部、国家粮食局等部门参与）

……

二、促进农产品贸易健康发展

（一）促进优势农产品出口。巩固果蔬、茶叶、水产等传统出口产业优势，建设一批出口农产品质量安全示范基地（区），培育一批有国际影响力的农业品牌，对出口基地的优质农产品实施检验检疫配套便利化措施，落实出口退税政策。鼓励建设农产品出口交易平台，建设境外农产品展示中心，用"互联网＋外贸"推动优势农产品出口。加强重要农产品出口监测预警，积极应对国际贸易纠纷。（商务部、质检总局牵头，国家发展改革委、财政部、农业部、海关总署、国家粮食局等部门参与）

（二）加强农产品进口调控。把握好重要农产品进口时机、节奏，完善进口调控政策，适度增加国内紧缺农产品进口。积极参加全球农业贸易规则制定，加强粮棉油糖等大宗农产品进口监测预警，健全产业损害风险监测评估、重要农产品贸易救济、贸易调整援助等机制。加强进口农产品检验检疫监管，强化边境管理，打击农产品走私。（国家发展改革委、商务部牵头，财政部、农业部、海关总署、质检总局、国家粮食局等部门参与）

……

第七章　共享富农　着力增进民生福祉

共享是农业现代化的本质要求，必须坚持发展为了人民、发展依靠人民，促进农民收入持续增长，着力构建机会公平、服务均等、成果普惠的农业发展新体制，让农民生活得更有尊严、更加体面。

一、推进产业精准脱贫

（一）精准培育特色产业。以促进贫困户增收为导向，精选市场潜力大、覆盖面广、发展有基础、有龙头带动的优势特色产业，实施贫困村"一村一品"产业推进行动。到2020年，贫困县初步形成优势特色产业体系，贫困乡镇、贫困村特色产业增加值显著提升，每个建档立卡贫困户掌握1~2项实用技术。（农业部、国务院扶贫办牵头，国家发展改革委、财政部、国家林业局等部门参与）

……

二、促进特殊区域农业发展

（一）推进新疆农牧业协调发展。以高效节水型农业为主攻方向，适度调减高耗水粮食作物、退减低产棉田，做大做强特色林果产业，有序发展设施蔬菜和冷水渔业，加快发展畜牧业，努力建成国家优质商品棉基地、优质畜产品基地、特色林果业基地和农牧产品精深加工出口基地。（农业部牵头，国家发展改革委、财政部、商务部、国家林业局等部门参与）

（二）推进西藏和其他藏区农牧业绿色发展。以生态保育型农业为主攻方向，稳定青稞生产，适度发展蔬菜生产，积极开发高原特色农产品，扩大饲草料种植面积，发展农畜产品加工业，保护草原生态，努力建成国家重要的高原特色农产品基地。（农业部牵头，国家发展改革委、财政部等部门参与）

（三）推进革命老区、民族地区、边疆地区农牧业加快发展。以优势特色农业为主攻方向，突出改善生产设施，建设特色产品基地，保护与选育地方特色农产品品种，推广先进适用技术，提升加工水平，培育特色品牌，形成市场优势。（农业部牵头，国家发展改革委、财政部等部门参与）

……

国务院办公厅关于印发 2016 年食品安全重点工作安排的通知

国办发〔2016〕30 号

各省、自治区、直辖市人民政府，国务院各部委、各直属机构：

《2016 年食品安全重点工作安排》已经国务院同意，现印发给你们，请认真贯彻执行。

国务院办公厅
2016 年 4 月 27 日

2016 年食品安全重点工作安排

2015 年，全国食品安全形势持续稳定向好，但食品安全基础依然薄弱，风险隐患不容忽视。为贯彻党的十八大、十八届三中、四中、五中全会和中央经济工作会议、中央农村工作会议精神，落实国务院关于食品安全工作的部署要求，进一步提高食品安全治理能力和保障水平，现就 2016 年食品安全重点工作作出如下安排：

一、加快完善食品安全法规制度

全面宣传贯彻新修订的食品安全法，配合全国人大常委会做好食品安全法执法检查。（食品药品监管总局、国务院食品安全办会同各省级人民政府负责）推动制修订农产品质量安全法、粮食法和食品安全法实施条例、农药管理条例、畜禽屠宰管理条例等法律法规。（农业部、食品药品监管总局、国务院法制办、国家粮食局负责）深化食品生产经营许可改革。（食品药品监管总局负责）加快标识管理、监督检查、网络食品经营、特殊食品注册、保健食品目录管理、铁路运营食品安全监督管理和国家口岸食品监督管理等规章制度的制修订工作。（国家卫生计生委、质检总局、食品药品监管总局、中国铁路总公司负责）落实《法治政府建设实施纲要（2015—2020 年）》，完善食品安全行政执法程序，规范执法行为，全面落实行政执法责任制。（农业部、食品药品监管总局负责）推动加大食品掺假造假行为刑事责任追究力度。（中央政法委、食品药品监管总局负责）

二、健全食品安全标准体系

建立并公布食品安全国家标准目录、地方标准目录。（国家卫生计生委、农业部会同各省级人民政府负责）加快制修订一批重点食品安全标准和农药兽药残留标准。加快公布整合后的食品安全国家标准，废止、修订其他相关食品标准。建立食品安全国家标准制定、调整、公布工作机制，加强标准跟踪评价，强化标准制定工作与监管执法工作的衔接。（国家卫生计生委、农业部、食品药品监管总局、质检总局等负责）实施加快完善我国农药残留标准体系的工作方案（2015—2020 年），新制定农药残留标准 1 000 项、兽药残留标准 100 项、农业行业标准 300 项。（农业部、国家卫生计生委会同食品药品监管总局负责）组织实施国家食品安全风险监测计划。（国家卫生计生委负责）

三、加大食用农产品源头治理力度

采取完善标准、制定行为规范、建立追溯体系、加强市场抽检等措施，实行严格的农业投入品使用管理制度，开展禁限用农药、"三鱼两药"（鳜鱼、大菱鲆和乌鳢非法使用孔雀石绿、硝基呋喃）、兽用抗菌药、"瘦肉精"专项整治行动和畜禽水产品违规使用抗生素综合治理，着力解决农药兽药残留问题。落实食用农产品种植、畜禽水产养殖等环节管理制度，规范生产经营行为。严肃查处非法添加违禁药品、病死畜禽收购屠宰、农资制假售假等违法违规行为。建立重点风险隐患监管名录，加大巡查检查和监督抽查力度，实施检打联动。以食用农产品优势区域和"菜篮子"产品为重点，加强"三园两场"（蔬菜、水果、茶叶标准园和畜禽养殖标准示范场、水产健康养殖场）建设，推进农业标准化生产。大力发展无公害食用农产品、绿色食品、有机食品、地理标志食用农产品等安全优质品牌食用农产品。（农业部负责）加强产地环境保护和源头治理。加大大气、水、土壤污染治理力度，降低污染物排放对食品安全的影响。（环境保护部、农业部会同各省级人民政府负责）落实国务院关于加强粮食重金属污染治理的各项措施。（国务院食品安全办、国家发展改革委、科技部、财政部、国土资源部、环境保护部、农业部、食品药品监管总局、国家粮食局会同相关省级人民政府负责）加大对境外源头食品质量安全监督检查力度，继续推动出口食品农产品质量安全示范区建设。（质检总局负责）健全食用农产品和食品冷链物流建设和运行标准，提高冷链物流水平。（国家发展改革委、农业部、商务部、质检总局、食品药品监管总局

负责）

四、强化风险防控措施

开展行政审批、抽检监测、监督检查事权划分研究，健全事权明晰、权责匹配的监管体系。研究建立风险等级评价体系，制定食品生产经营风险分级管理办法，推动实施分级监管。（食品药品监管总局负责）统筹食品、食用农产品质量安全抽检计划，国家和地方、部门和部门之间合理分工、全面覆盖，将日常消费食品中农药兽药残留、添加剂、重金属污染的监督抽检责任落到实处。（国务院食品安全办会同农业部、食品药品监管总局负责）完善食品安全风险会商和预警交流机制，整合食品安全风险监测、监督抽检和食用农产品风险监测、监督抽检数据，加大分析研判力度，提高数据利用效率。加强应急工作，健全突发事件信息直报和舆情监测网络体系，拓展风险交流渠道和形式。（国务院食品安全办会同农业部、国家卫生计生委、质检总局、食品药品监管总局、国家粮食局负责）加强食用农产品质量和食品安全风险评估工作。（农业部、国家卫生计生委负责）健全信息公开机制，及时公开行政许可、监督抽检、行政处罚、责任追究等信息。（食品药品监管总局负责）改革进口食品口岸检验监管机制和出口食品监督抽检制度。（质检总局负责）

五、突出重点问题综合整治

制定食品安全风险隐患、突出问题和监管措施清单。规范婴幼儿配方乳粉产品配方、特殊医学用途配方食品、保健食品的注册管理。继续加强对婴幼儿配方乳粉和婴幼儿辅助食品、乳制品、肉制品、白酒、调味面制品、食用植物油、食品添加剂等重点产品的监管。（食品药品监管总局负责）着力整治非法添加和超范围超限量使用食品添加剂等突出问题。开展进口食用植物油、养殖水产品、

肉类、酒类等重点产品专项检查，对进口婴幼儿配方乳粉质量安全开展全面检查。（质检总局、食品药品监管总局负责）妥善做好污染粮食收购处置工作，防止流入口粮市场。（国家粮食局、国家发展改革委、财政部、农业部会同相关省级人民政府负责）加强农村食品安全治理，规范农村集体聚餐管理，开展学校食堂和校园周边食品安全整治，开展旅游景区、铁路运营场所等就餐重点区域联合督查。（食品药品监管总局会同教育部、国家旅游局、中国铁路总公司等负责）规范食用农产品批发市场经营和互联网食品经营。（食品药品监管总局负责）

六、严格落实生产经营主体责任

强化食品生产经营主体责任意识，督促企业严格落实培训考核、风险自查、产品召回、全过程记录、应急处置等管理制度，加强覆盖生产经营全过程的食品安全管控措施。实施食品进口商对境外企业审核制度，严格实施进口食品境外生产企业注册。开展食品相关认证专项监督检查。继续推进餐饮服务单位"明厨亮灶"和分级管理。推动建立企业责任约谈常态化机制。（食品药品监管总局、质检总局等负责）督促和指导企业依法建立肉类、蔬菜、婴幼儿配方乳粉、白酒、食用植物油等重点产品追溯体系。（工业和信息化部、农业部、商务部、质检总局、食品药品监管总局等负责）加强食品安全信用体系建设，开展食品安全承诺行动，完善食品安全守信激励和失信惩戒机制。（国家发展改革委、工业和信息化部、工商总局、质检总局、食品药品监管总局等负责）推广食品安全责任保险制度，鼓励食品生产经营企业参加食品安全责任保险。（国务院食品安全办、食品药品监管总局、保监会负责）

七、保持严惩重处违法犯罪高压态势

以查处走私冻品、利用餐厨和屠宰加工废弃物加工食用油、互联网食品安全违法犯罪等案件为重点，强化部门间、区域间案件移送、督办查办、联合惩处、信息发布等沟通协作。加强对违法线索、案件信息的系统分析，及时总结共性问题，依法严打行业"潜规则"。继续严厉打击非法添加、制假售假、违法使用禁限用农药兽药等严重违法行为，加大重点案件公开曝光力度。（中央政法委、工业和信息化部、公安部、农业部、海关总署、工商总局、质检总局、食品药品监管总局等负责）

八、加强食品安全监管能力建设

编制国家食品安全"十三五"规划，加大政策支持，强化保障措施。研究编制国家食品安全中长期战略规划，提出发展目标、重大任务、综合保障措施，明确实施步骤。（国务院食品安全办会同国务院食品安全委员会各成员单位负责）加强食用农产品质量安全、食品安全监管执法能力建设。继续加强食用农产品、食品安全检（监）测能力建设，支持检验检测仪器设备购置和实验室改造，强化基层检验检测能力。落实《国务院办公厅关于加快推进重要产品追溯体系建设的意见》（国办发〔2015〕95号），推进重大信息化项目建设，加快国家食品安全监管信息化工程立项和平台建设，推进食用农产品质量安全追溯管理信息平台建设，统一标准，互联互通，尽快实现食品安全信息互联共享。（国家发展改革委、工业和信息化部、农业部、商务部、国家卫生计生委、工商总局、质检总局、食品药品监管总局、国家粮食局负责）出台乡镇农产品质量安全监管站建设管理规范，探索建立乡镇监管员持证上岗制度。（农业部负责）加大风险监测和监管执法、技术人员培训力度，加强食品安全风险监测能力建设和食品监管基层执法装备配备标准化建设，提高装备配备水平，确保基层风险监测和监管有职责、有岗位、有人员、

有手段。（国家发展改革委、财政部、国家卫生计生委、食品药品监管总局会同各省级人民政府负责）规范基层监管执法行为，推动基层监管网格化、现场检查表格化、监管责任人公开化，强化基层监管部门对种养殖、生产、加工、销售、餐饮企业的现场检查能力。（农业部、食品药品监管总局负责）推动内陆地区进口食品指定口岸建设，建立进出口食品安全监管大数据平台。（质检总局负责）

九、落实食品安全责任制

强化食品安全责任制，制定食品安全工作评议考核办法，进一步加大食品安全督查考评力度，将食用农产品质量和食品安全工作全面纳入地方政府绩效考核、社会管理综合治理考核范围，考核结果作为综合考核评价领导班子和相关领导干部的重要依据。督促地方政府建立健全食用农产品产地准出与市场准入管理无缝衔接机制，制定对食品生产经营小作坊、小摊贩、小餐饮的管理办法。督促监管部门切实落实日常检查和监督抽检责任。督促地方政府对本级食品药品监督管理部门和其他有关部门的食品安全监督管理工作进行评议、考核。（国务院食品安全办、中央政法委、农业部、食品药品监管总局会同各省级人民政府负责）深入推进食品安全城市、农产品质量安全县创建试点工作，及时总结推广试点经验。（国务院食品安全办、农业部、食品药品监管总局会同相关省级人民政府负责）编制并实施负面清单、权力清单和责任清单。健全各级食品安全责任制，制定食品安全责任追究制度。严格食品安全责任追究，严肃追究失职渎职人员责任。（食品药品监管总局、监察部负责）

十、推动食品安全社会共治

加强投诉举报体系能力建设，畅通投诉举报渠道。举办"全国食品安全宣传周"活动。鼓励广播电视、报纸杂志、门户网站等开通食品安全专栏，运用微信、微博、移动客户端等新媒体手段加大食品安全公益、科普宣传力度。（国务院食品安全委员会各成员单位、各省级人民政府负责）科学发布食品安全风险警示或消费提示，切实保护消费者权益。（工商总局、质检总局、食品药品监管总局负责）推动食品行业协会加强行业自律，引导和督促食品生产经营者严格依法生产经营，宣传普及食品安全知识。（工业和信息化部、商务部、食品药品监管总局负责）。推动婴幼儿配方乳粉企业兼并重组。（工业和信息化部会同国家发展改革委、财政部、食品药品监管总局负责）组织食品安全关键技术研究，建立食品安全共享数据库，促进"互联网＋"食品安全检验检测新业态发展。实施食品安全创新工程，开展技术创新引导示范。（科技部负责）将食品安全教育纳入中小学相关课程。（教育部负责）广泛动员社会力量参与食品安全监督，充分发挥基层食品安全信息员、联络员队伍作用，各级工会、共青团、妇联要把食品安全监督作为志愿服务工作的一项内容。（国务院食品安全办、食品药品监管总局、全国总工会、共青团中央、全国妇联负责）

十一、完善统一权威的监管体制

加快完善统一权威的食品安全监管体制和制度，增强食品安全监管工作的专业性和系统性。研究制定关于完善统一权威食品药品监管体制的意见。（国务院食品安全办、食品药品监管总局、中央编办等负责）建立职业化检查员队伍，充实检查力量。（食品药品监管总局会同中央编办、人力资源社会保障部负责）研究与食品安全监管工作特点相适应的技术职务体系。（人力资源社会保障部、食品药品监管总局负责）实施以现场检查为主的监管方式，推动监管力量下沉。（食品药品监管总局负责）发挥好各级食品安全办牵头抓总、协调督促作用，加强信息通报、宣传教育、隐患排查、打击违法犯罪等方面的协调联动。明确食品安全委员会成员单位职责分工，健全形势会商、风险交流、应急处置、协调联动等工作机制。（国务院食品安全办负责）

国务院办公厅关于发挥品牌引领作用推动供需结构升级的意见

国办发〔2016〕44 号

各省、自治区、直辖市人民政府，国务院各部委、各直属机构：

品牌是企业乃至国家竞争力的综合体现，代表着供给结构和需求结构的升级方向。当前，我国品牌发展严重滞后于经济发展，产品质量不高、创新能力不强、企业诚信意识淡薄等问题比较突出。为更好发挥品牌引领作用、推动供给结构和需求结构升级，经国务院同意，现提出以下意见：

一、重要意义

随着我国经济发展，居民收入快速增加，中等收入群体持续扩大，消费结构不断升级，消费者对产品和服务的消费提出更高要求，更加注重品质，讲究品牌消费，呈现出个性化、多样化、高端化、体验式消费特点。发挥品牌引领作用，推动供给结构和需求结构升级，是深入贯彻落实创新、协调、绿色、开放、共享发展理念的必然要求，是今后一段时期加快经济发展方式由外延扩张型向内涵集约型转变、由规模速度型向质量效率型转变的重要举措。发挥品牌引领作用，推动供给结构和需求结构升级，有利于激发企业创新创造活力，促进生产要素合理配置，提高全要素生产率，提升产品品质，实现价值链升级，增加有效供给，提高供给体系的质量和效率；有利于引领消费，创造新需求，树立自主品牌消费信心，挖掘消费潜力，更好发挥需求对经济增长的拉动作用，满足人们更高层次的物质文化需求；有利于促进企业诚实守信，强化企业环境保护、资源节约、公益慈善等社会责任，实现更加和谐、更加公平、更可持续的发展。

二、基本思路

按照党中央、国务院关于推进供给侧结构性改革的总体要求，积极探索有效路径和方法，更好发挥品牌引领作用，加快推动供给结构优化升级，适应引领需求结构优化升级，为经济发展提供持续动力。以发挥品牌引领作用为切入点，充分发挥市场决定性作用、企业主体作用、政府推动作用和社会参与作用，围绕优化政策法规环境、提高企业综合竞争力、营造良好社会氛围，大力实施品牌基础建设工程、供给结构升级工程、需求结构升级工程，增品种、提品质、创品牌，提高供给体系的质量和效率，满足居民消费升级需求，扩大国内消费需求，引导境外消费回流，推动供给总量、供给结构更好地适应需求总量、需求结构的发展变化。

三、主要任务

发挥好政府、企业、社会作用，立足当前，着眼长远，持之以恒，攻坚克难，着力解决制约品牌发展和供需结构升级的突出问题。

（一）进一步优化政策法规环境。加快政府职能转变，创新管理和服务方式，为发挥品牌引领作用推动供给结构和需求结构升级保驾护航。完善标准体系，提高计量能力、检验检测能力、认证认可服务能力、质量控制和技术评价能力，不断夯实质量技术基础。增强科技创新支撑，为品牌发展提供持续动力。健全品牌发展法律法规，完善扶持政策，净化市场环境。加强自主品牌宣传和展示，倡导自主品牌消费。

（二）切实提高企业综合竞争力。发挥企业主体作用，切实增强品牌意识，苦练内功，改善供给，适应需求，做大做强品牌。支持企业加大品牌建设投入，增强自主创新能力，追求卓越质量，不断丰富产品品种，提升产品品质，建立品牌管理体系，提高品牌培育能力。引导企业诚实经营，信守承诺，积极履行社会责任，不断提升品牌形象。加强人才队伍建设，发挥企业家领军作用，培养引进品牌管理专业人才，造就一大批技艺精湛、技术高超的技能人才。

（三）大力营造良好社会氛围。凝聚社会共识，积极支持自主品牌发展，助力供给结构和需求结构升级。培养消费者自主品牌情感，树立消费信心，扩大自主品牌消费。发挥好行业协会桥梁作用，加强中介机构能力建设，为品牌建设和产业升级提供专业有效的服务。坚持正确舆论导向，关注自主品牌成长，讲好中国品牌故事。

四、重大工程

根据主要任务，按照可操作、可实施、可落地的原则，抓紧实施以下重大工程。

（一）品牌基础建设工程。围绕品牌影响因素，打牢品牌发展基础，为发挥品牌引领作用创造条件。

1. 推行更高质量标准。加强标准制修订工作，提高相关产品和服务领域标准水平，推动国际国内标准接轨。鼓励企业制定高于国家标准或行业标准的企业标准，支持具有核心竞争力的专利技术向标准转化，增强企业市场竞争力。加快开展团体标准制定等试点工作，满足创新发展对标准多样化的需要。

实施企业产品和服务标准自我声明公开和监督制度，接受社会监督，提高企业改进质量的内生动力和外在压力。

2. 提升检验检测能力。加强检验检测能力建设，提升检验检测技术装备水平。加快具备条件的经营性检验检测认证事业单位转企改制，推动检验检测认证服务市场化进程。鼓励民营企业和其他社会资本投资检验检测服务，支持具备条件的生产制造企业申请相关资质，面向社会提供检验检测服务。打破部门垄断和行业壁垒，营造检验检测机构平等参与竞争的良好环境，尽快形成具有权威性和公信力的第三方检验检测机构。加强国家计量基准标准建设和标准物质研究，推进先进计量技术和方法在企业的广泛应用。

3. 搭建持续创新平台。加强研发机构建设，支持有实力的企业牵头开展行业共性关键技术攻关，加快突破制约行业发展的技术瓶颈，推动行业创新发展。鼓励具备条件的企业建设产品设计创新中心，提高产品设计能力，针对消费趋势和特点，不断开发新产品。支持重点企业利用互联网技术建立大数据平台，动态分析市场变化，精准定位消费需求，为开展服务创新和商业模式创新提供支撑。加速创新成果转化成现实生产力，催生经济发展新动能。

4. 增强品牌建设软实力。培育若干具有国际影响力的品牌评价理论研究机构和品牌评价机构，开展品牌基础理论、价值评价、发展指数等研究，提高品牌研究水平，发布客观公正的品牌价值评价结果以及品牌发展指数，逐步提高公信力。开展品牌评价标准建设工作，完善品牌评价相关国家标准，制定操作规范，提高标准的可操作性；积极参与品牌评价相关国际标准制定，推动建立全球统一的品牌评价体系，增强我国在品牌评价中的国际话语权。鼓励发展一批品牌建设中介服务企业，建设一批品牌专业化服务平台，提供设计、营销、咨询等方面的专业服务。

（二）供给结构升级工程。以增品种、提品质、创品牌为主要内容，从一、二、三产业着手，采取有效举措，推动供给结构升级。

1. 丰富产品和服务品种。支持食品龙头企业提高技术研发和精深加工能力，针对特殊人群需求，生产适销对路的功能食品。鼓励有实力的企业针对工业消费品市场热点，加快研发、设计和制造，及时推出一批新产品。支持企业利用现代信息技术，推进个性化定制、柔性化生产，满足消费者差异化需求。开发一批有潜质的旅游资源，形成以旅游景区、旅游度假区、旅游休闲区、国际特色旅游目的地等为支撑的现代旅游业品牌体系，增加旅游产品供给，丰富旅游体验，满足大众旅游需求。

2. 增加优质农产品供给。加强农产品产地环境保护和源头治理，实施严格的农业投入品使用管理制度，加快健全农产品质量监管体系，逐步实现农产品质量安全可追溯。全面提升农产品质量安全等级，大力发展无公害农产品、绿色食品、有机农产品和地理标志农产品。参照出口农产品种植和生产标准，建设一批优质农产品种植和生产基地，提高农产品质量和附加值，满足中高端需求。大力发展优质特色农产品，支持乡村创建线上销售渠道，扩大优质特色农产品销售范围，打造农产品品牌和地理标志品牌，满足更多消费者需求。

3. 推出一批制造业精品。支持企业开展战略性新材料研发、生产和应用示范，提高新材料质量，增强自给保障能力，为生产精品提供支撑。优选一批零部件生产企业，开展关键零部件自主研发、试验和制造，提高产品性能和稳定性，为精品提供可靠性保障。鼓励企业采用先进质量管理方法，提高质量在线监测控制和产品全生命周期质量追溯能力。支持重点企业瞄准国际标杆企业，创新产品设计，优化工艺流程，加强上下游企业合作，尽快推出一批质量好、附加值高的精品，促进制造业升级。

4. 提高生活服务品质。支持生活服务领域优势企业整合现有资源，形成服务专业、覆盖面广、影响力大、放心安全的连锁机构，提高服务质量和效率，打造生活服务企业品牌。鼓励社会资本投资社区养老建设，采取市场化运作方式，提供高品质养老服务供给。鼓励有条件的城乡社区依托社区综合服务设施，建设生活服务中心，提供方便、可信赖的家政、儿童托管和居家养老等服务。

（三）需求结构升级工程。发挥品牌影响力，切实采取可行措施，扩大自主品牌产品消费，适应引领消费结构升级。

1. 努力提振消费信心。统筹利用现有资源，建设有公信力的产品质量信息平台，全面、及时、准确发布产品质量信息，为政府、企业和教育科研机构等提供服务，为消费者判断产品质量高低提供真实可信的依据，便于选购优质产品，通过市场实现优胜劣汰。结合社会信用体系建设，建立企业诚信管理体系，规范企业数据采集，整合现有信息资源，建立企业信用档案，逐步加大信息开发利用力度。鼓励中介机构开展企业信用和社会责任评价，发布企业信用报告，督促企业坚守诚信底线，提高信用水平，在消费者心目中树立良好企业形象。

2. 宣传展示自主品牌。设立"中国品牌日"，大力宣传知名自主品牌，讲好中国品牌故事，提高自主品牌影响力和认知度。鼓励各级电视台、广播电台以及平面、网络等媒体，在重要时段、重要版面安排自主品牌公益宣传。定期举办中国自主品牌博览会，在重点出入境口岸设置自主品牌产品展销厅，在世界重要市场举办中国自主品牌巡展推介会，扩大自主品牌的知名度和影响力。

3. 推动农村消费升级。加强农村产品质量安全和消费知识宣传普及，提高农村居民质量安全意识，树立科学消费观念，自觉抵制假冒伪劣产品。开展农村市场专项整治，清理"三无"产品，拓展农村品牌产品消费的市场空间。加快有条件的乡村建设光纤网络，支持电商及连锁商业企业打造城乡一体的商贸物流体系，保障品牌产品渠道畅通，便捷农村消费品牌产品，让农村居民共享数字化生活。深入推进新型城镇化建设，释放潜在消费需求。

4.持续扩大城镇消费。鼓励家电、家具、汽车、电子等耐用消费品更新换代，适应绿色环保、方便快捷的生活需求。鼓励传统出版企业、广播影视与互联网企业合作，加快发展数字出版、网络视听等新兴文化产业，扩大消费群体，增加互动体验。有条件的地区可建设康养旅游基地，提供养老、养生、旅游、度假等服务，满足高品质健康休闲消费需求。合理开发利用冰雪、低空空域等资源，发展冰雪体育和航空体育产业，支持冰雪运动营地和航空飞行营地建设，扩大体育休闲消费。推动房车、邮轮、游艇等高端产品消费，满足高收入群体消费升级需求。

五、保障措施

（一）净化市场环境。建立更加严格的市场监管体系，加大专项整治联合执法行动力度，实现联合执法常态化，提高执法的有效性，追究执法不力责任。严厉打击侵犯知识产权和制售假冒伪劣商品行为，依法惩治违法犯罪分子。破除地方保护和行业壁垒，有

效预防和制止各类垄断行为和不正当竞争行为，维护公平竞争市场秩序。

（二）清除制约因素。清理、废除制约自主品牌产品消费的各项规定或做法，形成有利于发挥品牌引领作用、推动供给结构和需求结构升级的体制机制。建立产品质量、知识产权等领域失信联合惩戒机制，健全黑名单制度，大幅提高失信成本。研究提高违反产品质量法、知识产权保护相关法律法规等犯罪行为的量刑标准，建立商品质量惩罚性赔偿制度，对相关企业、责任人依法实行市场禁入。完善汽车、计算机、家电等耐用消费品举证责任倒置制度，降低消费者维权成本。支持高等院校开设品牌相关课程，培养品牌创建、推广、维护等专业人才。

（三）制定激励政策。积极发挥财政资金引导作用，带动更多社会资本投入，支持自主品牌发展。鼓励银行业金融机构向企业提供以品牌为基础的商标权、专利权等质押贷款。发挥国家奖项激励作用，鼓励产品创新，弘扬工匠精神。

（四）抓好组织实施。各地区、各部门要统一思想、提高认识，深刻理解经济新常态下发挥品牌引领作用、推动供给结构和需求结构升级的重要意义，切实落实工作任务，扎实推进重大工程，力争尽早取得实效。国务院有关部门要结合本部门职责，制定出台具体的政策措施。各省级人民政府要结合本地区实际，制定出台具体的实施方案。

国务院办公厅关于建立统一的绿色产品标准、认证、标识体系的意见

国办发〔2016〕86号

各省、自治区、直辖市人民政府，国务院各部委、各直属机构：

健全绿色市场体系，增加绿色产品供给，是生态文明体制改革的重要组成部分。建立

统一的绿色产品标准、认证、标识体系，是推动绿色低碳循环发展、培育绿色市场的必然要求，是加强供给侧结构性改革、提升绿色产品供给质量和效率的重要举措，是引导

产业转型升级、提升中国制造竞争力的紧迫任务，是引领绿色消费、保障和改善民生的有效途径，是履行国际减排承诺、提升我国参与全球治理制度性话语权的现实需要。为贯彻落实《生态文明体制改革总体方案》，建立统一的绿色产品标准、认证、标识体系，经国务院同意，现提出以下意见。

一、总体要求

（一）指导思想。以党的十八大和十八届三中、四中、五中、六中全会精神为指导，按照"五位一体"总体布局、"四个全面"战略布局和党中央、国务院决策部署，牢固树立创新、协调、绿色、开放、共享的发展理念，以供给侧结构性改革为战略基点，充分发挥标准与认证的战略性、基础性、引领性作用，创新生态文明体制机制，增加绿色产品有效供给，引导绿色生产和绿色消费，全面提升绿色发展质量和效益，增强社会公众的获得感。

（二）基本原则。

坚持统筹兼顾，完善顶层设计。着眼生态文明建设总体目标，统筹考虑资源环境、产业基础、消费需求、国际贸易等因素，兼顾资源节约、环境友好、消费友好等特性，制定基于产品全生命周期的绿色产品标准、认证、标识体系建设一揽子解决方案。

坚持市场导向，激发内生动力。坚持市场化的改革方向，处理好政府与市场的关系，充分发挥标准化和认证认可对于规范市场秩序、提高市场效率的有效作用，通过统一和完善绿色产品标准、认证、标识体系，建立并传递信任，激发市场活力，促进供需有效对接和结构升级。

坚持继承创新，实现平稳过渡。立足现有基础，分步实施，有序推进，合理确定市场过渡期，通过政府引导和市场选择，逐步淘汰不适宜的制度，实现绿色产品标准、认证、标识整合目标。

坚持共建共享，推动社会共治。发挥各行业主管部门的职能作用，推动政、产、学、研、用各相关方广泛参与，分工协作，多元共治，建立健全行业采信、信息公开、社会监督等机制，完善相关法律法规和配套政策，推动绿色产品标准、认证、标识在全社会使用和采信，共享绿色发展成果。

坚持开放合作，加强国际接轨。立足国情实际，遵循国际规则，充分借鉴国外先进经验，深化国际合作交流，维护我国在绿色产品领域的发展权和话语权，促进我国绿色产品标准、认证、标识的国际接轨、互认，便利国际贸易和合作交往。

（三）主要目标。按照统一目录、统一标准、统一评价、统一标识的方针，将现有环保、节能、节水、循环、低碳、再生、有机等产品整合为绿色产品，到2020年，初步建立系统科学、开放融合、指标先进、权威统一的绿色产品标准、认证、标识体系，健全法律法规和配套政策，实现一类产品、一个标准、一个清单、一次认证、一个标识的体系整合目标。绿色产品评价范围逐步覆盖生态环境影响大、消费需求旺、产业关联性强、社会关注度高、国际贸易量大的产品领域及类别，绿色产品市场认可度和国际影响力不断扩大，绿色产品市场份额和质量效益大幅提升，绿色产品供给与需求失衡现状有效扭转，消费者的获得感显著增强。

二、重点任务

（四）统一绿色产品内涵和评价方法。基于全生命周期理念，在资源获取、生产、销售、使用、处置等产品生命周期各阶段中，绿色产品内涵应兼顾资源能源消耗少、污染物排放低、低毒少害、易回收处理和再利用、健康安全和质量品质高等特征。采用定量与定性评价相结合、产品与组织评价相结合的方法，统筹考虑资源、能源、环境、品质等属性，科学确定绿色产品评价的关键阶段和关键指标，建立评价方法与指标体系。

（五）构建统一的绿色产品标准、认证、标识体系。开展绿色产品标准体系顶层设计和系统规划，充分发挥各行业主管部门的职能作用，共同编制绿色产品标准体系框架和标准明细表，统一构建以绿色产品评价标准子体系为牵引、以绿色产品的产业支撑标准子体系为辅助的绿色产品标准体系。参考国际实践，建立符合中国国情的绿色产品认证与标识体系，统一制定认证实施规则和认证标识，并发布认证标识使用管理办法。

（六）实施统一的绿色产品评价标准清单和认证目录。质检总局会同有关部门统一发布绿色产品标识、标准清单和认证目录，依据标准清单中的标准组织开展绿色产品认证。组织相关方对有关国家标准、行业标准、团体标准等进行评估，适时纳入绿色产品评价标准清单。会同有关部门建立绿色产品认证目录的定期评估和动态调整机制，避免重复评价。

（七）创新绿色产品评价标准供给机制。优先选取与消费者吃、穿、住、用、行密切相关的生活资料、终端消费品、食品等产品，研究制定绿色产品评价标准。充分利用市场资源，鼓励学会、协会、商会等社会团体制定技术领先、市场成熟度高的绿色产品评价团体标准，增加绿色产品评价标准的市场供给。

（八）健全绿色产品认证有效性评估与监督机制。推进绿色产品信用体系建设，严格落实生产者对产品质量的主体责任、认证实施机构对检测认证结果的连带责任，对严重失信者建立联合惩戒机制，对违法违规行为的责任主体建立黑名单制度。运用大数据技术完善绿色产品监管方式，建立绿色产品评价标准和认证实施效果的指标量化评估机制，加强认证全过程信息采集和信息公开，使认证评价结果及产品公开接受市场检验和社会监督。

（九）加强技术机构能力和信息平台建设。建立健全绿色产品技术支撑体系，加强标准和合格评定能力建设，开展绿色产品认证检测机构能力评估和资质管理，培育一批绿色产品标准、认证、检测专业服务机构，提升技术能力、工作质量和服务水平。建立统一的绿色产品信息平台，公开发布绿色产品相关政策法规、标准清单、规则程序、产品目录、实施机构、认证结果及采信状况等信息。

（十）推动国际合作和互认。围绕服务对外开放和"一带一路"建设战略，推进绿色产品标准、认证认可、检验检测的国际交流与合作，开展国内外绿色产品标准比对分析，积极参与制定国际标准和合格评定规则，提高标准一致性，推动绿色产品认证与标识的国际互认。合理运用绿色产品技术贸易措施，积极应对国外绿色壁垒，推动我国绿色产品标准、认证、标识制度走出去，提升我国参与相关国际事务的制度性话语权。

三、保障措施

（十一）加强部门联动配合。建立绿色产品标准、认证与标识部际协调机制，成员单位包括质检、发展改革、工业和信息化、财政、环境保护、住房城乡建设、交通运输、水利、农业、商务等有关部门，统筹协调绿色产品标准、认证、标识相关政策措施，形成工作合力。

（十二）健全配套政策。落实对绿色产品研发生产、运输配送、消费采购等环节的财税金融支持政策，加强绿色产品重要标准研制，建立绿色产品标准推广和认证采信机制，支持绿色金融、绿色制造、绿色消费、绿色采购等政策实施。实行绿色产品领跑者计划。研究推行政府绿色采购制度，扩大政府采购规模。鼓励商品交易市场扩大绿色产品交易、集团采购商扩大绿色产品采购，推动绿色市场建设。推行生产者责任延伸制度，促进产品回收和循环利用。

（十三）营造绿色产品发展环境。加强市场诚信和行业自律机制建设，各职能部门协同加强事中事后监管，营造公平竞争的市场环境，进一步降低制度性交易成本，切实减轻绿色产品生产企业负担。各有关部门、地方各级政府应结合实际，加快转变职能和管理方式，改进服务和工作作风，优化市场环境，引导加强行业自律，扩大社会参与，促进绿色产品标准实施、认证结果使用与效果评价，推动绿色产品发展。

（十四）加强绿色产品宣传推广。通过新闻媒体和互联网等渠道，大力开展绿色产品公益宣传，加强绿色产品标准、认证、标识相关政策解读和宣传推广，推广绿色产品优秀案例，传播绿色发展理念，引导绿色生活方式，维护公众的绿色消费知情权、参与权、选择权和监督权。

国务院办公厅
2016 年 11 月 22 日

关于印发《"互联网＋"现代农业
三年行动实施方案》的通知

农市发〔2016〕2 号

各省、自治区、直辖市及计划单列市农业（农牧、农村经济）、农机、畜牧兽医、农垦、农产品加工、渔业厅（局、委、办）、发展改革、党委网信办、科技、商务、质量技术监督（市场监督管理）、食品药品监管、林业主管部门，新疆生产建设兵团农业局，农业部有关司局、直属事业单位，质检总局各直属出入境检验检疫局：

按照《国务院关于积极推进"互联网＋"行动的指导意见》（国发〔2015〕40 号）的部署要求，切实发挥互联网在农业生产要素配置中的优化和集成作用，推动互联网创新成果与农业生产、经营、管理、服务和农村经济社会各领域深度融合，农业部、国家发展和改革委员会、中央网络安全和信息化领导小组办公室、科学技术部、商务部、国家质量监督检验检疫总局、国家食品药品监督管理总局、国家林业局共同研究制定了《"互联网＋"现代农业三年行动实施方案》。现印发你们，请认真贯彻落实。

农业部
国家发展和改革委员会
中央网络安全和信息化领导小组办公室
科学技术部
商务部
国家质量监督检验检疫总局
国家食品药品监督管理总局
国家林业局
2016 年 4 月 22 日

"互联网＋"现代农业三年行动实施方案（节选）

……

（三）总体目标

到 2018 年，互联网与"三农"的融合发展取得显著成效，农业的在线化、数据化取得明显进展，管理高效化和服务便捷化基本实现，生产智能化和经营网络化迈上新台阶，城乡"数字鸿沟"进一步缩小，大众创业、万众创新的良好局面基本形成，有力支撑农业现代化水平明显提升。

——农业生产经营进一步提质增效。大力推进物联网在农业生产中的应用，在国家现代农业示范区、国家农产品质量安全县、国家农业标准化示范区、"三园两场"（蔬菜、水果、茶叶标准园，畜禽养殖标准示范场、水产健康养殖场）及农民合作社国家示范社率先取得突破；建成一批大田种植、设施园艺、畜禽养殖、水产养殖物联网示范基地；熟化一批农业物联网关键技术和成套设备，推广一批节本增效农业物联网应用模式；大力发展农业电子商务，大幅提升农产品、农业生产资料、休闲农业电子商务水平。

——农业管理进一步高效透明。农业资源管理、应急指挥、行政审批和综合执法等基本实现在线化和数据化；建成国家和省级农业农村大数据中心，基本实现农业行业管理决策精细化、科学化；初步建成农副产品质量安全追溯公共服务平台，实现农副产品和食品从农田到餐桌的全程追溯，保障"舌尖上的安全"。

——农业服务进一步便捷普惠。信息进村入户村级服务站建设覆盖到全国行政村总数的一半以上，并同步接入全国信息进村入户总平台；12316服务范围和人群显著增加，为农民提供政策、市场、技术等生产生活信息服务的效能大幅提升；农业社会化服务体系初步建立，信息服务、物流配送"最后一公里"问题得到明显缓解。

二、主要任务

……

（二）"互联网＋"现代种植业

引导各地大力发展精准农业，在高标准农田、现代农业示范区、绿色高产高效创建和模式攻关区、园艺作物标准园等大宗粮食和特色经济作物规模生产区域，以及农民合作社国家示范社等主体，构建天地一体的农业物联网测控体系，实施农情信息监测预警、

农作物种植遥感监测、农作物病虫监测预警、农产品产地质量安全监测、水肥一体化和智能节水灌溉、测土配方施肥、农机定位耕种等精准化作业。以农技服务、农资服务、农机服务、金融服务为主要内容，搭建线上农业经营服务体系，提供现代农业"一站式"服务。加强农作物种子物联网推广应用，形成以品种"身份证"数据为核心的种子市场监管体系。结合农田深松作业、农机跨区作业需求，加大国产导航技术和智能农机装备的应用，提高种、肥、药精准使用及一体化作业水平，显著提高农机作业质量和效率。将遥感技术、地理信息系统、定位系统与农业物联网结合，开展自然灾害分析预警与农作物产量预测，着力提升种植业生产管理的信息化水平。（农业部）

……

（四）"互联网＋"现代畜牧业

构建生产、加工、经营、监管的综合信息数据平台，面向规模化畜禽养殖场、农民合作社国家示范社等畜牧业新型经营主体，大力推广基于物联网技术的养殖场环境智能监控系统和养殖个体体征智能监测系统，通过对养殖环境因子和畜禽个体生长状况的监测，实现精细饲喂、疫病预警和科学繁育，提高生产效率，降低养殖风险。加强挤奶、饲喂、清理等养殖作业机器人示范应用，推进奶牛养殖现代化。采用二维码、射频识别等技术构建畜禽全生命周期安全监管监测系统，全程记录养殖、屠宰、流通等环节信息，实现从养殖源头到零售终端的双向追踪，确保畜禽产品质量安全，确保不发生区域性重大动物疫情疫病。利用电子追溯码标识和应用程序等技术手段，建立兽药产品查询和追溯管理系统，全面加强兽药生产、经营和使用监管，实现全程追溯管理。（农业部）

（五）"互联网＋"现代渔业

构建集渔业生产情况、市场价格、生态环境和渔船、渔港、船员为一体的渔业渔政

管理信息系统，推动卫星通信、物联网等技术在渔业行业的应用，提高渔业信息化水平。整合构建渔业产业数据中心，推进渔业渔政管理数据资源共享开放。面向全国水产健康养殖示范县（场），大力推广基于物联网技术的水产养殖水体环境实时监控、饵料自动精准投喂、鱼类病害监测预警、专家远程咨询诊断等系统，实现水产养殖集约化、装备工程化、测控精准化和管理智能化。推动电信运营商在沿海渔村、近海渔区的网络覆盖，实现移动终端在渔村的广泛应用。（农业部）

（六）"互联网＋"农产品质量安全

推动移动互联网、大数据、云计算、物联网等新一代信息技术在食用农产品生产环节的推广应用，提升信息采集的自动化水平，建设质量安全追溯平台，加强出口农产品质量安全示范区与互联网深度融合，强化上下游追溯体系业务协作协同和信息共建共享，形成全国一盘棋的农产品质量安全追溯体系。加强农产品产地环境监测、产地安全保障与风险预警的网络化监控与诊断。加强种子、肥料、农药、饲料、饲料添加剂、兽药等农资产品的质量安全追溯体系建设，实现对主要农资产品生产、经营和使用的全程追溯管理。加强动物标识及动物产品追溯体系、动物疫病与动物卫生监督体系建设，构建从养殖到屠宰的全链条追溯监管平台。加快建立健全追溯制度、技术规范和标准体系，加强网络监管，规范追溯信息采集、发布行为，加强信用体系建设，建立健全农产品质量安全公共服务体系。（农业部、质检总局、食品药品监管总局）

（七）"互联网＋"农业电子商务

大力发展农业电子商务，带动农业市场化，倒逼农业标准化，促进农业规模化，提升农业品牌化，推动农业转型升级、农村经济发展、农民创业增收。提升新型农业经营主体电子商务应用能力，推动农产品、农业生产资料和休闲农业相关优质产品和服务上网销售，大力培育农业电子商务市场主体，形成一批具有重要影响力的农业电子商务龙头企业和品牌。加强网络、加工、包装、物流、冷链、仓储、支付等基础设施建设，推动农产品分等分级、产品包装、物流配送、业务规范等标准体系建设，完善农业电子商务发展基础环境。开展农业电子商务试点示范，鼓励相关经营主体进行技术、机制、模式创新，探索农产品线上与线下相结合的发展模式，推动生鲜农产品直配和农业生产资料下乡率先取得突破。推进农产品批发市场信息技术应用，加强批发市场信息服务平台建设，提升信息服务能力，推动批发市场创新发展农产品电子商务。加快推进农产品跨境电子商务发展，促进农产品进出口贸易。推动农业电子商务相关数据信息共享开放，加强信息监测统计、发布服务工作。（农业部、发展改革委、中央网信办、商务部、质检总局）

······

（十）"互联网＋"农业信息服务

运用互联网技术和成果满足农民生产生活信息需求，深入推进信息进村入户工程，广泛依托现有各类"三农"服务网络体系，加快益农信息社建设进度，加强进村入户基础资源信息和服务支撑体系建设。促进全国农业公益性服务提档升级，健全完善全国统一的12316工作体系，打造功能完备的12316中央平台，全面对接农业科技服务云平台和种植业、畜牧业、渔业、农机、种业、农产品质量安全等行业信息平台，集聚服务资源，完善运行机制，提升服务能力。整合农业部门信息资源，实现政策法规、农业科教、农产品市场行情等信息服务资源率先在平台上线，加快推进相关部门涉农信息服务在平台共享。推进电信、银行、保险、供销、交通、邮政、医院、水电气等便民服务上线，实现农产品、农业生产资料和消费品在线销售，切实做好网络课堂、免费WIFI、免费视

频通话等培训体验，为农民提供足不出村的便捷服务。（农业部）

……

三、重大工程

（一）农业物联网区域试验工程

大力推进物联网在农业生产中的应用，在国家现代农业示范区率先取得突破；建成一批大田种植、设施园艺、畜禽养殖、水产养殖物联网示范基地；研发一批农业物联网产品和技术，熟化一批农业物联网成套设备，推广一批节本增效农业物联网应用模式，加强推广应用。重点加强成熟度、营养组分、形态、有害物残留、产品包装标识等传感器研发，推进动植物环境（土壤、水、大气）、生命信息（生长、发育、营养、病变、胁迫等）传感器熟化，促进数据传输、数据处理、智能控制、信息服务的设备和软件开发。研究物联网技术在不同产品、不同领域的集成、组装模式和技术实现路径，促进农业物联网基础理论研究，探索构建国家农业物联网标准体系及相关公共服务平台。推进农业生产集约化、工程装备化、作业精准化和管理信息化，为农业物联网广泛推广应用奠定基础。（农业部、发展改革委、科技部、质检总局）

（二）农业电子商务示范工程

探索农产品、农业生产资料、休闲农业等不同类别农业电子商务的发展路径。融合产业链、价值链、供应链，开展鲜活农产品网上销售应用示范。培育农业电子商务应用主体，推进新型农业经营主体对接电商平台。开展鲜活农产品、农业生产资料、休闲农业等电子商务试点。构建农业电子商务标准体系、进出境动植物疫情防控体系、全程冷链物流配送体系、质量安全追溯体系和质量监督管理体系。（农业部、发展改革委、中央网信办、质检总局）

……

农业部关于扎实做好 2016 年农业农村经济工作的意见

农发〔2016〕1 号

各省、自治区、直辖市及计划单列市农业（农牧、农村经济）、农机、畜牧、兽医、农垦、农产品加工、渔业厅（局、委、办），新疆生产建设兵团农业局：

为深入贯彻中央经济工作会议、中央农村工作会议和《中共中央国务院关于落实发展新理念加快农业现代化实现全面小康目标的若干意见》（中发〔2016〕1 号）精神，扎实做好 2016 年农业农村经济工作，根据全国农业工作会议部署，现提出以下意见，请结合实际，认真贯彻落实。

"十二五"期间，农业农村经济发展实现稳中有进、稳中提质、稳中增效，粮食生产实现"十二连增"，农民收入增幅连续 6 年高于 GDP 和城镇居民收入增幅，农业转方式调结构打开新局面，农村改革取得重要进展，为新常态下经济社会发展大局提供了有力支撑。"十三五"是传统农业向现代农业加快转变的关键时期。要按照创新、协调、绿色、开放、共享五大发展理念，坚持以农业现代化取得明显进展为目标，以加快转变农业发展方式为主线，以促进农民收入持续较快增长为中心，以推进农业结构性改革为动力，全面提升粮食等重要农产品供给保障水平、多种形式农业适度规模经营引领水平、农业技术装备水平、农业生产经营效益水平、农产品质量安全水平和农业可持续发展水平，着力构建现代农业产业体系、生产体系、经营体系，推动农村一二三产业融合发展，走产出高效、产品安全、资源节约、环境友好的农业现代化道路。

2016年，农业农村经济工作要高举中国特色社会主义伟大旗帜，全面贯彻党的十八大和十八届三中、四中、五中全会精神，以邓小平理论、"三个代表"重要思想、科学发展观为指导，深入学习贯彻习近平总书记系列重要讲话精神，以新理念引领农业新发展，以全面深化农村改革为动力源泉，以"提质增效转方式、稳粮增收可持续"为工作主线，大力推进农业供给侧结构性改革，强化科技、装备、人才、政策、法治支撑，坚持改革创新，推进绿色发展，统筹国内国际，巩固发展农业农村经济好形势，为"十三五"经济社会发展开好局、起好步提供有力支撑。

一、调整优化农业生产结构，提高农业供给体系质量和效率

1. 保持粮食生产总体稳定。树立大"粮食观"，全方位、多途径开发食物资源。推动落实《粮食安全省长责任制考核办法》，加大对粮食主产省和主产县的政策倾斜，加强防灾减灾，保持粮食总量基本稳定。实施"藏粮于地""藏粮于技"战略，稳定小麦、水稻生产，巩固提升粮食产能。大规模推进高标准农田建设，推动优先在粮食主产区建设高标准口粮田。开展粮食生产功能区划定，支持粮食主产区建设核心区。继续实施耕地质量保护与提升行动，深入开展粮食绿色高产高效创建和模式攻关。

2. 推动种植业转型升级。编制发布种植业结构调整规划，不断优化品种结构和区域布局。适当调整"镰刀弯"地区玉米种植，扩大粮改豆、粮改饲试点，力争玉米面积调减1 000万亩以上。探索建立大豆、棉花、油料、糖料蔗等重要农产品生产保护区，加快推动园艺作物品种改良、品质改进和品牌创建，继续开展北方城市冬季设施蔬菜开发试点。推进马铃薯主食产品开发，发展旱作农业、热带农业和优质特色杂粮。

3. 推动畜牧业转型升级。根据环境容量调整区域养殖布局，优化畜禽养殖结构。深入开展畜禽标准化养殖示范创建活动，创建500家国家级示范场。调整生猪生产布局，引导生猪养殖向环境容量大的地区转移。以肉牛、肉羊、奶牛为重点，加快发展草食畜牧业，大力推进草牧业试验试点，建设现代饲草料产业体系。加强奶源基地建设，强化生鲜乳质量安全监管，继续实施振兴奶业苜蓿发展行动，提升中国奶业D20示范带动能力。加强饲料及饲料添加剂生产质量安全监管。

4. 推进渔业转型升级。合理调整渔业养殖布局结构，减少湖泊、水库和近海网箱养殖密度，鼓励引导大水面增养殖和离岸养殖，积极开展健康养殖示范场、示范县创建活动。逐步压减近海和内陆捕捞产能，鼓励引导捕捞渔民减船转产，推进渔船更新改造和远洋渔船装备升级。拓展水产品精深加工和营销渠道，发展增殖渔业和休闲渔业。强化渔政队伍建设，全面实行渔业行政执法人员持证上岗和资格管理制度。

5. 深入推进农业对外合作。优化重要农产品进口全球布局，健全贸易救济和产业损害补偿机制，扩大特色和高附加值农产品出口。努力构建财税、金融、保险、外经贸等农业"走出去"支持政策框架，编制实施《农业对外合作规划（2016－2020年）》。支持建设育种、仓储、加工、物流等基础设施，建立境外农业合作示范区。搭建农业"走出去"公共信息服务平台，建立企业信用评价制度，加强人才队伍建设，培植跨国涉农企业集团。启动农业科技国际合作行动计划。加强与"一带一路"沿线国家和地区及周边国家和地区、亚非拉重点国家农业合作，落实好向发展中国家提供的100个农业合作项目。

二、强化农业技术装备和条件建设，夯实现代农业发展基础

6. 构建和完善现代农业科技创新与推广体系。启动实施农业竞争力提升科技行动，加快构建适应农业结构调整和发展方式转变的创新资源配置体系，着力完善农业科技创新链，大力推进原始创新和集成创新，实施农业科技创新重点专项和工程，重点突破生物育种、农机装备、智能农业、生态环保等领域关键技术。创新科研项目和经费管理机制，完善成果转化激励机制，完成农业领域科技计划管理专业机构改建。实施农业科研杰出人才培养计划，优化升级现代农业产业技术体系。加强农业科技创新能力条件与成果转化公共服务平台以及国家农业科技服务云平台建设，发挥国家农业科技创新联盟作用，协同推进重点攻关。加强农业转基因技术研发和监管，在确保安全的基础上慎重推广。加快推进现代农技推广服务信息化工程，引导高等学校、科研院所开展农技服务。

7. 加快发展现代种业。深入推进种业领域科研成果权益分配改革，探索种业成果权益分享、转移转化和科研人员分类管理机制。实施现代种业建设工程和种业自主创新重大工程，大力推进育繁推一体化。推进玉米、大豆等良种科研攻关，加强优质高产多抗广适、适应农机农艺结合的新品种培育，加快主要粮食作物新一轮品种更新换代。推进国家级育制种基地和区域性良种繁育基地建设。开展种质资源普查收集，加大保护利用力度。强化企业育种创新主体地位，加快培育具有国际竞争力的现代种业企业。实施畜禽遗传改良计划，加快国家级种畜禽核心场建设，继续推进水产种业发展。贯彻实施《种子法》，坚持市场化改革方向，推进简政放权，强化市场主体责任和管理部门监管职责，改革主要农作物品种审定制度，建立非主要农作物品种登记制度，实施省际引种、种子委

托生产和委托代销等备案制度，推动监管重心由事前许可向事中事后监管转移。加大打假护权力度，全力推进依法治种。

8. 提高农业机械化水平。深入开展主要农作物生产全程机械化推进行动，努力突破油菜、棉花、甘蔗等作业瓶颈，进一步提升水稻机插、玉米机收水平。积极发展畜牧业和渔业机械化。推进农机新产品购置补贴试点，支持鼓励老旧农机报废更新，优化农机装备结构。扩大关键环节农机作业补助范围，持续开展深松整地作业，大力推广保护性耕作等新技术。加强农机教育培训和农机职业技能开发，切实提高农机作业、维修、培训等社会化服务水平。配合制定实施《中国制造2025》农机装备行动方案。

9. 大力发展农业信息化。推进农业农村大数据发展，加快建立全球农业数据调查分析系统，加强农业全产业链信息分析预警，完善农产品采集系统和农业统计分类标准体系。大力实施"互联网+"现代农业行动，应用物联网、云计算、大数据、移动互联等现代信息技术，推动农业全产业链改造升级。稳步扩大农产品、农业生产资料和休闲农业电子商务试点范围，开展鲜活农产品进城和农资下乡试点。加大信息进村入户试点力度，提高农民手机应用技能，推进农业遥感和物联网技术在农业生产上的配套应用。改善农村固定观察点数据采集手段，不断提升调查数据质量。

三、加强农业资源环境保护治理，促进农业可持续发展

10. 加强农业资源保护和高效利用。坚守耕地红线，配合做好永久基本农田划定工作。扩大农作物合理轮作体系补助试点，探索在地下水漏斗区、重金属污染区开展耕地休耕制度试点，在玉米非优势产区进行轮作试点。扩大新一轮退耕还林还草规模。扩大退牧还草工程实施范围。实施新一轮草原生

态保护补助奖励政策，适当提高补奖标准。完善草原承包经营制度，加强草原执法管护。编制实施草原休养生息规划，启动牧区草原防灾减灾工程。推进天然草原改良，组织做好农牧交错带已垦草原治理试点工作。严格实行休渔禁渔制度，探索开展近海捕捞限额管理试点，持续清理整治"绝户网"和涉渔"三无"船舶，加强渔业资源调查。创建国家级海洋牧场示范区，加大增殖放流力度，实施江豚、中华鲟等珍稀物种拯救行动计划。维护农业生物多样性，严防外来物种入侵。

11. 继续打好农业面源污染防治攻坚战。围绕"一控两减三基本"目标，持续加大治理工作力度。大力发展节水农业，建设高标准节水农业示范区，稳步推进农业水价综合改革。扎实推进化肥农药使用量零增长行动，继续开展化肥减量增效、农药减量控害试点，加快测土配方施肥、有机肥、高效肥料、高效低毒低残留农药等推广应用，大力推进农作物病虫统防统治和绿色防控。实施种养业废弃物资源化利用、无害化处理区域示范工程，启动农作物秸秆综合利用试点。促进农村沼气转型升级。开展畜牧业绿色发展示范县创建活动，推进畜禽废弃物资源化利用。研究农用地膜使用有效管理办法，开展农田残膜回收区域性示范。完善农业面源污染全国性监测网络，开展重点流域农业面源污染防治综合示范。

12. 加快农业环境突出问题治理。创建农业可持续发展试验示范区。加快推进全国农产品产地土壤重金属污染普查，实施农产品产地分级管理。继续抓好湖南重金属污染区综合治理试点，积极探索重点污染区生态补偿制度。扩大东北黑土退化区治理试点范围，抓好河北地下水超采区综合治理试点。

13. 大力发展生态循环农业。推进现代生态循环农业试点省、示范市、示范基地建设，积极推广高效生态循环农业模式。选择粮食主产区、畜禽养殖大县、水源地等典型地区，继续实施区域生态循环农业示范，启动实施种养结合循环农业示范工程，在适宜区域建设稻渔共生综合种养基地。

四、加强农产品质量安全监管和动物疫病防控，提高农业生产风险防范水平

14. 提高农业标准化生产水平。启动实施《加快完善我国农药残留标准体系工作方案（2015－2020年）》，完成1 000项农兽药残留标准制修订任务。大规模开展农业标准化创建活动，开展产地环境污染调查与治理修复示范，推行高毒农药定点销售、实名购买制度，在龙头企业和合作社、家庭农场推行投入品记录制度，开展兽用抗菌药综合治理行动。扩大无公害农产品、绿色食品、有机农产品生产规模，加强农产品地理标志登记保护，着力打造一大批农业标准化生产基地。

15. 加快提升农产品质量安全全程监管能力。加快农产品质量安全追溯管理信息平台建设，完善风险监测评估和检验检测体系。加强与食药部门无缝对接，共同打造生产、屠宰、流通、加工、消费全程监管链条。积极争取支持政策，再创建200个农产品质量安全县。推动落实生产经营主体责任和属地管理责任，建立健全省、地、县、乡四级监管机构，构建网格化监管体系。强化农产品质量安全监管综合执法、专项整治和责任追究，严打重罚非法添加、制假售假、私屠滥宰等违法犯罪行为。

16. 全面提高全链条兽医卫生风险控制能力。严把养殖业监管关，强化养殖档案管理，加强网格化日常监管。实施高致病性禽流感、口蹄疫等优先病种防治计划，防范非洲猪瘟等外来动物疫病传入风险。强化动物疫病区域化管理。完善重大动物疫病强制免疫补助政策。全面实施兽药"二维码"追溯监管，从源头上控制药残超标风险。严把活动物移动监管关，加强动物检疫，严防动物

疫情跨区域传播。严把屠宰业监管关，组织开展生猪屠宰专项整治行动，探索改革屠宰检验检疫制度。建立健全养殖业保险与无害化处理联动机制，推进病死畜禽无害化处理、资源化利用。

17. 强化农业安全生产和应急处置。扎实推进"平安农机""平安渔业"建设，建立健全隐患排查治理体系和安全预防控制体系。深入开展农机安全生产大检查。加强渔港基础设施建设，进一步增加渔业安全基础设施投入。强化远洋渔业安全监管，做好抗御台风工作。加强直属垦区安全生产指导。继续推进草原防火物资储备库建设。健全完善农业应急体系，加快应急管理信息化建设。

五、延伸产业链提升价值链，促进农民收入持续较快增长

18. 完善农业补贴和价格政策。全面推动种粮农民直接补贴、农作物良种补贴和农资综合补贴"三项补贴"改革，重点支持耕地地力保护和粮食适度规模经营。建立健全耕地保护补偿、生态补偿制度，推进渔业油价补贴改革政策落实，完善新型职业农民培训补助机制。推动完善粮食等重要农产品价格形成机制，继续执行并完善稻谷、小麦最低收购价政策，积极稳妥推进玉米收储制度改革，推动建立玉米生产者补贴制度。推动完善新疆棉花、东北和内蒙古大豆目标价格补贴方式，提高补贴效率，降低操作成本。探索建立鲜活农产品调控目录制度。

19. 推进农业节本增效。从技术、装备、设施、服务、加工和流通等多方面着手，推广节本增效技术，提高农业投入品利用效率，降低生产流通成本。适应市场需求，引导各地立足资源禀赋，调整优化产业结构，大力发展特色产业、优质产品，培育壮大农村新产业新业态，挖掘农业内部增收潜力。实施农业品牌战略，加强品牌培育塑造和营销推介，推动实现优质优价。

20. 大力发展农产品加工业和市场流通。研究出台指导农产品加工业发展的政策文件，推动农产品加工业转型升级。完善并继续实施农产品产地初加工补助政策，加快建设一批农产品加工示范县、示范园区、示范企业。支持粮食主产区发展粮食深加工，继续加强农产品加工科技创新和推广，深入开展加工副产物综合利用试点，实施主食加工和农产品加工质量品牌提升行动。健全统一开放、布局合理、竞争有序的现代农产品市场体系，加快国家级农产品专业市场建设。加强储运加工布局和市场流通体系的衔接，推进实物流通和电子商务相结合的物流体系建设，促进物流配送、冷链设施设备等发展。鼓励农村经纪人和新农民搞活农产品流通。

21. 发展休闲农业和乡村旅游。实施休闲农业和乡村旅游提升工程，深入推进公共服务设施和美丽乡村建设，大力发展休闲度假、旅游观光、养生养老、创意农业、农耕体验、乡村手工艺等。继续开展休闲农业与乡村旅游示范创建，宣传推介中国最美休闲乡村、休闲农业与乡村旅游景点线路。加强重要农业文化遗产发掘认定和保护，培育各种文化产品。

22. 推进农业产业化。引导龙头企业通过兼并、重组等方式组建大型企业集团，培育壮大一批千亿级龙头企业集群发展园区，强化产业化示范基地建设。支持鼓励龙头企业创新发展订单农业，建设稳定的原料生产基地，为农户提供信贷担保和技术培训，资助订单农户参加农业保险。完善农业产业链与农民的利益联结机制，深入推进土地经营权入股农业产业化经营试点，采取"保底收益＋按股分红"等方式，让农户分享加工销售环节收益。

23. 发展农业生产性服务业。研究制定扶持政策，加快培育多种形式的现代农业服务组织。扩大政府购买农业公益性服务机制创新试点，积极发展良种苗繁育、水稻集中育插秧、农机承包作业、饲料散装散运、养殖业粪污专业化处理、动物诊疗等服务。支持多种类型的新型农业服务主体开展代耕代收、联耕联种、土地托管等专业化规模化服务。实施农业社会化服务支撑工程，支持建设集中育秧、粮食烘干、农机场库棚、仓储物流等服务基础设施，鼓励地方搭建区域性农业社会化服务综合平台，跨区域提供专业化服务。

24. 扎实推进特色产业精准脱贫。会同有关部门制定实施贫困地区发展特色产业促进精准脱贫的指导意见，谋划具体支持政策。充分发挥农业行业优势，大力实施"一村一品"强村富民工程，积极推进村企对接，强化致富带头人创业和贫困户种养实用技术培训，发挥龙头企业带动作用，加强特色农产品市场开拓，支持贫困地区发展特色产业。探索精准扶贫、精准脱贫的带动模式，推动扶贫政策落实到户到人、扶贫资金量化到户到人，确保农村贫困人口通过产业发展精准受益。加强定点扶贫、片区扶贫、援疆、援藏等工作。

六、扎实推进农业农村改革创新，激发农业农村发展活力

25. 积极引导发展多种形式适度规模经营。完善土地所有权、承包权、经营权分置办法，研究提出现有土地承包关系保持稳定并长久不变的具体政策建议。引导农民依法自愿有偿流转土地经营权，支持家庭农场、合作社和社会化服务组织托管农民土地，鼓励农民在自愿前提下以土地经营权入股合作社、龙头企业，发展土地流转、土地托管、土地入股等多种规模经营模式。探索农户土地承包经营权依法自愿有偿退出政策。加强对工商资本租赁农户承包地准入、监管和风险防范。加强农村经营管理体系建设，改进完善土地流转管理服务。

26. 扎实推进农村土地承包经营权确权登记颁证。再选择 10 个省份开展整省试点，切实抓好宣传培训、政策执行、督查督导等关键环节工作。对已经开展整省试点的 12 个省份及时组织"回头看"，抓好各个环节的完善补充。鼓励有条件的地方结合高标准农田建设，利用确权登记时机，积极引导农民自愿将分散零碎的承包地通过互换或流转等方式，集中归并，解决土地细碎化问题。

27. 加强新型农业经营主体和新型职业农民培育。加快建立新型农业经营主体培育政策体系，优化财政支农资金使用，不断完善补贴、财税、信贷保险、用地用电和人才培养等扶持政策。允许将集中连片整治后新增加的部分耕地，按规定用于完善农田配套设施。抓紧建立新型经营主体生产经营直报信息系统。深入开展新型农业经营主体、新型职业农民和农村实用人才带头人培训。健全农业广播电视学校体系，定向培养职业农民。推动建立健全职业农民扶持制度，相关政策向符合条件的职业农民倾斜，依托现代青年农场主计划，壮大职业农民队伍。引导农民外出务工、就地就近就业和返乡创新创业。

28. 推进农村集体产权制度改革。全面落实中央推进农村集体产权制度改革精神，指导基层开展农村集体资产核实和成员身份确认，重点抓好经营性资产量化、资源性资产确权、非经营性资产管护等工作。继续开展农村集体资产股份权能改革试点，在发展股份合作以及完善股份有偿退出、抵押担保、继承等权能方面探索形成一批成熟经验。抓紧谋划制定农村集体经济组织相关法律法规。推动农村土地征收、宅基地、集体建设用地等改革试点，维护进城落户农民土地承包权、宅基地使用权、集体收益分配权，支持引导其依法自愿有偿转让上述权益。

29. 推动农业金融保险创新。推动商业金融、政策金融、合作金融支持现代农业发展。建立健全全国农业信贷担保体系，完成省级农业信贷担保机构组建，并开始实质运营。扩大在农民合作社内部开展信用合作试点范围，健全风险防范化解机制。配合做好农村承包土地经营权和农民住房财产权抵押贷款试点。扩大农业保险覆盖面、增加保险品种、提高风险保障水平，降低产粮大县三大主粮作物保费补贴县级配套比例，探索建立口粮作物基本保险普惠补贴制度。支持有条件的地方开展生猪及糖料蔗等目标价格保险试点，拓展水产养殖业保险。推动建立农业保险协同工作机制。进一步树立现代农业金融意识，注重农村金融人才的培养和引进。

30. 着力推进农垦改革发展。全面落实《中共中央国务院关于进一步推进农垦改革发展的意见》，抓紧细化实化政策措施，争取在垦区集团化、农场企业化改革上取得实质性进展。加快推进农垦国有土地使用权确权和耕地保护，稳步推进农垦土地资源资产化和资本化。构建适合农垦实际和农业生产特点的新型劳动用工制度，加快完善垦区社会保障机制。实施培育农垦国际大粮商战略，加快推进垦区间、垦地间联合联盟联营，建设现代农业的大基地、大企业、大产业。鼓励和支持各地积极开展先行试点示范。推动将农垦系统纳入国家农业支持和民生改善政策覆盖范围。

31. 加强农村改革试验区和国家现代农业示范区建设。总结提炼农村改革试验成果，推动农村改革试验区积极承担新的改革试验任务。建立能进能出的动态管理机制，继续组织开展试验任务第三方评估工作，探索对到期试验任务进行考核评价。系统总结国家现代农业示范区发展模式，继续实施示范区以奖代补政策。推动以示范区为平台整合财政支农资金，探索金融支持示范区发展适度规模经营的有效办法，引导资源要素向示范区集聚。

32. 加强农业法治建设。大力推动《耕地质量保护条例》《基本草原保护条例》《农作物病虫害防治条例》《畜禽屠宰管理条例》制定工作，积极推进《农产品质量安全法》《渔业法》《农民专业合作社法》修订工作，出台《种子法》《农药管理条例》配套规章。深入推进农业执法体制改革，加强农业综合执法规范化建设，强化执法人员培训。加大行政复议工作力度，充分发挥行政复议化解行政争议、监督纠错作用。积极做好行政应诉工作。

各级农业部门要深入学习贯彻习近平总书记系列重要讲话精神，加强农业系统自身建设，实现思想观念上的新引领、方法路径上的新突破、工作职能上的新转变和作风面貌上的新气象，确保各项目标任务落到实处。要转变发展理念，树立创新强农、协调惠农、绿色兴农、开放助农、共享富农的发展理念；转变工作职能、工作方式、工作作风，深入践行"三严三实"，严格落实党风廉政建设"两个责任"，用过硬作风和一流业绩树立农业系统干部的良好形象，巩固发展农业农村经济好形势，为如期全面建成小康社会做出新的更大贡献。

农业部关于推进马铃薯产业开发的指导意见

农农发〔2016〕1号

北京、河北、内蒙古、黑龙江、上海、浙江、江西、湖北、广东、四川、贵州、陕西、甘肃、宁夏等省、自治区、直辖市农业（农牧）厅（委、局）：

为贯彻落实中央1号文件精神和新形势下国家粮食安全战略部署，推进农业供给侧结构性改革，转变农业发展方式，加快农业转型升级，把马铃薯作为主粮产品进行产业化开发，树立健康理念，科学引导消费，促进稳粮增收、提质增效和农业可持续发展。现就推进马铃薯产业开发提出如下意见。

一、充分认识推进马铃薯产业开发的重要意义

保障国家粮食安全是发展现代农业的首要任务。立足我国资源禀赋和粮食供求形势，顺应居民消费升级的新趋势，树立大食物观，全方位、多途径开发食物资源，积极推进马铃薯产业开发，意义十分重大。

（一）推进马铃薯产业开发，是打造小康社会主食文化的有益探索。还有五年时间就实现全面建成小康社会的目标。这意味着13亿多中国人都将进入一个比较殷实的生活状态，消费由吃得饱向吃得好、吃得健康转变，呈现品质消费、绿色消费、个性消费新趋势。食品的开发要适应这一变化和趋势，拓展传统主食文化内涵，展示不同主食文化品味，体现不同主食使用价值。马铃薯以其营养丰富著称，特别是富含维生素、矿物质、膳食纤维等成分，满足消费结构升级和主食文化发展的需要。推进马铃薯产业开发，培育健康消费理念，打造小康社会主食文化。

（二）推进马铃薯产业开发，是破解农业发展瓶颈的有益探索。多年来，在农产品供给的压力下，农业资源过度开发，导致耕地地力下降、水资源更为紧缺，资源环境已亮起"红灯"。马铃薯具有耐旱、耐寒、耐瘠薄的特点，适应范围广，增产空间大。在抓好水稻、小麦、玉米三大谷物的同时，把马铃薯作为主粮作物来抓，推进科技创新，培育高产多抗新品种，配套高产高效技术模式，增加主粮产品供应，提高农业质量效益，促进农民增收和农业持续发展。

（三）推进马铃薯产业开发，是推进农业转型升级的有益探索。推进农业供给侧结构

性改革，调整优化种植结构是一项艰巨的任务。马铃薯作为适应性广的作物和市场潜力大的产品，是新一轮种植结构调整特别是"镰刀弯"地区玉米结构调整理想的替代作物之一。把马铃薯作为主粮、纳入种植结构调整的重点作物，扩大种植面积，推进产业开发，延长产业链，打造价值链，促进一二三产业融合发展，助力种植业转型升级，全面提升发展质量。

（四）推进马铃薯产业开发，是引领农业绿色发展的有益探索。推进生态文明建设，必须树立绿色发展理念，推行绿色生产方式，推广绿色环保技术，形成绿色发展新格局。马铃薯用水用肥较少，水分利用效率高于小麦、玉米等大宗粮食作物，在同等条件下，单位面积蛋白质产量分别是小麦的2倍、水稻的1.3倍、玉米的1.2倍。在我国北方干旱半干旱地区扩种马铃薯，减轻农业用水压力，改善农业生态环境，实现资源永续利用。

（五）推进马铃薯产业开发，是带动脱贫致富的有益探索。到2020年，实现全面建成小康社会和脱贫攻坚的目标，重点和难点在农村。马铃薯多种植在西部贫困地区、高原冷凉山区，既是当地农民解决温饱的主要产品，也是农民增收致富的主要作物。把马铃薯作为主粮产品开发，引导农业产业化龙头企业、农民合作社与农户建立更紧密的利益联结机制，让农民在马铃薯产业开发中分享增值收益，带动农民增收和脱贫攻坚。

与此同时，推进马铃薯产业开发也面临难得的机遇。一是有发展理念的引领。"创新、协调、绿色、开放、共享"五大发展理念为推进马铃薯产业开发，促进提质增效奠定了基础。二是有巨大市场的拉动。还有五年时间就实现第一个"一百年目标"，将进入消费持续增长、消费结构加快升级的新阶段，城乡居民对马铃薯主食的消费需求将增加。"一带一路"战略的实施，拓展出口市场。三是有科技创新的支撑。新一轮的科技革命和

产业变革正蓄势待发，智慧农业、生态农业新业态应运而生，马铃薯提质增效内在动力持续增强。需要牢牢把握机遇，贯彻发展新理念，以强烈的责任、坚定的信心、有力的措施，推进马铃薯产业开发，引领农业发展方式转变。

二、推进马铃薯产业开发的思路原则和目标

（一）总体思路。深入贯彻党的十八大、十八届三中、四中、五中全会和习近平总书记系列重要讲话精神，实施新形势下国家粮食安全战略，推进农业供给侧结构性改革，牢固树立"营养指导消费、消费引导生产"的理念，加大政策支持，加强基础建设，依靠科技创新，改进物质装备，加快马铃薯主粮产品的产业开发，选育一批适宜主食加工的品种，建设一批优质原料生产基地，打造一批主食加工龙头企业，培养消费者吃马铃薯的习惯，推进马铃薯由副食消费向主食消费转变、由原料产品向加工制成品转变、由温饱消费向营养健康消费转变，培育小康社会主食文化，保障国家粮食安全，促进农业提质增效和可持续发展。

（二）基本原则。

——不与三大谷物抢水争地。充分利用北方干旱半干旱地区、西南丘陵山区、南方冬闲田的耕地和光温水资源，因地制宜扩大马铃薯生产。处理好马铃薯与水稻、小麦、玉米三大谷物的关系，不与水稻、小麦和玉米抢水争地，构建相互补充、协调发展的格局。

——生产发展与整体推进相统一。发展两端，带动中间，逐步完善产业链。既要稳定种植面积，依靠科技进步，选育新品种，推广脱毒种薯和配套栽培技术措施，提高单产和改善品质；又要注重产品开发、工艺研发、装备改进，延长产业链条，实现加工转化增值。

——产业开发与综合利用相兼顾。马铃薯是粮经饲兼用作物，既要开发主食产品，使马铃薯逐渐成为居民一日三餐的主食；又要拓宽马铃薯功能，广泛用于饲料、造纸、纺织、医药、化工等行业，实现营养挖潜、加工增值。

——政府引导与市场调节相结合。发挥政府规划和政策引导作用，集约资源、集中项目、集聚力量，加大财政投入，改善生产条件，扶持育繁推、产加销一体化龙头企业。更要充分发挥市场对资源配置的决定性作用，以企业为主体，推进马铃薯主食产品开发，科学引导主食消费，提高市场供应水平和企业竞争力。

——统筹规划与分步实施相协调。做好顶层设计、整体规划、梯次推进。对重点人群、重点地区、重点产品先行先试。新品种新技术要遵循先试验、后示范、再推广的程序，新产品新工艺要由家庭烹饪、小规模烹制到工厂化生产逐步推进，消费引导要从家庭、餐厅食堂、到全社会逐次推开。

（三）发展目标。到 2020 年，马铃薯种植面积扩大到 1 亿亩以上，平均亩产提高到 1 300 公斤，总产达到 1.3 亿吨左右；优质脱毒种薯普及率达到 45%，适宜主食加工的品种种植比例达到 30%，主食消费占马铃薯总消费量的 30%。

三、推进马铃薯产业开发的重点任务

马铃薯产业开发是一项系统工程，需要统筹谋划，突出重点，加力推进，确保取得实效。

（一）以资源禀赋为前提，优化主食产品原料布局。综合考虑各地水土资源条件、农业区划特点、生产技术条件和增产潜力等因素，按照发挥比较优势、分区分类指导、突出重点领域的原则，优化生产布局，增加主粮产品开发的原料。东北地区，因地制宜扩大马铃薯种植，加强基础设施建设，发展全程机械化生产，加强晚疫病防控，提高脱毒种薯生产能力，建设贮藏设施。华北地区，重点在干旱半干旱区，以及地下水严重超采区，发展雨养农业和节水农业，改善生产条件，防治土传病害，提高马铃薯商品性。建设优质脱毒种薯生产基地和多类型贮藏库。西北地区，通过压夏扩秋种植马铃薯，发展旱作节水农业，加强病虫害防控，建设优质脱毒种薯生产基地和多类型贮藏库。西南地区，充分利用得天独厚的生态条件、丰富多样的耕作制度和秋冬春季的空闲田，发展水旱轮作、间套作、高效复合种植，加强晚疫病防控，实现周年生产、周年供应。南方地区，开发利用冬闲田，发展水旱轮作和秋冬季农业，扩大马铃薯种植。

（二）以消费需求为引领，开发多元化主食产品。开发适宜不同区域、不同消费群体、不同营养功能的马铃薯主食产品。大力推进传统大众型主食产品开发，以解决关键环节的技术瓶颈为重点，开发馒头、面条、米粉、面包和糕点等大众主食产品。因地制宜推进地域特色型主食产品开发，重点是开发马铃薯饼、馕、煎饼、粽子和年糕等地域特色主食产品。积极推进休闲及功能型主食产品开发，重点开发薯条、薯片等休闲产品，开发富含马铃薯膳食纤维、蛋白、多酚及果胶的功能型产品。

（三）以品种选育为带动，强化主食产品原料生产技术支撑。选育适宜主食加工的新品种，加快马铃薯种质资源引进，开发利用优异种质资源，推进育种方法创新，利用分子生物学研究成果，结合常规技术，进行品种改良。健全完善脱毒种薯生产与质量控制体系，加强原原种、原种和良种生产，满足生产用种需要。集成推广优质高产高效技术模式，组装轻简化栽培、节水灌溉、水肥一体化、病虫害综合防治、机械化生产等关键技术，推广高产高效、资源节约、生态环保的技术模式，提高生产科技水平和质量效益。

（四）以科技创新为驱动，研发主食加工工艺和设备。研发原料节能处理和环保技术，配套效能比高的原料处理装备，保障原料品质和营养，有效降低能耗和废弃物排放量。研发发酵熟化技术，配套温度、湿度、时间智能化控制设备，改善面团流变学特性，提高发酵熟化效率。研发成型整型仿生技术，加强成型整型关键部件的设计和改造，实现主食产品自动化生产。研发蒸煮烘焙技术，开发主食产品醒蒸一体智能设备和自动化变温煮制设备，实现蒸煮烘焙数字化控制。研发新型包装抗老化技术，配套自动化包装设备，防止主食产品老化、氧化变质。支持企业与科研单位合作，开展主食产品工艺及设备联合攻关。鼓励规模较大、自主创新能力强、拥有核心技术、盈利能力强、诚信度高的加工企业，开发主食产品品牌，增强市场竞争力，打造一批主食加工龙头企业。

（五）以营养功能为重点，引导居民消费主食产品。开展马铃薯主食产品营养功能评价。建立营养功能评价体系。依托国家级、省级科研机构、高等院校和大型龙头企业，建立国家马铃薯营养数据库。开发马铃薯营养功能。评估马铃薯主食产品对不同特征人群的健康功效，结合其营养构成特征，开发不同类型马铃薯主食产品对不同人体的营养和健康功效作用。加强营养功能宣传。建设主食产品消费体验站，指导街道社区、大型超市、集体食堂以及相关企业参与产品消费体验站建设，把产品消费体验站建成为产品消费引导、营养知识科普的互动平台。

四、推进马铃薯产业开发的保障措施

（一）加强协调指导。农业部做好对马铃薯产业开发的统筹协调，加强指导，推进落实。各重点省份要成立协调指导机构，强化指导，落实措施。以区域性中心城市为重点，优化布局、梯次推进，构建上下联动、合力推进的工作格局。

（二）强化政策扶持。完善马铃薯生产扶持政策，落实农业支持保护补贴、农机购置补贴等政策。鼓励各地对马铃薯加工企业实行用地、电、水、气等价格优惠。加大对马铃薯生产的投入，支持种薯生产、贮藏设施建设、标准化生产技术推广、市场与信息服务等环节。积极探索马铃薯产业信贷保障和保险机制，引导金融机构扩大对马铃薯主食产业的信贷支持力度，增加授信额度，实行优惠利率。

（三）加大科研投入。中央、地方财政科技计划要大力支持适宜主食加工的品种选育、主食产品开发基础研究和应用研究，提升科技创新对马铃薯产业发展的驱动能力。推动组建马铃薯主食加工技术及设备研发中心，引导和推动马铃薯加工企业建立科技创新平台和研发基地，鼓励与高校及科研院所联合成立研究开发中心和产业技术创新战略联盟。

（四）搞好产销衔接。加强信息服务平台建设，组织生产经营企业参加各种产销对接活动，扶持各类专业协会及产业联盟发展。探索建立区域性产地批发市场或物流中心，促进产销衔接和市场流通。发展主食产品直接配送，搭建产销直挂平台，推动产销双方建立长期稳定的购销关系。加强马铃薯产销

信息的监测统计和分析预警，指导马铃薯跨区域有序流通，增强对市场突发异动的应对能力和调控能力，防止出现"卖薯难"。

（五）健全标准体系。加快制定马铃薯主食产品分类标准，构建符合我国国情、与国际接轨的马铃薯主食产品标准体系，提高标准对产业发展的技术支撑作用。建立和完善马铃薯主食产品加工质量安全控制体系，加快相关企业诚信体系建设，引导和支持企业建立诚信管理制度、严格执行国家和行业标准。建立马铃薯主食产品质量追溯制度，强化马铃薯主食产品的质量监管，提高行业安全管理水平。

（六）加强宣传引导。利用广播、电视、网络、报纸、图书等形式，加大在主流媒体和新兴媒体上的宣传力度，向公众普及马铃薯营养知识、推广主食产品。举办富有特色的马铃薯节、马铃薯营养活动周、产品交易会和营养餐计划推广等活动；举办马铃薯产业开发成就展和制作技术培训，展示马铃薯发展取得的经验和成效，吸引社会力量积极参与马铃薯产业开发。

农业部
2016 年 2 月 2 日

农业部关于开展农产品加工业质量品牌提升行动的通知

农加发〔2016〕1 号

各省、自治区、直辖市及新疆生产建设兵团农产品加工业管理部门：

为深入贯彻落实党中央国务院关于推动供给侧结构性改革、开展质量品牌提升行动的决策部署，积极推动我国农产品加工业转型升级发展，农业部决定从 2016 年起，在全国范围内开展农产品加工业质量品牌提升行动。现就有关事宜通知如下。

一、重要意义

农产品加工业是现代农业的重要内容，是国民经济的重要支柱产业，也是保障人民群众生活消费的重要民生产业。"十二五"以来，我国农产品加工业取得了长足发展，但行业依然大而不强，质量效益与世界先进水平仍存在较大差距，知名品牌少，尤其是具

有国际影响力和竞争力的中国品牌和民族品牌较为缺乏，亟须采取有力措施推动质量品牌建设，为促进我国农产品加工业转型升级和持续健康发展提供有力支撑。

（一）开展质量品牌提升行动是实施农产品加工业质量为先战略的有效举措。质量是强国之基、立业之本和转型之要。品牌是企业信誉的凝结，是企业核心竞争力的关键，是市场认可度和消费者满意度的集中表现。开展质量品牌提升行动有利于强化企业的质量主体责任，完善管理机制，提升质量控制能力，夯实发展基础，追求卓越品质，形成具有自主知识产权的名牌产品，不断提升企业品牌价值，增强企业竞争力和消费者信心。

（二）开展质量品牌提升行动是促进农产品加工业转型升级的必然要求。我国农产品加工业规模总量有了明显提高，但低水平重复建设，自主创新能力弱，关键技术装备对外依存度高，缺乏知名品牌，资源利用效率低，环境污染严重等问题依然突出。开展农产品加工业质量品牌提升行动有利于实施创新驱动，构建研发和推广体系，突破共性关键技术，加快体制机制和商业模式创新，延伸产业链条，引导企业走以质取胜的发展道路，提升行业整体竞争力，实现农产品加工业由大到强的重大转变。

（三）开展质量品牌提升行动是推动农产品加工业供给侧结构性改革的迫切需要。随着城乡居民收入水平不断提高，广大消费者对消费质量提出了更高要求，呈现出从注重量的满足向追求质的提升转变，从单一产品消费向更多个性化、多样化消费转变。新需求强烈呼唤新供给。开展农产品加工业质量品牌提升行动有利于增强消费导向，引导加工企业生产更加符合市场和消费升级需要、更能满足消费者需求的优质产品，不断降低无效和低效供给比例，加快建设高质量、高效率的农产品加工供给体系，为发展新产品、新业态、新模式、新供给提供新动力。

二、总体要求

（一）指导思想。深入贯彻党的十八届五中全会精神，牢固树立并切实贯彻创新、协调、绿色、开放、共享的新发展理念，主动适应经济发展新常态，坚持以市场需求为导向，以提高质量效益为中心，以推动产业转型升级为主线，加快普及科学的质量管理方法，构建完善的质量品牌管理制度体系，加大品牌创建、宣传和推广力度，树立加工产品的质量品牌形象，增强加工企业的市场竞争力和国际影响力，努力实现我国农产品加工业更高质量、更有效率、更可持续的发展。

（二）基本原则。

——坚持企业主体，不断强化企业品牌意识，加强专业人才队伍和质量管理体系建设，加大企业产品、品牌和形象的宣传力度，切实提高企业提升质量、创建品牌的积极性和主动性。

——坚持分类指导，根据不同地区、不同行业、不同规模企业的发展特点和需求，因企施策、按需指导、注重实效，为提升质量、创建品牌明确方向和路径。

——坚持市场导向，充分发挥市场在资源配置中的决定性作用，促进资源和要素自由流动、平等交换，积极转变政府职能，创建企业诚信守法、自主经营、公平竞争的市场环境。

——坚持质量为本，不断强化质量在企业发展中的基础地位，培养企业员工的质量安全意识，弘扬"工匠"精神，勇攀质量高峰，让追求卓越、崇尚质量成为企业和员工的价值导向和时代精神。

（三）主要目标。通过开展农产品加工业质量品牌提升行动，引导企业推行标准化生产，提高质量管理水平，加快培育一批国际知名企业、一批国内知名企业和一批区域知名企业，打造一批具有广泛影响力和持久生命力的国际知名品牌、国内知名品牌和区域知名品牌，推动我国农产品加工业发展从注重规模数量扩张向注重质量品牌提升转变，从粗放式管理向精细化管理转变，从主要依靠要素投入向依靠科技进步和提高劳动者素质转变，生产出更多营养安全、美味健康、方便实惠的食品和质优、价廉、物美、实用的农产品加工产品，为实现农产品加工业转型升级和持续健康发展，树立中国制造、中国智造和中国品牌形象注入不竭内生动力和外在牵引力。

三、主要任务

"十三五"期间，农产品加工业质量品牌提升行动主要任务是大力提升"四大能力"。

（一）大力提升标准化生产能力。以满足新产品、新技术、新市场发展需要，以及国内产业升级、消费提档和主要贸易国标准变化等要求，加快制修订一批制约产业发展的国家和行业标准。加强现有标准宣贯，引导企业严格执行强制性标准，积极采用先进标准，大力推行标准化生产。加强对农业产业化龙头企业、农产品加工领军企业、农民合作社等规模化生产经营主体的技术指导和服务，充分发挥其开展标准化生产的示范引领作用。支持企业、科研院所、行业组织等参与国际标准制定，加快标准国际化进程。

（二）大力提升全程化质量控制能力。鼓励企业开展先进的质量管理、食品安全控制等体系认证，对质量管理岗位实行岗前技能培训和持证上岗制度，定期开展质量改进、质量攻关等活动，提高加工环节的质量管理。引导企业将质量管理前延后伸到原料生产、物流销售等环节，逐步建立全员、全过程、全方位的质量管理制度，实现全程质量管理和控制。

（三）大力提升技术装备创新能力。支持有条件企业加快建设产品研发或工程技术中心，提高企业原始创新能力。引导企业采用先进生产装备和技术，加强装备、原料、工艺的集成和优化，提高企业引进吸收再创新能力。鼓励企业与科研机构签订合作协议，组建产业技术创新联盟，建立产学研用合作机制和技术创新体系。

（四）大力提升品牌培育创建能力。树立企业以质量和诚信为核心的品牌观念，不断挖掘品牌文化内涵，提升品牌附加值和软实力。鼓励企业充分利用自媒体、社会媒体、终端消费群体等平台，加速品牌、生产和销售能力的全面升级。鼓励品牌策划机构参与企业品牌培育活动，为企业提供有前瞻性、顺应时代发展特点的品牌培育模式，加快培育一批能够展示"中国制造"和"中国服务"优质形象的品牌与企业。

四、保障措施

（一）推动政策落实创设。综合运用财政、税收、金融等政策工具支持农产品加工业质量品牌建设。农村一二三产业融合试点项目等资金要采取财政贴息、奖补等形式适当向农产品加工质量提升、品牌创建等工作领域倾斜。农产品产地初加工补助项目等政策要优先向区域公用品牌创建好的地方倾斜。推动更多地区设立质量奖，制定品牌奖励保护政策，营造全社会重视质量、发展品牌、保护品牌的浓厚氛围。

（二）促进科技创新转化。引导政府投资建设的技术研发中心、工程技术中心等机构，逐步向企业开放，增强企业技术创新能力。积极组织国家农产品加工技术研发体系优势力量开展科企对接，以品牌企业为龙头组建农产品加工业科企创新联盟，针对产业需求进行联合攻关，尽快在农产品初加工、主食加工、精深加工和副产物综合利用等重点领域突破一批制约行业发展的技术装备瓶颈问题。积极利用全国农产品加工科技创新等活动，搭建技术成果展示、交易大数据平台，推动科企合作和科技成果产业化。

（三）培养质量品牌专业人才。支持品牌

策划和运营机构发展。要多渠道培养引进专业人才，加强质量品牌研究学习，提升质量品牌管理服务能力。要加快组建质量品牌专家服务队伍，举办质量品牌培训班，组织质量品牌交流活动，尽快培养一批创新能力强、精通质量管理和品牌运营的专业人才。

（四）发挥典型带动作用。积极组织品牌企业参加中国质量奖、省长质量奖等品牌评选和"中华老字号"质量品牌大讲堂等活动，扩大品牌企业的社会影响力。联合品牌企业针对中小企业、上下游企业开展行业技术、管理等专题培训，扩大品牌企业的行业影响力。组织企业参加国内外知名展会，扩大企业国际影响力。广泛开展诚信承诺活动，加大诚信企业示范宣传和典型失信案件曝光力度，强化信用自律和行业自律。策划和组织开展专题公益宣传活动，把质量品牌建设成效突出的农产品加工企业和产品遴选出来，有计划、有步骤、成规模地开展系列推介宣传，努力形成声势，汇聚各方面重视、崇尚质量品牌的正能量。

（五）搭建公共服务平台。分级建立农产品加工业质量品牌目录数据库、专家库，实行开放共享、动态管理。充分利用互联网、物联网、大数据等信息化技术，提供品牌查询、品牌推介和品牌宣传等服务。鼓励品牌策划机构、专业人员深入企业开展质量品牌咨询诊断、指导策划等服务。通过政府购买服务等方式，支持质量认证、品牌策划等机构开展质量管理体系认证与品牌创建等工作。

五、组织领导

开展农产品加工业质量品牌提升行动事关我国农产品加工业转型升级发展。各地要把提升行动作为一项长期而又紧迫任务摆上重要议事日程，切实抓紧抓好抓出成效。

（一）制定实施方案，完善工作机制。各地要立足当地实际，编制质量品牌提升行动实施方案，进一步明确工作目标、主要内容、技术路线和时间节点。要将提升行动各项任务纳入年度重点工作计划，加强组织指导和督促检查。加快建立信息共享、上下联动的工作机制，切实将提升行动组织好、实施好。

（二）加强调查研究，总结推广经验。要加强品牌创建新路径、新模式研究，创新工作方法，不断丰富和深化提升行动的各项任务，加快新政策创设和示范引导。定期开展质量品牌提升行动的经验交流活动，加快推进质量品牌提升行动全面实施。

（三）加强沟通协调，形成工作合力。积极与工信、质监、食药、工商等部门沟通协调，促进部门合作和工作联动，加大品牌支持保护力度，维护品牌形象和消费者合法权益。积极整合资源要素，引导更多企业、服务策划机构、网络销售平台和典型消费者参与质量品牌提升行动，增强提升行动的实施效果和社会影响力。

（四）加强宣传引导，营造良好环境。积极利用各类新闻媒体，采取多种形式，大力宣传品牌产品与品牌企业。组织开展"中华老字号"质量品牌大讲堂，利用中国农产品加工业投资贸易洽谈会等全国性服务平台发布区域公用品牌和品牌企业名录。支持品牌企业"走出去"，努力营造农产品加工业质量品牌建设的良好氛围。

农业部

2016年4月19日

农业部关于加快推进渔业转方式调结构的指导意见

农渔发〔2016〕1号

各省、自治区、直辖市及计划单列市渔业主管厅（局）、新疆生产建设兵团水产局，部属渔业单位，有关单位：

近年来，我国渔业持续较快发展，水产品产量大幅增长，市场供应充足，为保障国家食物安全、促进农渔民增收和经济社会发展作出了重要贡献。但是，渔业发展方式粗放，设施装备落后，资源日益衰竭，水域污染严重，效益持续下滑，质量安全存在隐患，现代渔业发展面临诸多挑战。为进一步加快转变渔业发展方式，调整优化产业结构，推动渔业转型升级，现提出以下意见。

一、总体要求

（一）总体思路。

全面贯彻党的十八大、十八届三中、四中、五中全会精神和习近平总书记系列重要讲话精神，以创新、协调、绿色、开放、共享发展理念为引领，坚持提质增效、减量增收、绿色发展、富裕渔民，大力推进渔业供给侧结构性改革，以健康养殖、合理捕捞、保护资源、做强产业为方向，转变养殖发展方式，压减低效、高污染产能，大力发展标准化健康养殖；优化捕捞空间布局，调减内陆和近海，开拓外海，发展远洋；调整产业结构，不断拓展渔业功能，推进一二三产业融合发展；加强质量安全，保护资源环境，改善基础设施，提升信息装备，促进科技兴渔，强化依法治渔，加快形成产出高效、产品安全、资源节约、环境友好的现代渔业发展新格局。

（二）基本原则。

——坚持总量控制，提高质量效益。正确处理渔业发展"量的增长"与"质的提高"的关系，将发展重心由注重数量增长转到提高质量和效益上来。压减国内捕捞产量，压缩调整资源消耗多、环境污染重、产出效益低的养殖品种和生产方式，不断提高质量安全水平，促进水产品向价值链高端发展。

——坚持因地制宜，加强分类施策。根据渔业资源禀赋、市场需求和生态环境状况，科学确定产业发展规模、产品发展重点，指导各类经营主体调整产品产业结构和生产方式，优化产业布局。

——坚持生态优先，强化资源养护。加强资源环境保护，养护水生生物资源，改善水域生态环境。科学有序利用渔业资源，合理调整产业结构和布局，积极推进减船转产，促进节水减排、清洁生产、低碳循环、持续发展。

——坚持创新驱动，强化科技支撑。加强渔业科技创新，充分发挥现代科技对渔业的引领和支撑作用。推进生产经营方式创新、管理创新和制度创新，激发各类经营主体的创造性，提高组织化水平。培育新型职业渔民，增强渔民创业能力和就业技能，全面提升渔业从业人员素质。

——坚持市场主导，强化政策支持。充分发挥市场在渔业资源配置中的决定性作用，建立现代渔业多元化投入机制。加大关键环节的财政投入，改善渔业基础设施和信息装备条件，更好发挥政策的引导作用。

——坚持依法治渔，强化法治保障。完善渔业法律法规体系，用法治破解渔业发展管理中的难题。加强渔业行政执法队伍建设，严格渔业行政执法，不断提高依法行政水平，维护渔业生产秩序和公平正义，为渔业稳定健康发展提供坚强法治保障。

（三）主要目标。

"十三五"期间持续推进"两减两提三转"。"两减"即减少养殖排放、减轻捕捞强度；"两提"即提高渔民收入、提升质量安全水平；"三转"即由注重产量增长转到更加注重质量效益，由注重资源利用转到更加注重生态环境保护，由注重物质投入转到更加注重科技进步。

到2020年，全国水产健康养殖示范面积比重达到65%，重点养殖区域的养殖废水基本实现达标排放；实行海洋渔业资源总量管理制度，国内海洋捕捞产量压减到1 000万吨左右；渔民人均纯收入比2010年翻一番，渔业效益显著提升；水产品质量安全水平稳步提高，努力确保不发生重大水产品质量安全事件；二、三产业产值比重超过50%，水产品加工流通、增殖渔业和休闲渔业取得长足发展；科技进步贡献率超过60%，渔业信息装备水平和组织化程度明显提高；水生生物资源养护和修复能力明显增强，渔业生态环境明显改善。

二、优化养殖空间布局

（四）完善养殖水域滩涂规划。加快制修订养殖水域滩涂规划，尚未发布的要尽快编制发布，已发布的要按照转方式调结构的要求抓紧修订完善。科学划定养殖区域，明确限养区和禁养区。将宜养水域、滩涂纳入养殖区域，稳定基本养殖水域。严格控制限养区养殖规模，科学确定养殖容量和品种。将法律法规规定禁止养殖以及水域环境受到污染不适宜养殖的区域划入禁养区，尽快撤出和转移禁养区内的养殖，妥善安排渔民生产生活。

（五）科学布局海水养殖。保护滩涂生态环境，稳定近海养殖规模，拓展外海养殖空间，形成水域、滩涂资源综合利用与保护新格局。调减近海过密的网箱养殖，按照养殖容量科学布局，实施近海养殖水域生态环境修复，支持养殖生产向外海发展。

（六）调整优化淡水养殖。合理确定湖泊、水库等公共水域内养殖规模，稳定池塘养殖，大力发展稻田综合种养和低洼盐碱地养殖。积极发展生态健康养殖。按照养殖容量调减湖泊、水库的投饵网箱养殖，发展大水面增殖和不投饵滤食类、草食类网箱网围养殖，保持现有养殖池塘面积，提高养殖生产能力。

三、转变养殖业发展方式

（七）大力发展水产健康养殖。积极发展大水面生态增养殖、工厂化循环水养殖、池塘工程化循环水养殖、种养结合稻田养殖、海洋牧场立体养殖、外海深水网箱养殖等健康养殖模式。加强全价人工配合饲料的研发和推广，加快替代冰鲜幼杂鱼直接投喂。深入开展健康养殖示范场和示范县创建活动，到2020年，新创建水产健康养殖示范场2 500个以上、渔业健康养殖示范县50个以上。

（八）加快推进养殖节水减排。引导和鼓励养殖节水减排改造，重点支持废水处理、循环用水、网箱粪污残饵收集等环保设施设备升级改造。开展养殖水质监测，推动制定养殖废水排放强制性标准。制定实施养殖生产环境卫生条件和清洁生产操作规程，加强养殖技术创新和运用，实现养殖废水达标排放。

（九）优化养殖品种结构。加强品种创新，积极推广新品种，调减结构性过剩品种，大力发展适销对路的名特优品种、高附加值品种、低消耗低排放品种，提高养殖综合效益。实施渔业种业提升工程，构建现代化良种研发繁育体系，培育一批育繁推一体化种业企业，提高良种覆盖率。严格苗种生产监管，规范水产苗种生产许可证核发，提高苗种质量。加强水产原种保护,强化水产苗种和种质资源进出口监管,保护我国特有种质资源,防止外来物种入侵。

四、促进捕捞业转型升级

(十)逐步压减国内捕捞能力。改革完善海洋渔船控制制度,清理取缔涉渔"三无"船舶,强化分级分区管理,加大减船转产力度,提高减船补助标准,落实渔船报废拆解补贴,逐步压减海洋捕捞渔船数量和功率总量,到2020年国内海洋捕捞能力在现有基础上降低15%,压减海洋捕捞机动渔船2万艘、150万千瓦。实施内陆渔船总量控制,到2020年各地渔船控制在2008年的数量以内。积极推进长江、淮河等干流及主要支流、重要通江湖泊捕捞渔民退捕上岸。探索将"捕鱼人"转为"护渔员"的政策和机制。

(十一)转变国内捕捞生产方式。完善捕捞业准入制度,推行渔船渔民组织化管理,开展限额捕捞试点。在湖泊和大中型水库,着力推进以人工增殖为基础的限额捕捞发展方式。优化海洋捕捞作业结构,压减双船底拖网、帆张网、三角虎网等对资源和环境破坏性大的作业类型。规范渔具渔法,明确各类渔具准入标准,强化渔船携带渔具数量、长度、网目尺寸和灯光强度等的监管措施,清理整治"绝户网"等违规渔具。淘汰老旧、木质、高耗能和污染大的渔船,改造升级选择性好、高效节能、安全环保的标准化渔船渔机渔具,提升渔船装备和现代化水平。

(十二)规范有序发展远洋渔业。完善远洋渔业管理制度,加强动态监管。积极开展远洋渔业资源调查和探捕,优化远洋渔业生产布局。发展相关配套产业,延长和完善产业链,促进远洋捕捞、加工、流通、补给等协调发展。紧密结合国家"一带一路"战略规划,提高远洋渔业设施装备水平,推进远洋渔业海外基地建设,鼓励远洋渔业企业兼并重组做大做强,培养适应现代远洋渔业发

展要求的经营管理和技术人才,不断增强综合实力、竞争力和抗风险能力。发挥水产养殖技术优势,加快"走出去"步伐,带动种苗、饲料和养殖装备出口,支持发展海外养殖。

五、推进产业链延伸拓展

(十三)着力提升水产加工流通。积极引导水产加工业转型升级,促进加工保鲜和副产物综合利用。支持开展水产品现代冷链物流体系平台建设,提升从池塘、渔船到餐桌的水产品全冷链物流体系利用效率,减少物流损失,有效提升产品品质。鼓励发展订单销售、电商等新型营销业态,加强方便、快捷水产加工品开发研究,拓展水产品功能,引导国内水产品市场消费,推动优质水产品进超市、进社区、进学校、进营房。

(十四)大力发展休闲渔业。积极发展垂钓、水族观赏、渔事体验、科普教育等多种休闲业态,引导带动钓具、水族器材等相关配套产业发展。鼓励有条件的地区以传统渔文化为根基,以捕捞及生态养殖水域为景观,大力发展休闲渔业,建设美丽渔村。制定完善休闲渔业管理办法和标准,深入开展休闲渔业示范基地创建活动。加强渔业重要文化遗产开发保护。

(十五)积极推进产业化经营。推动养殖、捕捞、加工、物流业等一二三产业相互融合、协调发展,延伸产业链、提高价值链。挖掘水产品生产区域特质、工艺特点和文化底蕴,加强渔业品牌建设,鼓励支持发展区域性品牌。加强现代渔业园区建设,促进主导产业集群发展。扶持壮大渔业龙头企业,培育渔民专业合作组织、生产经营大户、家庭渔场和产业联合体等新型经营主体,建立多种形式的利益联结机制,提高渔业组织化程度。鼓励各类组织、工商资本开展渔业生产、加工、流通等环节的服务,全面提高渔业社会化服务水平。

六、确保渔业安全

（十六）强化水生动物疫病防控。加强水生动物防疫系统实验室能力建设，强化水生动物防疫站职能。加快建立渔业官方兽医制度，推进水产苗种产地检疫和监督执法。做好渔业乡村兽医备案和指导工作，壮大渔业执业兽医队伍。支持渔用疫苗研发推广，加快审批进程。加强重大水生动物疫病监测预警，完善疫情报告制度。创建一批无规定疫病苗种场，开展水生动物疫病强制免疫试点，对病死水生动物实行无害化处理，提高重大疫病防控和应急处置能力。

（十七）严格监管养殖用药。针对重点养殖品种，开展硝基呋喃、孔雀石绿等禁用药物精准整治行动，严厉查处养殖过程中违法用药行为。开展病原菌耐药性普查，及时调整禁用药目录和准用药使用指南。加强养殖用药培训，指导渔民科学合理用药。探索建立水产养殖用水质改良剂、底质改良剂、微生态制剂等生产备案制度，防范隐性使用违禁药物。严格加强对渔药生产和经营的监管，严厉打击非法伪劣产品流入养殖环节。

（十八）切实加强质量安全监管。坚持产管结合，强化产地监管职责，落实生产者质量安全主体责任。加强质量安全监督执法，加大水产品质量安全监督抽查和风险隐患排查力度，扩大监测覆盖面。推进水产品质量安全可追溯体系建设，加快水产品质量安全标准制修订，推进"三品一标"产品认证。

（十九）切实加强渔船安全生产。深入开展"平安渔业"和"文明渔港"两个创建活动，强化渔业应急管理体系建设，开展安全生产交叉大检查。做好渔港防火、防商渔船碰撞、防抗台风等工作，最大限度减少渔民群众生命财产损失。加快老旧、木质渔船更新改造，配足、配好渔船安全装备，提高抗风险能力，促进渔船安全生产形势持续稳定向好。

七、强化渔业资源和生态环境保护

（二十）强化渔业水域生态环境保护。完善全国渔业生态环境监测网络体系，强化渔业水域生态环境监测，定期公布渔业生态环境状况。完善水域突发污染事故快速反应机制，健全渔业水域污染事故调查处理制度，科学评估渔业损失，依法进行调查处理。按照"谁开发谁保护、谁受益谁补偿、谁损害谁修复"的原则，建立健全渔业生态补偿机制。

（二十一）保护和合理利用水生生物资源。健全渔业资源调查评估制度，全面定期开展调查、监测和评估，查清水生生物分布区域、种群数量及结构。加强水生生物自然保护区、水产种质资源保护区建设和管理，切实保护产卵场、索饵场、越冬场和洄游通道等重要渔业水域。进一步完善休渔禁渔制度，适当延长禁渔期。加大水生野生动物保护力度，规范经营利用行为，切实加强对中华鲟、江豚、中华白海豚、斑海豹、海龟等重点物种的保护。积极开展水生生物增殖放流，加快建设人工鱼礁和海洋牧场，加强监测和效果评估。

（二十二）全面推进以渔净水。大力推广以鱼控草、以鱼控藻等净水模式，在湖泊水库、城市景观水系等公共水域，因地制宜开展以滤食性鱼类为主的"放鱼养水"活动，促进以渔净水，改善水域水质和环境。推广鱼、虾、蟹、贝、藻立体混养，增加渔业碳汇，修复海洋生态环境，建设蓝色海湾。

八、提升支撑保障能力

（二十三）提高设施装备和信息化水平。加快渔港建设及配套设施改造，建设渔港经济区。强化渔政、水产原良种体系、水生动物疫病防控体系、养殖池塘标准化、抗风浪深水养殖网箱、渔业安全生产、质量安全监管、执法监控和取证等设施装备建设。加快实施"互联网＋现代渔业"行动，搭建渔业大数据平台，推广应用"可视、可测、可控"的渔业物联网、病害远程诊断、质量安全追溯和资源养护体系，普及渔船安全信息通信设备，提高渔业渔政信息化水平。

（二十四）强化政策和金融保险支持。围绕关键环节和短板，盘活存量、争取增量，加大中央和地方财政投入，加快构建有利于转方式调结构的政策扶持体系。改革完善渔业油价补贴，重点支持减船转产、人工鱼礁、渔港维护改造、池塘标准化改造等。加强渔民技能培训，提升渔民创业创新能力，强化渔民社会保障，加大对禁渔期渔民的生活补助，推动渔民退捕上岸，促进渔民脱贫。调整渔业资源增殖保护费征收使用政策，专项用于渔业资源养护。探索采用信贷担保、贴息、养殖水域滩涂不动产权证质押等方式，引导和撬动金融资本支持渔业发展，完善渔民小额信贷和联保贷款等制度。发展渔业互助保险，建立健全渔业保险支持政策，稳定捕捞业保险，加快推进水产养殖保险，增加渔业保险保费补贴，推动开展台风、高温、寒潮、洪涝等渔业灾害保险。

（二十五）提高科技引领支撑能力。开展资源养护与生态修复、现代种业、健康养殖、病害防治、水产品加工、节能环保、渔业装备升级、渔业信息化等共性与关键技术研究。推进重大渔业科学工程、重点学科实验室和试验基地建设，建设一流渔业科研院所。强化渔业技术推广体系，保障推广经费，落实

"一衔接、两覆盖"政策，创新激励机制，促进先进实用技术转化。培育渔业科技创新人才，培养高素质专业渔民、产业发展带头人和经纪人。

（二十六）强化依法治渔。加快《渔业法》及配套法规规章的修制订。推进水域滩涂养殖权确权颁证，保护基本养殖水域。加强渔政执法，强化渔政机构和队伍建设，保障执法经费，提升执法装备水平，构建权责统一、权威高效的渔政执法体制。推动完善渔业行政执法和刑事司法衔接机制，加大对破坏渔业资源环境、危害水产品质量安全等违法违规行为的查处力度。加强涉外渔业监督管理，严厉打击非法、不报告、不管制（IUU）渔业活动。加强对渔民和渔业企业的教育培训，督促严守有关法律法规和国际条约。

（二十七）加强组织领导。要把转方式调结构摆在现代渔业建设工作的首要位置，贯穿于"十三五"渔业发展的全过程。要逐级落实责任制，结合本地实际，制定工作方案，明确目标任务，加强督促检查，强化绩效考核。要积极争取当地党委、政府的重视和支持，加强重大问题研究，密切与有关部门沟通协调，强化政策保障，加大资金投入，切实把各项措施落到实处。

农业部
2016年5月4日

农业部关于推进"三品一标"持续健康发展的意见

农质发〔2016〕6号

各省、自治区、直辖市及计划单列市农业（农牧、农村经济）、畜牧兽医、农垦、农产品加工、渔业主管厅（局、委、办），新疆生产建设兵团农业（水产、畜牧兽医）局：

无公害农产品、绿色食品、有机农产品和农产品地理标志（以下简称"三品一标"）

是我国重要的安全优质农产品公共品牌。经过多年发展，"三品一标"工作取得了明显成效，为提升农产品质量安全水平、促进农业提质增效和农民增收等发挥了重要作用。为进一步推进"三品一标"持续健康发展，现提出如下意见。

一、高度重视"三品一标"发展

（一）发展"三品一标"是践行绿色发展理念的有效途径。党的十八届五中全会提出"创新、协调、绿色、开放、共享"发展理念，"三品一标"倡导绿色、减量和清洁化生产，遵循资源循环无害化利用，严格控制和鼓励减少农业投入品使用，注重产地环境保护，在推进农业可持续发展和建设生态文明等方面，具有重要的示范引领作用。

（二）发展"三品一标"是实现农业提质增效的重要举措。现代农业坚持"产出高效、产品安全、资源节约、环境友好"的发展思路，提质、增效、转方式是现代农业发展的主旋律。"三品一标"通过品牌带动，推行基地化建设、规模化发展、标准化生产、产业化经营，有效提升了农产品品质规格和市场竞争力，在推动农业供给侧结构性改革、现代农业发展、农业增效农民增收和精准扶贫等方面具有重要的促进作用。

（三）发展"三品一标"是适应公众消费的必然要求。伴随我国经济发展步入新常态和全面建设小康社会进入决战决胜阶段，我国消费市场对农产品质量安全的要求快速提升，优质化、多样化、绿色化日益成为消费主流，安全、优质、品牌农产品市场需求旺盛。保障人民群众吃得安全优质是重要民生问题，"三品一标"涵盖安全、优质、特色等综合要素，是满足公众对营养健康农产品消费的重要实现方式。

（四）发展"三品一标"是提升农产品质量安全水平的重要手段。"三品一标"推行标准化生产和规范化管理，将农产品质量安全源头控制和全程监管落实到农产品生产经营环节，有利于实现"产"、"管"并举，从生产过程提升农产品质量安全水平。

二、明确"三品一标"发展方向

（一）发展思路。认真落实党的十八大和十八届三中、四中、五中全会精神，深入贯彻习近平总书记系列重要讲话精神，遵循创新、协调、绿色、开放、共享发展理念，紧紧围绕现代农业发展，充分发挥市场决定性和更好发挥政府推动作用，以标准化生产和基地创建为载体，通过规模化和产业化，推行全程控制和品牌发展战略，促进"三品一标"持续健康发展。

无公害农产品立足安全管控，在强化产地认定的基础上，充分发挥产地准出功能；绿色食品突出安全优质和全产业链优势，引领优质优价；有机农产品彰显生态安全特点，因地制宜，满足公众追求生态、环保的消费需求；农产品地理标志要突出地域特色和品质特性，带动优势地域特色农产品区域品牌创立。

（二）基本原则。一是严把质量安全，持续稳步发展。产品质量和品牌信誉是"三品一标"核心竞争力，必须严格质量标准，规范质量管理，强化行业自律，坚持"审核从紧、监管从严、处罚从重"的工作路线，健全退出机制，维护好"三品一标"品牌公信力。

二是立足资源优势，因地制宜发展。依托各地农业资源禀赋和产业发展基础，统筹规划，合理布局，认真总结"三品一标"成功发展模式和经验，充分发挥典型引领作用，因地制宜地加快发展。

三是政府支持推进，市场驱动发展。充分发挥政府部门在政策引导、投入支持、执法监管等方面的引导作用，营造有利的发展环境。牢固树立消费引领生产的理念，充分发挥市场决定性作用，广泛拓展消费市场。

（三）发展目标。力争通过 5 年左右的推进，使"三品一标"生产规模进一步扩大，产品质量安全稳定在较高水平。"三品一标"获证产品数量年增幅保持在 6％以上，产地环境监测面积达到占食用农产品生产总面积的 40％，获证产品抽检合格率保持在 98％以上，率先实现"三品一标"产品可追溯。

三、推进"三品一标"发展措施

（一）大力开展基地创建。着力推进无公害农产品产地认定，进一步扩大总量规模，全面提升农产品质量安全水平。在无公害农产品产地认定的基础上，大力推动开展规模化的无公害农产品生产基地创建。稳步推动绿色食品原料标准化基地建设，强化产销对接，促进基地与加工（养殖）联动发展。积极推进全国有机农业示范基地建设，适时开展有机农产品生产示范基地（企业、合作社、家庭农场等）创建。扎实推进以县域为基础的国家农产品地理标志登记保护示范创建，积极开展农产品地理标志登记保护优秀持有人和登记保护企业（合作社、家庭农场、种养大户）示范创建。

（二）提升审核监管质量。加快完善"三品一标"审核流程和技术规范，抓紧构建符合"三品一标"标志管理特点的质量安全评价技术准则和考核认定实施细则。严格产地环境监测、评估和产品验证检测，坚持"严"字当头，严把获证审查准入关，牢固树立风险意识，认真落实审核监管措施，加大获证产品抽查和督导巡查，防范系统性风险隐患。健全淘汰退出机制，严肃查处不合格产品，严格规范绿色食品和有机农产品标签标识管理；切实将无公害农产品标识与产地准出和市场准入有机结合，凡加施获证无公害农产品防伪追溯标识的产品，推行等同性合格认定，实施顺畅快捷产地准出和市场准入。严查冒用和超范围使用"三品一标"标志等行为。

（三）注重品牌培育宣传。加强品牌培育，将"三品一标"作为农业品牌建设重中之重。做好"三品一标"获证主体宣传培训和技术服务，督导获证产品正确和规范使用标识，不断提升市场影响力和知名度。加大推广宣传，积极办好"绿博会"、"有机博览会"、"地标农产品专展"等专业展会。要依托农业影视、农民日报、农业院校等现有各种信息网络媒体和教育培训公共资源，加强"三品一标"等农产品质量安全知识培训、品牌宣传、科普解读、生产指导和消费引导工作，全力为"三品一标"构建市场营销平台和产销联动合作机制，支持"三品一标"产品参加全国性或区域性展会。

（四）推动改革创新。结合国家现代农业示范区、农产品质量安全县等农业项目创建，加快发展"三品一标"产品。通过"三品一标"标准化生产示范，辐射带动农产品质量安全整体水平提升。围绕国家化肥农药零增长行动和农业可持续发展要求，大力推广优质安全、生态环保型肥料农药等农业投入品，全面推行绿色、生态和环境友好型生产技术。在无公害农产品生产基地建设中，积极开展减化肥减农药等农业投入品减量化施用和考核认定试点。积极构建"三品一标"等农产品品质规格和全程管控技术体系。加快推进"三品一标"信息化建设，鼓励"三品一标"生产经营主体采用信息化手段进行生产信息管理，实现生产经营电子化记录和精细化管理。推动"三品一标"产品率先建立全程质量安全控制体系和实施追溯管理，全面开展"三品一标"产品质量追溯试点。

（五）强化体系队伍建设。"三品一标"工作队伍是农产品质量安全监管体系的重要组成部分和骨干力量，要将"三品一标"队伍纳入全国农产品质量安全监管体系筹划，整体推进建设。加强从业人员业务技能培训，完善激励约束机制，着力培育和打造一支"热心农业、科学公正、廉洁高效"的

"三品一标"工作体系。"三品一标"工作队伍要按照农产品质量安全监管统一部署和要求，全力做好农产品质量安全监管的业务支撑和技术保障工作。充分发挥专家智库、行业协（学）会和检验检测、风险评估、科学研究等技术机构作用，为"三品一标"发展提供技术支持。

（六）加大政策支持。各级农业部门要积极争取同级财政部门支持，将"三品一标"工作经费纳入年度财政预算，加大资金支持力度。积极争取建立或扩大"三品一标"奖补政策与资金规模，不断提高生产经营主体和广大农产品生产者发展"三品一标"积极性。尽可能把"三品一标"纳入各类农产品生产经营性投资项目建设重点，并作为考核和评价现代农业示范区、农产品质量安全县、龙头企业、示范合作社、"三园两场"等建设项目的关键指标。

发展"三品一标"，是各级政府赋予农业部门的重要职能，也是现代农业发展的客观需要。各级农业行政主管部门要从新时期农业农村经济发展的全局出发，高度重视发展"三品一标"的重要意义，要把发展"三品一标"作为推动现代农业建设、农业转型升级、农产品质量安全监管的重要抓手，纳入农业农村经济发展规划和农产品质量安全工作计划，予以统筹部署和整体推进。各地要因地制宜制定本地区、本行业的"三品一标"发展规划和推动发展的实施意见，按计划、有步骤加以组织实施和稳步推进。要将"三品一标"发展纳入现代农业示范区、农产品质量安全县和农产品质量安全绩效管理重点，强化监督检查和绩效考核，确保"三品一标"持续健康发展，不断满足人民群众对安全优质品牌农产品的需求。

农业部
2016 年 5 月 6 日

农业部关于开展鲜活农产品调控目录制度试点工作的指导意见

农市发〔2016〕4 号

各省、自治区、直辖市及计划单列市农业（农牧、农村经济）、畜牧兽医厅（局、委、办），新疆生产建设兵团农业局：

鲜活农产品调控目录制度是政府在市场经济条件下，运用综合性政策工具，对居民消费影响较大的重要鲜活农产品进行供需均衡调控的制度安排。农业部为推动建立我国鲜活农产品调控目录制度，指导各地做好试点工作，现提出如下意见。

一、充分认识建立鲜活农产品调控目录制度的重要意义

（一）建立鲜活农产品调控目录制度是现代农业管理的基础性工作。现代农业管理的核心是推动产销充分对接、促进生产有序发展、实现资源有效利用。市场经济成熟的国家普遍把鲜活农产品市场调控作为现代农业管理的重要内容，建立完备的数据监测体系、政策支持保障体系和系统的调控机制，保障鲜活农产品市场供需基本均衡。我国很多鲜活农产品生产量和消费量都居世界第一，鲜活农产品在农民家庭经营性收入和城乡居民消费支出中占重要地位。通过建立鲜活农产品调控目录制度，从数据、政策、机制等方面推动制度创新，不仅有利于增强农产品市场调控的前瞻性、主动性和协同性，而且能够调整当前政府调控中的缺位与越位，逐步建立"放管结合、优化服务"的现代农业管

理体系，为农业发展提供持续动力。

（二）建立鲜活农产品调控目录制度是推进农业供给侧结构性改革的重要措施。2015年中央经济工作会议和中央农村工作会议对农业供给侧结构性改革作了系统部署，要求提高农业供给体系质量和效率，使农产品供给数量、品种和质量更加契合消费者需求，形成结构合理、保障有力的农产品有效供给。近年来，由于缺乏统筹规划和长效调控机制，部分品种价格大起大落，区域性、季节性、结构性鲜活农产品供需失衡现象时有发生，不仅给农民造成重大经济损失，而且影响产业健康发展，应是农业供给侧结构性改革关注的重点。鲜活农产品调控目录制度以翔实全面的数据为基础、以事关国计民生的重要品种为调控对象、以"一揽子"调控政策为手段，通过联动调控机制推动鲜活农产品供给侧结构性改革，使异常价格波动快速合理回归，促进产业可持续健康发展。

（三）建立鲜活农产品调控目录制度是完善农产品价格形成机制的重要方面。党的十八届三中全会指出要"使市场在资源配置中起决定性作用和更好发挥政府作用"，"完善农产品价格形成机制"。《中共中央国务院关于推进价格机制改革的若干意见》（中发〔2015〕28号）明确提出要对不同品种实行差别化支持政策，要合理运用法律手段、经济手段和行政手段，形成政策合力。玉米、棉花、大豆等大宗农产品价格改革措施正在逐步推进，试点工作已取得较好成效。我国鲜活农产品市场放开最早，但缺乏系统有效的调控措施，与美国、日本、欧盟等市场经济成熟的国家和地区相比，政府精准调控能力亟待提升。按照中央完善农产品价格形成机制的总体要求，应抓紧建立规范有效的鲜活农产品调控目录制度，补齐鲜活农产品价格形成机制这块"短板"，形成大宗与鲜活并重、政府与市场互补的农产品价格形成机制。

二、明确鲜活农产品调控目录制度建设的总体要求

（四）指导思想。以党的十八大和十八届三中、四中、五中全会精神为指导，深入贯彻习近平总书记系列重要讲话精神，按照中央经济工作会议、中央农村工作会议的有关要求，充分发挥市场在资源配置中的决定性作用和更好发挥政府作用，以实现鲜活农产品市场供需均衡为目标，以试点示范为突破口，以制度创新为动力，探索建立和完善中国特色的鲜活农产品调控目录制度，形成前瞻、联动、系统、规范的鲜活农产品市场调控机制。

（五）基本原则。

——坚持多元实施，稳步推进。按照自愿原则，有条件且有必要的地区应积极开展试点，不断总结经验、边试边推，逐步扩大试点范围和品种。在试点区域上，以市或大县作为试点主体，主产区和主销区可独立开展，也可联合实施；在试点品种上，可在蔬菜、羊肉、鸡蛋、生鲜乳中选择一类，也可多类品种同时进行。

——坚持因地制宜，鼓励创新。鼓励试点地区结合当地农业特点、经济发展水平、政府财力和市场发育程度，大胆探索、勇于实践，自主选择纳入调控目录的品种，不断创新完善调控措施和工作机制，创建各具特色、行之有效的"一揽子"鲜活农产品调控政策。

——坚持市场导向，政府支持。充分发挥市场在价格形成中的作用，激发市场主体活力，主要运用商业保险、期货期权、基金等市场化手段，鼓励民间资本、公益组织通过多种方式广泛参与；政府要发挥基础性支撑作用，加大生产扶持力度，并通过收储、补贴等方式调节市场供需。

——坚持统筹协调，分工合作。试点工作涉及多部门、多环节、多主体，试点地区

政府要积极协调推动建立协作协同工作机制，及时准确掌握市场动态，建立以农业部门为主导、多部门密切配合，各负其责、反应迅速、共同推进的工作格局，确保各项调控措施精准到位。

（六）总体目标。"十三五"期间，积极引导地方开展试点工作，形成一批各具特色的地方鲜活农产品调控模式，总结提炼鲜活农产品调控目录制度的理论方法和实践经验，到"十三五"末，形成一批可复制可推广的市场调控机制。在推广典型模式和扩大试点的基础上，探索建立具有中国特色的国家级鲜活农产品调控目录制度。

三、把握鲜活农产品调控目录制度试点的主要内容

（七）合理选择试点品种。试点品种即纳入地方试点调控目录中的鲜活农产品品种，对纳入目录的品种，其价格波动超出正常区间，政府要采用调控政策进行干预调控；未纳入目录的品种完全由市场调节，政府不再干预。试点地区应根据当地实际情况，科学合理选择生产规模大，以地产为主；消费比重高，对当地农民增收和居民生活影响较大；生产供应季节性、区域性显著，市场价格易发生大幅波动；生产经营以规模化为主的鲜活农产品品种，纳入调控目录。先选择条件相对成熟的品种开展试点，探索完善调控机制，再逐步向其他品种拓展。

（八）科学确定价格区间。为提高政府调控的准确性和有效性，应合理确定正常和异常价格波动区间，并根据价格波动情况确定警情警级。当鲜活农产品供需基本稳定时，价格处于正常波动区间，应完全由市场调节；当供过于求或供不应求持续一段时间时，价格处于异常波动区间，政府应采取相应调控措施，使该品种市场价格尽快回归到正常范围内，确保调控品种供需基本平衡。试点地区根据调控品种历史价格数据，制定一个基准价格，结合当地生产成本和居民消费承受度等因素，以基准价格为基础，确定正常波动区间的上限和下限。考虑价格涨幅和跌幅造成的社会影响程度，制定相应警情警级。

（九）积极创新调控政策。鼓励试点地区根据不同的警情警级，按照简便易行、综合配套的要求，大胆创新、积极探索，不断丰富政策"工具箱"，逐步建立多层次、多样化的调控政策体系。坚持市场化调控手段为主，设计对应小幅波动到剧烈波动不同等级、层次分明的调控政策，要防止调控力度不足或过大。灵活运用信息引导、生产补贴、消费补贴、产业扶持、产销对接、农业保险、金融信贷、调节基金、期货期权、收储调节、营养计划、贸易调节等措施。

（十）同步建立触发机制。触发机制是指调控品种价格达到某一警情警级并持续一段时间时，应直接启动对应这一警情警级调控政策的机制。试点地区要建立调控预案，根据价格波动的警情警级，合理制定配套的调控政策，确定实施政策的牵头部门。建立健全调控品种价格监测预警体系，增强信息监测与发布的精准性、及时性，把握好调控时机；严格设定启动和结束条件，避免触发机制的随意性。建立联席会制度，实行多部门各负其责、协同推进的工作机制，及时启动相应调控预案，逐步实现调控机制的常态化、规范化。调控政策主要支持家庭农场、农民合作社、产业化龙头企业等新型农业经营主体。

四、强化鲜活农产品调控目录制度试点的配套措施

（十一）建立多元化投融资机制。试点地区农业部门应积极协调相关部门整合现有项目资源和财政支出渠道，提升财政资金使用效率，撬动社会资本广泛参与，探索建立"政府引导、市场运作、社会参与"的多元化投融资机制。要加大在基础设施建设、生产能力扶持、新型经营主体培育、营销促销补助、金融信贷补贴、价格调节基金等方面的财政投入力度，不断改进补贴方式；要鼓励价格保险、救助基金、期货期权、小额贷款等金融政策创新，不断丰富调控手段；要广泛动员社会力量通过公益救助、慈善捐赠等方式参与调控，推动社会资本与试点工作深度融合。

（十二）建立全链条基础数据平台。鼓励试点地区农业部门建立和完善目录品种的生产、价格、流通、消费、成本等数据采集、分析和应用体系，推进相关部门数据共享共用，构建基础数据平台，建立调控品种农产品质量安全追溯体系。建立生产主体、生产信息、补贴信息等为内容的生产基地档案登记管理制度，实现精细管理、有序上市、精准调控。依托基础数据平台，面向生产者、流通者和消费者积极开展有效信息服务。试点地区应建立规范的指标体系和数据信息系统，鼓励建立试点工作信息管理平台，增强部门协同性，提高调控效率。

（十三）建立多层级营销体系。鼓励试点地区加强田头市场、区域性批发市场、物流配送中心、冷链仓储设施等物流硬件建设，提高农产品流通效率。大力发展鲜活农产品分级分类、田头初加工和精深加工产业。积极探索定向销售、农超对接、社区直供、个性定制等营销模式，提高农户营销能力，推进产品分类销售、产需精准对接，逐步向以销定产方向发展。以消费为导向实施鲜活农产品品牌战略，重点加强产品品牌与区域公用品牌的塑造、培育、营销、推介。鼓励发展鲜活农产品电子商务，培育电子商务市场主体，构建公共服务平台，创新发展模式，不断扩大消费市场。

（十四）提高农业组织化程度。鼓励试点地区大力发展各类专业协会，充分发挥协会的桥梁和纽带作用，使之成为调控的重要载体。通过规范引导、政策扶持、金融信贷等措施，大力发展家庭农场、专业大户、农民合作社等新型农业经营主体，充分发挥生产规模化、经营组织化优势。大力发展农业产业化龙头企业，加强农村经纪人、农产品经销商队伍规范化建设，充分发挥他们在订单农业、平衡产销方面的优势，发展成为调控的主要力量。建立新型农业经营主体诚信档案制度。

五、加强鲜活农产品调控目录制度试点的组织领导

（十五）建立组织领导机制。各地要把建立鲜活农产品调控目录制度作为落实"菜篮子"市长负责制的重要抓手，市（县）长要切实肩负统筹协调责任。试点地区农业部门要把试点工作纳入重要工作日程，积极组织开展试点工作，及时向地方政府汇报工作开展情况。

（十六）建立部门协调机制。开展鲜活农产品调控目录制度试点工作期间，由农业部全国"菜篮子"工程办公室统筹推进。试点地区应探索建立部门协调机制，各有关部门要在当地政府统一领导下，建立健全联席会制度，加强部门协作，形成工作合力，扎实推动试点工作。

（十七）建立工作落实机制。试点地区农业部门于每年10月31日前将下年度实施方案报送至全国"菜篮子"工程办公室备案，自行开展试点工作。每年12月31日前报送本年度试点工作总结，全国"菜篮子"工程办公室撰写年度总报告，报"菜篮子"食品管理部际联席会审议。

（十八）建立试点评估机制。全国"菜篮子"工程办公室组织成立全国鲜活农产品市场调控专家委员会，对试点方案进行论证指导，每两年对试点工作进行一次评估，对试点成效显著的地区认定"'菜篮子'产品市场调控示范市（区、县）"。

农业部

2016年5月10日

农业部关于加快推进农产品质量安全追溯体系建设的意见

农质发〔2016〕8号

各省、自治区、直辖市及计划单列市农业（农牧、农村经济）、畜牧兽医、农垦、渔业厅（局、委、办），新疆生产建设兵团农业（水产）局：

为贯彻落实《中共中央、国务院关于落实发展新理念加快农业现代化 实现全面小康目标的若干意见》（中发〔2016〕1号）和《国务院办公厅关于加快推进重要产品追溯体系建设的意见》（国办发〔2015〕95号）精神，进一步提升农产品质量安全监管能力，落实生产经营主体责任，增强食用农产品消费信心，现就应用现代信息技术加快推进全国农产品质量安全追溯体系建设提出如下意见。

一、总体要求

（一）指导思想。贯彻落实党的十八大及十八届三中、四中、五中全会精神和《食品安全法》《农产品质量安全法》等法律要求，全面推进现代信息技术在农产品质量安全领域的应用，加强顶层设计和统筹协调，健全法规制度和技术标准，建立国家农产品质量安全追溯管理信息平台（以下简称"国家平台"），加快构建统一权威、职责明确、协调联动、运转高效的农产品质量安全追溯体系，实现农产品源头可追溯、流向可跟踪、信息可查询、责任可追究，保障公众消费安全。

（二）基本原则。坚持政府推动与市场引导相结合，明确政府、生产经营主体、社会化服务机构的职责定位，调动各方积极性；坚持统筹规划与分步实施相结合，做好顶层设计和整体规划，先行开展试点，分步推广应用；坚持农业部门主导与部门协作相结合，

建立追溯管理与市场准入衔接机制，加强与有关部门的协作，保障追溯体系全程可控、运转高效。

（三）主要目标。建立全国统一的追溯管理信息平台、制度规范和技术标准，选择苹果、茶叶、猪肉、生鲜乳、大菱鲆等几类农产品统一开展追溯试点，逐步扩大追溯范围，力争"十三五"末农业产业化国家重点龙头企业、有条件的"菜篮子"产品及"三品一标"规模生产主体率先实现可追溯，品牌影响力逐步扩大，生产经营主体的质量安全意识明显增强，农产品质量安全水平稳步提升。

二、全面统筹规划，实现整体推进

（四）建立追溯管理运行制度。出台国家农产品质量安全追溯管理办法，明确追溯要求，统一追溯标识，规范追溯流程，健全管理规则。加强农业与有关部门的协调配合，健全完善追溯管理与市场准入的衔接机制，以责任主体和流向管理为核心，以扫码入市或索取追溯凭证为市场准入条件，构建从产地到市场到餐桌的全程可追溯体系。鼓励各地会同有关部门制定农产品追溯管理地方性法规，建立主体管理、包装标识、追溯赋码、信息采集、索证索票、市场准入等追溯管理基本制度，促进和规范生产经营主体实施追溯行为。

（五）搭建信息化追溯平台。建立"高度开放、覆盖全国、共享共用、通查通识"的国家平台，赋予监管机构、检测机构、执法机构和生产经营主体使用权限，采集主体管理、产品流向、监管检测和公众评价投诉等相关信息，逐步实现农产品可追溯管理。各

行业、各地区已建追溯平台的，要充分发挥已有的功能和作用，探索建立数据交换与信息共享机制，加快实现与国家追溯平台的有效对接和融合，将追溯管理进一步延伸至企业内部和田间地头。鼓励有条件的规模化农产品生产经营主体建立企业内部运行的追溯系统，如实记载农业投入品使用、出入库管理等生产经营信息，用信息化手段规范生产经营行为。

（六）制定追溯管理技术标准。充分发挥技术标准的引领和规范作用，按照"共性先立、急用先行"的原则，加快制定农产品分类、编码标识、平台运行、数据格式、接口规范等关键标准，统一构建形成覆盖基础数据、应用支撑、数据交换、网络安全、业务应用等类别的追溯标准体系，实现全国农产品质量安全追溯管理"统一追溯模式、统一业务流程、统一编码规则、统一信息采集"。各地应制定追溯操作指南，编制印发追溯管理流程图和明白纸，加强宣传培训，指导生产经营主体积极参与。

（七）开展追溯管理试点应用。国家平台将于2017年上线，届时将选择部分基础条件好的省份开展区域试运行，根据试运行情况进一步完善国家平台业务功能及操作流程。优先选择苹果、茶叶、猪肉、生鲜乳、大菱鲆等几类农产品统一开展试点，不断总结试点经验，探索追溯推进模式，逐步健全农产品质量安全追溯管理运行机制，进一步加大推广力度，扩大实施范围。

三、推动多方参与，规范实施要求

（八）强化农业部门追溯管理职责。各地要按照属地管理原则，建立生产经营主体管理制度，将辖区内农产品生产经营主体逐步纳入国家平台管理，组织生产经营主体实施追溯，并对落实情况进行监督。组织辖区内监管、检测机构加快应用国家平台，规范开展监管、检测信息采集，及时将基地巡查、执法检查、检验检测、产品认证、评估预警等信息纳入国家平台管理。开展追溯示范点创建活动，组织辖区内统一规范开展追溯工作，发挥示范带动作用。

（九）落实生产经营主体责任。农产品生产经营主体应按照国家平台实施要求，配备必要的追溯装备，积极采用移动互联等便捷化的技术手段，实施农产品扫码（或验卡）交易，如实采集追溯信息，实现信息流和实物流同步运转。鼓励和引导有条件的生产经营主体实施农产品包装上市，加施追溯标识，确保农产品可溯源。有条件的地区可由政府统一配备必要的追溯装备设施。

（十）发挥社会化服务作用。在国家统筹指导下，创新市场机制，有序引导社会力量和资本投入追溯体系建设。激发第三方机构活力，鼓励其为国家平台提供配套服务，为农产品生产经营主体提供技术支撑，推动追溯服务业规范发展。

四、加强监督管理，拓展追溯功能

（十一）加强追溯监督检查。农业部门要加强追溯信息在线监控和实地核查，重点对主体管理、信息采集、标识使用、扫码交易等有关情况实施监督，推进落实各方责任。规范监管、检测机构信息采集管理，确保监管、检测信息及时准确上传。健全追溯管理激励、惩戒机制，建立生产经营主体信用档案和"黑名单"制度，对不履行追溯义务、填报信息不真实的生产经营主体，加大惩戒力度。

（十二）发挥追溯功能作用。加强国家平台功能应用，积极开展农产品全程追溯管理，强化线上监控和线下监管，快速追查责任主体、产品流向、监管检测等追溯信息，提升综合监管效能。用可追溯制度倒逼生产经营主体强化质量安全意识，加强内部质量控制，落实好第一责任。畅通公众查询、投诉渠道，提高农产品生产经营过程透明度，解决农产品生产经营信息不对称问题，提振公众消费信心。

（十三）提升智慧监管能力。建立"用数据说话、用数据管理、用数据决策"的管理机制，充分发挥国家平台决策分析功能，整合主体管理、产品流向、监管检测、共享数据等各类数据，挖掘大数据资源价值，推进农产品质量安全监管精准化和可视化。建立追溯管理与风险预警、应急召回的联动机制，提升政府决策和风险防范能力，加强事中事后监管，提高监管的针对性、有效性。

五、强化保障措施，夯实工作基础

（十四）健全工作体系。依托现有农产品质量安全监管机构或具有农产品质量安全职能的事业单位建立健全农产品质量安全追溯管理体系队伍，落实各方职责，积极争取工作经费和保障条件。加强人员培训，提高基层追溯管理业务能力和水平。组建全国农产品质量安全追溯专家组，为农产品追溯体系建设提供技术支撑。

（十五）完善法律制度。加快推进《农产品质量安全法》修订步伐，充分借鉴国外立法经验，推动农产品质量安全追溯管理法治化，重点将主体管理、市场准入、主体责任、监督管理、处罚措施等关键要素纳入法律范畴，为追溯管理提供法律依据。

（十六）加强政策扶持。落实属地管理责任，加快追溯管理基础设施建设，完善生产经营主体、检测机构和基层监管机构追溯装备条件。积极争取和出台农产品质量安全追溯管理扶持政策，加大对生产经营主体追溯装备设施配置、信息采集和标识使用补贴力度，建立追溯与项目扶持挂钩机制，提高生产经营主体实施追溯的积极性。支持引导社会资本参与追溯体系建设，形成多元化的资金投入机制，完善追溯技术研发与相关产业促进政策。

（十七）强化社会共治。深入开展有关法律法规和标准宣传贯彻活动，普及追溯知识，传播追溯理念，提升企业自律意识和责任意识，提高公众对可追溯产品的认知度。加强政府与公众的沟通交流，建立违法行为信息披露制度和有奖举报机制，发挥舆论监督作用，推动形成全社会关心追溯、使用追溯、支持追溯的良好氛围。

农业部

2016 年 6 月 21 日

农业部关于印发《"十三五"全国农业农村信息化发展规划》的通知

各省、自治区、直辖市及计划单列市农业（农牧、农村经济）、农机、畜牧兽医、农垦、农产品加工、渔业厅（局、委），新疆生产建设兵团农业局，农业部有关司局、直属事业单位：

为贯彻落实党中央、国务院有关决策部署，推动信息技术与农业农村全面深度融合，确保"十三五"时期农业农村信息化发展取得明显进展，有力引领和驱动农业现代化，农业部研究编制了《"十三五"全国农业农村信息化发展规划》。本规划已经农业部常务会议审议同意，现印发给你们，请结合实际，认真组织实施。

农业部

2016 年 8 月 29 日

"十三五"全国农业农村信息化发展规划

信息化是农业现代化的制高点。"十三五"时期，大力发展农业农村信息化，是加快推进农业现代化、全面建成小康社会的迫切需要。《中华人民共和国国民经济和社会发展第十三个五年规划纲要》提出推进农业信息化建设，加强农业与信息技术融合，发展智慧农业；《国家信息化发展战略纲要》提出培育互联网农业，建立健全智能化、网络化农业生产经营体系，提高农业生产全过程信息管理服务能力；《全国农业现代化规划（2016－2020年）》《"十三五"国家信息化规划》也将对全面推进农业农村信息化作出总体部署。为贯彻落实以上纲要和规划，推动信息技术与农业农村全面深度融合，确保"十三五"时期农业农村信息化发展取得明显进展，有力引领和驱动农业现代化，特制定本规划。

本规划是《全国农业现代化规划（2016－2020年）》的子规划，是"十三五"时期指导农业各行业、各领域和各地方农业农村信息化工作的依据。

一、发展形势

（一）发展基础

"十二五"时期，农业部编制了第一个全国农业农村信息化发展五年规划，成立了农业部农业信息化领导小组，全面加强农业农村信息化工作的统筹协调和组织领导，推动信息技术向农业农村渗透融合，主要目标任务基本完成，为"十三五"发展打下了良好基础。

生产信息化迈出坚实步伐。物联网、大数据、空间信息、移动互联网等信息技术在农业生产的在线监测、精准作业、数字化管理等方面得到不同程度应用。在大田种植上，遥感监测、病虫害远程诊断、水稻智能催芽、农机精准作业等开始大面积应用。在设施农业上，温室环境自动监测与控制、水肥药智能管理等加快推广应用。在畜禽养殖上，精准饲喂、发情监测、自动挤奶等在规模养殖场实现广泛应用。在水产养殖上，水体监控、饵料自动投喂等快速集成应用。国家物联网应用示范工程智能农业项目和农业物联网区域试验工程深入实施，在全国范围内总结推广了426项节本增效农业物联网软硬件产品、技术和模式。

经营信息化快速发展。农业农村电子商务在东中西部竞相迸发，农产品进城与工业品下乡双向流通的发展格局正在形成。农产品电子商务进入高速增长阶段，2015年农产品网络零售交易额超过1 500亿元，比2013年增长2倍以上，网上销售农产品的生产者大幅增加，交易种类尤其是鲜活农产品品种日益丰富。农业生产资料、休闲农业及民宿旅游电子商务平台和模式不断涌现。农产品网上期货交易稳步发展。农产品批发市场电子交易、数据交换、电子监控等逐步推广。国有农场、新型农业经营主体经营信息化的广度和深度不断拓展。

管理信息化深入推进。金农工程建设任务圆满完成并通过验收，建成国家农业数据中心、国家农业科技数据分中心及32个省级农业数据中心，开通运行33个行业应用系统，视频会议系统延伸到所有省份及部分地市县，信息系统已覆盖农业行业统计监测、监管评估、信息管理、预警防控、指挥调度、行政执法、行政办公等七类重要业务。农村土地确权登记颁证、农村土地承包经营权流转和农村集体"三资"管理信息系统与数据库建设稳步推进。农业部行政审批事项基本实现网上办理，信息化对种子、农药、兽药等农资市场监管能力的支撑作用日益增强。农产品质量安全追溯体系建设快速推进。建成中国渔政管理指挥系统和海洋渔船安全通信保障系统，有效促进了渔船管理流程的规范化和"船、港、人"管理的精准化。农业各行业信息采集、分析、发布、服务制度机制不断完善，创立中国农业展望制度，发布《中国农业展望报告》，市场监测预警的及时性、准确性明显提高。农业大数据发展应用开始起步。

服务信息化全面提升。"三农"信息服务的组织体系和工作体系不断完善，形成政府统筹、部门协作、社会参与的多元化、市场化推进格局。农业部网站及时准确发布政策法规、行业动态、农业科教、市场价格、农资监管、质量安全等信息，日均点击量860万人次，成为服务农民最有权威性、最受欢迎的农业综合门户网站，覆盖部、省、地、县四级的农业门户网站群基本建成。12316"三农"综合信息服务中央平台投入运行，形成部省协同服务网络，服务范围覆盖到全国，年均受理咨询电话逾2 000万人次。启动实施信息进村入户试点，试点范围覆盖到26个省份的116个县，建成运营益农信息社7 940个，公益服务、便民服务、电子商务和培训体验开始进到村、落到户。基于互联网、大数据等信息技术的社会化服务组织应运而生，服务的领域和范围不断拓展。

基础支撑能力明显增强。行政村通宽带比例达到95%，农村家庭宽带接入能力基本达到4兆比特每秒（Mbps），农村网民规模增加到1.95亿，农村互联网普及率提升到32.3%。农业信息化科研体系初步形成，农业信息技术学科群建设稳步推进，建成2个农业部农业信息技术综合性重点实验室、2个专业性重点实验室、2个企业重点实验室和2个科学观测实验站，大批科研院所、高等院校、IT企业相继建立了涉农信息技术研发机构，研发推出了一批核心关键技术产品，科技创新能力明显增强。先后两批认定了106个全国农业农村信息化示范基地。政府引导、市场主体的农业信息化发展格局初步建立，农业互联网企业不断涌现。农业监测预警团队和信息员队伍初具规模。农业信息化标准体系建设开始起步，启动了一批国家和行业标准制订项目。农业信息化评价指标体系研究取得新进展，框架构建基本完成，主要指标通过测试。

（二）机遇与挑战

"十三五"时期，是新型工业化、信息化、城镇化、农业现代化同步发展的关键时期，信息化成为驱动现代化建设的先导力量，农业农村信息化发展迎来了重大历史机遇。同时，面临不少困难和问题，应对挑战的任务相当艰巨。

从信息化发展趋势看，信息社会的到来，为农业农村信息化发展提供了前所未有的良好环境。人类社会经历了农业革命、工业革命，正在经历信息革命。当前，以信息技术为代表的新一轮科技革命方兴未艾，以数字化、网络化、智能化为特征的信息化浪潮蓬勃兴起，为农业农村信息化发展营造了强大势能。党中央、国务院高度重视信息化发展，对实施创新驱动发展战略、网络强国战略、国家大数据战略、"互联网＋"行动等作出部署，并把农业农村摆在突出重要位置，为农业农村信息化发展提供了强有力的政策保障。网络经济空间不断拓展，农业农村信息化服务加快普及，网络基础设施建设深入推进，信息消费快速增长，信息经济潜力巨大，为农业农村信息化发展提供了广阔空间。信息技术创新日新月异并加速与农业农村渗透融合，农业信息技术创新应用不断加快，为农业农村信息化发展提供了坚实的基础支撑。

从农业现代化建设需求看，加快破解发展难题，为农业农村信息化发展提供了前所未有的内生动力。资源环境约束日益趋紧，农业发展方式亟待转变，迫切需要运用信息技术优化资源配置、提高资源利用效率，充分发挥信息资源新的生产要素的作用。居民消费结构加快升级，农业供给侧结构性改革任务艰巨，迫切需要运用信息技术精准对接产销、提升供给的质量效益和竞争力，充分发挥信息技术核心生产力的作用。农业小规模经营长期存在，规模效益亟待提高，迫切需要运用信息技术探索走出一条具有中国特色的农业规模化路子，充分发挥互联网平台集聚放大单个农户和新型经营主体规模效益的作用。农产品价格提升空间有限，转移就业增收空间收窄，农民持续增收难度加大，迫切需要运用信息技术促进农村大众创业万众创新、发展农业农村新经济，充分发挥"互联网＋"开辟农民增收新途径的作用。

同时，我国农业农村信息化正处在起步阶段，基础相当薄弱，发展相对滞后，总体水平不高。思想认识亟待提升。客观上，我国农业正处在由传统农业向现代农业转变的阶段，信息化对农业现代化的作用尚未充分显现。各级农业部门对发展农业农村信息化的重要性、紧迫性的认识有待深化，关心支持农业农村信息化发展的社会氛围有待进一步形成。基础条件建设亟待加强。农业数据采集、传输、存储、共享的手段和方式落后，农业物联网产品和设备还未实现规模量产，支撑电子商务发展的分等分级、包装仓储、冷链物流等基础设施十分薄弱。农业信息技术标准和信息服务体系尚不健全。重要信息系统安全面临严峻挑战。农村网络基础设施建设滞后，互联网普及率尤其是接入能力还较低。科技创新亟待突破。自主创新能力不足，农业物联网生命体感知、智能控制、动植物生长模型和农业大数据分析挖掘等核心技术尚未攻克，技术和系统集成度低、整体效能差。农业信息化学科群和科研团队规模偏小，领军人才和专业人才匮乏。农业信息技术成果转化和推广应用比例低。体制机制

亟待创新。管理职能和机构队伍建设没有跟上农业农村信息化发展的需要。投融资机制尚不健全，政府与社会资本合作模式尚未破题，市场化可持续的商业模式亟须探索完善。市场服务和监管制度、软硬件产品检验检测体系不健全。

二、指导思想、基本原则、发展目标

（一）指导思想

全面贯彻落实党的十八大和十八届三中、四中、五中全会精神，深入学习贯彻习近平总书记系列重要讲话精神，牢固树立创新、协调、绿色、开放、共享的发展理念，围绕推进农业供给侧结构性改革，构建现代农业产业体系、生产体系、经营体系，把信息化作为农业现代化的制高点，以建设智慧农业为目标，着力加强农业信息基础设施建设，着力提升农业信息技术创新应用能力，着力完善农业信息服务体系，加快推进农业生产智能化、经营网络化、管理数据化、服务在线化，全面提高农业农村信息化水平，让广大农民群众在分享信息化发展成果上有更多获得感，为农业现代化取得明显进展和全面建成小康社会提供强大动力。

（二）基本原则

坚持服务"三农"。紧紧围绕农民群众期待和需求，瞄准农业农村经济发展的薄弱环节和突出制约，把现代信息技术贯穿于农业现代化建设的全过程，充分发挥互联网在繁荣农村经济和助推脱贫攻坚中的作用，加快缩小城乡数字鸿沟，促进农民收入持续增长。

坚持统筹推进。遵循农业农村信息化发展规律，增强工作推进的系统性整体性，加强顶层设计，统筹各级农业部门，统筹农业各行业各领域，统筹发挥市场和政府作用，统筹发展与安全，立足当前、着眼长远，上下联动、各方协同，因地制宜、先易后难，确保农业农村信息化全面协调可持续发展。

坚持创新应用。创新引领，把信息技术

创新摆在农业农村信息化发展的核心位置，协同推进原始创新、集成创新和引进消化吸收再创新，全面提升创新能力。应用为要，把农民用得上、用得起、用得好、能致富作为衡量标准，大胆探索创新应用机制和模式，务求信息技术推广应用取得实效。

坚持共建共享。以共享促共建，先内部后外部，推动建立信息系统互联互通、业务工作协作协同、数据资源开放共享的格局。增强互联网思维，坚持政府主导、市场主体、农民主人，充分调动社会各界共同参与的积极性，推动建立多方共赢的可持续商业化运行机制。

（三）发展目标

到2020年，"互联网＋"现代农业建设取得明显成效，农业农村信息化水平明显提高，信息技术与农业生产、经营、管理、服务全面深度融合，信息化成为创新驱动农业现代化发展的先导力量。

——生产智能化水平大幅提升。核心技术、智能装备研发与集成应用取得重大突破，大田种植、设施园艺栽培、畜禽水产养殖、农机作业、动植物疫病防控智能化水平显著提高，适宜农业、方便农民的低成本、轻简化、"傻瓜"式信息技术得到大面积推广应用。农业物联网等信息技术应用比例达到17%。

——经营网络化水平大幅提升。运用互联网开展经营的农民和新型农业经营主体数量大幅上升。农业电子商务快速发展，推动农业市场化、倒逼标准化、促进规模化、提升品牌化的作用显著增强，带动贫困地区特色产业发展取得明显成效。农业生产资料、休闲农业电子商务加快发展。农产品批发市场信息化应用取得新进展。农产品网上零售额占农业总产值比重达到8%。

——管理数据化水平大幅提升。农业农村大数据建设取得重大进展，全球农业数据调查分析系统初步建成，国家农业数据中心

完成云化升级。"互联网＋"政务服务建设任务全面完成，农业行政审批、农产品种养殖监管和农资市场监管、土地确权和流转管理、渔政管理等信息化水平明显提升，国家农产品质量安全追溯管理信息平台建成运行。

——服务在线化水平大幅提升。农业农村信息化服务加快普及，信息进村入户工程及12316"三农"综合信息服务基本覆盖全国所有行政村，农民手机应用技能大幅提升，农业新媒体建设取得积极进展。信息进村入户村级信息服务站覆盖率达到80%。推动乡村及偏远地区宽带提升工程实施，农村互联网普及率达到52%。

"十三五"农业农村信息化发展主要指标

指标	2015年	2020年	年均增速	属性
1. 农业物联网等信息技术应用比例	10.20	17	10.8	预期性
2. 农产品网上零售额占农业总产值比重	1.47	8	40.3	预期性
3. 信息进村入户村级信息服务站覆盖率	1.35	80	126.2	预期性
4. 农村互联网普及率	32.30	>51.6	>9.8	预期性

三、主要任务

（一）加强信息技术与农业生产融合应用

生产信息化是农业农村信息化的短板，亟须加快补齐。加快物联网、大数据、空间信息、智能装备等现代信息技术与种植业（种业）、畜牧业、渔业、农产品加工业生产过程的全面深度融合和应用，构建信息技术装备配置标准化体系，提升农业生产精准化、智能化水平。

1. 突破大田种植业信息技术规模应用瓶颈

充分利用土地承包经营权确权登记成果，在高标准农田、现代农业示范区等大宗粮食

和特色经济作物规模化生产区域，构建"天一地一人一机"一体化的大田物联网测控体系，加快发展精准农业。大力推广水稻智能催芽、测土配方施肥、水肥一体化精准灌溉、航空施药和大型植保机械等智能化技术和装备。加强遥感技术在监测土壤墒情、苗情长势、自然灾害、病虫害、轮作休耕和主要农产品产量等方面的应用。加快基于北斗系统的深松监测、自动测产、远程调度等作业的大中型农机物联网技术推广。加快建立以农作物品种DNA身份鉴定制度、标签标示信息代码制度和种子委托生产代销备案制度为基础的种子生产、经营、流通可追溯体系，全面提升种业数据采集、分析能力和信息化水平。

2.推进设施农业信息技术深化应用

在设施农业领域大力推广温室环境监测、智能控制技术和装备，重点加快水肥一体化智能灌溉系统的普及应用。加强分品种温室作物生长知识模型、阈值数据和知识库系统的开发与应用，不断优化作物的最佳生产控制方案。加强果蔬产品分级分选智能装备、花果菜采收机器人、嫁接机器人的研发示范，应用推广智能化的植物工厂种植模式。

3.强化畜禽养殖业信息技术集成应用

以猪、牛、鸡等主要畜禽品种的规模化养殖场站为重点，加强养殖环境监控、畜禽体征监测、精准饲喂、废弃物自动处理、智能养殖机器人、网络联合选育系统、智能挤奶捡蛋装置、粪便和病死畜禽无害化处理设施等信息技术和装备的应用。加强二维码、射频识别等技术应用，构建畜禽全生命周期质量安全管控系统。加强动物疫病监测预警，提升重大动物疫病防控能力。

4.推动渔业信息技术广泛应用

加快渔业物联网示范应用，在水产养殖重点区域推广应用水体环境实时监控、饵料自动精准投喂、水产类病害监测预警、循环水装备控制、网箱升降控制等信息技术和装备，加强陆基工厂、网箱、工程化池塘养殖的信息技术应用，开展深远海养殖平台的研发与应用，努力实现水产养殖装备工程化、技术精准化、生产集约化和管理智能化。大力推广北斗导航技术在渔船监测调度和远洋捕捞中的应用，为海洋渔船配备卫星通信、定位、导航、防碰撞等渔船用终端，升级改造渔业通信基站，完善全国海洋渔船渔港动态监控管理系统，升级改造中国渔政管理指挥信息平台，提高渔业生产信息服务水平，保障渔业生产安全。

5.引导农产品加工业信息技术普及应用

完善农产品产地初加工补助政策管理信息系统，探索建立粮食烘干、果蔬贮藏、采后商品化处理等初加工设施大数据平台，加强农产品产地贮藏、加工情况监测。鼓励农产品加工企业推进信息化建设，积极发展智能制造，加强拣选、加工、包装、码垛机器人等自动化设备的研发应用，推广普及智能报警的安全生产风险控制系统，利用大数据实现精准生产、精准营销，加快建立涵盖原料采购、生产加工、包装仓储、流通配送全过程的质量安全追溯体系。

（二）促进农业农村电子商务加快发展

加快发展农业农村电子商务，创新流通方式，打造新业态，培育新经济，重构农业农村经济产业链、供应链、价值链，促进农村一二三产业融合发展。

1.统筹推进农业农村电子商务发展

注重提高农村消费水平与增加农民收入相结合，建立农产品、农村手工制品上行和消费品、农业生产资料下行双向流通格局，扩大农业农村电子商务应用范围。积极配合商务、扶贫等部门，加强政企合作，大力推进农产品特别是鲜活农产品电子商务，重点扶持贫困地区利用电子商务开展特色农业生产经营活动。鼓励发展农业生产资料电子商务，开展农业生产资料精准服务。创新休闲农业网上营销和交易模式，推动休闲农业成为农业农村经济发展新的增长点。加强农业展会在线展示、交易。

2. 破解农业农村电子商务发展瓶颈

加强产地预冷、集货、分拣、分级、质检、包装、仓储等基础设施建设，强化农产品电子商务基础支撑。以鲜活农产品为重点，加快建设农业农村电子商务标准体系。完善动植物疫病防控体系和安全监管体系，建立全国农产品质量安全监管追溯体系，提升信息化监管能力和水平。加强电子商务领域信息统计监测，推动建立企业与监管部门数据共享机制和标准。开展农产品、农业生产资料和休闲农业试点示范，探索一批可复制可推广的发展模式。

3. 大力培育农业农村电子商务市场主体

开展新型农业经营主体培训，鼓励建立电商大学等多种形式的培训机构，提升新型农业经营主体电子商务应用能力。发挥农业部门的牵线搭桥作用，组织开展电商产销对接活动，推动农产品上网销售。鼓励综合型电商企业拓展农业农村业务，扶持垂直型电商、县域电商等多种形式电商的发展壮大，支持电商企业开展农产品电商出口交易，促进优势农产品出口。大力推进农产品批发市场电子化交易和结算，鼓励新型农业经营主体应用信息管理系统等。

（三）推动农业政务信息化提档升级

政务信息化是提升政府治理能力、建设服务型政府的重要抓手。加强农业政务信息化建设，深化农业农村大数据创新应用，全面提高科学决策、市场监管、政务服务水平。

1. 大力推进政务信息资源共享开放

完善政务信息资源标准体系，推进政务信息资源全面、高效和集约采集，推动业务资源、互联网资源、空间地理信息、遥感影像数据等有效整合与共享，形成农业政务信息资源"一张图"。制定农业政务信息资源共享管理办法和数据共享开放目录，建设政务信息资源共享开放服务平台。推进部省农业

数据中心云化升级，提高计算资源、存储资源、应用支撑平台等利用效率。推动形成跨部门、跨区域农业政务信息资源共享共用格局，有序推动数据资源社会开放，逐步实现农业农村历史资料数据化、数据采集自动化、数据使用智能化、数据共享便捷化。

2. 加快推动农业农村大数据发展

加强农业农村大数据建设，完善村、县相关数据采集、传输、共享基础设施，建立农业农村数据采集、运算、应用、服务体系，统筹国内国际农业数据资源，强化农业资源要素数据的集聚利用。加快完善农业数据监测、分析、发布、服务制度，建立健全农业数据标准体系，提升农业数据信息支撑宏观管理、引导市场、指导生产的能力。推进各地区、各行业、各领域涉农数据资源的开放共享，加强数据资源挖掘应用。

3. 强化农业政务重要信息系统深化应用

建设智能化、可视化政务综合管理（应急指挥）大厅，升级完善全国农业视频会议系统，满足政务综合管理、日常监管、应急处置和决策指挥需要。顺应移动互联网发展趋势，在确保保密和安全的前提下，加快研发运行移动办公系统，深化农业行业统计监测、监管评估、信息管理、预警防控、指挥调度、行政审批、行政执法等重要电子政务业务系统建设，提高农业行政管理效能。建设高效、集约、统一的农业门户网站与新媒体平台、"三农"舆情监测和"三农"综合信息服务系统，提升对外宣传、舆论引导和政务服务能力。构建农业电子政务一体化运维管理体系，实现运维管理由被动向主动转变，确保安全稳定运行、持续可靠服务。

4. 加强网络安全保障能力建设

加快构建农业系统关键信息基础设施安全保障体系，完善网络和信息安全保障管理制度，建立信息安全通报机制，推动信息系统和网络接口整合。加强信息系统等级保护定级、测评和整改，强化重要信息系统和数

据资源安全保护。实行数据资源分类分级管理，提高网络信息安全保障能力，实现数据资源安全、高效和可信应用。强化网络信息安全设备和安全产品配备，完善身份鉴别、访问控制、安全审计、边界防护及信息流转控制等安全防护手段，建设信任服务、安全管理和运行监管等系统，科学布局灾备中心。增强网络安全防御能力，全天候全方位感知网络安全态势，确保网络环境安全和网络秩序良好，坚决防止重大网络安全事件的发生。

（四）推进农业农村信息服务便捷普及

加快建立新型农业信息综合服务体系，集聚各类信息服务资源，创新服务机制和方式，大力发展生产性和生活性信息服务，提升农村社会管理信息化水平，加快推进农业农村信息服务普及。

1. 全面推进信息进村入户

坚持把信息进村入户作为现代农业发展的重大基础性工程来抓，将其打造成"互联网＋"在农村落地的示范工程。加快益农信息社"整省推进"建设速度。构建信息进村入户组织体系，不断完善部管理协调、省统筹资源、县运营维护、村户为服务主体的推进机制。强化制度规范建设，研究制定管理办法和标准体系，探索将信息进村入户工作纳入地方党委政府绩效考核。建立政府补贴制度，研究出台政府购买服务政策，积极引导电信运营商、电商、IT 企业、金融机构等共同推进信息进村入户，健全市场化运营机制，推动组建信息进村入户全国和省级运营实体。突出公益性服务，协同推进经营性服务，不断完善以 12316 为核心的公益服务体系，丰富便民服务内容，推进电子商务快速发展，提升体验服务效果。上线运行信息进村入户全国平台和家庭版、村社版等移动终端应用系统，支持各省（区、市）建设区域性数据平台。围绕农业农村大数据建设，强化益农信息社的数据采集功能。加大涉农信息资源整合共享力度，协调推动村务公开、

社会治理、医疗保险、文化教育、金融服务等领域的信息化建设和应用。

2. 加强农民信息化应用能力建设

面向新型农业经营主体、新型服务主体、新型职业农民和农业部门工作人员开展农业物联网、电子商务等信息化应用能力培训，提升技术水平、经营能力和信息素养。加强新型职业农民培育的信息化建设，为新型职业农民提供在线教育培训、生产经营支持、在线管理考核等服务。加快提升农业技能开发工作信息化水平，提高工作效率。利用各级农业部门现有培训项目、资源和体系，动员企业、行业协会等社会各界力量广泛参与，开展农民手机应用技能培训。组织农民手机使用技能竞赛，推介适合农民应用的 APP 软件和移动终端，为农民和新型农业经营主体构建支持生产、提升技能、学习交流的平台和工具。加强农技推广服务信息化，开展农技人员专业化培训，实现科研专家、农技人员、农民的互联互通，提升农技人员的业务素质，为农民提供精准、实时的指导服务。

3. 促进农业信息社会化服务体系建设

支持农业社会化服务组织信息化建设，支持科研机构、行业协会、IT 企业、农业产业化龙头企业、农民合作社等市场主体发展生产性服务，并积极利用现代信息技术开展农业生产经营全程托管、农业植保、病虫害统防统治、农机作业、农业农村综合服务、农业气象"私人定制"等服务，推动分享经济发展。鼓励农民基于互联网开展创业创新，参与代理服务、物流配送等产业基础环节服务。利用"互联网＋"创新农业金融、保险产品，增强信贷、保险支农服务能力。推进农业数据开发利用、农产品线上营销等信息服务业态发展，拓展农业信息服务领域。加强农业博物馆现有实体陈列和馆藏农业文物数字化展示。

（五）夯实农业农村信息化发展支撑基础

加强农业农村信息化发展基础设施建设，

加大科技创新与应用基地建设力度，大力培育农业信息化企业，支撑农业农村信息化跨越发展。

1. 加强农业信息技术研发创新

完善农业农村信息化科研创新体系，壮大农业信息技术学科群建设，科学布局一批重点实验室，加快培育领军人才和创新团队，加强农业信息技术人才培养储备。提升农业农村信息化关键核心技术的原始创新、集成创新和引进消化吸收再创新能力，加快研发性能稳定、操作简单、价格低廉、维护方便的适用信息技术产品，逐步实现重点领域的自主、安全、可控。推动农业信息技术创新联盟建设，搭建农业科技资源共享服务平台，提高农业信息化科研基础设施、科研数据、科研人才等资源的共享水平，实现跨区域、跨部门、跨学科协同创新。加快农业农村信息化技术标准体系建设，强化物联网、大数据、电子政务、信息服务等标准的制修订工作，为深入推进农业信息技术应用奠定基础。

2. 培育壮大农业信息化产业

构建以涉农IT企业、高校、科研院所为主体，以新型农业经营主体为纽带，面向广大农民的农业信息化产业联盟，推动科技创新与农业生产经营有效对接。积极探索农业农村信息化应用新机制、新模式，引导大型传感器制造商、物联网服务运营商、信息服务商等进入农业农村信息化领域，培育和壮大农业信息化产业。推动建立农业软件与农业电子产品质量检测机构，按照国家和行业标准规范，加强农业信息化软硬件产品市场监管，提供产品性能检测服务。加大试点示范力度，强化全国农业农村信息化示范基地和农业信息经济示范区建设，发布适宜推广的农业信息技术和产品目录，引导信息技术在农业生产、经营、管理、服务等领域的应用创新。

3. 加强农业农村信息化基础设施建设

加强农业农村信息化装备建设，不断提升农田水利基础设施、畜禽水产工厂化养殖、农产品加工贮运、农机装备等基础设施信息化水平，加快推进北斗系统在农业农村中的应用。推动智慧城市农业领域的试点示范，加强智慧农业生产、农产品冷链物流与电子商务、休闲农业等的信息化基础设施建设，充分发挥都市现代农业的生产、生活、生态功能。推动"宽带中国"战略在农村深入实施，对未通宽带行政村进行光纤覆盖，对已通宽带但接入能力低于12兆比特每秒的行政村进行光纤升级改造，边远地区、林牧区、海岛等区域根据条件采用移动蜂窝、卫星通信等多种方式实现覆盖，尽快落实农村地区网络降费政策，探索面向贫困户的网络资费优惠。

四、重点工程

围绕智慧农业建设，加快实施"互联网＋"现代农业行动，支撑农业农村信息化主要任务顺利完成，实施以下重点工程。

（一）农业装备智能化工程

研发和推广适合我国国情的传感器、采集器、控制器，推动传统设施装备的智能化改造，提高大田种植、品种区域试验与种子生产、设施农业、畜禽、水产养殖设施和装备的智能化水平。深耕深松、播种、施肥施药等作业机具配备传感器、采集器、控制器，联合收割机配备工况传感器、流量传感器和定位系统，大型拖拉机等牵引机具配备自动驾驶系统。水肥一体机、湿帘、风机、卷帘机、遮阳网、加热装置等配备自动化控制装备。设施化畜禽养殖的通风、除湿、饲喂、捡蛋、挤奶等装备配备识别、计量、统计、分析及智能控制装备。水产养殖增氧机、爆气装置、液氧发生器、投饵机、循环水处理装备、水泵、网箱设备等配备自动化控制装置。

（二）农业物联网区域试验工程

选择基础较好、行业和区域带动性强、

物联网需求迫切的地区，以企业为主体，鼓励产学研联合，以"全要素、全过程、全系统"理论为指导，中试和熟化一批农业物联网关键技术、智能装备和解决方案，推广一批节本增效农业物联网应用模式，提高农业产出率、劳动生产率、资源利用率。开展农业物联网技术集成应用示范，构建理论体系、技术体系、应用体系、标准体系。"十三五"期间，选取农产品主产区、垦区、国家现代农业示范区等大型基地，建成10个试验示范省，100个农业物联网试验示范区，建设1 000个试验示范基地。

（三）农业电子商务示范工程

以省为单位，以企业为主体，重点开展鲜活农产品社区直配、放心农业生产资料下乡、休闲农业上网营销等电子商务试点，加强分级包装、加工仓储、冷链物流、社区配送等设施设备建设，建立健全质量标准、统计监测、检验检测、诚信征信等体系，完善市场信息、品牌营销、技术支撑等配套服务，形成一批可复制、可推广的农业电子商务模式。在农业农村信息化示范基地认定中强化农业电子商务示范。开展电子商务技能培训，在农村实用人才带头人、新型职业农民培训等重大培训工程中安排农业电子商务培训内容，与电商企业共同推进建立农村电商大学等公益性培训机构，组织广大农民和新型农业经营主体等开展平台应用、网上经营策略等培训。开展农产品电商对接行动，组织新型农业经营主体、农产品经销商、国有农场和农业企业对接电子商务平台和电子商务信息公共服务平台，推动农业经营主体开展电子商务，促进"三品一标""一村一品""名特优新"等农产品上网销售。

（四）全球农业数据调查分析系统建设工程

加快建设全球主要农业国农业数据采集、分析和发布系统，实现对40个重点国家重点品种数据信息的监测、挖掘和利用，加强海外农业数据中心建设，推动国家农业数据中心云化升级。充分利用现代信息和网络技术，多渠道开展全球农业遥感、气象、统计、贸易等数据采集，实现监测渠道共建、数据集中共享，稳步建设全球农业资源基础数据库、同城数据级灾备中心和应用级灾备中心，初步建成全球农业调查分析基础支撑平台。加强全球农业数据分析研究应用，完善农业数据分析预警指标体系，研发全球农业数据分析预警模型系统。改造提升中国农业信息网，以品种为主线，打造为农业生产和市场服务的国家农业信息集中发布平台。完善农业对外合作公共信息服务平台，定期发布重点国家、重点产业、重点品种的信息产品，并提供信息服务，为"一带一路"战略和农业走出去战略加快实施提供支撑。

（五）农业政务信息化深化工程

加强农业部门政务信息系统互联互通和农业数据共享开放建设，加快推进农产品优势区生产监测、农业生产调度、农机作业调度、农机安全监理、重大农作物病虫害和植物疫情防控、农药监管、种子监管、种质资源监测、耕地质量调查监测、动物疫病监测预警、防疫检疫、兽药监管、远程诊疗、渔政执法监管和资源监测、渔政指挥调度、农产品市场价格监管、农产品质量安全监管、农资打假执法监管、农产品加工业运行监测、农业面源污染监管、农村集体"三资"监督管理、农村土地确权登记、农村产权流转交易管理、农民承担劳务及费用监管、新型农业经营主体发展动态监测、新型农业经营主体生产经营直报、农业信用体系建设、网上审批等业务系统建设和共享。加快推进农业行政审批信息等资源共享。建设农业门户网站群和网站智能监测与绩效管理系统、农业网络音视频资源管理系统、新媒体移动门户。建设农业应急管理综合指挥大厅，升级完善全国农业视频会议系统。构建全国统一的农业执法信息平台。构建统一的农业电子政务综合运维管理平台。加强网络安全防护能力建设，完善网络安全设备、防护系统与防护策略，开展信息系统等级保护定级、备案、测评、整改工作。

（六）信息进村入户工程

通过竞争性申报，每年选择10个左右的省份整省推进信息进村入户，到2020年建成益农信息社48万个以上，服务基本覆盖全国所有县、国有农场和行政村。建设益农信息社，配备12316电话、显示屏、信息服务终端等设备，选聘村级信息员，接入宽带网络，提供免费无线上网环境，实现有场所、有人员、有设备、有宽带、有网页、有持续运营能力。建设信息进村入户全国平台，开放平台功能，完善农产品生产信息服务、农业生产资料信息服务、消费信息服务、市场信息服务、"三农"政策服务、农村生活服务等系统和手机APP，推进服务手段向移动终端延伸，服务方式向精准投放转变。统筹整合农业公益服务和农村社会化服务资源，推动信息进村入户与基层农技推广体系、基层农村经营管理体系和12316农业信息服务体系融合，就近为农民和新型农业经营主体提供公益服务、便民服务、电子商务和培训体验服务。以智能手机和信息化基础理论、示范应用、典型案例为主要内容，开展农民手机应用技能培训，组织技能竞赛，提高农民利用智能终端学习、生产、经营、购物的知识水平和操作技能。

（七）农业信息化科技创新能力提升工程

联合相关部委，增建农业信息化学科，加大力度建设和完善农业部农业信息技术学科群，稳定支持已有学科群建设布局，新增农业物联网、大数据、电子商务、信息化标准、农业信息软硬件产品质量检测、农业光谱检测技术、农作物系统分析与决策、农产品信息溯源技术、牧业信息技术、渔业信息技术等10个专业性重点实验室，在西北、东北、黄淮海、华南、西南、热作等地区新增6个区域性重点实验室，加强野外实验站建设，各省加强省级农业信息化重点实验室、工程中心、试验台站的建设，不断加强学科体系建设和科技创新环境建设。在现代农业产业技术体系中加强农业信息化工作。与相关部委联合，在"十三五"国家重点研发计划中增列一批农业信息化科技攻关项目，鼓励各省农业部门和科技部门，加大农业信息化项目研发，突出加强农业传感器、动植物生长优化调控模型、智能作业装备、农业机器人等关键技术和系统集成研究，突破一批农业信息化共性关键核心技术，形成一批重大科技成果，制订一批技术标准规范。积极利用两院院士增选、千人计划、万人计划、长江学者、杰出青年等国家人才计划和省部级人才计划，加大农业信息化领军人才和创新团队培育力度，不断提升农业信息化创新能力和产业支撑能力。

（八）农业信息经济示范区建设工程

依托国家现代农业示范区，采用政府引导、市场主体的方式，线上农业和线下农业结合，实体经济和虚拟经济结合，建立一批示范效应强、带动效益好，具有可持续发展能力的农业信息经济示范区。全面推进农业物联网、农业电子商务、农业农村大数据、信息进村入户和12316公益服务等信息技术和系统的综合应用与集成示范。完善互联网基础设施，搭建信息服务平台，强化互联网运营和支撑体系，着力实施产业提升工程，努力探索信息经济示范区建设的制度、机制和模式。推进互联网特色村镇建设，构建区域综合信息服务体系对接农业生产、经营、管理、服务、创业，推动农林牧渔结合、种养加一体、一二三产业融合发展，推进线下农业的互联网改造。

五、保障措施

（一）加强组织领导

各级农业部门要强化农业农村信息化工

作力量，切实担负起牵头责任，制定工作方案，细化落实措施，明确路线图、时间表，统筹协调相关部门，形成工作合力，切实保障各项政策措施和工程项目顺利实施。农业部各司局、单位要各司其职，协调配合，狠抓落实，确保各项目标任务如期实现。在推进过程中，要把规划实施与助力农业供给侧结构性改革、促进农民持续增收、打赢脱贫攻坚战等决策部署紧密结合，切实发挥信息化的引领和驱动作用，推动形成线上现代农业与线下现代农业协同发展的新局面。

（二）完善政策体系

加强政策创设，创新财政资金支持政策，充分利用现有基本建设和财政预算资金渠道，积极争取新增投资，加大农业信息化产业发展支持力度。积极引导社会资本、金融资本投入农村信息化建设，拓宽资金来源渠道。加强政策措施研究和制定，加大农业物联网、农业电子商务、信息进村入户等政策支持力度。构建激励研发创新的政策措施，鼓励农业信息化软件创新、技术突破和产品研发，鼓励企业加大研发投入。各级农业部门要会同相关部门积极出台配套政策，深入推进简政放权、放管结合、优化服务改革，实行负面清单制度，加强事中事后监管，最大限度减少事前准入限制，破除行业壁垒，为农业农村信息化提供良好宽松发展环境。开展农业信息化立法研究，推动建立依法促进农业农村信息化发展的长效机制。

（三）创新体制机制

加快形成跨界融合、共建共享、众筹共赢的推进格局。探索"政府主导、市场主体、农民主人""公投民建、公管民营、先建后补"的可持续发展机制。推动科研体制创新，强化激励机制，促进关键适用技术研发和成果转化，推动建立农业农村信息化技术产品检测认证制度。建立专家咨询机制，扶持建立产业联盟。

（四）开展试点示范

大力推进农业农村信息化试点示范工作。聚焦重点品种、重点地区、重点领域和重点方向，优先在现代农业示范区，组织实施一批基础好、成效高，带动性推广性强的示范项目。创新建立"典型示范、辐射引导、熟化推广、全面发展"的农业农村信息化重大工程示范推广模式，加大在种植业、畜牧业、渔业、质量安全、电子商务和信息综合服务等方面的试点示范力度，以点带面、点面结合，成熟一批推广一批，不断推进农业信息化创新发展。

（五）强化评价考核

坚持以目标为导向，强化过程管理，突出农业物联网等信息技术应用比例、农产品网上零售额占农业总产值比重、信息进村入户村级信息服务站覆盖率、农村互联网普及率等主要指标，构建农业农村信息化绩效管理指标体系，并纳入政府绩效考核。严格绩效评估和督促检查。建立农业信息化监测统计制度，完善农业信息化水平评价指标体系，加强试点测试，增强评价的科学性和有效性。推动各地把农业农村信息化纳入经济社会信息化发展水平评价范围。

农业部关于印发《全国农产品加工业与农村一二三产业融合发展规划（2016—2020年）》

农加发〔2016〕5号

各省、自治区、直辖市及计划单列市农业（农牧、农村经济）、农机、畜牧兽医、农垦、农产品加工、渔业厅（局、委），新疆生产建设兵团农业局，农业部有关司局、直属事业单位：

为贯彻落实党中央、国务院有关决策部署，发挥农产品加工业引领带动作用，推进农村一二三产业融合发展，根据《国民经济和社会发展第十三个五年规划纲要》有关部署要求，我部研究编制了《全国农产品加工业与农村一二三产业融合发展规划（2016—2020年）》。现印发你们，请结合实际，认真贯彻执行。

农业部

2016年11月14日

全国农产品加工业与农村一二三产业融合发展规划（2016—2020年）

"十三五"时期，是我国全面建成小康社会的决战决胜阶段，也是推进新型工业化、信息化、城镇化和农业现代化同步发展的关键时期。加快推进农业供给侧结构性改革，充分发挥农产品加工业引领带动作用，大力发展休闲农业和乡村旅游，促进农村一二三产业融合发展，是拓展农民增收渠道、构建现代农业产业体系、生产体系和经营体系的重要举措，是转变农业发展方式、探索中国特色农业现代化道路的必然要求，是实现"四化同步"、推动城乡协调发展的战略选择。为促进农产品加工业与农村一二三产业融合发展（农村一二三产业融合简称"产业融合"），根据《国务院办公厅关于推进农村一二三产业融合发展的指导意见》和《全国农业现代化规划（2016—2020年）》，制定本规划。

一、环境条件

农产品加工业连接工农、沟通城乡，行业覆盖面宽、产业关联度高、带动农民就业增收作用强，是产业融合的必然选择，已经成为农业现代化的重要标志、国民经济的重要支柱、建设健康中国保障群众营养健康的重要民生产业。"十二五"时期，我国农业农村经济形势持续向好，农产品加工业快速发展，产业融合新主体新业态新模式大量涌现，为"十三五"发展打下扎实基础。

（一）发展基础

1. 农业农村经济形势持续向好，奠定了产业融合的坚实基础。2015年，我国粮食总产量62 145万吨，棉油糖、肉蛋奶、果蔬茶、水产品生产水平不断迈上新台阶。农民人均纯收入超过11 000元，"十二五"年均增长10%。物质技术装备条件建设取得新发展，农业科技进步贡献率、农作物耕种收综合机械化率分别达到56%和63%。农村改革深入推进，家庭经营、合作经营、集体经营、企业经营等多种经营方式共同发展的格局初步形成。

2. 农产品加工业快速发展，成为了产业融合的重要力量。规模水平提高，2015年全国规模以上农产品加工企业7.8万家，完成主营业务收入近20万亿元，"十二五"年均增长超过10%，农产品加工业与农业总产值比由1.7∶1提高到约2.2∶1，农产品加工转化率达到65%。创新步伐加快，初步构建起国家农产品加工技术研发体系框架，突破了一批共性关键技术，示范推广了一批成熟适用技术。产业加速集聚，初步形成了东北地区和长江流域水稻加工、黄淮海地区优质专用小麦加工、东北地区玉米和大豆加工、长江流域优质油菜籽加工、中原地区牛羊肉加工、西北和环渤海地区苹果加工、沿海和长江流域水产品加工等产业聚集区。带动能力增强，建设了一大批标准化、专业化、规模化的原料基地，辐射带动 1 亿多农户。

3. 新型经营主体蓬勃发展，构筑了产业融合的重要支撑。到 2015 年底，家庭农场、农民合作社、农业产业化龙头企业等新型经营主体超过 250 万个，新型农业经营主体队伍不断壮大。各类新型农业经营主体通过入股入社、订单合同、托管联耕等多种形式开展联合与合作，融合机制不断健全，融合发展能力不断增强，在大宗农产品生产供给、产前、产中及产后服务和带动农民进入市场等方面提供了重要支撑。

4. 新业态新模式不断涌现，拓展了产业融合的新领域。2015 年全国有各类涉农电商超过 3 万家，农产品电子商务交易额达到 1 500 多亿元。随着互联网技术的引入，涉农电商、物联网、大数据、云计算、众筹等亮点频出，农产品市场流通、物流配送等服务体系日趋完善，农业生产租赁业务、农商直供、产地直销、食物短链、社区支农、会员配送等新型经营模式不断涌现。休闲农业和乡村旅游呈暴发增长态势，2015 年全国年接待人数达 22 亿人次，经营收入达 4 400 亿元，"十二五"期间年均增速超过 10%；从业人员 790 万，其中农民从业人员 630 万，带动 550 万户农民受益。

（二）重要机遇

1. 一系列"三农"政策为农产品加工业和产业融合营造了良好的发展环境。党的十八届五中全会提出了创新、协调、绿色、开放、共享的五大发展理念，强调"促进农产品精深加工和农村服务业发展，拓展农民增收渠道""种养加一体、一二三产业融合发展"；2016 年中央 1 号文件提出加强农业供给侧结构性改革，实现农业调结构、提品质、去库存；国务院办公厅下发了推进产业融合发展的指导意见，以及农业降成本、补短板等一系列改革举措，对农产品加工业发挥引领带动作用，培育新产业，推动产业融合营

造了更为有利的发展环境。

2. 新型城镇化和全面深化农村改革为农产品加工业和产业融合提供了难得的发展机遇。"十三五"时期，新型城镇化加速发展，促进约 1 亿农业转移人口落户城镇，改造约 1 亿人居住的城镇棚户区和城中村，引导约 1 亿人在中西部地区就近城镇化，对强化产业支撑，引导农村二三产业向城镇集聚发展提出了明确要求。农村改革全面深化，土地承包经营权确权颁证加快推进，农村宅基地、集体建设用地和集体产权制度改革不断深化，农村资源要素市场进一步完善，城乡一体化发展体制机制更加健全，为农产品加工业和产业融合提供了难得的发展机遇。

3. 消费结构升级为农产品加工业和产业融合创造了巨大的发展空间。2015 年，我国人均 GDP 约 8 000 美元，城乡居民的生活方式和消费结构正在发生新的重大阶段性变化，对农产品加工产品的消费需求快速扩张，对食品、农产品质量安全和品牌农产品消费的重视程度明显提高，市场细分、市场分层对农业发展的影响不断深化；农产品消费日益呈现功能化、多样化、便捷化的趋势，个性化、体验化、高端化日益成为农产品消费需求增长的重点；对新型流通配送、食物供给社会化、休闲农业和乡村旅游等服务消费不断扩大，均为推进农产品加工业和产业融合创造了巨大的发展空间。

4. 信息技术等高新技术的不断变革为农产品加工业和产业融合注入了不竭的发展动力。移动互联网、大数据、云计算、物联网等新一代信息技术发展迅猛，以农产品电商、农资电商、农村互联网金融为代表的"互联网＋"农业服务产业迅速兴起。绿色制造、食品科学、材料科学加速创新应用。高新技术的飞速发展，延伸了农业产业链条，重构了产业主体之间的利益联结机制，创新了城乡居民的消费方式，为农产品加工业和产业融合注入了不竭的

发展动力。

（三）面临挑战

1. 农业产业体系不完善，产加销发展不够协调。农村产业之间互联互通性差，融合程度还比较低。农业生产面临越来越多的挑战，如土地、水等资源约束加剧，劳动力成本不断提高，生态环境压力加大，食品安全和消费者信心问题日益突出。农业市场化发育程度还处于初级阶段，农业的产前、产中和产后环节被人为地分割在城乡工农之间不同的领域、地域，导致农业成本高、效益低。

2. 农产品加工业转型升级滞后，带动能力不够突出。与农业生产规模不协调、不匹配，农产品加工业与农业总产值比 2.2∶1，明显低于发达国家的 3～4∶1。技术装备水平不高，比发达国家落后 15～20 年。精深加工及综合利用不足，一般性、资源性的传统产品多，高技术、高附加值的产品少。加工专用品种选育和原料生产滞后，农产品产地普遍缺少储藏、保鲜等加工设施，产后损耗大、品质难保障。融资难、融资贵、生产和流通成本高等外部环境制约依然突出。

3. 股份合作数量较少，利益联结关系不够紧密。农业集约化和农民组织化程度偏低，农民与企业之间订单交易普遍缺乏法律约束力，有些合同不够规范，履约率不高，双方利益都得不到有效保障。受风险防范和法律制度等方面的制约，合作、股份合作等紧密型利益联结方式数量不多。

4. 国际竞争不断加剧，国内产业融合不够充分。国内大宗农产品普遍缺乏国际竞争力，同类产品的国内外价格差不断扩大，进口压力不断加大，产品市场受到挤压。中美中欧农业投资协定正在加快谈判，国内企业发展粗放、产业链条短、融合度低、销售渠道和品牌效应与外资竞争面临更大压力。

二、总体要求

（一）指导思想

全面贯彻党的十八大和十八届三中、四中、五中、六中全会精神，认真落实党中央国务院决策部署，牢固树立创新、协调、绿色、开放、共享的发展理念，主动适应经济发展新常态，以坚持农民主体地位，增进农民福祉为出发点和落脚点，按照"基在农业、利在农民、惠在农村"的要求，以市场需求为导向，以促进农业提质增效、农民就业增收和激活农村发展活力为目标，以新型农业经营主体为支撑，以完善利益联结机制和保障农民分享二三产业增值收益为核心，以制度、技术和商业模式创新为动力，强化农产品加工业等供给侧结构性改革，着力推进全产业链和全价值链建设，开发农业多种功能，推动要素集聚优化，大力推进农产品加工业与农村产业交叉融合互动发展，为转变农业发展方式、促进农业现代化、形成城乡一体化发展的新格局，为农业强起来、农村美起来、农民富起来和全面建成小康社会提供有力支撑。

（二）基本原则

1. 坚持创新驱动，激发融合活力。把创新作为引领产业融合发展的第一动力，着力实施创新驱动战略。树立"大食物、大农业、大资源、大生态"观念，深入开展产业融合理论创新；大力发展合作制、股份合作制和股份制，逐步推进产业融合制度创新；积极应用互联网、智能制造、绿色制造等现代技术，切实加大产业融合科技创新。

2. 坚持协调发展，优化产业布局。把协调作为产业融合发展的内在要求，着力推进产业交叉融合。要增强发展的协调性，以市场需求为导向，充分发挥市场机制和市场主体的作用，推动农业产前产中产后和农产品初加工、精深加工及综合利用加工协调发展，引导优化产业布局，拓宽发展空间，促进城乡、区域、产业间的协调发展。

3. 坚持绿色生态，促进持续发展。把绿色作为产业融合发展的基本遵循，着力促进可持续发展。牢固树立节约集约循环利用的资源观，通过绿色加工、综合利用，实现节能降耗、环境友好，形成"资源—加工—产品—资源"模式，发展营养安全、绿色生态、美味健康、方便实惠的食品产业；遵循生产生活生态并重，发展培育新业态；坚持绿色富国、绿色惠民，推动形成产业融合的绿色发展方式。

4. 坚持开放合作，拓展融合空间。把开放作为产业融合发展的必由之路，着力推动产业"走出去"和国际产能合作。鼓励引导农产品加工、流通等涉农企业参与双向开放，充分利用好国内国外两种资源、两个市场，搭建区域间、国际间投资贸易合作平台，加强国际交流合作，推动产品、技术、标准、服务走出去。

5. 坚持利益共享，增进人民福祉。把共享作为产业融合发展的本质要求，着力促进农民增收。坚持以人民为中心的发展思想，坚持人民主体地位，产业发展为增进人民福祉服务，拓展产业功能，通过支持政策与带动农民分享利益挂钩，激励企业承担社会责任，大力发展农民共享产业，多渠道促进农民增收；完善企农利益联结机制，形成利益共同体、命运共同体和责任共同体，使农民有体面的就业，有尊严的生活，在共建共享发展中有更多获得感与幸福感。

（三）发展目标

到2020年，产业融合发展总体水平明显提升，产业链条完整、功能多样、业态丰富、利益联结更加稳定的新格局基本形成，农业生产结构更加优化，农产品加工业引领带动作用显著增强，新业态新模式加快发展，产业融合机制进一步完善，主要经济指标比较协调、企业效益有所上升、产业逐步迈向中

高端水平，带动农业竞争力明显提高，促进农民增收和精准扶贫、精准脱贫作用持续增强。

——农产品加工业引领带动作用显著增强。农产品加工业产业布局进一步优化，产业集聚程度明显提高，科技创新能力不断增强，质量品牌建设迈上新台阶，节能减排成效显著。到2020年，力争规模以上农产品加工业主营业务收入达到26万亿元，年均增长6%左右，农产品加工业与农业总产值比达到2.4∶1。主要农产品加工转化率达到68%左右，其中粮食、水果、蔬菜、肉类、水产品分别达到88%、23%、13%、17%、38%；农产品精深加工和副产物综合利用水平明显提高。规模以上食用农产品加工企业自建基地拥有率达到50%，专用原料生产水平明显提高。

——新业态新模式发展更加活跃。农业生产性服务业快速发展，"互联网＋"对产业融合的支撑作用不断增强，拓展农业多功能取得新进展，休闲农业和乡村旅游等产业融合新业态新模式发展更加活跃。到2020年，力争农林牧渔服务业产值达到5 500亿元，年均增速保持在9.5%左右；企业电商销售普及率达到80%；农产品电子商务交易额达到8 000亿元，年均增速保持在40%左右；休闲农业营业收入达到7 000亿元，年均增长10%左右，接待游客突破33亿人次。

——产业融合机制进一步完善。农业产加销衔接更加紧密，产业融合深度显著提升，产业链更加完整，价值链明显提升。产业融合主体明显增加，农村资源要素充分激活，股份合作等利益联结方式更加多元，农民共享产业融合发展增值收益不断增加。城乡之间要素良性互动，公共服务均等化水平明显改善，产业融合体系更加健全，培育形成一批融合发展先导区。

主要指标

类　别	指　标		2015 年	2020 年	年均增长
农产品加工业	规模以上农产品加工业主营业务收入（万亿元）		19.4	26	6％
	农产品加工业与农业总产值比 1		2.2：1	2.4：1	[0.2]
	主要农产品加工转化率（％）	总体	65	68	[3]
		其中：粮食	85	88	[3]
		水果	20	23	[3]
		蔬菜	10	13	[3]
		肉类	16	17	[1]
		水产品	35	38	[3]
	加工企业自建基地拥有率 2（％）		25	50	[25]
新业态	农林牧渔服务业产值（亿元）		4 300	5 500	9.5％
	加工企业电商销售普及率 3（％）		50	80	[30]
	农产品电子商务交易额（亿元）		1 500	8 000	40％
	休闲农业年接待旅游人次（亿人次）		22	33	8.4％
	休闲农业年营业收入（亿元）		4 400	7 000	10％

注：[ ] 为五年累计增加数。

1. 农产品加工业与农业总产值之比＝农产品加工业总产值/农业总产值，其中农产品加工业总产值以农产品加工业主营业务收入数据为基础计算。

2. 加工企业自建基地拥有率＝规模以上食用农产品加工企业中拥有自建基地的企业数量/规模以上食用农产品加工企业总数量。

3. 加工企业电商销售普及率＝规模以上食用农产品加工企业开展电子商务交易的企业数量/规模以上食用农产品加工企业总数量。

三、主要任务

（一）做优农村第一产业，夯实产业融合发展基础

1. 发展绿色循环农业。立足实际，从时间和空间上合理布局，科学引导不同类型区域农业生产，促进粮食、经济作物、饲草料三元种植结构协调发展。大力发展种养结合循环农业，加快构建粮经饲统筹、农牧结合、种养加一体、一二三产业融合的现代农业产业体系。积极发展渔业和林下经济，推进农渔、农林复合经营。围绕适合精深加工、休闲采摘的特色农产品，发展优势特色产业，形成产加销结合的产业结构。

2. 推进优质农产品生产。以农产品加工业为引领，稳步发展农业生产。在优势农产品产区，组织科研单位开展农产品加工特性研究，筛选推广一批加工专用优良品种和技术，促进农产品加工专用原料生产。引导鼓励农产品加工企业及新型农业经营主体通过直接投资、参股经营、签订长期合同等方式，带动建设一批标准化、专业化、规模化原料生产基地。推进无公害农产品、绿色食品、有机农产品和农产品地理标志产品生产，加强农业标准体系建设，严格生产全过程管理，建立从农田到餐桌的农产品质量安全监管体系，提高标准化生产和监管水平。

3. 优化农业发展设施条件。推进高标准农田建设，不断提高农产品加工专用原料生产能力。加强农产品仓储物流设施建设，不断健全以县、乡、村三级物流节点为支撑的

农村物流网络体系。支持农村公共设施和人居环境改善，不断完善休闲农业和乡村旅游道路、供电、供水、停车场、观景台、游客接待中心等配套设施建设。将产业融合发展与新型城镇化建设有机结合，引导农村二三产业向县城、重点乡镇及产业园区等集中，培育农产品加工、商贸物流等专业特色小城镇，促进城乡基础设施互联互通、共建共享。加强产业融合发展与城乡总体规划、土地利用总体规划有效衔接，完善县域产业空间布局和功能定位。通过农村闲置宅基地整理、土地整治等新增的耕地和建设用地，优先用于产业融合发展。

（二）做强农产品加工业，提升产业融合发展带动能力

1. 大力支持发展农产品产地初加工。以粮食、果蔬、茶叶等主要及特色农产品的干燥、储藏保鲜等初加工设施建设为重点，扩大农产品产地初加工补助政策实施区域、品种范围及资金规模。鼓励各地根据农业生产实际，加强初加工各环节设施的优化配套；积极推动初加工设施综合利用，建设粮食烘储加工中心、果蔬茶加工中心等；推进初加工全链条水平提升，加快农产品冷链物流发展，实现生产、加工、流通、消费有效衔接。

2. 全面提升农产品精深加工整体水平。支持粮食主产区发展粮食特别是玉米深加工，去库存、促消费。培育主食加工产业集群，研制生产一批营养、安全、美味、健康、方便、实惠的传统面米、马铃薯及薯类、杂粮、预制菜肴等多元化主食产品。加强与健康、养生、养老、旅游等产业融合对接，开发功能性及特殊人群膳食相关产品。加快新型非热加工、新型杀菌、高效分离、绿色节能干燥和传统食品工业化关键技术升级与集成应用，开展酶工程、细胞工程、发酵工程及蛋白质工程等生物制造技术研究与装备研发，开展信息化、智能化、成套化、大型化精深加工装备研制，逐步实现关键精深加工装备

国产化。

3. 努力推动农产品及加工副产物综合利用。重点开展秸秆、稻壳、米糠、麦麸、饼粕、果蔬皮渣、畜禽骨血、水产品皮骨内脏等副产物梯次加工和全值高值利用，建立副产物综合利用技术体系，研制一批新技术、新产品、新设备。坚持资源化、减量化、可循环发展方向，促进综合利用企业与农民合作社等新型经营主体有机结合，调整种养业主体生产方式，使副产物更加符合循环利用要求和加工标准；鼓励中小企业建立副产物收集、处理和运输的绿色通道，实现加工副产物的有效供应。

（三）做活农村第三产业，拓宽产业融合发展途径

1. 大力发展各类专业流通服务。健全农产品产地营销体系，推广农超、农社（区）、农企、农校、农军等形式的产销对接，鼓励新型农业经营主体在城市社区或郊区设立鲜活农产品直销网点。鼓励各类服务主体把服务网点延伸到农村社区，向全方位城乡社区服务拓展。配合有关部门落实在各省（区、市）年度建设用地指标中单列一定比例，专门用于新型农业经营主体进行农产品加工、仓储物流、产地批发市场等辅助设施建设。继续实施农产品批发市场、农贸市场房产税、城镇土地使用税优惠政策。培育大型农产品加工、流通企业，支持开展托管服务、专项服务、连锁服务、个性化服务等多元服务。

2. 积极发展电子商务等新业态新模式。推进大数据、物联网、云计算、移动互联网等新一代信息技术向农业生产、经营、加工、流通、服务领域的渗透和应用，促进农业与互联网的深度融合。支持流通方式和业态创新，开展电子商务试点，推进新型农业经营主体对接全国性和区域性农业电子商务平台，鼓励和引导大型电商企业开展农产品电子商务业务。积极协调有关部门完善农村物流、金融、仓储体系，充分利用信息技术逐步创

建最快速度、最短距离、最少环节的新型农产品流通方式。积极探索农业物联网应用主攻方向、重点领域、发展模式及推进路径，稳步开展成功经验模式在国家级、省级、县级等层面推广应用。

3.加快发展休闲农业和乡村旅游。拓展农业多种功能，推进农业与休闲旅游、教育文化、健康养生等深度融合，发展观光农业、体验农业、创意农业等新业态，促进休闲农业和乡村旅游多样化发展。优化布局，在大中城市周边、名胜景区周边、特色景观旅游名镇名村周边、依山傍水逐草自然生态区、少数民族地区、传统特色农区，支持发展农（林、牧、渔）家乐、休闲农庄、休闲农园、休闲农业产业融合聚集村等。改善设施，加快休闲农业经营场所的公共基础设施建设，兴建垃圾污水无害化处理等设施，改善休闲农业基地的种养条件，鼓励因地制宜兴建特色农产品加工、民俗手工艺品制作和餐饮、住宿、购物、娱乐等配套服务设施。规范管理，加大休闲农业行业标准的制定和宣贯，加强品牌培育和宣传推介，提升社会影响力和知名度。

（四）创新融合机制，激发产业融合发展内生动力

1.培育多元化产业融合主体。强化家庭农场、农民合作社的基础作用，促进农民合作社规范发展，引导大中专毕业生、新型职业农民、务工经商返乡人员以及各类农业服务主体兴办家庭农场、农民合作社，发展农业生产、农产品加工、流通、销售，开展休闲农业和乡村旅游等经营活动。培育壮大农业产业化龙头企业，引导其发挥引领示范作用，重点发展农产品加工流通、电子商务和社会化服务，建设标准化和规模化的原料生产基地，带动农户和农民合作社发展适度规模经营。鼓励和支持工商资本投资现代农业，促进农商联盟等新型经营模式发展。

打造产业融合领军型企业。鼓励一批在经济规模、科技含量和社会影响力方面具有引领优势的企业突出主业，大力发展农产品精深加工、流通服务、休闲旅游、电子商务等，推进产业化经营，增进融合，带动产业链前延后伸，挖掘各环节潜力，创新多种业态，增强核心竞争能力和辐射带动能力，充分发挥在农村产业融合发展中的领军作用。

2.发展多类型产业融合方式。延伸农业产业链，积极鼓励家庭农场、农民合作社等主体向生产性服务业、农产品加工流通和休闲农业延伸；积极支持企业前延后伸建设标准化原料生产基地、发展精深加工、物流配送和市场营销体系，探索推广"龙头企业＋合作社＋基地＋农户"的组织模式。引导产业集聚发展，创建现代农业示范区、农业产业化示范基地和农产品加工产业园区，培育产业集群，完善配套服务体系。积极打造产业融合先导区，推动产业融合、产村融合、产城融合，加快先导区内主体间的资产融合、技术融合、利益融合，整合各类资金，引导集中连片发展，推动加工专用原料基地、加工园区、仓储物流基地、休闲农业园区有机衔接。大力发展农村电子商务，推广"互联网＋"发展模式，支持各类产业融合主体借力互联网积极打造农产品、加工产品、农业休闲旅游商品及服务的网上营销平台。

3.建立多形式利益联结机制。创新发展订单农业，引导支持企业在平等互利基础上，与农户、家庭农场、农民合作社签订购销合同、提供贷款担保、资助农户参加农业保险，鼓励农产品产销合作，建立技术开发、生产标准和质量追溯体系，打造联合品牌，实现利益共享。鼓励发展农民股份合作，加快推进将集体经营性资产折股量化到农户，探索不同区域的农用地基准地价评估，为农户土地入股或流转提供依据，探索形成以农民土地经营权入股的利润分配机制。强化企业社会责任，鼓励引导从事产业融合的工商企业优先聘用流转出土地的农民，提供技能培训、

就业岗位和社会保障，辐射带动农户扩大生产经营规模、提高管理水平，强化龙头企业联农带农激励机制。健全风险防范机制，规范工商资本租赁农地行为，建立土地流转、订单农业等风险保障金制度，鼓励制定适合农村特点的信用评级方法体系，制定和推行涉农合同示范文本，加强土地流转、订单等合同履约监督。

四、重点布局

根据各地资源禀赋和区域布局，因地制宜推进融合发展。依托自然和区位优势，大力发展优质原料基地和加工专用品种生产，积极推动科技研发、电子商务等平台建设，培育优势产业集群。依托重点加工产业，合理布局初加工、精深加工、副产物综合利用以及传统食品加工业，推进冷链物流、智能物流等设施建设，大力发展新型商业营销模式。依托各地特色农业农村资源和农业文化遗产，发展美丽休闲乡村，培育特色小镇，打造休闲农业品牌体系。依托重点产业和优势产业集群，推动产业融合试点示范，培育一批集专用品种、原料基地、加工转化、现代物流、便捷营销为一体的农产品加工园区和产业融合先导区，不断提升产业融合发展水平。

（一）融合发展区域功能定位

1. 粮油生产核心区。在粮食生产核心区，大力发展优质原料基地及加工专用品种生产，积极推动大宗粮食作物产地初加工、传统加工技术升级与装备创制。在东北、长江中下游等稻谷主产区，黄淮海、长江中下游等小麦主产区，东北、华北等玉米主产区，东北、华北、西北和西南等马铃薯主产区，东北和黄淮海等大豆主产区，长江流域和北方等油菜主产区，东北农牧交错区及沿黄河花生主产区，重点开展优质原料基地建设。在东北、华北、长江中下游、大宗粮油作物生产核心区形成初加工产业带，引导生产合作组织、创新联盟发挥更大作用，建立更加专业、便捷的粮油生产仓储、物流、金融、信贷平台与服务网络，打造自然生态与传统文化结合的休闲农业发展模式。

2. 经济作物生产优势区。在经济作物生产优势区，加强加工专用原料基地建设，加快电子商务平台建设，积极推动经济作物产地初加工、精深加工和综合利用技术升级与装备创制，大力促进休闲农业发展。在渤海湾和西北黄土高原地区发展苹果原料基地；在长江上中游、浙闽粤和赣南湘南桂北、鄂西湘西发展柑橘原料基地；在华南与西南热区、长江流域、黄土高原、云贵高原、北部高纬度、黄淮海与环渤海等地发展蔬菜原料基地；在长江流域、东南沿海、西南地区发展绿茶、乌龙茶等茶专用原料基地，在华南、西南热区发展热带水果原料基地。在东南沿海、环渤海等地以及西部地区分别建设速冻果蔬、果蔬浆及果蔬干制等初加工产业带；在热带、亚热带、东北地区建设果蔬制汁制罐及副产物高值化加工产业带；在河北、山西、山东、福建、浙江、广东、广西、江苏、新疆等地建设果蔬干制及营养健康食品加工产业带；在中原、西北、贵州及江浙闽地区等建设茶饮料及速溶茶加工产业带。在新疆、长江及黄河流域等棉花主产区和广西、云南等糖料主产区，发展优质原料基地及加工产业带。推动果蔬茶原料企业电子商务平台及物流体系建设，积极拓展"农产品生产＋精深加工＋休闲旅游"的融合模式，大力发展休闲农业。

3. 养殖产品优势区。在养殖产品优势区，进一步加强加工原料基地建设，大力发展产地初加工和高值化综合利用，物流体系和信息网络共享平台。稳步推进养殖标准化和适度规模养殖，在东北、中部、西南的生猪主产区，在中原、东北、西北、西南的肉牛主产区，在中原、中东部、西北、西南的肉羊主产区，在东北、内蒙古、华北、西北、南方和大城市郊区奶业主产区，在华北、长江中下游、华南、西南、东北等肉禽优势产区，在华东、华北、华中、华南、西南禽蛋主产区，分别建设肉、奶、蛋制品优质原料生产基地。在沿海地区积极保护滩涂生态环境，鼓励发展生态养殖、深水抗风浪网箱养殖和工厂化循环水养殖，开展海洋牧场建设，拓展外海养殖空间，打造生态"海上粮仓"，提供优质海产品食材。在内陆地区稳定宜养区域养殖规模，充分利用稻田、低洼地和盐碱地资源，积极发展生态健康养殖，建设优质淡水产品生产基地。在沿海和长江中下游地区建设优质水产品加工产业带。推动产学研结合，大力推进技术创新与先进装备研发与推广，建立市场导向、资源聚集的加工产业集群。在原料主产区建立初加工和高值化综合利用产业带。

4. 大中城市郊区及都市农业区。在京津冀、长三角、珠三角、东南沿海、长江经济带等大中城市郊区及都市农业发展区建立主食加工、方便食品加工、休闲食品加工产业带以及农产品精深加工与综合利用产业带，培育一批大型农产品加工企业、产业园区，形成具有国际竞争优势的产业带。结合大中城市郊区及都市农业区农业资源及农产品加工产业带，创新农业文化、农耕（渔事）体验、教育科普、生态观光、人文创意、饮食文化、生活服务、餐饮服务等休闲农业和乡村旅游发展模式，鼓励建设中央主食厨房、休闲农园、农产品及加工品的仓储物流设施及配送体系、网上营销等设施平台，满足城乡居民多元化、个性化的消费需求。

5. 贫困地区。实施精准扶贫、精准脱贫，立足当地资源优势，因地制宜发展农产品加工、休闲农业和乡村旅游，探索支持贫困地区、革命老区、民族地区、边疆地区和生态涵养地区的产业扶贫新模式，加快农村贫困劳动力向加工业、休闲农业及服务业的转移。以农民合作社、企业等新型经营主体为龙头，立足当地资源，与农户建立稳固的利益联结机制，发展农产品生产、加工、储藏保鲜、销售及休闲、服务等融合经营，确保贫困人口精准受益。适当集中布局，培育重点产品，以县为单元建设特色产业基地，以村（乡）为基础培植特色拳头产品，实现就地脱贫，提高扶贫实效。

（二）融合发展重点产业结构

1. 粮棉油糖加工业。依托我国粮棉油糖资源与产业优势，着力建设优质粮棉油糖原料基地，大力培育推广粮油加工专用品种；健全粮棉油糖加工科技创新体系，积极推动粮棉油糖产地初加工、精深加工、副产物综合利用以及传统食品工业化，提升粮棉油糖加工企业节能降耗、提质增效的水平与能力；适应市场消费需求，丰富粮棉油糖加工产品种类，改善供给产品结构与质量；建立粮油加工产品信息平台、交易市场，发展新型商业营销模式；推行低温储粮、散粮流通的粮食贮运模式，借助互联网、物联网等信息技术，大力推进智能仓储、智能物流。

2. 果蔬茶加工业。依托我国原料资源优势和气候特点，加强不同地区果蔬茶加工专用原料基地建设，提升果蔬茶加工冷链技术及设施装备水平。积极发展果蔬鲜榨汁、浓缩果浆和新型罐头加工；发展节能提质果蔬干制、速冻果蔬、鲜切果蔬、食用菌等加工和果酒酿造、果蔬副产物综合利用技术；调整茶叶加工产品结构，加大精深加工产品比重，开发茶饮料、功能性茶产品，加强茶资源高效利用。

3. 畜禽加工业。加快推进畜禽适度规模养殖，建设优质原料生产基地，提高主要畜产品自给水平和产品质量。大力推进畜禽屠宰工艺升级，淘汰落后产能；强化减损降耗、分等分级，中式肉制品加工技术革新与工业化装备研制与推广，着重开展骨、血、脏器和皮毛羽等畜禽副产物的综合利用；发展适合不同消费者需求的特色乳制品和功能性产品；重点推广洁蛋加工技术，开发专用蛋液、蛋粉等系列产品。结合物联网、移动互联网、云计算等信息化技术，完善仓储（冷链）物流建设，提高产品可追溯性，保障食品安全。

4. 水产品加工业。培育组织化、标准化、品牌化、优质化、信息化水产品产业链。开展传统水产品加工产业的升级改造；开发标准配方预制食品、预包装食品、方便食品、休闲食品、功能性食品等现代水产食品，提高淡、海水产品精深加工和高效利用产品的比例；实现水产品加工的自动化、智能化、信息化、品牌化。发展种类齐全、功能完备、技术先进的水产品现代冷链物流体系。

5. 休闲农业和乡村旅游。依托农村绿水青山、田园风光、乡土文化等资源，有规划地开发休闲农庄、乡村酒店、特色民宿、自驾车房车营地、户外运动等乡村休闲度假产品，大力发展休闲度假、旅游观光、养生养老、创意农业、农耕体验、乡村手工艺等，促进休闲农业的多样化、个性化发展。依托农业文化遗产、传统村落、传统民居，发展具有历史记忆、地域特点、民族风情的特色小镇，建设一村一品、一村一景、一村一韵的美丽村庄和宜游宜养的森林景区。整合优化、重点打造点线面结合的休闲农业品牌体系。

（三）农产品加工园区和产业融合先导区建设

1. 农产品加工园区。结合优势特色农产品区域和现代农业示范区布局规划，对农产品加工业整体以及加工园区进行科学合理的布局，引导产业向重点功能区和产业园区集聚。坚持集聚发展和融合互动，打造集专用品种、原料基地、加工转化、现代物流、便捷营销为一体的农产品加工园区，培育标准化原料基地、集约化加工园区、体系化物流配送和营销网络"三位一体"、有机衔接、相互配套、功能互补、联系紧密的农产品加工产业集群，以资产为纽带，以创新为动力，通过产业间相互渗透、交叉重组、前后联动、要素聚集、机制完善和跨界配置，实现园区

内部产业有机整合、紧密相连、一体推进，形成新技术、新业态、新商业模式，带动资源、要素、技术、市场需求在农村的整合集成和优化重组，最终实现产业链条和价值链条延伸、产业范围扩大、产业功能拓展和农民就业增收，努力提升农产品加工园区建设水平，为农产品加工业创新发展和转型升级提供有力支撑。

2. 产业融合先导区。以农产品加工园区、现代农业示范区、都市现代农业样板区、农业产业化示范基地、休闲农业和乡村旅游示范县为载体，推动产业融合试点示范。组织实施试点示范项目，在粮食主产区、特色优势农产品产区、老少边穷地区、加工业优势区，优先培育一批产业融合先导区。在标准化原料基地、集约化加工园区和体系化物流配送及市场营销网络等开展产业融合先行先试，促进各有关产业和环节交叉融合、相互配套、功能互补、联系紧密，促进城（镇）区、加工园区、原料产区互动发展，吸引人口聚集和公共设施建设。重点支持新型农业经营主体发展加工流通和直供直销，建设原料基地和营销设施、休闲农业及电子商务公共服务设施、农产品及加工副产物综合利用设施。通过培育示范，探索路径、总结经验，不断提升产业融合发展总体水平，逐步形成产业链条完整、功能多样、业态丰富、利益联结紧密、产城融合更加协调的新格局。

五、重大工程

认真组织实施专用原料基地建设、农产品加工业转型升级、休闲农业和乡村旅游提升、产业融合试点示范等重大工程，为促进农业提质增效、农民就业增收、农业现代化和农村繁荣稳定提供有力支撑。

（一）专用原料基地建设工程

组织实施专用原料基地建设工程，在确保谷物基本自给、口粮绝对安全的前提下，与市场需求相适应、与资源禀赋相匹配，为

农产品加工业、休闲农业和乡村旅游等产后环节提供优质农产品。重点开展专用品种、原料基地、农产品生产标准化等建设。工程内容详见专栏1。

专栏1 专用原料基地建设工程

1. 培育专用品种，发展原料基地。加强基础设施条件建设，开展农产品加工特性研究，推进良种重大科研联合攻关，培育和推广一批适应机械化生产、优质高产多抗广适、适合精深加工、休闲采摘的新品种。加大投入力度，整合建设资金，创新投融资方式，支持企业与农户多种形式合作，鼓励社会资本发展适合企业化经营的现代种养业，建设一批专用原料基地。

2. 推进农产品标准化生产。推进农业标准化示范区、园艺作物标准园、标准化规模养殖场（小区）、水产健康养殖示范县（场）建设，发展无公害农产品、绿色食品、有机农产品和农产品地理标志产品，加快健全从农田到餐桌的农产品质量和食品安全监管体系，实现农产品生产标准化、专业化、规模化，为农产品加工、流通提供质量安全的原料来源。

（二）农产品加工业转型升级工程

组织实施农产品加工业转型升级工程，促进农产品加工业与农村产业交叉融合发展。以转变发展方式、调整优化结构、提高质量效益为主线，推动规模扩张向质量提升、要素驱动向创新驱动、分散布局向集聚发展转变，更加注重发展质量和效益、供给侧结构性改革、促进绿色生产方式、消费方式、资源环境和集约发展，构建政策扶持、科技创新、人才支持、公共服务、组织管理等体系，在初加工、精深加工技术集成、副产物综合利用、主食加工、质量品牌提升、加工园区建设等重点领域取得新突破新进展新成效。工程内容详见专栏2。

专栏2 农产品加工业转型升级工程

1. 农产品产地初加工设施建设。通过实施农产品产地初加工补助政策，引导各地在农产品优势产区，集中连片建设一批农产品产地初加工设施，促进当地农产品减损提质、农民就业增收、农产品市场稳定供应、农业产业链延伸和产业融合发展。力争到"十三五"末，进一步扩大补助资金规模和实施区域，新增果蔬贮藏能力800万吨、果蔬烘干能力260万吨，实现"减损增供、农民增收、农业增效、品质提升"的目标。

2. 主食加工业能力建设。以促进粮食等主要农产品的加工转化、满足城乡居民食物消费升级的多样化需求为目标，加快发展主食加工业，鼓励发展农产品生产、保鲜及食品加工、直销配送或餐饮服务一体化经营，在农产品产地和大中城市郊区培育主食加工产业集群，建设一批技术水平高、带动力强的主食加工示范企业和主食加工产业集聚区，实现相关产业融合发展。力争通过5年努力，在大中城市郊区，发展1000个为城乡居民生活配套的中央厨房；在县级区域，发展2000个为县域居民生活配套的传统面米等谷物类主食加工生产线；在优势农产品产地，发展300个预制菜加工项目。

3. 质量品牌提升。实施农产品加工业质量品牌提升行动。大力提升标准化生产能力，制定和完善相关标准，引导企业严格执行强制性标准，积极采用先进标准，推行标准化生产。大力提升全程化质量控制能力，鼓励企业开展先进的质量管理、食品安全控制等体系认证，逐步建立全员、全过程、全方位的质量管理制度，实现全程质量管理和控制。大力提升技术装备创新能力，加强企业原始创新和引进吸收再创新。大力提升品牌培育创建能力，加快培育一批能够展示"中国制造"和"中国服务"优质形象的品牌。

4. 农产品加工技术集成基地建设。面向农产品主产区农产品加工转化和县域发展农产品精深加工，以解决粮油、果蔬茶、畜产品和水产品等农产品加工产后损失严重、综合利用率低、水耗能耗高、自动化程度低、风味与营养成分损失严重等技术难题为重点，有效整合全国农产品加工科技资源，依托国家农产品加工技术研发体系及其具有较强研究基础的科研机构，通过中央投资为主的方式建设农产品加工技术集成基地，开展共性关键技术工程化研究和核心装备创制，孵化形成一批"集成度高、系统化强、能应用、可复制"的农产品加工成套技术装备，提升农产品加工集成创新与熟化应用的科研能力，满足农产品加工企业共性关键技术需求。到2020年，力争建成40个农产品加工技术集成基地。

5. 农产品加工综合利用试点示范。以农产品及加工副产物综合利用试点县、试点园区、试点企业为重点，以财政贴息和税收减免为杠杆，撬动金融资本和社会资本投入，引导和促进副产物的产地资源化利用。着力开展秸秆、粮油薯、果蔬、畜禽、水产品加工副产物的循环利用、全值利用和梯次利用，集成、示范和推广一批综合利用成熟技术设备，通过工程、设备和工艺的组装物化，对秸秆微生物腐化有机肥及过腹还田、稻壳米糠、等外果及废渣、畜禽骨血、水产品皮骨内脏等进行综合利用试点推广，完善产品标准、方法标准、管理标准及相关技术操作规程等。

（三）休闲农业和乡村旅游提升工程

组织实施休闲农业和乡村旅游提升工程，拓展农业多功能。以建设美丽乡村美丽中国为目标，依托农村绿水青山、田园风光、乡土文化等资源，强化规划引导，注重规范管理、内涵提升、公共服务、文化发掘和宣传推介，积极扶持农民发展休闲农业专业合作社，引导和支持社会资本开发农民参与度高、受益面广的休闲旅游项目，推动休闲农业和乡村旅游提档升级。重点抓好文化遗产保护、培育特色品牌，推进基础设施、接待配套设施、展示场所等建设改造，让广大城乡居民养眼养胃养肺养心养脑，为其提供看得见山、望得见水、记得住乡愁的高品质休闲旅游体验，促进美丽中国和健康中国建设。工程内容详见专栏3。

专栏3　休闲农业和乡村旅游提升工程

1. 推动休闲农业基础和配套服务设施改造。引导各地采取以奖代补、先建后补、财政贴息、设立产业投资基金等方式，在城市周边、景区周边、沿海沿江、传统特色农区、扶贫攻坚地区，扶持建设一批功能完备、特色突出、服务优良的休闲农业聚集村和休闲农业园。着力改善休闲旅游重点村进村道路、宽带、停车场、厕所、垃圾污水处理等基础和配套服务设施。实现特色农业加速发展、村容环境净化美化和休闲服务能力同步提升。

2. 加大休闲农业和乡村旅游品牌培育。重点打造"3+1+X"的休闲农业和乡村旅游品牌体系。"3"是，在面上，继续开展全国休闲农业和乡村旅游示范县（市、区）创建，着力培育一批生态环境优、产业优势大、发展势头好、示范带动能力强的休闲农业与乡村旅游集聚区；在点上，继续开展中国美丽休闲乡村推介活动，在全国打造一批天蓝、地绿、水净、安居、乐业、增收的美丽休闲乡村（镇）；在线上，重点开展休闲农业和乡村旅游精品景点线路推介，吸引城乡居民到乡村休闲消费。"1"是，着力培育好农业文化遗产品牌，推动遗产地经济社会可持续发展。"X"是，鼓励各地因地制宜开展农业嘉年华、休闲农业特色村镇、星级户、精品线路、农业主题公园等形式多样的创建与推介活动，培育地方品牌。

3. 加强中国重要农业文化遗产保护。按照"中央支持、地方配套、农民参与"的思路，以保护、修复为核心，以能力提升为重点，通过遗产资源普查与评估、动态监测、核心区保护设施建设和基础条件改善、传统农业优良技术的挖掘保护、宣传推介、品牌培育和遗产地自我发展能力提升等工作，确保农业文化遗产的长久传承和可持续发展，构建重要农业文化遗产动态保护与传承机制。

（四）产业融合试点示范工程

组织实施产业融合试点示范工程，促进农村产业深度融合发展。以培育融合发展载体、探索融合发展模式、完善融合发展机制为主要任务，通过规划引导、政策扶持、项目支持、营造氛围等有力措施，积极开展产业融合示范点和先导区建设，加快形成产业融合发展的新技术、新业态、新模式。工程内容详见专栏4。

专栏4　产业融合试点示范工程

1. 推动产业融合试点示范。采取政府引导、市场运作、多方参与的方式，鼓励和支持农业产业化龙头企业、农民合作社、家庭农场和物流企业、农产品电商平台、专业协会等积极开展种养加结合型、农产品加工业引领型、休闲农业带动型、"互联网＋"支撑型、产业园区整合型等多种产业融合模式的试点示范，完善利益联结机制，让农民从产业链增值中获取更多利益，合理分享初级产品进入加工销售领域后的增值利润。"十三五"期间，总结推广一批产业融合典型模式，推动形成一批产业融合新型业态，选择适合融合、有基础、有优势、成规模的重点产业和区域进行试点示范。

2. 实施产业融合百县千乡万村试点工程。配合有关部门共同推进试点工程实施，建设100个示范县、1 000个示范乡、10 000个示范村，实现各类规模种养区、加工区、物流区、流通区无缝对接融合，农业综合效益明显高于一般地区。

3. 创建产业融合先导区。结合实施产业融合百县千乡万村试点工程和新型城镇化，依托农产品加工业园区、休闲农业园区、现代农业示范区和农业产业化示范基地等平台，示范创建一批产业融合先导区。鼓励和支持产业融合先导区进行体制机制创新，开展宅基地入股等试点，改革集体经济经营管理体制，探索产业融合政策扶持措施。鼓励和支持产业融合先导区以市场需求为导向，大力发展特色种养业、农产品加工业、农村服务业，形成一村一品、一乡（县）一业。鼓励和支持产业融合先导区积极利用"大数据"和"互联网＋"等先进信息技术，大力发展网络营销、在线租赁托管、食品短链、社区支农、电子商务、体验经济等多种新型业态。

4. 支持优势特色产区和贫困地区产业融合发展。采用先建后补、以奖代补、贷款贴息和产业基金等方式，以能够让农民分享增值收益的新型经营主体为扶持对象，重点支持鼓励主产区和贫困地区农民合作社兴办加工流通、加工流通企业与农民股份合作建设标准化原料基地、休闲农业公共设施建设、电子商务企业建设配送体系等。

六、保障措施

(一) 加强组织领导

各级农业部门要站在经济社会发展全局的高度，充分认识发展农产品加工业和产业融合的重要性和紧迫性，把加快发展农产品加工业，促进产业融合发展摆上重要议事日程，作为现代农业建设的重要任务，作为全面建成小康社会的重大举措，作为推进城乡发展一体化的突破口，给予高度重视，纳入当地国民经济发展规划和农业农村经济发展规划。要按照中央的要求，统一思想，加强领导，理顺部门分工，密切协作配合，转变工作方式，调动社会力量，确保各项任务落实到位，切实推进农产品加工业和产业融合健康发展。

(二) 完善产业扶持政策

设立产业融合发展引导专项资金，重点支持农民、农民合作社开展农产品产地加工、产品直销和农家乐，支持农业产业化龙头企业与农户建立紧密的利益联结机制。扩大农村产业融合试点示范资金规模和专项投资产业基金规模。扩大农产品产地初加工政策的资金规模，拓展支持内容和范围，初加工用电享受农用电政策，鼓励地方将农产品初加工产品列入绿色通道。国家农业综合开发资金、现代农业生产发展资金、扶贫开发资金等涉农项目，要将产业融合发展作为重点内容，给予支持。加大粮棉油糖等重要农产品初加工机械农机购置补贴力度。进一步完善《享受企业所得税优惠政策的农产品初加工范围》。逐步扩大农产品加工企业进项税额核定扣除试点行业范围，尽快统一农产品加工进销项增值税税率，解决农产品加工业增值税高征低扣问题。加快构建覆盖全国的农业信贷担保体系，重点支持新型农业经营主体发展农产品生产、加工、流通和服务、休闲农业和乡村旅游，促进产业融合发展。在严格保护耕地的前提下，对各类新型农业经营主体建设产后流通、加工配套、休闲农业和乡村旅游设施用地，出台专门政策，解决用地难问题。

(三) 深化体制机制改革

深化农村改革，完善要素市场，充分发挥市场在资源配置中的决定性作用。加快农村承包土地确权颁证，完善土地所有权、承包权和经营权分置办法，健全土地经营权流转市场。深化农村集体建设用地制度改革，加快形成城乡一体的土地市场。注意加强对工商资本租赁农户承包地的准入、监管和风险防范。加快农村金融体制改革，引导和鼓励商业性金融机构支持农产品加工业和流通服务业发展，探索加大长期资金投入。健全农业政策性保险，构建农业风险防范体系，降低自然风险和市场风险对农业生产和产后加工、流通环节的影响。积极发展行业协会、技术创新或产业联盟，发挥各类社会组织的桥梁纽带作用，促进经济、技术等要素的深度融合，推动跨领域跨行业协同创新、协调发展。深化农产品加工业行业管理体制改革，加强部门、行业、地区之间的协作配合，形成推动产业融合发展的合力。

(四) 强化公共服务体系建设

各级主管部门要积极搭建各类公共服务平台，为发展农产品加工业和产业融合创造有利条件。加快全国农产品加工技术研发体系建设，开展协同攻关，研发推广农产品加工共性关键技术。搭建农产品加工对接平台，为农产品加工企业提供专用原料、技术改造、产品开发、市场营销、融资贷款、参股并购等配套服务。搭建农民创业创新平台，建设农民创业创新园，培育产业融合主体，为农民创业提供场地、技术支持和学习实践基地，开展创业展示、创业辅导、创业培训、创业大赛等活动。搭建行业运行分析和监测预警平台，建立专家队伍，完善数据库，加强信息发布，指导行业和企业发展。依托各类农业科研、推广项目和农业高等教育、农民职业教育、人才培训工程等平台，加强农产品加工业和产业融合人才培养，建设一支熟悉行业情况、充满农业情怀、具备现代市场管理素质的专业技术和经营管理等复合型人才队伍，为产业融合发展提供人才保障。

（五）激发农民创业创新活力

加大对农民创业创新扶持力度，实施农民创业创新行动计划、农村青年创业富民行动、农民工等人员返乡创业行动计划，大力培养新型职业农民，为农产品加工业与产业融合发展提供可靠保障。积极落实和创新政策，确保定向减税和普遍性降费政策的落实，促进强农惠农富农及"三农"金融支持的一

系列政策措施向返乡创业创新群体重点倾斜；培育一批创业创新带头人和辅导师，认定一批为返乡创业人员提供实习和实训服务的见习基地，树立一批农民创业创新典型，选拔一批有思想、有文化，敢闯敢干、勤于耕耘、敢为人先的农民创业创新带头人，示范带动农民创业创新。

（六）营造产业融合发展良好社会环境

加强分类指导，因地制宜，探索产业融合发展好经验、好典型、好模式。围绕规划目标任务，制定分工落实方案，强化责任考核，开展动态监测，加大督促检查，加强绩效评价和监督考核。通过传统媒体和新媒体加强宣传，深入贯彻各项强农惠农政策和本规划主要内容，宣传产业融合发展的重要作用，引导社会各方面提高对产业融合发展的认同，积极引导社会舆论，营造全社会共同关注、协力支持产业融合发展的良好氛围，努力把规划确定的目标任务落到实处。

国家粮食局关于加快推进粮食行业供给侧结构性改革的指导意见

国粮政〔2016〕152号

各省、自治区、直辖市及新疆生产建设兵团粮食局：

推进供给侧结构性改革，是以习近平同志为总书记的党中央深刻把握我国经济发展大势作出的战略部署，是适应和引领经济发展新常态的重大创新，具有很强的现实意义和深远的战略意义。当前，国内粮食市场运行多重矛盾交织、新老问题叠加，部分粮食品种阶段性供过于求特征明显，粮食流通服务和加工转化产品有效供给不足，粮食"去库存"任务艰巨，现行收储制度需加快改革完善等等，充分说明我国粮食领域的主要矛盾已经由总量矛盾转变为结构性矛盾，矛盾的主要方面在供给侧。推进粮食行业供给侧

结构性改革，是破解当前粮食领域结构性、体制性矛盾，促进粮食产业转型发展提质增效，构筑高层次国家粮食安全保障体系的迫切要求和必然选择。为加快推进粮食行业供给侧结构性改革，促进粮食流通事业持续健康发展，切实保障国家粮食安全，提出如下指导意见。

一、总体要求

（一）指导思想

全面贯彻落实党的十八大和十八届三中、四中、五中全会精神，深入学习贯彻习近平总书记系列重要讲话精神，牢固树立并认真贯彻"五大发展理念"，深入贯彻国家粮食安

全战略，紧紧围绕中央关于推进供给侧结构性改革的决策部署，以推动粮食流通领域转方式、调结构、去库存、降成本、强产业、补短板为方向，以全面落实粮食安全省长责任制、改革完善粮食流通体制和收储制度、发展粮食产业经济、加快粮食流通能力现代化为重点，促进粮食产品和服务供给质量效率的大力提升，促进粮食行业向现代发展模式的积极转变，促进粮食供需平衡向高水平的快速跃升，着力构建动态开放、稳健可靠、运转高效、调控有力的粮食安全保障体系。

（二）基本原则

坚持供需结合、互促共进。进一步调优供给结构，减少无效和低端供给，增加有效和中高端供给，催生和培育新的市场需求，切实增强粮食产品供给和需求结构的匹配度、适应性，实现更高层次的粮食供需动态平衡。

坚持问题导向、精准发力。着眼于粮食产需、收储制度、产业经济、产品结构、流通服务等方面的深层次矛盾，找准改革的切入点和突破口，着力补齐短板、破解瓶颈，推动粮食行业持续健康发展。

坚持改革创新、激发动能。坚持市场化改革取向，突出创新驱动，完善体制机制，优化发展环境，矫正要素配置扭曲，充分调动地方政府、多元市场主体和种粮农民的积极性，形成改革发展合力，让各类要素资源活力竞相迸发，把粮食资源优势转化为经济发展优势。

坚持统筹推进、分类指导。把粮食行业供给侧结构性改革放在经济社会发展大局中统筹谋划、协调推进，把握好改革的方向、节奏和力度。围绕国家"一带一路"、京津冀协同发展、长江经济带三大战略，统筹利用好国内外两个市场两种资源。结合不同地区、不同品种、不同企业的实际情况，因地制宜、分类施策，强化指导，务求实效。

（三）主要目标

——粮食安全保障能力明显增强。加快推进粮食收储制度改革，充分发挥流通对生产的引导和反馈作用，推动粮食种植结构调整优化；健全完善相关制度保障体系，保障农民种粮合理收益，促进粮食生产稳定发展；着力提升粮食流通社会化服务水平，加强粮食科技创新，加快构建更高层次、更高质量、更高效率的国家粮食安全保障体系。

——粮食流通能力现代化水平显著提升。加快实施"粮安工程"，加强现代粮食仓储物流设施建设和行业信息化建设，补齐粮食流通短板，降低成本，提升效率，更好地满足粮食资源快速集散、顺畅流通、高效配送的需要。

——粮食产业经济持续健康发展。以粮食加工转化为引擎，促进产收储加销有机融合，激发粮食产业经济发展活力，推动粮食行业转型升级、提质增效，加快实现抓收储、管库存、保供应、稳市场和强产业、活经济、稳增长、促发展"双轮驱动"。

——粮食产品供给结构更加优化。以市场需求为导向，加快产品供给结构调整，强化中高端产品和精深加工产品等有效供给，提供适销对路、品种丰富、质量安全、营养健康的粮油产品，满足人民群众日益增长的优质粮油产品消费需求。

二、重点任务

（一）完善粮食收储体制机制

1. 改革完善粮食收储制度。继续执行并完善稻谷、小麦最低收购价政策，积极稳妥推进玉米收储制度改革。理顺粮食价格形成机制，使价格真正成为反映市场供求的"晴雨表"。建立健全生产者补贴制度，切实保护好农民种粮积极性。

2. 进一步落实地方政府收储责任。认真落实粮食安全省长责任制，积极争取财政、信贷等支持政策，鼓励引导大中型粮食加工企业、饲料生产企业等入市，推动形成多元主体积极参与收购的粮食流通新格局，全力防止出现农民"卖粮难"。

3. 开展粮食产品品质提升行动。完善优质粮食评价标准体系，健全收获粮食品质测报制度，引导优质粮食生产。探索粮食收购新模式，鼓励通过优质优价、技术指导、代收代储等方式，积极引导农民增加优质粮食品种供给，增加种粮农民收益。

4. 打造农企利益共同体。积极发展"订单粮食"，鼓励粮食收储加工企业与专业合作社、家庭农场、种粮大户等新型农业经营主体签订收购合同。鼓励粮食收储加工企业积极吸收农民以土地经营权等方式入股，形成风险共担、收益共享、长期稳定的利益共同体。

（二）加快推动粮食"去库存"

5. 积极稳妥消化不合理粮食库存。加强对国内外粮食市场的综合分析研判，切实提高粮食"去库存"的预见性和精准性。充分发挥全国粮食统一竞价交易系统作用，综合考虑库存粮食结构、品质和市场需求等情况，灵活运用竞价销售、定向销售、邀标销售、轮换销售等多种方式，合理确定销售价格，科学安排库存粮食销售进度和次序。

6. 严防粮食"出库难"。督促指导承储企业、买方企业严格执行国家政策性粮食销售政策，确保销售粮食正常出库。对于设置出库障碍、额外收取费用、拍卖信息与实际不符、拒不执行交易规则、未按政策规定及时出库等各种"出库难"，进一步加大依法治理力度，确保顺利出库。

7. 加强出库粮食流向监管。对定向销售给淀粉、酒精、饲料等加工企业的粮食，加强从出库、中转到加工的全程监管，确保粮食流向和用途符合国家规定，坚决避免出现"转圈粮"、虚购虚销、转手倒卖、擅自改变用途等违规行为，坚决防止不符合食品安全标准的粮食流入口粮市场。

（三）大力发展粮食产业经济

8. 增加多元化定制化个性化粮食产品供给。加快推动主食产业化，适应家务劳动社会化要求，加快推进馒头、包子、米饭、米粉等传统米面制品的工业化、规模化、标准化生产，提升主食产品社会化供应能力，为广大城乡居民提供便捷、安全、营养、可口的主食产品。积极发展绿色全谷物、有机食品等中高端粮食产品，不断增加针对老年人、婴幼儿等特定人群的粮食产品供给，着力推动风味小吃和地方特色食品的工业化生产。

9. 加快发展粮食精深加工转化。依托粮食资源优势，加快科技攻关，完善粮食精深加工转化产业体系和产品链条，实现粮食资源的高效利用和提质增效。加大自主开发和生产投入力度，着力增加化工、医药、保健等领域所需粮食精深加工产品的有效供给，逐步补齐产品短板，提升国际市场竞争力。

10. 扶持壮大骨干粮食企业。继续深化国有粮食企业改革，积极发展混合所有制经济，集中力量做强做优做大各类骨干粮食企业。积极推广全产业链发展模式，培育一批集粮食生产、仓储、物流、加工、贸易于一体的综合性企业集团；突出比较优势，打造一批"高精尖"专业性企业集团。大力培育领军型产业集团，形成"走出去"合力，积极参与国际粮食分工和产业链再造，提升国际粮食市场影响力和话语权。

11. 实施品牌发展战略。推进现有粮食品牌整合，巩固发展一批质量好、美誉度高、消费者认可的粮食优质品牌。加大资金、技术支持力度，努力打造一批产品叫得响、质量信得过的粮油新品牌，大力提高优质粮油产品的市场占有率和企业核心竞争力。

12. 推动粮食产业集群发展。加强粮食产业基地和产业园区建设，吸引优势企业、先进技术、高端人才和资金不断涌入，充分发挥集聚、辐射和带动效应。注重发挥区域优势和特色，在优势产区发展若干粮食产业集群，形成优势互补、互利互惠、合作共赢的产业经济发展新格局。

13. 发展粮食循环经济。积极研发和推广应用生态环保、节能减排新技术、新装备、新工艺，大力提升粮油加工综合利用水平，增加产品附加值，培育新的经济增长点，不断提高粮食产业经济效益和生产效率。

14. 加快淘汰落后产能。因地制宜，加大兼并重组力度，积极稳妥处置长期亏损、资产负债率高、停产半停产的"僵尸企业"。加强分类指导和规划引导，加快淘汰高能耗、低水平、粗放式的落后加工产能。

15. 发展新型粮食经营业态。积极发展"互联网＋粮食"，鼓励粮食经营企业创新营销方式，加强"线上线下"融合的电商平台建设。鼓励粮食批发市场、连锁超市、放心粮店等开展电子商务，加快发展粮油网络经济，有效拓宽粮食营销渠道，提高供给效率。

（四）着力提升粮食流通社会化服务水平

16. 推广建设粮食产后服务中心。适应粮食生产适度规模化快速发展的需要，加大规划引导和政策扶持力度，以粮食收储加工企业为主体，加快建立集收购、储存、烘干、加工、销售、质量检测、信息服务等功能于一体的粮食产后服务中心，为新型农业经营主体提供全方位、多元化优质服务。

17. 完善"放心粮油"供应体系。加快实施"放心粮油"工程，健全规范的粮油加工配送渠道，完善"放心粮油"管理制度，推动"放心粮油"进社区、进学校、进军营、进乡村。

18. 完善粮食质量安全保障机制。全面贯彻《食品安全法》，按照从田间到餐桌全过程、可追溯管理要求，进一步落实粮食质量安全属地管理责任，加强对粮食流通各环节质量安全监管。加强粮食质量检验监测体系建设，提升粮食质量安全监管能力，确保监管无盲区。进一步加强粮食标准制修订，加快建成科学合理的新型粮油标准体系。推动建立污染粮食处置长效机制，做好不符合食品安全标准库存粮食的处置工作，严防流入口粮市场。探索建立问题粮食召回制度。

19. 提升市场信息服务水平。充分利用电视、报纸、网络、微信等媒体平台，及时发布市场供求、价格、贸易等信息，全面准确地释放市场信号，加强对农民、经纪人、收储加工企业等多元市场主体的正面引导，积极发挥市场信息在实施供给侧改革、服务宏观调控中的重要作用。

（五）推动粮食流通能力现代化建设

20. 统筹推进粮食仓储设施建设。以优化布局、调整结构、提升功能为重点，改建、扩建和新建粮食仓储设施，提高机械化、自动化程度高的仓型比例，将粮食收储能力保持在合理水平。积极推动粮食仓储管理能力现代化建设，大力提升管理水平。加大对粮食烘干、整理和质检设施设备的投入，进一步提升仓储设施功能。

21. 加快粮食现代物流体系建设。紧密结合"一带一路"、京津冀协同发展、长江经济带三大战略，加快完善"八大粮食物流通道"，优化"两横五纵"重点线路。支持建设一批粮食接发设施，支持建设一批中转仓、铁路专用线、内河沿海码头，支持建设一批重要物流节点项目和综合性物流园区。加强粮食物流新技术的研发应用，推广新型专用运输工具及装卸设备，着力打通粮油配送"最后一公里"。

22. 全面推动行业信息化建设。加快推进信息化和粮食行业发展深度融合，广泛运用大数据、云计算、物联网等现代信息技术手段改造传统粮食行业，加快推进"粮安工程"智能化升级改造，推动现代信息技术在粮食收购、仓储、物流、加工、供应、质量监测监管等领域的广泛应用，消除"信息孤岛"，实现互联互通。

23. 加强粮食应急供应能力建设。完善粮食应急预案，健全应急工作机制，强化组织领导和统筹协调，加强粮食应急加工企业、储备设施和配送中心等配套建设，充实成品粮储备，逐步建成布局合理、设施完备、运转高效、军民兼融、保障有力的粮食应急供应保障体系。

（六）进一步强化粮食科技、人才重要支撑作用

24.加快推动科技创新。充分发挥国家公益性科研机构的骨干和引领作用，加快建设高水平、有特色的现代科研院所。积极构建粮食科技协同创新平台，加快建设粮食产后领域国家工程实验室及重点实验室，加快建立"粮食产业科技专家库"，培育和集聚一批粮食科研创新团队。坚持战略导向和问题导向，注重原始创新和集成创新相结合，注重引进国外先进技术和自主创新相结合，加快在粮油共性关键核心技术和新产品新装备方面取得突破。

25.加强科技成果转化应用。加快推广应用低温及准低温储粮，充氮、惰性粉、多杀菌素等虫霉绿色防治，平房仓负压横向通风等储粮新技术，以及粮食污染监测、现场快速检验、真菌毒素和重金属消减等质量安全保障新技术。建立粮食行业科技成果转化对接服务平台，广泛征集行业技术难题和科技需求，促进粮食科技创新成果与需求对接、科研机构科研人员与企业合作对接，探索科技成果转化多方共赢模式，加强先进适用、安全可靠、经济节约的粮食科技成果转化和推广应用，早日形成现实生产力。

26.充分发挥企业创新的主体作用。落实国家鼓励和支持企业自主创新的政策，支持企业建设技术中心，鼓励企业加大研发投入，引导创新要素向企业集聚，增强企业创新动力、创新活力、创新能力。加快培育和认定一批科技创新型示范企业，支持大型粮食企业与有关单位联合组建粮食产业技术创新战略联盟。

27.加强行业人才培养。全面落实人才兴粮战略，合理确定人才培养结构层次，建立产学研用融合发展的技术技能人才培养模式。积极培育国家级高层次领军人才，加快建立粮食行业"首席科学家（研究员）"制度，大力培养粮食行业中青年领军人才和团队。采取与粮食行业高等院校联合办学、委托培养、在职进修等方式，加快培养基层一线紧缺急需的专业技术人才和实用型人才。积极开展在职干部轮训，全面提升干部职工队伍素质。实施开放的人才引进机制，加大重点人才引进力度。

三、保障措施

（一）强化组织保障。各级粮食行政管理部门要高度重视，把推进粮食行业供给侧结构性改革摆在突出位置，结合本地实际制定改革工作方案，精心组织、周密安排，构建起层层分工负责、上下齐抓共管的工作格局。要加强与有关部门的沟通衔接，积极推动建立部门工作协调机制，密切配合、通力合作，形成推进改革的强大合力。

（二）加强信贷支持。突出发挥农业发展银行政策性银行作用，加强与其他政策性银行和各类金融机构的多层次合作，鼓励金融机构创新金融支持方式，提高金融服务效能，拓宽企业融资渠道，为粮食企业开展购销、加工等业务创造良好的金融信贷环境。

（三）加大投入力度。积极争取财政、税收、金融等相关政策支持，统筹使用好各类发展资金，加大产业经济发展、粮食仓储物流设施和行业信息化建设、重点领域科技攻关和粮食人才培养等方面的投入力度，为推进粮食行业供给侧结构性改革创造良好条件。

（四）突出项目支撑。统筹谋划、积极推进国家"粮安工程"建设规划、粮食行业"十三五"发展规划以及各地相关规划中明确的行业发展重点项目，加快建设进度，提高项目质量，确保项目建设取得实效，为推动行业供给侧结构性改革提供有力支撑。

（五）严格督查考核。按照粮食安全省长

责任制考核有关规定和要求，加强对涉及粮食行业供给侧结构性改革的有关措施推进落实情况的督查考核，确保各项改革任务落到实处、见到实效。

国家粮食局
2016 年 7 月 12 日

河北省人民政府办公厅关于发挥品牌引领作用推动供需结构升级的实施意见

冀政办字〔2016〕160 号

各市（含定州、辛集市）人民政府，各县（市、区）人民政府，省政府各部门：

为贯彻落实《国务院办公厅关于发挥品牌引领作用推动供需结构升级的意见》（国办发〔2016〕44 号）精神，全面提升我省品牌的质量水平，更好发挥品牌引领作用，推动供给结构和需求结构升级，经省政府同意，提出如下实施意见：

一、总体目标

到 2020 年，河北品牌质量进一步提升，市场美誉度和占有率进一步扩大，形成一批知名品牌和区域名牌。品牌建设基础进一步夯实，品牌培育能力显著增强，培育一批质量水平高、创新能力强、具有核心竞争力的省名优产品和服务名牌。全省中国驰名商标数量达到 300 件以上，省著名商标数量达到 5 000 件以上，地理标志商标数量达到 50 件以上；省名牌产品数量达到 1 500 项以上（中小企业名牌产品数量达到 800 项以上），省优质产品数量达到 1 200 项以上，省服务名牌数量达到 350 项以上，国家地理标志产品达到 84 个以上；终端产品比例明显提高，发展环境进一步优化，品牌建设和保护进一步加强，形成一批特色鲜明、竞争力强、市场信誉好的区域特色品牌和制造业名牌。

二、主要任务

（一）实施品牌基础建设工程。

1. 加快提升产品质量水平。以实施质量强省战略为契机，着力推进制造业、农业、服务业质量提升，提高供给体系质量和效率。以食品、纺织服装和轻工等消费者普遍关心的产品为重点，开展消费品工业"三品"专项行动和质量提升工程，不断提高消费品质量档次和附加值。开展重点工业产品质量提升专项行动，优化产品结构，提高新产品贡献率，增强产业核心竞争力和质量效益。深入推广卓越绩效、六西格玛、精准生产、质量诊断、质量持续改进等先进生产管理模式和方法，实施质量激励政策，提高产业链整体水平。注重农产品质量提升，提高高端绿色产品比重，培育国家级区域公用品牌，增加主要农产品京津市场占有率。在旅游等重点领域开展服务质量提升专项行动，开展服务质量监测分析，探索建立优质服务承诺标志与管理制度、顾客满意度评价制度，促进服务市场标准化、规范化、国际化。（责任单位：省工业和信息化厅、省农业厅、省质监局、省食品药品监管局、省旅游发展委、省发展改革委）

2. 推行更高质量标准。加强省地方标准制修订工作，围绕京津冀协同发展战略实施、战略性新兴产业发展、传统产业转型升级、节能环保、生态文明、服务业发展等重点领域制修订一批地方标准，推动地方标准与国际标准接轨。引导和鼓励企业制定高于国家或行业标准的企业标准，推动具有核心竞争力的专利技术转化为标准并推广实施。加快开展团体标准试点等工作，满足创新发展对标准多样化的需要。实施企业产品和服务标准自我声明公开和监督制度,接受社会监督,提高企业改进质量的内生动力和外在压力。(责任单位:省质监局)

3. 提升检验检测能力。加强战略性新兴产业、装备制造业等重点产业的检验检测能力建设,提升药品、农产品、食品、环境保护、工程建设、交通运输等领域检验检测技术装备水平。加快具备条件的经营性检验检测认证事业单位转企改制,稳步推进检验检测机构跨层级、跨行业整合,推动检验检测认证服务市场化进程。打破部门垄断和行业壁垒,在重点开发区或产业集聚区建设政府检验检测公共服务平台,引导和鼓励民营企业和其他社会资本投资检验检测领域,支持具备条件的生产制造企业面向社会提供检验检测服务。营造检验检测机构平等参与竞争的良好环境,尽快形成一批具有权威性和公信力的第三方检验检测机构。加强计量基础标准建设和标准物质研究,推进先进计量技术和方法在企业广泛应用。(责任单位:省质监局、省食品药品监管局、省环境保护厅、省住房城乡建设厅、省交通运输厅)

4. 搭建持续创新平台。加强研发机构建设,支持有实力的企业牵头开展行业共性关键技术攻关,加快突破制约行业发展的技术瓶颈,推动行业创新发展。鼓励轻工、纺织、食品等行业具备条件的企业建设产品设计创新中心,提高产品设计能力,针对消费趋势和特点不断开发新产品。支持装备、石化、原材料等行业重点企业利用互联网技术建立大数据平台,动态分析市场变化,精准定位市场需求,开展制造模式和创新服务创新。充分利用京津创新资源,联合开展重大科技项目攻关,共建一批产业技术创新联盟,加速科技成果转化,催生经济发展新动能。(责任单位:省科技厅、省工业和信息化厅)

5. 增强品牌建设软实力。充分发挥省品牌战略促进会、品牌建设研究院等单位的作用,围绕全省及重点行业、重点区域品牌建设,大力开展品牌推介活动,定期发布客观公正的品牌发展报告,逐步提高"河北品牌"的竞争力和影响力。鼓励企业积极参与品牌培育有关的标准制定,增强我省在品牌建设中的话语权。鼓励发展一批品牌建设中介服务企业,建设一批品牌专业化服务平台,提供设计、营销、咨询等专业服务。积极开展著名商标认定,探索加快实现商标品牌财务价值与资本功能的有效途径,助推河北省企业创建国内、国际知名品牌。(责任单位:省质监局、省工业和信息化厅、省商务厅、省工商局)

(二)实施供给结构升级工程。

1. 打造一批制造业精品。围绕实施千项新产品开发、千项名牌产品培育"双千"工程,在传统优势产业和战略性新兴产业领域培育生产一批满足经济建设需要的"高、精、尖"产品和面向居民消费需要的名优产品。

战略性新兴产业,围绕发展以大数据为重点的电子信息、生物医药、新能源、新材料、节能环保等新兴产业培育名优产品,提升"河北品牌"的技术含量。以集成电路、通信及导航设备、网络基础产品、风电、光伏、冶金及石油化工新材料、绿色建材、生物制药、现代中药、节能环保等产品为重点,培育一批技术含量高、产品质量优、市场影响大、带动能力强的名优产品,培育一批科技型中小企业名优产品。(责任单位:省发展改革委、省科技厅、省工业和信息化厅、省质监局)

钢铁行业,围绕建设钢铁强省战略目标,提升装备水平,调整优化品种结构,提高高端钢铁产品比重。重点研发生产高铁用钢、汽车用钢、造船用钢、模具钢、高速工具钢、电工钢、高钢级管线钢等高端产品,大力发展高强、耐腐、耐候、长寿命等钢材品种和钢铁复合材料、钒氮合金、钒铝合金钢铁新材料,不断提高中厚板、专用版和优质、高

强热轧钢筋比重。(责任单位:省发展改革委、省工业和信息化厅、省科技厅、省质监局)

装备制造业,围绕智能装备、航空航天、海洋工程、先进轨道交通装备、节能与新能源汽车、环保高效能源装备、工程及专用装备、关键基础零部件等重点领域,大力培育体现我省技术实力的终端产品和整机产品,推动产品高端化、差异化、品牌化。围绕终端产品和整机产品升级需求,完善提升协作配套体系。重点培育长城哈弗、中信戴卡、天威输变电等省级装备制造名牌产品和唐山智能机器人、宁晋光伏、东光县包装机械等国家和省级知名品牌示范区。(责任单位:省工业和信息化厅、省科技厅、省质监局)

石化行业,以基地化、精细化、绿色化、循环化为主攻方向,围绕曹妃甸石化基地建设,开发生产市场急需的高分子材料、基础有机化工原料和高端精细化学品;围绕沧州华北重要的合成材料基地建设,重点发展聚氯乙烯、聚酯、聚氨酯、己内酰胺及中间体,大力发展功能性树脂,积极开发新型特种合成材料。提升具有一定市场优势的化肥、农药、氯碱、纯碱等传统化工产品档次,加快发展工程塑料、高端聚烯烃塑料、高性能橡胶、功能性膜材料等化工新材料。(责任单位:省工业和信息化厅、省科技厅、省质监局)

其他传统产业,围绕升级改造,培育一批支柱品牌,推动传统产品绿色化、高端化发展。以君乐宝乳品、华日家具、晨阳水漆等消费类产品为重点,在巩固提升"老字号"品牌市场优势的同时,培育开发一批满足健康养老、度假休闲、绿色循环等现代生活需要的"新生代"品牌,满足人民群众生活质量提高的生活需求,引导消费升级。(责任单位:省工业和信息化厅、省科技厅、省质监局)

2. 提高生产生活服务品质。围绕现代物流、信息服务、金融服务、科技服务、电子商务、商务服务、文化创意、旅游休闲、健康养老等生产性和生活性服务业,以河钢物流、开滦物流、石家庄新干线客运、廊坊新奥燃气、保定野三坡、秦皇岛光彩服务等服务单位为重点,培育一批知名度高、影响力大的优势服务名牌,建设一批大宗商品和名优产品电子交易平台,发展竞争力较强的大型服务企业集团,提升服务业规范化、标准化、现代化水平。支持生活服务领域优势企业整合现有资源,形成服务专业、覆盖面广、影响力大、放心安全的连锁机构,提高服务质量和效率,打造生活服务企业品牌。鼓励社会资本投资社区养老建设,采取市场化运作方式,提高品质养老服务供给。鼓励有条件的城乡社区依托社区综合服务设施,建设生活服务中心,提供方便、可信赖的家政、儿童托管和居家养老等服务。开发一批有潜质的旅游资源,形成以旅游景区、旅游度假区、旅游休闲区、国际特色旅游目的地等为支撑的现代旅游业品牌体系,增加旅游产品供给。(责任单位:省商务厅、省民政厅、省质监局、省旅游发展委)

3. 增加品牌农产品供给。围绕蔬菜、米面、杂粮、薯类、果品、禽蛋、肉类、鱼类、食用菌、中药材等优势产业,重点培育河北农产品区域公用品牌。以市场竞争力、品牌影响力和产品美誉度为主要指标,培育推出十大农产品企业品牌。鼓励各类生产主体创建中国驰名商标,培育一批促进农业增产、农民增收的农业品牌。努力提高品牌农产品的质量安全,加强农产品产地环境保护和源头治理,实施严格的农业投入品使用管理制度,强化"三品一证"认证,加快健全农产品质量监管体系,实现农产品质量可追溯。参照出口农产品种植和生产标准,建设一批优质农产品种植和生产基地,提高农产品质量和附加值,满足中高端需求。大力发展优质特色农产品,支持乡村创建线上销售渠道,

扩大优质特色农产品销售范围，满足更多消费者需求。（责任单位：省农业厅（省农工办）、省质监局）

（三）实施需求结构升级工程。

1. 努力提振消费信心。统筹利用各种资源，建设有公信力的产品质量信息平台，全面、及时、准确发布产品质量信息，为政府、企业和教育科研机构等提供服务，为消费者判断产品质量提供真实可信的依据。结合社会信用体系建设，建立企业诚信管理体系，规范企业数据采集，整合现有信息资源，逐步加大信息开发利用力度。鼓励中介机构开展企业信用和社会责任评价，发布企业信用报告，督促企业坚守诚信底线，树立企业良好形象。（责任单位：省商务厅、省工商局、省质监局）

2. 强化自主品牌宣传。加大对省名优产品、农产品区域公共品牌和服务名牌的宣传推介力度，在国内省内主流媒体宣传我省的名优品牌，扩大名优品牌的知名度和影响力。支持企业产品借助"一带一路"、京津冀协同发展平台、北京—张家口冬奥、中国国际农产品交易会、廊坊"5·18"等平台"走出去"，在国内外唱响"河北制造"的优秀品牌。通过"河北品牌节"、"质量月"、"3·15"消费者权益保护日、农业品牌建设提升年等活动和举办博览会、发布会等形式，搭建河北品牌展示平台，支持企业利用电子商务平台宣传和销售品牌产品，将我省名优产品推向全国、推向世界。（责任单位：省商务厅、省质监局、省工商局、省农业厅（省农工办））

3. 推动农村消费升级。加强农村产品质量安全和消费知识宣传普及，提高农村居民质量安全意识，树立科学消费观念，自觉抵制假冒伪劣产品。开展农村市场专项整治，清理"三无"产品，拓展品牌产品在农村消费的市场空间。加快乡村光纤网络建设，支持电子商务及连锁商业企业打造城乡一体的

商贸物流体系，保障品牌产品渠道畅通，便捷农村消费品牌产品，让农村居民共享数字化生活。深入推进新型城镇化建设，释放潜在消费需求。（责任单位：省农业厅、省工业和信息化厅、省住房城乡建设厅、省商务厅、省工商局）

4. 持续扩大城镇消费。鼓励家电、家具、汽车、电子等耐用消费品更新换代，适应绿色环保、方便快捷的生活需求。鼓励传统出版企业、广播影视与互联网企业合作，加快发展数字出版、网络视听等新兴文化产业，扩大消费群体，增加互动体验。环京津及其他有条件的地区可建设康养旅游基地，提供养老、养生、旅游、度假等服务，满足高品质健康休闲消费需求。合理开发利用冰雪、低空空域等资源，发展冰雪体育和航空体育产业，扩大体育休闲消费。推动房车、邮轮、游艇等高端产品消费，满足高收入群体消费升级需求。（责任单位：省商务厅、省旅游发展委、省文化厅、省新闻出版广电局、省体育局）

三、保障措施

（一）加强组织领导协调。各地各部门要统一思想，提高认识，认真落实目标任务，扎实推进重大工程建设。各地要结合实际，制定出台当地实施方案。（责任单位：各市、县政府，省质监局、省工商局、省工业和信息化厅）

（二）制定完善支持政策。充分发挥各级财政资金引导作用，带动更多社会资本投入，支持自主品牌发展。鼓励银行业金融机构向企业提供以品牌为基础的商标权、专利权等质押贷款。对承担编制国家、行业标准的企事业单位通过政府购买服务方式给予一定的资金支持。建立健全激励机制，鼓励产品创新、质量提升，对获得中国质量奖、省政府质量奖和省名优产品的单位，各级政府要给予一定奖励，在项目安排、资金支持上给予

倾斜。（责任单位：省发展改革委、省财政厅、省金融办、省工业和信息化厅）

（三）净化优化市场环境。综合运用经济、行政、法律、技术等方法手段，支持引导企业充分运用专利申请、商标注册、地理标志保护、生态原产地保护等政策保护品牌。建立更加严格的市场监管体系，加大专项整治联合执法行动力度，严厉打击侵犯知识产权和制售假冒伪劣商品行为，提高执法的有效性。破除地方保护和行业壁垒，有效预防和制止各类垄断行为和不正当竞争行为。（责任单位：省工商局、省质监局、省商务厅）

（四）清理消除制约因素。贯彻落实国家有关政策，清理、废除制约自主品牌发展和消费的各项规定。逐步建立产品质量、知识产权等领域失信联合惩戒机制，健全"黑名单"制度，大幅提高失信成本。督促相关企业落实缺陷产品召回制度，主动消除产品缺陷。探索完善汽车、计算机、家电等耐用消费品举证责任倒置制度，降低消费者维权成本。支持高等学校开设品牌相关课程，培养品牌创新、推广、维护等专业人才。（责任单位：省工商局、省质监局）

（五）提升开放合作水平。鼓励支持名优产品企业加强品牌建设交流与合作，学习国际知名品牌管理机制和品牌塑造方法，不断扩大品牌国际知名度和市场占有率。加强合资合作过程中产品、企业和自主品牌的保护和管理。支持企业积极参与国际优秀品牌管理经验和标杆的交流和分享。（责任单位：省质监局、省商务厅）

（六）发挥社会组织作用。支持品牌建设专业团体和运营专业服务机构建设，鼓励其开展品牌战略、品牌标准的理论研究和品牌从业人员培训，提供品牌管理咨询、市场推广等服务。发挥各行业协会的桥梁和纽带作用，推广行业先进的营销理论、品牌管理模式和方法，引导广大企业走品牌发展之路。做好品牌建设社会中介组织行为的监督和管理，杜绝乱评比、乱收费等违法违规行为。（责任单位：省工经联、有关行业协会）

山西省人民政府办公厅关于发挥品牌引领作用推动供需结构升级的实施方案

晋政办发〔2016〕165号

为贯彻落实《国务院办公厅关于发挥品牌引领作用推动供需结构升级的意见》（国办发〔2016〕44号），更好发挥品牌在推动供给结构和需求结构升级中的引领作用，结合我省实际，制定本实施方案。

一、总体要求

按照党中央、国务院及省委、省政府关于推进供给侧结构性改革的总体要求，积极探索有效路径和方法，更好发挥品牌引领作用，加快推动供给结构优化升级，适应引领需求结构优化升级，为经济发展提供持续动力。以发挥品牌引领作用为切入点，充分发挥市场决定性作用、企业主体作用、政府推动作用和社会参与作用，围绕优化政策环境、提高企业综合竞争力、营造良好社会氛围，大力实施品牌基础建设工程、供给结构升级工程、需求结构升级工程，增品种、提品质、创品牌，提高供给体系的质量和效率，进一步释放消费潜力，满足居民消费升级需求，更好地适应需求总量、需求结构的发展变化，促进经济发展提质增效，为不断塑造山西美好形象、逐步实现山西振兴崛起提供有力支撑。

二、发展目标

"十三五"期间，我省品牌发展政策法规环境进一步优化，企业综合竞争力进一步提高，良好社会氛围基本形成。品牌基础建设进一步推进，基本建成适应我省经济社会发展需要的标准化体系，提升检验检测能力、搭建创新平台和增强品牌软实力等工作取得阶段性成果。供给结构进一步升级，围绕我省优势产业，实现品种增加、品质提高，打造一批自主品牌，形成一批质量水平高、竞争能力强的名牌产品。需求结构进一步优化，企业信用体系基本建成，我省自主品牌影响力和认可度得到明显提升，自主品牌省内消费市场不断巩固，省外市场进一步拓展。

三、主要任务

（一）进一步优化政策法规环境。加快政府职能转变，创新管理和服务方式，大力实施商标品牌战略，积极推动"质量强省、名牌兴晋"战略，进一步完善政府质量工作考核和名牌产品推选机制，为发挥品牌引领作用、推动供给结构和需求结构升级保驾护航。完善标准体系，提高计量能力、检验检测能力、认证认可服务能力、质量控制和技术评价能力，不断夯实质量技术基础。增强科技创新支撑作用，为品牌发展提供持续动力。落实品牌发展法律法规，完善财税、金融等扶持政策，通过执法常态化净化市场环境。加强我省自主品牌宣传和展示，提高"山西品牌"影响力。（责任部门：省质监局、省工商局、省商务厅、省财政厅、省金融办）

（二）切实提高企业综合竞争力。发挥企业主体作用，切实增强品牌意识，苦练内功，改善供给，适应需求，做大做强品牌。支持企业加大品牌建设投入，制定符合自身发展特点的商标品牌战略，以商标注册、运用、保护和管理为核心，带动技术创新能力、产品和服务质量、市场营销水平、企业文化等品牌建设支撑要素全面协调发展，不断丰富产品品种，提升产品品质，提高品牌价值。鼓励企业实施"互联网＋"行动计划，激发企业创新活力，培育新兴业态和创新公共服务模式。引导企业诚实经营、信守承诺，积极履行社会责任，不断提升品牌形象。加强人才队伍建设，发挥企业家领军作用，培养引进品牌管理专业人才，造就一大批技艺精湛、技术高超的技能人才。（责任部门：省工商局、省经信委、省商务厅、省人力资源社会保障厅、省文化厅、省旅游发展委）

（三）大力营造良好社会氛围。凝聚社会共识，积极支持我省自主品牌发展，助力供给结构和需求结构升级。培养消费者自主品牌情感，树立消费信心，扩大自主品牌消费。发挥好行业协会桥梁作用，加强中介机构能力建设，为品牌建设和产业升级提供专业有效的服务。切实加大商标法律知识宣传力度，形成全社会积极应用品牌、关心品牌、宣传品牌、保护品牌的良好环境，努力营造实施商标品牌战略的社会氛围。坚持正确舆论导向，关注我省自主品牌成长，讲好"山西品牌"故事。（责任部门：省商务厅、省工商局、省经信委、省新闻出版广电局）

四、重大工程

（一）品牌基础建设工程。

围绕品牌影响因素，打牢品牌发展基础，为发挥品牌引领作用创造条件。

1. 推行更高质量标准。加强标准制（修）订工作，鼓励具备相应能力的学会、协会、商会、联合会等社会组织和产业技术联盟协调相关市场主体共同制定更高质量的团体标准，供市场自愿选用。鼓励企业制定并实施高于国家标准、行业标准、地方标准的企业标准，增强企业竞争力。推行企业产品和服务标准自我声明公开和监督制度，逐步取消政府对企业产品标准的备案管理，落实企业标准化主体责任，提高企业改进质量的

内生动力和外在压力。（责任部门：省质监局）

2. 提升检验检测能力。加强检验检测能力建设，提升检验检测技术装备水平。进一步规范产品质量检验检测机构行为，确保检验检测工作科学、公正、廉洁、高效，降低检验检测机构运行成本。加快具备条件的经营性检验检测认证事业单位转企改制，推动检验检测认证服务市场化进程。鼓励民营企业和其他社会资本投资检验检测服务，支持具备条件的生产制造企业申请相关资质，面向社会提供检验检测服务。打破部门垄断和行业壁垒，营造检验检测机构平等参与竞争的良好环境，尽快形成具有权威性和公信力的第三方检验检测机构。按照国家统一部署，推进先进计量技术和方法在企业的广泛应用。对目前全省40家具备产品质量检验资质的检验机构承担的政府监督检查工作质量进行分类监管，根据工作质量考核情况划分为Ⅰ类、Ⅱ类、Ⅲ类、Ⅳ类四个类别，Ⅱ类以上可以承担国家监督抽查工作，Ⅲ类以上可以承担省级监督抽查工作。（责任部门：省质监局）

3. 搭建持续创新平台。加强研发机构建设，支持有实力的企业牵头开展行业共性关键技术攻关，加快突破制约行业发展的技术瓶颈，推动行业创新发展。鼓励具备条件的企业建设产品设计创新中心，提高产品设计能力，针对消费趋势和特点，不断开发新产品。支持重点企业利用互联网技术建立大数据平台，动态分析市场变化，精准定位消费需求，为开展服务创新和商业模式创新提供支撑。加速创新成果转化为现实生产力，催生经济发展新动能。（责任部门：省科技厅、省经信委、省发展改革委）

4. 增强品牌建设软实力。探索培育具有一定影响力的品牌评价理论研究机构和品牌评价机构，开展品牌基础理论、价值评价、发展指数等研究，提高品牌研究水平，发布客观公正的品牌价值评价结果以及品牌发展指数，逐步提高公信力。积极探索参与品牌评价标准建设工作，参与完善品牌评价相关国家标准，提高标准的可操作性，并就品牌国家标准进行宣传贯彻，指导企业加强品牌建设。鼓励发展一批品牌建设中介服务企业，建设一批品牌专业化服务平台，提供设计、营销、咨询等方面的专业服务。发挥商标行业协会作用，加强商标品牌服务行业自律，建立完备的守信激励、失信惩戒工作机制，促进商标代理行业健康发展。支持行业协会推进商标品牌战略实施，充分发挥行业协会在商标运用和保护中的积极作用，以品牌带动发展，提升产业竞争力。建设一批国家级及省级工业设计中心，积极参加中国优秀工业设计奖评选活动。加大企业设计人员培训和工业设计类人才培养力度，培育一批示范性消费品创意设计园区和设计类服务企业。（责任部门：省工商局、省商务厅、省质监局、省经信委）

（二）供给结构升级工程。

以增品种、提品质、创品牌为主要内容，从一、二、三产业着手，采取有效举措，推动供给结构升级。

1. 丰富产品和服务品种。继续做强做优酒类、食醋、乳品等以知名品牌为支撑的传统食品产业，做精做细小杂粮加工、肉类加工、特色食用油加工、干鲜果蔬加工、功能食品等以浓郁地域品牌为支撑的特色食品产业，培育壮大饮料制造、淀粉制品、方便食品等以规模化深加工为特征的现代食品产业。支持食品龙头企业提高技术研发和精深加工能力，针对特殊人群需求，生产适销对路的功能食品。继续支持我省医药、纺织、玻璃、陶瓷等轻工产业发展，研发优质产品，增加品牌影响力。鼓励有实力的企业针对工业消费品市场热点，加快研发、设计和制造，及时推出一批新产品。支持企业利用现代信息技术，推进个性化定制、柔性化生产，满足消费者差异化需求。开发一批有潜质的文化旅游资源，形成以历史文化景点、旅游景区、旅游度假区、旅游休闲区、国际特色旅游目的地等为支撑的现代文化旅游业品牌体系，增加文化旅游产品供给，丰富文化旅游体验，满足大众文化旅游需求。积极引进国内外高端酒店品牌及管理公司，进一步推进星级酒店发展。积极发展经济型、文化主题型、乡土民俗型、家庭旅馆等特色酒店，建立满足不同层次需求的住宿服务网络。大力推进住宿业连锁化、品牌化发展，提高住宿服务品位和便利水平。积极打造晋菜品牌，弘扬山西面食文化，推进餐饮业品牌化、特色化、规范化、规模化经营，培育一批跨区域经营的餐饮连锁示范企业。发挥区域美食特色，鼓励省内有条件的中心城市建设美食街和餐饮集聚区，提升太原食品街等饮食文化美食街和餐饮集聚区的品牌形象和吸引力。（责任部门：省经信委、省工商局、省商务厅、省食品药品监管局、省文化厅、省旅游发展委）

2. 增加优质农产品供给。围绕小杂粮、马铃薯、玉米、果蔬、红枣、核桃等我省特色优势农产品，加强农产品产地环境保护和源头治理，实施严格的农业投入品使用管理制度，实现农业用水总量控制，化肥、农药施用总量减少，地膜、秸秆、畜禽粪便基本资源化利用。加快健全农产品质量监管体系，推进农产品质量安全追溯平台建设，逐步实现认证农产品的"生产有记录、流向可追踪、信息可查询、安全可追溯"。全面提升农产品质量安全等级，大力发展无公害农产品、绿色食品、有机农产品和地理标志农产品。加快完善"三品一标"省级生产技术规范和标准的制（修）订，充分发挥"三品一标"农产品在制度规范、技术标准、全程控制、质量安全追溯等方面的优势，增强辐射带动，以品牌化带动标准化、推进产业化。参照出口农产品种植和生产标准，建设一批优质农产品种植和生产基地，提高农产品质量和附加值，满足中高端需求。大力发展优质特色

农产品，支持乡村创建线上销售渠道，扩大优质特色农产品销售范围，打造农产品品牌和地理标志品牌，满足更多消费者需求。支持以临汾、运城为主体加入西部果业联盟，打造"丝绸之路"苹果产业经济带；以大同新发地市场为纽带，推动晋北地区蔬菜、肉、蛋、奶等鲜活农产品进入京津市场，不断提高山西特色农产品在环渤海区域的市场销量；打造长治、晋城、运城、吕梁等特色生态农产品种植基地，形成面向大中原的农业特色品牌。深入开展"商标富农"工作。积极引导农村经济组织和涉农企业注册并依法规范使用农产品商标及地理标志商标。大力推行"公司＋商标（地理标志）＋农户"产业化经营模式，进一步提高农民进入市场的组织化程度。（责任部门：省农业厅、省工商局、省质监局、省商务厅、省食品药品监管局）

3. 推出一批制造业精品。以加快项目建设为重点，着力在新一代信息技术、高端装备制造、新材料、节能环保、新能源、生物医药、现代煤化工、新能源汽车等战略性新兴产业培育一批重点企业，为生产更多优质精品提供有力支撑。充分发挥我省在不锈钢、铝镁合金、碳纤维、石墨材料、化工新材料以及复合材料等领域的研发和产业基础优势，支持企业开展战略性新材料研发、生产和应用示范，提高新材料质量，增强自给保障能力。围绕轮轴、电机、铸锻件、液压件、法兰、风机关键零部件、光伏关键零部件、汽车电池等我省优势或潜力产业，优选一批零部件生产企业，开展关键零部件自主研发、试验和制造，提高产品性能和稳定性，为精品制造提供可靠性保障。鼓励企业采用先进质量管理方法，提高质量在线监测控制和产品全生命周期质量追溯能力。支持重点企业瞄准国际标杆企业，创新产品设计，优化工艺流程，加强上下游企业合作，尽快推出一批质量好、附加值高的精品，促进制造业升级。引导企业围绕信息化提升、节能降耗、

质量提升、安全生产等领域加大改造力度、优化产品结构，全面提升设计、制造、工艺、管理水平。贯彻落实《中国制造 2025》，加强制造业商标品牌建设。积极引导制造业企业开展商标品牌整合联合，促进资源共享、优势互补。打造一批特色鲜明、竞争力强、市场信誉好的制造业品牌。（责任部门：省经信委、省发展改革委、省工商局、省科技厅、省质监局）

4. 提高生活服务品质。培育一批管理规范、运作良好的居民和家庭服务企业，支持生活服务领域优势企业整合现有资源，形成服务专业、覆盖面广、影响力大、放心安全的连锁机构，提高服务质量和效率，推动家庭服务市场多层次、多形式发展，基本满足居民生活性服务需求，打造生活服务企业品牌。拓展提升基本养老服务，推进医养结合，加快发展护理型养老服务，引导社会力量全方位进入养老服务领域，通过公建民营、委托管理等方式，推动公办养老机构社会化运营，提供高品质养老服务供给。鼓励有条件的城乡社区依托社区综合服务设施，在同等条件下优先为生活服务机构提供场所设施。采取市场化方式，引进专业化养老服务组织参与社区居家养老，培育和打造一批品牌化、连锁化、规模化的龙头组织或机构企业。引导大中型生活服务企业深入社区设立便民站点，提供家政、儿童托管、居家养老、美容美发、洗染等各类便民生活服务，提高居民生活便利化水平。探索建立适应企业管理方式的新型家庭服务企业，建设以公共信息服务平台为载体的家政服务体系，重点发展家政服务、养老服务、医疗服务。支持工会、共青团、妇联和残联等组织利用自身优势发展多种形式的家庭服务机构，提升家庭服务业职业化、连锁化、标准化、信息化水平。（责任部门：省民政厅、省工商局、省商务厅）

5. 强化示范引导。围绕我省优势和潜力产业，积极推进在重点企业开展品牌培育试点工作，在产业集群区开展区域品牌建设试点工作，形成一批对产业发展影响大、区域经济发展带动力强、市场扩张能力强、产品质量诚信度高的企业和集群。配合国家做好示范企业遴选核定、区域品牌建设试点单位遴选和区域品牌建设示范单位培育等工作，积极营造"树标杆、学标杆、超标杆"的良好企业氛围，引领并带动一批重点企业对标一流，择优推荐企业申报全国质量标杆企业。推动创建"全国质量强市示范城市"活动。按照国家要求，引导有条件的设区市出台质量强市示范市创建活动实施方案。发挥名牌战略示范带动作用。按照国家要求，大力推进"全国知名品牌创建示范区"建设，做好汾阳市白酒集中产区等 6 家获国家质检总局批准筹建全国知名品牌创建示范区的创建指导工作；对我省第一家通过知名品牌示范区现场考核与验收的云冈旅游区做好宣传和帮扶工作；支持我省有条件的园区积极申报"全国知名品牌创建示范区"。支持培育一批地理标志示范产品，提升地理标志产品品牌效应。发挥地理标志保护知识产权、精准扶贫、富民强县、服务外贸的重要作用，实现保护一个产品、形成一个品牌、带动一个产业、致富一方群众的目标。（责任部门：省经信委、省质监局）

（三）需求结构升级工程。

发挥品牌影响力，切实采取可行措施，扩大我省自主品牌产品消费，适应引领消费结构升级。

1. 努力提振消费信心。统筹利用现有资源，建设有公信力的产品质量信息平台，全面、及时、准确发布产品质量信息，为政府、企业和教育科研机构等提供服务，为消费者判断产品质量高低提供真实可信的依据，便于选购优质产品，通过市场实现优胜劣汰。结合社会信用体系建设，建立企业诚信管理体系，规范企业数据采集，整合现有信息资源，建立企业信用档案，逐步加大信息开发利用力度。鼓励中介机构开展企业信用和社会责任评价，发布企业信用报告，督促企业坚守诚信底线，提高信用水平，在消费者心目中树立良好企业形象。以农产品、食品药品、婴幼儿配方奶粉、儿童玩具、装饰装修材料等消费者普遍关注的消费品为重点，组织实施消费品质量提升行动，提振消费信心。（责任部门：省质监局、省发展改革委、省商务厅）

2. 宣传展示自主品牌。大力宣传我省知名自主品牌，讲好"山西品牌"故事，提高自主品牌影响力和认知度。鼓励我省各级电视台、广播电台以及平面、网络等媒体，在重要时段、重要版面安排我省自主品牌公益宣传。以"山西品牌中华行""山西品牌丝路行"和"山西品牌网上行"系列活动为统领，以国内外有一定影响力的品牌展会和网络平台为载体，以国内中心城市设立品牌中心（专柜）为依托，充分利用"两个市场、两种资源"，通过主题展示、展示展销、商品交易、投资推介、交流合作、拜会考察、专题研讨等方式，着力拓展市场发展新空间，构建全方位开放新格局，扩大山西品牌的知名度、市场占有率和品牌影响力。鼓励企业积极参与"中国商标金奖"评选、中国国际商标品牌节等活动。（责任部门：省商务厅、省新闻出版广电局、省工商局）

3. 推动农村消费升级。加强农村产品质量安全和消费知识宣传普及，提高农村居民质量安全意识，树立科学消费观念，自觉抵制假冒伪劣产品。开展农村市场专项整治，清理"三无"产品，切实维护农民的合法权益，拓展农村品牌产品消费的市场空间。加快有条件的乡村建设光纤网络，支持电商及连锁商业企业打造城乡一体的商贸物流体系，保障品牌产品渠道畅通，便捷农村消费品牌产品，让农村居民共享数字化生活。深入推进新型城镇化建设，释放潜在消费需求。健全农村社会保障体系建设，解除农民后顾之忧，增强农民消费信心。（责任部门：省工商局、省商务厅、省农业厅、省发展改革委、省经信委）

4. 持续扩大城镇消费。鼓励家电、家具、汽车、电子等耐用消费品更新换代，适应绿色环保、方便快捷的生活需求。引导和规范农副产品、食品药品、轻工消费品、餐饮服务、生活服务、文化旅游、休闲健身等企业主体加强质量和服务水平，合理确定价格，使广大人民群众享受到质优价廉的产品和服务，促进消费快速增长。大力发展具有我省鲜明特色的新闻出版、广播影视、演艺娱乐等文化产业。鼓励传统出版企业、广播影视与互联网企业合作，加快发展数字出版、网络视听等新兴文化产业，扩大消费群体，增加互动体验。探索建设康养旅游基地，提供养老、养生、旅游、度假等服务，满足高品质健康休闲消费需求。探索合理开发利用低空空域等资源，发展我省航空体育产业，支持航空飞行营地建设，扩大体育休闲消费。（责任部门：省商务厅、省文化厅、省旅游发展委、省质监局、省发展改革委、省新闻出版广电局、省体育局）

五、保障措施

（一）净化市场环境。建立更加严格的市场监管体系，加大专项整治联合执法行动力度，实现联合执法常态化，提高执法的有效性，追究执法不力责任。严厉打击侵犯知识产权和制售假冒伪劣商品行为，依法惩治违法犯罪分子。破除地方保护和行业壁垒，有效预防和制止各类垄断行为和不正当竞争行为，维护公平竞争市场秩序。（责任部门：省工商局、省食品药品监管局、省公安厅、省质监局）

（二）清除制约因素。清理、废除制约自主品牌产品消费的各项规定或做法，形成有利于发挥品牌引领作用、推动供给结构和需求结构升级的体制机制。建立产品质量、知识产权等领域失信联合惩戒机制，完善"黑名单"制度，大幅提高失信成本。支持高等院校开设品牌相关课程，培养品牌创建、推广、维护等专业人才。（责任部门：省工商局、省发展改革委、省质监局、省商务厅、省教育厅）

（三）制定激励政策。积极发挥财政资金引导作用，出台扶持政策，带动更多社会资本投入，支持自主品牌发展。对符合条件的大型电商平台企业、经认定的驰名商标和山西省著名商标以及积极参与"中国国际商标品牌节""山西品牌中华行""山西品牌丝路行"和"山西品牌网上行"等系列活动的企业，给予财政资金奖励或补贴。鼓励企业充分运用多层次资本市场，加大直接融资力度。鼓励银行业金融机构向企业提供以品牌为基础的商标权、专利权等质押贷款。（责任部门：省财政厅、省金融办、省商务厅、省工商局）

（四）抓好组织实施。各地、各有关部门要统一思想、提高认识，深刻理解经济新常态下发挥品牌引领作用、推动供给结构和需求结构升级的重要意义，切实按照本方案要求，扎实推进各项工作落实，力争尽早取得实效。（责任单位：各市、县人民政府，各有关部门）

辽宁省人民政府办公厅关于发挥品牌引领作用推动供需结构升级的实施方案

辽政办发〔2016〕143号

为贯彻落实《国务院办公厅关于发挥品牌作用推动供需结构升级的意见》（国办发〔2016〕44号）精神，加快全省品牌发展，更好地发挥品牌引领作用，推动供给结构和需求结构全面升级，结合我省实际，制定本实施方案。

一、总体要求

牢固树立创新、协调、绿色、开放、共享发展理念，坚持以发挥品牌引领作用为切入点，充分发挥市场决定性作用、企业主体作用、政府推动作用和社会参与作用，围绕优化政策法规环境、提高企业综合竞争力、营造良好社会氛围，大力实施品牌基础建设工程、供给结构升级工程、需求结构升级工程，增品种、提品质、创品牌，更好地发挥品牌引领作用，提高供给体系的质量和效率，满足居民消费升级需求，为全省经济发展提供持续动力。

二、主要任务

（一）实施品牌基础建设工程。

1.强化质量标准。以满足地方自然条件、民族风俗习惯的特殊技术要求为重点，加强全省地方标准制修订工作，鼓励企业制定高于国家标准或行业标准的企业标准，支持科技成果和具有核心竞争力的专利技术向标准转化，增强企业市场竞争力。积极向国家标准委申报设立国家技术标准创新基地。培育发展团体标准，鼓励有条件的学会、协会、商会和联合会等社会团体根据技术创新和市场发展需求，协调相关市场主体自主制定发布团体标准，供社会自愿采用。建立企业产品和服务标准自我声明公开和监督制度，提高企业改进质量、强化标准的内生动力和外在压力。（牵头部门：省质监局；配合部门：各有关部门）

2.提升检验检测能力。以市场为导向，

坚持多方参与、开放共享的原则，鼓励和支持各类社会资本投入检验检测产业，推动检验检测技术联盟、地区公共检验检测服务平台和集聚区的发展。加强检验检测机构的能力和品牌建设，培育技术能力强、服务水平高、规模效益好的检验检测集团。积极争取国家质检总局支持，围绕全省战略性新兴产业、高技术产业和支柱产业，建设国家级质检中心，促进全省检验检测能力不断提升。吸纳社会资源，在区域支柱产业和地方特色优势产业等领域布局建设一批省级质检中心。鼓励民营企业和其他社会资本投资检验检测服务。打破部门垄断和行业垄断，营造检验检测机构平等参与竞争的良好环境。加强社会公用计量标准建设，积极引导企业采用先进的计量技术和方法。（牵头部门：省质监局；配合部门：省发展改革委、省工业和信息化委、省科技厅）

3. 加强持续创新平台建设。到 2020 年，实现省级以上重点实验室、工程实验室、工程（技术）研究中心达到 1 000 家以上、众创空间达到 120 家以上。加强企业研发机构建设，鼓励具备条件的企业建立企业技术中心。组织实施好省级企业技术中心认定工作，加强对企业技术中心的培育力度，推动企业技术中心建设上规模、上水平，每年新认定省级企业技术中心数量不少于 30 户，使企业技术中心成为全省工业企业自主创新的主要载体。支持重点企业利用互联网技术建立大数据平台，动态分析市场变化，精准定位消费需求，为开展服务创新和商业模式创新提供支撑。加速创新成果转化，催生经济发展新动能。（牵头部门：省科技厅；配合部门：省发展改革委、省工业和信息化委）

4. 增强品牌软实力。围绕品牌建设，突出设计、营销、咨询等专业服务功能，鼓励发展一批品牌建设中介服务企业。深入实施全省中介服务业发展四年行动计划，按照"改革脱钩一批、做大做强一批、鼓励支持一批、招商引进一批"的原则，大力发展市场中介主体。到 2017 年，全省在工商行政管理部门登记的市场中介组织达到 8 万户。加快中介服务品牌建设，不断提升我省中介服务业的区域影响力和市场竞争力。引导中介服务业企业进一步强化品牌竞争意识，实施品牌经营战略。引导中介服务龙头企业在规模增长的同时，进一步注重品牌建设和质量提升。引导中介服务小微企业做专、做精、做特、做新，形成品牌竞争优势。（牵头部门：省发展改革委、省工商局；配合部门：省科技厅、省企业服务局）

（二）实施供给结构升级工程。

1. 丰富产品和服务品种。支持消费品龙头企业通过设计、研发和生产"微创新"，不断增加产品品种，提升产品功能。鼓励有实力的企业针对市场热点，深度挖掘需求盲点，及时推出一批新产品。支持企业利用现代信息技术，推进个性化定制、柔性化生产，满足消费者差异化需求。开发绿色、智能、健康的多功能中高端消费产品。围绕打造"乐游辽宁不虚此行"形象主题品牌，创建一批国家级、省级高 A 级旅游景区、生态休闲旅游示范区和旅游度假区，培育一批国家级全域旅游示范区、乡村旅游创客基地等知名旅游品牌，打造一批具有国际影响力的旅游节事活动品牌。（牵头部门：省工业和信息化委、省旅游发展委；配合部门：省发展改革委、省科技厅）

2. 增加优质农产品供给。加强农产品产地环境保护和源头治理，实施严格的农业投入品使用管理制度，加快健全农产品质量监管体系，逐步实现农产品质量安全可追溯。全面提升农产品质量安全等级，积极推进无公害农产品、绿色食品、有机农产品和地理标志农产品基地建设。参照出口农产品种植和生产标准，建设一批优质农产品种植和生产基地，提高农产品质量和附加值，满足中高端消费需求。大力发展优质特色农产品，支持乡村创建线上销售渠道，扩大优质特色农产品销售范围，打造农产品品牌和地理标志品牌，满足更多消费者需求。（牵头部门：省农委；配合部门：省商务厅、省食品药品监管局）

3. 推出一批制造业精品。支持企业开展新材料、机器人、高档数控机床、新一代信息技术、生物医药、高端医疗器械等战略性新兴产业的研发、生产和应用示范，进一步提高产品质量，增强自给保障能力，为生产精品提供支撑。优选一批零部件生产企业，开展关键零部件自主研发、试验和制造，提高产品性能和稳定性，为精品提供可靠性保障。鼓励企业采用先进质量管理方法，提高质量在线监测控制和产品全生命周期质量追溯能力。支持重点企业瞄准国际标杆企业，创新产品设计，优化工艺流程，加强上下游企业合作，加快推出一批质量好、附加值高的精品，促进制造业转型升级。（牵头部门：省发展改革委、省工业和信息化委；配合部门：省科技厅、省商务厅、省质监局）

4. 提高生活服务品质。支持生活服务业领域优势企业通过兼并重组、联合、特许加盟等方式，整合传统生活服务企业，实行连锁经营，提高服务质量和效率，打造生活服务企业品牌，加快连锁经营模式从零售领域向生活服务业领域扩展。完善养老服务业发展政策体系，鼓励社会资本投资社区养老建设，支持公建民营、采取市场化运作方式，提供高品质养老服务供给。鼓励有条件的城乡社区依托社区综合服务设施，建设生活服务中心，提供方便的家政、儿童托管和居家养老等服务。加强以社区公共服务综合信息平台建设为着力点的社区信息化建设，鼓励有条件的县（市、区）改进信息技术装备条件，完善社区服务网络环境，形成互联互通共享的信息服务平台。积极建立完善乡镇（街道）居家养老服务中心、城乡社区居家养老服务中心（站）等多层次服务与管理网络。

（牵头部门：各市政府；配合部门：省发展改革委、省工业和信息化委、省民政厅）

（三）实施需求结构升级工程。

1. 努力提振消费信心。统筹利用现有资源，建设有公信力的产品质量信息平台，全面、及时、准确发布产品质量信息，为政府、企业和教育科研机构等提供服务，为消费者判断产品质量高低提供真实可信的依据，便于选购优质产品，通过市场实现优胜劣汰。加快推动全省社会信用体系建设，依托省信用数据交换平台，征集、整合、共享和交换企业公共信用信息，建立企业信用档案，并推进信用信息对外发布、查询和应用。积极培育信用服务市场，探索推动第三方信用中介机构开展企业信用评估评级，促进诚信交易，建立健全社会信用奖惩联动机制。（牵头部门：省发展改革委、省质监局；配合部门：省社会信用领导小组各成员单位）

2. 宣传展示自主品牌。围绕国家设立"中国品牌日"，大力宣传辽宁知名自主品牌，讲好辽宁品牌故事，提高自主品牌影响力和认知度。将辽宁知名品牌纳入到我省外宣品制作当中，通过外宣形象片、外宣画册等形式，增强知名品牌宣传的覆盖面和传播效应。鼓励省、市广播电视台以及平面、网络等媒体，在重要时段、重要版面安排自主品牌公益宣传。在中国自主品牌博览会及我省举办的重大国际展会上，设置自主品牌展示台。加大媒体报道力度，通过实物、宣传品和媒体报道等多种方式加大对自主品牌对外宣传推介。鼓励有条件的企业在重点出入境口岸设置宣传广告牌，播放广告宣传片，扩大我省自主品牌的知名度和影响力。加强品牌保护，维护品牌信誉。（牵头部门：省委宣传部、省新闻出版广电局；配合部门：省质监局、省商务厅）

3. 推动农村消费升级。加大对农村产品质量安全和消费知识宣传普及力度，提高农村居民质量安全意识，树立科学消费观念，自觉抵制假冒伪劣产品。开展农村商贸市场专项整治，清理"三无"产品，拓展农村品牌产品消费的市场空间。畅通农村商贸渠道，实现线上线下融合发展，加强现代批发零售服务体系建设。支持电商及连锁商业企业打造城乡一体的商贸物流体系，便捷农村消费品牌产品，让农村居民共享数字化生活。深入推进新型城镇化建设，释放潜在消费需求。（牵头部门：省商务厅、省发展改革委；配合部门：省委宣传部、省农委、省工商局、省质监局）

4. 持续扩大城镇消费。鼓励家电、家具、汽车、电子等耐用消费品更新换代，满足绿色环保、方便快捷的生活需求。鼓励传统出版企业、广播影视与互联网企业合作，加快发展数字出版、网络视听等新兴文化产业，扩大消费群体，增加互动体验。推进建设健康养生旅游基地，提供养生、旅游、度假等服务，满足高品质健康休闲消费需求。支持冰雪运动基地建设，合理开发低空空域等资源，扩大体育休闲消费。推动房车、邮轮、游艇等高端产品消费，满足高收入群体消费升级需求。（牵头部门：省工业和信息化委、省新闻出版广电局、省旅游发展委、省体育局）

三、保障措施

（一）加强品牌建设工作组织领导。各地区、各有关部门要加强组织领导，健全工作机制，形成工作合力。各地区要结合实际制定具体实施方案，精心组织实施，确保各项任务落到实处。各有关部门要按照职责分工完善配套政策措施，营造良好环境，加强政策指导和督促检查。要充分发挥行业协会、商会等社会组织作用，为企业提供政策法规、经验交流、信息沟通、行业标准等方面的咨询服务。（牵头部门：各市政府；配合部门：各有关部门）

（二）净化市场发展环境。建立更加严格的市场监管体系，加大专项整治联合执法行动力度，实现联合执法常态化，提高执法有效性，追究执法不力责任。制定打击侵犯知识产权和制售假冒伪劣商品专项行动方案，严厉打击侵犯知识产权和制售假冒伪劣商品行为，依法惩治违法犯罪分子。破除地方保护和行业壁垒，有效预防和制止各类垄断行为和不正当竞争行为，维护公平竞争市场秩序。（牵头部门：省商务厅、省工商局；配合部门：省公安厅、省质监局、省食品药品监管局、省知识产权局）

（三）加强品牌制度建设。清理、废除制约自主品牌产品消费的各项规定或做法，形成有利于发挥品牌引领作用、推动供给结构和需求结构升级的体制机制。建立产品质量、知识产权等领域失信联合惩戒机制，定期发布失信企业黑名单，并将黑名单企业信息定期报送至省信用数据交换平台，大幅提高企业失信成本。支持省内高等院校开设品牌相关课程，培养品牌创建、推广、维护等专业人才。（牵头部门：省质监局、省工商局；配合部门：省发展改革委、省工业和信息化委、省教育厅、省人力资源社会保障厅）

（四）强化各项政策支持。充分发挥省产业（创业）投资引导基金作用，鼓励和支持社会资本持自主品牌发展。鼓励银行业金融机构向企业提供以品牌为基础的商标权、专利权等质押贷款。落实好驰名商标、省著名商标奖励政策，发挥国家奖项、省长质量奖等激励作用，鼓励产品创新，弘扬工匠精神。（牵头部门：省发展改革委、省财政厅；配合部门：省质监局、省政府金融办）

吉林省人民政府办公厅关于发挥品牌引领作用推动供需结构升级的实施意见

吉政办发〔2016〕73号

各市（州）人民政府，长白山管委会，各县（市）人民政府，省政府各厅委办、各直属机构：

为深入贯彻《国务院办公厅关于发挥品牌引领作用推动供需结构升级的意见》（国办发〔2016〕44号）和《中共吉林省委吉林省人民政府关于深入实施创新驱动发展战略推动老工业基地全面振兴的若干意见》（吉发〔2016〕26号），落实《吉林省人民政府关于印发中国制造2025吉林实施纲要的通知》（吉政发〔2016〕6号），充分发挥品牌引领作用，加快推进供给侧结构性改革，促进需求结构升级，经省政府同意，现制定本实施意见。

一、总体要求和发展目标

（一）总体要求。

全面贯彻党的十八大及十八届三中、四中、五中、六中全会精神，坚持创新、协调、绿色、开放、共享的发展理念，深入实施"三个五"战略，以品牌建设为引领，以供给侧结构性改革为动力，以创新驱动为核心，充分发挥市场决定、企业主体、政府推动和社会参与作用，推动"无中生有""有中生新"，促进增品种、提品质、创品牌，加快形成供给总量、供给结构更加适应需求总量和需求结构变化的振兴发展新格局。

（二）发展目标。

到2018年，供给侧结构性改革取得显著进展，工业强基、提质、转型、升级取得明显成效；动能转换基础初步搭建，新业态、新模式加快形成，新动能作用初步显现；建立完整的政策保障体系，品牌优势初步形成。

到2020年，供给侧结构性改革取得重大突破，重点行业和企业具备较强竞争力，产业迈向中高端水平；动能转换基本实现，新业态、新模式快速发展，新动能作用显著；消费结构进一步升级；品牌引领作用显著增强，树立吉林品牌新形象。

到2025年，产业结构持续优化，新动能持续壮大；重点企业迈入产业价值链高端，企业家创新作用充分发挥，管理创新能力持续增强，吉林品牌具备核心竞争能力；多层次、高质量的供给体系基本形成，供需结构升级迈上更高台阶。

二、推动供给结构升级

通过推动技术和管理创新、工业强基、军民融合发展等主要路径，加快实现汽车、石化、农产品加工等制造业重点产业率先转型升级，并发挥品牌引领作用，扩大有效供给，实现供给结构升级，提升供给体系质量和效率。

（一）推动产业升级。

1. 汽车产业。重点围绕汽车轻量化、电动化、智能化发展方向，加强汽车轻量化工艺、轻量化材料、轻量化产品及轻量化开发技术研发应用，推动汽车自主品牌影响力进一步提升，加快新能源汽车"三电"等关键系统技术攻关和智能网联汽车综合示范区建设，率先建成国内领先的汽车轻量化制造体系和节能与新能源汽车、智能网联汽车研发制造基地。（省工业和信息化厅、省发展改革委、省科技厅、省财政厅负责）

2. 石化产业。坚持大化工发展方向，突出原料路线多元化和产业发展园区化。补齐石化产业短板，积极优化乙烯产业链，重点发展丙烯产业链，引领集聚产业资源，全力提升 ABS（丙烯腈－丁二烯－苯乙烯）、乙丙橡胶、聚氨酯、碳纤维和二氧化碳基可降解塑料等新材料产业的核心竞争能力，并推动新材料在汽车、轨道交通、航空航天等领域的产业应用。（省工业和信息化厅、省发展改革委、省科技厅、省财政厅负责）

3. 农产品加工业。坚持绿色有机和精深加工方向，加快完善农牧复合、高效节水生产体系，提高特色种质资源产业发展水平，构建从农田到餐桌的食品供应链安全保障新模式。巩固吉林黄金玉米带，改造提升玉米深加工产业，加快发展生物基新材料。全力推进清真食品、弱碱食品、马铃薯食品及主食加工食品、长白山矿泉水等特色产业竞争能力建设。通过产业融合发展，推动实现农业现代化。（省工业和信息化厅、省发展改革委、省农委、省科技厅、省财政厅负责）

4. 医药健康产业。发挥长白山立体资源库基础优势，全面推进中药现代化，全力推动生物医药、小分子化学药等创新发展，积极构建特殊医学用途配方（以下简称特医）食品研发生产体系和细胞工程服务体系。加快建设医药健康检验检测体系和先进医疗器械协同创新中心，加快推进吉林医药大数据、健康云服务产业发展。（省工业和信息化厅、省发展改革委、省科技厅、省食品药品监管局、省财政厅负责）

5. 装备制造业。坚持高端化、服务化发展方向，加快构建"吉林装备"特色产业，重点打造国际领先的现代轨道交通装备、国内领先的遥感卫星高端装备、航空装备制造与维修、精密仪器与装备、机器人和智能制造装备、先进农机装备和"专精特新"装备研发制造产业基地。（省工业和信息化厅、省发展改革委、省科技厅、省财政厅负责）

6. 战略性新兴产业。推进"吉林一号"星座组网和遥感数据应用与服务，打造空天遥感大数据产业基地。支持"吉湾一号"系列 CPU（中央处理器）研发及示范应用，发展桌面云产业。全力推动高端 CMOS（互补金属氧化物半导体）图像传感器及应用产业化，打造 CMOS 光电产业基地。建立高性能纤维协同创新中心，建设碳纤维、玄武岩纤维、聚酰亚胺纤维等新材料产业基地。（省发展改革委、省工业和信息化厅、省科技厅、省财政厅负责）

（二）推动技术和产品创新。

7. 加大技术改造力度。落实国家制造业升级改造重大工程包计划。围绕发展新兴产业、改造传统产业关键领域和薄弱环节，组织实施制造业转型升级三年行动计划，落实工业强基、智能制造、绿色制造、服务制造等重大工程。谋划、储备、实施 1 000 个升级改造重点项目，加快推动形成工业转型升级新动能。（省工业和信息化厅、省发展改革委、省科技厅、省财政厅负责）

8. 加大企业研发投入。发挥现有财政专项资金作用，引导企业加大合作研发、引进技术团队和专业人才的资金投入，鼓励企业建立研发准备金制度，不断加大企业 R&D（研究与试验发展）经费投入。鼓励商业银行及担保、创投、基金等社会资本参与企业创新活动。争取用 3 年时间培育研发投入占主营业务收入 3% 以上的"科技小巨人"企业 1 000 户以上，到 2025 年达到 3 000 户以上。（省工业和信息化厅、省发展改革委、省科技厅、省财政厅、省金融办负责）

9. 促进产业协同创新。围绕建设产业协同创新中心、孵化基地、产业园区、产业发展基金和健全产业政策体系，进一步完善从研发成果到项目孵化再到产业化的创新驱动"吉林方案"。支持企业、高校和科研院所加强协作，提升协同创新能力。推进工程化设计、实验验证、中试中心和孵化器等平台建设，加速成果熟化。支持企业承接科技成果，促进本地转化。（省科技厅、省工业和信息化

厅、省发展改革委、省教育厅负责）

10. 推动产品精深加工。充分发挥现代农业、原料工业、特色矿产等资源和技术优势，加快新产品研发和工艺创新，着力打造绿色食品、生物化工、特色资源产业链，加快推进镁合金、特种石墨、硅藻土等价值链中高端产品开发，推动"原"字号、"初"字号加快变成"新"字号，促进资源优势转化为经济优势。（省工业和信息化厅、省发展改革委、省农委、省科技厅、省财政厅负责）

11. 加快发展整机产品。支持有知识产权的零部件企业向整机产品集成与自主化升级，加快推动关键核心部件和基础元器件企业持续技术创新，保持竞争优势，鼓励支持有条件企业再造生成总成企业。加快推进桌面云终端、先进医疗器械、智能抑爆装备、矩阵脉冲灭火装备等一批高端整机产品研发制造和产业化。（省工业和信息化厅、省发展改革委、省科技厅、省财政厅负责）

（三）推动管理创新。

12. 推广精益管理模式。引导企业树立精益管理理念，大力推广东北工业集团有限公司"精益管理模式"、中国石油吉林石化公司（以下简称中油吉化公司）"精细化管理经验"和中国联通吉林分公司"两横一纵管理体系"等先进模式。鼓励专业管理机构建立精益管理推广中心，通过政府购买服务等方式为企业提供精益管理咨询服务支持。（省工业和信息化厅、省国资委、省发展改革委、省财政厅负责）

13. 推动组织结构变革。引导企业创新组织结构，建立扁平化、柔性化、网络化组织模式。鼓励企业精简管理层次，探索建立小型化、扁平化内部组织结构。引导企业建立柔性化组织形态，提高企业快速应对外部环境变化能力。支持企业在专注发展核心优势业务同时，强化外部资源整合，构建网络化组织系统。推动企业按照"激励创造、有效应用、科学管理"方针，着力提升知识产权运用保护和管理能力。（省工业和信息化厅、省发展改革委、省国资委、省财政厅负责）

14. 推进绿色能效管理。鼓励企业建立能源管理体系，提高能源管理水平。建立绿色能源评价机制，积极引导企业树立集约利用资源能源创造效益的理念，推广绿色经营文化，积极采用先进适用的节能降耗技术、工艺和装备，充分利用余热、余压、废气、废水、废液、废渣，发展循环经济，推进资源高效循环利用。（省发展改革委、省工业和信息化厅、省财政厅、省能源局负责）

（四）推动军民融合发展。

15. 全面提升国防建设产业水平。深入贯彻经济建设和国防建设融合发展意见，充分利用国家设立的军民融合产业发展基金，进一步深化与军工集团的全面合作。加快推动航空发动机北方维修基地、吉林航空产业园区等重大项目建设，谋划推动与中国航天科工集团、航天科技集团在运载火箭等领域的合作，提升卫星及应用产业发展支撑能力。（省工业和信息化厅、省发展改革委、省科技厅、省财政厅负责）

16. 推动军民两用技术双向转移。鼓励国防科技资源和民用科技资源"相互对流"，积极搭建军民信息沟通交流平台，加快推动光机电跟踪技术、激光通信技术、大功率激光器等先进军用技术和产品在经济建设中的应用；推动卫星遥感数据、舰载无人机、专用软件、舰船专用换热器等优势民品技术和产品在国防建设中的应用。（省工业和信息化厅、省发展改革委、省科技厅、省财政厅负责）

（五）推动工业强基。

17. 发展关键基础材料。支持先进材料及制品产业发展，攻克高性能纤维复合材料制备瓶颈，实现在汽车、轨道客车等领域产业应用。推动纳米硅土新材料、生物基聚乳酸、锂电池钴铝三元正极材料等先进基础材料产业化进程，加快发展终端应用产品。支持石墨烯、聚醚醚酮复合粉体 3D（三维图形）打印材料等前沿材料研制和布局，抢占发展先机和制高点。（省工业和信息化厅、省发展改革委、省科技厅、省财政厅负责）

18. 发展核心基础零部件（元器件）。推动具有核心技术的零部件企业做大做强，加快铝锻铝铸锻零件、碳纤维制品、精密减速机等核心零部件发展，满足汽车、小卫星、机器人等领域配套需求。推动超精密液压元器件、氮气平衡器、绝对式光栅尺等核心元器件技术攻关及工程化应用，提升关键核心零部件（元器件）的配套能力。（省工业和信息化厅、省发展改革委、省科技厅、省财政厅负责）

19. 推广先进基础工艺。推动先进工艺技术发展，围绕提质增效、绿色发展、高端智能，着重提高轻量化车身热成型、激光拼焊、铝及镁合金精密成形铸造、高端精细化学品和生物医药制备等先进工艺水平。推广生产废弃物再利用和清洁生产等资源高效开发利用、节能减排的绿色制造工艺。支持企业应用成套化、自动化、网络化智能制造工艺，全面提升制造业智能化水平。（省工业和信息化厅、省发展改革委、省科技厅、省财政厅负责）

20. 强化产业技术基础。推动产业技术基础能力建设，支持重点企业、科研院所、产业园区等有条件的单位建设试验检测和信息服务公共服务平台，重点推动汽车、高端装备制造、新材料、光电子、汽车电子、玉米深加工等重点领域公共服务平台建设，积极争创国家产业技术基础公共服务平台。（省工业和信息化厅、省科技厅、省发展改革委、省财政厅负责）

三、推动新业态、新模式发展

加快产业组织结构升级，提升产业集群集聚水平和竞争能力，推广应用 T2T（从构

想到研发到技术应用到转化）模式，进一步增强创新平台、创客空间的产业孵化能力，推动"智能化、网络化、协同化、服务化"新产业业态和新商业模式可持续发展，积极构建基于"互联网＋"的集众智、推众创产业生态体系。

（一）推动智能化。

21. 推动智能装备发展。鼓励企业研发具有深度感知、智慧决策、自动执行功能的智能单元和智能装备，提高智能成套设备生产能力和智能车间（工厂）系统解决方案水平，重点推动精密仪器与装备、激光智能刻画、智能立体停车、智能实验检测等一批智能成套装备企业加快发展，打造一批"吉林装备"品牌企业。（省工业和信息化厅、省发展改革委、省科技厅负责）

22. 实施智能化改造。推动工业互联网应用，鼓励企业围绕生产流程，在设备运行、工艺操作、质量检测、物料配送等生产现场进行数据采集、传输、集成、分析与反馈，开展生产设备联网及生产线智能化改造，提升生产环节自动化、网络化和智能化控制水平，支持中国第一汽车集团公司（以下简称一汽集团）、中车长春轨道客车股份有限公司（以下简称长客股份）、中油吉化公司、吉林省通用机械有限责任公司等重点行业骨干企业发展智能生产线、数字车间。（省工业和信息化厅、省发展改革委、省科技厅负责）

（二）推动网络化。

23. 推动管理信息系统横向联结。推动企业加强内部基础网络建设，建立 ERP（企业资源管理系统），实施办公、财务、进销存、业务管理等信息系统的横向联结，消除企业内部信息孤岛，实现信息系统由单项应用向综合集成应用转变。（省工业和信息化厅负责）

24. 推进企业信息系统纵向贯通。支持企业面向生产操作控制层、企业管理层和决策支持层开展联网工程，实施 MES（制造执

行系统）与ERP（企业资源管理系统）数据联通，依据工业大数据建模分析，建设BI（商业智能）系统，实现企业信息系统全面融合与集成。（省工业和信息化厅负责）

（三）推动协同化。

25．推进协同研发。鼓励汽车、石化、食品等行业大型制造企业或互联网企业建设互联网协同研发设计平台，整合分散的创新资源、设计能力，紧密结合供给侧和需求侧，发展协同研发、众包设计等新模式，缩短产品研发周期，满足差异化市场需求。（省工业和信息化厅、省发展改革委负责）

26．推动协同制造。鼓励行业骨干企业发展产业链协同创新，利用互联网平台，整合制造商、供应商、销售商、物流服务提供商和客户资源，以信息流、技术流、资金流、物资流引导带动全产业链资源优化配置，全面提升协同制造的竞争力和创新力。（省工业和信息化厅、省发展改革委、省商务厅负责）

27．推行云制造。支持建设云制造平台，促进技术、工艺、模型、知识、软硬件等各类制造资源数字化、虚拟化、模块化，通过调度、优化和组合，形成最优匹配的整体解决方案，为制造主体提供各类制造服务，实现制造资源、工业软件等服务按需供给。（省工业和信息化厅、省发展改革委负责）

（四）推动服务化。

28．推动个性化定制服务。支持利用互联网采集并对接用户个性化需求，推进设计研发、生产制造和供应链管理等关键环节的柔性化改造，开展基于个性化产品的服务模式和商业模式创新。鼓励互联网企业整合市场信息，挖掘细分市场需求与发展趋势，为制造企业开展个性化定制提供决策支撑。（省工业和信息化厅、省发展改革委、省商务厅负责）

29．推动产品全生命周期服务。支持企业开发智能化产品，利用互联网信息平台和传感器网络，向用户提供在线技术支持、故障诊断、远程运维等产品全生命周期增值服务，鼓励和支持企业由单独提供设备向提供系统集成总承包转变，向整体解决方案供应商升级。（省工业和信息化厅、省发展改革委负责）

（五）提高信息技术支撑能力。

30．推进信息基础设施建设。深入实施"宽带吉林"工程，推进4G（第四代移动通信技术）无线网络覆盖，积极参与5G（第五代移动通信技术）移动通信试点，全面推进"三网融合"。加快空间遥感数据综合应用与服务平台建设，促进遥感数据深度开发和推广应用。推动北斗位置导航应用平台和系统建设，促进空间遥感信息与北斗定位信息集成应用。加快国家高分辨率对地观测系统吉林数据中心建设。（省工业和信息化厅、省发展改革委、省科技厅、省通信管理局负责）

31．推动云计算数据中心建设。引导大型云数据中心优先在长春市、吉林市等地集聚发展，实时应用为主的中小数据中心靠近用户灵活部署。支持吉林云数据基地、华为、浪潮云数据中心等一批重点项目建设和应用。鼓励电信运营商、IT（信息技术）企业向云服务提供商转型，着力突破云计算平台数据存储与处理、大数据挖掘分析等关键技术，加快推出云计算服务产品，提供云平台应用服务。（省发展改革委、省工业和信息化厅、省科技厅、省通信管理局负责）

四、加强品牌培育引领

通过落实企业质量主体责任、夯实质量品牌发展基础、强化品牌建设引导和提高企业竞争实力等，激发企业内生动力，推动企业增强质量品牌管理能力，促进产品品质提升，打造品牌形象，提振消费信心，引领消费升级。

（一）加强企业质量主体建设。

32．落实企业质量主体责任。引导企业牢固树立"质量第一、品牌至上"的质量意识，推动落实企业质量首负责任制，建立企业岗位质量规范和质量考核制度。引导企业建立质量应急处理制度，严格执行重大质量事故报告制度，切实履行质量担保责任及缺陷产品召回法定义务，依法承担质量损害赔偿责任。（省质监局、省工商局负责）

33.完善企业质量管理体系。鼓励企业建立首席质量官制度，加强首席质量官任职培训，提升质量管理者水平。推行先进质量管理方法，支持企业植入卓越绩效、六西格玛、可靠性工程等先进质量管理经验。支持企业加强产品质量可追溯能力建设，鼓励企业利用大数据、互联网技术，提升在线监测、控制和产品全生命周期质量追溯能力。支持企业开展 ISO 9000 族、三品一标（无公害农产品、绿色食品、有机农产品和农产品地理标志）、HACCP（危害分析和关键控制点）、FDA（美国食品和药物管理局）等质量体系认证，提高产品国内外市场认可度。（省质监局、省工业和信息化厅负责）

（二）着力重点企业品牌创建。

34.培植大企业集团。加大对世界 500强、知名央企、中国 500 强等大型企业的合资合作和引进力度，对总部迁入或在我省新设立公司及重大合作项目，采取"一事一议"方式给予重点支持。围绕我省知名大中型品牌企业，谋划和实施一批大项目，鼓励企业开展强强联合、上下游整合等形式的并购重组，打造一批旗舰型大企业、大集团。（省工业和信息化厅、省发展改革委、省科技厅、省国资委、省财政厅负责）

35.培养"隐形冠军"。全面落实推动中小微企业发展政策措施，支持企业向业务专一、品质精良、工艺技术独特、具有持续创新能力的"专精特新"方向发展。实施"隐形冠军"企业培育计划，打造一批单个产品细分市场占有率高、产品品质业内公认、具有持续创新能力的"隐形冠军"企业，推动形成"吉林制造"竞争新优势。（省工业和信

息化厅、省发展改革委、省科技厅、省财政厅负责）

36.培育上市公司。实施企业上市培育和中小企业现代企业制度导引工程，建立上市后备资源培育协调机制，加强对后备上市企业的培育指导。优先支持品牌影响力大、核心竞争力强的企业在主板、中小企业板、创业板和全国中小企业股权转让系统等多层次资本市场挂牌上市，培树资本市场"吉林板块"公众品牌形象。（省金融办、省发展改革委、省工业和信息化厅、省财政厅负责）

（三）加强重点领域品牌引领。

37.打造地理标志品牌。实施地理标志保护产品、地理标志商标梯队培育计划，支持具有资源优势的中药材、农牧产品、传统食品、民族民间工艺品等特色产品申报和争创国家地理标志保护，及时申请地理标志商标注册。围绕大米、人参、杂粮杂豆、梅花鹿、矿泉水、松花石等优势特色产品，扶持壮大一批地理标志产品生产企业，推动建设一批地理标志产品示范基地，扩大吉林品牌地理标志影响力。（省质监局、省工商局、省发展改革委、省工业和信息化厅、省农委负责）

38.提升行业品牌。支持汽车、医药等优势产业发展高附加值产品，提升品牌价值。推动航空航天、智能制造等先进制造业品牌建设。推进玉米、大米、杂粮杂豆、人参、鹿茸、林蛙等特色农产品的品牌化、产业化。鼓励现代物流、研发设计、节能环保、家政服务等行业打造服务业品牌。创建旅游服务质量标杆企业，打响吉林绿色生态旅游品牌。推动扩大"吉刊现象""吉林电视剧现象""吉林纪录片"等文化品牌影响力。（省质监局、省工商局、省发展改革委、省工业和信息化厅、省农委、省旅游局负责）

39.创建区域品牌。开展质量强市（县）和产业集群区域品牌建设活动，争创全国质量强市（县）示范城市、农产品质量安全示

范县和国家产业集群区域品牌。支持产业集群内企业联合申请注册具有园区标志性的商标，打造辽源袜业、四平换热器等区域性特色产业公共品牌。（省质监局、省工商局、省农委、省工业和信息化厅负责）

（四）加大质量品牌政策引导。

40. 完善品牌建设激励机制。支持企业申报名牌产品、著名商标、地理标志注册商标、地理标志保护产品和老字号、知名商号等，鼓励企业申请驰名商标保护，对新认定的中国驰名商标、省著名商标、省名牌产品及地理标志注册商标和保护产品，给予一次性资金补助。开展吉林省质量奖评选，积极推荐企业参评中国质量奖，提高自主品牌产品认知度。（省质监局、省工商局、省商务厅负责）

41. 加强质量监管。以涉及健康安全、国计民生、公共安全等领域产品为重点，强化产品质量监督抽查。建立质量信用"黑名单"制度，健全质量失信行为多部门联合惩戒机制。将企业质量信用、商标品牌、执法检查等信息纳入全省社会信用体系，完善信用约束机制。开展企业质量信誉承诺活动，深化推进诚信体系建设。（省质监局、省工商局、省金融办、省发展改革委、省工业和信息化厅、省商务厅负责）

42. 加强品牌推广。指导企业建立各具特色的品牌发展战略，支持企业加强品牌宣传，提高品牌知名度。组织开展品牌产品推介活动，加强与国内知名企业集团、大型商业零售终端的对接合作，鼓励企业在省外、境外建立销售平台，拓宽产品销售渠道，提高市场占有率。支持吉林品牌企业制定品牌推广战略规划，更好地发挥政府作用，提升吉林品牌竞争力，扩大吉林品牌影响力。（省工商局、省质监局、省发展改革委、省工业和信息化厅、省商务厅负责）

（五）夯实质量品牌发展基础。

43. 加强标准体系建设。加强吉林特色农业、现代工业和建筑业、现代服务业标准建设，完善吉林特色标准体系。鼓励企业采用国际标准和国外先进标准，参与国际、国家、行业和团体标准研制，主动抢占市场竞争话语权。围绕我省重点产业、重点产品，开展质量对标提升活动，推动企业标准升级，带动产品质量提升和品牌创建。（省质监局、省发展改革委、省工业和信息化厅、省科技厅负责）

44. 提升检验检测能力。加强国家、省级质量检验检测中心建设，提高专业化检验检测水平。鼓励民间资本投资建设检验检测机构，为产业创新发展提供第三方检验检测服务。支持企业建立检测实验室，提升企业产品自检能力。加强重点领域计量基准建设和标准物质研究，开展工业计量示范工程，推进先进计量技术和方法在企业应用。（省质监局、省发展改革委、省工业和信息化厅负责）

45. 提高品牌培育公共服务能力。构建质量信用和商标品牌信息服务平台，实现质量信息实时查询和共享应用，完善品牌展示、法律援助、商标权质押融资和交易等服务功能。支持企业、行业协会、中介服务机构等搭建专业化服务平台，提供品牌策划、市场营销、信息咨询等综合服务，为企业品牌建设提供支撑。（省质监局、省工商局、省发展改革委、省工业和信息化厅负责）

五、推动需求结构升级

发挥消费引领作用，推动培育以消费新热点、新模式为主要内容的消费升级，促进增品种、提品质、创品牌，扩大有效供给，推动需求结构升级。重点在信息消费、绿色消费、旅游消费、文体消费、农村消费等方面推动催生新热点、新业态、新模式。

（一）积极培育信息消费。

46. 推进智慧吉林建设。加快推进"智慧城市"建设，围绕提升公共服务效能和管理水平两大目标，加快智慧政务建设，完善政府权力清单、责任清单、财政专项资金管理清单和吉林政务服务"一张网"服务功能，推动电网、交通、水务等智能化改造，提升服务效能，带动城市公共产品消费升级。深入实施"信息惠民"工程，加快推进基于互联网的医疗、健康、养老、教育、社会保障、文化、旅游等新兴服务，发展线上线下互动的新兴消费模式。（省发展改革委、省科技厅、省工业和信息化厅、省财政厅、省民政厅、省卫生计生委、省教育厅、省人力资源社会保障厅、省文化厅、省旅游局负责）

47. 大力发展电子商务。支持综合性大型商场、连锁专卖企业网络零售平台做大做强。发展工业电子商务，支持汽车、医药、纺织等大型制造企业自建电子商务平台，鼓励中小企业利用第三方电子商务平台开展线上线下网络营销。依托电子口岸平台，打造东北亚跨境电子商务中心。推动电子商务与物流配送协同发展，加强电子商务监管，切实维护网络消费权益。（省商务厅、省发展改革委、省工业和信息化厅、省科技厅、省财政厅负责）

48. 推动信息产品应用。加快推进空间信息服务市场开拓，围绕空间遥感数据和北斗卫星授时定位信息，面向国土资源、防灾减灾、环境保护、农林水利、交通运输等领域，开发信息产品，引领空间数据服务、互联网接入流量等信息消费快速增长。支持智能终端产品应用，发展桌面云终端等交互式网络智能产品，带动消费业态升级。（省发展改革委、省科技厅、省工业和信息化厅、省财政厅、省农委、省国土资源厅、省环境保护厅、省交通运输厅负责）

（二）大力促进绿色消费。

49. 加快新能源汽车推广应用。制定推广节能与新能源汽车财税支持政策，加快充电桩等服务设施建设。积极引导创新商业模式，鼓励和支持社会资本进入新能源汽车充电设施建设和运营，以及整车租赁、电池租赁和回收等服务领域。鼓励省内金融机构创新绿色金融产品，满足新能源汽车消费各环节信贷需求。（省发展改革委、省工业和信息化厅、省金融办、省财政厅负责）

50. 推广新型建造方式和绿色建材。开展木结构建筑产业化试点，推广钢结构、装配式混凝土结构、木结构及钢—木、砼—木混合结构建筑、精装修住宅等。鼓励太阳能光热、光伏与建筑装配一体化，带动光热光伏玻璃产业发展。发挥硅藻土、玄武岩纤维、秸秆、玻璃等特色资源和技术优势，推动消费硅藻土材料、秸秆生物建材、镀膜玻璃、节能门窗等绿色建材产品。（省住房城乡建设厅、省工业和信息化厅、省发展改革委、省科技厅、省财政厅负责）

51. 鼓励省内绿色产品推广使用。依托中空纳滤膜技术优势，积极推进直饮水工程。加快推动聚乳酸、二氧化碳基塑料等可降解材料在医疗、农业、食品包装等领域的应用。发展基于农作物秸秆深度利用的循环经济模式，推广本色纸、黄腐酸等产品。全面引导中央厨房等新兴消费，推动高效安全餐饮消费。（省发展改革委、省科技厅、省工业和信息化厅、省卫生计生委、省农委、省财政厅负责）

（三）加快升级旅游消费。

52. 培育吉林旅游品牌。整合自然生态、历史人文、民族风情等资源，开发"生态、冰雪、文化、边境"四大核心旅游产品。积极培育休闲农业，创新发展旅游新业态，全面实施服务质量提升工程，进一步提高旅游服务水平，塑造"吉山吉水、真情吉林"旅游品牌新形象。（省旅游局、省农委负责）

53. 扩大冰雪旅游消费。着力建设冰雪休闲度假、冰雪温泉养生、冰雪观光体验、冰雪民俗史迹四大产品体系。集中建设国际冰雪旅游度假名镇与系列冰雪旅游小镇、中国第一·雪地穿越旅游廊道，开发环长白山、长春－吉林－延边温泉度假产业集聚带，丰富和拓展冰雪旅游项目，丰富冰雪关联产品科技元素，做精做活独具"吉林符号"的历史文化资源，延伸冰雪消费链条，全力推进"白雪换白银"。（省旅游局负责）

54. 推动跨境旅游消费。充分发挥东北亚区域合作的桥头堡作用，打造面向东北亚地区的重要国际旅游目的地。依托"大图们倡议"东北亚旅游论坛，进一步加强与东北亚地区国家旅游部门的沟通协调，不断丰富边境、跨境、环日本海等旅游产品。利用边境公路、铁路口岸、合作海港、国际航线等资源，积极开发系列跨境体验旅游新产品。（省旅游局负责）

（四）提升文化体育消费。

55. 推动文化产品消费。继续扩大长春电影节、乌拉民俗、朝鲜族民俗艺术等吉林文化品牌的社会影响力，打造具有地域特色的文化产品集散地。积极引导培育文化新业态，发展数字创意产业，推动未来科技体验等新型科教文集成产品消费。（省文化厅负责）

56. 促进体育健身消费。加快建设网络化全民健身体育设施，推动各级、各类公共体育设施免费或低收费向社会开放。推动发展冰雪运动、汽车拉力等特色体育项目，积极扩大足球、漂流、垂钓、登山、健身健美等全民体育休闲消费，并引领特色专业体育器材、运动装备产业集群发展。加快推进体育消费数字化、网络化进程，拓展线上线下相结合的体育消费新模式。（省体育局、省工业和信息化厅、省发展改革委负责）

（五）促进健康养生家政服务消费。

57. 推进健康服务消费。推动中医药、特医食品、医疗器械等特色园区加快发展，加强健康产品多元化供给。培育远程医疗、特医食品配送、可穿戴设备在线监控等网络健康服务新业态。探索推进全药网上线运营，降低医药消费负担。支持建设养生小镇，打

造假日经济、养生经济发展新模式。（省卫生计生委、省发展改革委、省食品药品监管局、省工业和信息化厅、省财政厅负责）

58. 推进养老服务消费。加快推进养老机构建设，大力发展社区养老服务和居家养老服务，推动医疗卫生与养老服务深度融合。培育医疗康复、家庭服务、休闲旅游、金融保险服务等养老服务新业态，打造养老服务知名品牌。支持建设"通化生态养生""延边民族风情"等特色养老服务产业园区，打造吉林养老福地。（省民政厅、省卫生计生委、省发展改革委、省财政厅负责）

59. 推进家政服务消费。支持家政服务品牌创建，发挥"吉林大姐"等传统品牌辐射带动效应，培育和创建更多家政服务"吉林品牌"，推动家政服务信息化、标准化建设示范。积极构建城乡社区服务体系，引导社区依托综合服务设施建设生活服务中心，提供全方位、可信赖的家政服务。（省民政厅、省发展改革委、省财政厅负责）

（六）推动农村消费升级。

60. 改善农村消费环境。加快推进农村易地扶贫搬迁、农村危房改造、乡村公路建设、农村电网升级改造、农村安全饮水等工程，进一步改善提升农村消费软硬件水平，促进农村消费升级扩容。推动农村居民在家电、家具、家用轿车、住房、健康医疗等方面扩大消费，进一步推进"工业品下乡""农资下乡""农产品进城"等电子商务试点。（省发展改革委、省商务厅、省财政厅、省住房城乡建设厅、省交通运输厅、省水利厅、省农委、国网吉林省电力有限公司负责）

61. 推进智慧农业建设。充分利用物联网、云计算、大数据、移动互联网、卫星遥感等新一代信息技术，大力发展现代精准农业，开展种养业精准用药、用水、用肥监测，开展测土配方施肥、粮食测产、气象监测、农业病虫害防治、家畜疫病远程诊断等农业生产决策咨询服务，实现农业生产、经营、

管理、服务等智能化，带动智慧农业消费升级。（省农委、省发展改革委、省工业和信息化厅、省科技厅、省畜牧局、省气象局负责）

六、推动人才培养

培养造就更多的优秀企业家、"吉林工匠"、行业名师和各类专业技术团队，推进供给侧结构性改革，实现创新驱动，提升全要素生产率，发挥品牌引领作用，推动供需结构升级。

62. 营造关怀企业家的社会氛围。着力创造法制化、透明化、公开化的营商环境，为企业家营造创新创业发展氛围。加大宣传力度，营造全社会关怀企业家、培养企业家、尊重企业家的浓厚氛围。积极培育吉商文化，大力弘扬吉商精神，全面支持吉商发展。加强企业家参政议政，吸纳知名企业家加入省政府决策咨询委员会等决策咨询机构，参与政策的制定、检查和评估。（省工业和信息化厅、省国资委、省工商联负责）

63. 加强专业技术团队建设。支持驻省高校及科研单位定向打造一流专业技术团队，开展关键技术和共性难题攻关，建设国家实验室、国家工程技术中心和创新中心。鼓励企业建立有利于专业技术人才发展的体制机制，在工资待遇、职务职称晋升等方面给予通道支撑。制定更具吸引力的人才留住政策，支持"人才特区""产业人才高地"建设，加大高端人才的引进留住力度。（省科技厅、省人力资源社会保障厅、省发展改革委、省工业和信息化厅负责）

64. 培育"吉林工匠"。实施"吉林工匠"培育工程，营造尊重一线创造、崇尚工匠精神的良好氛围。弘扬精益求精的企业文化，推广一汽集团、长客股份等知名企业培养"大国工匠"的制度和做法，建设定点定向的工匠人才储备培育体系。支持行业龙头企业和产业园区建设"行业名师工作室"和劳模创新工作室，加大"行业名师"培育力

度。鼓励"师徒传承"，培养行业名师继承人。推进"匠心艺彩"活动，培养民间工匠。（省工业和信息化厅、省人力资源社会保障厅、省总工会负责）

65. 推动产教融合。推动省内高校、职业教育体系等围绕汽车、石化、农产品加工、医药、建筑业、装备制造等重点产业，建设产教融合工程规划项目，满足全产业链人才持续、有效供给。加快推进吉林大学卫星遥感数据开发应用等新型产教融合平台建设，推动形成协同创新、创业孵化、产业基地一体化产教深度融合、协同育人的新模式。（省教育厅、省科技厅、省工业和信息化厅、省人力资源社会保障厅负责）

66. 培养品牌建设人才。加大品牌策划、商标设计、品牌营销等工业设计专业人才培养，支持引入域外知名培训机构，推动形成适应行业创新发展的品牌人才培训网络，共同培养符合省情和企业特色的品牌管理人才。提升和规范各级政府品牌建设与管理的公共行政能力，通过多部门联合一致行动，持续提升政府品牌管理的影响力和公信力。（省质监局、省工商局、省工业和信息化厅、省人力资源社会保障厅负责）

七、保障措施

（一）强化组织保障。各相关部门要根据职责分工，健全工作机制，加强配合协作，形成工作合力。各地政府要把发挥质量品牌作用、推动供需结构升级工作放在突出位置，抓好落实，确保工作取得实效。各地区、各行业要结合实际，制定具体行动方案，保证各项任务落到实处。

（二）优化政策法规环境。努力构建"亲""清"新型政商关系，加大简政放权改革力度，规范重点领域行政职权和商事制度改革后置审批事项。完善支持创新的普惠性政策体系，推动落实降本减负、税收优惠、保险、价格补贴和消费者补贴等财税支持政

策。建立更加严格的市场监管体系，加大联合执法行动力度。破除地方保护和行业壁垒，有效预防和制止各类垄断和不正当竞争行为。

（三）加大金融扶持力度。着力破解融资难、融资贵问题，支持金融机构创新金融产品和抵押质押方式，加大科技创新和消费信贷支持力度。发挥财政资金引导作用，鼓励设立各类基金，支持科技创新能力强、具有自主知识产权的知名品牌企业转型升级。创新财政科技投入方式，积极推进政府资金与信贷、债券、基金等融资组合，共同推动供需结构升级和自主品牌发展。

（四）加强对外开放。深入实施长吉图开发开放先导区战略，主动融入国家"一带一路"建设，坚持在开放中转型升级，在合作中创新驱动，依托供给结构升级的重大项目，打造开放合作的产业新平台。实施人才开放政策，坚持培养与引进并重，加强高科技人才和高技能人才国际国内交流合作。实施吉林品牌"走出去"战略，积极构建开放型供需结构新体系。

（五）营造品牌引领社会氛围。组织开展年度品牌发布和"质量月""3·15国际消费者权益日""地方品牌日"等活动，扩大吉林品牌社会影响，提振自主品牌消费信心。充分利用各类媒体和各种渠道，加强对优秀企业家、产业集群和地方政府在创新发展和品牌建设方面典型经验的宣传报道，大力营造支持创新、重视品牌的良好社会氛围。

黑龙江省人民政府办公厅关于发挥品牌引领作用推动供需结构升级的实施意见

黑政办发〔2016〕129号

各市（地）、县（市）人民政府（行署），省政府各直属单位：

为贯彻落实《国务院办公厅关于发挥品牌引领作用推动供需结构升级的意见》（国办发〔2016〕44号）精神，经省政府同意，现结合我省实际提出如下实施意见：

一、总体要求

认真贯彻落实创新、协调、绿色、开放、共享的发展理念以及习近平总书记关于"推动中国制造向中国创造转变、中国速度向中国质量转变、中国产品向中国品牌转变"指示精神，按照习近平总书记对我省提出的"改造升级'老字号'、深度开发'原字号'、培育壮大'新字号'"要求，全面实施品牌基础建设工程、供给结构升级工程、需求结构升级工程，增品种、提品质、创品牌，大力培育发展既有黑龙江特色又有市场需求空间的特色品牌，着力解决在品牌建设上存在的知名大品牌少，传统老品牌竞争力下降，绿色有机产品品牌多而乱、竞争力弱，品牌重视不够，宣传力度不大等问题，充分发挥品牌引领作用，提升品牌价值和效益，为我省经济发展提供持续动力。

二、工作目标

到2020年，全省品牌培育、发展和保护机制日臻完善，品牌数量大幅增加，自主品牌市场价值明显提升，形成一批具有国内外市场竞争力和影响力的品牌，品牌经济成为全省经济发展的重要支撑，努力争取我省10家知名品牌入围中国品牌500强，在世界品牌价值排行榜上实现零突破。

——培育创建中国质量奖（包括全国质量奖或中国质量奖提名奖）企业5个，省政府质量奖企业20个；

——培育省级"质量标杆"和品牌培育试点企业70家；

——黑龙江省名牌产品600个，地理标志保护产品110个，绿色食品认证证书突破2 000张，有机产品认证证书突破2 000张；

——中国驰名商标100件，黑龙江省著名商标1 300件，地理标志证明商标60件；

——培育出口农产品标准化产业示范区30个，国家级出口食品安全示范区20个；

——5A级景区8家，4A级景区132家。

三、主要任务

（一）大力培育发展高品质食品、乳制品和畜牧产品品牌。依托黑龙江"黄金奶牛养殖带"的生态优势，发挥飞鹤、完达山乳业等大品牌引领作用，加速形成乳制品产业品牌的集约化、规模化、全产业链化，促进乳制品牌的创新升级。发挥我省大力发展"两牛一猪"的政策优势，全力推进"两牛一猪"标准化规模养殖场建设，培育创建森林猪、森林鸡、东北民猪等特色的产品品牌。引导老鼎丰、秋林食品等具有一定产业基础的老品牌企业，利用黑龙江优势，引进新技术、新工艺，新商业模式，创建高品质食品产业，推进产品向中高端产品迈进。大力发展现代物流产业，推动高品质食品、乳制品、畜产品产业实现全产业链发展，冷链发展。加快搞活"互联网＋高品质食品、乳制品、畜产品"营销，把高品质产品卖出好价格，不断培育壮大我省高品质食品、乳制品和畜产品产业的规模和品牌影响力。（牵头单位：省畜牧兽医局、食品药品监管局，配合单位：省发改委、工信委、质监局、工商局）

（二）大力培育发展农业绿色有机产品品牌。充分释放黑龙江生态、黑土地、气候等天然优势，在全省分层次有重点地开展品牌创建工作。开展无公害农产品、绿色食品和有机农产品"三品"创建活动。深入推进"农业标准化示范区，有机产品认证示范区，

省名牌产品、地理标志保护产品示范区"品牌创建工作。广泛开展农产品注册地理标志商标，申请地理标志产品保护，生态原产地产品保护，推进地理标志及气候品质认证工作，建立标准先行、标准化作业、全过程质量溯源监控的工作体系。建设一批黑龙江特色优质农产品种植和生产基地，发展"鸭稻""蟹稻""鱼稻""森林猪""森林鸡"等绿色特色食品品牌。鼓励支持采取市场化方式，整合我省同类农业产品品牌资源，以组织化、标准化、市场化入手，做大做强优势品牌，用优势大品牌整合小品牌。要进一步开放我省认证市场，引进高水平的认证机构，加强认证活动认证的监管，规范认证市场秩序，诚实守信。（牵头单位：省农委、工商局、质监局，配合单位：省发改委、森工总局、黑龙江检验检疫局、省气象局）

（三）大力培育发展旅游、养老、健康产业品牌。依托我省生态建设的资源优势，开展旅游品牌创建工作，推动5A级景区标准化服务，开展旅游服务质量标杆对比提升活动，组织4A级景区向5A级景区迈进，扩大市场影响力。加强冰雪大世界、五大连池、镜泊湖等重点景区宣传推介，培育以"森林氧吧＋温泉养生游""冰雪运动＋温泉健康游"为特色的黑龙江"新字号"旅游品牌，深度开发培育高水准生态避暑、休闲度假、养生旅游、冰雪旅游、冰雪产业、冰雪文化品牌，壮大旅游特色品牌效应。推行健康养老产业服务标准化，培育健康养老产业品牌，推进候鸟式养老、养生度假、健康养老等养老服务业品牌，突出森林氧吧、绿色生态食品配餐、老年病防治三大特色，在全国养老健康产业竞争中打造独特品牌。挖掘黑龙江非物质文化遗产潜能，培育具有黑龙江特点的民族文化、传统工艺美术、民间风俗艺术、民族装饰制品等一批凝聚黑龙江民族文化特色的品牌，树立民族文化品牌消费信心。（牵头单位：省旅游发展委、工商局，配合单位：

省质监局、商务厅、卫生计生委、民政厅、文化厅、森工总局）

（四）大力培育发展先进装备制造业品牌。以我省现有装备制造业为基础，坚持创新升级"老字号"，借助我省传统制造业自身优势，提高自主创新能力、研发能力，提升其品牌价值，促进传统制造产业向中高端延伸，使传统装备制造业企业焕发青春，实现龙江制造向龙江创造转变。大力培育战略新兴产业，高新技术产业品牌，强化对新能源、新材料产业政策扶持力度，鼓励机器人、高精尖焊接、燃气轮机、石墨、生物技术等企业采用国际标准，不断提高企业科技创新和自主研发能力建设，掌握自主核心技术和拥有自主知识产权，生产国内外一流产品，形成具有较强国际竞争力的大品牌，扩大品牌影响力。同时，推动大品牌在产业结构优化和规模扩张中发挥更大作用，由区域性品牌向全国性、世界性品牌跃升。（牵头单位：省质监局，配合单位：省发改委、工信委、科技厅、环保厅、黑龙江检验检疫局）。

（五）大力培育发展新经济业态知名品牌。依托现代物流、"互联网＋"、电子商务等信息化大数据平台，培育新经济新业态的"新字号"品牌，加强新业态产品和服务的标准化研究及制定工作，引导企业通过标准化手段促进产业化升级，用标准创新来占领产业制高点。加快培育我省现代物流、电子商务、信息产业、文化产业等知名品牌，以创品牌推动经济转型，以品牌创建和营销来推动供需结构升级，增强企业发展动力。（牵头单位：省质监局，配合单位：省工商局、商务厅、金融办、通信管理局）

四、主要措施

（一）发挥企业主体作用。充分发挥市场在资源配置中决定性作用，企业是质量品牌创建的主体，也是品牌创建好坏的关键。加强引导企业解放思想、更新观念，破除小农意识和满足现状思想，树立与时俱进的市场观念、发展理念、创新理念，激发企业提升质量和培育品牌的内生动力。引导推动企业增强技术创新能力，开展质量标杆对比，追求卓越质量，不断丰富产品品种，提升产品品质，建立品牌管理体系，提高品牌培育能力。加强企业人才队伍建设，发挥企业家领军作用，不断加大产品创新、技术创新，管理创新的投入，增强企业核心竞争力和市场营销能力，促进品牌价值不断提升。（牵头单位：省质监局，配合单位：省工信委、科技厅、工商局、教育厅）

（二）强化品牌培育创建的质量技术基础作用。加强对品牌创建指导，鼓励企业采用先进质量管理方法，积极推广卓越绩效、六西格玛、精益生产等先进质量管理方法在企业中的管理应用，打牢品牌创建的基础。充分发挥"互联网＋黑龙江省质量公共服务平台"作用，为品牌创建、品牌宣传、品牌营销提供支持。开展品牌培育、质量标杆遴选等试点示范活动，支持企业开展质量管理小组、现场改进等群众性质量管理活动。强化标准、计量、认证认可和检验检测服务品牌作用，引导企业加强从原料采购到生产销售的全流程质量和品牌管理，建立完善质量、品牌、环境、职业健康安全和社会责任等管理体系，发挥公共服务职能，为品牌创新发展提供条件。（牵头单位：省质监局、工商局，配合单位：省食品药品监管局、科技厅、工信委）

（三）加强自主品牌保护与资源整合。支持黑龙江品牌企业开展科研成果、核心技术申请知识产权保护，建立企业自我保护、行政保护和司法保护三位一体的品牌保护体系。建立健全由工商、公安、质监等多部门组成的联合打假行动，加强对五常大米等国内有影响力知名自主品牌进行保护，形成对自主品牌的打假机制。建立产品质量电子监管网络，加大对品牌产品的保护力度，有效引导消费。加强与兄弟省市的合作、协调，积极探索建立名牌互认、互保的联动机制和网络体系，形成全社会重视品牌、爱护品牌、保护品牌、发展品牌的良好氛围。（牵头单位：省质监局、工商局，配合单位：省商务厅、食品药品监管局、知识产权局、旅游发展委、黑龙江检验检疫局）

（四）加大宣传力度，用互联网促进品牌传播和农村消费增长。充分利用"3·15""质量月""5·20世界计量日"和"4·26知识产权宣传周"、品牌博览会（展销会）及发布会等形式，提高黑龙江品牌影响力。发挥"互联网＋黑龙江省质量公共服务平台"作用，将黑龙江自主品牌推向全国。支持品牌企业与"互联网＋"建立大数据平台，定期发布质量信用报告，动态分析市场变化，定位精准消费需求。推动电子商务进农村活动，促进消费品"下乡"和农村特色产品"进城"的双向互动，提升农村市场消费水平，扩大农村消费市场，助推需求结构升级。（牵头单位：省委宣传部、省工商局、质监局，配合单位：省商务厅、农委、贸促会、黑龙江检验检疫局）

（五）制定支持企业培育创建品牌的政策措施。落实国家和省委、省政府关于企业品牌建设的各项奖励政策，根据《中华人民共和国产品质量法》对产品质量管理先进和产品质量达到国际先进水平、成绩显著的单位和个人给予奖励。支持各市（地）政府（行署）结合实际制定对品牌奖励政策和措施。对国家级、省级品牌产品，在技术改造、技术引进、科研立项、项目审批、投资融资、信贷资金安排、进出口管理、企业改革重组等方面优先扶持，在质量管理、环境管理、企业登记与年度报告、技术基础工作、信息咨询等方面优先服务。外贸、税务、海关、检验检疫等部门对其进出口业务依法简化审核程序，提供便利条件。（牵头单位：省质监局、财政厅，配合单位：省工信委、质监局、工商局、科技厅、各市（地）政府（行署））

（六）加强对品牌创建工作的组织领导。省质量、计量、标准化工作联席会议负责统筹协调并督促指导品牌建设的组织和推进。各市（地）政府（行署）要结合实际制定贯彻实施品牌发展创建的实施方案或意见，把品牌引领作用推动供需结构升级工作目标任务层层分解，抓好落实。省直各有关部门要结合各自职能，制定品牌创建措施，强力推进；联席会议办公室将会同联席会议成员单位加强对此项工作的考核，全力推动品牌建设工作深入发展。（牵头单位：省质量、计量、标准化工作联席会议成员单位、各市（地）政府（行署））

上海市人民政府办公厅关于贯彻《国务院办公厅关于发挥品牌引领作用推动供需结构升级的意见》的实施办法

沪府办发〔2016〕38号

为贯彻《国务院办公厅关于发挥品牌引领作用推动供需结构升级的意见》（国办发〔2016〕44号）等文件精神和《上海市国民经济和社会发展第十三个五年规划纲要》等，围绕本市"四个中心"、社会主义现代化国际大都市建设和具有全球影响力的科技创新中心建设战略目标，积极推进本市品牌经济发展，深化供给侧结构性改革，制订本实施办法。

一、总体要求

坚持"创新、协调、绿色、开放、共享"的发展理念，坚持"制造向创造、速度向质量、产品向品牌转变"的发展方向，围绕"诚信立本、科技创新、质量保证、消费引领、情感维护"的品牌经济内涵，充分发挥政府、社会、市场诸方面作用，营造有利于品牌经济发展的市场环境、法治环境和文化环境，统筹利用国内国际两种资源，加快形成上海城市品牌、行业（区域）品牌、产品（企业）品牌的品牌经济发展体系，深度破解商务成本不断攀升、资源承载面临制约等问题，提升品牌对上海经济发展贡献度，加快国际品牌之都建设，形成国内国际品牌高地，进一步夯实上海实现卓越全球城市目标的发展基础。

二、主要措施

（一）做大做强产品（企业）品牌

开展市级品牌培育试点、示范工作，支持优秀企业参加国家级品牌培育试点、示范工作，鼓励各种所有制企业建立品牌培育管理体系，分类推进企业品牌建设。优化上海名牌培育与推荐活动，增强驰名商标、著名商标对产业发展的带动力，振兴发展中华老字号、上海老字号，鼓励农产品地理标志保护产品商标申请。支持企业加大技术研发投入力度，鼓励企业建立产品设计创新中心、工业设计中心，深入推进科技小巨人、中小企业专精特新等评选活动，培育版权示范企业与优秀项目，鼓励企业进行马德里商标注册以及 PCT 专利登记。支持各类企业开展国际对标，提高国际标准采标率，鼓励企业参与国内外标准的制定、修订，加强计量、检验检测、认证认可等前沿性技术研究与应用。鼓励企业全球配置资源，以收购兼并、组团出击、品牌分销等方式走出去，参与全球品牌战略重组。（牵头部门：市经济信息化委、

市国资委、市质量技监局、市工商局。配合部门：市商务委、市科委、市发展改革委、市知识产权局、市版权局、市农委、市旅游局）

（二）深化国资国企品牌建设

深化国资国企改革，将品牌建设纳入战略考核目标，探索品牌无形资产增值视同利润的考核激励机制。在国资收益中安排专项资金，重点支持优势国资品牌做大做强；通过混合所有制等多种所有制形式的改制改革，进一步搞活放活、做优做精中小企业品牌；探索在市级层面试点设立"老商标池"，鼓励各类国有企业及国有控股企业，通过第三方公共服务平台推介、评估等，以商标转让、许可、入股等多种市场化方式，盘活一批低效的商标资源，重点激活老品牌、老字号。（牵头部门：市国资委、市经济信息化委。配合部门：市科委、市商务委、市金融办、市政府合作交流办）

（三）推进行业（区域）品牌发展

加快新模式、新技术、新产品的应用发展，培育发展先进制造业、现代服务业和战略性新兴产业品牌；大力推进增品种、提品质、创品牌"三品"专项行动，支持消费品高阶制造业再回归；制定具有上海比较优势的细分产业目录，支持包括都市旅游、健康食品、都市农业等在内的各类特色和优势产业发展。支持打造品牌园区、专业楼宇和特色小镇，构建区域品牌服务体系，显著提升品牌企业集聚度以及品牌消费集聚区能级，加强产业联盟和跨界合作，试点开展行业（区域）团体标准制定等工作。（牵头部门：市经济信息化委。配合部门：市国资委、市规划国土资源局、市商务委、市农委、市工商局、市旅游局，各区县政府）

（四）加强上海城市品牌建设

开展"品牌上海"形象塑造和整体宣传工作。采用第三方评价机制，制定"上海制造""上海设计""上海服务"系列标准，推

进企业自愿认证试点，探索"上海品质"区域品牌建设，突显上海产业转型和发展的特质。举办中国品牌经济论坛，发布上海品牌经济指数，支持打造一批具有国际影响的标志性节庆活动，鼓励各种社会力量广泛开展城市品牌与企业品牌相结合的品牌宣传与形象推广活动。举办自主品牌博览会，开设自主品牌产品展销厅，支持上海"优礼行动"计划，建设国际品牌消费高地。（牵头部门：市经济信息化委、市质量技监局、市政府新闻办。配合部门：市商务委、市文广影视局、市政府合作交流办、市知识产权局、市工商局）

（五）加大品牌维权保护力度

以技术、经济、行政和法律手段，为品牌经济发展保驾护航。加强具有公信力的第三方信息追溯体系建设，提升其市场化应用水平，鼓励企业加强内控管理、质量在线监测和提高产品全生命周期质量追溯能力。利用"双法"平台，加强行政执法与刑事司法有效衔接，严厉打击制售假冒伪劣、商业欺诈等侵权行为，实现联合执法常态化。支持各类企业深化诚信体系建设，研究制定反映企业诚信建设水平的信用品牌评价标准及指标体系，建立健全黑名单制度和商品质量惩罚性赔偿制度。（牵头部门：市商务委、市工商局、市知识产权局、市质量技监局。配合部门：市经济信息化委、市检察院）

（六）提升品牌经济专业服务水平

大力培育品牌经济专业服务市场。设立"品牌创新券"，重点支持品牌企业在制定品牌发展战略、导入品牌培育体系等方面购买第三方品牌专业服务；用好"科技创新券"，鼓励品牌企业利用国家技术转移东部中心平台等，开展全球专利、知识产权等创新资源的检索利用工作。加强品牌经济公共服务平台建设，组建上海品牌之都促进中心，支持成立上海品牌经济研究院、上海品牌认证评估中心等社会组织。建立并逐步完善涵盖各

类品牌企业和产业园区的"品牌经济数据库"，定期发布上海品牌经济发展白皮书。通过部市合作，探索建立国家级品牌专业服务联盟，助力企业参与"一带一路"建设，促进自主品牌国际化发展。（牵头部门：市经济信息化委、市科委。配合部门：市统计局、市商务委、市工商局、市质量技监局、市知识产权局）

（七）加强品牌经济人才队伍建设

制定品牌领军人才专项发展计划，大力塑造上海企业家品牌形象。鼓励高校开设品牌战略管理、品牌与创意设计跨界融合等相关专业和课程。加强品牌多层次人才培训，支持行业协会、企业集团联手高校、专业服务机构等对品牌掌门人、品牌首席官各高层管理人员进行品牌专业培训，以及组织从业人员参加品牌经理、品牌专员等培训，对符合条件的从业人员参加相关项目培训给予培训费补贴。（牵头部门：市人力资源社会保障局、市经济信息化委。配合部门：市教委、市国资委、市工商局、市商务委）

（八）完善品牌价值发现机制

鼓励企业利用多层次资本市场开展融资和并购等活动。支持设立上海品牌发展基金，鼓励天使投资、创业投资、私募股权投资更多参与上海品牌经济发展。支持成立市场化、专业化的品牌交易评估机构，支持第三方咨询机构运用《品牌价值》国家标准等，拓展品牌价值评估和交易转让业务。鼓励金融机构运用品牌价值评估结果开展品牌质押融资、融资担保等创新业务。支持有条件的第三方机构发布具有公正性、权威性的品牌价值评估榜单。（牵头部门：市金融办。配合部门：市发展改革委、市财政局、市经济信息化委）

（九）完善品牌经济建设工作机制

依托本市品牌建设工作联席会议，进一步建立和完善区级品牌建设工作机制，加强目标责任考核。充分发挥政府、社会、市场的合力作用，逐步建立各区、各部门、各大

集团、各类社会服务机构联动的工作网络。在"十三五"时期，通过本市产业转型升级发展等专项资金，支持品牌经济发展，重点扶持企业品牌建设、品牌专业服务公共平台建设和品牌经济发展公益类活动。（牵头部门：市经济信息化委。配合部门：市财政局、市商务委、市工商局、市质量技监局，各区县政府）

本实施办法自 2016 年 9 月 1 日起执行，有效期至 2021 年 8 月 31 日。

安徽省人民政府办公厅关于发挥品牌引领作用推动供需结构升级工作的实施方案

皖政办〔2016〕77 号

为更好发挥品牌引领作用，推动供给结构和需求结构升级，根据《国务院办公厅关于发挥品牌引领作用推动供需结构升级的意见》（国办发〔2016〕44 号）、《安徽省人民政府关于印发安徽省质量发展纲要（2013—2020 年）的通知》（皖政〔2013〕19 号）等精神，制定本实施方案。

一、总体要求

深入贯彻党的十八大、十八届三中、四中、五中、六中全会和习近平总书记系列重要讲话特别是视察安徽重要讲话精神，全面落实党中央、国务院关于推进供给侧结构性改革要求，大力实施质量品牌升级工程，深入推进质量安徽建设。以发挥品牌引领作用为切入点，充分发挥市场决定性作用、企业主体作用、政府推动作用和社会参与作用，围绕优化政策环境、提高企业综合竞争力、营造良好社会氛围，大力夯实品牌基础建设、推动供给结构升级、引领需求结构升级，增品种、提品质、创品牌，提高供给体系的质量和效率，加快构建个性化、层次化、多元化的供给市场，进一步释放消费潜力、扩大消费需求，为经济发展提供持续动力。

二、工作目标

（一）品牌数量和品牌经济规模显著提高。围绕特色和支柱产业，培育一批有影响力的国际知名品牌和中国知名品牌。鼓励中小企业积极开展品牌建设，打造一批成长性好、技术含量高的自主品牌。各类品牌数量显著增加，品牌经济规模进一步壮大，品牌效应进一步显现，到 2020 年，力争全省拥有中国驰名商标超过 400 件、安徽著名商标4 300件、安徽名牌 2 000 个、安徽工业精品500 项以上，国家级"守合同重信用企业"300 家、省级"守合同重信用"企业 3 000家。力争品牌经济在全省经济总量的比重达 60%。

（二）产品质量总体水平显著提升。推动卓越绩效等先进质量管理方法的广泛应用。推动企业采用国际先进标准，严格按标准生产经营，严格质量控制，严格质量检验和计量检测，提升质量竞争力。开展质量标杆企业示范行动，广泛开展质量改进、质量攻关、质量风险分析等活动。到 2020 年，实现我省主要产品合格率高于全国平均水平，在中部地区领先。

（三）企业创新能力显著增强。发挥品牌引领作用，推动供需升级，激发企业质量技术创新和科技创新，形成企业核心竞争力，推动安徽制造向安徽创造转变、"安徽品牌"向"中国品牌"升级，争取在更多领域拥有质量标准的制定权、话语权。到 2020 年，力争全省高新技术产业增加值占规上工业比重达到 50%，战略性新兴产业产值占规上工业比重超过 25%。

（四）供给结构全面升级。创建一批区域特色突出、质量标准水平先进、品牌带动辐射作用强、品牌集聚效应明显、有核心竞争力的现代产业集群区域品牌，形成全面覆盖一、二、三产业，适应满足全省消费需求的供给体系。培育新时代消费观念，加快电商等新经济、新业态发展步伐，到 2020 年，初步实现农村、城镇、都市消费需求结构全面升级。

三、主要任务

（一）进一步优化政策环境。

1. 财税金融扶持政策。各级政府要统筹安排品牌建设资金，引导社会各界广泛参与品牌建设，形成稳定的保障机制。综合运用项目补贴、定向资助、贷款贴息、风险补偿等优惠政策，吸引和鼓励社会资金向品牌建设集聚。支持拥有品牌企业发行企业债券或上市融资，鼓励以品牌为纽带并购重组。引导金融机构围绕企业品牌创新金融产品与服务方式，支持企业利用品牌资产依法质押融资。推广"守合同重信用"公示企业增信融资模式，为企业融资拓展新渠道。（责任单位：省财政厅、省政府金融办、省工商局）

2. 品牌保护监管政策。加强品牌保护法制建设，促进地方质量品牌立法工作。鼓励各级政府制定促进品牌建设、保护的产业政策、科技政策、贸易政策、人才政策等。完善品牌保护协调机制，推进司法和行政执法两大保护模式的协调运作。加强品牌监管，依法惩治仿冒、假冒等侵犯品牌权益的违法行为，加大对品牌失信的惩处力度，建立品牌退出机制，打击品牌不正当竞争，为品牌企业创造公平竞争的市场环境。（责任单位：省发展改革委、省质监局、省工商局、省科技厅、省商务厅、省人力资源社会保障厅、省司法厅、省法制办）

3. 品牌激励与服务政策。各级政府要对各类综合性和专业性品牌实施分类、分层级资金奖励制度，激发品牌创建动力。获得国家级品牌荣誉的由省政府给予资金奖励、获得省级品牌荣誉的由市政府给予奖励、获得市级品牌荣誉的由县政府给予奖励，对自主品牌出口的由同级政府予以资金奖励。支持和引导品牌企业参与国家重点研发计划、掌握关键技术和核心技术，促进技术向品牌集成。支持我省自主知识产权的品牌"走出去"。推动企业开展品牌价值评价，争创中国知名品牌和国际知名品牌。利用政府信誉平台推广优秀品牌，开设品牌宣传专栏，组织各种形式的品牌专项宣传活动。（责任单位：各市人民政府，省财政厅、省科技厅、省质监局、省政府新闻办、省工商局等）

（二）切实提高企业综合竞争力。

1. 制定品牌发展战略。推动企业树立以品牌建设为核心的发展战略，制订切实可行的短期和中长期品牌建设规划并贯彻实施。引导企业主要负责人重视并推动品牌建设，建设以重质量、讲诚信、善创新、会保护为主要内容的品牌文化。推动企业内部建立强有力的组织和制度机制，保证品牌发展战略规划的有效实施。（责任单位：省质监局、省工商局、省经济和信息化委等）

2. 健全品牌建设体系。打造以品牌管理体系、品牌传播体系、质量保证体系、技术创新体系、品牌文化体系及品牌保护体系为核心的品牌建设体系。推动企业关注品牌培育的关键过程，提升品牌培育能力；加强宣传推广，提升品牌知名度。持续保证产品和服务质量处于高水平，提升品牌美誉度。持续创新提升品牌竞争力，形成优秀的、得到全社会认可的品牌文化，提升品牌忠诚度。加强对品牌等无形资产的保护和运用。（责任单位：省质监局、省工商局、省经济和信息化委、省政府新闻办等）

3. 持续提升质量水平。推动企业采用先进质量管理模式，建立健全质量管理体系，加强质量控制，加强全员、全过程、全方位的质量管理，不断追求卓越。大力推广先进技术手段，广泛开展质量创新、质量改进、质量攻关、质量比对、质量风险分析、质量成本控制、质量管理小组等活动。鼓励企业积极采用先进标准组织生产经营，坚持高标准、高质量。推动企业积极应用减量化、资源化、再循环、再利用、再制造等绿色环保技术，大力发展低碳、清洁、高效、节能的生产经营模式。（责任单位：省质监局、省发展改革委、省经济和信息化委）

4. 坚持诚信服务社会。鼓励企业建立内部诚信管理制度并推动实施，建立健全履行社会责任机制，定期主动发布信用报告和社会责任报告，将履行社会责任融入企业经营管理决策。推动企业积极承担对员工、消费者、投资者、合作方、社区和环境等利益相关方的社会责任，强化诚信自律，践行企业承诺，在经济、环境和社会方面创造综合价值，树立服务社会的好形象。（责任单位：省发展改革委、省工商局、省质监局等）

（三）大力营造良好社会氛围。

1. 提升全社会品牌意识。积极开展"中国品牌日"活动，加强舆论宣传，充分发挥新闻媒体作用，切实增强全社会的质量意识、维权意识。注重发挥典型示范作用，对重视质量、守法经营、守合同重信用的优秀企业和质量过硬的品牌，加大宣传报道力度，鼓励先进，弘扬正气。加强质量文化建设，增强全民质量意识，使关注质量成为各行各业和广大群众的自觉意识、日常习惯，形成"人人重视质量、人人参与质量、人人享受质量"的浓厚氛围。加强品牌文化建设，引导广大企业建立以质量和信誉为核心的优秀品牌文化，将品牌建设列入宣传工作重点内容。倡导理性消费，树立安徽质量自信、品牌自信，在全社会形成"人人关注品牌、人人争创品牌、人人维护品牌、人人崇尚品牌"的良好氛围。（责任单位：省政府新闻办、省质监局、省工商局）

2. 发挥社会组织的作用。加强行业协会和中介机构在品牌保护中的积极作用。充分发挥行业组织的行业管理、专业技术特长，鼓励培育和发展专业性品牌、社团品牌、企业品牌。充分发挥品牌建设专业团体的组织作用，开展名牌评价、品牌价值测评。充分发挥各行业组织的纽带作用，推动行业自律，推广行业先进的营销理念、品牌管理模式和方法，增强行业企业在市场调研、产品定位、营销策划、传播宣传、公关服务等方面的能力，引导广大企业走品牌创建之路。引导、推动科研院所、大专院校、行业组织，建立品牌建设研究、咨询、评价等第三方机构。鼓励品牌中介机构加强自身建设，做大做强，开展规范的品牌建设专业指导服务活动。品牌监管部门要加强对中介机构品牌建设服务行为的监督和管理，杜绝乱评比乱收费等违规行为。（责任单位：省民政厅、省人力资源社会保障厅、省教育厅、省质监局、省工商局、省物价局等）

3. 推动品牌教育和人才培养。发挥企业品牌资源优势，建设安徽品牌教育社会实践基地。发挥品牌建设行业协会等社团机构积极性，开展质量和品牌从业人员培训，提高质量和品牌从业人员能力和素质。依托社会组织、科研院校等品牌专业机构开展品牌经理培训。推动高等院校开设质量与品牌相关课程教育，支持有条件的院校设立相关专业，开展质量与品牌从业人员的专业学历教育，培养品牌建设专业人才。进一步弘扬工匠精神，鼓励企业员工开展技术创新，培育大国工匠。（责任单位：省质监局、省教育厅、省工商局、省人力资源社会保障厅）

四、重大工程

（一）大力实施品牌基础建设工程。

1. 加强标准化体系建设。推动开展标准化综合改革工作，着力提升企事业单位参与国内外标准化活动的能力，支持我省企事业单位参与国际标准、国家标准的制修订，提升我省企事业单位在国内国际标准化领域的话语权。鼓励企业制定、实施严于国家标准或行业标准的企业标准，鼓励将发明专利转化为国家、行业或地方标准，增强企业市场竞争力。支持重点行业、重点领域协同推进产品研发与标准制定，探索标准研制和推广。充分发挥我省企业、科研机构、行业协会在标准化工作中的作用，探索培育我省具有一定规模和条件的社会组织参与满足市场和创新需要的团体标准的制定实施。实施企业产品和服务标准自我声明公开和监督制度，推动企业自觉追求高标准、高质量，促进不断完善优质优价、优胜劣汰的市场调节机制。（责任单位：省质监局、省科技厅、安徽出入境检验检疫局）

2. 提升检验检测能力。围绕我省战略性新兴产业、主导产业、优势产业和地方产业集群，支持建设一批高标准国家（省级）质检中心、国家（省）级企业技术中心和工程技术研究中心。切实加强检验检测机构基础设施建设，对技术机构优势检测项目进行全方位升级，提高其科研能力和水平。推动检验检测认证服务市场化进程，以科学、公正、权威为原则，鼓励社会资本投资检验检测服务，支持企业、高等院校、科研机构参与组建具有公益性和社会第三方公正地位、市场化运作的公共检测服务平台。依托省级检验检测机构主体和重大项目的科研突破，深化检验检测机构品牌建设，打造一批服务能力突出、专业特色鲜明、市场竞争水平高的检验检测品牌平台。加强基础前沿和应用型计量测试技术研究，统筹规划计量基准和社会公用计量标准发展，进一步完善量传溯源体系、计量监管和诚信体系，推广先进计量方法在企业的广泛应用。（责任单位：省质监局、省经济和信息化委、省发展改革委、省科技厅）

3. 搭建持续创新平台。鼓励企业以创新作为提高品牌竞争力的抓手，加强管理创新、服务创新和商业模式创新。引进人才，加大投入，进一步加快科技创新和科技成果转化。注重创新成果的标准化、专利化和产业化，彻底改变"重制造轻研发、重引进轻消化、重模仿轻创新"状况。推动企业积极应用新技术、新工艺、新材料，改善品种质量，提升产品档次，研究开发具有自主知识产权、核心技术和市场竞争力强的创新性产品和服务。（责任单位：省科技厅、省经济和信息化委、省质监局）

4. 增强品牌建设软实力。推动建立具有一定影响力的品牌评价理论研究机构和品牌评价机构，开展品牌基础理论、价值评价、发展指数等研究，提高品牌研究水平，逐步提高我省品牌公信力。促进"产、学、研、检"合作，加强品牌研究、咨询和评价，完善品牌评价体系、评价方法和评价标准。探索建立以消费者认可和市场竞争力为基础的品牌产生机制，有效指导企业品牌建设，提升我省品牌影响力。持续开展品牌经济效益分析研究，定期开展安徽品牌满意度、知名度、美誉度调查，评估政府和企业品牌建设实施效果，为政府制定政策提供参考。持续跟踪国内外品牌发展的前沿动态，开展地域性品牌对比研究，开展品牌建设环境评估、品牌建设政策效果评估，提出我省品牌发展对策与建议。（责任单位：省质量品牌升级工程推进小组成员单位）

5. 推进国际和地区合作交流。引导、鼓励有条件的企业加强品牌建设的国际和地区交流合作，学习国内外品牌建设成功企业的品牌管理机制和品牌塑造方法。支持企业以自主品牌开展国际化经营，积极开展商标国际注册，鼓励我省有实力的企业并购国内外有影响力的品牌，在境外商标注册、专利申请、跨国投融资、跨国并购和检验检疫、产品通关等方面给予更加便捷有效的服务。加强合资合作过程中产品、企业和区域品牌的保护和管理，积极宣传我国与品牌建设相关的法律法规制度，建立互惠共赢机制。采取走出去与请进来相结合的方法，积极为企业解决品牌国际化进程中遇到的困难和问题。积极参与国际及区域组织的品牌相关活动，引进国内外知名品牌专业机构来我省开展工作，大力培养品牌专业化人才，提高我省品牌建设能力。（责任单位：省质量品牌升级工程推进小组成员单位）

（二）大力实施供给结构升级工程。

1. 加快推动供给结构升级。实施增品种、提品质、创品牌的"三品"战略行动，切实改善营商环境，着力提高消费品有效供给能力和水平。支持企业培育新品牌、争创知名品牌，树立企业标杆。从一、二、三产业着手，丰富产品和服务品种，增加优质农产品供给，推出一批制造业精品，提高生活服务品质。着力在新一代信息技术、新型显示、高端装备制造、新材料、节能环保、新能源、生物医药与高端医疗器械、工业机器人、汽车和新能源汽车等战略性新兴产业培育一批重点企业，为生产更多优质精品提供有力支撑。鼓励企业应用先进技术和智能化装备，推广先进成型和加工方法、在线检测装置、智能化生产和物流系统及检测设备等，提升产品质量和可靠性。以国际同类产品质量为标杆，强化品质供给能力，大力发展具有自主知识产权的智能厨卫、智能安防、智能家居、生活服务机器人等智能化终端消费品。（责任单位：省发展改革委、省经济和信息化委、省农委、省商务厅、省质监局、省工商局等）

2. 加强品牌建设分类指导。以争创中国质量奖、省政府质量奖、中国驰名商标等为引领，按产品、企业、区域和特色品牌进行分类指导。在智能装备、新型显示、智能终端、智能语音、云计算和软件、新能源汽车、节能环保设备、新材料、生物医药、绿色有机食品加工等优势行业中，在电商、家政养老、旅游等新兴产业、服务产业中，筛选一批具有比较优势、拥有自主品牌和自主知识产权、具有较强竞争力的重点产品，实施重点培育并予以指导。对省内的主要大型企业和企业集团、优势产品链的龙头和重点企业，按照做大做强型、增长型、发展前景广阔型三种类型分类指导、重点培育。综合运用经济、法律、行政等手段，着力培育一批知名品牌企业，努力打造国际知名品牌。充分利用产业集群效应、专业市场效应为品牌建设带来的有利条件，打造区域品牌，引领块状经济发展。加大对区域特色产品的原产地保护和整合力度，以及对"老字号"、地理标志和知名商号等品牌的保护和发展力度，提升产品价值和市场知名度。（责任单位：省质量品牌升级工程推进小组成员单位）

3. 形成品牌发展梯队。开展驰名商标和著名商标、地理标志、安徽名牌、老字号等价值评价工作，量化品牌价值，定位品牌发展水平。开展"守合同重信用"企业公示活动，引导企业诚信履约，推进全省企业信用体系建设。培育一批品牌价值高、发展势头好的龙头企业、骨干企业发展成为国际知名品牌和中国知名品牌；扶持一批成长性好、技术含量高的中小企业做专、做精、做大、做强；创建一批政策环境好、区域特色突出、质量标准水平先进、品牌带动辐射作用强、集聚效应明显、富有竞争力的现代产业集群区域品牌。通过"三个一批"，形成安徽省品牌发展梯队。建立安徽品牌数据库，分地区、分产业、分行业动态监测品牌发展情况。（责任单位：省质监局、省工商局、省经济和信息化委）

（三）大力实施需求结构升级工程。

1. 努力提振消费信心。以监督抽查结果数据为支撑，建设"安徽企业质量信用"等一批有公信力的产品质量信息服务平台，全面、及时、准确发布产品质量信息，为消费者选购质量稳定的产品提供信息参考。各行业主管部门要将有关信息及时推送至省公共信用信息平台，以加快归集、整合行业信用信息，实现省直部门间交换共享。建立安徽省质量诚信"红黑榜"发布工作机制，建立以企业质量信用为主要内容的质量诚信体系，实施质量信用信息的分级管理。鼓励中介机构开展企业信用和社会责任评价，发布企业信用报告，督促企业坚守诚信底线，提高信用水平，在消费者心目中树立良好企业形象。（责任单位：省发展改革委、省质监局、省工商局、省食品药品监管局、省商务厅）

2. 宣传自主品牌。建立政府主导、部门负责、企业联动、媒体支持、公众参与的质量品牌联合发布机制，利用质量月活动、消费者权益日、品牌专题发布会等活动，加大品牌的宣传和推广力度。开展消费者喜爱的质量品牌产品和人物评选活动。加大苏浙皖赣沪区域品牌工作合作力度，推进长三角地区联合开展品牌评价工作。积极推进安徽知名品牌进超市、进宾馆酒店、进高速服务区、进机场车站、进旅游景区活动，依托大型骨干流通企业搭建名品展、名品汇，展示我省本土品牌产品，提高知名度。建立健全安徽品牌网站和品牌公共服务平台，推进安徽品牌产品网上销售，培育本土电商品牌企业。加强品牌文化的研究和宣传，充分利用广播、电视、报刊、网络等媒体，营造创牌、用牌、爱牌、护牌的良好氛围。（责任单位：省质量品牌升级工程推进小组成员单位）

3. 推动城乡消费升级。加强农村产品质量安全和消费知识宣传普及，提高农村居民质量安全意识，树立科学消费观念，自觉抵制假冒伪劣产品。加快电商安徽建设，支持电商及连锁商业企业打造城乡一体的商贸物流体系，保障品牌产品渠道畅通，方便农村消费品牌产品。鼓励家电、家具、汽车、电子等耐用消费品更新换代，扩大消费群体，增加互动体验。有条件的地区可建设康养旅游基地，提供养老、养生、旅游、度假等服务，满足高品质健康休闲消费需求。扩大体育休闲消费。推动房车、游艇等高端产品消费，满足高收入群体消费升级需求。（责任单位：各市人民政府，省质量品牌升级工程推进小组成员单位）

五、保障措施

（一）加强组织协调。各级质监、发展改革和工商部门，要会同相关部门按照"统筹协调、明确责任、密切配合、全面推进"的原则，建立加强品牌建设和拉动供需的协商合作机制。研究制定品牌建设和供需升级的政策措施，协调和指导本方案落实工作。定期召开会议，加强对方案实施的统筹规划和组织协调，制订落实本方案的年度行动计划，研究解决和协调处理重大问题。

（二）加强监测评估。各级人民政府、各相关行业主管部门要把对本实施方案的落实作为推进当地经济转型发展、提质增效的重要举措，对本方案实施情况开展年度监测和中期评估。充分发挥各项配套措施的杠杆作用，对监测和评估中发现的问题，要及时采取措施予以解决，确保本实施方案各项工作任务取得实效。

（三）强化检查考核。各级人民政府、各相关行业主管部门要把品牌建设和拉动供需升级目标纳入本地区、本行业国民经济发展规划，加强政策引导，加大工作力度，形成推进合力。要建立落实本方案的工作责任制，定期督查，严格考核。本方案实施过程中，要坚持公开、公平、公正的原则，禁止收取企业费用。

福建省人民政府办公厅关于发挥品牌引领作用推动供需结构升级的实施方案

闽政办〔2016〕137号

为贯彻落实《国务院办公厅关于发挥品牌引领作用推动供需结构升级的意见》（国办发〔2016〕44号），更好发挥品牌在推动供给结构和需求结构升级中的引领作用，结合我省实际，制定本实施方案。

一、总体要求

按照党中央、国务院和省委省政府关于推进供给侧结构性改革的总体要求，积极探索有效路径和方法，更好发挥品牌引领作用，加快推动供给结构优化升级，适应引领需求结构优化升级，促进经济发展提质增效。以发挥品牌引领作用为切入点，充分发挥市场决定性作用、企业主体作用、政府推动作用和社会参与作用，围绕优化政策环境、提高企业综合竞争力、营造良好社会氛围，大力夯实品牌基础建设、推动供给结构升级、引领需求结构升级，增品种、提品质、创品牌，提高供给体系的质量和效率，加快构建个性化、层次化、多元化的供给市场，进一步释放消费潜力，扩大消费需求，为经济发展提供持续动力。

二、主要任务

发挥好政府、企业、社会作用，立足当前，着眼长远，持之以恒，攻坚克难，着力解决制约品牌发展和供需结构升级的突出问题。

（一）进一步优化政策环境。加快政府职能转变，创新管理和服务方式，为发挥品牌引领作用推动供给结构和需求结构升级保驾护航。完善标准体系，提高计量能力、检验检测能力、认证认可服务能力、质量控制和技术评价能力，不断夯实质量技术基础。增强科技创新支撑，推动品牌发展与创新驱动深度融合，为品牌发展提供持续动力。执行品牌发展法律法规，完善扶持政策，实现优质优价，持续打假治劣，净化市场环境。加强自主品牌宣传和推介，提高"福建品牌"消费意愿。

（二）切实提高企业综合竞争力。发挥企业主体作用，切实增强品牌意识，苦练内功，改善供给，适应需求，做大做强品牌。引导企业加大品牌建设投入，持续开展技术创新、管理创新和营销创新，追求卓越质量，不断丰富产品品种，提升产品品质，提高品牌培育能力。引导企业诚实经营，信守承诺，积极履行社会责任，不断提升品牌形象。加强人才队伍建设，发挥企业家领军作用，培养引进品牌管理专业人才，培养造就一批具有战略眼光、懂经营、善管理的企业经营管理人才和素质优良、技艺精湛的技术技能人才。

（三）大力营造良好社会氛围。凝聚社会共识，积极支持自主品牌发展，助力供给结构和需求结构升级。破除对"洋品牌"的盲目崇拜，增强公众对自主品牌的认可度和自信心，扩大自主品牌消费。发挥好行业协会桥梁作用，加强中介机构能力建设，为品牌建设和产业升级提供专业有效的服务。坚持正确舆论导向，关注自主品牌成长，讲好"福建品牌"故事。

三、重点工作

根据主要任务，按照可操作、可实施、可落地的原则，抓紧推进以下重点工作。

（一）夯实品牌基础建设。

1. 加强标准化体系建设。推动开展标准化综合改革工作，着力提升企事业单位参与国内外标准化活动的能力，支持我省企事业单位参与国际标准、国家标准的制修订，提升我省企事业单位在国内国际标准化领域的话语权。鼓励企业制定实施严于国家标准或行业标准的企业标准，鼓励将发明专利转化为国家、行业或地方标准，增强企业市场竞争力。支持重点行业、重点领域协同推进产品研发与标准制定，探索标准研制和推广。充分发挥我省企业、科研机构、行业协会在标准化工作中的作用，探索培育我省具有一定规模和条件的社会组织参与满足市场和创新需要的团体标准的制定实施。充分发挥福建省标准贡献奖作用，有效引领重点产业标准化，激发企业标准化热情。实施企业产品和服务标准自我声明公开和监督制度，推动企业自觉追求高标准、高质量，促进不断完善优质优价、优胜劣汰的市场调节机制。（省质监局、福建检验检疫局、厦门检验检疫局按职责分工负责）

2. 强化计量基础支撑作用。以战略性新兴产业发展急需为重点，加强计量技术基础研究，科学规划量传溯源体系，统筹全省计量标准建设，服务经济社会发展，新建和完善一批高精度省级最高社会公用计量标准。支持专业性强的行业建立社会公用计量标准，开展行业特点突出的量传工作。鼓励大中型企业按照国际标准建立测量管理体系，提升计量管理水平，促进节能增效、提升质量、创建品牌。以我省的国家计量中心、国家型式评价实验室为主体，加强计量测试服务公共平台建设，面向各类科研机构、高等院校及企事业单位提供广泛的计量测试、科研合作和产品验证服务，助推产业发展和产业竞争能力快速提升。（省质监局）

3. 提升检验检测和认证认可服务水平。以服务我省电子、石化、机械等主导产业、纺织服装、食品加工等优势产业以及千亿产业集群为重点，高水平建设一批国家级和省级产品质检中心和检测重点实验室。切实加强检验检测机构基础设施建设，针对技术机构优势检测项目进行全方位升级，提高其科研能力和水平。采取"统一规划、分层推进、分类整合"的办法，加快检验检测认证机构整合改革步伐，打造具有较强影响力的检验检测技术服务支撑平台。以科学、公正、权威为原则，鼓励社会资本投资检验检测服务，支持企业、高等院校、科研机构参与组建具有公益性和社会第三方公正地位、市场化运作的公共检测服务平台。以全省七大智能装备产业集群为重点，推进检验检测技术机构与智能制造的深度融合，发展面向设计开发、生产制造、售后服务全过程的分析、测试、检验等服务，推动产业转型发展。依托省级检验检测机构主体和重点重大项目的科研突破，深化检验检测机构品牌建设，打造一批服务能力突出、专业特色鲜明、市场竞争水平高的检验检测品牌平台。加快建立适应供给侧改革的认证认可体系，加强有机食品、绿色食品和无公害产品认证监管，强化节能、节水、环保和可再生资源产品认证，推进质量、环境、职业健康安全、能源管理体系认证，更好地服务福建企业"走出去"。（省质监局、经信委、发改委、科技厅、编办按职责分工负责）

4. 搭建持续创新平台。加快突破制约行业发展的技术瓶颈，鼓励企业研发新产品、开发新工艺、探索新模式，支持龙头企业和行业领军企业围绕市场需求、长远发展需要和关键技术建设技术交易中心、孵化平台、测试中心等服务平台，开展研发创新，推动行业创新发展。鼓励具备条件的企业针对消费趋势和特点建设产品设计创新中心，推行平台化、模块化、系列化的产品设计理念，普及数字化、智能化、协同化的先进设计技术与工具，提升新产品开发能力。引导企业以需求为导向，树立"生产一代、试制一代、研发一代和构思一代"的产品生产理念，提高研发设计水平，鼓励技术、工艺、性能、品种、品牌等方面差异化竞争，不断提升产品档次和附加值。推动"两化"融合发展，引导企业强化互联网思维，强化大数据挖掘市场需求的普及应用，精准定位消费需求，推广实施高效精准营销，整合线上线下资源，实现市场要素高效利用。（省经信委、发改委、科技厅、财政厅、国资委、商务厅、食品药品监管局按职责分工负责）

5. 增强品牌建设软实力。探索建立具有一定影响力的品牌评价理论研究机构和品牌评价机构，开展品牌基础理论、价值评价、发展指数等研究，提高品牌研究水平，逐步提高公信力。鼓励有条件企业成立品牌相关研究机构，推动企业培养更多的品牌研究、建设和推广人才。加强品牌理论与应用研究，深化与高校、科研机构开展品牌领域合作交流，鼓励高校开展品牌相关学科建设。宣贯品牌国家标准，指导企业加强品牌建设，积极组织我省企业参与国家品牌价值评价工作，加强出口企业的品牌培育，推动"福建品牌"走出去。充分发挥行业协会等社会组织在品牌研究、咨询、宣传、维权等方面的重要作用，鼓励发展一批品牌培育建设中介服务企业，建设一批品牌专业化服务平台，提供设计、营销、咨询等方面的专业服务。（省质监局、经信委、商务厅、教育厅、人社厅、工商局、福建检验检疫局、厦门检验检疫局按职责分工负责）

（二）推动供给结构升级。

1. 丰富产品和服务品种。按照资源禀赋发展区域特色农产品和食品产业，做强闽东南闽北果蔬加工、泉州休闲食品产业集群、发展壮大沿海水产品加工带、闽西北畜禽产品加工业、提升闽南、闽北、闽东茶业加工水平。发展绿色健康食品，构建绿色食品先进配送体系，打造食品安全区域品牌，提高食品安全保障能力。鼓励有实力的企业针对工业消费品市场热点，加快研发、设计和制造，及时推出一批新产品。推动出口企业实施内外销产品"同线同标同质"，引导更多的出口企业进行内销转型。推进开放式研发设计、网络化制造、个性化定制生产、互联网商业和共享协作等方面创新，鼓励企业提供满足客户个性化需求的产品，提升产品附加值和客户满意度。打响"清新福建"品牌，升级旅游产品体系，以打造清新海丝度假、清新生态体验、清新生活休闲三类品牌产品为重点，创新发展乡村、文化、红色、邮轮游艇、研学五类休闲旅游业态产品，打造精品旅游线路，实施旅游景区创新提升工程，推动旅游产品向观光、休闲度假并重转变。（省经信委、科技厅、农业厅、商务厅、旅游局、食品药品监管局，福建检验检疫局、厦门检验检疫局按职责分工负责）

2. 增加优质农产品供给。加强农产品产地环境保护和源头管理，实施严格的农业投入品使用管理制度，构建"从田间到餐桌"全过程监管体系，建设农药兽药监管平台和农产品质量安全追溯监管平台，实现主要农产品质量安全总体监测合格率高于全国平均水平。全面提升农产品质量安全等级，推动农业清洁生产、农业污染防治和农业生物防控技术推广使用，大力发展无公害农产品、绿色食品、有机农产品和地理标志农产品。建立健全农业标准体系，围绕地区农业生产特色和优势，建设一批农业标准化生产基地，培育扶持一批辐射带动作用明显、影响力大和知名度高的"闽货"农产品品牌，提高农产品质量和附加值，满足中高端需求。强化农产品品牌营销，充分发挥信息化技术和互联网平台作用，拓展宣传渠道，扩大优质特色农产品销售范围，打造农产品品牌和地理标志品牌，加快提升优质农产品的品牌影响力，满足更多消费需求。（省农业厅、发改委、商务厅、海洋渔业厅、质监局、食品药品监管局按职责分工负责）

3. 推出一批制造业精品。着力在新一代信息技术、高端装备制造、新材料、节能环保、新能源、生物与新医药、海洋高新、新能源汽车等战略性新兴产业培育一批重点企业，为生产更多优质精品提供有力支撑。发挥中国科学院海西研究院等高校科研院所的研发支撑作用，着力解决核心基础零部件（元器件）的产品性能和稳定性问题，加大基础专业材料研发力度，为精品提供可靠性保障。推广先进质量管理方法，鼓励企业应用先进技术和智能化装备，推广先进成型和加工方法、在线检测装置、智能化生产和物流系统及检测设备等，提升产品质量和可靠性。以国际同类产品质量为标杆，强化品质供给能力，大力发展具有自主知识产权的智能厨卫、智能安防、可穿戴设备、智能家居、生活服务机器人等智能化终端消费品。在国防科工、食品、药品等重点领域实施质量自我声明和追溯制度，保障重点产品质量安全。（省经信委、发改委、科技厅、商务厅、质监局、食品药品监管局按职责分工负责）

4. 提高生活服务品质。支持生活服务领域优势企业整合现有资源，形成服务专业、覆盖面广、影响力大、放心安全的连锁机构，提高服务质量和效率，打造生活服务企业品牌。拓展提升基本养老服务，推进医养结合，加快发展护理型养老服务，引导社会力量全方位进入养老服务领域，通过公建民营、委托管理等方式，推动公办养老机构社会化运营。鼓励有条件的城乡社区依托社区综合服务设施，在同等条件下优先为生活服务机构提供场所设施。采取市场化方式，引进专业化养老服务组织参与社区居家养老，培育和打造一批品牌化、连锁化、规模化的龙头组织或机构企业。引导大中型生活服务企业深入社区设立便民站点，提供家政、儿童托管、居家养老、美容美发、洗染等各类便民生活服务，提高居民生活便利化水平。探索建立适应企业管理方式的新型家庭服务企业，建设以公共信息服务平台为载体的家政服务体系，重点发展家政服务、养老服务、医疗服务。支持工会、共青团、妇联和残联等组织利用自身优势发展多种形式的家庭服务机构，提升家庭服务业职业化、连锁化、标准化、信息化水平。（省发改委、商务厅、民政厅按职责分工负责）

（三）引领需求结构升级。

1. 努力提振消费信心。以监督抽查结果数据为支撑，建设"消费与质量查询平台"等一批有公信力的产品质量信息服务平台，全面、及时、准确发布产品质量信息，为消费者选购质量稳定的产品提供信息参考。结合社会信用体系建设，优化"信用福建"网站，推动信用信息"一站式"查询。加快归集、整合行业信用信息，各行业主管部门将有关信息及时推送至省公共信用信息平台，实现在各省直部门间交换共享。建立福建省质量诚信"红黑榜"发布工作机制，建立以企业质量信用为主要内容的质量诚信体系，实施质量信用信息的分级管理。鼓励中介机构开展企业信用和社会责任评价，发布企业信用报告，督促企业坚守诚信底线，提高信用水平，在消费者心目中树立良好企业形象。以婴幼儿配方奶粉、儿童玩具、装饰装修材料等消费者普遍关注的消费品为重点，组织实施消费品质量提升行动，提振消费信心。（省发改委、经信委、农业厅、海洋渔业厅、质监局、工商局、食品药品监管局，人行福州中心支行按职责分工负责）

2. 培育宣传自主品牌。进一步贯彻落实《中共福建省委　福建省人民政府关于实施品牌带动的若干意见》，深入实施以政府质量奖、福建省标准贡献奖、福建名牌产品、地理标志产品、驰（著）名商标、守合同重信用企业、老字号、知名商号等为核心的品牌战略，加快形成一批品牌产品、品牌工程和品牌企业。鼓励有实力的企业并购国外高端品牌和将自主品牌进行商标国际注册，积极组织我省企业参与国家品牌价值评价工作，扩大品牌影响力。继续做好工业企业品牌培育、产业集群品牌培育试点示范工作，推进农业、制造业、服务业企业品牌培育能力建设，实施出口食品竞争力提升工程，建设出口食品质量安全示范区，加强出口食品农产品质量安全监管，提升出口食品农产品质量竞争力，打造一批区域品牌。培育一批具有自主知识产权和国际竞争力的自主品牌，形成一批产品优质、服务上乘、具有广泛影响力的民族品牌。做好我省中国质量奖、福建省政府质量奖获奖企业等优秀品牌宣传，引导更多的企业追求卓越绩效，增进公众对福建质量的信心。拓展品牌营销传播渠道，特别是有效运用新媒体，讲好品牌故事，传播品牌形象，传递品牌价值。鼓励企业借助国际媒体资源和主动参与具有影响力的重大经贸交流等活动，承担相应社会责任，有效提高品牌的知名度和美誉度。（省质监局、经信委、商务厅、农业厅、工商局、食品药品监管局，省委宣传部，福建检验检疫局、厦门检验检疫局按职责分工负责）

3. 推动农村消费升级。加强农村产品质量安全和消费知识宣传普及，提高农村居民质量安全意识，树立科学消费观念，自觉抵制假冒伪劣产品。开展农村市场专项整治，清理"三无"产品，让货真价实的商品占领农村市场，切实维护农民的合法权益和消费热情，提高面向农民的产品服务质量，拓展农村品牌产品消费的市场空间。围绕住房、教育、交通、文化娱乐等农村消费新热点，深入推进新型城镇化建设，加快发展休闲农业与乡村旅游、特色园艺景观、乡村体育文化和农村服务业。充分利用互联网激发农村市场消费升级，落实好《福建省人民政府办公厅印发关于推动农村电子商务发展行动方案的通知》（闽政办〔2015〕110号），构建农产品进城和网货下乡的双向流通体系，进一步促进"网货下乡促进农村消费、农货进城满足城市消费"。建立和健全农村社会医疗保障、养老保障和社会保险等制度，解除农民后顾之忧，增强农民消费信心。（省农业厅、住建厅、交通运输厅、教育厅、文化厅、卫计委、商务厅、海洋渔业厅、食品药品监管局、旅游局按职责分工负责）

4. 持续扩大城镇消费。鼓励家电、家具、汽车、电子等耐用消费品更新换代，适应绿色环保、方便快捷的生活需求。主动适应居民生活质量改善需求，加快发展旅游、健康、养老、教育等服务消费，推进批发零售、住宿餐饮、家庭服务、市政服务等传统服务业改造升级。鼓励绿色产品消费，加大节能节水产品、节能环保和新能源汽车以及环境标志产品等推广力度。大力发展新闻出版、广播影视、演艺娱乐等文化核心内容产业以及数字创意、动漫网游、云媒体服务、移动多媒体、文化电商等文化产业新型业态，扩大消费群体，增加互动体验。培育信息消费需求，拓展物联网、移动互联网、云计算、大数据等新兴信息服务业态，进一步做强软件产业。围绕中高收入群体对消费质量要求不断提升的趋势，大力开展质量品牌提升行动，为消费者提供更有品质的品牌商品。（省发改委、经信委、卫计委、商务厅、民政厅、科技厅、文改办、文化厅、旅游局、新闻出版广电局按职责分工负责）

四、保障措施

（一）净化市场环境。建立更加严格的市场监管体系，加大专项整治联合执法行动力度，提高执法的有效性，追究执法不力责任。加强对知名自主品牌的保护力度，严厉打击侵犯知识产权和制售假冒伪劣商品行为。破除地方保护和行业壁垒，有效预防和制止各类垄断行为和不正当竞争行为，维护公平竞争市场秩序。

（二）完善机制建设。清理、废除制约自主品牌产品消费的各项规定或做法，形成有利于发挥品牌引领作用、推动供给结构和需求结构升级的体制机制。建立产品质量、知识产权等领域失信联合惩戒机制，健全黑名单制度，大幅提高失信成本。依法健全完善汽车、计算机、家电等耐用消费品举证责任倒置制度，降低消费者维权成本。

（三）强化政策保障。在财政、金融、科技等方面出台品牌发展的支持政策，形成强有力的政策导向。引导带动更多社会资本投入，支持自主品牌发展。鼓励银行业金融机构向企业提供以品牌为基础的商标权、专利权等质押贷款。落实各项质量品牌奖项激励作用，推动质量创新升级。

（四）强化组织落实。各地区、各部门要统一思想、提高认识，深刻理解经济新常态下发挥品牌引领作用、推动供给结构和需求结构升级的重要意义，切实落实各项工作任务，力争尽早取得实效。各设区市人民政府和平潭综合实验区管委会要结合本地区实际，制定出台具体的实施方案。

湖北省人民政府办公厅关于发挥品牌引领作用推动供需结构升级的意见

鄂政办发〔2016〕81号

为贯彻落实《国务院办公厅关于发挥品牌引领作用推动供需结构升级的意见》（国办发〔2016〕44号）精神，着力发挥品牌引领作用，加快建设品牌强省，推动供需结构升级，现制定本实施意见。

一、指导思想

贯彻落实党的十八大和十八届三中、四中、五中全会精神，按照省委、省政府关于推进供给侧结构性改革的总体要求，充分发挥市场决定性作用、企业主体作用、政府推动作用和社会参与作用，围绕优化营商环境、提高企业综合竞争力、营造良好社会氛围，大力实施品牌基础建设工程、供给结构升级工程、需求结构升级工程，以发挥品牌引领作用为核心，大力发展品牌经济，进一步提升湖北品牌国际国内市场影响力，推动我省供需结构升级，为实现"率先、进位、升级、奠基"四大发展目标提供重要支撑。

二、主要任务

全面深入推进品牌强省建设，进一步加快政府职能转变，创新管理服务方式，优化品牌建设政策法规环境，大力营造品牌建设的良好社会氛围，切实提高湖北品牌综合能力。力争"十三五"末，全省品牌建设工作机制健全，品牌数量大幅增长，有效注册商标总量达到25万件以上，湖北省著名商标超过3000件；中国驰名商标、湖北名牌、中华老字号持续增加，国际商标注册、地理标志稳步增长；推进湖北制造业品牌升级，建成7个国家区域品牌建设试点区，力争3个升级为国家示范区，培育一批品牌管理领军人才和1000名质量品牌管理人才；农业无公害农产品、绿色食品和有机农产品认证数量保持全国领先；培育湖北服务业品牌百强企业，建设一批现代服务业品牌示范园区。品牌对推动供需结构升级作用明显增强，品牌经济在全省经济总量的占比明显提高。

三、重大工程及责任分工

（一）品牌基础建设工程。

1. 实施品牌精准培育。全面推行商标"四书五进"工作机制，开展制造业品牌提升、农产品品牌转化、服务业品牌示范三项行动。以我省产业集群（聚集区）为重点，指导产业集群（聚集区）内所有企业健全完善品牌管理体系，指导产业集群（聚集区）内企业商标注册率达到90％以上、湖北省著名商标和各地知名商标企业达到80％以上；以我省优质农产品为重点，指导无公害食品商标注册率达到60％以上，绿色食品、有机食品商标注册率达到100％，农业"三品"中"三名"商标比例达到80％以上，地理标志数量持续增长，农产品品牌示范基地带动辐射效应明显；以基础条件好、增长潜力大、带动作用强的金融、物流、信息、旅游、文化、中介等省级现代服务业示范园区为重点，在全省建设、确定一批省级现代服务业品牌示范园区，发挥辐射带动效应，促进全省服务业品牌加快发展。加大对老字号企业品牌支持力度，支持企业做强做大，保护湖北历史文化遗产。（牵头单位：省工商局；责任单位：省发展改革委、省经信委、省农业厅、省商务厅、省文化厅）

2. 提高品牌产品质量。推进标准化体系建设，支持鼓励冶金、石油化工、水泥建材、纺织等4个优势传统产业，海洋工程装备、医药、循环经济等6个支柱产业，以及新能源汽车、新一代信息技术、智能制造装备、北斗等10个前瞻性战略性产业，主导和参与国际标准、国家标准和行业标准研制。加强金融、商贸、物流等生产性服务业和养老、健康、旅游等生活性服务业标准体系建设，提升现代服务业整体质量。鼓励企业将拥有自主知识产权的关键技术纳入企业标准，引导企业积极采用国际标准和国外先进标准，制定高于国家标准、行业标准、地方标准，具有市场竞争力的企业标准。有效整合全省技术资源，完善辐射中部的标准化公共服务平台建设，建立快速有效应对国外技术性贸易壁垒的机制。落实《国务院计量发展规划（2013—2020年）》和《省人民政府关于贯彻落实国务院计量发展规划（2013—2020年）的实施意见》（鄂政发〔2014〕32号），加强计量基标准和计量检测与管理体系建设。围绕湖北产业发展战略的重点，建立国家级和省级产业计量测试中心。依托中南计量测试中心，建设在中部地区乃至中南地区有重要影响力的计量测试基地。大力培育发展全省检验检测认证产业，打造一批国内领先的具有品牌效应的检验检测龙头企业，建设一批国家级、省级质量检验中心。加强检验检测技术基础能力建设，发展面向设计开发、生产制造、售后服务全过程的分析、测试、检验、计量等服务，培育第三方的质量安全技术服务市场主体，更好地发挥检验检测认证机构在产业互通互认、产品质量确认和提升企业产品品质的积极作用。（牵头单位：省质监局；责任单位：省经信委、省国资委、省发展改革委）

3. 开展品牌科技创新。加强技术创新平台建设，支持省内高校、院所和有条件的企业牵头或联合建设重点实验室、工程技术研究中心、产业技术研究院等技术创新平台，到"十三五"末，省级以上重点实验室达到160家、工程技术研究中心达到400家、产业技术研究院达到15家以上；加强核心关键技术攻关，面向我省产业发展和品牌建设的战略需求，重点围绕新一代光通信、智能制造、北斗导航、新能源和新能源汽车、3D打印等我省优势产业领域，组织实施一批重大科技创新项目和工程，突破一批核心关键技术，开发一批重大产品，提升品牌的核心竞争能力；加强科技成果转移转化，培育品牌发展新的增长点。大力实施"湖北省科技成果大转化工程"，加快推进国家技术转移中部中心建设，完善技术转移平台和科技成果转化服务体系，每年促成1 000项重大科技成果转移转化。大力实施"科技企业培育工程"，推进科技企业孵化器、校园科技创业孵化器等科技服务平台建设，形成线上线下、孵化与投资相结合的创新创业服务体系，力争每年新增科技创业企业3 000家以上。（牵

头单位：省科技厅；责任单位：省经信委、省知识产权局）

（二）供给结构升级工程。

1. 丰富产品和服务品种。支持食品龙头企业提高技术研发和精深加工能力，针对特殊人群需求，生产适销对路的功能食品。鼓励有实力的企业针对工业消费品市场热点，加快研发、设计和制造，及时推出新产品。支持企业利用现代信息技术，推进个性化定制、柔性化生产，满足消费者差异化需求。提供高品质的家政、儿童托管和居家养老等服务供给，加强特色旅游目的地建设，合理开发利用冰雪、低空空域等资源，支持冰雪运动营地和航空飞行营地建设。开发文化创意和旅游商品，增加旅游产品供给，丰富旅游体验，满足大众旅游需求，做大做强"灵秀湖北"和"鄂旅投"旅游服务品牌。（牵头单位：省经信委；责任单位：省旅游委、省国资委、省农业厅）

2. 增加优质农产品供给。加强农产品产地环境保护和源头治理，实施严格的农业投入品使用管理制度，加快健全农产品质量监管体系，逐步实现农产品质量安全可追溯。全面提升农产品质量安全等级，大力发展无公害农产品、绿色食品、有机农产品和地理标志农产品。参照出口农产品种植和生产标准，建设一批优质农产品种植和生产基地，提高农产品质量和附加值，满足中高端需求。充分挖掘我省优势农业资源，选择特色鲜明，品质优良，市场潜力大的优势区域和产品，突出特色，立足资源禀赋和产业基础，实现差异竞争，错位发展，打造特色品牌。优化调整产业结构，推进种养业提质增效，促进一二三产业融合，加强"三品一标"农产品建设。大力培育优质农产品品牌创建主体，到"十三五"末，农民合作社数量增长到8万家，农户入社率达到60%，家庭农场增长到7万家，销售过10亿元的农业龙头企业达到100家。支持市（州）级以上农业产业化重点企业注册商标，创建优质农产品品牌。（牵头单位：省农业厅）

3. 推进湖北制造2025。以《中国制造2025湖北行动纲要》10大重点领域和食品、工业消费品为切入点，实施增品种、提品质、创品牌战略，加大面向中高端的产品供给。以加快新一代信息技术与制造业深度融合为主线，以推进智能制造、发展现代制造业为重点，着力强化我省工业基础能力，提高综合集成和制造业发展水平，引导制造业迈向产业中高端。发展智能节能家电、智能锂电电动自行车、智能照明产品、数字电视、智能手机、平板电脑、服务机器人、消费类无人机、可穿戴智能产品、智能音箱、虚拟现实产品、智能化计量器具等智能消费品，形成一批高端化、智能化的湖北制造产品，推出一批湖北制造精品。推广先进指令管理技术和方法，开展质量标杆活动，普及卓越绩效、六西格玛、精益管理、质量诊断、质量持续改进等先进管理模式和方法，支持企业提高质量在线监测、在线控制和产品全生命周期质量追溯能力。组织开展重点行业工艺优化行动，提升关键工艺过程控制水平。（牵头单位：省经信委）

（三）需求结构升级工程。

1. 引导品牌消费。统筹利用现有资源，建设有公信力的产品质量信息平台，全面、及时、准确发布产品质量信息，为政府、企业和教育科研机构等提供服务，为消费者判断产品质量高低提供真实可信的依据，便于选购优质产品，通过市场实现优胜劣汰。建立完善湖北省市场主体信用信息共享交换平台，强化信用约束，全面、及时、准确公布流通领域商品质量抽检结果，发布以日常消费品为重点的产品质量信息，为消费者判断产品质量高低提供真实可信的依据，促进提振消费信心，提升消费品质。加大对我省电子信息、汽车制造、食品饮料等传统优势品牌产业升级，保护、传承和振兴老字号，提升品牌知名度，为消费者提供更加安全实用、更为舒适美观、更有品味格调的品牌商品。（牵头单位：省发展改革委；责任单位：省质监局、省工商局、省商务厅）

2. 开展湖北品牌宣传。关注湖北自主品牌成长，设立专题网站、微博微信等平台多渠道宣传湖北自主品牌，挖掘湖北品牌内涵，讲好湖北品牌故事，发布品牌发展报告，提高湖北品牌认知度。鼓励各级电视台、广播电台以及平面、网络等媒体，在重要时段、重要版面安排自主品牌公益宣传。省和省会、副省级城市广播、电视、报纸、网络等主流媒体每年安排湖北自主品牌宣传次数不少于4次。建立湖北品牌推介常态机制，在我省承办、主办的国家级、省级展会、论坛等活动中，将湖北品牌宣传作为有关活动的主要事项，扩大湖北自主品牌的知名度和影响力，积极组织湖北自主品牌参与国际、国内品牌推介活动。（牵头单位：省委宣传部；责任单位：省政府新闻办、省经信委、省商务厅、省农业厅、省文化厅、省新闻出版广电局、省工商局）

3. 推动消费升级。扩大城镇消费，鼓励家电、家具、汽车、电子等耐用消费品更新换代，适应绿色环保、方便快捷的生活需求。鼓励传统出版企业、广播影视与互联网企业合作，加快发展数字出版、网络视听等新兴文化产业，扩大消费群体，增加互动体验。有条件的地方可建设康养旅游基地，提供养老、养生、旅游、度假等服务，满足高品质健康休闲消费需求。推动房车、邮轮、游艇等高端产品消费，满足高收入群体消费升级需求。推动农村消费升级，开展农村市场专项整治，清理"三无"产品，拓展农村品牌产品消费的市场空间。加快有条件的乡村建设光纤网络，支持电商及连锁商业企业打造城乡一体的商贸物流体系，保障品牌产品渠道畅通，便捷农村消费品牌产品，让农村居民共享数字化生活。深入推进新型城镇化建设，释放潜在消费需求。（牵头单位：省发展改革委；责任单位：省经信委、省旅游委、省质监局、省新闻出版广电局、省工商局）

四、保障措施

（一）开展品牌人才培养。广泛培养品牌专业人员，构建高等院校、行业协会、研究机构等社会中介组织和企业共同参与的多层次质量品牌人才培养体系。依托企业家123培育工程和有关培育机构，以及企业自主开展的员工质量品牌素质教育，培养质量品牌骨干。抓紧培养老字号技艺传承人，重点培养企业品牌领军人才，鼓励在鄂高校将品牌内容列入教学培养计划，支持高等院校开设品牌相关课程，培养品牌创建、推广、维护等专业人才。（牵头单位：省经信委；责任单位：省发展改革委、省人社厅、省教育厅、省工商局）

（二）维护市场公平秩序。严厉打击侵犯知识产权和制售假冒伪劣商品行为，加强部门协作，提高执法有效性，依法惩治违法犯罪分子。积极开展海关知识产权保护，保护企业合法权益。以消费者反映突出的产品为重点，强化重点品种、重点区域的整治，强化网络交易商品质量监管，开展"放心消费创建"活动，运用大数据深化湖北省流通领域商品质量监管系统应用，广泛利用各类媒体平台，依法公布抽检结果，适时发布消费警示或提示。及时通过全国企业信用信息公示系统，加大对违法失信行为的公示、警示和惩戒力度，督促经营者依法诚信经营，积极营造安全放心的消费环境。（牵头单位：省商务厅；责任单位：省打击侵权假冒小组成员单位）

（三）完善激励政策。充分发挥财政资金引导作用和放大效应，加大对品牌发展的支持力度，带动更多社会资本和金融资本集聚自主品牌企业。开展知识产权证券化业务，完善两大互联网知识产权金融服务平台服务功能，加大科技保险政策支持力度。鼓励金融机构向企业提供以品牌为基础的商标权、专利权等质押贷款。（牵头单位：省财政厅；责任单位：省知识产权局、省政府金融办）

（四）抓好组织实施。省政府成立以省政府领导任组长，省委宣传部、省国资委、省经信委、省发展改革委、省旅游委、省人力资源和社会保障厅、省文化厅、省财政厅、省公安厅、省商务厅、省农业厅、省政府金

融办、省政府法制办、省工商局、省国税局、省地税局、省质监局、省知识产权局、武汉海关、湖北出入境检验检疫局等部门为成员单位的品牌引领供需结构升级工作领导小组，领导小组办公室设在省工商局。各相关单位要切实履行责任，采取有效措施，有计划、有步骤地推动各项工作落实。各市、州、县人民政府要结合本地实际，制定出台支持品牌建设、推进供需结构升级的具体措施。

湖南省人民政府办公厅关于发挥品牌引领作用推动供需结构升级的实施意见

湘政办发〔2016〕93 号

为更好地发挥品牌引领作用，加快培育、提升、壮大我省自主品牌，推动供需结构和品牌质量升级，根据国务院办公厅《关于发挥品牌引领作用推动供需结构升级的意见》（国办发〔2016〕44 号）精神，结合我省实际，经省人民政府同意，提出以下实施意见：

一、总体要求

（一）指导思想。牢固树立创新、协调、绿色、开放、共享的发展理念，以培育湖南自主品牌为目标，紧紧围绕推进供给侧结构性改革这条主线，突出品牌带动和引领作用，积极探索有效路径和方法，构建完善的品牌管理制度体系。以发挥品牌引领作用为切入点，以企业为主体、市场为导向，通过综合运用经济、法律、行政、市场等手段，加快形成一批拥有核心竞争力、高附加值和自主知识产权的知名品牌，加大品牌创建、宣传和推广力度，以品牌建设助推湖南经济发展转型升级。

（二）基本原则。

创新驱动，质量为先。依靠创新驱动创建品牌，加快技术进步，推动管理创新，优

化资源配置，弘扬"工匠"精神，提高劳动者素质，增强自主创新能力。突出质量导向，不断强化质量在企业发展中的基础地位，提升产品品质，依靠质量提升不断增强品牌核心竞争力。

企业主体，市场导向。坚持以企业为主体，激发企业提升质量和培育品牌的内生动力，提升质量法制和诚信意识。坚持以市场为导向，充分发挥市场在资源配置中的决定性作用，加快质量诚信体系建设，严厉打击质量违法行为，营造诚实守信、优胜劣汰的市场环境。

政府推动，分类指导。积极转变政府职能，充分挖掘政府、企业和公众对品牌的需求，增品种、提品质、创品牌，推动企业围绕消费需求打造自主品牌。根据不同行业、不同区域、不同规模企业的发展特点和需求，因企施策、按需指导、注重实效，找准品牌建设的突破口和着力点。

二、主要任务

发挥好政府、企业、社会作用，立足当前，着眼长远，持之以恒，攻坚克难，着力

解决制约品牌发展和供需结构升级的突出问题。

（一）进一步优化政策法规环境。加快政府职能转变，创新管理和服务方式，为发挥品牌引领作用推动供给结构和需求结构升级保驾护航。推动地方立法进程，健全品牌发展法规政策体系，完善品牌发展扶持政策，净化市场环境。增强全民质量意识，倡导科学理性、优质安全、节能环保的消费理念，引导消费者积极参与质量监督，自觉抵制假冒伪劣产品。加强品牌保护和宣传，形成品牌效应，扩大品牌影响力，充分运用经济、法律、行政等手段，严厉打击生产、销售假冒名牌违法行为。

（二）切实提高企业综合竞争力。发挥企业主体作用，切实增强品牌意识，苦练内功，适应需求，改善供给，做大做强品牌。加强农产品品牌培育，大力发展无公害、绿色、有机和地理标志农产品，建立一批名优农产品生产基地，培育一批名牌产品和驰名商标；推动制造业品牌提升，弘扬精益求精的工匠精神，引导企业深入开展全面质量管理，加强从原料采购到生产销售全流域质量管控，加强质量安全保障体系、质量追溯管理体系建设；着力打造服务业品牌，实施"湖湘服务"品牌战略，在文化、旅游、金融、会展、商贸流通等方面培育一批支撑服务业发展、行业领先的企业集团和优势品牌。

（三）大力营造良好社会氛围。凝聚社会共识，积极支持自主品牌发展，助力供给结构和需求结构升级。引导企业坚守商业道德，强化"质量即生命"的理念，自觉保证产品和服务质量。发挥好行业协会桥梁作用，引导行业协会、学会、商会等社会团体提供技术、标准、质量管理、品牌建设等咨询服务。完善品牌宣传和保护机制，关注自主品牌成长，营造有利于自主品牌成长的舆论环境。健全企业信用信息公示发布制度，加大质量监督抽查、违法案件等信息公开力度，督促企业坚守诚信底线。建立质量安全有奖举报制度，支持和鼓励消费者依法开展质量维权，提振消费信心。

三、重大工程

根据主要任务，按照可操作、可实施、可落地的原则，抓紧实施以下重大工程。

（一）品牌基础建设工程。围绕品牌影响因素，打牢品牌发展基础，为发挥品牌引领作用创造条件。

1. 完善标准体系。深化标准化工作改革，发挥标准在品牌建设中的支撑和保障作用。健全现代农业发展标准体系，推广环境友好、安全生态、优质高效的标准化生产技术，开展标准化示范，创建一批标准化整体推进示范县、出口农产品质量安全示范区和标准化示范基地（区）、示范农场、示范合作社、示范企业。健全工业发展标准体系，围绕新兴产业培育和传统产业改造提升，加快研究新兴产业标准和修订传统产业标准。支持企业参与国际、国家、地方和团体标准的制定，鼓励轨道交通、工程机械、烟花爆竹等重点企业技术专利化、专利标准化，增强企业市场竞争力。探索建立经营业绩、知识产权和创新并重的国有企业考评模式，逐步将是否具有知识产权的标准纳入企业年度考评。健全服务业发展标准体系，确立质量标准、制定服务行业规范公约，编制高水平、可操作、有实效的服务行业质量标准规范。鼓励企业从组织设计、运营管理、业务流程、人力资源等多方位完善内部治理，鼓励专业机构提供信息咨询、试验验证、数据挖掘、知识培训等专业服务。

2. 提升检验检测能力。加快发展检验检测认证服务，完善质监、卫生计生、安全、交通运输、农业等领域的公共检验检测认证计量服务体系，促进物联网、云计算、大数据、新一代移动通讯等战略性新兴产业的检验检测能力建设，推动检验检测认证机构的跨部门、跨行业、跨层级整合，将岳麓科技产业园检验检测专业园区打造为中部地区检验检测知名品牌。加快检验检测机构的培育和发展，支持检验检测认证机构转企改制，适时引进国际知名检验检测认证机构，推进湖南检验检测特色产业园建设。建立科学先进、满足全省经济社会发展需要的计量体系，加快中国计量科学研究院长沙基地建设步伐，提升计量服务能力，强化计量基础支撑作用。完善认证认可体系，提升认证认可服务水平，提高强制性产品认证的有效性。完善质量检验检测体系，搭建公共检测服务平台，推进检验检测机构市场化运营，建设一批国家级、省级质量检验中心。

3. 加强创新平台建设。坚持把自主创新作为培育品牌的内核，把品牌价值作为衡量创新成效的重要标准。推进科技服务机构集聚发展，大力建设移动互联网产业园、国家技术标准创新基地（长株潭）等科技服务业聚集区，支持有实力的企业牵头开展行业共性关键技术攻关，加快突破制约行业发展的技术瓶颈。加强公共技术创新服务平台建设，集聚科技创新力量，加强制造业创新中心、工程技术研究中心、实验动物质量检测平台、移动互联网聚集区、军民融合创新产业园区、标准信息服务平台等建设。促进创新技术成果转化，打造中国（长沙）科技成果转化交易会品牌，建好省级技术转移机构、省级科技成果转化试点县、科技成果转化示范企业，推进一批重大科技成果转化项目，培养科技成果转化专业人才、技术市场经营管理人才以及技术经纪人。

4. 加强自主品牌培育。以推进技术创新为基础，以名牌产品、地理标志产品、驰名（著名）商标、老字号、知名商号等为核心的品牌战略，加快形成一批拥有自主知识产权和核心竞争力的品牌产品、品牌工程和品牌

企业。引导企业注重品牌质量，树立以质量和诚信为核心的品牌观念，推动企业从产品竞争、价格竞争向质量竞争、品牌竞争转变。鼓励企业开展品牌价值评价，不断挖掘品牌文化内涵，提升品牌附加值和软实力。深入开展知名品牌示范创建，打造特色鲜明、竞争力强、影响广泛的区域品牌、企业（产品）品牌、服务品牌、文化品牌、技术和知识品牌，创建全国知名品牌示范区。鼓励品牌策划等服务机构参与企业品牌培育活动，为企业提供品牌咨询、诊断、创建和运营等服务，构建具有前瞻性、顺应时代发展特点的品牌培育模式，加快培育一批"湘"字品牌与企业。

（二）供给结构升级工程。以增品种、提品质、创品牌为主要内容，从一、二、三产业着手，采取有效举措，推动供给结构升级。

1. 丰富产品和服务品种。重振老字号产品，加强对以湘菜、湘茶、湘瓷、湘绣等为代表的"老字号"企业的支持，重振一批具有一定影响的"名、特、优、稀、好"的传统本土品牌，推出一批具有自主知识产权的品牌产品。培育高端消费服务，加快汽车旅馆、游艇码头、自驾车房车营地、充电站、文化体育产业园、广告创意产业园、艺术街区、国际品牌街等建设，不断壮大通用航空、游艇游轮、房车、航模等高端消费。

2. 增加优质农产品供给。大力培育优质农产品，做强优质稻、水果、茶叶、蔬菜、药材、地方畜禽、特种水产等特色产业，培育一批名牌产品和驰名商标；加快发展农产品冷链物流，支持大宗鲜活农产品产地预冷、初加工、冷藏保鲜、冷链运输等设施设备建设，提升冷链运输服务水平，满足居民多层次消费需求，保障食品安全；完善农村电商体系，拓展农特产品网上销售渠道，支持电商和快递物流企业向乡镇农村延伸。实施农村电子商务推进工程，以韶山市等县市列入国家电子商务进农村综合示范县为契机，搭

建以县为单位的服务中心网络平台和电商综合服务网络平台。

3. 推动制造业转型升级。落实《湖南省人民政府关于印发湖南省贯彻〈中国制造2025〉建设制造强省五年行动计划（2016—2020年）的通知》（湘政发〔2015〕43号），推进工业化与信息化深度融合，发展基于互联网的个性化定制、众包设计、云制造等新型制造模式，培育大规模个性化定制、远程运维等新业态。加快推进制造业与服务业融合，由生产环节向研发设计、售后服务、运营管理等领域延伸，积极发展智能家居服务、"互联网＋"服务等服务业新模式。大力推进先进技术与传统产业融合，通过采用高新技术和先进适用技术，对传统优势产业进行改造，促进传统产业向智能化、高端化、绿色化方向发展。

4. 提高生活性服务品质。贯彻《湖南省人民政府办公厅关于加快发展生活性服务业促进消费结构升级的实施意见》（湘政办发〔2016〕42号），大力发展家庭服务、健康养老、旅游、体育、文化、法律服务、商贸批零、教育培训等贴近人民群众生活、需求潜力大、带动作用强的生活性服务业。深入开展价格诚信、质量诚信、计量诚信、文明经商等活动，努力营造良好的生活性服务业发展氛围。大力推广政府和社会资本合作（PPP）模式，运用股权投资、产业基金等市场化融资手段支持生活性服务业发展。完善重点生活性服务业领域的标准体系，鼓励企业参与制定生活性服务业的国际标准、国家标准、行业标准和地方标准，推进开展服务业标准化试点。

（三）需求结构升级工程。发挥品牌影响力，切实采取可行措施，扩大自主品牌产品消费，适应引领消费结构升级。

1. 加强质量信用体系建设，努力提振消费信心。结合信用体系建设规划和国家相关要求，加强质量信用领域市场主体信用信息记录和整合，规范企业数据采集，实现质量行业信用档案的全覆盖。强化质量诚信制度建设，深入开展质量等级评定工作，充分发挥行政性、行业性、社会性和市场性的联合奖惩作用，提升企业信用认知意识，督促企业坚守诚实守信的营商准则，树立良好的企业形象。完善重点产品安全和质量可追溯制度和质量标识制度，实行严格的产品召回和责任追究制度。发挥湖南省信用信息共享交换平台和"信用湖南"网站等的信用信息共享公示功能，加大信息开发利用力度，依法及时向社会公布生产经营者的质量信用记录，为异地查处和联合打击违法经营、制假售假等失信行为奠定基础。鼓励第三方中介评估机构开展企业信用和社会责任评价，制发企业信用报告。

2. 深入落实促消费政策，推动城乡消费升级。落实《湖南省人民政府办公厅〈关于印发湖南省积极发挥新消费引领作用加快培育形成新供给新动力实施方案〉的通知》（湘政办发〔2016〕64号），推动农村消费升级，持续扩大城镇消费。在农村消费升级方面，开展农村消费升级行动，挖掘农村电商消费潜力，畅通城乡双向联运销售渠道，不断扩展农村消费市场；在扩大城镇消费方面，大力开展居民住房改善行动、汽车消费促进行动、康养家政扩容提质行动、教育文化信息消费行动、体育消费扩容行动等，满足城镇居民对绿色、时尚、品质消费的需求。

3. 打造品牌推介服务平台，挖掘消费增长潜力。拓宽品牌营销渠道，组织湖南自主品牌集体展示、集中宣传推介等产供销活动，多角度、多渠道宣传推广"湘"字品牌。实施移动互联网、绿色、信息等新兴消费促进工程，推进品质消费、个性化消费、服务消费、信用消费、信息消费等五大消费，引导消费朝着智能、绿色、健康、安全方向转变。引导境外消费回流，重点推进湖南中部进出口商品展销中心建设招商和上下游延伸，提升商品品质。开展"双百"活动和"湖南网购节"活动，推进湘品"六进""湘品网上行"和"湘品出湘"工程实施，提升"湘"字品牌整体形象。推进商贸流通领域品牌建设和价值提升，建立品牌及"老字号"企业培育扶持和创新发展体系。促进湘菜与湖湘文化融合，加快湘菜出省出境。积极承办国家级品牌展会，精心组织举办好中国食品餐饮博览会。

四、保障措施

（一）加强组织领导。各级各部门要深刻理解经济新常态下发挥品牌引领作用、推动供给结构和需求结构升级的重要意义，将品牌发展作为事关我省转型升级发展的长期工程常抓不懈。省质量强省工作领导小组要统筹协调品牌质量提升工作。各地各有关部门要结合实际，制定推进品牌发展具体措施，切实落实工作任务，扎实推进重大工程，力争尽早取得实效。

（二）加大政策扶持。积极发挥财政资金引导作用，推动形成支持品牌发展的多元投入机制。促进科技成果产权化、知识产权产业化，加强对知识产权密集型产品的政府采购，探索建立知识产权风险补偿基金和重点

产业知识产权运营基金试点，推进知识产权海外侵权责任保险。支持自主品牌发展，鼓励金融机构加大对名优产品生产经营企业的扶持力度，向企业提供品牌为基础的商标权、专利权等质押贷款。各级各有关部门要制定促进品牌发展扶持政策，加大对自主品牌发展的资金投入，将质量保障和品牌发展的项目建设纳入重点支持范畴。积极引导企业加大对产品质量改进、新产品研发和技术进步的资金投入。

（三）坚持典型引领。加强政府激励引导，及时总结推进品牌发展的工作成效，树立典型，推广经验，充分发挥知名品牌的导向和示范作用。加大宣传力度，加强舆论引导，及时发布知名品牌权威信息，为推动品牌发展营造良好氛围。

（四）净化市场环境。建立更加严格的市场监管体系，加大品牌支持保护力度，维护品牌形象和消费者合法权益。严厉打击侵犯知识产权和制售假冒伪劣商品行为，将故意侵犯知识产权行为情况纳入企业和个人信用纪录，依法惩治违法犯罪分子，营造有利于品牌成长的市场环境。依法打击垄断经营和不正当竞争，破除地方保护，维护市场秩序，形成公平有序、优胜劣汰的市场环境。

广西壮族自治区人民政府办公厅关于发挥品牌引领作用推动供需结构升级的实施方案

桂政办发〔2016〕144号

为贯彻落实《国务院办公厅关于发挥品牌引领作用推动供需结构升级的意见》（国办发〔2016〕44号）精神，充分发挥广西品牌引领作用，推动我区供给结构和需求结构升级，满足居民消费升级需要，特制定本方案。

一、总体要求

根据党中央、国务院和自治区党委、自

治区人民政府关于推进供给侧结构性改革的总体要求，充分发挥市场决定性作用、企业主体作用、政府推动作用和社会参与作用，以品牌引领为切入点，以增品种、提品质、创品牌为重点，深入实施质量品牌提升工程、供给结构升级工程、需求结构升级工程，提振自主品牌消费信心，挖掘消费潜力，提升消费层次，带动产业升级，为经济社会发展

提供持续动力。

二、主要任务

（一）发挥政府推动作用，优化品牌发展环境。各级各相关部门要深入贯彻落实中央关于推进供给侧结构性改革的部署，着力健全产业标准体系，提高计量能力、检验检测能力、认证认可服务能力、质量控制和技术评价能力，不断夯实质量技术基础；着力加快品牌发展法制建设，加快广西品牌保护工作立法步伐；着力加快诚信体系建设，净化市场环境，加强品牌维权保护力度，严厉打击制售假冒伪劣产品、商业欺诈等违法犯罪行为，建立品牌发展良好生态。（自治区质监局、工商局、法制办按职责分工负责）

（二）发挥企业主体作用，提高企业综合竞争力。切实保障企业在品牌建设中的主体作用，增强企业品牌意识，积极实施品牌发展战略，加大品牌建设投入，追求卓越品质，打造拳头产品，建立品牌管理体系，提升质量控制技术，做强做大企业品牌，不断提升"广西制造"整体形象，助力我区供给侧结构性改革，推动需求结构升级。支持企业加强品牌管理人才培养，吸引激励优秀人才参与品牌开发管理，推动品牌建设可持续发展。重视企业文化对品牌建设的推动作用，引导构筑和谐发展的优秀企业文化。（自治区工业和信息化委、文化厅、国资委按职责分工负责）

（三）发挥社会参与作用，营造良好社会氛围。充分发挥行业协会和服务机构的桥梁作用，积极打造专业品牌服务平台，为企业提供品牌创建、品牌推介、品牌营运、商标代理、专利代理、境外商标注册、打假维权等服务。积极开展群众性的质量宣传活动，大力推广广西自主品牌，培养消费者对广西品牌的信任感、忠实度和消费信心，凝聚社会共识支持广西品牌发展，为我区供给侧结构性改革营造良好社会氛围。（自治区质监局、民政厅按职责分工负责）

三、重大工程

（一）质量品牌提升工程。

加强先进标准体系建设。围绕我区传统优势产业转型升级和战略性新兴产业发展需要，加强标准制修订工作，加快开展覆盖一二三产业的标准化示范试点建设，充分发挥试点示范带动作用。鼓励制定高于国家标准或行业标准的企业标准，支持具有核心竞争力的专利技术加快转化为标准，引入标准第三方合作共享机制，增强企业市场竞争力。引导企业开展产品标准和服务标准自我公开声明以及监督制度，落实企业标准化主体责任。加快建立并推行"标准领跑者"制度，充分发挥"标准化＋"催化效应和引领效应，激励更多创业创新者自觉追求产业高标准、产品高质量。加强与东盟国家的标准化合作与交流。（自治区发展改革委、工业和信息化委、质监局按职责分工负责）

提升检验检测服务能力。加快中国—东盟检验检测认证高技术服务集聚区建设，建设一批国家级、自治区级产品质量监督检验中心和中小企业检验检测服务平台，着力打造一批技术领先、品牌效应好、辐射能力强的检验检测机构。加快推进全区检验检测认证机构整合工作，深化质量安全监管和检测体制改革，进一步完善我区检验检测认证机构服务体系，为全区经济转型升级攻坚提供重要技术保障。（自治区质监局负责）

推进产业持续创新升级。发挥创新对品牌建设的关键作用，加快国家级重点实验室、工程技术研究中心和自治区重点实验室建设，加快国家级高新区和自治区级自主创新示范区、创新型市县和农业科技园的创建，为企业提供创新平台。鼓励企业、高等院校和科研究所等创办或联办具有企业法人实体、市场化运作的产业技术研究所，推进行业创新发展。加快中国—东盟技术转移中心建设，促进与东盟各国的科技成果转化示范与推广。加大新技术、新工艺、新设备、新材料的推广应用力度，以高新技术和先进适用技术加快改造提升食品、汽车、有色金属、冶金、石化、建材、轻纺、造纸与木材加工等支柱产业，推进传统优势产业转型升级。（科技厅负责）

增强品牌培育创建能力。整合区内外科研院所、高等院校的力量，联合开展品牌发展规划、品牌效益调查、品牌评价标准、品牌价值评价体系和品牌发展指数等研究，发布客观公正的品牌价值评价结果。支持高等院校开设品牌相关课程，培养品牌创建、推广、维护等专业人才。积极参与品牌评价国际国内标准制定，开展品牌价值评价活动，助推广西品牌无形资产增值。（自治区工业和信息化委、教育厅、质监局按职责分工负责）

（二）供给结构升级工程。

提高供给产品有效性。鼓励企业利用现代信息技术，针对市场热点，开展个性化定制、柔性化生产，满足消费者差异化需求。支持食品生产企业，针对特殊人群需求，生产功能食品和健康食品。支持企业研发智能型、智慧健康医疗、民族特色等市场前景好的消费品。支持开发具有广西民族特色、沿边沿海风情、健康养生休闲等特色旅游产品。（自治区工业和信息化委、旅游发展委、食品药品监管局按职责分工负责）

提升农产品供给品质。加强农产品质量安全监管，大力推行标准化生产，严格农业投入品使用管理，加快健全农产品质量安全监管体系，逐步实现农产品质量安全可追溯。大力发展无公害农产品、绿色食品、有机农产品和地理标志农产品，全面提升我区农产品品质。大力发展广西名特优新农产品，培育农产品品牌和地理标志品牌，满足更多消费需求。（农业厅负责）

提升制造业产品供给品质。引导企业加强核心技术开发，加快研究开发一批具有自主知识产权、较高附加值和市场竞争力的工业精品，加快产业链由低端向高端提升。重点突破汽车整车可靠性、数控加工装备及控制系统、高性能金属材料以及铝镁合金材料、有色金属精深加工、稀土功能材料、石墨烯材料、高可靠性智能控制、数模同传、工业通信网络安全等一批关键技术，力争实现产业化。加快培育壮大新一代信息技术、新材料、先进装备制造、节能与新能源汽车、节能环保、生物医药和医疗器械等战略性新兴产业，力争在先进轨道交通装备、修造船及海洋工程装备、新型农机装备、通用航空产品、数控机床和机器人、电力装备等新兴领域研发一批有市场竞争力的工业精品。提升质量控制技术，完善质量管理机制，不断提升我区企业品牌价值和工业精品的整体形象。（自治区工业和信息化委负责）

提升服务业供给品质。推动广西服务业品牌评价工作，打造服务企业品牌，提高生活服务品质。鼓励有条件的市、县（市、区）积极推进养老设施公建民营，重点在全区打造100个养老服务示范中心，培育10家社区居家养老服务品牌，开展养老机构星级评定、入住老年人能力评估，提升养老机构的服务能力和水平。依托大型家政服务机构，对家政从业人员进行专项培训，增加高水平护理和家政服务人员供给。鼓励和支持社会力量发展健康服务业，逐步建立覆盖全生命周期、业态丰富、结构合理的健康服务业体系。（自治区民政厅、人力资源社会保障厅、卫生计生委、质监局按职责分工负责）

（三）需求结构升级工程。

提振自主品牌消费信心。进一步加强产品质量抽检工作，及时依法向社会公布抽检不合格商品，强化对不合格商品的后续处理和跟踪检查。加快广西市场主体信用监督体系建设，建立失信企业"黑名单"，通过企业信用信息公示系统公告侵害消费者权益受处罚企业信息。完善企业质量信用信息采集平台，逐步扩大信息开发利用力度。鼓励中介机构开展企业信用和社会责任评价，发布企业信用报告，督促企业坚守诚信底线，树立良好企业形象。（自治区工商局、质监局按职责分工负责）

培养自主品牌消费习惯。利用中国—东盟博览会平台，大力宣传广西自主品牌，讲好广西品牌故事，提高广西自主品牌影响力和认知度。组织报刊、广播、电视和网络媒体做好广西自主品牌的宣传推介工作。组织主流媒体和各类新媒体，在重要时段、重要版面安排自主品牌公益宣传。通过在互联网上开设特色产品采购平台、举办自主品牌推介会、设置自主品牌展销厅等形式，扩大广西自主品牌的知名度和影响力。（自治区政府新闻办、新闻出版广电局、工业和信息化委、农业厅、质监局按职责分工负责）

推动农村消费品质化需求。加强农村产品质量安全和消费知识宣传普及，树立科学消费观念，自觉抵制假冒伪劣产品。开展农村市场专项整治，清理"三无"（无生产日期、无质量合格证、无生产厂名称）产品，拓展品牌产品农村消费市场空间。鼓励和支持民营企业参与农村地区宽带接入业务试点，以资本合作、业务代理、网络代维等多种形式与基础电信企业展开合作，改善农村信息消费基础设施。充分发挥现有农村网点布局优势，支持电商和快递物流企业向乡镇农村延伸，加快推进电子商务进农村示范县工作，实施"党旗领航电商扶贫"行动，引导农村消费质量升级。（自治区商务厅、质监局、工商局、通信管理局按职责分工负责）

扩大城镇消费品质化需求。鼓励家电、家具、汽车、电子等耐用消费品更新换代，

适应绿色环保、方便快捷的生活需求。鼓励文化企业拓展电子商务营销模式，利用微博、微信、手机应用程序（APP）等新媒体工具为消费者提供最新文化消费信息。提供个性化、多样化旅游产品供给，全方位宣传推介桂林山水文化体验游、北部湾滨海度假游、中越边关风情游、巴马长寿养生休闲游、桂北少数民族风情游等，大力发展邮轮旅游、低空旅游，加快建设一批自驾车房车营地，进一步满足居民旅游休闲消费升级需求。（自治区商务厅、文化厅、旅游发展委按职责分工负责）

四、保障措施

（一）净化市场环境。建立更加严格的市场监管体系，加大专项整治联合执法行动力度，实现联合执法常态化，提高执法的有效性，追究执法不力责任。严厉打击侵犯知识产权和制售假冒伪劣商品行为，依法惩治违法犯罪分子。破除地方保护和行业壁垒，有效预防和制止各类垄断行为和不正当竞争行为，维护公平竞争市场秩序。（自治区工商局、质监局按职责分工负责）

（二）完善激励政策。进一步完善和落实自治区主席质量奖、广西服务业品牌、广西名牌产品等各种政府质量奖励工作机制。对获得国家级质量奖励（经全国评比达标表彰工作协调小组同意设立）和自治区级质量奖励的先进单位、先进个人，给予政策支持。（自治区人力资源社会保障厅、财政厅、质监局按职责分工负责）

（三）抓好组织实施。各地各部门要统一思想、加深认识，深刻理解经济新常态下发挥品牌引领作用、推动供给结构和需求结构升级的重要意义，切实落实工作任务，扎实推进重大工程，力争尽早取得实效。自治区有关部门要结合本部门职责，制定具体的政策措施。各设区市人民政府要结合本地区实际，制定具体的实施方案。

重庆市人民政府办公厅关于发挥品牌引领作用推动供需结构升级的实施方案

渝府办发〔2016〕204 号

为贯彻落实《国务院办公厅关于发挥品牌引领作用推动供需结构升级的意见》（国办发〔2016〕44 号），加快我市品牌建设，发挥品牌引领作用，释放消费潜力，提升消费层次，推动供需结构升级，结合我市实际，特制定本实施方案。

一、总体思路

全面贯彻落实市委四届九次全会精神，大力实施创新驱动发展战略，扎实推进供给侧结构性改革，深化拓展五大功能区域发展战略，充分发挥市场决定性作用、企业主体作用、政府推动作用和社会参与作用，构建符合我市产业特色的品牌体系，发挥品牌引领作用，强化消费者对重庆品牌的认可度，推动供给侧与需求侧结构同步提档升级，促进经济可持续健康发展。力争到2020年，我市一二三产业重点领域构建起"2＋3＋3"品牌体系（原产和加工两大农产品品牌体系，国际化、国家级和区域性三大制造业品牌体系，文化旅游、大健康和商业三大生活服务业品牌体系），全面增强重庆品牌影响力，提升重庆品牌消费占比，为经济发展提供持续动力。

二、打造重庆品牌增加有效供给

根据产业特性，重点开展农业、制造业、生活服务业品牌建设专项行动，丰富产品品种，提升产品品质，着力开创品牌，加快供给结构升级，推动产业做大做强做优。

（一）农业品牌培育专项行动。

将提升品质作为农业品牌建设核心，健全农产品质量监管体系，强化产品质量安全标准，推动农业规模化、品质化发展，打造农业整体品牌，带动区域特色效益农业发展。

1. 构建绿色生态的原产农产品品牌体系。大力推动绿色有机和地理标志等品牌农产品发展，重点依托渝东北生态涵养发展区和渝东南生态保护发展区，发展地域特色农产品。优化发展设施蔬菜、有机蔬菜、特色蔬菜等蔬菜品牌，规模化发展榨菜、辣椒、花椒、油茶、油橄榄等特色蔬菜和调味品品种。丰富发展荣昌生猪、三峡生态鱼、丰都肉牛、石柱肉兔等肉类产品品牌。差异化发展脐橙、柚子、晚熟杂柑等错季上市柑橘品种。推动茶叶、蚕桑、中药材、烟叶、笋竹、林木花卉、特色水果等地域文化特征明显的产品品牌化。（牵头单位：市农委；配合单位：市发展改革委、市质监局、市林业局）

2. 建设安全健康的加工农产品品牌体系。依托我市优势农产品，大力发展下游精深加工，打造一批农产品加工业品牌，提升产业增值率和产品附加值。推动火锅底料、烹饪调料、休闲食品等特色饮食文化产品标准化、规模化、品牌化发展，弘扬"重庆味道"品牌文化。提升蔬菜、柑橘、笋竹等特色农产品加工比例，做大榨菜、果蔬汁、中成药、木本油料等高附加值产品品牌。积极发展竹、藤、木等家居工艺产品品牌，提升原材料价值。发展现代烟草产业，巩固卷烟品牌。（牵头单位：市经济信息委；配合单位：市发展改革委、市农委、市卫生计生委、市质监局、市林业局）

（二）制造业品牌提升专项行动。

实施创新驱动发展战略，推进支柱产业品牌建设，提升品牌认可度和溢价能力，培育新兴产业品牌，抢占产业先机。以都市功能拓展区和城市发展新区为重点，加快产业集聚，推动制造业提质转型升级。

1. 升级汽车、电子、装备等先进制造产业品牌，增强国际影响力。支持整车企业提升品牌形象，零部件企业改进质量和性能，推动产业向中高端发展，建设国际重要汽车产业基地。鼓励电子信息企业完善产业链，发展上下游芯片、显示和终端品牌产品，打造国际知名电子信息产业基地。鼓励摩托车、跨座式单轨交通、风电装备等优势产业走出去，构建具有国际影响力的特色装备制造基地。积极培育高技术、高附加值、高增长的新能源和智能网联汽车、机器人及智能装备、工业物联网、人工智能、航空航天、虚拟/增强现实等新兴产业品牌。（牵头单位：市经济信息委；配合单位：市发展改革委、市商务委、市质监局）

2. 优化材料、化工医药和能源等基础工业品牌，融入全国产业体系。推动冶金、建材等传统材料产业向新型化、高端化、品牌化发展，剔除无效低质供给，鼓励玻纤复合材料、石墨烯等新材料产品开发应用。促进聚氨酯、尼龙、聚酯等优势化工新材料和高效农药、化肥、涂料等特色精细化工产品集聚化品牌化发展，优化化工产业结构。推动化学药、生物药、医疗器械及耗材等企业开发自主知识产权产品，构建医药健康品牌集群。进一步扩大国家级页岩气示范区品牌优势。（牵头单位：市经济信息委；配合单位：市发展改革委、市质监局）

3. 做强家电、服装、轻工等消费产业品牌，提升居民消费品质。鼓励家电企业掌握核心技术，发展智慧家电产品，引领产业发展，增强品牌竞争力。挖掘渝绣苗绣、綦江版画、荣昌夏布、城口漆器等传统文化工艺品品牌，促进产业融合发展。支持服装企业强化产品设计，丰富面料种类，形成舒适、时尚、个性的"渝派时装"品牌特色。建设

大足五金、奉节眼镜、垫江钟表等文化特色轻工产业，提升品牌集聚度。做强梁平塑料、永川造纸、巴南日化等生活特色轻工产业，满足居民日益增长的消费需求。（牵头单位：市经济信息委；配合单位：市发展改革委、市文化委、市质监局）

（三）生活服务业品牌建设专项行动。

丰富服务业门类，拓宽服务领域，针对不同功能区域大力发展差异化服务业品牌，改善生活服务品质，培育发展一批新兴服务业集聚区和产业集群，助推我市现代服务业中心城市建设，促进一二三产业融合发展。

1. 打造文化旅游品牌提升城市形象。强化大足石刻、仙女山、金佛山、长江三峡、钓鱼城、白鹤梁等世界自然、文化遗产或准世界自然、文化遗产品牌保护和开发，扩大红岩文化品牌影响力，打造"二战远东指挥中心"抗战历史文化品牌，挖掘巴渝悠久传统历史文化品牌，升级重庆现代文化品牌。依托我市特色和优势旅游资源，围绕"山水之都，美丽重庆"旅游主题，以山水都市、历史文化、世界遗产、观光休闲度假、森林体验养生等为发展重点，打造渝东北旅游金三角和渝东南旅游长廊等旅游集群品牌，提高西部动漫节、重庆文博会、重庆演出季等文化活动的品牌影响力，建设国际知名旅游目的地。（牵头单位：市文化委、市旅游局；配合单位：市发展改革委）

2. 发展健康产业品牌服务市民生活。依托我市丰富的医疗资源，不断提高医疗服务能力，扩大"重医""三军医大"等医疗品牌影响力和服务范围，鼓励优质医疗资源向基层延伸，稳步推进医疗机构与养老服务融合发展。推动社区综合服务，培育一批集家政、儿童托管和居家养老服务为一体的生活服务中心品牌。进一步完善奥体中心等公共体育场馆设施，提升重庆国际马拉松赛、长寿湖国际铁人三项赛等赛事品质和影响力，积极申办国际国内高水平赛事，加强赛事品牌资

产的保护、开发和利用。积极发展体育用品产销、体育旅游、体育电子竞技等新业态品牌。（牵头单位：市卫生计生委、市民政局、市体育局；配合单位：市发展改革委）

3. 丰富商业品牌方便市民消费。打造国家中心城市商业形象窗口和国内重要商旅消费目的地，建设解放碑等6大商圈品牌，朝天门来福士广场等3大观光型商业地标，布局6大新兴零售商业地标，在8个边贸区县（自治县）推进省级边贸中心建设。培育"渝洽会"、汽车展、房交会等一批会展品牌，发展一批龙头会展企业，鼓励会展企业参与国际展览协会等国际组织认证，推进悦来会展产业集群建设。弘扬以重庆火锅等为代表的"渝菜"饮食文化，打造一批国家级特色美食街（城），鼓励餐饮行业整合发展，培育一批全国知名的餐饮品牌。（牵头单位：市商务委；配合单位：市城乡建委、市规划局、市食品药品监管局）

三、引导消费升级优化需求结构

建立健全基本公共服务体系，完善基础设施，提振居民消费信心，扩大基本消费；学习国内外先进经验发展个性消费，满足不断升级的居民消费需求，引导消费品质升级。

（一）健全公共服务促进基本消费工程。

推动各产业稳定健康发展，保障社会就业。促进城市居民收入稳定增长，加快农村经济社会发展，缩小城乡差距。稳步推进教育、医疗、养老等基本公共服务城乡均等化，减少市民后顾之忧。规范市场，打击计量欺诈，维持物价稳定，维护消费者合法权益。加强农村市场假冒伪劣商品整治，宣传普及产品质量和消费知识，增强农村居民对品牌产品的认知和认可度。适时恢复"汽车下乡""家电下乡"等活动，扩大农村品牌产品消费。加快新型城镇化建设，支持易地扶贫搬迁，推动人口向都市功能拓展区和城市发展新区聚集，释放消费潜力。（牵头单位：市发

展改革委；配合单位：市经济信息委、市教委、市农委、市人力社保局、市文化委、市工商局、市质监局）

（二）丰富多元供给升级个性消费工程。

鼓励居民根据个性健康、绿色环保、方便快捷的生活需求，升级生活方式，改善生活品质。完善基础设施和网络建设，支持电商及连锁商业企业打造城乡一体的商贸物流体系，改进消费体验。鼓励养生养老、休闲度假、体育建设、文化娱乐等多种形式的服务业发展，丰富市民个性消费渠道。依托夏令营等形式，推动职业技能、文化艺术、卫生健康等专业培训服务消费。合理开发航空、游艇、探险等高端消费服务业，满足高端消费需求。（牵头单位：市商务委；配合单位：市发展改革委、市教委、市民政局、市文化委、市卫生计生委、市旅游局、市体育局）

四、强化基础建设促进品牌消费

完善质量检验检测体系，建立品牌评价体系，提供品牌建设依据，树立诚信意识，提升品牌可信度，加大重庆品牌宣传推广力度，引导市民积极消费重庆品牌，实现供需结构同步升级。

（一）提升质量标准完善品牌评价体系行动。

强化质量技术基础支撑，构建标准、计量、认证认可、检验检测体系。健全粮食、蔬菜、食用油等农产品质量追溯体系，推进各级食品药品检验检测机构基础设施、技术支持和问责制度建设，实施制造业质量和品牌标杆对比提升工程，规范服务行业评价标准提升服务水平。提升质量标准，积极制定页岩气、休闲食品、汽车零部件等优势产品地方标准，力推升级为国家标准，支持企业制定高于行业标准的企业标准，鼓励优势企业参与制定国际和国家标准。建立各领域各层级品牌评价体系，鼓励企业积极参与国际国内质量品牌评价，针对不同产业特性开展

地方质量品牌评价工作。(牵头单位:市质监局;配合单位:市发展改革委、市经济信息委、市农委、市工商局、市食品药品监管局)

(二)构建企业诚信体系提升品牌诚信度行动。

结合全市社会信用体系建设,构建企业诚信管理体系,规范企业数据采集,整合现有信息资源,建立企业信用档案,逐步加大信息开发利用力度。将信用记录作为评选"重庆市市长质量管理奖""重庆市名牌产品""重庆市著名商标"等的重要参考,相关企业的信用信息通过"信用重庆"网站、国家企业信用信息公示系统(重庆)等平台依法进行公示。鼓励中介机构开展企业信用和社会责任评价,发布企业信用报告,督促企业坚守诚信底线,提高信用水平,树立良好企业形象。(牵头单位:市工商局;配合单位:市发展改革委、人行重庆营管部)

(三)宣传推广重庆品牌促进重庆品牌消费行动。

依托电视台、电台及平面、网络等媒体,加大重庆品牌宣传力度,展示产品品牌文化、时尚理念和优秀品质,提高品牌认知度和认可度。鼓励优质产品宣传信息冠以"重庆"特征,形成"品牌重庆"协同效应。积极参与国家对外品牌宣传活动,依托重点出入境口岸、"渝新欧"铁路、博览会等对外窗口设置重庆品牌展示区,扩大知名度。设立"重庆品牌周",联合本地知名品牌企业和媒体,讲好品牌故事,开展重庆品牌巡回宣传和展销活动,扩大品牌影响力。支持商场、批发零售企业提高自主品牌商品比例,扩大自主品牌、重庆品牌、定制化商品比重。鼓励居民消费重庆品牌产品和服务,落实国家促进消费的税收优惠政策,研究制定促进我市居民消费的支持政策,增强重庆品牌竞争力,扩大市场占有率。(牵头单位:市文化委、市商务委;配合单位:市发展改革委、市

财政局、市外经贸委、市地税局、市国税局)

五、保障措施

(一)实施创新驱动。

发挥企业创新主体作用,加大创新投入,鼓励创新创造,加快创新成果转化应用,不断推出新产品,改进现有产品质量和性能,为企业打造品牌提供原动力。实施"互联网+"行动计划,促进互联网与传统三次产业深度融合发展,推动服务创新和商业模式创新。加大品牌战略研究力度,研究品牌培育提升推广机制,探索供需结构协同升级机制,加快本地品牌发展壮大。加大品牌领域人才培育引进力度,完善评价体系。(牵头单位:市经济信息委;配合单位:市发展改革委、市科委、市人力社保局)

(二)优化政策环境。

创新管理和服务方式,发挥行业协会作用,规范各类品牌的评比与管理,形成全市品牌管理体系。健全品牌发展的法规规章制度体系,支持、引导和保护重庆品牌建设和消费。建立健全市场监管体系,实现线上线下商品监管全覆盖。切实保护知识产权,加大执法力度,严厉打击假冒伪劣产品,特别是关系市民生命安全和身体健康的食品、药品。维护公平竞争,打击各类垄断和不正当竞争行为。(牵头单位:市工商局;配合单位:市质监局、市食品药品监管局、市政府法制办、市知识产权局)

(三)强化激励措施。

充分发挥政府各类基金引导作用,带动社会资本投入,支持企业加快品牌建设。鼓励银行业金融机构向企业提供以品牌为基础的商标权、专利权等质押贷款。研究支持重庆品牌发展的财政政策,设立品牌发展专项资金,对重庆品牌的推广、营销给予奖励和扶持。(牵头单位:市财政局;配合单位:市发展改革委、市地税局、市质监局、市

金融办）

（四）建立工作机制。

建立由市政府分管领导同志牵头、市政府有关部门负责人参与的协同推进机制。市发展改革委要加强指导，各区县（自治县）人民政府、市政府有关部门、有关单位结合实际情况制定本地区、本部门、本单位落实措施，着力强化重庆品牌建设，推动供需结构升级，促进经济社会发展。（牵头单位：市发展改革委）

四川省人民政府办公厅关于发挥品牌引领作用推动供需结构升级的实施方案

川办发〔2016〕74号

为深入贯彻《国务院办公厅发挥品牌引领作用推动供需结构升级的意见》（国办发〔2016〕44号）、《四川省人民政府关于印发中国制造2025四川行动计划的通知》（川府发〔2015〕53号）、《中共四川省委四川省人民政府关于印发〈四川省推进供给侧结构性改革总体方案〉的通知》（川委发〔2016〕18号）和《四川省人民政府关于印发促进经济稳定增长和提质增效推进供给侧结构性改革政策措施的通知》（川府发〔2016〕17号）精神，更好发挥品牌对推动供需结构升级的引领作用，结合我省实际，制定本实施方案。

一、重要意义

品牌是企业乃至国家竞争力的综合体现，代表着供给和需求结构的升级方向。随着我省经济社会发展，消费结构不断升级，呈现出个性化、多样化、高端化、品牌化等消费特点。但是四川产品质量不高、创新能力不强、企业诚信意识淡薄等问题比较突出，品牌现状与消费者日益提高的品牌需求有较大差距。发挥品牌引领作用，推动供给和需求结构升级，有利于激发企业创新创造活力，促进生产要素合理配置，提高全要素生产率，提高供给体系的质量和效率；有利于引领消费，创造新需求，提振自主品牌消费信心，挖掘消费潜力，更好发挥需求对经济增长的拉动作用，满足人们更高层次的物质文化需

求；有利于促进企业诚实守信，强化企业环境保护、资源节约、公益慈善等社会责任，实现更加和谐、更加公平、更可持续的发展。

二、总体要求

按照党中央、国务院和省委、省政府关于推进供给侧结构性改革的总体要求，积极探索有效路径和方法，以提高质量和效益为中心，以发挥品牌引领作用为切入，建立完善"市场决定、企业主体、政府推动、社会参与"机制，进一步优化法规政策环境，切实提高企业竞争力，大力营造良好社会氛围，大力实施质量对标提升行动和品牌创建提升行动，推动企业增品种、提品质、创品牌，加快培育一批含金量高、知名度高的"四川品牌"，满足居民消费升级需求，扩大省内消费需求，引导省外境外消费回流，推动供需总量和结构相互适应，加快推动供给结构优化升级，适应引领需求结构优化升级，为加快发展新经济、培育壮大新动能、推动经济提质增效提供持续动力。

三、主要目标

到2020年，我省品牌发展的环境明显优化，质量基础有力夯实，市场环境得到净化；企业品牌意识不断增强、主体作用得到发挥、产品品种不断丰富、产品品质全面提升，一大批具有特色的"四川品牌"脱颖而出；品

牌发展社会氛围更加浓厚，行业协会作用明显，消费者本土品牌情感深化，消费信心大幅提振。全省注册商标达到60万件以上，马德里国际注册达到600件，地理标志商标注册达到260件，国家地理标志保护产品达到290个以上，国家生态原产地保护产品达到80个以上，评选四川名牌达到1 600个以上，新增中国质量奖企业和个人6个以上，农业"三品"（无公害农产品、绿色食品和有机农产品）认证数量达到1 000个，新创建国家级生态原产地保护示范区8个以上、国家有机产品认证示范区10个以上、国家级旅游度假区或生态旅游示范区5个、国家5A级旅游景区5个以上，培育和壮大一大批有影响力的区域性品牌集群。

四、重点工作

（一）夯实品牌发展基础。

1.推行更高质量标准。大力实施质量对标提升行动，围绕10大类四川主导产业和重点产品，以国际国内先进标准、同行知名品牌为参照，推动企业积极采用国际国内先进标准，提高"四川制造"产品的竞争力。鼓励企业制定高于国家标准或行业标准的企业标准，支持具有核心竞争力的专利技术向标准转化，增强企业市场竞争力。加快开展团体标准制定等试点工作，实施企业产品标准自我声明公开和监督制度。批准发布地方标准400项，打造省级以上农业标准化示范区40个，实施省级以上服务业标准化试点项目30个，创制一批"四川制造""四川服务"先进标准，形成对外竞争新优势。（省质监局牵头，省标准化工作领导小组各成员单位配合）

2.提升检验检测能力。加强检验检测能力建设，提升在川国家检验检测重点实验室、27个国检中心和54个省检中心检测能力和水平。推动检验检测机构改革，鼓励跨部门、跨行业、跨层级整合，鼓励科研机构、高等院校和军工企业整合，推动质检、特检技术

机构横向纵向整合，打造检验检测认证集团。鼓励民营企业和其他社会资本投资检验检测服务，支持具备条件的生产制造企业申请相关资质，面向社会提供检验检测服务。加强社会公用计量标准研究，推动计量检测机构能力提升，推进先进计量技术和方法在企业的广泛应用。（省质监局牵头，农业厅、省食品药品监管局、四川出入境检验检疫局配合）

3.搭建质量创新平台。加强质量技术创新，支持有实力的企业开展产品共性关键技术攻关，加快突破制约行业发展的技术瓶颈，推动行业创新发展。支持重点企业利用互联网技术建立大数据平台，动态分析市场变化，精准定位消费需求，为开展服务创新和商业模式创新提供支撑。加强产品设计创新，鼓励具备条件的企业建设产品设计创新中心，针对消费趋势和特点，不断研发新产品。联合四川大学成立质量研究院，加强品牌基础理论、价值评价、发展指数等研究。加速创新成果转化成现实生产力，催生经济发展新动能。制定四川名牌评价地方标准，完善品牌评价相关标准体系。鼓励发展一批品牌建设中介服务企业，建设一批品牌专业化服务平台，提供设计、营销、咨询等方面的专业服务。（科技厅、省质监局牵头，省经济和信息化委、省食品药品监管局配合）

4.加强质量人才建设。建立完善质量管理、品牌创建机制，培养引进品牌管理专业人才，实现人才开发、质量提升、产业发展融通互动。实施技能人才培育行动，大力宣传工匠精神，培育造就一批工艺精湛、技术高超、业绩突出的技能人才。每年组织农产品、食品、药品、工业消费品等行业，生产、流通等领域相关人员培训，在2 000家大中企业中推行企业首席质量官制度。强化中高级职业技术教育，夯实"四川制造"向"四川创造"转变的人才基础。（人力资源社会保障厅、教育厅、省质监局牵头，省经济和信息化委、农业厅、省工商局、省食品药品监管局配合）

（二）促进供给结构升级。

1. 丰富产品和服务品种。支持农产品、食品等龙头企业提高技术研发和精深加工能力，针对特殊人群需求，生产适销对路的功能食品。鼓励企业推进个性化定制、柔性化生产，推出一批新产品，满足消费者差异化需求。建立互联网大数据平台，强化消费市场运行分析，促进供给有效对接消费要求，为产品和服务创新提供支撑。加快旅游产品开发，形成以旅游景区、旅游度假区、生态旅游示范区、特色旅游城镇和精品旅游村寨等为支撑的现代旅游品牌体系，增加旅游产品供给，丰富旅游体验，满足大众旅游需求。（省经济和信息化委、农业厅牵头，省发展改革委、省质监局、省食品药品监管局、省旅游发展委配合）

2. 促进农产品品牌提升。加强农产品产地环境保护和源头治理，实施严格的农业投入品使用管理制度，加快健全农产品质量监管体系，逐步实现农产品质量安全可追溯。全面提升农产品质量安全等级，大力发展无公害农产品、绿色食品、有机农产品和地理标志农产品和生态原产地保护产品，参照出口农产品种植和生产标准，建设一批优质农产品种植和生产基地，提高农产品质量和附加值，满足中高端需求。大力发展优质特殊农产品，着力包装策划推出一批体现四川特色、便于海内外游客携带的旅游化农副土特商品。支持乡村创建线上销售渠道，扩大优质特色农产品销售范围，打造农产品品牌和地理标志品牌，满足更多消费者需求。（农业厅牵头，省旅游发展委、四川出入境检验检疫局配合）

3. 促进消费品品牌提升。围绕《中国制造2025四川行动计划》，大力实施产品强质工程，开展质量品牌提升行动，提高四川造产品的可靠性、美誉度和竞争力。支持企业开展战略性新材料研发、生产和应用示范，提高新材料质量，增强自给保障能力，为生产精品提供支撑。优选一批零部件生产企业，开展关键零部件自主研发、试验和制造，提高产品性能和稳定性，为打造"四川制造"精品提供可靠性保障。支持重点企业瞄准国际标杆企业，创新产品设计，优化工艺流程，加强上下游企业合作，尽快推出一批质量好、附加值高的精品，促进制造业升级。（省质监局牵头，省经济和信息化委、省工商局、省食品药品监管局配合）

4. 促进服务业品牌提升。实施服务业"三百工程"，加快推进服务业重点品牌培育计划，着力培育一批效益好、影响大、竞争力强的服务业重点品牌，不断提升服务品牌核心价值。鼓励社会资本投资建设社区养老服务设施，采取市场化运作方式，提供高品质养老服务。鼓励有条件的城乡社区依托社区综合服务设施，建设生活服务中心，实施数字化视听社区工程，提供数字化服务，提供方便可信赖的家政、儿童托管和居家养老等服务。实施"服务标杆"引领和游客满意度提升计划，遴选和公布一批质量领先、管理严格、公众满意、适宜推广的服务标杆。（商务厅牵头，省发展改革委、民政厅、省工商局、省质监局、省食品药品监管局配合）

（三）推动需求结构升级。

1. 努力提振消费信心。加大农产品、食品和消费品等产品监督抽查信息公开力度，及时公布质量对标提升行动比对结果，全面准确发布产品质量信息，为消费者选购优质产品提供真实可信的依据。深入开展"质量月""3·15"国际消费者权益保护日和"环境保护日"等活动，广泛开展群众性质量活动，着力提高消费者质量意识和普及质量知识。坚持正确的舆论导向，将正面引领和反面曝光相结合，客观发布质量问题信息，避免信息误传误导影响企业和产业发展。结合社会信用体系建设，建立企业诚信管理体系，整合现有信息资源，逐步加大信息开发利用力度。鼓励中介机构开展企业信用和社会责任评价，发布企业信用报告，督促企业坚守诚信底线，在消费者心目中树立良好企业形象。（省质监局牵头，省发展改革委、省经济和信息化委、农业厅、省旅游发展委、省工商局、省食品药品监管局部门配合）

2. 推动农村消费升级。加强农村产品质量安全和消费知识宣传普及，提高农村居民质量安全意识，树立科学消费观念，自觉抵制假冒伪劣产品。大力开展农村市场专项整治，坚决打击食品药品、日用品、农资、建材等假冒伪劣行为，全面清理"三无"产品，不断拓展农村品牌产品消费的市场空间。加快有条件的乡村建设光纤网络，支持电商及连锁商业企业打造城乡一体的商贸物流体系，保障品牌产品渠道畅通，便捷农村消费品牌产品，让农村居民共享数字化生活。深入推进"百镇建设行动"和幸福美丽新村建设，释放潜在消费需求。（省委农工委、省质监局牵头，住房城乡建设厅、商务厅、省工商局、省食品药品监管局配合）

3. 持续扩大城镇消费。实施消费品质量升级计划，鼓励家电、家具、汽车、电子等耐用消费品更新换代，适应绿色环保、方便快捷的生活需求。鼓励传统出版单位、广播影视与互联网企业合作，加快发展数字出版、网络视听等新兴文化产业，大力发展"弘扬社会主义核心价值观共筑中国梦"主题原创网络视听节目，传播社会主义先进文化和巴蜀优秀文化，扩大消费群体，增加互动体验。支持成都、雅安、乐山、凉山、攀枝花等市（州）加快建设康养旅游基地，提供养老、养生、旅游、度假等服务，满足高品质健康休闲消费需求。合理开发利用冰雪、低空空域等资源，发展冰雪体育和航空体育产业，支持冰雪运动营地和航空飞行营地建设，满足高收入群体消费升级需求。（省经济和信息化委、省质监局牵头，省旅游发展委、省新闻出版广电局配合）

（四）加强品牌宣传推介。

1. 加大品牌宣传力度。充分发挥各类媒体作用，加大"四川制造""四川服务"等品牌宣传推介力度，树立四川品牌的良好形象。推动中央电视台等中央媒体宣传四川优质产品，集中包装宣传川菜、川茶、川酒等特色品牌。组织省内媒体开办《品牌四川》宣传栏目，编印《四川品牌质量故事》，提高本土品牌的影响力、美誉度和认知度。鼓励各级电视台、广播电台以及平面、网络等媒体，在重要时段、重要版面安排质量品牌公益宣传，积极引入城市广告牌、高速地铁广告牌、双流机场户外广告、微博微信、网络社区等广告媒体和新媒体，全方位、全天候宣传四川品牌。（省质监局牵头，省委宣传部、农业厅、商务厅、省旅游发展委、省食品药品监管局、省新闻出版广电局配合）

2. 支持企业拓展市场。组织企业开展"惠民购物全川行动""川货全国行""万企出国门"市场拓展三大活动，办好中国西部国际博览会"四川名牌馆""四川地标馆""四川有机产品馆"等专题推介活动。围绕"一带一路"战略，在重点出入境口岸设置自主品牌产品展销厅，在重要市场举办四川自主品牌巡展推介会，扩大四川品牌的知名度和影响力。开展"互联网＋四川品牌"行动，支持四川跨境电商加快发展，利用四川省和成都市跨境电商平台、天府网交会、淘宝、京东等平台集中展示四川名优产品，不断提高四川品牌的竞争力和市场占有率。（商务厅牵头，省工商局、省质监局、省食品药品监管局、四川出入境检验检疫局配合）

五、保障措施

（一）加强组织实施。各地、各部门和各行业要统一思想、提高认识，深刻理解经济新常态下发挥品牌引领作用、推动供给和需求结构升级的重要意义，着力构建"政府推进、企业主体、行业参与、社会监督"的品牌工作机制，加强组织领导，形成整体合力，狠抓工作落实。各部门要按照职责分工，细化明确工作任务，把握总体目标和时间进度，制定有力政策措施，确保各项工作落到实处，力争尽早取得实效。

（二）加强政策激励。省级行业主管部门统筹安排相关专项资金，按照川府发〔2016〕17号文件精神，对获得国家级奖项的单位给予奖励，带动更多社会资本投入，支持自主品牌发展。鼓励银行业金融机构向企业提供以品牌为基础的商标权、专利权等质押贷款。推动"质量和品牌优先待遇"，在项目规划、融资上市、招商引资、科技研发等活动中，为质量优势和品牌企业提供"同等条件优先"和"优质优价"的待遇。

（三）加强市场监管。建立更加严格的市场监管体系，加大专项整治联合执法行动力度，实现联合执法常态化，提高执法的有效性。严厉打击侵犯知识产权和制售假冒伪劣商品行为，依法惩治违法犯罪分子。破除地方保护和行业壁垒，有效预防和制止各类垄断行为和不正当竞争行为，维护公平竞争市场秩序。畅通质量投诉和消费维权渠道，增强公众的质量维权意识。

（四）营造良好环境。强化品牌创建要素保障，充分运用经济、法律、行政等手段，统筹整合金融、财税、科技、人才等社会发展资源，营造品牌发展的良好环境。推动制定产品质量促进条例，加大知识产权保护力度，建立商品质量惩罚性赔偿制度，健全质量失信"黑名单"制度，大幅度提高失信成本。清理、废除制约自主品牌产品消费的各项规定，形成有利于发挥品牌引领作用、推动供给和需求结构升级的体制机制。支持高等院校开设品牌相关课程，培养品牌创建、推广、维护等专业人才。

贵州省人民政府办公厅关于发挥品牌引领作用推动供需结构升级的实施方案

黔府办函〔2016〕242号

为贯彻落实《国务院办公厅关于发挥品牌引领作用推动供需结构升级的意见》（国办发〔2016〕44号）精神，加快提升贵州品牌整体实力，引领推动供需结构和产业转型升级，结合我省实际，制定本实施方案。

一、总体要求

围绕实施大数据、大扶贫两大战略行动，以质量促转型，以品牌带升级，大力培育一批拥有核心竞争力的自主品牌，推动形成品种丰、品质优、品牌强的贵州特色产品生产供给体系，满足居民消费升级需求。以发挥品牌引领作用为切入点，营造市场环境，提振消费信心，优化供需关系，提高企业综合竞争力，打造一批享誉国内外的领军企业，走经济质量效益型可持续发展道路。

二、基本原则

——市场主导。充分发挥市场机制作用，推动企业围绕消费需求打造品牌，用质量铸就品牌，用效益检验品牌。坚持"引进来"和"走出去"相结合，统筹利用国内外两种资源，深入拓展国内外两个市场，加强国内外质量品牌交流合作。

——政府推动。积极推动企业开展品牌建设，加强对品牌的宣传、培育和保护。扶持一批大型企业集团攻克关键核心技术，破解行业瓶颈制约，巩固知名品牌阵地。扶持一批品牌意识较强的小微企业发展区域精品，提升价值信誉。

——企业自主。鼓励企业建立品牌管理体系，积极开展质量品牌升级行动，加快质量技术创新，严格落实质量首负责任、缺陷产品强制召回、工程质量终身负责以及服务质量保障等制度，完善质量安全控制关键岗位责任制。

——社会参与。大力培养消费者自主品牌认同感，树立消费信心，扩大自主消费。发挥好行业协会桥梁作用，加强中介机构能力建设，营造关注自主品牌成长、讲好贵州品牌故事的良好氛围，为品牌建设和产业升级提供专业服务。

三、主要目标

到2020年，品牌基础建设进一步夯实，品牌供给水平进一步提升。政策法规环境进一步完善，市场环境进一步优化，重点产品质量管理和追溯制度基本建立。品牌规模进一步壮大，优质农特产品、制造业精品供给能力及服务品质显著提升，品牌效应进一步显现。全社会质量品牌意识进一步增强，质量品牌发展环境明显优化。

——国家级品牌显著增加。中国质量奖及其提名奖企业3家，中国驰名商标总数60件，国家品牌培育示范企业10家，国家4A级以上旅游景区和国家级旅游度假区100个，3A级以上物流企业50家，国家级智能制造示范点5个。

——创建一批国家级质量品牌示范区。国家级农产品质量安全县5个，全国知名品牌示范区4个，国家级出口工业产品质量安全示范区2家，国家级出口食品农产品质量安全示范区15家，国家级有机产品认证示范区5个，国家级地理标志保护示范区3个。

——培育一批省级知名品牌。省长质量奖及其提名奖企业24家，贵州省著名商标1 200件，省级"守合同重信用"企业1 500家，省级品牌培育示范企业50家，创建省级服务标准化示范项目100个，全省知名品牌示范区18个。

四、重点任务

（一）夯实品牌建设基础。

1. 开展质量标准对标行动。推进标准清理修订，编制《贵州省标准化体系建设发展规划（2016—2020年）》，大力提升标准供给和质量水平，开展强制性标准清理，精简整合标准。加快推进国家大数据标准创新基地（贵州）建设，支持企业参照国际国内先进行业标准组织生产或开展服务。加快培育发展团体标准，鼓励各类社会团体制定满足市场和创新需要的标准，在标准管理上，实行自主制定发布、市场竞争优胜劣汰。实施出口食品内外销"同线同标同质"工程，以先进的出口标准为引领，推动国内食品生产与国际或出口标准并轨，提升贵州食品国际竞争力。

2. 提升检验检测服务保障能力。围绕重点产业、重点工程和民生保障强化计量能力建设，建立健全现代经济和社会发展需要的量值传递和溯源体系。加快检验检测认证等技术保障体系建设和资源整合，围绕优势产业和特色产品，以贵州国家质检中心园及国家重点检测实验室为龙头，建设一批高水平的国家级质检中心、国家重点实验室。全面启动贵州国家质检中心园二期建设，打造"西部一流、国内领先"的检验检测集团品牌聚集区。支持各地根据辖区内产业优势，建设一批具有区域领先地位的省级质检中心。打破部门垄断和行业壁垒，鼓励民营企业和其他社会资本投资检验检测服务，支持具备条件的生产制造企业申请相关资质，面向社会提供检验检测服务。全面提升工程质量检验检测机构能力和水平。加快培育和壮大检验检测认证公共服务市场，积极推进全省认证机构建设，与法国必维国际检验集团等著名专业认证认可机构开展合作，促进检验检测认证服务业实现专业化、规模化、品牌化发展。服务生态文明建设，积极推进产销监管链、森林经营与生态产品服务认证。

3. 搭建品牌建设综合服务平台。以云上贵州系统平台和国家企业信用信息公示系统（贵州）为支撑，建设"诚信贵州大数据应用平台"，利用大数据手段实现贵州品牌的查询、宣传、追溯、数据服务等功能，动态分析市场变化，精准定位消费需求，为企业开展产品创新、服务创新和商业模式创新提供服务。鼓励企业加强质量品牌建设，引导企业开展质量攻关和品牌建设。遴选一批成长速度快、创新能力强、示范带动作用好的企业作为创新型领军企业重点培育。加强质量教育培训机构管理，将质量品牌教育融入职业教育体系，优先建设质量专业技术人员继续教育基地，支持符合条件的教育培训机构申报省级专业技术人员继续教育基地。

4. 推动品牌基础研究和品牌价值评价。加快建设贵州省质量发展促进中心，加强品牌战略和品牌标准研究，积极发展品牌工作室、标准事务所，加快"贵州产品"向"贵州品牌"转变，在文化和旅游产业、大数据战略性新兴产业、特色轻工业、现代农业、资源深加工产业、装备制造业、现代服务业等领域培育形成"贵州制造"知名品牌纵队。深入开展品牌咨询、策划、创建活动，支持中介组织等社会品牌培育机构快速发展。建立以消费者认可和市场竞争力为基础的品牌形成机制，制定品牌认定标准，完善淘汰退出机制。加强品牌资产运作研究，开展品牌价值测算，权威发布品牌价值排行榜。开展品牌经济效益分析研究，定期进行贵州品牌满意度、知名度、美誉度调查，评估政府和企业品牌建设实施效果，为政府制定政策提供参考。

（二）实施品牌引领战略。

1. 实施商标品牌战略。大力推进以酒、烟、茶、苗药、特色食品"五张名片"为重点的特色产业发展，构建贵州特色产业商标品牌体系。大力发展商标品牌服务业，培育服务市场，形成一批服务业商标品牌。在传统优势产业、以大数据为引领的电子信息产业和高新技术产业中，培育一批著名商标。挖掘多民族文化资源，引导企业注册突出自然生态、民族风情、红色文化等特色的旅游文化商标。引导和支持涉农企业、农民专业合作社打造自主商标品牌，对其申请认定的著名商标给予倾斜和支持，加强涉农商标品牌建设，服务扶贫攻坚战略。以商标注册、运用、保护和管理为核心，制定实施商标品牌战略，带动技术创新、产品服务、市场营销、企业文化等方面协调发展。支持企业实施"走出去"战略，在国际贸易中使用自主商标，积极进行商标国际注册，逐步提高自主商标商品出口比例。

2. 实施产品（企业）品牌战略。开展省级品牌培育试点、示范工作，支持优秀企业参加国家级品牌培育试点、示范工作，鼓励各种所有制企业建立品牌培育管理体系，分类推进企业品牌建设。增强政府质量奖对产业发展的带动力，振兴发展老字号，鼓励农产品地理标志保护产品商标申请。支持企业加大技术研发投入力度，鼓励企业建立产品设计创新中心、工程设计中心，深入推进科技小巨人、中小企业专精特新等评选活动，培育版权示范企业与优秀项目，支持企业进行PCT专利登记。鼓励企业全球配置资源，以收购兼并、组团出击、品牌分销等方式走出去，参与全球品牌战略重组。

3. 实施国资国企品牌战略。全面深化国资监管和国企改革工作，将品牌建设纳入国资国企考核目标，探索建立品牌无形资产增值视同利润的考核激励机制。在国资收益中安排专项资金，重点支持优势国资品牌做大做强；通过混合所有制等多种所有制形式的改制改革，进一步搞活放活、做优做精中小企业品牌；鼓励各类国有企业通过第三方公共服务平台开展推介评估，以商标转让、入股等多种市场化方式盘活一批低效商标资源，重点激活老品牌、老字号。

（三）推动三产供给升级。

1. 提升优质农特产品供给能力。加强"三品一标"农产品认证管理，强化证后监督和标志使用管理，加大获证产品抽检力度，切实维护好"三品一标"公信力和品牌形象，用安全优质品牌农产品引领和带动农业标准化生产。围绕"绿色贵州"三年行动计划，加快健全林业产业和林产品标准体系，建立林产品产前、产中、产后的全系列标准规范。引导和扶持企业树立产品品牌，加强产品宣传推介，确定重点目标市场，搭建多元化的营销渠道网络，提高贵州优质特色农产品知名度。积极组织开展农超对接，鼓励企业开体验店、办展示园，多形式、广渠道宣传产品，打造品牌。引导龙头企业通过兼并重组、市场融资等方式组建农业养殖、加工、销售集团，做大做强品牌企业。围绕重点农特产品品牌和公共品牌，突出农业地方文化特色，全面提升贵州优质农特产品供给能力和水平。

2. 打造"贵州制造2025"。持续深化工业"百千万"工程和"双服务"行动，深入实施"千企改造""百企引进"和"双培育""双退出"工程，以推进智能制造、发展现代制造业为重点，提高综合集成和制造业发展水平，加快促进工业转型升级和企业提质增效。围绕全省传统制造业转型升级和战略性新兴产业发展，建设一批创新中心，促进科研成果产业化，不断完善创新中心评选及管理机制。积极推动贵州制造企业推行卓越绩效、六西格玛、精益管理、质量诊断、质量持续改进等先进管理模式和方法，建立企业全员、全方位、全过程的质量管理体系，支撑企业提高质量在线监测、在线控制和产品全生命周期质量追溯能力。

3. 实施消费品"三品"工程。实施增品种、提品质、创品牌"三品"工程，推动全省消费品工业企业提升技术研发能力、创意设计能力、中高端制造能力、品牌运作能力和市场服务能力，推动产业分工从价值链中低端向中高端转变、产品结构由单一低质低效向多样高质高效转变，灵活适应不断提质升级的消费需求，全面提升消费品供给水平。加大消费品工业关键技术、共性技术推广的示范基地建设，认真总结改善消费品供给中的典型经验，通过示范引领，引导企业加大转型升级工作力度，提升消费品供给质量和效率。

4. 全面提升综合服务品质。根据全省旅游资源大普查情况，完善现有旅游配套，开发一批有潜质的新旅游资源，形成以旅游景区、旅游度假区、旅游休闲区、国际特色旅游目的地等为支撑的现代旅游业品牌体系，形成贵州特色的旅游品牌体系，增加旅游产品供给。以"文明在行动·满意在贵州"活动为载体，开展行之顺心、住之安心、食之放心、娱之开心、购之称心、游之舒心六大行动，全面提升全省旅游服务质量。深入推进大健康医药产业发展，着力打造医疗保健、健康养老、康体运动、社区服务等生活服务业品牌，提高城乡居民生活品质。加快推进政务服务标准化建设，加快推进公共法律服务体系建设，持续简化优化公共服务流程，进一步提升公共服务质量和效率。

（四）培育品牌消费需求。

1. 提升品质消费。充分发挥信用云、质量云、食品安全云等现有资源，及时准确发布以日常消费品为重点的产品质量信息，为消费者判断产品质量高低提供真实可信的依据，促进提升消费品质。加大对全省电子信息、汽车制造、食品饮料等传统产业的升级改造，保护、传承和振兴老字号，培育核心竞争新优势，推动提升质量品牌和产品知名度，为消费者提供更加安全实用和舒适美观的品牌商品。

2. 扩大农村消费。综合运用"双打""红盾护农""利剑行动"等手段，开展农村市场专项整治，拓展农村品牌消费市场空间，加强农村产品质量安全和消费意识宣传教育。积极支持农村居民在交通通信、文化娱乐、绿色环保、家电类耐用消费品、家用轿车等方面的消费。加快建设"宽带乡村"，推进"农村信息化示范省"建设，缩小城乡数字鸿沟。加快推进适宜农村地区的分布式能源、农业废弃物资源化综合利用和垃圾污水处理设施等基础设施建设，提升农村发展保障能力。

3. 提倡绿色消费。积极拓展有利于节约资源、改善环境的商品和服务，鼓励对高效节能电机、锅炉、照明等产品消费，引导居民增加对新能源和节能环保汽车、节能空调等产品的消费，提高绿色产品的消费规模。大力推进生态农业、新能源、节能节水、资源综合利用、环境保护与污染治理、生态保护与修复等领域技术研发和生产服务能力提升，扩大绿色消费需求。

4. 促进互联网消费。大力实施"互联网+"行动，推动互联网与制造、农业、民生服务、交通、旅游等产业的跨界融合，催生消费新业态。加快建设工业互联网，推动个性化定制与规模化生产相结合，促进生产型制造向服务型制造转变。培育互联网金融、智慧旅游、智能交通等产业发展新模式，促进互联网技术在教育、医疗卫生、智慧社区等领域的创新运用。整合农业、畜牧、水产等领域信息资源，建立起基于云计算平台的全省农业综合管理及综合服务体系，以信息化引领农业提质增效，满足消费者对特色优质农产品的需求。

5. 完善服务消费。大力推动康复医疗、生物医药、体育健身等健康消费和家政服务、老年用品、照料护理、精神慰藉、临终关怀等领域产业发展，推动动漫设计、演艺综艺、出版发行、网络文化、数字内容等新兴文化产业及传统文化消费升级，发展乡村旅游、生态旅游、商务会展旅游、研学旅游、中医康养旅游、休闲度假等旅游产业，推进批发零售、住宿餐饮等传统服务转型升级，提升整体服务消费水平。

五、支持政策

（一）财政奖励。用足用好工业转型升级资金、科技计划（专项、基金）等财政专项资金，对各类综合性和专业性品牌按规定给予一定奖励。对首次入评"中国500强"的给予300万元奖励，首次入评"中国民营500强"的给予200万元奖励。对获得中国质量奖及其提名奖表彰的分别给予150万元、100万元奖励。对认定为中国驰名商标的企业给予50万元奖励。将"质量提升""品牌培育"列入省工业和信息化发展专项资金技术创新专项支持类别，对首次获得国家级工业品牌培育示范企业和省级工业品牌培育示范企业称号的，以"以奖代补"方式给予项目扶持。

（二）税费优惠。对新认定的创新型领军企业，按国家规定落实税收优惠政策。实施结构性减税，落实研发费用加计扣除政策和股权激励税收政策，按照国家"营改增"试点安排，打通增值税抵扣链条，增强企业经营活力。

（三）金融支持。积极推广以品牌为基础的商标权、专利权、标准创新等质押贷款，赋予信用品牌企业更多信用资产，探索实施专利、知识产权入股等制度，切实解决融资难问题，激发企业创牌、用牌、护牌的持久动力。引导银行业金融机构扩大信贷规模，适当提高品牌企业不良贷款容忍度，对面临暂时流动资金困难的创新和品牌企业不降低现有授信额度。完善小微企业及"三农"融资担保贷款的风险补偿机制，推动符合条件的品牌企业上市。

六、保障措施

（一）强化组织领导。省质量发展领导小

组要将品牌建设纳入市（州）政府质量考核体系，制定年度工作计划，明确各年目标，推动任务落实。省有关部门要按照职责分工分解细化任务，抓好各项工作推进，不定期向省质量发展领导小组办公室反馈工作进展情况。各（市）州政府、贵安新区管委会、各县（市、区、特区）政府要结合本地区实际，制定出台加强和支持品牌建设、引领和推动供需结构升级的具体措施。

（二）创新监管方式。全面推行"双随机、一公开""双告知"监管改革，加快建立省、市、县三级政府执法检查人员名录库和执法检查对象名录库，制定随机抽查事项清单和随机抽查细则，全面落实随机抽取执法检查对象、随机选派执法检查人员和及时公开检查结果的工作机制。大力推进联合随机和联检联查，切实降低执法成本、提升监管效能，实施守信联合激励和失信联合惩戒，营造公平竞争的市场环境和法治便利的营商环境。

（三）优化发展环境。全面系统清理、修订或废止不适应品牌建设和发展，以及促进新消费、新产业、新业态发展的法规规章和规范性文件。推进省内产品与国内国际标准对标，建立企业黑名单、惩罚性巨额赔偿等制度，推动检验检测认证领域的国际合作交流和互认，建立国际合作交流机制，倒逼企业提升产品质量。大力培育弘扬企业家和工匠精神，推动"贵州制造"加快走向"精品制造"，营造全社会更加重视质量品牌的浓厚氛围。

陕西省人民政府办公厅关于发挥品牌引领作用推动供需结构升级的实施方案

陕政办发〔2016〕103号

为贯彻落实《国务院办公厅关于发挥品牌引领作用推动供需结构升级的意见》（国办发〔2016〕44号），充分发挥品牌引领作用，推动供需结构升级，促进我省经济发展方式转变，特制订本方案。

一、指导思想

按照党中央、国务院关于推进供给侧结构性改革的总体要求，牢固树立和贯彻创新、协调、绿色、开放、共享的发展理念，以发挥品牌引领作用、推动供需结构优化升级为切入点，以增强企业自主创新能力和质量品牌建设能力为重点，充分发挥市场决定性作用、企业主体作用、政府推动作用和社会参与作用，着力提升农产品、消费品和服务质量水平，着力提高供给体系的质量和效率，更好满足居民消费升级需求，推动全省经济发展方式由外延扩张型向内涵约束型转变、由规模速度型向质量效率型转变。

二、建设目标

到2020年，品牌建设基础进一步夯实，自主品牌数量和知名品牌数量显著增加，品牌价值和效应显著提升，产品和服务对消费升级的适应能力显著增强，品种丰富度、品质认可度、品牌满意度及顾客忠诚度、社会信誉度较大提升。

（一）农产品品牌。培育50个陕西名牌和20个全国知名品牌。农产品质量监管体系更加完善，农产品品种、质量、效益显著改善，实现优质、生态、安全，满足人民群众日益增长的品质需求，为提高食品安全水平、维护人民群众身体健康、提振消费信心提供保证。

（二）制造业品牌。培育 1 000 个陕西名牌和 50 个全国知名品牌。传统优势行业得到加强，新兴产业不断壮大，战略性新兴产业市场竞争力和国际影响力不断提升，品牌价值和效益明显提升，全省制造业迈向全国产业链中高端，树立"陕西制造""陕西创造"新形象。

（三）服务品牌。培育 100 个具有陕西特色的生活性、生产性服务业知名品牌和精品服务项目，打造 10 个在全国知名的服务品牌。服务产品种类不断丰富，服务业质量水平显著提升，服务业品牌价值和效益实现倍增，以品牌建设引领服务业大发展。

三、主要任务

发挥好政府、企业、社会作用，立足当前，着眼长远，持之以恒，攻坚克难，着力解决制约品牌发展和供需结构升级的突出问题。

（一）进一步优化政策法治环境。加快政府职能转变，创新管理和服务方式，为发挥品牌引领作用推动供需结构升级保驾护航。完善标准体系，提高计量、检验检测、认证认可服务、质量控制和技术评价能力，不断夯实质量技术基础。增强科技创新支撑，为品牌发展提供持续动力。健全品牌发展法律法规，完善扶持政策，净化市场环境。加大品牌发展法律法规和政策的宣传与培训力度，提升企业法律风险防范能力。

（二）切实提高企业综合竞争力。发挥企业主体作用，切实增强品牌意识，苦练内功，改善供给，适应需求。支持企业加大品牌建设投入，增强自主创新能力，追求卓越质量，丰富产品品种，提升产品品质，建立品牌管理体系，提高品牌培育能力。引导企业诚实经营，信守承诺，积极履行社会责任，不断提升品牌形象。加强人才队伍建设，培养引进品牌管理专业人才，造就一大批技艺精湛、技术高超的技能人才。

（三）大力营造良好社会氛围。凝聚社会共识，积极支持自主品牌发展，助力供需结构升级。培养消费者自主品牌情感，树立自主品牌消费信心，扩大自主品牌消费需求，引导境外消费回流国内。发挥好行业协会桥梁作用，加强中介机构能力建设，为品牌建设和产业升级提供专业有效的服务。坚持正确舆论导向，鼓励消费者"识品牌、用精品、爱国货"，引导消费者科学理性消费，关注自主品牌成长。

四、重大工程

按照可操作、可实施、可落地的原则，实施以下重大工程。

（一）品牌基础建设工程。围绕品牌影响因素，打牢品牌发展基础，为发挥品牌引领作用创造条件。

1. 推行更高质量标准。加强标准制修订工作，提高相关产品和服务领域标准水平，地方标准要高于国家标准，企业标准要高于地方标准和国家标准。深入开展"标准化提升年"活动，组织开展百家企业标准分析提升活动，指导、帮扶企业制定关键指标高于国际、国家和行业标准的企业标准，推动产品更新换代。改革企业产品标准备案管理方式，在全省全面推广企业产品和服务标准自我声明公开试点。推进消费品、出口食品生产实现内外销"同线同标同质"。（省质监局牵头，省发展改革委、陕西出入境检验检疫局配合）

2. 提升检验检测能力。加强检验检测能力建设，提升检验检测技术装备水平，推动我省国家级检验检测中心建设。推进我省检验检测机构改革，充分利用和整合各类检验检测资源，加快具备条件的经营性检验检测认证事业单位转企改制，推动检验检测认证服务市场化进程。鼓励民营企业和其他社会资本投资检验检测服务，支持具备条件的生产制造企业申请相关资质，面向社会提供检验检测服务。打破部门垄断和行业壁垒，营造检验检测机构平等参与竞争的良好环境，尽快形成具有权威性和公信力的第三方检验检测机构。加快陕西省计量院整体迁建进度，推进先进计量技术和方法在企业的广泛应用。（省质监局牵头，陕西出入境检验检疫局配合）

3. 提高企业创新能力。支持有实力的企业牵头开展行业共性关键技术攻关。鼓励具备条件的企业建设产品设计创新中心，针对消费趋势和特点，不断开发新产品。支持重点企业利用互联网技术建立大数据平台，动态分析市场变化，精准定位消费需求，为开展服务创新和商业模式创新提供支撑。加快科技成果转化，注重创新成果的标准化和专利化。紧跟时代发展趋势，加强企业管理创新、服务创新和商业模式创新。积极应用新技术、新工艺、新材料，改善品种质量，提升产品档次和服务水平，研究开发具有核心竞争力、高附加值和自主知识产权的创新性产品和服务。（省科技厅牵头，省工业和信息化厅、省知识产权局配合）

（二）供给结构升级工程。以增品种、提品质、创品牌为主要内容，采取有效举措，推动供给结构升级。

1. 丰富产品和服务品种。支持企业利用现代信息技术，推进个性化定制、柔性化生产，满足消费者差异化需求。发挥全省医药产业发展协助机制作用，培育医药大品种。支持食品龙头企业提高技术研发能力和精深加工能力，利用羊乳制品、优质果蔬、富硒食品、绿茶、马铃薯和小杂粮等优势资源，开发健康养生食品、功能食品和特殊医学用途配方食品。支持有条件的企业建设国家级研发中心，发展环境友好型产品。以《长恨歌》旅游＋文化＋标准融合发展模式为引领，开发一批具有潜质的旅游资源，增加旅游产品供给，培育现代旅游服务品牌，加快建设"全域旅游"和"全景陕西"，打造世界旅游

目的地。（省工业和信息化厅、省旅游局牵头，省农业厅、省食品药品监管局配合）

2. 增加优质农产品供给。参照出口农产品种植和生产标准，建设一批优质农产品种植和生产基地，提高农产品质量和附加值。支持乡村创建线上销售渠道，鼓励农产品品牌企业建立电商平台或通过第三方电商平台销售优质特色农产品。围绕陕北肉羊、陕南生猪、关中奶畜、渭北苹果、秦岭茶叶等特色产业，打造农产品品牌和地理标志产品品牌。引导各类农产品生产经营主体增强品牌意识，支持具有区域比较优势、带动辐射范围广的公用品牌申请地理标志保护产品、商标注册和创建知名品牌示范区。发挥杨凌农高会国际交流平台作用，加强与丝绸之路沿线国家及地区的农业合作。支持农产品出口企业在国外注册国际商标，扩大农产品出口。（省农业厅牵头，省商务厅、省工商局、省质监局、陕西出入境检验检疫局配合）

3. 推出一批制造业精品。支持企业开展战略性新材料研发、生产和应用示范，提高新材料质量，增强自给保障能力，为生产精品提供支撑。支持航空航天、新能源汽车、电力装备、数控机床与机器人、轨道交通装备等高端装备制造骨干企业瞄准国际标杆企业，创新产品设计，优化工艺流程，研发质量好、附加值高的新产品，引领和促进制造业升级。鼓励企业采用先进质量管理方法，建立健全质量管理体系，提高质量在线监测控制和产品全生命周期质量追溯能力。推广先进技术手段和现代质量管理理念方法，广泛开展质量改进、质量攻关、质量比对、质量风险分析、质量成本控制、质量管理小组等活动。采用先进标准组织生产经营，积极应用减量化、资源化、再循环、再利用、再制造等绿色环保技术，大力推广低碳、清洁、高效的生产经营模式。（省工业和信息化厅牵头，省发展改革委、省国资委、省质监局配合）

4. 提高生活服务品质。支持服务领域优

势企业整合现有资源，形成服务专业、覆盖面广、影响力大、放心安全的连锁机构，提高服务质量和效率，打造生活服务企业品牌。以批发零售、住宿餐饮、文化旅游、居家养老、家庭服务、健康服务等生活性服务业为重点，开展服务品牌创建活动，满足大众消费需求。鼓励社会力量针对老年人健康养老需求，通过市场化运作方式，举办老年康复、老年护理、临终关怀等医养结合机构，提供高品质养老服务供给。鼓励有条件的城乡社区依托社区综合服务设施，建设生活服务中心，提供方便、可信赖的家政、儿童托管和居家养老等服务。（省商务厅牵头，省发展改革委、省民政厅、省文化厅、省卫生计生委、省旅游局配合）

（三）需求结构升级工程。发挥品牌影响力，切实采取可行措施，扩大自主品牌产品消费，适应引领消费结构升级。

1. 努力提振消费信心。统筹利用现有资源，建设有公信力的产品质量信息平台，全面、及时、准确发布产品质量信息，为政府、企业和教育科研机构等提供服务，为消费者判断产品质量高低提供真实可信的依据。结合社会信用体系建设，建立企业诚信管理体系，规范企业数据采集，整合现有信息资源，建立企业信用档案，逐步加大信息开发利用力度。鼓励中介机构开展企业信用和社会责任评价，发布企业信用报告，督促企业坚守诚信底线，提高信用水平。倡导精益求精、追求卓越的管理理念，推动广大企业加强企业内部品牌文化建设，建立以重质量、讲诚信、善创新为主要内容的品牌文化。（省发展改革委牵头，省工业和信息化厅、省农业厅、省质监局、省食品药品监管局、省旅游局配合）

2. 促进品牌推广和传播。大力宣传知名自主品牌，提高自主品牌影响力和认知度。围绕品牌创建和国际品牌保护，加强与国际品牌管理及服务机构的交流与合作，通过政府间磋商、涉外商协会组织游说等多种形式

促进品牌保护。在重点和新兴市场国家举办陕西品牌展览和推介活动，在省内外建立"陕西名优地产品牌推广示范店"和"陕西名优地产品牌展销专区"。支持有条件的品牌企业利用丝博会暨西洽会、中国西部跨采会、杨凌农高会等重点展会，开展品牌推广和贸易交流。鼓励企业在海外开展营销活动，支持知名企业利用各类国际展会、知名电商平台开拓国际市场，开展国际贸易合作与交流。（省商务厅牵头，省工商局、省质监局、省贸促会配合）

3. 推动农村消费升级。加强农村产品质量安全和消费知识宣传普及，提高农村居民质量安全意识，树立科学消费观念，自觉抵制假冒伪劣产品。开展农村市场专项整治，清理"三无"产品，拓展农村品牌产品消费的市场空间。打击制售假冒伪劣产品、虚假宣传、不正当竞争和侵犯知识产权等违法行为。制定农业产品统一标准，跨县区整合产品、企业、品牌等资源，提高地理标志产品规模，共推共享产品品牌。扶持植物提取物等优势产业发展，培育农产品深加工品牌，培育网销产品品牌和农产品电子商务企业品牌，依托跨境电子商务开拓国际市场，推进农业产业化发展和农产品标准化、品牌化、国际化。（省农业厅牵头，省商务厅、省工商局、省质监局、省知识产权局配合）

4. 持续扩大城镇消费。支持品牌家电、家具、汽车、电子等耐用消费品更新换代，适应绿色环保、方便快捷的生活需求。支持有条件的地区建设康养旅游基地，提供养老、养生、健身、文化娱乐、旅游、度假等服务，满足高品质健康休闲消费需求。加快推进秦川渭河沿岸全民健身长廊工程建设，积极发展具有地域特色的体育健身休闲产业，推动体育与养老服务、健康、文化创意和设计服务、教育培训等融合，促进体育旅游、体育传媒、体育会展、体育广告、体育影视等相关业态的发展，扩大体育休闲消费。（省商务厅牵头，

省工业和信息化厅、省民政厅、省文化厅、省卫生计生委、省体育局、省旅游局配合）

五、保障措施

（一）抓好组织实施。各地、各部门要统一思想、提高认识，深刻理解经济新常态下发挥品牌引领作用、推动供给结构和需求结构升级的重要意义，切实落实工作任务，扎实推进重大工程，力争尽早取得实效。省级各有关部门要结合部门职责，制定出台具体的政策措施。市级政府要结合本地实际，抓好本实施方案的贯彻落实。

（二）清除制约因素。各地、各部门要清理、废除制约自主品牌产品消费的各项规定或做法，形成有利于发挥品牌引领作用、推动供需结构升级的体制机制。将产品质量、侵犯知识产权等纳入失信联合惩戒机制。建立商品质量惩罚性赔偿制度，对相关企业、

责任人依法实行市场禁入。支持高等院校开设品牌相关课程，培养品牌创建、推广、维护等专业人才。

（三）制定激励政策。各地、各部门要积极发挥财政资金引导作用，带动更多社会资本投入，支持自主品牌发展。鼓励银行业金融机构向企业提供以品牌为基础的商标权、专利权等质押贷款。发挥政府质量奖和品牌建设的激励作用，鼓励产品创新，弘扬工匠精神。

（四）净化市场环境。各地、各部门要建立更加严格的市场监管体系，加大专项整治联合执法行动力度，实现联合执法常态化，提高执法的有效性，追究执法不力责任。严厉打击侵犯品牌产品知识产权和制售假冒伪劣商品行为，依法惩治违法犯罪分子，维护公平竞争市场秩序。

甘肃省人民政府办公厅关于发挥品牌引领作用推动供需结构升级的实施方案

甘政办发〔2016〕156号

为贯彻落实《国务院办公厅关于发挥品牌引领作用推动供需结构升级的意见》（国办发〔2016〕44号），以"增品种、提品质、创品牌"为重点，更好发挥品牌引领作用，加快推动供给结构和需求结构升级，结合我省实际，制定本实施方案。

一、总体要求

按照党中央、国务院和省委、省政府关于推进供给侧结构性改革的总体要求，充分发挥市场决定性作用、企业主体作用、政府推动作用和社会参与作用，积极探索有效路径和方法，优化政策环境，提高企业综合竞争力，营造良好社会氛围。以品牌引领为切入点，以"增品种、提品质、创品牌"为重

点，发挥品牌引领作用，推动供给结构优化，以"识品牌、用品牌、爱国货"为引领，推动需求结构升级。坚持品牌引领带动、统筹推进，夯实品牌建设基础，提高供给体系质量和效率，进一步激发市场活力，释放消费潜力，为经济发展提供持续动力。

二、主要任务

发挥好政府、企业、社会作用，优化政策环境、提升企业竞争力、营造良好社会氛围，着力解决制约品牌发展，引领供需结构升级的突出问题。

（一）进一步优化政策环境。加快政府职能转变，创新管理和服务方式，为发挥品牌引领作用推动供给结构和需求结构升级保驾

护航。完善标准体系，提高计量能力、检验检测能力、认证认可服务能力、质量控制和技术评价能力，不断夯实质量技术基础。增强科技创新支撑，推动品牌发展与创新驱动深度融合，为品牌发展提供持续动力。完善品牌发展扶持政策，持续打假治劣，净化市场环境。加强自主品牌宣传和推介，提高"甘肃品牌"消费意愿。

实施主体：各市州、兰州新区

牵头单位：省质监局

配合单位：省工信委、省发展改革委、省科技厅、省财政厅、省工商局

（二）切实提高企业综合竞争力。发挥企业主体作用，切实增强品牌意识，苦练内功，改善供给，适应需求，做大做强品牌。支持企业增强自主创新能力，开展技术创新、管理创新和营销创新，不断丰富产品品种，提升产品品质，提高品牌培育能力。引导企业诚实经营，信守承诺，积极履行社会责任，不断提升品牌形象。加强人才队伍建设，引进高端技术、专业人才队伍，构建具有全球竞争力的人才队伍体系。发挥企业家领军作用，培养引进品牌管理专业人才，造就一批具有战略眼光、懂经营、善管理的企业经营管理人才和素质优良、技艺精湛的技术技能人才。

实施主体：各市州、兰州新区

牵头单位：省质监局

配合单位：省工信委、省科技厅、省政府国资委

（三）大力营造良好社会氛围。凝聚社会共识，积极支持自主品牌发展，助力供给结构和需求结构升级。增强公众对自主品牌的认可度和自信心，扩大自主品牌消费。深入实施商标品牌战略，充分发挥商标品牌在提升产品市场竞争力中的重要驱动作用。发挥好行业协会桥梁作用，加强中介机构能力建设，为品牌建设和产业升级提供专业有效的服务。坚持正确舆论导向，鼓励消费者"识

品牌、用精品、爱国货"，引导消费者科学理性消费，培育自主品牌成长。

实施主体：各市州、兰州新区

牵头单位：省工商局、省质监局

配合单位：省食品药品监管局、省发展改革委、省工信委、省新闻出版广电局

三、重点工作

（一）强化品牌基础建设，为发挥品牌引领作用创造条件。

1. 推广先进质量管理技术和方法。组织开展质量兴企、质量标杆、全面质量管理（TQM）普及教育、质量管理小组和质量信得过班组建设、现场管理等活动，引导企业学习实践卓越绩效、精益、六西格玛等管理方法，加强质量文化建设，增强全面质量管理能力。督促企业严格执行国家质量法律法规和强制性标准，引导企业加强质量、环境、职业健康安全、社会责任等管理体系认证，建立完善从产品设计、原材料采购、生产加工、关键工序控制、出厂检验到售后服务全过程的质量安全保证体系，切实提高企业质量保证能力。在大中型企业中推广实施首席质量官制度。积极推广可靠性设计、试验与验证、可靠性仿真等质量工程技术。鼓励企业运用"互联网＋"、大数据等新一代信息技术，提升质量在线监测、在线控制和产品全生命周期质量追溯能力，创新应用质量工程技术。鼓励企业采用质量成本管理、质量效益提升模式等方法，降本增效。

实施主体：各市州、兰州新区

牵头单位：省质监局

配合单位：省食品药品监管局、省政府国资委、省工信委、省发展改革委、省科技厅、省新闻出版广电局

2. 提高标准化水平。加强标准制修订工作，提高相关产品和服务领域标准水平，围绕石油化工、水性高分子材料、有色冶金、建材、煤炭、装备制造、生物制药、电子信

息、中药材等产业，加快构建符合我省实际的技术标准体系，以新能源和新能源装备制造、煤化工产业、通用航空制造、新材料、信息技术、生物产业等战略性新兴产业为重点，支持具有核心竞争力的专利技术向标准转化，引导企事业单位积极主导或参与国际、国家和行业标准制修订工作。研究开展团体标准工作，满足创新发展对标准多样化的需要。鼓励企业制定高于国家标准或行业标准的企业标准，支持企业采用国际标准和国外先进标准组织生产，增强企业市场竞争力。实施企业产品和服务标准自我声明公开和监督制度，接受社会监督，提高企业改进质量的内生动力和外在压力。推动标准化良好行为企业创建，积极建立健全企业标准体系。

实施主体：各市州、兰州新区

牵头单位：省质监局

配合单位：省工信委、省发展改革委、省农牧厅、省科技厅、省卫生计生委、省商务厅、省食品药品监管局

3. 加强检验检测能力建设。加快风电设备、换热设备、塑料建材、农副产品、包装材料、智能电网输变电设备等国家级检验检测基地建设，提升检验检测技术装备水平，完善检验检测认证服务体系，全面提升检验检测服务能力。加快推进检验检测认证机构整合改革，培育一批技术能力强、服务水平高、规模效益好、具有一定影响力和竞争力的检验检测认证机构。鼓励不同所有制检验检测认证机构平等参与市场竞争，加快发展重大装备、新材料、新能源汽车、通用航空制造等领域第三方检验检测认证服务，加快发展药品检验检测、医疗器械检验、进出口检验检疫、农产品质量安全检验检测、食品安全检验检测、日用消费品质量安全检验检测等服务。开拓电子商务等服务认证领域，积极参与制定国际检验检测标准，开展检验检测认证结果和技术能力国际互认。积极推进先进计量技术和方法在企业的广泛应用。

加大对检验检测高端人才培养力度，支持检验检测机构依靠科研、技术革新等平台，积极引进和培养技术领军人才，高精尖人才，为检验检测快速健康发展提供保障。

实施主体：各市州、兰州新区

牵头单位：省质监局

配合单位：省工信委、省农牧厅、省商务厅、省科技厅、省食品药品监管局、甘肃出入境检验检疫局

4. 搭建持续创新平台。围绕我省重点优势产业和新兴产业，以培育"371"优势产业链为重点，建设一批高水平的工业产品质量控制和技术评价实验室，提升质量控制与技术评价能力。加快突破制约行业发展的技术瓶颈，鼓励企业研发新产品、开发新工艺、探索新模式，支持龙头企业和行业领军企业围绕市场需求、长远发展需要和关键技术建设技术交易中心、孵化平台、测试中心等服务平台，开展研发创新，推动行业创新发展。鼓励具备条件的企业针对消费趋势和特点建设产品设计创新中心，推行平台化、模块化、系列化的产品设计理念，普及数字化、智能化、协同化的先进设计技术与工具，提升新产品开发能力。引导企业以需求为导向，按照"生产一代、试制一代、研发一代"的要求，提高研发设计水平，鼓励技术、工艺、性能、品种、品牌等方面差异化竞争，不断提升产品档次和附加值。推动"两化"融合发展，引导企业充分运用"互联网＋"和大数据，精准挖掘市场和消费需求，整合线上线下资源，实施高效精准营销，实现市场要素高效利用，促进服务创新和商业模式创新。

实施主体：各市州、兰州新区

牵头单位：省工信委、省发展改革委

配合单位：省科技厅、省财政厅、省工商局、省政府国资委、省商务厅、省食品药品监管局

5. 增强品牌建设软实力。加强品牌理论与应用研究，深化与高校、科研机构开展品

牌领域合作交流，支持高等院校开设品牌相关课程，开展品牌战略研究，培养品牌创建、推广、维护等专业人才。宣贯品牌国家标准，指导企业加强品牌建设，支持企业、园区积极参与品牌价值评价，提高品牌知名度和影响力。充分发挥行业协会等社会组织在品牌研究、咨询、宣传、维权等方面的重要作用，鼓励发展一批品牌培育建设中介服务企业，建设一批品牌专业化服务平台，提供设计、营销、咨询等方面的专业服务。

实施主体：各市州、兰州新区

牵头单位：省质监局

配合单位：省科技厅、省工信委、省商务厅、省教育厅、省工商局、省新闻出版广电局

（二）以增品种、提品质、创品牌为重点，推动供给结构升级。

1. 丰富产品和服务品种。针对我省中医药、石油化工、有色冶金、装备制造、农产品深加工等重点行业，鼓励和引导企业打造企业自主知识产权和知名品牌，增强创牌意识，提高品牌经营能力。鼓励有实力的企业针对消费品市场热点，加快研发、设计和制造，及时推出一批新产品。推进开放式研发设计、网络化制造、个性化定制生产、互联网商业和共享协作等方面创新，鼓励企业提供满足客户个性化需求的产品，提升产品附加值和客户满意度。以特色资源为依托、优势产业为支撑，打造健康甘肃，争取建设国家大健康产业发展综合试验区、国家中医药产业发展综合试验区、全域观光休闲养生旅游试验区，推进健康农业、健康制造、健康服务三大产业发展，形成一批在全国有影响力的产品和品牌。

实施主体：各市州、兰州新区

牵头单位：省发展改革委、省工信委

配合单位：省科技厅、省商务厅、省卫生计生委、省农牧厅、省旅游发展委、省质监局

2. 增加优质农产品供给。推进农村一二三产融合发展。加快发展现代农业，推进国家旱作农业示范区建设，深入推进"365"现代农业行动计划，着力实施"十百万千"工程，加快构建特色鲜明、优势突出、产出高效的特色农业产业体系。重点建设粮食生产、草食畜牧业、优质林果、设施蔬菜、中药材、花卉、现代制种、酿酒原料、农产品物流九大绿色生态食材药材生产基地。在全省布局建设药用植物园和动物园，推进定西、甘南国家中藏药原料生产供应保障基地建设，依托道地中药材优势着力打造"千年药乡养生基地"，打好"陇药""陇药种植产业""陇派中医"三张牌。依托农业产业化龙头企业，发展壮大马铃薯、草食畜、新型食品、经济林果、蔬菜和酿酒原料等特色产业，建设以定西为主的全国商品薯基地及精深加工基地，发展壮大临夏、甘南特色清真肉制品和皮革精深加工产业，建设以河西为主的国家大型制种基地和优质葡萄酒生产基地，支持陇东南平凉金苹果特色林果业、庆阳小杂粮等贮藏、配送及加工基地建设，打造千亿元绿色生态农产品加工产业链。把休闲农业发展与现代农业、美丽乡村、生态文明小康村以及文化创意产业建设融为一体，积极开发农业和农村的自然生态、生产生活、民族风情等休闲旅游资源，促进农村休闲旅游的产业化经营。加强对农耕食文化活态传承工程建设支持指导，集中打造食文化标准园区。加大对农产品商标和地理商标运用、管理与保护工作的指导力度，发展无公害、绿色、有机、农产品地理标志和国家地理标志保护产品，支持探索农产品个性化定制服务、会展农业、农业众筹等新型业态，提高农业综合效益，鼓励集种养殖、加工、物流、展示、体验一体化的绿色农产品加工产业集群发展。

实施主体：各市州、兰州新区

牵头单位：省农牧厅、省质监局

配合单位：省工信委、省科技厅、省旅

游发展委、省食品药品监管局、省供销社

3. 推出一批制造业精品。支持企业开展战略性新材料研发、生产和应用示范，提高新材料质量，增强自给保障能力，为生产精品提供支撑。依托零部件重点生产企业，开展关键零部件自主研发、试验和制造，提高产品性能和稳定性，为精品提供可靠性保障。提高生产企业在线监测控制产品全生命周期质量追溯能力。重点实施十大特色优势产业链培育行动，发挥骨干企业的辐射带动作用，打造合成材料及精细化工、新型化工材料、铜铝合金及深加工、镍钴新材料及电池材料、稀土功能材料、能源装备、智能装备、特色中藏药、生物医药、特色农产品深加工等十条具有综合竞争力的优势产业链。积极推进两化融合，实施"互联网＋制造"行动计划，加快互联网技术在企业生产、销售、管理全过程的综合集成应用，推动生产方式向柔性、智能、精细转变。加快机械、电子、汽车、轻工、纺织、食品等行业生产设备的智能化改造，鼓励和引导一批企业发展智能制造项目，建设数字化车间。加强工业云服务和大数据平台建设，推进工业大数据应用示范，建设兰州新区、金昌大数据中心等信息化项目。开展物联网技术研发和应用示范。建立省级农业物联网社会化枢纽平台，构建全省一体的农业物联网体系，努力实现全省农业重点项目远程指导、服务与交流。深入实施"宽带中国"战略。支持企业加大广告宣传力度，鼓励和支持龙头企业开拓国内外消费市场，组织开展产品展销会，扩大市场知名度和整体影响力。

实施主体：各市州、兰州新区

牵头单位：省工信委

配合单位：省质监局、省商务厅、省农牧厅、省科技厅、省新闻出版广电局、省供销社

4. 提高生活服务品质。支持生活服务领域优势企业整合现有资源，形成服务专业、覆盖面广、影响力大、放心安全的连锁机构，提高服务质量和效率，打造生活服务企业品牌。推动生产性服务业向专业化和价值链高端延伸，加快生活性服务业向精细化和高品质转变。积极培育商贸物流、文化旅游、现代金融、信息传输、保健养生五大服务产业集群。依托大专院校、科研院所及工业园区公共服务平台，通过资源共享、信息共享、协同创新，发展研发设计、第三方物流、融资租赁、信息技术服务。以"互联网＋"、大数据、云计算为载体，提升服务业的创新能力和服务水平。围绕生活性服务业消费热点，鼓励企业增加有效供给，提升服务质量。细分生活性服务业市场，健全标准体系，推动餐饮、住宿、批发零售等居民和家庭服务等生活性服务业多层次、规范化、精细化发展。加快旅游、健康养老、文化等生活性服务业发展，实施养老床位和健康服务产业千亿元行动计划，构建"235"布局的重点旅游景区体系。

实施主体：各市州、兰州新区

牵头单位：省发展改革委、省旅游发展委

配合单位：省质监局、省商务厅、省科技厅、省民政厅、省文化厅

（三）充分发挥品牌影响力，引领需求结构升级。

1. 努力提振消费信心。结合社会信用体系建设，整合信息资源，建立企业诚信管理体系，加大信息开发利用力度，推动信用信息"一站式"查询。建设有公信力的产品质量信息平台，全面、及时、准确发布产品质量信息，为政府、企业和教育科研机构等提供服务，为消费者判断产品质量高低提供真实可信的依据。建立健全质量监管体系，加强对食品、药品、农产品、日用消费品、特种设备等关系民生和财产安全的重要产品的监督管理，及时公开企业产品质量监督检查结果。利用物联网、射频识别等信息技术，建立产品及服务质量安全追溯体系，形成来

源可查、去向可追、责任可究的信息链条，完善网络商品和服务的质量担保、损害赔偿、风险监控、网上抽查、源头追溯、属地查处、信用管理等制度。完善商会、行业协会等机构和中介服务组织以及消费者、消费者组织、新闻媒体参与的产品及服务质量监督机制，督促企业坚守诚信底线，提高信用水平。

实施主体：各市州、兰州新区

牵头单位：省质监局、省工商局

配合单位：省工信委、省商务厅、省食品药品监管局

2. 宣传展示自主品牌。深入实施以政府质量奖、甘肃名牌产品、地理标志保护产品、驰（著）名商标、知名品牌示范区、质量强市示范城市、国家商标战略实施示范城市、"三品一标"农产品、老字号等为核心的品牌发展战略，加快形成一批品牌产品、品牌工程和品牌企业。积极组织我省企业参与品牌价值评价工作，扩大品牌影响力。做好工业企业品牌培育、产业集群品牌培育试点示范工作，推进农业、制造业、服务业企业品牌培育能力建设，实施出口食品竞争力提升工程，建设出口食品质量安全示范区，加强出口食品农产品质量安全监管，提升出口食品农产品质量竞争力，打造一批区域品牌，培育一批具有自主知识产权和国际竞争力的自主品牌。做好我省中国质量奖、省政府质量奖获奖企业和组织等优秀品牌宣传，增进公众对甘肃质量的信心。拓展品牌营销传播渠道，运用新媒体，讲好品牌故事，传播品牌形象，传递品牌价值。依托兰州投资贸易洽谈会、丝绸之路（敦煌）国际文化博览会、敦煌行·丝绸之路国际旅游节、中国·河西走廊有机葡萄美酒节、临夏清真食品和民族用品展销会、庆阳端午香包节等平台，积极宣传甘肃品牌。鼓励企业借助媒体资源、主动参与具有影响力的重大经贸交流等活动，加强品牌宣传展示和推介，有效提高品牌的知名度和影响力。

实施主体：各市州、兰州新区

牵头单位：省质监局、省商务厅

配合单位：省工信委、省农牧厅、省工商局、省新闻出版广电局、省食品药品监管局、甘肃出入境检验检疫局

3. 推动农村消费升级。加强农村产品质量安全和消费知识宣传普及，提高农村居民质量安全意识，树立科学消费观念，自觉抵制假冒伪劣产品。开展农村市场专项整治，清理"三无"等不合格产品，让货真价实的商品占领农村市场，维护农民的合法权益，提高面向农民的产品服务质量，拓展农村品牌产品消费的市场空间。优化农村消费环境，完善农村消费基础设施，大幅降低农村流通成本，充分释放农村消费潜力。统筹规划城乡消费基础设施网络，加大农村地区和小城镇水电路气基础设施升级改造力度，加快信息、环保基础设施建设，完善养老服务和文化体育设施。加快大型商品交易市场、公益性大型农产品批发市场建设，打造区域性以及全国重要的商品集散地，形成全省市场体系骨干框架。加快县乡便民市场建设，实现重点乡镇便民市场全覆盖。加大对农产品批发市场升级改造，完善流通服务功能，优化流通网络布局。完善农产品冷链物流设施，健全覆盖农产品采收、产地处理、贮藏、加工、运输、销售等环节的冷链物流体系。大力发展农村电子商务，建设完善县乡村三级电商服务体系，支持各类社会资本参与涉农电商平台建设，扩大农村电子商务应用领域，鼓励电子商务企业拓展农村消费市场，促进线下产业发展平台和线上电商交易平台融合，带动工业品下乡，方便农民消费。加强交通运输、供销、邮政等部门和快递企业与农村物流服务资源的共享，加快完善县乡村农村快递物流体系，畅通城乡商品流通渠道。全面推进新型城镇化建设，发挥小城镇连接城乡、辐射农村的作用，提升产业、文化、旅游和社区服务功能，增强商品和要素集散能力。鼓励有条件的

地区加快特色产业小镇、文化古镇、旅游小镇和生态文明小康村规划建设，提升产业、文化、旅游和社区服务功能，增强商品和要素集散能力。建立和健全农村社会医疗保障、养老保障和社会保险等制度，解除农民后顾之忧，增强农民消费信心。

实施主体：各市州、兰州新区

牵头单位：省农牧厅、省商务厅

配合单位：省质监局、省工商局、省食品药品监管局、省交通运输厅、省人社厅、省旅游发展委、省供销社、省民政厅、省文化厅、省建设厅、省卫生计生委

4. 持续扩大城镇消费。鼓励家电、家具、汽车、电子等耐用消费品更新换代，适应绿色环保、方便快捷的生活需求。加快建设功能完善、规模适度、覆盖城乡的医养融合健康服务体系。鼓励发展健康体检、健康咨询、健康文化、健康旅游、体育健身等多样化健康服务。以满足日益增长的养老服务需求为重点，以居家为基础、社区为依托、机构为补充，进一步健全功能完善、规模适度、覆盖城乡的养老服务体系。鼓励和引导社会力量参与公共文化服务、兴办文化实体，不断壮大文化市场主体，培育创意设计、数字出版、网络传媒、动漫游戏等新文化业态，实施文化数字化、精细化、网络化服务工程。推动广播、电视、图书、报刊、网络等媒体融合发展，利用数字电影、3D电影等高新技术，推行在线选票、电商销售和网上营销。以丝绸之路（敦煌）国际文化博览会、中国嘉峪关国际短片电影展和中国崆峒养生文化旅游节、庆阳农耕文化艺术节等节会为依托，推动我省特色民俗民间文化产业走出去。加快"甘肃丝绸之路体育健身长廊"建设，积极发展具有地域特色的体育健身休闲产业，打造一批集体育训练、竞赛表演、健身休闲、场馆服务、中介培训、体育旅游观光为一体的户外体育营地、汽车露营地、徒步骑行营地、冰雪运动场地、航空飞行营地、船艇码头、民族传统体育项目表演场所等体育产业基地。适应和满足城镇居民消费升级需求。

实施主体：各市州、兰州新区

牵头单位：省商务厅、省旅游发展委

配合单位：省卫生计生委、省体育局、省新闻出版广电局

四、保障措施

（一）完善市场机制。完善质量准入与退出管理机制，严格执行国家行业准入制度和产业政策，严格环保、能效、技术、质量、安全等标准，推动产业转型升级。建立更加严格的市场监管体系，加强事中事后监管，强化对重点产品、重点行业、重点区域的专项整治，加大联合执法行动力度，提高执法的有效性，追究执法不力责任。清理、废除制约自主品牌产品消费的各项规定或做法，建立产品质量、知识产权等领域失信联合惩戒机制，健全失信企业名单制度，大幅提高失信成本，形成有利于发挥品牌引领作用、推动供给结构和需求结构升级的体制机制。依法健全完善汽车、计算机、家电等耐用消费品举证责任倒置制度，降低消费者维权成本。加强对知名自主品牌的保护力度，严厉打击侵犯知识产权和制售假冒伪劣商品行为。破除地方保护和行业壁垒，有效预防和制止各类垄断行为和不正当竞争行为，维护公平竞争市场秩序。

（二）加强政策保障。在财政、金融、科技等方面加强品牌发展的支持力度，积极发挥财政资金的引导作用，带动更多社会资本投入，支持自主品牌发展。鼓励银行业金融机构向企业提供以品牌为基础的商标权、专利权等质押贷款。进一步落实《甘肃省质量激励政策措施》等质量品牌激励政策，支持获得省政府质量奖等奖励的企业发展，推动质量提高，鼓励产品创新，弘扬工匠精神。

（三）强化组织落实。各地、各部门要高度重视、统一思想、提高认识，深刻理解经

济新常态下发挥品牌引领作用、推动供给结构和需求结构升级的重要意义，上下联动，各负其责，切实落实本实施方案确定的各项工作任务，力争尽早取得实效。

青海省人民政府办公厅关于发挥品牌引领作用推动供需结构升级的实施意见

青政办〔2016〕224号

各市、自治州人民政府，省政府各委、办、厅、局：

为深入贯彻落实《国务院办公厅关于发挥品牌引领作用推动供需结构升级的意见》（国办发〔2016〕44号），更好地发挥品牌在推动供需结构升级中的引领作用，经省政府同意，现结合我省实际，提出如下实施意见。

一、总体要求

按照党中央、国务院关于推进供给侧结构性改革的总体要求，以提高质量和效益为中心，以发挥品牌引领作用为切入点，建立完善"市场决定、企业主体、政府推动、社会参与"机制，进一步优化法规政策环境，切实提高企业竞争力，大力营造良好社会氛围。大力实施质量对标提升行动和品牌创建提升行动，推动企业增品种、提品质、创品牌，加快培育一批含金量、知名度高的"青海品牌"，满足居民消费升级需求。扩大省内消费需求，推动供需总量和结构相互适应，加快推动供给结构优化升级，引领需求结构优化升级，为加快发展新经济、培育壮大新动能、推动经济提质增效提供持续动力。

坚持目标导向和问题导向相统一，以绿色能源、新材料、装备制造、特色生物产业、农牧业及主要消费品为重点，创建一批知名品牌，不断增强特色优势产业的竞争力；以重大基础设施、交通、水利、通信等工程项目建设为抓手，提升工程全生命周期的质量管理水平，全面提升工程质量；坚持环境治理与生态保护协同联动，全方位落实水、大气、土壤污染防治行动计划，加强和规范各领域的能效管理，全面提升环境质量，加快推动绿色能源示范省建设；健全覆盖旅游、交通、电信、金融、保险、商贸、医疗卫生等主要服务行业的标准体系，全面提升服务质量，提高群众的满意度。加强质量基础能力建设，完善质量责任体系，健全质量监管体系，构建技术支撑体系，建立质量共治体系，加强质量安全监管，实施质量风险管控，努力推动质量工作跃上新水平，更好地服务全省经济社会发展大局。把推进质量发展作为供给侧结构性改革的重要支撑，大力夯实质量技术基础，全面提升产品、工程、环境、服务四大质量，着力打造"品质青海"。

二、主要目标

到2025年，我省品牌发展的环境明显优化，质量基础有力夯实，市场环境得到净化；企业品牌意识不断增强、主体作用得到发挥、产品品种不断丰富、产品品质全面提升，一大批具有特色的"青海品牌"脱颖而出；品牌发展社会氛围更加浓厚，行业协会作用明显，消费者本土品牌情感深化，消费信心大幅提振。在盐湖钾肥、光伏光热、锂电、新材料、装备制造、高原生物医药、特色轻工等优势产业的重点产品质量达到国内领先水平，新增青海省质量奖5家以上，争创国家级质量奖；在特色农产品、畜牧产品、保健品、藏文化工艺品、高原有机绿色食品和先进制造业领域每年新增青海著名商标5件以上，青海名牌10件以上。开展"三品一标"认证，力争全省无公害农畜产品、绿色食品、有机农畜产品和地理标志农畜产品认证总量发展到800个以上。创建全国绿色食品原料标准化生产基地和有机食品生产基地15家以上。新注册青海省著名商标20个以上。加大品牌农畜产品生产基地建设，建成品牌农畜产品生产基地50家以上。加大农牧民专业合作社商标注册力度，引导扶持农牧民专业合作社注册商标200件以上。用3至5年时间，力争打造出10个淡季旅游品牌，丰富我省淡季旅游内容，持续打造乌兰县茶卡镇、共和县龙羊峡镇、大通县东峡镇、玛沁县拉加镇等，力争建成5至10个特色景观旅游名镇、5至10个全省特色景观旅游名村，促进乡村旅游发展。

三、重点工作

（一）夯实品牌发展基础。

1. 推行更高质量标准。大力实施质量对标提升行动，围绕我省主导产业和重点产品，以国际国内先进标准、同行知名品牌为参照，推动企业积极采用国际国内先进标准，提高"品质青海"产品的竞争力。按照国家关于企业产品和服务标准自我声明公开和监督制度指南，在有条件的地区开展企业产品和服务标准自我声明公开试点，鼓励企业在国家企业产品和服务标准信息公共服务平台上进行标准自我声明公开。培育具有一定知名度和影响力的团体标准制定机构，制定一批满足市场和创新需要的团体标准。显著提高与国际标准水平一致性程度，主要消费品领域与国际或国内标准一致性程度达到95％以上。围绕"新丝绸之路"经济带的产业布局和科技创新等，推动成立"新丝路经济带标准化战略合作联盟"，合作制定联盟标准，助推我省重点产业与联盟区域深度融合和抱团发展。（省质监局牵头，各有关部门按职责分工负责）

2. 提升检验检测能力。加强检验检测能力建设，提升在青国家检验检测重点实验室检测能力和水平。推动检验检测机构改革，鼓励跨部门、跨行业、跨层级整合，鼓励科研机构、高等院校和国有大型企业整合，推动质检、特检技术机构横向纵向整合，打造检验检测认证集团。鼓励民营企业和其他社会资本投资检验检测服务，支持具备条件的生产制造企业申请相关资质，面向社会提供检验检测服务。加强社会公用计量标准研究，推动计量检测机构能力提升，推进先进计量技术和方法在企业的广泛应用。（省质监局牵头，省发展改革委、省经济和信息化委、省农牧厅、省食品药品监管局、青海出入境检验检疫局配合）

3. 搭建质量创新平台。加强质量技术创新，支持有实力的企业开展产品共性关键技术攻关，加快突破制约行业发展的技术瓶颈，推动行业创新发展。支持重点企业利用互联网技术建立大数据平台，动态分析市场变化，精准定位消费需求，为开展服务创新和商业模式创新提供支撑。加强产品设计创新，鼓励具备条件的企业建设产品设计创新中心，针对消费趋势和特点，不断研发新产品。积极推进与第三方合作，加强品牌基础理论、价值评价、发展指数等研究。加速创新成果转化成现实生产力，催生经济发展新动能。制定青海名牌评价地方标准，完善品牌评价相关标准体系。鼓励发展一批品牌建设中介服务企业，建设一批品牌专业化服务平台，提供设计、营销、咨询等方面的专业服务。（省科技厅、省质监局牵头，省经济和信息化委、省食品药品监管局配合）

4. 加强质量人才建设。建立完善质量管理、品牌创建机制，培养引进品牌管理专业人才，实现人才开发、质量提升、产业发展融合互动。实施技能人才培育行动，大力宣传工匠精神，培育造就一批工艺精湛、技术高超、业绩突出的技能人才。每年组织开展农产品、食品、药品、工业消费品等行业和生产、流通等领域相关人员培训。强化中高级职业技术教育，夯实"青海制造"向"青海创造"转变的人才基础。(省人力资源社会保障厅、省教育厅、省质监局牵头,省经济和信息化委、省农牧厅、省工商局、省食品药品监管局配合)

5. 发挥企业主体作用。企业切实增强品牌意识,加强自主创新,开展技术创新、管理创新和营销创新,不断丰富产品品种、提升产品品质。积极采用先进技术和现代质量管理方法,广泛开展质量改进、质量攻关、质量对比、质量风险分析、质量成本控制等活动,提高产品质量,做大做强品牌,提升品牌竞争力。加强质量诚信建设,切实履行担保责任及缺陷产品召回等法定义务,依法承担质量损害赔偿责任,确保供给质量不断提升品牌形象。(省质监局牵头,省经济和信息化委、省发展改革委、省科技厅、省财政厅、省工商局配合)

(二)促进供给结构升级。

1. 丰富产品和服务品种。顺应居民收入水平不断提高的趋势,特别是中高收入群体对消费品质的新需求,利用现代科技加快创新,提升产品质量和品牌知名度。强化对我省新能源、新材料、生物、医药、机电、藏毯等产业的研发设计和质量管理,为消费者提供安全实用、舒适美观、品质优良的品牌商品。加强对全省名优企业和名牌产品的扶持和保护,引导广大企业大力实施商标战略,鼓励企业开展自主品牌建设,以品牌引领消费,走质量强企、品牌兴企的发展道路。针对各类市场需求,开展专业化、个性化定制服务,提供高品质消费产品和服务,满足各层次消费需求。支持农产品、食品等龙头企业提高技术研发和精深加工能力,针对特殊人群需求,生产适销对路的功能食品。鼓励企业推进个性化定制、柔性化生产,推出一批新产品,满足消费者差异化需求。建立互联网大数据平台,强化消费市场运行分析,促进供给有效对接消费要求,为产品和服务创新提供支撑。加快旅游产品开发,形成以旅游景区、旅游度假区、生态旅游示范区、特色旅游城镇和精品旅游村镇等为支撑的现代旅游品牌体系,增加旅游产品供给,丰富旅游体验,满足大众旅游需求。(省经济和信息化委牵头,省发展改革委、省商务厅、省旅游发展委、省工商局、省质监局、省食品药品监管局配合)

2. 促进农产品品牌提升。实施品牌提升计划,围绕"世界牦牛之都""中国藏羊之府""中国有机枸杞之乡""中国冷水鱼养殖繁育之库"等高原特色有机生态品牌,重点打造畜禽养殖、粮油种植、果蔬、枸杞沙棘"四个百亿元产业"。大力发展藏羊、牦牛、枸杞、沙棘、中藏药材、果蔬花卉、饲草料、富硒农产品等特色优势产业。主打"高原、绿色、有机、富硒、无公害"牌,以品牌担保品质,以优价激励优质,增加市场紧缺农畜产品供给,扩大中高端产品生产,着力提高产品知名度和影响力,全面提升产业竞争力和综合效益。加强农产品产地环境保护和源头治理,实施严格的农业投入品使用管理制度,加快健全农产品质量监管体系,逐步实现农产品质量安全可追溯。全面提升农产品质量安全等级,大力发展无公害农产品、绿色食品、有机农产品和地理标志农产品和生态原产地保护产品,参照出口农产品种植和生产标准,建设一批质量安全示范区,提高农产品质量和附加值,满足中高端需求。大力发展优质特殊农产品,着力包装策划推出一批体现青海特色、便于海内外游客携带的旅游化农副土特商品。支持乡村创建线上销售渠道,扩大优质特色农产品销售范围,打造农产品品牌和地理标志品牌,满足更多消费者需求。(省农牧厅牵头,省商务厅、省旅游发展委、青海出入境检验检疫局配合)

3. 促进消费品品牌提升。围绕《中国制造2025青海行动方案》,培育国内知名品牌。实施质量强省战略,围绕新能源、新材料、食品、特色生物、纺织、装备制造等重点领域，制定名牌培育规划和推进措施，创建一批具有自主知识产权和核心竞争力的名牌产品、名牌工程和名牌企业，打造一批国内外知名品牌，树立青海品牌形象，提高名牌产品市场占有率，提升青海品牌竞争力和影响力。加强品牌保护和宣传，严厉打击生产、销售假冒名牌违法行为。大力支持和鼓励企业实施专利、商标、著作权等知识产权战略。（省质监局牵头，省发展改革委、省经济和信息化委、省科技厅、省工商局、省食品药品监管局、青海出入境检验检疫局配合）

4. 促进服务业品牌提升。加快推进服务业重点品牌培育计划，着力培育一批效益好、影响大、竞争力强的服务业重点品牌，不断提升服务品牌核心价值。鼓励社会资本投资建设社区养老服务设施，采取市场化运作方式，提供高品质养老服务。鼓励有条件的城乡社区依托社区综合服务设施，建设生活服务中心，实施数字化视听社区工程，提供数字化服务及方便可信赖的家政、儿童托管和居家养老等服务。实施"服务标杆"引领和游客满意度提升计划，遴选和公布一批质量领先、管理严格、公众满意、适宜推广的服务标杆。（省商务厅牵头，省发展改革委、省民政厅、省旅游发展委、省工商局、省质监局、省食品药品监管局配合）

（三）推动需求结构升级。

1. 努力提振消费信心。加大农产品、食品和消费品等产品监督抽查信息公开力度，及时准确发布产品质量信息，为消费者选购优质产品提供真实可信的依据。深入开展"质量月""3·15"国际消费者权益保护日和"环境保护日"等活动，广泛开展群众性质量活动，着力提高消费者质量意识和普及质量知识。坚持正确的舆论导向，将正面引领和反面曝光相结合，客观发布质量问题信息，避免信息误传误导影响企业和产业发展。结合社会信用体系建设，建立企业诚信管理体系，整合现有信息资源，逐步加大信息开发利用力度。鼓励中介机构开展企业信用和社会责任评价，发布企业信用报告，督促企业坚守诚信底线，在消费者心目中树立良好企业形象。（省工商局牵头，省发展改革委、省经济和信息化委、省农牧厅、省商务厅、省旅游发展委、省质监局、省食品药品监管局部门配合）

2. 推动农村消费升级。加强农村产品质量安全和消费知识宣传普及，提高农村居民质量安全意识，树立科学消费观念，自觉抵制假冒伪劣产品。大力开展农村市场专项整治，坚决打击食品药品、日用品、农资、建材等领域的假冒伪劣行为，全面清理"三无"产品，不断拓展农村品牌产品消费的市场空间。加快有条件的乡村建设光纤网络，支持电商及连锁商业企业打造城乡一体的商贸物流体系，保障品牌产品渠道畅通，便捷农村消费品牌产品，让农村居民共享数字化生活。深入推进美丽乡村建设，释放潜在消费需求。（省商务厅、省工商局牵头，省住房城乡建设厅、省质监局、省食品药品监管局配合）

3. 促进电子商务产业提质升级。指导电子商务生产企业改进生产工艺，提高标准执行力。完善电子商务产品质量信息公共服务平台，实现信息融合共享。认真贯彻落实《国务院办公厅关于加强互联网领域侵权假冒行为治理的意见》（国办发〔2015〕77号），严厉打击利用电子商务平台实施的走私和进出口假冒商品等违法行为。组织开展全省性的电子商务执法打假集中行动，发挥电商产品执法打假维权协作网作用，严查电商产品质量违法案件，严厉打击售假、虚假宣传和侵权盗版网站。（省商务厅牵头，省网信办、省经济和信息化委、省质监局、省工商局、青海出入境检验检疫局、西宁海关、省知识产权局配合）

四、保障措施

（一）净化市场环境。建立更加严格的市场监管体系，加大专项整治联合执法行动力度，提高执法的有效性，追究执法不力责任。加强对知名自主品牌的保护力度，严厉打击侵犯知识产权和制售假冒伪劣商品行为。破除地方保护和行业壁垒，有效预防和制止各类垄断行为和不正当竞争行为，维护公平竞争市场秩序。

（二）完善工作机制。进一步健全品牌发展机制，创新和完善品牌评价体系，拓展品牌评价范围，努力形成有利于发挥品牌引领作用、推动供给结构和需求结构升级的体制机制。推动质量诚信体系建设，实施质量信用信息分级管理。依法健全完善重点产品、消费者关心的消费品举证责任倒置制度，降低消费者维权成本。

（三）提供政策保障。在财政、金融、科技等方面出台支持品牌发展的政策，形成强有力的政策导向。引导带动更多社会资本投入，支持自主品牌发展。鼓励银行业金融机构向企业提供以品牌为基础的商标权、专利权等质押贷款。落实各项质量品牌奖项激励作用，推动质量创新升级。

（四）强化组织落实。各地区、各部门要统一思想、提高认识，深刻理解经济新常态下发挥品牌引领作用、推动供给结构和需求结构升级的重要意义，切实落实工作任务，力争尽早取得实效。各地区要结合本地区实际，制定出台具体的实施方案。

（五）营造良好环境。强化品牌创建要素保障，充分运用经济、法律、行政等手段，统筹整合金融、财税、科技、人才等社会发展资源，营造品牌发展的良好环境。建立产品质量、知识产权等领域是新联合惩戒机制，认真落实质量失信"黑名单"制度，加大知识产权保护力度，严厉打击质量违法和侵犯知识产权等行为，大幅度提高失信成本。支持高等院校开设品牌相关课程，培养品牌创建、推广、维护等专业人才，支持科研院所、行业协会加强品牌研究，营造品牌发展的良好环境。

宁夏回族自治区人民政府办公厅关于发挥品牌引领作用推动供需结构升级的实施方案

宁政办发〔2017〕3号

为贯彻落实《国务院办公厅关于发挥品牌引领作用推动供需结构升级的意见》（国办发〔2016〕44号），充分发挥品牌引领作用，推动供给结构和需求结构升级，提升产品品质，增加有效供给，结合我区实际，特制定本实施方案。

一、指导思想

抓住国家西部大开发和"一带一路"战略机遇，牢固树立和贯彻创新、协调、绿色、开放、共享的发展理念，以市场为导向，以创新为动力，以企业为主体，以增强自主创新和质量品牌建设能力为重点，按照党中央、国务院关于推进供给侧结构性改革的总体要求，完善质量标准，延伸产业链条，促进融合发展，加强宣传推广，打造知名品牌，扩大增值效应，着力提升消费品和服务质量水平，更好发挥品牌引领作用，推动供需结构优化升级，为我区经济发展提供持续动力。

二、建设目标

实施品牌培育工程，鼓励相关企业通过加盟、连锁、托管等方式，实现专业化、规模化、品牌化发展，增强知名度和品牌影响力。到2020年，品牌建设基础进一步夯实，自主和知名品牌数量显著增加，品牌价值和效应显著提升，产品和服务对消费升级的适应能力显著增强，品种丰富度、品质满意度、品牌认可度及顾客忠诚度、社会信誉度明显提升。

（一）农产品品牌。

农产品质量监管体系更加完善，农产品品种、质量、效益显著改善，满足人民群众日益增长的品质需求，无公害农产品、绿色食品、有机食品、地理标志农产品（"三品一标"）总量超过 1 000 个，农产品区域公用品牌超过 30 个，国家级农业示范企业超过 50 个，为提高食品安全水平、维护人民群众身体健康，提振消费信心提供保证。

（二）工业品品牌。

通过品牌创建，使食品、纺织、轻工等传统行业优势得到加强，新能源、节能环保、生物产业、先进装备制造、新材料、新一代信息技术等新兴产业品种、市场竞争力不断提升，品牌价值和效益明显提升。培育 100 个宁夏名牌产品和 20 个在全国有影响的知名品牌，树立"宁夏制造""宁夏创造"新形象。

（三）服务品牌。

通过创建服务品牌，使服务业质量水平显著提升，服务品牌价值和效益实现倍增，培育 20 个具有宁夏特色的生活性、生产性服务业知名品牌和精品服务项目，争取打造在全国有影响的服务品牌，以品牌建设引领服务业发展。

三、主要任务

（一）进一步优化政策法治环境。

以国际标准、开放思维完善标准体系，提高标准制（修）订能力。提高计量能力、认证认可服务能力、质量控制和技术评价能力建设，不断夯实质量技术基础。增强科技创新支撑，为品牌发展提供持续动力。制定品牌发展有关法律法规，进一步完善品牌发展扶持政策，严格落实宁夏名牌管理办法，加大《商标法》以及相关品牌发展法律法规和政策的宣传与培训，加强对企业商标使用的行政指导，增强品牌意识，提升法律风险防范能力，优化市场环境。（牵头部门：自治区质监局，配合部门：自治区科技厅、工商局、民委）

（二）切实提高企业综合竞争力。

强化落实自治区质量奖管理办法，借助自治区质量奖评选活动，激励全区企业积极采用先进质量管理模式，增强自主创新能力，丰富产品品种，提升产品质量，完善品牌管理体系。强化监督，引导企业诚实经营，积极履行社会责任，不断提升品牌形象。

发挥企业家领军作用，培养引进品牌管理专业人才。深入实施自治区领军人才工程、青年拔尖人才培养工程、专业技术人才知识更新工程和职业技能提升工程，积极培养品牌管理领军专业人才和高技能人才。依托职业技术学院等技工院校实施技师培养计划，支持企业开展岗位技能提升培训，造就一批素质优良、技术精湛的技术技能型人才。（牵头部门：自治区质监局、人力资源社会保障厅、教育厅，配合部门：自治区发展改革委、经济和信息化委、教育厅）

（三）大力营造良好社会氛围。

充分利用主流媒体、重要节日，鼓励引导企业加强品牌宣传和交流合作，主动开展宁夏知名品牌产品国内外推介、品牌企业跨省交流等活动，培养消费者自主品牌情感，树立消费信心，扩大自主品牌消费。组织行业协会和中介服务机构，面向企业推广质量诊断、质量改进和效益提升方法，发挥好行业协会的桥梁作用。发挥新闻媒体的舆论监督和引导作用，既要坚决曝光企业重大质量违法行为，更要宣传优秀企业、优质产品，大力营造"人人重视质量、人人创造质量、人人享受质量"的浓厚氛围，真正让追求卓越、崇尚质量成为全社会、全民族的价值导向和时代精神。（牵头部门：自治区质监局、工商局、新闻出版广电局，配合部门：自治区商务厅、民政厅）

四、重大工程

（一）品牌基础建设工程。

1. 推行更高质量标准。加快制定《宁夏消费品标准和质量提升规划（2016 年—2020 年）》，以标准化带动品牌国际化，鼓励企业制定高于国家标准或行业标准的企业标准，深入开展"标准化提升年"活动，组织百家企业进行标准分析提升，推动产品更新换代。改革企业产品标准备案管理方式，全面推广企业产品和服务标准自我声明公开试点，推进消费品、出口食品生产实现内外销"同线同标同质"。（牵头部门：自治区质监局，配合部门：自治区经济和信息化委、宁夏检验检疫局）

2. 提升检验检测能力。深入推进我区检验检测机构改革，整合各类检验检测资源，鼓励社会资本投资检验检测服务；支持具备条件的生产制造企业申请相关资质，面向社会提供检验检测服务，推进检验检测认证服务市场化进程。打破部门垄断和行业壁垒，营造检验检测机构平等参与竞争的良好环境，尽快形成具有权威性和公信力的第三方检验检测机构。加快宁夏产品质量综合检验检测中心建设，为我区产业转型升级和质量品牌提升提供技术支撑。推进先进质量、计量标准在企业的广泛应用。（牵头部门：自治区质监局，配合部门：自治区财政厅、编办、经济和信息化委、宁夏检验检疫局）

3. 加强持续创新平台建设。支持企业建设国家和自治区级企业技术中心，鼓励龙头企业组建工程技术研究中心、重点实验室、工程实验室、技术创新中心；支持校企合作构建产业技术创新战略联盟，鼓励总部或研发机构在区外的企业来我区建立独立研发机构或设立分支机构。健全产业公共创新平台体系，建成宁夏工程技术研究院。支持有实力的企业围绕制约行业发展的技术瓶颈加大科研攻关力度，创建产品设计创新中心，提高产品设计能力，不断开发适应消费趋势和特点的新产品。支持重点企业利用互联网技术建立大数据平台，动态分析市场变化，精准定位消费需求，为开展服务创新和商业模式创新提供支撑。（牵头部门：自治区科技厅，配合部门：自治区经济和信息化委、发展改革委）

4. 增强品牌建设软实力。围绕品牌创建和国际品牌保护，与国际国内品牌管理及服务机构建立全方位的交流合作机制，通过政府间磋商、涉外商协会组织游说等多种形式促进品牌保护。以"中阿博览会"和"一带一路"品牌推广活动为契机，在重点国家和地区举办宁夏品牌展览和推介活动，支持有条件的品牌"走出去"。鼓励企业在海外开展营销活动，支持知名企业利用各类国际展会、知名电商平台开拓国际市场，开展国际贸易合作与交流。围绕品牌建设，突出设计、营销、咨询等专业服务功能，鼓励发展一批品牌建设中介服务企业，引导中介服务企业做专、做精、做特、做新，形成品牌竞争优势。（牵头部门：自治区商务厅，配合部门：自治区质监局、经济和信息化委、博览局）

（二）供给结构升级工程。

1. 增加优质农产品供给。以我区优质粮食、蔬菜、畜禽、枸杞、葡萄等特色农产品为主，打造一批名、精、优、新农产品品牌。积极推进无公害农产品、绿色食品、有机农产品和地理标志农产品（简称"三品一标"）基地建设，提高农产品质量和附加值。完善农业标准体系建设，加强农业标准化生产，制修完善生产、分级、包装、运输等技术规程，在生产基地、合作社、家庭农场全面推行贯彻标准。鼓励农产品出口企业在出口国及时注册商标，取得商标国际保护，避免出口风险，增强国际竞争力。

建立农业投入品登记备案制度，健全农产品质量监管体系，建设区级农产品质量安全追溯管理信息平台，将本地生产的蔬菜、枸杞、规模畜禽和水产品纳入质量追溯系统，实现各类农业投入品全程在线监管。

积极拓展特色优势农产品线上市场，支持与阿里、京东等大型电商企业合作共建"地方特产馆"和"特色产品专区"。建立实体店与网店相结合的宁夏品牌农产品营销体系，设立集展示、销售、电商和品牌宣传为一体的宁夏品牌农产品展示展销中心，满足更多消费者需求。（牵头部门：自治区农牧厅、商务厅，配合部门：自治区质监局、林业厅、葡萄酒局）

2. 丰富工业消费品品种，推出制造业精品。支持企业开展新材料、生物制药、信息技术、智能制造装备等战略性新兴产业的研发、生产和应用示范，提高产品质量，增强自给保障能力，为生产精品提供支撑。制定消费品工业"增品种、提品质、创品牌"实施方案，鼓励重点轻工、纺织、食品企业增强科技创新投入，支持高档数控机床、工业机器人、电力装备、高端控制阀、精密轴承等关键基础零部件实现本地化配套，完善先进装备制造业产业链，开展智能制造试点示范。鼓励具有竞争优势的重点装备制造企业，加大产品研发力度，支持企业利用现代信息技术，推进个性化定制、柔性化生产，开展差异化产品研发，满足消费者差异化需求，开发绿色、智能、健康的多功能中高端消费产品。鼓励企业采用先进质量管理方法，提高质量在线监控和产品全生产周期质量追溯能力。（牵头部门：自治区经济和信息化委，配合部门：自治区科技厅、发展改革委、质监局、工商局、食品药监局）

3. 提高生活服务品质。支持生活服务领域优势企业通过兼并、重组、联合、特许加盟等方式，整合现有资源，形成服务专业、覆盖面广、影响力大、放心安全的连锁机构，提高服务质量和效率。打造生活服务企业品牌，促进连锁经营模式从零售领域向生活服务业领域扩展。

鼓励有条件的市、县（区）改进信息技术装备条件，完善社区网络环境，支持大型龙头家政物业等生活服务企业开展线上预约、线下上门服务等业务；鼓励餐饮企业发展在线订餐、团购、外卖配送等服务；打造社区综合生活服务中心，向居民提供日常消费、远程缴费、健康医疗等综合服务。

完善养老服务业发展政策体系，鼓励社会资本投资社区养老建设，支持有条件的城乡社区可依托老年人日间照料中心、老年活动中心等社区综合服务设施和特色商业街区管理机构，采取公建民营、民办公助等市场化运作方式，借助"互联网＋"模式，提供高品质养老服务供给、儿童托管和家政服务。（牵头部门：自治区商务厅，配合部门：自治区民政厅、发展改革委、卫生计生委）

（三）需求结构升级工程。

1. 努力提振消费信心。建设产品质量信息平台。结合社会信用体系建设，建立企业质量信用管理体系，规范企业数据采集，整合现有信息资源，完善企业信用档案，逐步加大信息开发利用力度。鼓励中介机构开展企业信用和社会责任评价，发布企业信用报告，督促企业坚守诚信底线，提高信用水平，在消费者心目中树立良好企业形象。推进社会信用体系建设，充分利用宁夏企业信用信息公示系统和自治区信用信息共享平台，强化商业经营主体信息公开披露，实现行政许可、行政处罚信息上网公示，实施失信联合惩戒，督促企业提高信用水平，营造诚信经营公平竞争环境，提振消费信心。（牵头部门：自治区质监局、工商局、发展改革委，配合部门：五市人民政府）

2. 宣传展示宁夏品牌。在中阿博览会期间设立"宁夏品牌日"，大力宣传本地知名品牌，提高自主品牌影响力和认知度。充分发挥各类媒体尤其是新媒体、自媒体作用，突出地域特色、地缘优势，加大对宁夏商标品牌宣传推广力度，扩大自主品牌的知名度和影响力。加强对商标法律知识、商标品牌对企业和经济发展的重要促进作用、打击侵权假冒工作的举措成效、中外驰名商标品牌保护的成功经验等重点的宣传力度，为商标品牌建设提供舆论引导，在全社会营造尊重、保护知识产权的良好氛围。积极参与"中国商标金奖"评选、认定等活动，在国内外、区内外树立宁夏品牌的良好形象。（牵头部门：自治区工商局、商务厅，配合部门：自治区质监局、博览局）

3. 推动农村消费升级。开展农产品质量安全送科技下乡、食品安全周等宣传活动，加大对农村产品质量安全和消费知识的宣传，利用宁夏农业信息网等信息平台，广泛宣传农产品质量安全、标准化生产技术，及时发布农产品监管动态及检测信息，提高农村居民质量安全意识，自觉抵制假冒伪劣产品。开展农村商贸市场专项整治和"农资打假三下乡"行动，以农资、建材、食品及纺织服装为重点，深入开展"质检利剑"打假行动和"双打"行动，严查坑农害农质量违法案件。严厉打击生产不符合国家强制性标准或明示标准产品、以次充好、伪造或者冒用他人厂名厂址、未按要求取得生产许可证或强制性认证、标识欺诈等违法行为，拓宽农村产品消费市场空间。通过自建或利用国内知名电子商务平台，筹建农产品网上商城，推进特色品牌农产品网上销售，实现线上线下融合发展，让农村居民共享数字化生活。（牵头部门：自治区农牧厅、质监局、商务厅，配合部门：自治区经济和信息化委、食品药监局、工商局、科技厅、住房城乡建设厅）

4. 持续扩大城镇消费。鼓励传统出版、传媒企业与互联网合作，加快发展数字出版、网络视听等新兴文化产业，增加互动体验，扩大消费群体。引导各类文艺团体、文博单位、创意机构创作生产满足现代消费需求的优秀文艺作品、文化创意产品和服务，通过

合理布局城乡文化服务网点等举措，进一步扩大文化市场需求和发展空间，拓宽文化消费渠道。

充分利用各地差异化地缘及旅游优势，积极拓展旅游、养老、养生、度假等服务新模式，建设一批特色化、主题化鲜明的旅游服务设施和集观光、休闲、度假、养生、购物等功能于一体的特色旅游小镇和旅游综合体，满足多层次高品质健康休闲消费需求。推动"宁夏优秀旅游商品"认证，严格旅游服务质量等级评定，加强旅游公共服务体系建设，充分发挥品牌旅游景区的引领示范作用，加快建设宁夏全域旅游示范（省）区、中阿旅游中转港和特色鲜明的国际旅游目的地。

立足宁夏资源特点和群众体育需求，建设山地、水上、沙漠体育运动基地，开发沙漠阳光旅游、温泉旅游、冰雪旅游、西部民俗体验游四大冬季旅游新产品，配套完善服务设施。大力发展球类、登山、攀岩、自行车、垂钓、冰雪、航空等体育健身休闲运动，鼓励大众参与体育锻炼，推动体育与文化旅游等融合发展。通过提高服务水平、扩大已有赛事影响力，积极承办国际国内重大体育比赛，促进体育消费，带动相关产业发展。（牵头部门：自治区旅游发展委、文化厅、体育局，配合部门：自治区民政厅）

五、保障措施

（一）净化市场发展环境。

清理、废除制约自主品牌产品消费的各项规定或做法，形成有利于发挥品牌引领作用、推动供给结构和需求结构升级的体制机制。建立产品质量、知识产权、品牌建设各主管部门间沟通交流的工作机制，加强对各类知识产权取得后的事中事后监管，加大专项整治联合执法行动力度，实现联合执法常态化，提高执法的有效性。严厉打击侵犯商标专用权、产品知识产权和制售假冒伪劣商

品行为，依法惩治违法犯罪分子，维护公平竞争市场秩序。建立商品质量惩罚性赔偿制度，对相关企业、责任人依法实行市场禁入。支持高等院校开设商标品牌保护相关课程，培养品牌创建、推广、维护等专业人才。（牵头部门：自治区质监局、商务厅、工商局、科技厅，配合部门：自治区农牧厅、商务厅、食品药监局、发展改革委、经济和信息化委、教育厅）

（二）制定激励政策扶持。

完善农产品、制造业和服务业发展的政策措施，在融资、财税、信贷等方面提供政策扶持，积极发挥财政资金引导作用，带动更多社会资本投入，支持自主品牌发展。以民族贸易和民族特需商品的特色品牌为依托，鼓励银行业金融机构向企业提供贷款支持。发挥自治区质量奖激励作用，鼓励产品创新，弘扬工匠精神。（牵头部门：自治区财政厅、质监局、金融工作局，配合部门：自治区经济和信息化委、发展改革委、科技厅、工商局、民委）

（三）抓好工作组织实施。

各市、县（区）和有关部门要深刻理解经济新常态下发挥品牌引领作用、推动供给结构和需求结构升级的重要意义，加强组织领导，健全工作机制，形成工作合力，扎实推进重大工程。精心组织实施，确保各项任务落到实处。各有关部门要按照职责分工落实配套政策措施，营造良好环境，加强政策指导和督促检查。要充分发挥行业协会等社会中介组织的作用，为企业提供政策法规、经验交流、信息沟通、行业标准等方面的咨询服务，推动我区品牌建设持续健康发展，力争尽早取得实效。充分发挥组织引导作用，建立品牌引领行动工作推进机制，加强对实施方案的协调指导。（牵头部门：自治区发展改革委、质监局，配合部门：各有关部门、各市、县（区）人民政府）

品牌论坛

- 互联网＋农药：让农产品高产优质有保障
- 贾枭：为区域公用品牌做顶层设计
- 科技精准扶贫　扶出优质农产品
- 绿色食品，如何扬品牌之长
- 马铃薯主食从尝鲜走向流行
- 农业这条船要向"优质优价"调头
- 让品牌护驾有机农产品
- 中国农产品的创新优化

互联网＋农药：让农产品高产优质有保障

张建中　蒋建科

我国是农业大国，农作物病虫草鼠害的发生非常频繁。随着全球气候变化、耕作制度变革，我国病虫害灾变规律发生新变化，一些跨国境、跨区域的迁飞性和流行性重大病虫暴发频率增加，一些地域性和偶发性病虫发生范围扩大、危害程度加重，严重制约我国粮食持续丰收。

据统计，通过病虫害防控，全国每年挽回粮食产量损失在 750 亿千克左右，约占国家粮食总产量的 15％。因此，确保国家粮食安全是建设现代农业的首要任务，也是植保防灾减灾的第一要务。

近年来，互联网在我国获得突飞猛进的发展，随着技术的成熟和产品的丰富，互联网在农村的普及速度也大大加快。相关数据显示，截至 2013 年 6 月底，我国农村网民规模达到 1.65 亿人，占网民总体比例为 27.9％，比 2012 年增加约 908 万人。

专家认为，随着互联网的普及，植保技术体系的建立将会更多地依赖于互联网技术，同时互联网技术应用到植保体系里也必将会推动植保技术信息化和技术化的变革。

让农民足不出户就了解植保和病虫害防治知识

农一网运用电子商务平台推动农药营销和品牌推广的变革，同时加大与各级植保系统的合作，创新经营模式，实现国内渠道多元化，在维护传统营销渠道的基础上，积极拓展非传统渠道，通过与植保系统、专业统防统治组织以及种植大户合作等方式，积极探索为种植者提供整体解决方案的植保服务新模式。

农一网副总经理王兴林说，农一网是立足于农药营销和技术服务的行业电商平台。平台借助互联网技术以整合行业优质产品为核心，聚焦通路产品走优质低价策略开发销售渠道；积极引进差异化产品，通过技术推广，树立差异化品牌，提高农一网的黏性；围绕核心作物形成系列化的产品线，推动作物解决整体方案的实施，不断扩大品牌影响力。该平台区别于其他的农药电商平台最大的特点是把植保技术体系建设和植保技术服务纳入进来，并在全国成立工作站和信息服务站，邀请植保专家和农药专家通过互联网技术传播病虫害防治技术。通过开设专家频道和微信等方式，让专家和农民一对一沟通，让农民在家里可以通过平台免费查找病症和网上咨询和交流。生产季节还前往农村召开植保技术服务大会，做技术指导、培训、示范、试验等活动。

农一网借助互联网技术的应用，为农民提供植保信息、优质农资产品、到位的技术服务，建立主要农作物和经济作物解决方案及病虫害数据库等在内的作物病虫害整体解决方案，让农民足不出户就可以了解植保技术和病虫害防治知识，协助农民最大限度地提高农药使用效率，减少农药施用量，保障生态安全，为农民实现降本增产。

农一网秉持"正品""低价"的原则

200 克/升草铵膦让利 60％、41％草甘膦 AS 让利 20％、5.7％甲维盐 ME 让利 40％、80％多菌灵 WP 让利 25％……你没看错，这些"惊爆价"明明白白地写在了 2015 中国植保双交会农一网的展台上。

一石激起千层浪，明码低价的方式给农资产品按区域、分经销商定价的传统价格体系带来前所未有的冲击。来自山东、陕西、安徽、河北等地的一众经销商团团围住农一网工作人员，争相询问农一网的运作模式、招商政策、定价方式。安徽的一位经销商甚至带着质问的口吻道："你们把价格定的这么低，让我们经销商赚什么？这不是砸我们饭碗吗？"

对此，农一网的负责人笑着表示："农资电商是行业大趋势，这件事我们不做，别人也要做。我们致力打造的是一个开放包容的农资销售平台，是为我们现有的和有志加入的经销商提供一个转型途径。不管是有实力的生产厂家，还是全国各地的经销商，只要愿意加入这个平台，我们都欢迎。我们追求的是多方共赢。"

听了讲解，山东省济阳县曲堤镇的农资零售商鞠辉说："新销售体系、特别是建立县级工作站，对我们零售商来说是个转型做大的好机会。"

河北省永清县春雨蔬菜农民专业合作社负责人张金领表示：我从事农资销售 21 年，深知农资赊欠之痛，开发客户之苦。每天早出晚归，搞宣传，抓销量，忙碌一年，到年终欠款还不好收。这种困局几度挫伤了我的进取心，但又没什么好办法。如今，互联网思维、电商、微营销等已成为新热点，催生了一批像阿里巴巴、京东这样的巨头。要么电子商务，要么无商可务。农一网为我们提供了转型发展的平台。

王兴林表示，农一网秉持"正品""低价"的原则，入驻企业的产品都经过了层层审核，以保证是原厂正品，同时售价要远低于市场零售价。农一网商城上的产品涵盖除草剂、杀虫剂、杀菌剂、调节剂等几大类200 余个品规，能够最大限度地满足农村市场需求。

山东省某知名农化企业负责人表示：毋庸置疑，农资电商的确是行业大趋势，但是如何顺应、利用好这一趋势是个复杂的问题。

一是要建立起完善的技术服务体系，农资产品是一种农业生产资料，与普通快消品不一样，只有教给老百姓怎么用，怎么才能解决问题，他们才敢买药；二是如何平衡与省级、县级经销商的利益关系，现在经销商中有一股担心甚至害怕电商的情绪，这是很不利的；三是建立一个成熟的农资电商平台需要过程，需要时间，特别是最初的几年不应追求销量和利润；四是如何解决平台的易复制问题，深耕全国重点市场尤为重要。

农一网董事长仲汉根认为，在农药电子商务成为现实的今天，企业能否做强做大与企业可否为用户提供价值信息息相关。农资电商有利于作物解决方案的完善和实施，也有利于渠道价格的管控，降低农业生产中的农资投入，更有利于农业生产技术的推广，为粮食安全和食品安全保驾护航。农一网模式很好地解决了生产厂家、经营单位和使用者之间的利益平衡问题。他们也将积极探索，利用现代技术和互联网思维把农资电商这一利国、利民、利己的做法发扬光大。

国务院参事、中国农药发展与应用协会会长刘坚认为，农一网的建立与发展，不仅可以惠及农药生产者、经营者、使用者，更或将引起我国农药行业从生产经营、推广应用到过程监管的一系列重大变革，有利于整个农药行业的科学健康发展。

信息化服务站（代购点），实现农村电商网络的立体全覆盖

农一网＋县域工作站＋乡镇服务站的电商平台模式，是以县为单位设立工作站，工作站再在各级乡村单位建设本县域农村植保信息服务站。在每个乡镇建立一个农一网信息化服务站（代购点），实现农村电商网络的立体全覆盖。

中国优质农产品开发服务协会副会长郭作玉在参观农一网后说道："水产、生鲜等农产品都已经迈上了电子商务的平台，电子商务已经到了多元主体共同推进的时代，这也是农药电子商务崛起的好时机；现在有思想的农药经销商正愁着找不到合适的电商合作伙伴，农一网对他们来说绝对是个难得的契机。我相信，农一网一定能干成，而且发展得会非常快，晚干不如早干，小干不如大干！"

农一网通过集中采购、取消中间环节、提高资源使用效率等多种方式，大幅降低了农民的农资投入成本，增加农民的生产收入，提高了其种植优质农产品的积极性。根据初步分析，仅农药一项，农一网就能降低至少30%左右的用药成本，根据全国500亿~600亿元的农药市场，农一网模式就可以为全国农民降本150亿~180亿元。

保证农产品安全的首要条件是买好药，买到正品农药。为此，农一网选择了和京东商城一样的自采自销模式，组织专业人员负责农药的采购，在源头就杜绝了假冒伪劣；其次，农一网对农资产品的整个生产、流通、使用进行了全程记录，而且执行着严格的批批抽检，并欢迎第三方和政府抽检，从而打造了一个正品和溯源的农资供应体系，最大限度地杜绝了假冒伪劣农资坑农害农事件的发生。事实上，在2015年农一网销售出的1.5亿元农药产品，遍布全国800多个县区，没有出现一例质量问题。

据统计，89%的农资企业负责人认为，农资行业目前逐渐进入电商时代，其中60%的农资企业开始进驻电子商务平台，11%的企业负责人表示企业暂时未考虑电子商务营销。

专家也认为，农资行业之所以要进入电商领域，一方面是由于目前习惯使用互联网的消费群体正在走向主流，更重要的是由农资行业的性质和特点所决定。随着化肥产能过剩的加剧，无论是生产企业还是流通企业，在近几年的经营过程中，都面临着竞争和生存压力。

因此，面对国内电子商务的快速规模化发展，农资行业中，无论是生产企业还是流通企业，目前对电商的理解和参与度都不高，可以说农资电子商务发展仍处于摸石头过河阶段。同时，目前农资电商大多是农资产品的网销和大宗产品——化肥的电子商务平台。然而，农一网却借助行业背景优势突破现有农资电商平台的业务范畴，以农药电商为切入点，同时在全国范围内组建工作站和农村信息化服务站。此独特运作思路为农资电商变革提供了借鉴，也是其与其他农资电商最大区别之处。

解决了农资电商的销售、物流配送、宣传推广等难题

在电商模式之下，农资产品与普通商品的物流配送不同。体积大、重量大、保存条件严苛等限制因素使得产品不可能像其他商品一样，由一个快递小哥骑一辆小型三轮车就能包揽整个写字楼的全部邮件；况且农资产品的配送目的地大多在交通不甚便利的农村，在这些地区物流配送网络能否覆盖得到也是一个值得考虑的问题。因此，农资电商这一想法能否实现需要首先解决的一大难题，便是物流问题。农一网在全国县级城市和各级乡村搭建的工作站和农村信息服务站其实就是为物流和配送做准备。工作站和农村信息服务站的组建可以解决农资经销商发货到偏远地区的困惑，同时方便农资经销商落地推广和宣传，也大大节省了农药企业的人力成本和时间成本。

分析显示，如果农资企业入驻农一网，组建经销商和销售产品这一成本可以比原来降低35%~50%，农一网几乎解决了产品的销售、物流配送、宣传推广、应用技术等全部环节。

一从事农药产品的经销商对农一网的运作模式非常认可：该平台能解决销售、宣传推广、物流配送的瓶颈，通过入驻农一网提高产品销售，节省一大笔投入和开支。经销商的工作也基本上发生翻天覆地的变化，由之前的卖产品变成了配送产品和技术服务，这样也为我们提供了更多时间去做品牌与服务。

据了解，农一网通过整合上游知名农药企业，为种植大户、专业合作社、农业公司、农垦基地、家庭农场、统防统治、政府采购、零售商等提供网上直购平台，设置了农药商城、农药企业品牌旗舰店、原药与精细化工、

植保专家频道四大频道解决销售难题。组建工作站和农村信息化服务站，并定期召开植保大会，解决宣传和推广、物流配送等农资电商难题。

据悉，农一网计划在未来三年发展 2 000 个县域工作站运营中心与 20 万个村级植保信息化服务站。

贾枭：为区域公用品牌做顶层设计

孔晓宁

贾枭，人如其名。不仅做着与"商"相关的事情，而且称得上是个"智勇杰出的人物"。初识贾枭，是 9 月下旬在北京举行的承德国光苹果品牌战略发布会期间，他那"聪明绝顶"的发型，口若悬河般的语速，再加上他讲出的那些非同寻常的故事，都令我印象相当深刻。

2015 年 4 月，他离开原有的工作平台，创办"农本咨询"，迄今一年半，即承接并策划了 20 多个农业品牌化项目。当"吉林杂粮杂豆""连天下""产自临沂""食宝含山""漾濞核桃""蒲城椽头馍""福山大樱桃""眉县猕猴桃"等一个个区域公用品牌，经他的团队系统规划设计，相继面市之时，人们从一个个全新的品牌及其创造的市场业绩，进一步体会到了实施区域公用品牌战略的巨大威力。

正值品牌建设的黄金时期，面对时代需求与民众急需，应该如何打造农产品品牌？其中的思维坐标与操作路径又是什么？围绕着这个属于"干货"的话题，贾枭应我的要求侃侃而谈。

系统化：上接"天线"下接地气

创办农本咨询前，贾枭及其团队核心成员在农业品牌建设领域已是大名鼎鼎。以自

己多年的实践和对县域的了解，贾枭对于实施农业品牌化战略有着深刻的理解。

在贾枭看来，当下风靡全国的农产品品牌建设，主要由四大现实问题倒逼而来：一是食品安全屡屡亮起红灯，二是中国农产品的竞争力明显不足，三是农业品牌化是"全面小康"的必由之路，四是发展农村电商的需要。

贾枭坦言，近年来，全国乃至全球范围内频发的食品安全事件，加剧了人们对食品安全的不信任：看到油光发亮的水果，就怀疑打过蜡；瞅见个头大的水果，即猜测用了膨大剂；眼观着色好的水果，便担心用了催熟剂……不夸张地说，很多时候人们是"满腹疑虑""心事重重"地"享用"着"美食"。

在农产品供应匮乏年代，老百姓对吃饭的要求仅仅是"吃饱"；进入农产品供给充裕时期，群众对吃饭的要求已经变为"吃好"。从"吃饱"到"吃好"，特别是要保证舌尖上的安全，重振消费信心，非实施品牌战略不可。

再看中国的农产品，有的即便品质很高，也难卖出好价钱。例如赣南脐橙，无论口感营养，丝毫不逊于美国新奇士橙，售价却远低于后者。中国是猕猴桃的原产地，可是创

始于 1996 年的新西兰佳沛牌猕猴桃，却成了全球高档高价猕猴桃的代名词。显然，在当前农产品市场的激烈竞争中，品牌已成为产品溢价、获取"超级利润"的法宝。

再者就是对于大多数县域而言，农业是支柱产业，是老百姓增收致富的主要来源。在无法通过扩大种养规模或提高单位产量提高收益的情况下，唯有实施品牌化战略，打造产品附加值，提升市场溢价，才能增加农民收入。从这个层面上说，农业品牌化是实现"中国梦"的需要。

还有就是发展农村电商需要区域公用品牌。产品上行是农村电商的主攻方向，但离不开区域公用品牌的支持。农村电商经历了近两年的发展，大家发现缺少了品牌的支撑，农产品网销只能是"赔钱也赚不到吆喝声"，因此现在许多县域电商都把打造区域公用品牌作为一项重要的工作任务，大大推动了区域公用品牌的建设热潮。

农产品品牌，可细分为区域公用品牌、企业产品品牌和企业品牌三种。"农本咨询选择专做区域公用品牌，一方面是源于朴素的情怀。我出生于农村，深知区域公用品牌一旦打造成功，往往可以带动几十万甚至上百万农民致富。另一方面，综观目前的品牌咨询行业，了解农业、理解公用品牌战略思想、熟悉政府农口工作的机构少之又少，而这恰恰是农本咨询团队的优势所在。"贾枭谈及自己创业的初心时说。

建设区域公用品牌，政府无疑担负着最大的职责，也是最重要的推动者。作为专操此业的专业智库，农本咨询是如何制定一个品牌的定位，又是采取怎样的操作路径，与地方政府通力合作的呢？

"简要地说，我们的长处在于兼备品牌、农经和营销的专业素养，以及多年来积累的实战经验，以战略设计、系统服务和专业智库三位一体的事业格局，开创了产品战略、产业战略和区域经济战略三位一体的农产品区域公用品牌建设体系，为区域农业品牌化提供系统化专业服务。"

上述概括有点儿抽象，用农本团队打造蒲城椽头馍品牌的实例，可以对于这种系统化服务的内涵一目了然。

蒲城县位于关中平原东北部，是陕西农业大县、国家优质商品粮基地县。蒲城出产优质小麦，有用小麦粉做馍的传统。2015 年 9 月，农本咨询受蒲城县政府委托，为蒲城馍制定品牌发展战略规划时，当地生产的馍有十几类近百个品种之多，大大小小的生产企业 180 多家，销售组织 300 多个，年产值 3.7 亿元。

农本项目组在调查蒲城馍产业中发现，蒲城馍品类丰富，有石子馍、棒棒馍、椽头蒸馍、棋子馍等，各具特点。但其中最有代表性并体现蒲城特色的是椽头馍。这种椽头馍创始于明朝万历年间，迄今已有 400 多年历史。由于制作工艺独特，它色香味俱佳，闻名遐迩。据传当年慈禧太后西逃途经西安，指名要吃这种馍馍。2009 年，蒲城椽头馍制作工艺入选"陕西省非物质文化遗产名录"。

全面出击还是单品突破？面对这个战略命题，农本项目组选择了后者。项目组认为，作为蒲城馍最具代表性的产品，椽头馍工艺独特，产品差异化强。只有以椽头馍作为区域公用品牌创建的突破口，才能聚集资源，以点带面，推动蒲城馍产业全面升级，达到效果最大化。

在确定战略方向的基础上，以品牌创建为核心，农本项目组提出了创塑品牌、建立标准、建设园区、立体推广、品牌管理与营销创新五位一体的推进战略。

他们给过对椽头馍前世今生文脉的梳理，提炼出"蒲城椽头馍，有来头、更有吃头！"的价值主张。

通过和椽头馍传统工艺传承人多次交流，依据椽头馍传统制作工艺，项目组提炼出椽头馍"起、压、称、排、搓、飞、醒、蒸"

八道工序的工艺流程，设计出形象生动的制作工艺，并将其作为品牌辅助图形。

在制定出包括原料标准、工艺标准和商品标准的标准体系战略路径之后，结合蒲城县正在实施的食品加工园计划，项目组提出，以蒲城椽头馍产业为重点，实现原有的食品加工园区升级，完善园区功能，以此作为扩大蒲城椽头馍生产规模、助推产业升级的载体。

2016年1月29日，一个专为蒲城椽头馍举办的品牌战略发布会，在西安的五星级宾馆隆重举行。而在此前后，蒲城县按照农本咨询的战略设计，授权有资质的企业使用品牌，以保证蒲城椽头馍牌子的纯正；县政府委托西北农林科技大学食品学院开发的馍保鲜技术，可将椽头馍的保鲜期由3天延长至15天。经由农本咨询的精心策划，加上政府的大力推动，导致市场销售的佳绩：2016年春节，蒲城椽头馍销量同比增长35%，销售价格平均翻番，拉动蒲城馍全线热销。春节期间，销售额即达1.62亿元。品牌化后的"小馒头"，表现出了大经济的特质。

贾枭感慨地说："现在，许多地方打造区域公用品牌，不是缺篇就是短章。我们认为，创建区域公用品牌，若不理解其战略思想，缺少品牌创建方法，不建立标准体系，没有规范化管理，就是徒有其表，即便名声大噪，但不可能持续发展，真正获得成功。"

正是在系统化的严谨操作中，农本咨询表现出了"上接'天线'，下接地气"的专业素养，因此在业界赢得了"战略家，手艺人""思想家，行动派"的称誉。

"两长工程"：打造公用品牌"航空母舰"

如今，农产品区域公用品牌建设的"两长工程"观念已经深入人心，"两长"即"县市长"与"董事长"。也就是说，要完成区域公用品牌这项建设工程，既要有政府"搭台"，也需要企业"唱戏"。双方只有密切合作，才能确保演出成功。

作为"两长工程"这一提法的倡导者，贾枭以为，"两长工程"现在还需添加一"长"，即"家长"（农民），公用品牌战略的实施，最终需要千万农户的参与。区域品牌这艘"航空母舰"虽然承载能力强大，但只有同时具备庞大的企业、合作社的"战斗机"机群，再有广大农户的支持与配合，才能最充分地发挥出战斗力。

"县市长"所代表的政府职能部门，掌握着制定产业发展政策及调动产业发展资源的大权，其创新思路与工作效率，对于区域公用品牌建设的成败至为关键。因此，农本咨询对于和地方政府的合作，有着自己的选择标准。"我们接受地方政府的项目委托，首先要考虑能否与决策者深度沟通，在价值取舍上是否一致。其次还要考量相关部门的操作能力与节奏能不能合拍。此外，在同一区域、同一时期，我们绝不服务于两个同类品牌。因此，2015年以来我们婉拒了近10个项目。"

在现实当中，区域公用品牌的一个明显缺陷，是很难杜绝信誉不佳的企业与个人肆意滥用。为了避免落此窠臼，农本团队把很大气力，放在操作机制与示范带动机制的创建之上。

烟台福山区出产的大樱桃，1871年由传教士从美国引种到福山，目前全区已经种植10.3万亩，赢得了"中国大樱桃看烟台，烟台大樱桃在福山"之誉。2015年销售额达到5亿元，其中电商就卖了2亿元。农本咨询应邀打造福山大樱桃区域公用品牌，一开始便清醒地认识到，电商参与虽然能令大樱桃销售更火，却改变不了品牌为王的农产品销售规律。为了进一步推进大樱桃产品上行，农本团队除了设计出吸引消费者眼球的"good"形符号，推出"福山大樱桃，个个不用挑"的传神宣传语，还重点帮助当地政府构建起品牌标准及授权使用的准入机制。确定由农业局规范品牌管理流程，首批授权

5 家企业（合作社）使用区域公用品牌。2016 年 5～6 月的大樱桃销售季节，福山大樱桃出现量价齐升的局面，最高市场售价卖到每斤 115 元（不含包装费）。全区大樱桃 2016 年总产值超过 10 亿元，比 2015 年增长近 1 倍。其中授权使用品牌的春早果蔬专业合作社，线上线下销售额达 4 500 多万元，同比增长两成。

经过农本咨询的品牌服务，相关地区"县市长"为区域公用品牌建设搭建平台，"董事长"依托公用品牌平台，创建企业产品品牌对接市场。两者相得益彰，共同驱动区域经济健康发展。贾枭对此还不满足："农本咨询在 2016 年前 8 个月，承接了 15 地政府的 16 个品牌合作委托，我们团队希望探索出一条适合中国国情的区域公用品牌建设方法，以平台化的模式，帮助更多区域创建公用品牌，让更多的'航空母舰'驶进农业海洋，使得更多的地方实现'农业强，农民富，农村美'的'三农梦'。"

站高借势：为地方优质农产品背书

当农本咨询的品牌服务受到越来越多地方政府的肯定时，贾枭对于自己团队的作为仍然保持着比较清醒的认识："农本咨询参与创建的区域公用品牌，并非是打造一个新品牌。它们真正的价值，是为地方优质农产品提供背书。因此，可以把它们看作是发展农业的工具与抓手。"

他认为，从区域公用品牌与企业产品品牌的辩证关系来看，没有区域公用品牌做背书，企业产品品牌难以叫响；没有企业产品品牌做支撑，区域公用品牌的效益则难以实现。两者相得益彰，是一种相互补充与促进的关系。

而从消费的角度观察，区域公用品牌通常以"地域名＋产品"的形式出现，有的以地方特产的形式存在了几十年、上百年甚至上千年，知名度极高。例如"黄岩蜜橘"，至今已有 1 700 多年的历史；"烟台苹果"也被人们熟知了 140 多年。人们消费这类农产品时，往往将区域公用品牌当作选择的"一级菜单"。当地生产企业与农户也把这类知名度极高的公用品牌，当作农产品推介与销售的法宝利器。

然而，由农本咨询承接的一些品牌服务项目，其原本知名度远不及上述那种名扬天下的传统品牌，他们往往需要将区域内叫得响的优质农产品，通过重新包装打扮，使之在更大范围内红火起来。为了实现这个目标，就必须以开阔的视野，依全局选择定位，依大势设计战略，达到顶层设计与模式选择的科学化，以系统化专业服务，促进区域农业品牌化，进而达到强企富民壮大区域经济的最终目标。

作为独树一帜的农业品牌智库，农本咨询采用事业合伙制，整合行业内顶级团队，如"火石策划""天演维真""亚果会"等，架构了战略规划、创意设计、品控溯源、传播推广等核心事业部和果品事业部，团队人员达到近 200 人。每个事业部独立运行，在项目运作中又密切合作，实现专业化分工和团队化合作的统一。农本团队对品牌战略战术的运用，可以试举几例：

一曰借势。例如中国核桃一半产自云南，云南核桃品种又一半出自漾濞。可漾濞这个县名，有多少人听说过？农本项目组设计的品牌宣传语"中国'核心'，云南骄傲"以及"大理名片——苍山洱海，漾濞核桃"，借国名省名及名山圣水，壮县域之色，立刻显出气度非凡。

二制符号。符号是品牌之魂，那只被咬了一口的苹果图案，不知撩起过多少人抢购苹果手机的欲望？漾濞核桃外观不佳，但果仁白嫩香润。项目组设计出的相关品牌符号，图形一如核桃仁，上面再书"仁好"两字，把品牌价值宣示得形象生动。

三是整合。位于长江淮河之间、巢湖之畔的安徽含山县，农耕文明历久浸润，出产优质大米、绿茶、水库鱼、林下土鸡、芝麻油等众多名优农产品，却无一种全国闻名。没有关系，农本咨询将其统统整合起来，赋予"食宝含山"区域品牌，既表达出含山拥有丰富农产品资源，又对这些产品的食品安全做了最好的注解，促使这些产品的文化价值与物质价值得以大幅提升。

"完成这些品牌设计及推广，取得一些成效，并非全是农本咨询的功劳。它们与当地政府源源不断的支持与扎扎实实地推进，有着很大的关系。我们只不过在其中做了一些专业的服务。"贾枭平和地说。

济世天下：为农业品牌化鼓与呼

"创办农本咨询前，大家叫我'贾老师'，主要是因为我在学校工作。现在政府官员和业界还叫我'贾老师'，我想这更多的是出于对于我的新角色的认可。"贾枭说。

做老师需要经常讲课；如今，在做项目的同时，抽时间频繁地到各地讲演，又成了贾枭的新专长。他每年在全国范围内要做不少于50场的主题演讲或专题报告，为农业品牌化"鼓"与"呼"。农业部市场与经济信息司主办的农业品牌建设"处长培训班"，农业部农业产业化办公室主办的"一村一品"培训班，淘宝、京东的"县长培训班"，陕西、河北、辽宁、海南、吉林、山东等数十地的全省农业品牌化培训班，他都是主讲专家。虽然耗时费力参加这类活动并无经济效益，但贾枭仍然乐此不疲。作为一个不同于科研院所研究机构的民间智库，一个没有靠山、全凭"放养"的商业公司，农本咨询并不"唯商是图"，这是因为贾枭和他的团队颇有"济世天下，舍我其谁"的情怀。

"讲座不是讲课，需要为农口部门工作指方向、提建议、开药方，对地方农业品牌化建言献策。因此每每答应邀约，我都要求对方提供当地农业产业发展的资料，若材料不够，就上网查询，做些准备和思考。时间长了，大家都开玩笑地说，贾老师姓贾（假），但都说真话和实话。每年花费不少精力做这些'吃力未必讨好'的事，主要是因为一地的农业品牌化路子走对了，就能大大提升产业效益，增加农民收入。"贾枭接着介绍："农本咨询计划明年实施'农本书院'计划，就是打造一所开放式的'农业品牌建设县市长大学'，以此提升县域农业品牌化决策水平和品牌建设技能。"

贾枭说，目前，我国农产品品牌化建设，正处在黄金时期。就农产品区域公用品牌而言，其主战场在县一级，因此农本咨询也将继续把主要精力放在县域公用品牌建设之上。"您问我对于前一段的咨询服务，有无系统总结。现在要做的事情太多，还来不及做这件事。但已准备写本书，书名就叫《这些年，我们做过的区域公用品牌》。时机成熟时，我就动笔。"贾枭最后笑着说。

科技精准扶贫　扶出优质农产品

蒋建科　刘　涛

扶贫只要增加农民收入，达到脱贫目标就行。华中农业大学从2012年起在湖北省建始县开展的科技精准扶贫，还针对当地气候等各种资源精准发力，在增加农民收入的同时，开发出优质猕猴桃、高山蔬菜、景阳鸡、魔芋、现代甜柿、特色枸杞、富硒冷水鱼等一大批优质农产品，源源不断地输送到大城市的超市和百姓的餐桌上。他们的做法值得借鉴。

"摇钱树"遭病袭连片死亡，"果教授"

带队及时增援

"丁零零……"，一阵急促的电话铃声把正在午休的蔡礼鸿教授吵醒，电话是学校"新农办"打来的。"蔡教授，建始县出大事了，正结果的猕猴桃遭受溃疡病突袭，一片片死掉，农民兄弟万分着急，学校请您带领专家前去增援！"蔡礼鸿不由心头一紧，猕猴桃可是建始县农民的"摇钱树"，是多少农民脱贫致富的希望。灾情就是命令，蔡礼鸿随手翻起桌上的台历，显示时间是：2013年4月18日，蔡礼鸿对着话筒说道："好的！我明天就去！"19日一大早，蔡礼鸿就风尘仆仆赶往建始。

建始县地处鄂西南山区北部，拥有得天独厚的富硒资源，自然条件特别适宜猕猴桃的生长，但因为种植不当，4月份突然暴发大面积猕猴桃溃疡病，猕猴桃树成片成片死亡，当地果农"谈桃色变"，种桃农户莫不忧虑，空气中弥漫着悲观，这种情绪甚至影响到了当地的经济社会稳定，一些农民抱怨政府鼓励种植猕猴桃是错误的决定。

蔡礼鸿其实可以婉拒这次任务，因为他已经退休。但蔡礼鸿深知这次任务的重要性，华中农业大学在建始县开展定点扶贫，是2012年11月由国务院扶贫办、中组部、教育部等8部委联合下文确定的，学校决定由他带队完成任务，足以说明这次任务的艰巨性。

一到县里，蔡教授就直奔花坪、长梁、红岩寺、三里、茅田、高坪等几个猕猴桃主产镇，挨家挨户调查，寻找问题的症结。经过一段时间的深入调研，查阅当地土壤资料，蔡礼鸿发现，当地农民施肥的参考数据来源于20世纪80年代，30年过去了，如今土壤结构和性质已经发生了很大变化，这是一个很大的误区。还有，当地农民仿照北方栽培果树的方法来栽培猕猴桃，蔡礼鸿为此总结当地种植猕猴桃的"五大误区"：盲目上高山、深栽后患无穷、施肥标准和方法失当、灌溉技术不当、猕猴桃不需防治病虫等。针对这些原因，蔡礼鸿提出了一系列有针对性的解决方案。

从此，蔡礼鸿常年往返在县城到花坪等几个乡镇崎岖的山路上，亲自下地传授技术，还印成种植小册子，培训了不计其数的技术人员。仅2015年一年，蔡礼鸿就有126天奔波在建始县的乡村里，为了讲课，他亲手制作了一个培训专用PPT，一共531张幻灯片。在给当地政府的报告中，他建议将氮、磷、钾的施肥比例由12：5：8调整为12：18：15，实践证明，效果明显。在此基础上，蔡礼鸿还组织学校其他专家一起研制成功猕猴桃专用肥，免费送给农民试用。

经过蔡礼鸿的努力，不仅有效遏制了猕猴桃溃疡病，稳住了猕猴桃种植面积，也带动了猕猴桃果酒、果汁饮料等深加工产品开发，2015年，全县猕猴桃和猕猴桃果酒综合产值突破2亿元，成为脱贫致富的支柱产业。

石头缝里长南瓜，农民致富全靠它

山大沟深，缺少耕地，似乎是贫困地区的一个共同特点。2014年，徐跃进教授来到华坪镇周潭村，站在一家农户的山地前，看着手里的海拔仪，他立下军令状：你种南瓜吧，如果种南瓜脱不了贫，我包赔！

这位户主倒有些犹豫起来，以前也来过不少帮扶的人，这次能行吗？再说了，南瓜在当地都用来当饲料喂猪的，要让它当蔬菜，谁信啊？徐跃进似乎看出了户主的心思，便为他讲解南瓜的生长特点和市场行情，把海拔计拿给户主看，"你这块地的海拔650米，最适合南瓜生长。"说罢，徐跃进教授拿出备好的种子示范起来，"如果失败了，我真赔你损失。"

转眼间到了南瓜成熟的季节，这位户主种植的10亩南瓜平均亩产1.2万斤，还带动村里种植10亩，每斤收购价0.36元，总收入竟然超过8万元！村民们说"石头缝里长南瓜，农民致富全靠它"。

"绝不能把平原地区的技术硬搬上山，山区是立体气候，复杂多变，一定要因地制宜，选择品种和技术，才能做到精准扶贫"。徐跃进随身带着3件宝：海拔仪、处方和种子。他走到哪里，就会深入田间地头测量海拔高度，化验土壤成分，进行品种布局，要求龙头公司牵头试种成功后，再大面积推广。

在山区发展蔬菜产业究竟还有多大空间？除了利用石头缝，还要见缝插针。徐跃进在走访了解中发现猕猴桃、关口葡萄、核桃产业发展很快，但在树苗刚栽下的三四年里，农民喜欢套种玉米等高秆作物，这容易影响树苗生长，为此，他建议改种低秆的蔬菜。

当年，在调查中发现，当地的恩施鑫地源蔬菜公司正在红岩寺镇猕猴桃长廊里搞小规模果蔬套种。这让徐跃进喜出望外，主动当起技术顾问，从立体种植产业布局、种植技术等方面给予全方位支持。短短两年多时间，由一个乡镇的上千亩发展到3个乡镇连片的3000多亩，其效益之高、受农民欢迎的程度，让徐跃进信心十足。

"走果蔬套种之路，既能确保农民当年收益，又能提高远期效益，可谓相得益彰。特别是百里生态走廊一线，就有5万多亩特色林果产业基地，就好比股市上的一支'潜力股'，发展空间巨大！"徐跃进这样描述建始蔬菜产业的广阔前景。

"只有延伸产业链，才有市场主动权和话语权！"徐跃进提出，为做大做强全县果蔬套种产业链，专业合作社要走富硒生态绿色种植之路，逐步赢得通向全国大市场的"绿色通行证"。2015年，全县山地蔬菜已发展到4万亩，产值超过1亿元。

科技拯救养殖业，唱响全国景阳鸡

2013年，建始县开始大力发展景阳鸡养殖业。别小看这个地方品种，它却大有来头。据华中农业大学动物科学技术学院教授龚炎长介绍，景阳鸡是由欧洲输入的鸡种与建始县本地鸡种杂交，经近百年自然和人工选择

形成，个体大、肉质好，是国家地理标志保护产品。当地孕妇生产后，都愿意买景阳鸡来滋补。

为此，县里重点扶持景阳鸡养殖业。谁料，天有不测风云，2013年，景阳鸡还险些引发群体性事件。这一年，建始县出现景阳鸡大面积死亡现象，部分养殖户饲养的景阳鸡成活率不足50%，最高的死亡率超过90%，损失数万元。由于饲养景阳鸡是政府主导推动，眼看自己饲养的景阳鸡成批死亡，损失惨重，一些农户意见很大，情绪激动，想上访讨说法。

危急时刻，建始县有关部门请求华中农业大学支援，龚炎长教授带领科研团队走访了几十家农户，经解剖确诊病鸡为大肠杆菌和沙门氏菌综合感染致死。随后，对种鸡进行阳性检测，发现阳性率高达70%。龚炎长大胆提出将阳性种鸡予以淘汰，使种鸡得到净化。同时，建议由合作社饲养30~35天的脱温苗后再提供给农户，一下子使鸡苗成活率由53%提高到97%。

"目前全县长年饲养景阳鸡60万只，为农户增收6000万元，取得了较好的经济效益，为精准扶贫找到了着力点。"龚炎长强调说，发展景阳鸡首先要坚定信心，其次精准定位景阳鸡的品牌，加强品牌宣传，牵住景阳鸡市场的"牛鼻子"。

科研团队还积极协助建始县引进外地企业进行景阳鸡开发，已有两家企业进驻建始。确定发展总体目标：在已有的基础上、根据景阳鸡的特点及目前市场需求，开发2~3个景阳鸡新产品（生产用配套系）；研究集成景阳鸡山地放养技术，加大技术推广力度，开展技术培训，从技术上解决景阳鸡产业开发中的关键问题，提高生产效率、保证农户饲养景阳鸡能产生效益；大力扶持龙头企业，为建始景阳鸡产业的健康、稳定发展奠定基础。

茶叶、魔芋等齐头并进，再造6个10亿

元扶贫产业

令人欣喜的是，华中农业大学在建始县开展的茶叶技术体系的建构与示范、魔芋高吸水性纤维及应用、强优势玉米新品种"华玉11号"选育与推广、猕猴桃果酒酿造关键技术研究与示范、现代甜柿产业关键技术研究与试验示范、特色枸杞资源挖掘、规范化种植及精深加工产品开发、富硒冷水鱼生态养殖研究、特色作物减肥增效施肥技术研究与示范、猕猴桃酒类深加工技术研究与示范以及饲料油菜品种开发与种植技术示范等其他10个精准扶贫项目也陆续传来好消息。

茶叶是当地有名的特产。在建始县挂职担任科技副县长的周继荣高工带领团队经过努力，建立起了建始县茶叶生产加工技术体系，茶树成活率从70%提高到95%，开发出条状乌龙茶、红茶、直条形白茶、老鹰茶、蓝莓花茶5个新产品。先后建设马坡绿茶，猪耳河和池沙地有机金观音，牛角水，奇羊坝、吊兰花富硒金观音4个基地，建成官店和业州2个示范加工厂。茶叶基地通过我国和欧盟有机产品认证，建始"金观音"乌龙茶在全国初步形成影响，成为又一个产值过亿元的脱贫致富的重点产业。

科研团队还通过阳光工程、农技人员能力建设、新型职业农民培育、企业培训等项目，培训各类人员1 300多人。15名本科生参与研究和推广，学生申报专利2项，发表论文1篇。已授权发明专利1项，实用新型专利4项，已公开发明专利2项。

主要合作企业炜丰公司近3年保持快速发展势头，2015年产值过亿元，并获得国投基金4 000万元投资，收购"稀世宝"矿泉水，开发茶饮料，走上全产业链协调发展轨道，成为恩施州乃至全省重要茶叶企业。随着新建乌龙茶茶园不断投产，其影响力将不断增强，有望形成"南有安溪铁观音，北有建始金观音"的乌龙茶产业格局。

目前建始县茶园面积达到5万亩，茶农2.5万多人，其中贫困人口5 000多人。据初步统计，2013年以来，全县贫困户茶农累计出售茶叶鲜叶6 000吨，增加收入6 000多万元，为实现按期脱贫打下较好基础。

此外，魔芋新品种培育以及软腐病防控等取得突破，使得魔芋产业综合产值达到3亿元。玉米新品种示范推广累计6万亩，带动农民增收3 000万元。甜柿发展突破1万亩，产值达到3 000万元。枸杞发展4 000多亩，产值3 000多万元。冷水鱼发展0.01万亩，产值达到2 000万元。

今年1月，建始县派畜牧、农业等部门技术人员到华中农业大学培训。华中农业大学党委书记李忠云带领傅廷栋、蔡礼鸿、徐跃进等中国工程院院士、教授来到建始，敲定今年扶贫事宜。这是双方致力于科教、产业和智力三大扶贫，着力构建多层次"智力＋"扶贫体系，走"智力＋产业"之路，谋"智力＋企业"之策，强"智力＋农户"之基，固"智力＋教育"之本，全面提升山区农村精准扶贫"造血"能力的重要举措。

李忠云深有感触地说，4年来的扶贫实践证明，华中农业大学探索出的"围绕一个特色产业，组建一个专家团队，设立一个攻关项目，支持一个龙头企业，带动一批专业合作社，助推一方百姓脱贫致富"的"6个一"模式，不仅适合建始县的实际，也取得显著成效，已经促成5个过亿元的产业，5个过2 000万元的产业，精准扶贫的10个产业新增产值5.62亿元，带动全县11 759户共41 276人脱贫。

李忠云说，实践证明，科技是实现精准扶贫的有效手段和途径。因为科技手段帮助我们找到贫困的原因，摸清了当地的优势资源，找到了脱贫致富的途径。在学校的科技支撑下，建始县申报各类科技项目7项，建立9个企业技术创新平台，专利申报数量居恩施州前列，高新技术企业数量和GDP增加值位居全州第二。在科技的作用下，预计未来还将形成 6 个过 10 亿元的精准扶贫产业，为建始县精准扶贫做出更大贡献。

绿色食品，如何扬品牌之长

孙　萱

随着工业现代化的发展，农业也逐步进入现代化，这一方面大大丰富了食品供应，另一方面也产生了一些负面影响。由于农用化学物质源源不断地、大量地向农田输入，造成有害化学物质通过土壤和水体在生物体内富集，并且通过食物链进入农作物和畜禽体内，导致食物污染，最终损害人体健康，并且这种危害具有隐蔽性、累积性和长期性的特点。

经济在发展，人们的意识在提高。消费者越来越认识到这种危害的可怕性，对农产品和食品质量的要求也越来越高。20 世纪 90 年代，我国决定开发无污染、安全、优质的营养食品，并且将它们定名为"绿色食品"。

绿色食品，是指产自优良生态环境、按照绿色食品标准生产、实行全程质量控制并获得绿色食品标志使用权的安全、优质食用农产品及相关产品。

在当前生态文明建设和绿色发展理念的推动下，开发绿色食品已具备了深厚的市场消费基础。截至 2014 年年底，全国有效使用绿色食品标志企业总数达到 8 700 家，产品 21 153 个；绿色食品大米、水果和茶叶产量分别占全国大米、水果和茶叶总产量的 10.8%、6.8% 和 3.7%；全国共创建 635 个绿色食品原料标准化生产基地，基地种植面积 1.6 亿亩。

但是，绿色食品的发展还存在一些"短板"，比如，绿色食品产业结构尚不理想，发展质量不容乐观；绿色食品品牌价值还没有充分体现，优质优价的市场机制还没有完全凸显出来等。

经过走访一些在全国绿色食品发展中比较好的省市，笔者发现，调整绿色食品产业结构、充分提升绿色食品品牌价值，是解决这些"短板"非常有效的渠道。正如中国绿色食品发展中心主任王运浩所说："绿色食品品牌价值既是核心的战略资源，也是推动事业持续健康发展的内在动力，整个系统要把提升品牌价值作为一项长期任务来抓。"

规范认证审核，坚守品牌定位

"好酒不怕巷子深"。对一个产品而言，品质就是生命力。

如何保证绿色食品的品质？唯有坚持深耕绿色食品文化，持续厚植绿色食品理念，练好自身内功，从受理申请到证后监管，从产品开发到基地建设，把好每道关口，确保绿色食品始终符合"优质、安全"的精品定位，才能让消费者信服其内在品质，体验到其独特价值。

规范认证审核是确保绿色食品质量安全的第一关。严把现场检查关、材料审核重点关口，坚持标准，规范程序，达不到绿色生产标准的，坚决不通过，从源头上防范出现系统性风险隐患。近年来，辽宁省坚持"严字当头、好中选优"的原则，积极引导综合素质好、自律能力强、诚信声誉高的主体申报绿色食品。按申报资质和条件，对申报主体的诚信记录、质量管理水平、投入品管控、标准化生产能力等开展评估，把好审查工作的第一道准入门槛。

严格证后监管是树立绿色食品产品公信力的重要保证。强化日常巡查，开展专项检查，加大抽检力度，健全淘汰退出机制等，维护绿色食品品牌公信力。在严把认证审核关的基础上，湖南省推动绿色食品全程监管，省绿色食品发展中心与相关职能部门紧密配合，开展对产地环境、产品质量抽检和农产品质量安全暨绿色食品联合督查的协作机制。2015年，全省共开展了31批次产地环境监督检测和11批次产品基地抽检，抽检样品1 019个，做到了认证企业抽检全覆盖。2016年7月，对全省各市州的绿色食品工作进行了综合检查，内容包括绿色食品工作贯彻落实、监管体系建立与实施及绿色食品示范基地建设等情况。

此外，建立绿色食品责任可追溯体系，也是确保绿色食品品质安全的重要举措。辽宁省则按照生产有记录、信息可查询、流向可跟踪、责任可追溯的基本要求，加快实施绿色食品可追溯体系进程，确保了绿色食品质量安全有迹可循，维护了品牌的公信力。

扶强生产主体，增加品牌总量

我国发展绿色食品实行的是"品牌标志为纽带、龙头企业为主体、基地建设为依托、农户参与为基础"的产业化发展模式，其中企业是发展绿色食品认证的主体，尤其是龙头企业。龙头企业是带动"调结构、升品牌"的重要力量，只有大力扶持龙头企业，才能推动绿色食品产业结构升级，增加品牌的总量。

绿色食品要想"跑得快"，必须靠"龙头企业"带。近些年，黑龙江省大力推进认证主体由"小企业"向"大龙头"延伸，加速构建新型绿色食品加工体系。首先是"扩旧"。通过实行认证补贴、协助对接绿色食品原料基地等措施，调动现有的认证主体特别是龙头企业增加认证数量，扩大生产规模和加工总量。在全省上半年新获证的188个产品中，龙头企业产品达到106个，占56.38%。其次是"增新"。积极扩大绿色食品初加工产品认证审核下放试点范围，并通过推进简政放权，强化服务手段和简化工作

程序，吸引大型龙头企业进入绿色食品开发领域。在2016年申报计划认证的300多个主体中，省级以上产业化龙头企业达到57家，同比增长6.6%。第三是"引外"。依托绿色有机食品原料基地规模大、品质好的优势，并采取组织专业人员深入企业，开展"证前"服务等措施，引导恒大、中粮、东方等境内外大型企业进入其绿色有机食品生产加工领域，申报认证绿色、有机食品产品，切实提升了产业总体实力。到2016年6月底，全省绿色、有机食品认证主体达到609个，其中国家和省级农业产业化龙头企业102个，同比增长7.23%。

在扶植企业主体方面，江苏省争取省级财政资金对新获证产品进行奖补。每个新获证绿色有机农产品证书补助2万元，当年内同一企业最高补助5万元。部分市县也出台了相应的补助奖励政策，大大提高了企业申报积极性。

新疆则充分利用其独特的自然地理条件，培育具有地域特色的企业品牌，全力打好"新疆绿色牌"。"十二五"期间，新疆扶植和培育了喀什薄皮核桃、和田玉枣、阿克苏苹果、库尔勒香梨、伊犁蜂蜜等一大批新疆农业名牌产品、绿色有机食品，扩大了绿色食品品牌总量。

完善营销体系，实现品牌溢价

绿色食品不仅要品质好，还要卖得好。只有卖得好，才能实现品牌的充分溢价。

不可否认，绿色食品的市场潜力非常巨大。然而由于流通渠道不畅或专业营销网络缺乏，很多绿色食品淹没在普通产品之中，价值优势没有得到很好体现，难以获得溢价。即使部分地区、部分企业尝试开展绿色食品专业营销，效果也不太理想。究其原因，绿色食品产品品种过于集中，大米、蔬菜、茶叶合计占到50%左右；生产企业相对分散，大多规模小，销售半径小，经销商采购物流成本高，且大多单打独斗，难以全面满足消

费者需求。

针对这一局面，除了从根本上优化结构，丰富品种，提升档次，还需打通产业链，搭建信息服务平台，着力加强绿色食品专业营销体系建设，全方位探索营销手段。

线上、线下相结合，既有一定数量的实体体验店，又有一批专业电商平台。内蒙古广泛调研、统筹谋划，探索开展农畜产品网络营销，于2014年搭建了内蒙古"蒙优汇"电商平台，将区内"三品一标"、名特优新等农畜产品纳入线上营销平台，同时配合北上广深等一线城市的线下平台，形成营销合力，实现了内蒙古绿色农畜产品线上线下全方位营销的新格局。

绿色食品与"互联网＋"深度融合，提高产品流通率，拓宽市场营销渠道。2016年以来，黑龙江省与有关部门合作，组织开展了网上"众筹"活动，首批精选11个大米、7个杂粮"互联网＋农业"基地在京东平台发起"我在黑龙江有亩田"2016新粮"众筹"活动，成功筹资69万元，探索了绿色食品与"互联网＋"融合的新路。同时，按照绿色、有机食品标准确定企业入驻标准，由政府打造、企业参与、市场化运作的"龙江大米网"已开通。

拓宽推广渠道，扩大品牌影响

"好酒也怕巷子深"。当前，各类认证品牌越来越多，各行各业都在大讲绿色发展，面对绿色食品品牌可能被淹没或被稀释、影响力可能相对下降的形势，抓好品牌宣传推广十分重要。

绿色食品从概念到产品，从产业到品牌，其内在的核心价值仍有待深入挖掘，消费者对"绿色食品究竟好在哪里"的理解还不够深刻，供需双方质量信息不对称，还需要坚持不懈、持之以恒地开展品牌宣传。那么该如何加强宣传呢？

通过组织举办或参加各类对接会、展销会、交易会等活动，提高品牌知名度。新疆多渠道、多模式组织企业参加各类农产品洽谈会、交易会、展销会以及区域性展会，许多参展企业借展会平台，精心参展、着力推介，结识了一大批采购商、经销商，取得了显著参展效益。以新疆济康蜂业为例，通过参加各种展会，在品牌培育、产品研发、技术创新上不断突破，公司规模迅速壮大。目前，已在华南、华东市场建设销售点1 000多家，在香港建立销售点60多家，市场销售一直保持20％的增速。还在天猫网站开设济康旗舰店，4个月粉丝已达1.1万人次。

除了实地参展外，品牌推广还需充分借助各种媒介进行宣传，从单一依赖传统媒体，转向利用更加灵活多元的新媒体，包括网络社交平台、电商平台、微信平台、移动客户端等，为品牌推广助力。黑龙江省以黑龙江大米作为宣传重点，融合了书刊报纸、网络电视、移动平台等多种媒介手段，充分挖掘其人文内涵，厚植文化底蕴，并通过"动漫""明星代言""名人讲故事"等形式，提高了品牌的知名度。特别是年货大集期间，专门举办了黑龙江大米区域品牌展，吸引数万名群众参观、品尝，提高了宣传力度。

马铃薯主食从尝鲜走向流行

随着马铃薯主食产业化开发的加快，有越来越多的马铃薯主食产品从实验室研发进入消费环节，以其独特的风味、均衡的营养受到消费者的青睐。马铃薯主食产品不仅丰富着餐桌，改变着人们的饮食习惯，也促进着马铃薯产区的一二三产业融合。在政策支持、技术支撑不断加强的情况下，马铃薯主食流行可期。

闻名全国的武汉小吃热干面如今又有了新的花样。有别于用面粉制成的传统热干面，马铃薯制成的热干面风味独特，眼下已成功打入武汉的小吃市场。其中，大汉口牌马铃薯热干面还获得了 2015 年的中国农博会金奖。

在全国各地，除了热干面外，马铃薯油条、马铃薯方便米饭、马铃薯铜锣烧、马铃薯米粉等各式各样的马铃薯主食产品，纷纷从实验室走了出来，开始被陆续端上普通老百姓的餐桌。马铃薯主食产品从最初的小众尝鲜走向流行，改变和影响着更多人的饮食习惯。

"只有你想不到的，几乎没有吃不到的。加工技术的突破和产业的发展，让马铃薯主食产品有更多机会走向大众餐桌。可以说，马铃薯产业如今已成为朝阳产业。"日前，在黑龙江省克山县举行的全国马铃薯主食加工产业联盟暨马铃薯主食开发技术协作组 2016 年年会上，中国农业科学院农产品加工研究所所长戴小枫如是说。

主食产品融入地域特色马铃薯实现"七十二变"

新鲜出炉的马铃薯牛肉包，形状多样的马铃薯月饼，酥脆好吃的马铃薯油糕……8 月 25 日，克山县昆丰马铃薯种薯专业合作社的展示大厅里人头攒动，来自全国各地的马铃薯主食加工企业正在展示最新研发的马铃薯主食产品。

"这些马铃薯主食产品几乎都融入了各地的特色，形态各异、口味丰富。小小的马铃薯，实现了'七十二变'。"农业部农产品加工局副局长潘利兵介绍，过去的马铃薯主食产品主要是面条、馒头，而现在，我国已经有 240 多个共六大系列的马铃薯产品，种类还在不断地丰富。而且，马铃薯全粉的添加比例也逐渐加大，有些优化配方的食品已经使主食产品中马铃薯的占比达到了 50%。

2015 年，我国提出了马铃薯主食产品开发战略，之后，马铃薯加工关键技术不断获得突破。家庭用马铃薯面条机、大型马铃薯挤压面条生产线、马铃薯馒头生产线越来越成熟，同时也吸引着越来越多的工商资本投资马铃薯主食加工产业。

据统计，从技术研发看，目前仅农业部研发团队就已形成马铃薯主食产品核心专利 120 余项，2015 年专利转让达 20 多项；从企业数量看，仅北京、河北等 9 个试点省（区市）和上海、哈尔滨、杭州等 7 个试点市，就有 200 多家企业参与了马铃薯主食产业开发。同时，在河北、内蒙古、甘肃等马铃薯重点产销区，马铃薯加工逐渐向主食加工转型。

加工技术突破了，企业兴起了，生产线建起来了，马铃薯主食产品开发驶入了一条快车道。以北京海乐达食品公司为例，公司生产的马铃薯馒头、花卷、蛋糕等 46 种马铃薯产品已进入京津冀 700 多家超市网点销售。甘肃聚鹏清真食品有限公司生产的马铃薯主食产品甚至还走出了国门。

"由于加工技术的制约，之前的马铃薯主食产品并不多，进入超市后价格也不低，相对小众。而现在，各种独具地方特色的马铃薯主食产品的出现，让它更容易走进人们的日常生活。"中国农科院农产品加工研究所研究员张泓感慨地说。

主食开发撬动三产融合　传统产业焕发新的活力

孙立涛是黑龙江兴佳薯业有限责任公司的总经理，也是立涛马铃薯专业合作社的理事长。正值马铃薯收获季节，在他位于克山县双河镇联心村的马铃薯种薯基地里，大功率的马铃薯收获机正在紧张地作业。

"2016 年的收成跟 2015 年差不多，在价格上应该会比去年好。我对马铃薯产业很有信心。"孙立涛说，合作社主要培育、种植和销售马铃薯种薯，1 万多亩的黑土地种植着7个马铃薯食用品种和2个加工品种。在他看来，主食开发战略的提出让马铃薯市场开阔了。孙立涛告诉记者，2017年他打算逐步增加加工专用马铃薯品种的研发和种植。

孙立涛所在的克山县是我国的"马铃薯之乡"。目前，全县采收马铃薯基本已实现机械化。副县长赵军向记者坦言，如今，越来越多的合作社在马铃薯主食开发上大做文章，形成了从种薯繁育、商品薯种植，到销售和加工一体的全链条发展格局，促进了一二三产业的融合发展。"未来，我们将有计划地引进各类马铃薯食品加工企业，深度开发马铃薯餐桌食品和营养食品，打造东北地区最大的马铃薯产业加工园。"赵军对马铃薯产业的未来充满期待。

"马铃薯附加值高，更能实现加工增值增益，也就更容易把一二三产连接起来。"潘利兵认为，在农产品当中，马铃薯主食加工产业最容易实现一二三产融合发展。目前，我国马铃薯覆盖面积很广，70%的贫困地区都种植马铃薯，在我国西北、西南和高山贫困地区，它仍然是我国重要的粮食和经济作物。"一旦全产业链打通，附加值上去，整个产业发展起来，马铃薯就能帮助更多农民脱贫致富。"

地处西部的宁夏是我国马铃薯的主产区之一。据宁夏农牧厅种植业管理局局长康波介绍，在经历了淀粉产业、鲜食快销、种薯产业开发三个发展阶段后，宁夏马铃薯产业又迎来了主食开发阶段，传统产业焕发生机，如今宁夏马铃薯的产业规模不断扩大，效益也进一步提升。不仅有供应麦当劳的薯条和薯饼，还有符合宁夏回族饮食特色的油条、馓子、麻花等地域产品，而且这些产品已经走进社区、校园，受到大众欢迎。

马铃薯产业前景广阔　技术研发和政策支持仍需加力

目前，包括我国在内共有70多个国家把马铃薯列为主食。专家预测，未来几年，马铃薯的市场需求还将呈现明显增长，对价格方面的影响也将十分显著。仅以种薯为例，我国每年的需求量达1 200万吨，而马铃薯淀粉及其衍生物需求量达80万吨以上，并且每年以10%速度递增。可以说，马铃薯产业市场空间巨大，马铃薯主食流行可期。

"马铃薯主食产业能帮助我们解决资源和环境的双重压力，是推行农业转方式调结构、促进一二三产业融合发展的抓手和突破口。未来30年，将是我国农产品加工业发展的战略机遇期、黄金期和关键期，马铃薯主食加工产业将是重要领域。今后，我们要充分发挥产业联盟的作用，努力实现'到2020年主食消费占马铃薯总消费量的30%'的目标。"戴小枫表示。

尽管前景广阔，但潘利兵也指出，当前马铃薯主食开发中还存在一些问题："比如相对于老百姓不太容易改变的饮食习惯，我们加工的专用品种还不够多，另外技术装备、产品门类需要进一步加强。"他坦言，加工确实是薄弱环节和关键环节，要通过加工产业带头，促进生产加工销售一体化，促进三产融合发展。

从政策扶持上来说，以农产品产地初加工补助政策为例，我国每年有很大一部分补助用于马铃薯产地初加工、储藏库投入，这也为马铃薯主食化创造了条件。

康波则希望，未来在马铃薯主食产品开发中，相关部门能继续加大政策扶持和引导。"目前，对于马铃薯加工的政策内容还比较单一，补贴的标准还是偏低，企业对产品开发的积极性还有待进一步提高。"

（原载于《农民日报》2016年9月8日）

农业这条船要向"优质优价"调头

李国祥

> 农业供给质量的改革,不是让一艘船调头,而是整个舰队要转向,从单纯追求数量的动力机制,过渡到优质优价的市场机制。

农业供给质量不高,是当前我国农业发展的突出问题。前不久召开的中央农村工作会议,提出要把提高农业供给质量作为主攻方向,培育农业农村发展新动能,提高农业综合效益和竞争力,无疑是有的放矢。

农业供给质量问题,不单指纯粹的质量达标问题,还在于农产品供给不能很好地满足消费者生活质量提高和健康生活的需要,以及农业投入不合理、农业资源消耗过度及环境恶化等对未来收益的损害。

事实上,我国已经加大了农产品质量安全监测,公布的农产品质量安全达标率近乎100%,近几年亦未发生农产品质量安全重大恶性事件。但客观地说,由于农业化学投入物的滥用,消费者对国产农产品的信心尚未完全建立起来。我国用不足世界10%的耕地养活超过世界20%的人口,却也使用了占世界30%以上的化肥。在一次有几十个农民朋友参加的座谈会上,笔者曾提出一个问题:农业生产中施用的化肥农药是否过多?在座的农民几乎异口同声回答:过多了。再问:为什么要用那么多?农民反问说:不用那么多化肥农药,怎么长庄稼?

然而,使用多少化肥,不只是农民的价值选择题,还受许多因素限制或驱动。长期以来,我国农业走的是一条艰难的路,在农业资源受约束的情况下,还要不断提高农民收入。这导致了不断提高农产品数量的政策倾向。比如,为了避免化肥等生产资料价格上涨给农民造成负担,设计了农资综合补贴

政策以提高积极性。农业科技资源配置,也明显地向高产品种选育及技术推广倾斜。现有的政策体系和科技创新体系,最大目标都是提高产量。因此,农业供给质量的改革,不是让一艘船调头,而是整个舰队要转向。

此前进行的几轮农业结构调整,虽然要求农民面向市场调优生产,也解决了结构调整前的财政负担过重、农民卖粮难和打白条等难题,但基本上都是在农产品数量上做文章,并未有效地熨平农业生产周期性波动的问题。

发展到今天,改革形势也在悄悄地起变化。消费者对质量要进一步提高,农民需要寻求新的增收空间,加上国际市场影响加大,这几个因素合在一起,客观上要求我们转换农业发展方式,从单纯追求数量的动力机制,过渡到优质优价的市场机制。

农业供给质量已经在很大程度上是由市场机制来决定,但农业结构调整必须发挥好政府作用。政府不推动,片面追求农产品数量的发展方式还将持续下去。然而,政府部门的主要精力,应该放在农产品价格形成机制的改革上。只要能守住粮食生产能力不降低、农民增收势头不逆转、农村稳定不出问题这三条底线,没必要过于细致地去干预农业产业结构。

与之相应,农业政策的设计与实施,必须充分体现出优质优价原则的核心地位。比如,在执行稻谷、小麦最低收购价政策的同时,可以根据质量差别适度拉开档次。托市

收购价的影响因素，除了水分和杂质，还应把营养含量、纯度等体现质量差别的参数包括进来。在重金属污染和地下水消耗过度等不适宜生产地区，停止托市收购政策。这些地方的农产品，政府要积极推动品牌建设，设定严格标准，并重新调整科技创新资源配置，为其提供不同方向的科技支撑。总之，要把提升农业供给质量作为一项系统工程来抓，让支撑农业生产的技术体系和政策措施，整体转向有利于实现农产品优质优价的轨道上来。

（原载于《人民日报》2017年1月13日）

让品牌护驾有机农产品

庆 祥

在食品安全受到强烈关注的今天，有机农产品逐渐走进公众的视野并为人们所熟知。然而较高的价格，较低的信任度，造成有机农产品销售渠道狭小，有机农业产业发展空间受限。

如何破解困局，使有机农产品生产者和销售者得到较高的收益，使消费者获得安全优质健康的农产品，已成为影响有机农业产业发展的首要问题。业内专家表示，酒香也怕巷子深，改变困局的捷径就是为有机农产品插上品牌的翅膀。

有机不等于万事大吉

"有机"指某种产品生产、加工方式。根据我国国家标准《有机产品》（GB/T 19630—2011）的规定，"有机产品"是指生产、加工、销售过程符合该标准的供人类消费、动物食用的产品。有机产品生产过程中不得使用化学合成的农药、化肥、生长调节剂、饲料添加剂以及基因工程生物及其产物。

与有机农产品相对应的"有机农业"，是当今人们在对自然新的认识和理解的基础上所形成的一种新型的农业生产方式。有机农业不允许使用现代常规农业中使用的化学合成农药、肥料、生长调节剂和饲料添加剂、转基因技术等，常被商家描述为"纯天然、无污染、零添加"。目前市场上只要标记"有机食品"字样的产品，一般都价格不菲。以有机大米为例，1斤有机大米的价格，最便宜的21元，最贵的86元。如果不了解有机大米背后的故事，一般消费者显然无法接受这样的价格。

专家介绍，有机产品价格居高不下，主要原因在于其昂贵的生产成本和较低的产量。由于有机产品强调天然、生态属性，所需的劳动力等成本大大增加。不仅如此，在加工过程中，有机产品所耗费的成本也较大。由于在整个生产过程中不能使用任何的化肥、农药等，有机农产品其产量比较低。事实上，正是由于低产量、高成本的限制，使有机产品在整个食品行业的市场份额中所占的比例非常小。

一项针对超市有机大米购买者的问卷调查显示，被调查者年龄分布集中在30～45岁，家庭人均年收入在10万～15万元的占比高达56%；消费者主要是出于安全、优质、健康和营养的考虑购买有机大米；53%的消费者有机大米消费比重保持在50%以上。在品牌认知方面，大多数消费者在购买有机大米时会优先考虑产地，其次是品牌、环保标志、品种、价格。目前的有机大米市场，尚缺乏领导品牌，使消费者只能大致依据产地进行品牌认知的识别。

也正是因为品牌缺失，假冒多、区分难、消费风险高等频发，影响我国有机农业发展。

尽管根据我国《有机产品认证管理办法》的规定，未获得有机产品认证的产品，不得在产品或者产品包装及标签上标注"有机产品"或"有机转换产品"等其他误导公众的文字表述，但出于利益的考虑，假冒有机产品在市场上仍大行其道。

2015年上半年，认证监管部门在实体卖场和电商平台共抽查标称为"有机"的产品1 012批次，发现假冒有机产品95批次，假冒有机产品占抽样总量的9.5%。2014年度，共对319批次标称为"有机"产品进行了检查，发现14批次假冒有机产品，发现3批次不合格有机产品。检查中发现的主要问题是，一些企业未经认证将产品标识为"有机"产品，假冒认证及超期、超范围使用认证标志等行为。

由于品牌影响力有限，顾客忠诚度有限，有机大米市场竞争日益激烈，生产厂家和商家不可避免地陷入价格战的恶性循环，假冒有机大米极有可能劣币驱逐良币，损害正常有机大米厂商和消费者的利益，影响行业秩序。

有机产品同样需要品牌

品牌的力量已经广为传播。品牌是软实力，品牌是影响力，品牌是传播力。品牌能为企业创造价值，是一个企业产品质量、科技含量、管理水准乃至企业文化等综合因素的形象代表。品牌是给拥有者带来溢价、产生增值的一种无形的资产，品牌更多承载的是一部分人对其产品以及服务的认可，是一种品牌商与顾客购买行为间相互磨合衍生出的产物。习近平总书记强调，要大力培育食品品牌，让品牌来保障人民对质量安全的信心。

随着国民经济发展，人民生活水平不断提高，人们对农产品品牌的认识和消费需求日益增强，消费者更加注重产品品质和品牌，人们愿意为优质、高价的品牌农产品买单。对于消费者而言，他们不是产品鉴定专家，品牌是他们对优质农产品认可的显性化标签。品牌是无形资产，其价值就在于能够建立稳定的消费群体，形成稳定的市场份额，滞销卖难的很多都是没有品牌的产品。只有把农产品做成品牌，才能让农民获得新出路，在激烈的市场竞争中站稳脚跟，也能让消费者放心安心，提升农产品质量安全水平。

但不可否认的是，由于不少生产者品牌意识不强甚至缺乏品牌意识，以致诸多名、优、特农产品尚无品牌，在市场上没有"名分"，难以获得应有的市场地位。即使已经打造出的一些品牌，也是各自为战，存在无序竞争现象，无法形成统一区域优势和规模效应。加之农产品的销售仍然沿袭由"生产者－批发商－零售商－消费者"的传统模式，品牌传播渠道单一，发展空间狭小，大大降低了优质农产品的市场竞争力和市场价值。

对于有机农产品而言，这样的问题同样存在。因为好品质不等于好品牌。好品质只是做大品牌的前提，如何让消费者认可这种好品质才是价值模式的关键。一旦某产品产生了这样的心理价值，成为某个品类的典型代表，即使这个品牌比其他品牌价格高，消费者也愿意支付溢价。如果不能树立品牌，再优质的产品也只会淹没在大量同类产品中。

品牌化通俗地说就是"形象工程"，围绕产品的基本功能，扩大产品的历史、文化、口碑、工艺、差异性、定制化等各项外延，进而产生高附加值。根据一项消费者调查显示，有70%的中国消费者会单纯因为品牌而进行消费，并乐意为品牌产品付出高价格。建立有机品牌可以坚定消费者信心，减少信任危机带来的购买风险，通过品牌建设提高企业及其产品的形象和档次，创造较高的产品溢价，培养忠实于品牌的消费者。品牌化经营能够控制经营风险，提高市场效率，解决目前有机农产品市场中诚信缺失的问题。通俗地说，没有品牌的自制有机牛奶的价格绝对高不过蒙牛有机牛奶的价格，也绝对没有蒙牛有机奶市场空间大。同样是有机牛奶，差的就是品牌所带来的高附加值。

以有机苹果为例，我国拥有众多优质苹果原产地，地域优势为有机苹果品牌建设提供了内在价值的支撑。首先，有机苹果的生产者应在生产、加工环节对质量做严格把关，使产品拥有无可挑剔的品质。其次，有机苹果的生产者、销售者要注重品牌建设，通过建立品牌形象，打造品牌知名度和美誉度，获取持续的竞争优势。

如何打造有机农产品品牌

有机农产品品牌化是做好有机农业的必经之路。强化有机农产品的品牌营销，创建知名品牌，拉动农业产业的持续发展，显得尤为重要。在有机农产品推广上，应树立品牌形象，提炼出品牌的核心价值，然后围绕品牌核心价值和定位，进行品牌营销。具体来说，可以注重品牌的外在形象打造，彰显品牌自身的价值观念；通过符号化的品牌设计，牢牢抓住消费者的注意力；借助品牌形象的大力推广，让品牌最终深入人心。

塑造产品品牌关键是要提炼出品牌的核心价值，赋予品牌价值感和品牌个性，和同业竞争者区分，并把品牌的个性主张和消费者有效沟通。也就是说，有机农产品品牌要有独特的价值基因。

1. 原产地。在我国，由于地理环境、历史人文的不同，几乎每一地域都有蜚声中外的区域名品，如烟台苹果、西湖龙井、阳澄湖大闸蟹等，其独特的地理环境、产品品质、历史人文等特点在消费者心中留下了美好印象。如果能够将这种独特的产地优势转变为品牌价值主张，将这种美好印象据为己有，即抢占消费者心智资源，将大大提高品牌高度和产品溢价能力，就会赢得市场。农夫山泉把"千岛湖"优质水源地价值成功植入消费者心智，成为"天然水"和"健康好水"的代名词。

2. 标准。做品牌的最高境界是做标准，高标准严要求才能树立高品质。如果企业能够在消费者心智中抢先占据了某个品类，并且成为品类里面最优秀的那个，就是最成功的。例如，鲁花抢占了花生油品类，六个核桃抢占了核桃露品类，加多宝抢占了凉茶品类。极草开发了虫草含片，重树高价值虫草标准"含着吃""嚼七根不如含一片"，把虫草产业带入"含片时代"。

3. 工艺。茅台酒和老干妈辣椒酱为什么就比别人的"好"？这其中很重要的因素就是特殊工艺。

4. 文化。文化是最独特、最体现差异、最难以替代的东西。在品牌中，文化的附加值最高。一提起高端矿泉水，很多人都会脱口而出"依云"。尤其是那句"阿尔卑斯山的雨水流到依云变成了高品质矿泉水，流到日内瓦和洛桑却什么都不是"的广告语让人铭记不忘。其背后有许多传奇的故事，推动依云成为高端矿泉水的代表。

除有独特的价值基因之外，有机品牌还要兼有气质和形象。

消费者是从外而内了解品牌的，有机品牌气质的打造必须内外兼修。因此，有机品牌形象的打造极为重要。就像茶叶中的竹叶青，被赋予高雅、纯洁、有气节的君子形象，充满了生命力；再如东方树叶包装上的浮世绘画风，再现了茶马古道的大东方概念，茶文化的历史与凝香跃然纸上。当这些品牌以卓尔不群的形象辅以合适的价格出现，就有更大的机会打动消费者。

对于有机产品良好的品牌形象打造，要研究其品牌内涵、消费者价值取向，同时兼顾品牌形象所传达出来的档次和规范。一要彰显独特的品牌调性。品牌调性是在品牌定位下，结合消费者的心智而设定的品牌看法或感觉。二要打造专属的视觉符号。沁州黄小米因有康熙帝御赐"沁州黄"的历史故事而身价大增。让康熙皇帝做沁州黄小米的品牌符号和形象代言人，提升了品牌的整体形象和价值。

互联网时代的到来给中小农业企业带来了品牌崛起的商机，他们不必在规模上向大企业看齐，也不需要支付高额的广告费，只要产品独特，找到合适的品牌定位，就可以形成自发式传播。通过加强推广，使有机品牌形象规范化和规模化。只有让消费者形成重复、多次记忆，才能使有机品牌形象落户到消费者心里。因为谁的品牌价值足，谁的品牌形象好，谁的品牌就能获得更高的溢价，就能吸引更多的高端消费者。

产品品牌经过较长时间的推广，知名度和美誉度快速提升，市场占有率大幅提升，消费者对产品品质充分信任，对品牌的独特价值深信不疑，喜爱并追随品牌的个性主张，带动了大量的重复购买，品牌忠诚度快速提升，这时，有机品牌的打造可谓取得重大阶段性胜利，有机产品的销售必将如虎添翼，有机农产品生产和销售者必将实现较高的收益。

中国农产品的创新优化

王　震

随着对农产品需求的日益扩大，消费者已由简单地满足日常的消费需求，提高到了对改善生活质量，对高品质、健康、安全、优质的农产品的需求，也就是说，消费者的诉求增加了。因此，在经营过程中，很多企业的产品卖不出去，有存货，有的甚至货虽然卖出去了，但钱收不回来。其中一个主要的原因，就是产品的同质化，产品不够优质，不能满足于一般消费者不断变化提升的消费需求。怎么解决这些问题呢？我从中土畜、中粮的角度讲讲如何进行操作。

寻找产品差异　突出产品优势

加强发掘优质农产品差异化的优势。中国很多农产品非常好，除了科技创新，还应发掘自身的、天然的优势。从每个产品的历史和文化、技术和工效层面寻找和发现产品的卖点，从而形成自身特有的差异化优势，满足消费者的需求，提升产品的附加值。这既满足了消费者的需求，同时也提升了企业的附加值。

比如中粮的黑茶，同是安化黑茶，但中粮的黑茶已订到 2016 年 9 月底，且货款已全部收回，等于是预售。其实，中粮的黑茶价格还比普通黑茶价格要高，但是成本基本上没增加多少。其主要原因是，该茶有环境特点、技术特点和功效特点，有 15 项专利技术。归纳起来有三个方面的专利，第一是菌种专利，第二是工艺专利，第三是设备专利。目前，茶叶装备非标准设备比较多。因此，作为企业必须与设备厂商一起研发标准设备，提升整体的价值环节。而中粮茶叶，正是通过提升产品差异化的体系，通过深入挖掘产品的内涵，着力打造黑茶品类的百年木仓，以此突出中粮茶叶产品的核心竞争力。

各个地方，一方面应从技术标准、文化内涵、产品的体系以及营销体系，全纬度地来设计规划产品；另一方面是加强农产品优质内涵的传播推广，比如褚橙、柳桃、潘苹果等，就是大家比较熟知的案例。

建立产品标准　加强质量监管

产品的优质或者是优质的产品，优质的标准是什么？一个是消费者认可的标准，以此来促进优质农产品的标准化发展。标准可以从产业链主要的环节入手，比如从原料、加工、销售、配送环节等设立标准。中粮就是这样操作的。

另外，行业协会和大企业带头推动标准的建立。优质农产品标准的建立，需要行业协会和大企业的共同推动。而第五届品牌农商发展大会，是顶层建设、顶层设计，推动了标准化建设，既有权威性，同时又能适应市场的需要，很有公信力。

国内外的农产品行业有很多，有行业协会组织、大型的企业通过建立标准联合，推动行业发展的成功案例。如新西兰政府能够协助成立新西兰奇异果营销局等，其中整合相应的资源，从质量、标准、营销进行了统一的组织。

五十茗庄，是目前在农展馆揭牌的第一个在茶叶行业具有标准的庄园级产品。揭牌后，马上进行了销售。第一天，这个品牌就销售过亿元，2016 年计划在互联网上要销售大概 2 亿元。

众所周知，茶叶行业非常大，有上千亿元的市场，但它有一个特点，就是大行业小企业。我们是世界最大的生产国，也是世界最大的消费国。但是我们没有大企业，没有大品牌，究其原因，就是产品的同质化，没有真正有竞争力的品牌，而五十茗庄就是要做这件事。

五十茗庄这个品牌标准公布后，实际上把农户与消费者结合到一起。报名参加庄园的不少。这个庄园是个标准，任何一个基地，任何一个农庄茶园，只要符合它的标准都可以申请加入，它是一个社会化的平台。

今天实际上我们讲电商、互联网，互联网是工具，要有好的产品，就是要把产品的优质做出来，把它的标准清清楚楚地告诉消费者，不欺骗消费者。

通过信息溯源，保证标准的执行和维护，使行业有序健康地发展。这是我们所思考的建立优质农产品信息追溯的循环体系，现在实验过程当中。

全面创新　产业提升

优质农产品要向现代化、科技化发展，必须要通过创新来完成。随着居民收入和生活水平不断提高，普通农产品要向现代化、科技化方向发展，要不断升级与创新，只有不断创新产品，才能满足消费者日益增长的消费需求。以茶叶为例，一个是生态茶，一个是科技茶，一个是便利茶，未来我们希望能够做一个现代茶的茶叶公司。这几年中粮茶叶的发展，每年复合增长率超过 30%，就是认认真真踏踏实实做好这件事情。也就是从产品出发，从产品的创新找到产品的优质。

在科技创新方面，优质农产品要向功效化、健康化创新。具体来说，就是在功效上必须要符合国家标准、国际标准。

如黑茶百年木仓，每一颗益菌含量 200 万个以上，无有害菌。现在相应的包括普洱茶，这些都是在不断地创新新的东西。

在模式上，优质农产品应积极探索营销的创新，仅产品的创新，就有很多。但是很难找到销路，为什么？因为只关注了产品的创新，没有关注产品的营销。产品的营销就是优质农产品经营，要积极尝试模式创新，以适应未来消费市场变化的趋势。

比如说，农产品与旅游的结合，农产品与文化的结合，农产品与互联网的结合，农产品与体验服务的结合，很快实现了消费者，特别是会员制的消费者，参与茶庄茶园的建设，甚至参与茶庄茶园的投资和管理。他们通过互联网，在电脑上实时看到自己那一亩三分田到底长得怎么样。也就是说，社会各界共同来打造产品优质化，打造优质产品，使产品产生竞争优势。

协同推进　持续发展

科技协同，政府、协会、企业共同推进科技研发和应用，行业协会与行业企业共同投入科技研发，新技术在产业中的应用不是单一方可以实现的，需要各方协同推进。我们提议在整个行业实现科技协同。

产业链各环节的协同是非常重要的，所以要从农户、合作社、加工厂、品牌企业、包括营销的终端，这一切都是为消费者服务。实际上这就是供给侧，这个供给侧只有一个环节提升是不够的，必须供应链中的所有环节都要提升起来，都建立相应的专业标准，能够对接起来，事情才能做好。所以说协同的发展非常重要，协同的发展离不开协会组织。

优质农产品要想真正发展，必须不断创新和变革，且要持续。从寻找产品的差异化，建立标准化体系，实现全面创新到推进协同共享四个方面，共同推动优质农产品的变革，最终能够实现持续发展。

（此文系作者在 2016 年 6 月 25 日第五届品牌农商发展大会上的演讲）

品牌主体

- 盘锦锦珠米业有限公司
- 芒市遮放贡米有限责任公司
- 宁夏中航郑飞塞外香清真食品有限公司
- 宁夏昊王米业集团公司
- 宁夏兴唐米业集团有限公司
- 黑龙江东禾农业集团有限公司
- 庆安鑫利达米业有限公司
- 射阳县沈氏农副食品加工有限公司
- 射阳县圣阳米业有限公司
- 中粮米业（五常）有限公司
- 五常市金福泰农业股份有限公司
- 葵花阳光米业公司
- 黑龙江省响水米业股份有限公司
- 兴化市贤人米业有限公司
- 重庆粮食集团南川区粮食有限责任公司
- 罗定市丰智昌顺科技有限公司
- 洪湖市洪湖浪米业有限责任公司
- 湖北中昌植物油有限公司
- 湖北楚天红食品股份有限公司
- 张北宝盛油脂有限公司
- 锡林郭勒盟红井源油脂有限责任公司
- 山东西王食品有限公司
- 安徽省花亭湖绿色食品开发有限公司
- 黑龙江农垦雁窝岛集团酿酒有限公司
- 深圳农畎食品开发集团有限公司
- 重庆市荣牧科技有限公司
- 上海松林食品（集团）有限公司简介
- 唐山双汇食品有限责任公司
- 湘村高科农业股份有限公司

盘锦锦珠米业有限公司

辽宁盘锦锦珠米业有限公司（即始建于1952年的盘锦市粮库）是以大米产业为龙头，集种植、收储、加工、研发、营销、物流为一体的多元化经济体。企业具有中央、省、市三级粮油储备资格，现有职工93人，仓储、加工基地10万平方米，粮食储藏能力达10万吨；引进世界领先的佐竹制米生产线，年加工能力7万吨；库区距盘锦火车站、客运站0.5千米；自有1千米铁路专用线，1.5万平方米的罩棚式货运站台与京沈铁路接轨；东临向海大道直达盘锦新港，京沈、沈大高速公路在这里交汇。企业二十几年来不断扩大种植基地规模，在全省率先实行土地流转，目前自有稻蟹种养基地2万亩，并与粮农签约订单种植，面积达6万多亩。企业获得了绿色食品、有机食品认证。锦珠人秉承着"爱企、求实、厚德、创新、稳进"的企业精神，以"良心做人、良心做事、生产良心品质产品"为立业根本，打造出一批

优秀的管理团队、技术团队和营销团队，不断创新发展，全力提升全产业链附加值，生产出让老百姓放心的健康食品；旗下拥有"锦珠""蟹田""湿地"三大品牌，形成11大系列78个单品，产品出口日本、韩国、瑞士、澳大利亚、克罗地亚等16个国家与地区，畅销北京、上海、天津、西安等国内100多个大中城市。60多年来锦珠人凭借对大米产业的沉淀与深刻理解，产品融食味品质、营养品质、外观品质于一体，得到了国内外消费者的认知和认可及行业和各级政府的诸多奖励和赞许。先后获得辽宁省著名商标、中国第十二届全运会指定用米、辽宁省农业产业化重点龙头企业、国家粮食局和中国农业发展银行重点龙头企业、全国粮油仓储规范化管理先进企业、全国放心粮油进农村进社区示范工程示范加工企业、全国中小学生爱粮节粮教育基地等荣誉达200多项。

芒市遮放贡米有限责任公司

云南芒市遮放贡米有限责任公司是德宏遮放贡米集团有限公司的全资子公司，按照"公司+基地+科技+农户+合作社"的经营模式，从事德宏优质水稻"遮放贡"米的科研种植、加工、销售和副产品的深度开发利用，形成了农、工、贸一体化，种、养、加一条龙，工业与农业互补互促的循环经济产业链。经过十余年艰苦创业，公司汇集了一批科技、管理人才，增强了公司实力。系统完成并通过了ISO9001质量管理体系认证。"遮放贡"商标是云南省著名商标；"遮放贡"牌遮放贡米是云南省名牌产品、名牌农产品、

云南六大名米，是中国十大地域大米品牌；多次在国际国内食品博览会上荣获食味品评金奖，特别是在首届中国"优佳好食味"有机大米十大金奖比赛上获得了金奖。企业先后被列为国家粮食局、中国农业发展银行重点扶持的粮食产业化龙头企业，云南省农业产业化经营重点龙头企业，云南省创新型试点企业，云南省成长型中小企业，云南省科技型中小企业，全国放心粮油进农村进社区示范工程示范加工企业。

公司致力于打造专属有机、绿色食品基地，充分利用芒市遮放镇环境资源优势，在

山涧小坝区选取优质山泉水源头地块，按照国家有机、绿色食品种植技术要求，对土壤、大气、水质进行抽样监测，并与当地村民小组、种植大户沟通协调，利用休耕、防护、建立隔离带、净化水源、使用农家肥等办法，改善、改良优质稻米生长环境。为确保原粮数量、质量，公司在遮放贡米核心种植区实行土地经营权流转，成立遮放贡米专业合作社，制定遮放贡米种植加工技术规范（该技术规范已通过芒市制定并上报备案为"地理标志产品遮放贡米"云南省地方标准）从源头管控，对农户进行遮放贡米种植培训，做到统一技术、统一品种、统一肥料、统一农药、统一收购、统一加工销售。委托检验评估机构进行水土气检测评价、产品检验等确保产品原料的质量。遮放贡米、紫糯米获得51 180亩绿色食品基地认证，是国家绿色食品生产示范企业。遮放贡米还获得了中绿华夏和欧盟2 000亩有机食品基地的双认证；该基地还通过了环保部的审查，被认证为国家有机食品生产基地。遮放贡米品质真正实现了从源头上的控制，进而为将遮放贡米产业打造成粮食行业全省最大、全国最优，在东南亚具有一定影响力的知名企业打下坚实基础。

宁夏中航郑飞塞外香清真食品有限公司

该公司成立于2002年6月，地处青铜峡市嘉宝轻纺工业园区，公司注册资金8 196万元，是一家集农作物科研种植、粮食储存、生产加工、销售为一体的清真食品加工龙头企业，主要生产"塞外香"牌优质大米、面粉、挂面、方便米饭、营养米汁等系列清真食品。公司自成立以来，始终坚持"敢于竞争，追求卓越"的经营理念，坚持走"建基地、树品牌、联网络"的产业化发展之路，将企业建成了自治区农业产业化重点龙头企业，并将成为国内最大的清真食品生产基地和面向中东阿拉伯国家的出口基地。

公司2010年投资3.7亿元新建了年产15万吨有机大米生产线，年产1 500万盒清真方便米饭生产线，年产2万吨清真营养米汁生产线，年产18万吨清真牛肉拉面专用粉生产线，年产2万吨清真富硒挂面生产线，优质粮食低温烘干保鲜仓库。通过流转土地、与农民签订订单的方式，建立优质粮食基地26万亩，保证了原粮质量，提高了产品品质。公司注重高科技产品的开发、研发、引进和推广，与宁夏大学、江南大学建立技术合作伙伴关系，逐年加大科技投入，不断进行产品科技研发，每年都有新的产品问世。

公司产品销售已覆盖陕西、甘肃、宁夏、内蒙古、青海等周边市场；同时加快抢占北京、上海、广州、深圳等全国一线城市高端市场的步伐。公司还积极参与宁夏回族自治区组织的面向国际市场的宁夏清真食品推介活动，提高了宁夏清真食品在国际市场的知名度和竞争力，赢得了外商的好评。同时，还在国内市场建立了18家清真食品专营店和130多个清真食品销售专柜。

公司产品先后通过ISO 9001质量管理体系认证、ISO 22000食品安全管理体系认证、ISO 14000环境管理体系认证、Halal国际清真食品认证。2014年2月获得宁夏回族自治区农业产业化优秀龙头企业称号，6月被评为守合同重信用企业，11月获得第十三届中国国际粮油交易"塞外香"牌挂面金奖。2015年7月被评为第二届全国粮油优秀科技创新企业，12月评为中国十佳粮油创新引领企业、中国百佳粮油企业、全国放心粮油进农村进社区示范工程。2016年2月被评为宁夏最具影响力行业品牌企业。

宁夏昊王米业集团公司

宁夏昊王米业集团公司组建于 2014 年 6 月，位于灵武市滨河粮食物流园，企业拥有资产 48 679 万元，注册资本 5 000 万元，职工队伍 252 人，其中中高端管理和技术人才 56 名。是集产学研于一体，一二三产业并举，发展种植、养殖、加工、销售、仓储、物流、研发、酒店、粮食银行等多元化经营，进行集团化管理的现代化农业企业，是宁夏回族自治区重点农业产业化龙头企业。集团公司旗下有宁夏昊鑫现代农业开发有限公司、昊王米业销售有限公司、昊王粮食技术研发中心有限公司和昊御现代农业产业化专业合作社。建立了宁夏回族自治区科技厅"宁夏稻米及副产物深加工（灵武）技术创新中心"，宁夏回族自治区经济和信息化委员会"企业技术中心"，宁夏回族自治区粮食局"水稻科技平台"。与国家粮食局科学研究院、宁夏大学、宁夏农业科学院、宁夏粮科技术咨询中心等科研院所合作，引进国家级粮食科学家 2 人，开展水稻全产业链技术研发，获得自治区级科技成果 2 项，银川市级科技成果 2 项，获得发明专利 4 项，实用新型专利 20 项。年加工优质水稻 18 万吨，销售网络发达、客户定位精准：集团公司在全国各地设立销售窗口，采用现代电子商务营销模式进行线上订货线下配送，"昊王"牌大米已远销到北京、上海、广州等数十个大中城市，进入 12 000 家商超、大专院校、定点军供单位，并出口到蒙古国。集团公司通过领办合作社、流转土地、签订粮食订单等多种形式建立昊王优质原料基地。2015 年流转土地 3 万亩，认证有机水稻基地 12 000 亩，签订粮食订单 10 万亩，目前已形成高效农业、示范农业、立体种养、农业观光、院校实习基地于一体的大型综合性基地，将宁夏优质水稻加工成具有品牌价值的"宁夏大米"。

宁夏昊王米业集团有限公司建有年产 18 万吨水稻生产线一条，2015 年储存加工水稻 18.6 万吨，年产销大米 12.4 万吨，2015 年用于生产线技术改造投入 1 800 万元。截至 2015 年年底，集团公司固定资产总额 48 679 万元，销售产值 72 147 万元，利税 6 559 万元。直接解决农民工就业 520 多人，帮助农民增收 1 000 多万元。建立了"塞上优谷"电子商务平台，打破了传统销售模式，在新农村建设中抢抓机遇和网购市场，实现线上销售和线下配送的无缝对接。

宁夏兴唐米业集团有限公司

宁夏兴唐米业集团有限公司是一家集科研、种植、加工、生产、销售于一体的国家级农业产业化重点龙头企业，是 2011 年度中国大米加工企业 50 强。拥有世界先进的瑞士布勒和日本佐竹五条大米生产线和一条米粉生产线，年处理水稻 22 万吨，生产大米 15 万吨，生产米粉 3 000 吨；现有 11 万吨原料仓储能力，是西北地区最大的大米加工企业之一。公司先后荣获全国第一批农产品加工示范企业，商务部农产品流通骨干企业，全国放心粮油进农村进社区示范企业，首届宁夏企业 100 强等殊荣。是西北地区（宁夏）粮食动员中心，宁夏水稻产业技术创新战略联盟理事长单位，银川市优质水稻产业联合体理事长单位，"宁夏大米"地理标志使用企业。企业先后通过 ISO 9000 体系、HACCP 体系认证；产品通过有机食品、绿色食品认证；荣获第七、八、九、十、十三届中国国际农产品交易会金奖，第十六届中国绿色食品博览会金奖，第十届中国国际农产品交易会优秀展出奖，第十二届中国国际粮油产品及设备技术展览会金奖，第四届中国国际有机食品博览会金奖。先后开发有机米、富硒米、香米等高端产品，红米、黑米、糙米、糯米、绿米等特色产品及常规品种 18 个系列 103 种规格，设立销售网点 3 000 多个，远销全国 20 多个大中城市，成为大米市场中强势品牌。

为发挥宁夏优势特色产业，公司利用灵武市国家优质米基地和全国商品粮基地的资源优势，积极探索完善"公司＋科研＋基地＋农户"的订单模式，2000 年签订宁夏粮食"第一单"，带动灵武及周边市县建立 15 万亩订单原料基地，把基地作为企业第一车间，优质优价（在市场价格基础上上浮 15％～30％），引导农民种植适销对路的优质品种，增加农民收入（2015 年兑现优质优价，加上增产节本，带动 3 万户农民增收 2 250 万元以上）。2000—2015 年累计签订订单面积 230 万亩，订单收购 115 万吨，经测算：农户累计增收 3.4 亿元左右，有效地促进了宁夏农业增产、农民增收、企业增效。同时公司以科技为支撑，以"示范引领、产业主导、规模经营"为原则，充分利用银川市优质水稻产业联合体综合优势，流转土地自建高端产品种植基地 7 万亩，引进优质水稻新品种 30 多个，以大棚工厂化育秧。引进不同行距栽培、稻糠防治杂草、不同施肥量试验、太阳能杀虫灯灭虫等新技术 9 项。在有机水稻生产区套养河蟹、草鱼、欧洲雁，通过稻田养蟹、鱼、雁等，研究、探索生态种养和现代农业发展模式。推动了当地农业产业结构调整，加快了农业产业化发展，与农户建立了稳定可靠的利益联结机制，发挥了农产品加工龙头企业积极的带动作用。

黑龙江东禾农业集团有限公司

黑龙江东禾农业集团有限公司，成立于 2012 年，注册资本 2 亿元，拥有固定资产 5.6 亿元，是国家物联网应用重大示范工程、国家"北粮南运"工程示范企业、黑龙江省现代化科技农业项目重点扶持企业、黑龙江省农产品质量追溯系统建设示范典型企业、绥化市农业产业化重点龙头企业。

东禾农业集团现已建设成为集水稻种植、粮食收储、大米加工与销售、粮食贸易、全农业链服务、物联网技术开发与应用于一体的大型农业产业化科技企业。下设东禾金谷、丰林米业、北京东禾金润等 7 个子公司，拥有"庆禾香""香禾林""食禾汇"等三大大米品牌，营销网络遍布北京、上海、天津、广州、深圳等 20 多个城市，并在天猫、淘宝、京东商城、微店等电商渠道建有销售平台。

东禾农业集团契约可控高产优质水稻种植基地 50 万亩；拥有"数字粮库"55 万吨；建有国际一流的全自动稻米加工线 3 条，其中两条为日本佐竹进口，年加工水稻 30.8 万吨；有 2 条铁路专用线和 1 座日烘干水稻 1 000 吨的烘干塔。物联网技术已深入应用到水稻种植、粮食仓储、大米加工、物流运输、线上线下销售的每一个环节，已经建立起了"从田间到餐桌"的全程食品安全可追溯体系。

庆安鑫利达米业有限公司

黑龙江庆安鑫利达米业有限公司成立于 2001 年 7 月，注册资本为 5 000 万元，是集农业种植、粮食仓储、水稻精深加工、油脂加工、稻壳发电于一体的新型经济体。公司是国家级农业产业化重点龙头企业、黑龙江省首批稻米加工园区、全国粮油加工 100 强企业、全国大米加工 50 强企业、全国米糠油加工 10 强企业。多年来，连续被中国农业发展银行总行评为黄金客户，被黑龙江省农业发展银行评为 AA 级信用等级企业。

庆安鑫利达米业有限公司占地面积 35.28 万平方米，从业人员 560 人。公司现有 4 条国际先进的现代化大米加工生产线，年水稻加工能力 30 万吨，粮食仓储能力 25 万吨，日烘干水稻能力 3 000 吨。年加工米糠（大豆）能力 10 万吨。庆安鑫利达米业有限公司主要产品是"庆鑫"牌系列绿色食品大米、"君品思"牌有机大米和米糠油。"庆鑫"牌大米被评为黑龙江名牌产品，"庆鑫"注册商标被评为黑龙江省著名商标。公司拥有优秀的销售团队和先进的营销理念，在全国划分黑龙江、北京、上海、福建、广东、河南、陕西、四川、云南、甘肃等十大销售区域，线上、线下同时销售，全国客户网络已达 670 多家。

公司实现了水稻的精深加工和综合利用，除生产大米外，利用副产品米糠生产米糠油等产品。利用稻壳烧锅炉供热，现已发展成为循环经济环保节能型生产企业。

公司的发展目标是利用 3 年时间，通过建设 14 个合作社种植管理 100 万亩水稻标准化基地；加工水稻 100 万吨；建成 100 万吨粮食仓储库；销售产品 100 万吨，实现年收入 50 亿元，利税 7 亿元以上。

射阳县沈氏农副食品加工有限公司

江苏射阳县沈氏农副食品加工有限公司建立于 2005 年，占地面积 16 000 平方米，主要经营：加工业（射阳大米、有机大米、年糕、粽子、糕点类产品）、种植业（拥有家庭农场百亩优质有机水稻种植基地，国家储备库万吨粮仓，蔬菜专业合作社等）。拥有固定资产 2 647 万元，大米年产量 20 000 吨，年糕年产量 6 500 吨，粽子、糕点类年产量 1 000 吨，产值 7 000 余万元。"清依食"牌射阳大米 2012 年荣获第八届中国粽子文化节指定用米优质奖，2013 年荣获盐城市知名商标；"祥容"牌年糕 2014 年获得江苏省十大知名品牌，同时粽子产品荣获第八届中国粽子文化节全国粽子产品一等奖。公司通过了 ISO 22000：2005 食品安全管理体系认证。近年来企业一直保持着良好的发展势态，投入了大量资金，引进先进技术设备，坚持质量第一、以诚取信的发展思路。公司目前是集"产、供、销"于一体的中型企业，生产的产品主要销往上海、浙江、苏州、无锡、南京、淮安等地，其中上海直营店连锁店有 22 家。粽子产品销往华东区大润发超市。公司与上海益民集团旗下的一只鼎食品有限公司合作多年，主要为其生产各类年糕，产品在全国大型商超供应不求，前景广阔，深受市民青睐。诚心待人，公平交易。狠抓质量推进品牌，提升经营业态，完善服务功能，增强高科技投入，确保射阳大米的形象是公司的宗旨。

射阳县圣阳米业有限公司

江苏射阳县圣阳米业有限公司是一家专业从事粮食收购、大米加工与销售的现代化企业。公司坐落在盐城市产粮大镇——海河镇。

海河镇地处射阳西大门，镇区总面积243平方千米，人口11万人，下辖25个行政村和3个居民委员会，与建湖、阜宁、滨海三县交界；正在建设的盐连高铁，省道233、229贯穿全镇，千吨级航道射阳河横穿其中，形成了公路、海运、空运、河运一体化运输网络。它北接连云港，南连上海，东衔沈海高速，西枕204国道，区位优势得天独厚，已全面融入上海2.5小时经济圈。海河镇光照足、无霜期长，自然环境优越，无污染，为绿色有机稻米生长提供了得天独厚的条件。

射阳县圣阳米业有限公司创建于2003年10月，建筑面积3 000多平方米，拥有烘干机、色选机、抛光机等先进的大米生产设备，固定资产1 000万元，为射阳县大米协会理事会员。公司以自家农场种植产出的优质稻谷为原料，精加工出的"盛阳"牌大米、"鹤乡海河"牌大米、"软香玉"牌大米、"海河晚粳"等系列产品，均为大米协会认可产品、放心产品。产品粒粒晶莹、品质纯正、米脂丰富、香软可口。公司在立足本地市场销售的同时，积极开拓外地市场，产品在上海、苏州、杭州等城市的市场销售份额逐年增加。圣阳米业一直坚持"以质量争先，以品牌取胜"的企业理念。

中粮米业（五常）有限公司

中粮米业（五常）有限公司位于黑龙江省五常市西郊村中粮路1号，是中粮集团在黑龙江省重点投资建设的高度现代化的大米加工项目之一。

公司占地101 575平方米，建筑面积33 829平方米，总投资18 453万元，建设投资14 841万元。以白米加工为主，年加工水稻能力10万吨，生产线采用佐竹公司设备，日加工水稻能力450吨；拥有水稻低温烘干机两台，日处理能力600吨。

公司拥有一条540米铁路专用线，3.6万吨原粮储存能力的立筒仓，4 800平方米原粮库，约4 000平方米的成品库；203省道与222省道在五常交汇，具有十分优越的仓储和物流条件。

秉承中粮集团"产业链，好产品"全产业链的经营理念，项目集原粮种植、采购、存储加工、创新研发、内销出口于一体，实现高、中端产品全覆盖，产品全程可追溯。

公司现已拥有主打高端全规格"福临门"品牌产品系列，及中高端"五湖"品牌产品系列，其中最具代表性的一线米"福临门"稻花香，"福临门"赋香稻，二线米"五湖"系列大米，三线米"东海明珠""红枫"系列深受广大追求高品质生活的消费者的青睐。

中粮米业（五常）有限公司将肩负中粮集团的使命，充分利用五常优质稻米的丰富资源，以一流的设备，一流的团队和一流的管理为广大消费者提供一流的服务，进而实现一流的回报，最终为全面实现中粮集团全产业链的发展战略贡献力量。

五常市金福泰农业股份有限公司

黑龙江五常市金福泰农业股份有限公司，成立于 2001 年，总部位于黑龙江省五常市，目前已发展成为集基地建设、科技育种、有机种植、稻米加工、现代营销、休闲旅游于一体的一二三产业融合发展型企业。

企业总资产 2.1 亿元，其中固定资产 8 500 万元，2015 年销售收入 4.42 亿元，税利 0.32 亿元，分别比上年增长 21.6％和 21％。注册的品牌"乔府大院"，于 2011 年获得黑龙江名牌产品，2013 年获得了全国粳稻米产业大会金奖等多项殊荣，产品销售网点覆盖全国 80 多个城市。企业年加工稻谷能力 30 万吨、仓储能力 6 万吨，占地面积 12 万平方米。拥有优质水稻种植基地 10 万亩，其中欧盟有机种植 1 万亩、中国有机种植 3 万亩、鸭稻生态种植 1 000 亩、绿色种植 3.8 万亩。2013 年被评为黑龙江省级农业产业化重点龙头企业、全国绿色食品示范企业，是五常市农业企业首家新三板上市公司。

金福泰致力于为大众提供最安全的大米、最正宗的五常大米。2010 年成立种业公司，聘请"稻花香 2 号"发明人之一的项文秀为总经理，与中国科学院遗传与发育生物学研究所合作，重点围绕"稻花香 2 号"提纯复壮与改良等四个重点课题开展实验攻关，目前已取得跨越性进展。

在质量管理方面，金福泰农业于 2015 年建立并推行质量全程追溯体系，以消费者为中心，内外兼顾，把追求高质量和高保障作为主线，要求每一个环节都密切配合、承担责任，保证了质量管理链条的完整性、协调性和运作的有效性，实现了社会与企业的双赢。

经过十多年的努力，金福泰农业股份有限公司已经发展成为集团化企业，旗下拥有 5 家子公司。

在不断发展壮大的同时，金福泰农业始终坚持在健康、品质、家乡、员工、环境 5 个方面履行社会责任，金福泰大力发展王家屯现代农机合作社，发展现代农业旅游业，帮助更多农民就业、增收致富。此外，在四川汶川地震、雅安地震等重大自然灾害发生之际，金福泰迅速反应，积极捐款捐物。金福泰资助困难群体、贫困大学生，先后扶持龙凤山镇、杜家镇、五常镇、卫国乡 4 个乡镇 6 个村基地困难户 160 余户。

金福泰农业秉承"百年金福，健康人生"的核心价值观，坚持"为耕者谋利，为食者造福的"企业使命，创造了独特的健康理念，打造了企业的独特竞争力，铸成了高美誉度品牌，多年来获得了广泛的社会认可。

葵花阳光米业公司

黑龙江葵花阳光米业公司是葵花集团下属子公司之一，公司成立于 2005 年，注册资金 4 000 万元，厂址坐落于长白山余脉张广才岭西麓，素有"水稻王国"之称的黑龙江省优质稻米之乡五常市。公司主要从事种子科研、繁育、优质水稻基地建设、优质水稻加工与销售等业务，拥有设备技术一流的水稻研究所，万亩有机、绿色生态水稻种植基地，遍布全国的完善销售网络，目前年水稻加工能力 12 万吨，销售网络覆盖十多个省市。

公司倡导"从田间到餐桌"的无缝对接，从水稻种子开始就确保每一粒"葵花阳光"

牌系列五常精品大米的正宗品味及高端品质。"致力于生态农业，倡导健康饮食文化，做国内一流的高端大米供应商"是葵花阳光米业的发展方向；"发展五常大米产业，弘扬中国稻米文化，为更多的消费者提供健康、营养、美味的精品米食"是葵花阳光人的不懈追求和光荣使命。

黑龙江省响水米业股份有限公司

该公司于 2012 年被农业部等八部委授予农业产业化国家重点龙头企业称号，公司一直坚持为农服务的方向，以响水大米品牌建设为核心，以科技进步成果转化为先导，以土地经营、科学种植、精细加工为主线，以市场需求为坐标，加强了标准化生产基地建设，公司的生产经营步入持续健康发展，为带动农民增收和新农村建设，为"响水两化"（即响水米产业化、响水区域小城镇化），为当地经济发展，为构建和谐社会做出了积极贡献。近年来公司的销售平稳发展，2014 年产品销售收入 28 289 万元，利润 1 538 万元，2015 年产品销售收入 21 747 万元，利润 1 012 万元。

兴化市贤人米业有限公司

江苏兴化市贤人米业有限公司位于全国第一米市——兴化市粮食交易市场内，东连 204 国道、沿海高速、兴长铁路，南接高兴东国道，西临宁靖盐高速、靖盐河。省级航道车路河紧依公司南侧向东与串场河交汇，水陆交通十分便捷。公司创办于 1996 年，占地面积 86 亩，建筑面积 28 000 多平方米，由生产区、仓储区、生活区三大板块组成，有一线员工 96 人，其中专业技术人员 26 人（工程师 1 人、中级技术人员 15 人、初级技术人员 10 人）。公司拥有 4 条（兴化本厂 3 条、上海宝山 1 条）日产 1 000 吨大米的现代化生产流水线，技术设备先进，加工工艺成熟。5 万吨的仓储设施，26 台烘干机组日处理量（正常水分）1 000 吨左右，为公司的正常生产提供了强有力的保障。公司生产的大米在国内各大粮食交易市场均有销售，同时长年供应大润发超市、军队、学校和外资企业，年销售量 15 万吨左右。公司同时经营稻谷、小麦、大麦、玉米、皮糠等业务，成交量 10 万吨以上。公司通过近 20 年的不懈努力，现已是江苏省龙头企业。被中国粮食行业协会授予全国放心粮油进农村进社区示范工程示范加工企业。"贤人"商标为江苏省著名商标，获国家绿色食品证书。产品通过 ISO9001：2000 国际质量体系认证，取得了计量合格确认证书。公司的信用等级为 AAA 级。

重庆粮食集团南川区粮食有限责任公司

重庆粮食集团南川区粮食有限责任公司属国有粮食企业，隶属重庆粮食集团有限责任公司。公司位于重庆市南川区东城街道办事处南大街 83 号，注册资金 500 万元，流动资金 3 000 万元；占地面积 18.4 万平方米，有效仓容 8 万吨，年均粮食库存量 6 万吨，年粮油购销总量达 8 万吨，主要从事粮油收购、仓储、加工、销售及非粮产业、大宗贸易等业务。现有在册职工 113 人，其中 22 人拥有专业技术职称。

公司现有 4 条大米生产线和 1 条菜籽油生产线，大米年生产能力 5 万吨，菜籽油年加工能力 0.2 万吨。公司从 2008 年起连续 5 年被重庆市委农村工作领导小组授予农业产业化龙头企业称号，2009 年被重庆市农业委员会授予无公害农产品生产企业，2010 年被评为重庆粮油行业协会常务理事单位。2011 年金佛山贡米被评为重庆市名牌农产品，2011 年金佛山贡米在中国·重庆西部农展会上被组委会评为消费者喜爱产品，2011 年公司粮油超市被评为放心粮油示范超市，2012 年获得全国放心粮油加工示范企业称号。2013 年金佛山贡米、冬水田尖尖米、山巴丘香米、银杉高山香米被中国绿色食品发展中心认定为绿色食品 A 级产品，金佛山贡米被评为重庆市名牌农产品。公司粮油产品有"金佛山""冬水田""银杉""山巴丘""石牛河""马脑城"牌等系列大米和"金佛山"纯菜籽油，产品达 30 余个，公司粮油食品的安全程度得到广大消费者认可。

公司全年收购优质稻谷 2 万吨，加工 2 万吨，实现销售收入 5 200 万元。公司基地 3 000 亩，实行订单农业，带动农户 10 000 余户，使农户增收 300 万元。为区域经济发展做出了一定的贡献。

罗定市丰智昌顺科技有限公司

广东罗定市丰智昌顺科技有限公司成立于 2006 年，是一家集科研、生产与推广应用为一体的农业高新企业。公司以"一样米养百样人，亚灿米养出健康人"作为经营理念，严格控制产品的种植和加工质量，所生产的"亚灿"有机米先后获得中绿华夏、欧盟、日本有机认证机构认证，并被评为广东省名牌产品。亚灿米基地被国家标准化管理委员会列为第八批国家种植综合标准化示范区，被农业部评定为国家农业行业标准《有机水稻生产质量控制技术规范》（NY/T2410—2013）应用推广示范基地。在北京召开的第十一届全国粳稻米产业大会上，亚灿米荣获金奖大米、优质品牌籼米等多项殊荣。2016 年，亚灿米荣获首届（2015）中国"优佳好食味"有机大米十大金奖品评争霸赛金奖。2015 年 5 月，公司采用"亚灿米"牌稻谷酿造的白酒定台玉液荣获第九届中国国际有机食品博览会暨 2015 有机食品市场与发展国际研讨会组委会颁发的优秀产品奖。

近年来，为进一步延伸亚灿米产业链，公司研制出定台玉液有机白酒，定台玉液白酒已通过了中绿华夏、欧盟有机认证，国际有机农业运动联盟认证。

延伸以亚灿米为主导产品的"亚灿"系列产品产业链，有机功能食品如定台玉液有机白酒、灿神壹号有机醋、亚灿糕、亚灿米分子冰淇淋、灿神咖啡、亚灿保健茶等新产品将陆续上市。

2011 年 3 月至 2015 年 7 月，公司承担了国家、省、市粮食产业农技推广与全程服务体系构建（水稻新品种新技术的示范应用与推广）、水稻抑草新品种（有机）产业化及水稻抑草育种关键技术研究和有机稻田间杂草防治、高产栽培关键技术研究及集成示范等多个科研项目，为科研机构及决策者提供了可靠的科学数据。

洪湖市洪湖浪米业有限责任公司

湖北洪湖市洪湖浪米业有限责任公司（以下简称公司）一是把实施品牌战略，创驰名商标，重品牌效应作为产业化发展的推进器。使"洪湖浪"产品，在国内与国际市场形成强大影响力，公司品牌管理部门多次组织参加省级、国家级展示交易会并获奖，其品牌知名度在消费者心中不断提高，并得到了权威部门认可。二是整合资源，打造特色品牌。公司积极响应湖北省委、省政府品牌发展战略，利用公司粮油购加销的市场份额优势和网络优势，在全省整合"洪湖浪"品牌。公司按照资源共享、风险共担、利益分成、统一管理的总原则，实施统一的"洪湖浪"商标，统一产品的出品名、生产名和厂址，统一产品名称，统一包装，统一营销，统一生产调度，统一质量管理，统一建立营销专班和销售窗口"八统一"的举措，达到集团运作，整体联动，共谋发展的目的。三是开拓新项目，提升品牌竞争力。公司依托资源优势，发展高科技项目，用项目的影响力提升品牌的知名度。依托湖北的地域和资源优势，以菜棉籽酸化油、废弃地沟油生产生物柴油，促使公司在粮油全产业链上走在同行业前列。

拓展产品市场空间，提升商标社会影响。为了推动"洪湖浪"商标和品牌有更大的发展空间，从而提升公司核心竞争力和综合实力，保证公司在激烈的市场竞争中得到可持续发展，公司积极推进"放心粮油"等公司产品进农村、进社区、进超市，打响"洪湖浪"商标品牌，在消费终端市场扩大龙头企业的影响力。目前公司在洪湖及周边建立三农服务中心、粮食银行等小型直接服务"三农"的窗口65家。在全国拥有公司粮食加工产品直销网点138个，代销窗口268个。可全方位开展农副产品的订单收购、对口收购、加工、储存、窗口直销、代理分销，公司已在广州、深圳、厦门、长沙、武汉、重庆等大中城市设有经营门店，与许多客商建立起了长期的信用贸易关系。各种精品包装大米、食用油进入了中百仓储、沃尔玛、武昌量贩店等各类超市。每年通过这些"窗口"和超市销售的粮食、食用油及副产品50多万吨。

公司充分利用网络、报纸、电视台等各类媒介，以新闻报道、专题片、广告投放等形式宣传公司品牌，每年参加或组织行业交流会，积极参与各项宣传活动100余次，扩大在公众中的知名度。

公司借助原料优势、利用特色压榨与古法加工工艺满足消费者差异化需求。针对家庭、企事业单位、餐饮等不同消费对象，推出不同包装规格产品，自2014年新包装新品种上市以来，深受广大消费者的喜爱与好评。2016年被列为全国重点推荐五大菜籽油品牌之一。

湖北中昌植物油有限公司

湖北中昌植物油有限公司（以下简称公司）于1994年经湖北省人民政府批准成立，现在是湖北省长江产业投资集团有限公司旗下湖北省粮油集团全资控股的国有企业，主要从事植物油的生产加工和销售。公司注册资本9 442.95万元，公司位于九省通衢的武汉市，紧临长江，占地面积约26 800平方米，拥有105米的水域及专用码头和60米的趸船。配备有现代化接发油设施,有每小时150吨的起卸能力,公司建有储油容量达2.4万吨的油罐区,充分利用得天独厚的地理位置以及专业化的储运管理,有力地保证了安全快捷的运输服务。

公司自1996年创立以来,立足武汉,逐步向湖北省及国内发展。公司针对市场需求相继推出"中昌"牌大豆油、菜籽油、玉米油、葵花籽油、芝麻油、食用调和油等品种及115毫升至20千克诸多规格系列的20多种产品。经过20多年的经营和发展,"中昌"食用油品牌已深入人心。"中昌"品牌的树立并非一蹴而就,是经过长期精心培育树立的。首先,公司坚持以市场为产品导向,公司在进入市场前,进行了详细的市场调研,掌握了大量食用油市场竞争者和消费者的信息,明确了目标群体和市场定位,以"质优不贵"

的差异化产品定位,突出产品优势,即以普通市民为主体服务对象,满足居民日常食用油需求,以富有亲和力的品牌形象成功切入了大众市场,获得了消费者的认可。其次,公司经营20多年来,一直坚持以食品安全为首,坚持质量为本的方针,确保产品食用安全。公司通过严格高效的管理,科学先进的生产和质量控制,保证了"中昌"牌食用油产品的优质和营养,在市场上受到广大客户及消费者的青睐。

自湖北省粮油集团全资收购公司股份后,根据集团战略部署要求,公司加快发展速度,确立"中昌"牌菜籽油作为公司后期发展的核心产品,在湖北省内大力发展经销商,做强做实湖北省内市场。力争在最短时间让"中昌"品牌进入湖北省油脂品牌第一方阵!

湖北楚天红食品股份有限公司

湖北楚天红食品股份有限公司(以下简称公司),2010年注册了"楚天红"花生油商标,公司主要生产产品有:浓香型花生油、山茶油、芝麻油。

公司位于湖北省大悟县新城镇将军西路。大悟县隶属于湖北省孝感市,地处湖北省东北部鄂豫边界,大别山脉西南段,境内山峦起伏,丘陵密布,河流、溪涧穿插其间。地形特征大体上是"七山一水二分田",而公司所在的新城镇山清水秀,物华天宝,气候宜人,自然资源丰富,有楚天花生第一镇之称,其花生年产量500万千克以上,花生食品远销东南亚。

湖北楚天红食品股份有限公司,是一家集花生种植,收购、加工、销售、科研于一体的湖北省农业产业化重点龙头企业。公司依托获农产品地理标志登记的大悟花生为原料,生产"楚天红"牌纯正浓香花生油。

公司主导产品"楚天红"牌纯正浓香花生油采用物理压榨技术,无调和、无添加,经专业检测机构鉴定为一级产品。"楚天红"商标被湖北省工商局认定为著名商标。2016年公司实现销售3 850吨,销售收入14 250万元。"楚天红"牌浓香型花生油、山茶油、芝麻油,投入市场后受到了广大消费者大量好评。

张北宝盛油脂有限公司

张北宝盛油脂有限公司(以下简称公司)

由北京宝得瑞健康产业有限公司投资建设,

占地 13 600 平方米，建有车间及原料仓库等设施约 6 500 平方米，拥有国内现代化的低温冷榨植物油生产线。该生产线年加工亚麻籽约 10 000 吨，产油 2 500 吨，年产值 1 亿元。其加工车间局部采用良好作业规范（GMP）要求，具有良好的生产加工条件。

张北是传统亚麻籽的产地之一，其独特的地理位置（内蒙古高原南部的坝上地区，平均海拔 1 400 米，风景优美，气候宜人，远离工业污染，是优良的农产品基地）使其产出的亚麻籽以天然、无公害、α-亚麻酸含量高等优点而享誉世界。公司生产的亚麻籽油所使用的原料均采自张北坝上地区和内蒙古地区。

公司以合作种植、生产、销售为一体，严格遵循经营理念，实事求是，严格按客户要求做好产品，满足顾客的需求。以质量求生存，不断满足和超越顾客的需要是宝盛油脂持之以恒的追求。

公司自成立以来始终致力于为中国健康食品产业提供营养健康的植物油。公司拥有高科技自动化的生产车间，一直以来作为张北县植物油模范生产车间供其他企业学习参观。同时为提升地方形象做出了一定贡献。

公司已为当地贫困户提供了 50 多个就业岗位，解决了近 80 人的就业问题。同时根据地区特点，因地制宜种植经济作物，每年收购亚麻籽 4 000 余吨，为当地农民转移支付 24 000 余万元，在提高当地农户收入的同时，也做到了绿化美化生活环境，从而做到了生态保护扶贫。同时每年上缴税金 200 万元，为当财政收入做出一定贡献。

锡林郭勒盟红井源油脂有限责任公司

"红井源"商标隶属于内蒙古锡林郭勒红井源油脂有限责任公司（以下简称公司）。公司始建于 1983 年，是以亚麻籽油生产为主，集研发、销售、服务于一体的大型现代化民营企业，是亚麻籽油国家标准起草单位，内蒙古自治区农牧业产业化重点龙头企业。

"红井源"位于亚麻籽黄金产地——内蒙古锡林郭勒大草原南端太仆寺旗，国道纵贯全境，交通便利、地理位置优越，特色区域优势明显。依托当地生产的亚麻籽（胡麻籽）、裸燕麦（莜麦）等资源，凭借无公害、无污染的天然草原环境优势，打造出了"红井源"品牌系列绿色健康食品。

2014 年，公司斥资 2 亿元在锡林郭勒盟太仆寺旗高新技术产业园区新建占地 20 万平方米的现代化粮油生产基地，全力打造集油脂生产、自然观光、工厂参观、美食体验、草原文化为一体的多功能现代化亚麻籽油生态产业园。

公司始终秉承着为中国打造一个世界级的健康食用油品牌，传承中华传统养生文化和民族文化的理念，开拓创新、拼搏进取，向着"立足锡林郭勒、面向全国、走向世界"的目标不断努力奋进。

公司作为自治区级产业化扶贫龙头企业，积极投身于太仆寺旗扶贫开发工作中，并且取得了很多的成效。多年来以公司为中心，辐射全旗五个农业乡镇，油料种植面积达 25 万亩，直接受益人口 1.2 万户、3 万多人。公司进行了一系列生产技术改造，引进了先进生产设备，大大提高了加工能力，增加了储备，形成了油脂生产、加工、储藏、销售一体化，提高了综合经济效益，解决了农民种植油料"卖难"的问题，实现了产业化扶贫龙头企业与农户之间的利益联动机制，实现了产业化经营，使广大农户在产业体系中组织起来，在公司带领下进入市场，从而实现公司和种植农户的互利双赢目标。间接消化农村剩余劳动力 8 000 多人，公司为 100　多名下岗再就业人员和进城务工的农民工提供了工作岗位。

山东西王食品有限公司

"西王"牌玉米胚芽油是山东西王食品有限公司（以下简称公司）全力打造的国内食用油民族品牌，公司注册资本 5.04 亿元，主产品即为玉米胚芽油，公司以打造"中国高端食用油第一品牌"为目标，秉承"食品安全为本、诚信经营为先"的经营理念，一直致力于食品安全、质量管理和品牌塑造提升工作。公司 2010 年 8 月被中国食品工业协会冠名为"中国玉米油城"，2011 年 2 月在深圳 A 股主板上市（股票代码 000639），是首家登陆国内 A 股主板的玉米油企业。

公司拥有加工 300 万吨玉米的巨大原料优势，加工的玉米均来自国家玉米最大主产区之一的山东黄河流域，所产玉米生长期长，籽粒饱满，从原料上保证了玉米油纯天然、绿色无公害。公司具有国际先进的生产设备。精炼车间关键设备全部采用瑞典阿法拉伐公司的工艺和设备，小包装车间按照药品良好生产规范（GMP）要求进行设计，灌装设备选用了世界上灌装效率高、产品质量控制稳定的德国克朗斯吹灌一体机，避免了外界环境对成品玉米油的影响。同时公司依托西王集团国家博士后科研工作站和国家认定企业技术中心，引进培养了一大批博士、硕士和高端技术人才，为新产品研发奠定了坚实的人才基础。经过十几年的发展，打造了一支专业技术能力过硬的核心技术团队。目前，拥有自主知识产权的专利技术达 53 项，研发专利荣获食品工业科技进步二等奖、山东省中小企业科技进步奖（二等奖）、中国粮油学会科学技术奖三等奖。产品连续五届被评为山东名牌、放心粮油，连续七届荣获北京国际食用油产业博览会金奖，获得中国粮油学会健康油脂金奖，"西王"商标被认定为中国驰名商标。公司被认定为山东省高新技术企业、全国粮油优秀科技创新型企业、"食安山东"首批食品生产示范企业。

公司自 1998 年开始定位于"玉米胚芽油"这一细分领域，开启了小包装品牌的运作之路。拥有国内先进的玉米油生产工艺和全套生产线，生产过程实现了智能自动化控制。随着生产规模的不断扩大和品牌建设的发展，公司产品市场占有率年年递增，市场份额为 30% 左右。2010 年公司在北京建立全国运营中心作为品牌建设指挥中心，立足北京，辐射全国，开始统筹全国品牌运营，致力于将"西王"打造为家喻户晓、消费者信任的食用油乃至食品加工行业的知名品牌、领导品牌。为打造这一品牌，公司加大企业转型升级力度，制定了三步走的品牌战略，第一步成为中国玉米油第一品牌，第二步成为中国高端食用油第一品牌，第三步成为中国健康食品第一品牌。公司大力实施"科技强企"战略，不断加大科技创新力度，不断研发新技术新工艺，不断领航行业技术水平。

公司作为行业龙头，国内最大的玉米油生产基地，民族企业的代表，始终坚持"食品安全为本、诚信经营为先"的经营理念，发挥全产业链优势，从玉米原料加工到终端产品自给自足，通过层层质量监控，向社会提供健康好油，更是给消费者提供更高级别的产品。公司凭借先进的工艺技术、规范的过程控制和过硬的产品质量，成功入选成为山东省第一批"食安山东"食品生产加工示范企业。公司历年来积极按照财政及税务要求坚持依法纳税、诚信纳税，为社会经济发展和当地经济建设做出了应有贡献。

安徽省花亭湖绿色食品开发有限公司

安徽省花亭湖绿色食品开发有限公司（以下简称公司）创建于 2006 年 7 月，是专业从事国家级珍稀畜禽保护品种——安庆六白猪的保种、扩繁、育肥、加工和销售的民营科技企业。公司被评为安徽省级农业产业化重点龙头企业、品牌工作先进单位、诚信单位、金融守信单位；"程岭"牌获安徽省著名商标。其养殖基地被认定为国家级科普示范基地、农业科技推广示范单位、珍稀畜禽资源保种场、省级标准化畜禽养殖示范场、农业科技示范园、循环经济示范单位。产品通过有机认证、无公害认证、ISO9001 质量管理体系认证。

公司现有千亩有机饲料种植基地、饲料加工厂、肉类加工厂，拥有安徽省最大的地方猪微生态深山养殖基地，年出栏 30 000 头以上。公司产品除在本省麦德龙、家乐福、合家福等系列商超和各专卖店销售外，还销往北京、上海、辽宁、四川、吉林、江苏、浙江等省份，受到广大商家及消费者的好评。2014 和 2015 年，CCTV4《走遍中国》栏目分别以"土种土味六白猪"和"特产传奇——不一样的猪宝贝"为主题，多次报道了公司的系列猪肉产品。CCTV7《农广天地》的《从农田到餐桌》节目从猪的品种、养殖环境、饲养过程、屠宰加工及冷链物流等环节对公司生产的六白猪进行了全程如实跟踪采访报道。

公司以人类食品质量安全为己任，回归传统生产养殖模式，将自然资源与现代科技完美结合，打造世界级顶尖猪肉，切实走出了一条成功的现代农业发展之路。

黑龙江农垦雁窝岛集团酿酒有限公司

黑龙江农垦雁窝岛集团酿酒有限公司特色养猪场主要饲养森林秧歌猪，森林秧歌猪是以东北民猪为母本培育的优质猪种，产仔多，耐粗饲，耐寒，肉质色、香、味俱全。猪场成立于 2013 年，场址位于黑龙江省八五三农场一分场五队，猪场占地面积 3.38 万平方米，森林秧歌猪放养林地 10 945 亩，能繁母猪 875 头，年出栏 18 000 余头。企业本着"安全、健康、营养"的理念开发黑猪产品，采取自繁、自育、自配料、自种青饲料结合林地放养与酵素饲养技术，生产"生态、原味、醇香"的猪肉产品，为消费者提供安全、放心的营养食品。

深圳农畎食品开发集团有限公司

深圳农畎食品开发集团有限公司，是专注于中国高端农产品开发、生产和销售的企业，旗下拥有深圳农夫电子商务有限公司、深圳农夫牧场食品有限公司、中悦农夫食品销售有限公司三个控股子公司。农畎集团秉承"餐桌美学，品质生活"的理念，以高品质农产品为集团经营之根基，将传统农业融合互联网、设计美学等新兴元素，创新打造"从农场到餐桌"的全产业链模式，致力于引领绿色农业和品质生活新风尚。

深圳农眹食品开发集团注册资本为1亿元，是以深圳农眹食品开发集团有限公司为母公司，以资本为主要联结纽带的母子公司为主体，以集团章程为共同规范的企业法人联合体。母公司、控股子公司、成员单位均具有独立法人地位，母公司与其他成员单位

的关系是参股或者生产经营、协作的关系。集团实行集中决策、分层管理、分散经营。

深圳农夫电子商务有限公司及深圳农夫牧场食品有限公司拥有顶尖的互联网技术团队、创意设计团队及市场策划团队，全面负责农眹产品品牌的整体形象构建及运营管理，中悦农夫食品销售有限公司则拥有以中国农业大学及北京农学院科学家为首研制的高端健康猪肉产品的全国独家销售权及其他农副产品的销售权。

重庆市荣牧科技有限公司

重庆市荣牧科技有限公司（以下简称公司）成立于2012年4月，位于具有"中国西部畜牧科技城""渝西明珠"美誉的重庆市荣昌区，由重庆惠荣畜牧集团有限公司和重庆市草牧养殖有限公司共同出资组建而成，是专门从事荣昌猪产业链打造及荣昌猪品牌推广的国有控股市级龙头企业，注册资金5000万元。

公司以"生态荣昌猪"为主导品牌，集育种研发、养殖生产、产品加工、冷热鲜肉销售于一体，拥有1个荣昌猪保种场及3个标准化生态育肥场，以"公司+家庭牧场"

模式签约代养户十余户，年出栏生态荣昌猪3万头。目前，公司已成功获得绿色食品认证，其产品被认定为重庆市名牌农产品，开发气调包装冷鲜肉、烤乳猪、风味腌腊制品等系列产品20余个，2015年销售收入4000万元，2016年销售收入5200万。

公司注重"以人为本、诚信经营"的管理思想，注重对专业人才选拔和培养。坚持以市场为导向、研发为重点、经营为龙头、质量为根本的经营方针，走品牌化建设之路，立志成为国家级荣昌猪产业化龙头企业。

上海松林食品（集团）有限公司简介

上海松林食品（集团）有限公司（以下简称公司）创建于1992年10月，位于上海市松江区，现属民营企业，注册资本3255.45万元，下属四个大型种猪场，饲养生产母猪近6000头，肉猪由公司所属合作社的79个种养结合家庭生态农场饲养，年上市商品猪可达15万头。公司生猪屠宰加工厂，设备全部引进国内外最先进的生产流水线，年生猪屠宰加工能力100万头，分割生

产冷鲜猪肉食品。产品还向深加工进一步延伸，主要生产冷冻调理食品、腌腊食品熟制品。目前公司还开设150多家"松林"牌猪肉直营店、商超店和电子商务销售平台。形成了种猪繁育、肉猪生产、饲料加工和产品销售为一体的养猪产业链。公司还利用种养结合家庭农场和自然条件的优势，种植施用农场有机肥的优质"松林"牌松江大米。

公司于2011年9月从荷兰托佩克公司引

进托佩克种猪（大约克配套系）A、B、E三个纯繁品系，各品系具有产活仔数多、抗病力强、背膘薄、肉质好、瘦肉率高等独特优势。饲料由公司自行配制，其主要原料定点于我国重点粮食产区，质量符合国家标准。为了提高猪肉的质量，饲料由公司自行配制和生产，在配制饲料中，公司注意提高蛋白质、氨基酸的利用率，降低氮、磷排泄量，减少氨气和硫化氢的产生，从源头上有效保证生猪品质。公司还做到无抗生素生猪饲养，并在饲料中添加了能提高猪肉品质和风味的中草药，以提高猪肉的适口性和自然香味。"养猪场+农田"的种养结合生态农场是在种粮农场的基础上推出的，每个农场的养猪场有150亩左右的配套农田。实行由公司统一供苗、统一供料、统一防疫、统一服务、统一管理、统一销售，肉猪饲养到105～110千克时，由公司统一回收并进行加工销售，形成"公司＋农场"的优质商品猪生产体系。这种田园式的饲养模式和饲养环境，能有效地预防生猪在饲养过程中的疾病发生，促进生猪健康成长。公司于2013年引进荷兰生猪屠宰设备，生猪屠宰加工采用冷却排酸工艺。其后续加工、流通和销售过程中的各个环节始终保持在0～4摄氏度，使猪肉的肌肉蛋白质正常降解，肌肉排酸软化，嫩度明显提高，非常有利于人体的消化吸收。肉品在健康、安全、营养、卫生等方面具有明显优点。

公司2007年起连续被上海市农业委员会认定为上海市农业产业化重点龙头企业，2011年所属猪场被农业部认定为国家标准化示范场。松林产品2009年后连续被农业部认定为无公害产品，被上海市工商行政管理局评为上海市著名商标。

唐山双汇食品有限责任公司

河北唐山双汇食品有限责任公司（以下简称公司）是河南双汇投资发展股份有限公司在唐山分两期投资建设的现代化肉类制品加工基地。公司位于河北省唐山市玉田县境内，东临玉石公路，南依京沈高速，距离北京、天津150千米，占地面积170亩，总资产3.97亿元，职工1 400多人。公司2002年4月建设，2003年1月投产，主要从事生猪屠宰、分割、冷藏、肉制品加工等，年屠宰生猪能力150万头，年产肉制品5万吨。公司现有生猪屠宰产品、低温肉制品等两大系列产品，其中，生猪屠宰产品包括200多种冷鲜肉产品，低温肉制品有玉米热狗肠、椰果香肠、Q趣儿香肠、无淀粉火腿等近50个品种，产品销往北京、天津、河北、山西、内蒙古等地。公司建设按照"国际一流，国内领先"的高标准要求，屠宰分割生产线采用目前世界上先进的冷分割生产工艺，设备从荷兰、韩国引进，厂房和工艺布局按照欧盟食品卫生标准、美国农业部标准和出口注册要求设计。从生猪购进、屠宰、预冷、分割、包装、贮存、运输等各方面严格执行国家《中华人民共和国食品安全法》《生猪屠宰管理条例》等法律法规，实行宰前检疫、宰后检验，做到有宰必检，屠宰与检验同步进行。

唐山双汇以"消费者的安全与健康高于一切、双汇品牌形象和信誉高于一切"为质量方针，秉承"以人为本"的发展战略，把国际先进的ISO9001、ISO14001、ISO22000管理体系和信息化技术应用到供产运销各环节，推行目标管理、预算管理、标准化管理、信息化控制，不断完善内控体系，持续实施技术创新、管理创新、市场创新，不断推出适销对路新产品，最大限度地满足消费者需求，使公司始终处于同行业领先水平。

湘村高科农业股份有限公司

湖南湘村高科农业股份有限公司（以下简称公司）是国家级优良猪种"湘村黑猪"产业开发项目的唯一承担单位，是集种、养、加、销为一体的高新技术企业和农业产业化龙头企业，注册资本 11 588 万元。

公司业务涵盖猪品种选育、繁育推广、商品猪养殖与销售、肉制品加工、冷链配送、饲料生产、沼气能源生产与销售等，获得 ISO14001、ISO9001、有机产品和欧盟麦咨达等质量认证。公司建有湘村黑猪原种场、第一核心育种场、扩繁场、生态示范养殖场等 4 个猪场以及肉制品加工厂、饲料加工厂、销售运营中心等 20 多个生产或经营单元，拥有 6 家全资子公司，总资产 10 亿元，2015 年实现营业收入超过 4 亿元。公司实施品牌营销战略，已完成长三角、环渤海、珠三角市场布局，迅速占领高端消费市场。公司于 2016 年 2 月在新三板挂牌交易并于 6 月进入新三板创新层，目前已进入 IPO 阶段。

以高品质为产品依托，湘村黑猪产品迅速占领全国的重要市场。2012 年 8 月，湘村黑猪长沙营运中心建成投入运营，拥有高标准的分割加工车间、全程冷链的配送体系、全产业链的产品溯源体系等。目前长沙、株洲、湘潭城区已运营各类门店 72 家。2013 年 10 月，湘村北京销售公司成立，目前在北京城区已签约商超 200 多家，并进入天津、石家庄等城市，正式营业门店 100 家；2014 年 9 月，湘村深圳销售公司成立，立足深圳，辐射广州和香港；2015 年公司与香港华润五丰行签订合同，湘村黑猪正式进入香港。

统 计 资 料

- 2016 年绿色食品发展总体情况
- 2016 年分地区有效用标绿色食品企业与产品
- 2016 年分地区当年绿色食品获证企业与产品
- 2016 年绿色食品产品结构（按产品类别）
- 2016 年绿色食品产地环境监测面积
- 2016 年绿色食品产品类别数量与产量（按 57 类产品）
- 2016 年分地区绿色食品原料标准化生产基地面积与产量
- 2016 年全国绿色食品生产资料发展总体情况
- 2016 年分地区绿色食品生产资料发展情况
- 2016 年国家现代农业示范区绿色食品、有机食品产量统计

2016 年绿色食品发展总体情况

指标	单位	数量
当年获证企业数	个	3 949
当年获证产品数	个	8 930
企业总数①	个	10 116
产品总数②	个	24 027
国内年销售额	亿元	3 866
出口额	亿美元	25.11
产地环境监测面积	亿亩	1.99

注：①截至 2016 年 12 月 10 日，有效使用绿色食品标志的企业总数。

②截至 2016 年 12 月 10 日，有效使用绿色食品标志的产品总数。

2016 年分地区有效用标绿色食品企业与产品

地区	企业数（家）	产品数（个）
全国总计	10 116	24 027
北京	65	309
天津	59	156
河北	275	783
山西	77	154
内蒙古	173	494
辽宁	450	968
吉林	216	545
黑龙江	779	2 072
上海	193	285
江苏	913	1 994
浙江	773	1 197
安徽	592	1 703
福建	353	575
江西	256	598
山东	1 335	3 380
河南	213	572
湖北	536	1 591
湖南	395	1 030
广东	349	715
广西	116	196
海南	26	48
重庆	297	772
四川	465	1 251

（续）

地区	企业数（家）	产品数（个）
贵州	25	35
云南	288	740
西藏	10	12
陕西	124	224
甘肃	321	645
宁夏	96	221
青海	73	211
新疆	271	548
境外认证	2	3

2016 年分地区当年绿色食品获证企业与产品

地区	企业数（家）	产品数（个）
全国总计	3 949	8 930
北京	28	122
天津	19	68
河北	110	343
山西	25	57
内蒙古	81	237
辽宁	184	399
吉林	71	219
黑龙江	303	791
上海	88	128
江苏	319	628
浙江	276	376
安徽	264	705
福建	110	173
江西	98	194
山东	560	1 271
河南	71	177
湖北	201	521
湖南	171	410
广东	116	199
广西	44	66
海南	17	28
重庆	125	269
四川	153	398

（续）

地区	企业数（家）	产品数（个）
贵州	10	16
云南	125	364
西藏	5	6
陕西	69	112
甘肃	117	221
宁夏	23	49
青海	42	135
新疆	124	248

2016 年绿色食品产品结构（按产品类别）

产品类别	产品数（个）	比重（%）
农林及加工产品	18 227	75.9
畜禽类产品	1 141	4.7
水产类产品	644	2.7
饮品类产品	2 106	8.8
其他产品	1 909	7.9
合计	24 027	100.0

注：其他产品指方便主食品、糕点、糖果、果脯蜜饯、食盐、淀粉、调味品、食品添加剂。

2016 年绿色食品产地环境监测面积

产品	单位	面积	比重（%）
农作物种植	万亩	11 882.49	59.69
粮食作物	万亩	8 863.68	44.53
油料作物	万亩	701.63	3.52
糖料作物	万亩	419.72	2.11
蔬菜瓜果	万亩	1 680.34	8.44
其他农作物	万亩	217.12	1.08
果园	万亩	1 793.26	9.01
茶园	万亩	305.61	1.54
林地	万亩	1 456.85	7.32
草场	万亩	3 250.22	16.33
水产养殖	万亩	363.92	1.83
其他	万亩	854.32	4.29
合计	万亩	19 906.67	100.00

注：其他指蜜源植物、湖盐面积。

2016 年绿色食品产品类别数量与产量（按 57 类产品）

产　品	数量（个）	产量（万吨）
农林产品及其加工产品	18 227	
小麦	68	136.43
小麦粉	818	488.27
大米	3 363	1 419.82
大米加工品	56	10.73
玉米	192	438.83
玉米加工品	183	57.47
大豆	105	82.14
大豆加工品	247	68.66
油料作物产品	55	13.70
食用植物油及其制品	369	100.63
糖料作物产品		
机制糖	75	332.64
杂粮	219	83.22
杂粮加工品	217	27.70
蔬菜	7 090	2 239.41
冷冻蔬菜	61	14.02
蔬菜加工品	176	30.52
鲜果类	3 445	1 172.63
干果类	282	80.67
果类加工品	175	14.75
食用菌及山野菜	570	105.34
食用菌及山野菜加工品	62	1.15
其他食用农林产品	282	174.56
其他农林加工品	117	118.54
畜禽类产品	1 141	
猪肉	176	4.47
牛肉	150	3.44
羊肉	87	2.13
禽肉	125	7.19
其他肉类	10	0.80

（续）

产　品	数量（个）	产量（万吨）
肉食加工品	108	1.07
禽蛋	181	14.33
蛋制品	88	3.79
液体乳	46	51.09
乳制品	53	7.17
蜂产品	117	1.12
水产类产品	644	
水产品	482	20.77
水产加工品	162	5.58
饮品类产品	2 106	
瓶装饮用水	82	238.57
碳酸饮料		
果蔬汁及饮料	104	19.71
固体饮料	20	0.14
其他饮料	54	34.15
冷冻饮品	24	0.60
精制茶	1 348	7.23
其他茶	113	1.45
白酒	117	6.65
啤酒	62	167.77
葡萄酒	65	2.77
其他酒类	117	8.99
其他产品	1 909	
方便主食品	305	36.88
糕点	131	5.64
糖果	38	0.97
果脯蜜饯	75	3.75
食盐	602	1 519.17
淀粉	212	215.29
调味品	541	109.23
食品添加剂	5	10.85
总　计	24 027	

2016 年分地区绿色食品原料标准化生产基地面积与产量

地区	基地数（个）	面积（万亩）	产量（万吨）
全国总计	696	17 300.9	10 952.2
北京	3	18.5	29.5
天津	3	34.9	16.1
河北	13	148.6	99.7
山西	4	36.0	39.0
内蒙古	50	1 840.6	1 201.6
辽宁	19	350.4	187.5
吉林	24	371.4	184.7
黑龙江	170	7 002.3	3 530.1
江苏	49	1 848.9	1 237.7
安徽	43	815.0	383.8
浙江	3	23.3	13.8
福建	16	172.7	95.7
江西	44	853.6	550.6
山东	23	436.6	399.5
河南	3	60.2	33.7
湖北	22	290.9	284.5
湖南	42	607.6	560.0
广东	6	64.3	52.2
广西	3	28.4	38.9
四川	61	902.9	836.6
陕西	2	77.0	90.1
甘肃	16	187.7	90.7
宁夏	14	196.7	151.6
青海	8	113.4	71.5
云南	1	6.7	3.3
新疆	54	812.3	769.8

2016 年全国绿色食品生产资料发展总体情况

产品类别	企业（家）	产品（个）
肥料	64	119
农药	11	37
饲料及饲料添加剂	24	80
兽药		
食品添加剂	21	29
其他	1	1
总计	121	266

注：其他指保鲜剂。

2016 年分地区绿色食品生产资料发展情况

地区	企业（家）	产品（个）
北京	3	14
天津	3	4
河北	8	15
山西	2	4
内蒙古	6	19
辽宁	4	11
吉林	1	1
黑龙江	7	15
上海	3	11
江苏	14	30
浙江	5	9
安徽	3	5
福建		
江西	1	1
山东	11	25
河南	7	11
湖北	3	4
湖南	5	5
广东	5	8
广西	1	1
海南		
四川	9	31
贵州		
云南	3	5
西藏		
陕西	2	6
甘肃		
宁夏		
青海	11	16
新疆	2	6
重庆	1	3
境外认证	1	6
总计	121	266

注：境外认证包括德国、韩国。

2016 年国家现代农业示范区绿色食品、有机食品产量统计

省份	示范区名称	绿色食品产量（吨）	有机食品产量（吨）
北京市	北京市国家现代农业示范区	1 318 020.3	20 234.85
	北京市通州区国家现代农业示范区	7 970	1 219
	北京市顺义区国家现代农业示范区	821 061.83	11 805.66
	北京市房山区国家现代农业示范区	2 064	231.331
	北京市大兴区国家现代农业示范区	267 413	4 705.7
	北京市昌平区国家现代农业示范区	28 106	0
	北京市怀柔区国家现代农业示范区	4 302	0
	北京市平谷区国家现代农业示范区	89 250	0
	北京市门头沟区国家现代农业示范区	68	54.5
	北京市密云区国家现代农业示范区	10 604	2 141
	北京市延庆区国家现代农业示范区	2 256	77.66
天津市	天津市国家现代农业示范区	845 281.68	34.06
	天津市东丽区国家现代农业示范区	0	0
	天津市津南区国家现代农业示范区	1 990	0
	天津市武清区国家现代农业示范区	59 969.8	0
	天津市西青区国家现代农业示范区	12 600.5	0
	天津市北辰区国家现代农业示范区	27 115	0
	天津市滨海新区国家现代农业示范区	561 568	0
	天津市宝坻区国家现代农业示范区	114 687	0
	天津市蓟县国家现代农业示范区	41 091.38	0
	天津市宁河县国家现代农业示范区	1 560	0
	天津市静海县国家现代农业示范区	12 700	34.06
河北省	玉田县国家现代农业示范区	24 500	505.3
	定州市国家现代农业示范区	820	0
	武强县国家现代农业示范区	0	7 091
	肃宁县国家现代农业示范区	0	0
	武安市国家现代农业示范区	9 790	670.3
	昌黎县国家现代农业示范区	101 900	320
	张家口市塞北管理区国家现代农业示范区	61 314	11 206.5
	围场县国家现代农业示范区	91 675	0
	永清县国家现代农业示范区	9 400	458
	唐山市曹妃甸区国家现代农业示范区	20 380	0
	威县国家现代农业示范区	4 282	0
	石家庄市国家现代农业示范区	179 295.98	739
	石家庄市晋州市国家现代农业示范区	5 341.5	0
	石家庄市藁城区国家现代农业示范区	56 400	0

（续）

省份	示范区名称	绿色食品产量（吨）	有机食品产量（吨）
河北省	石家庄市新乐市国家现代农业示范区	2 200	0
	石家庄市鹿泉区国家现代农业示范区	38 958.5	0
	石家庄市井陉县国家现代农业示范区	0	0
	石家庄市元氏县国家现代农业示范区	4 943	0
	石家庄市高邑县国家现代农业示范区	649.75	0
	石家庄市栾城区国家现代农业示范区	2 232.5	0
	石家庄市赵县国家现代农业示范区	20 889.13	0
	石家庄市无极县国家现代农业示范区	0	0
	石家庄市深泽县国家现代农业示范区	0	0
	石家庄市正定县国家现代农业示范区	200	0
	石家庄市平山县国家现代农业示范区	13 485.6	1 194
	石家庄市井陉矿区国家现代农业示范区	0	0
山西省	运城市盐湖区国家现代农业示范区	3 450	0
	大同市南郊区国家现代农业示范区	1 750	175
	定襄县国家现代农业示范区	0	0
	高平市国家现代农业示范区	0	0
	曲沃县国家现代农业示范区	0	0
	长治市国家现代农业示范区	27 649.5	862
	长治市郊区国家现代农业示范区	0	0
	长治市长治县国家现代农业示范区	0	0
	长治市长子县国家现代农业示范区	2 045	150
	长治市屯留县国家现代农业示范区	75	0
	长治市襄垣县国家现代农业示范区	3 775	0
	长治市潞城市国家现代农业示范区	0	0
	晋中市国家现代农业示范区	20 657.5	224
	晋中市榆次区国家现代农业示范区	6 650	0
	晋中市太谷县国家现代农业示范区	10 000	124
	晋中市祁县国家现代农业示范区	0	0
	晋中市平遥县国家现代农业示范区	2 207.5	0
	晋中市寿阳县国家现代农业示范区	0	0
	晋中市昔阳县国家现代农业示范区	0	0
内蒙古自治区	扎赉特旗国家现代农业示范区	48 250	3 520
	西乌珠穆沁旗国家现代农业示范区	0	0
	鄂温克旗国家现代农业示范区	30 521.8	0
	开鲁县国家现代农业示范区	2 000	0
	赤峰市松山区国家现代农业示范区	12 139.8	611

（续）

省份	示范区名称	绿色食品产量（吨）	有机食品产量（吨）
内蒙古自治区	巴彦淖尔市临河区国家现代农业示范区	62 719	62 899
	阿荣旗国家现代农业示范区	8 650	10 898
	达拉特旗国家现代农业示范区	260	96 940.2
	土默特左旗国家现代农业示范区	212	0
	包头市九原区国家现代农业示范区	0	0
辽宁省	辽中县国家现代农业示范区	96 689	0
	台安县国家现代农业示范区	34 000	0
	沈阳市于洪区	68 500	380
	海城市国家现代农业示范区	66 297	0
	开原市国家现代农业示范区	10 075	0
	盘山县国家现代农业示范区	37 440	0
	北镇市国家现代农业示范区	556 250	0
	东港市国家现代农业示范区	77 000	0
	昌图县国家现代农业示范区	77 170	0
	铁岭县国家现代农业示范区	13 760	275
	绥中县国家现代农业示范区	356 961	0
	凌源县国家现代农业示范区	33 354	0
	辽阳市国家现代农业示范区	194 260	85.95
	辽阳市辽阳县国家现代农业示范区	147 290	0
	辽阳市灯塔市国家现代农业示范区	46 970	30.85
	大连市国家现代农业示范区	1 248 771.1	3 766.19
	大连市普兰店市国家现代农业示范区	474 614.24	658.5
	大连市庄河市国家现代农业示范区	47 339.5	1 735
	大连市瓦房店市国家现代农业示范区	541 570	443.35
吉林省	公主岭市国家现代农业示范区	90 636	0
	榆树市国家现代农业示范区	26 500	1 535
	永吉县国家现代农业示范区	23 000	661
	农安县国家现代农业示范区	3 900	0
	前郭县国家现代农业示范区	46 816	3 449
	敦化市国家现代农业示范区	15 163	0
	梅河口市国家现代农业示范区	40 676	106
	洮南市国家现代农业示范区	1 865	0
	梨树县国家现代农业示范区	13 302.6	280
	东辽县国家现代农业示范区	0	120
	抚松县国家现代农业示范区	300	0

（续）

省份	示范区名称	绿色食品产量（吨）	有机食品产量（吨）
黑龙江省	五常市国家现代农业示范区	371 640	20 770.75
	富锦市国家现代农业示范区	449 710	0
	双城市国家现代农业示范区	64 200.8	195
	宝清县国家现代农业示范区	132 106	0
	宁安市国家现代农业示范区	46 857.9	1 492
	克山县国家现代农业示范区	182 850	46 090.6
	密山市国家现代农业示范区	229 110	0
	逊克县国家现代农业示范区	208 310.1	0
	萝北县国家现代农业示范区	40 700	1 458
	铁力市国家现代农业示范区	38 915	2 073.5
	桦川县国家现代农业示范区	155 660	3 638
	绥化市国家现代农业示范区	1 358 274	34 065.9
	绥化市肇东市国家现代农业示范区	24 955	17 774.3
	绥化市安达市国家现代农业示范区	5 200	0
	绥化市庆安县国家现代农业示范区	354 290	2 970
	绥化市青冈县国家现代农业示范区	229 942	0
	绥化市明水县国家现代农业示范区	61 900	0
	绥化市望奎县国家现代农业示范区	114 674	0
	绥化市绥棱县国家现代农业示范区	23 963	4 057
	绥化市北林区国家现代农业示范区	196 500	1 150
	大庆市国家现代农业示范区	247 104.3	3 000
	大庆市肇州县国家现代农业示范区	42 580	0
	大庆市肇源县国家现代农业示范区	94 684.8	2 900
	大庆市大同区国家现代农业示范区	1 288	1 697.38
	大庆市萨尔图区国家现代农业示范区	860	0
	大庆市让胡路区国家现代农业示范区	5 030	0
	大庆市龙凤区国家现代农业示范区	550.8	2 623.5
	大庆市红岗区国家现代农业示范区	0	0
	黑龙江垦区国家现代农业示范区	3 893 566.5	3 060
上海市	上海市国家现代农业示范区	383 715.6	7 951.5
	上海市闵行区国家现代农业示范区	4 232	90
	上海市宝山区国家现代农业示范区	2 500	2 524.5
	上海市嘉定区国家现代农业示范区	3 229	306.5
	上海市金山区国家现代农业示范区	29 002.1	5 828.68
	上海市松江区国家现代农业示范区	8 570	16
	上海市青浦区国家现代农业示范区	2 534.7	0
	上海市奉贤区国家现代农业示范区	7 585.5	0
	上海市崇明县国家现代农业示范区	273 241.1	5 516
	上海市浦东新区国家现代农业示范区	20 821.2	1 200

（续）

省份	示范区名称	绿色食品产量（吨）	有机食品产量（吨）
江苏省	昆山市国家现代农业示范区	31 621.7	0
	铜山区国家现代农业示范区	71 794	0
	太仓市国家现代农业示范区	6 930	59.4
	东台市国家现代农业示范区	133 322	0
	沛县国家现代农业示范区	33 080	0
	苏州市相城区国家现代农业示范区	4 489.7	85
	建湖县国家现代农业示范区	200 446	366.5
	句容市国家现代农业示范区	5 460.55	837.55
	连云港市赣榆区国家现代农业示范区	12 755	0
	扬州市江都区国家现代农业示范区	35 970	0
	洪泽县国家现代农业示范区	4 000	573
	苏州市吴江区国家现代农业示范区	6 645.5	0
	泰州市国家现代农业示范区	1 066 359.9	175.9
	泰州市兴化市国家现代农业示范区	429 125.2	321.3
	泰州市姜堰区国家现代农业示范区	267 306.9	12.1
	泰州市泰兴市国家现代农业示范区	224 408	200
	泰州市靖江市国家现代农业示范区	134 445	0
	无锡市国家现代农业示范区	121 382.66	208
	无锡市江阴市国家现代农业示范区	80 131	0
	无锡市宜兴市国家现代农业示范区	38 180.26	1 445.15
	无锡市惠山区国家现代农业示范区	1 690	0
	无锡市锡山区国家现代农业示范区	1 378.5	0
	南通市国家现代农业示范区	223 434.5	429
	南通市崇川区国家现代农业示范区	0	0
	南通市如东县国家现代农业示范区	120 139	0
	南通市启东市国家现代农业示范区	2 425	0
	南通市如皋市国家现代农业示范区	12 875	0
	南通市海门市国家现代农业示范区	10 553	0
	南通市海安县国家现代农业示范区	71 442.5	429
	常州市国家现代农业示范区	268 495.22	373.528
	常州市天宁区国家现代农业示范区	1 233	0
	常州市钟楼区国家现代农业示范区	0	0
	常州市新北区国家现代农业示范区	22 245.5	0
	常州市武进区国家现代农业示范区	17 205.6	0
	常州市金坛区国家现代农业示范区	226 589.5	8 993
	常州市溧阳市国家现代农业示范区	1 221.62	516.658
	南京市国家现代农业示范区	352 690.68	439.28
	南京市浦口区国家现代农业示范区	1 708	2.75
	南京市六合区国家现代农业示范区	85 927	427.53
	南京市江宁区国家现代农业示范区	103 796.73	0
	南京市溧水区国家现代农业示范区	6 950.95	0
	南京市高淳区国家现代农业示范区	8 095.5	0

（续）

省份	示范区名称	绿色食品产量（吨）	有机食品产量（吨）
浙江省	平湖市国家现代农业示范区	5 300	0
	诸暨市国家现代农业示范区	5 970.23	0
	杭州市萧山区国家现代农业示范区	18 601.87	0
	金华市婺城区国家现代农业示范区	10 725	0
	温岭市国家现代农业示范区	15 715	0
	三门县国家现代农业示范区	14 427	0
	乐清市国家现代农业示范区	136.5	0
	嘉兴市秀洲区国家现代农业示范区	13 980	0
	衢州市衢江区国家现代农业示范区	5 520	515.2
	遂昌县国家现代农业示范区	5 511.8	0
	湖州市国家现代农业示范区	32 234.83	0
	湖州市德清县国家现代农业示范区	7 407.38	0
	湖州市长兴县国家现代农业示范区	13 966.75	0
	湖州市安吉县国家现代农业示范区	1 553.7	0
	湖州市吴兴区国家现代农业示范区	4 122	0
	湖州市南浔区国家现代农业示范区	4 983	0
	宁波市国家现代农业示范区	145 087.76	229.62
	宁波市江北区国家现代农业示范区	120.36	0
	宁波市北仑区国家现代农业示范区	50 005.8	0
	宁波市镇海区国家现代农业示范区	9 950	1 634
	宁波市鄞州区国家现代农业示范区	20 644.8	0
	宁波市余姚市国家现代农业示范区	21 740.8	0
	宁波市奉化市国家现代农业示范区	1 209.9	204.62
	宁波市慈溪市国家现代农业示范区	19 375	0
	宁波市象山县国家现代农业示范区	9 886	25
	宁波市宁海县国家现代农业示范区	12 155.1	0
安徽省	埇桥区国家现代农业示范区	36 500	0
	南陵县国家现代农业示范区	92 360	0
	颍上县国家现代农业示范区	31 000	620
	涡阳县国家现代农业示范区	14 162	0
	庐江县国家现代农业示范区	174 170	1 175.5
	六安市金安区国家现代农业示范区	19 055	0
	当涂县国家现代农业示范区	4 894	0
	全椒县国家现代农业示范区	55 927	0
	黄山市黄山区国家现代农业示范区	389.6	7.96
	太和县国家现代农业示范区	102 200	8 704.075
	郎溪县国家现代农业示范区	28 690	0
	桐城市国家现代农业示范区	108 919	0
	铜陵市国家现代农业示范区	16 830	547
	铜陵市义安区国家现代农业示范区	5 700	0
	铜陵市枞阳县国家现代农业示范区	32 148	0

（续）

省份	示范区名称	绿色食品产量（吨）	有机食品产量（吨）
福建省	福清市国家现代农业示范区	62 675	0
	永安市国家现代农业示范区	2 276	3 791.885
	仙游县国家现代农业示范区	2 643	0
	上杭县国家现代农业示范区	26 993	0
	建瓯市国家现代农业示范区	15 219	0
	福安市国家现代农业示范区	1 133	6 120
	安溪县国家现代农业示范区	2 092	589.5
	尤溪县国家现代农业示范区	22 008	25 127.5
	漳州市国家现代农业示范区	82 615	690.6
	漳州市芗城区国家现代农业示范区	8 000	0
	漳州市龙文区国家现代农业示范区	0	0
	漳州市龙海市国家现代农业示范区	4 140	500
	漳州市云霄县国家现代农业示范区	1 535	0
	漳州市诏安县国家现代农业示范区	12 055	77.66
	漳州市长泰县国家现代农业示范区	15 260	0
	漳州市东山县国家现代农业示范区	3 040	0
	漳州市南靖县国家现代农业示范区	11 570	331.5
	漳州市平和县国家现代农业示范区	21 225	38.24
	漳州市华安县国家现代农业示范区	1 850	248.2
	漳州市漳浦县国家现代农业示范区	3 040	0
江西省	南昌县国家现代农业示范区	44 058	200
	吉安县国家现代农业示范区	30 580	3 440.2
	万载县国家现代农业示范区	1 240	0
	赣县国家现代农业示范区	3 694	0
	分宜县国家现代农业示范区	25	0
	抚州市临川区国家现代农业示范区	10 800	0
	贵溪市国家现代农业示范区	37 571	0
	万年县国家现代农业示范区	11 600	0
	信丰县国家现代农业示范区	0	0
	芦溪县国家现代农业示范区	6 800	26.3
	乐平市国家现代农业示范区	1 862	0

（续）

省份	示范区名称	绿色食品产量（吨）	有机食品产量（吨）
	莱州市国家现代农业示范区	125 560.5	0
	泰安市岱岳区国家现代农业示范区	253 900	428
	沂水县国家现代农业示范区	71 899	0
	章丘市国家现代农业示范区	14 975	0
	金乡县国家现代农业示范区	48 714	790
	莒县国家现代农业示范区	148 870.4	100
	淄博市临淄区国家现代农业示范区	177 633.3	0
	巨野县国家现代农业示范区	3 100	0
	滨州市滨城区国家现代农业示范区	115 566	0
	博兴县国家现代农业示范区	106 629	0
	招远市国家现代农业示范区	107 500	0
	威海市国家现代农业示范区	300 987.1	127 742.45
	威海市文登市国家现代农业示范区	113 111	7 852.65
	威海市荣成市国家现代农业示范区	89 066.3	264 556
	威海市乳山市国家现代农业示范区	79 922.3	1 013.8
	东营市国家现代农业示范区	504 015	215.085
	东营市东营区国家现代农业示范区	8 770	215.085
	东营市河口区国家现代农业示范区	62 331	532.7
	东营市广饶县国家现代农业示范区	288 668	0
	东营市垦利县国家现代农业示范区	6 546	141.885
	东营市利津县国家现代农业示范区	137 700	0
山东省	聊城市国家现代农业示范区	1 367 550	0
	聊城市冠县国家现代农业示范区	127 349	0
	聊城市莘县国家现代农业示范区	235 110	0
	聊城市阳谷县国家现代农业示范区	238 721	0
	聊城市东阿县国家现代农业示范区	33 660	0
	聊城市茌平县国家现代农业示范区	156 520.8	0
	聊城市高唐县国家现代农业示范区	146 078	0
	聊城市东昌府区国家现代农业示范区	188 484	0
	聊城市临清市国家现代农业示范区	110 897.2	0
	潍坊市国家现代农业示范区	1 452 685.1	600
	潍坊市寒亭区国家现代农业示范区	43 085	0
	潍坊市坊子区国家现代农业示范区	56 734	0
	潍坊市临朐县国家现代农业示范区	146 585	600
	潍坊市昌乐县国家现代农业示范区	34 110	0
	潍坊市青州市国家现代农业示范区	28 235.5	66
	潍坊市诸城市国家现代农业示范区	48 711	960
	潍坊市安丘市国家现代农业示范区	337 970	422.35
	潍坊市高密市国家现代农业示范区	24 178	0
	潍坊市昌邑市国家现代农业示范区	1 000	3 096
	潍坊市寿光市国家现代农业示范区	731 881	0
	德州市国家现代农业示范区	1 870 936	3 383.4
	德州市德城区国家现代农业示范区	17 100	0

（续）

省份	示范区名称	绿色食品产量（吨）	有机食品产量（吨）
山东省	德州市陵城区国家现代农业示范区	160 480	0
	德州市禹城区国家现代农业示范区	508 354	0
	德州市乐陵市国家现代农业示范区	344 393	0
	德州市临邑县国家现代农业示范区	480	0
	德州市平原县国家现代农业示范区	37 500	0
	德州市夏津县国家现代农业示范区	191 800	0
	德州市武城县国家现代农业示范区	392 370	3 383.4
	德州市庆云县国家现代农业示范区	81 705	0
	德州市宁津县国家现代农业示范区	66 720	52
	德州市齐河县国家现代农业示范区	48 560	0
	青岛市国家现代农业示范区	65 866	1 586.368
	青岛市黄岛区国家现代农业示范区	300	1 101.668
	青岛市胶州市国家现代农业示范区	3 950	0
	青岛市即墨市国家现代农业示范区	15 016	0
	青岛市平度市国家现代农业示范区	33 765	0
	青岛市莱西市国家现代农业示范区	10 400	484.7
	枣庄市国家现代农业示范区	162 704	600
	枣庄市市中区国家现代农业示范区	12 000	4 000
	枣庄市滕州市国家现代农业示范区	62 560	0
	枣庄市山亭区国家现代农业示范区	30 394	600
	枣庄市台儿庄区国家现代农业示范区	16 120	0
	枣庄市峄城区国家现代农业示范区	6 630	0
	枣庄市薛城区国家现代农业示范区	35 000	0
河南省	济源市国家现代农业示范区	5 980	0
	许昌县国家现代农业示范区	12 810	0
	固始县国家现代农业示范区	12 185	825
	中牟县国家现代农业示范区	8 700	0
	永城市国家现代农业示范区	6 490	0
	新野县国家现代农业示范区	11 000	0
	泌阳县国家现代农业示范区	0	0
	渑池县国家现代农业示范区	1 500	0
	叶县国家现代农业示范区	503 220	0
	温县国家现代农业示范区	23 061	30
	新郑市国家现代农业示范区	51 320	1 221.7
	新乡县国家现代农业示范区	0	0
	安阳县国家现代农业示范区	0	1 383
	漯河市国家现代农业示范区	221 300	1 500
	漯河市源汇区国家现代农业示范区	0	1 500
	漯河市郾城区国家现代农业示范区	0	0

（续）

省份	示范区名称	绿色食品产量（吨）	有机食品产量（吨）
河南省	漯河市召陵区国家现代农业示范区	9 700	0
	漯河市舞阳县国家现代农业示范区	200 000	0
	漯河市临颍县国家现代农业示范区	6 000	0
	漯河市城乡一体化示范区国家现代农业示范区	0	0
	漯河市经济技术开发区国家现代农业示范区	0	5 632.915
	漯河市西城区国家现代农业示范区	1 350	20 640.5
	鹤壁市国家现代农业示范区	600	100.5
	鹤壁市淇县国家现代农业示范区	0	0
	鹤壁市淇滨区国家现代农业示范区	600	0
	鹤壁市山城区国家现代农业示范区	0	100.5
	鹤壁市鹤山区国家现代农业示范区	0	0
	鹤壁市浚县国家现代农业示范区	0	0
湖北省	监利县国家现代农业示范区	58 614	588
	宜昌市夷陵区国家现代农业示范区	188 164	0
	仙桃市国家现代农业示范区	19 203	0
	孝感市孝南区国家现代农业示范区	299 840	0
	天门市国家现代农业示范区	173 200	3 571
	潜江市国家现代农业示范区	249 257	375
	随县国家现代农业示范区	3 000	9 071.5
	鄂州市梁子湖区国家现代农业示范区	2 250	0
	荆门市国家现代农业示范区	453 455.75	6 462
	荆门市京山县国家现代农业示范区	69 900	3 048
	荆门市沙洋县国家现代农业示范区	65 950	660
	荆门市钟祥市国家现代农业示范区	210 040	2 489
	荆门市东宝区国家现代农业示范区	18 137.75	0
	荆门市高新区－掇刀区国家现代农业示范区	9 598	0
	荆门市屈家岭管理区国家现代农业示范区	53 000	0
	荆门市漳河新区国家现代农业示范区	5 091.25	459
	武汉市国家现代农业示范区	481 789	5 507
	武汉市东西湖区国家现代农业示范区	163 108	0
	武汉市汉南区国家现代农业示范区	12 985	0
	武汉市蔡甸区国家现代农业示范区	138 672.5	0
	武汉市江夏区国家现代农业示范区	69 451	5 507
	武汉市新洲区国家现代农业示范区	86 069	0
	武汉市黄陂区国家现代农业示范区	3 946	0
	襄阳市国家现代农业示范区	322 244.5	2 103
	襄阳市襄城区国家现代农业示范区	0	0
	襄阳市樊城区国家现代农业示范区	5 000	0
	襄阳市襄州区国家现代农业示范区	46 500	0
	襄阳市南漳县国家现代农业示范区	6 548	0
	襄阳市保康县国家现代农业示范区	150	0
	襄阳市谷城县国家现代农业示范区	0	2 103
	襄阳市宜城市国家现代农业示范区	33 000	140
	襄阳市老河口市国家现代农业示范区	3 800	0
	襄阳市枣阳市国家现代农业示范区	218 899	0

（续）

省份	示范区名称	绿色食品产量（吨）	有机食品产量（吨）
湖南省	长沙县国家现代农业示范区	49 771	413.92
	屈原管理区国家现代农业示范区	53 000	0
	永州市冷水滩区国家现代农业示范区	10 016	0
	华容县国家现代农业示范区	12	0
	常德市国家现代农业示范区	820 095	1 089.2
	常德市西湖西洞庭管理区国家现代农业示范区	23 790	0
	株洲县国家现代农业示范区	11 825	0
	衡南县国家现代农业示范区	56 320	0
	洞口县国家现代农业示范区	11 715	0
	临武县国家现代农业示范区	19 500	0
	涟源市国家现代农业示范区	15 785	0
	靖州县国家现代农业示范区	37 043	0
	桃源县国家现代农业示范区	9 205	300
	湘潭市国家现代农业示范区	347 534.5	0
	湘潭市雨湖区国家现代农业示范区	16 843.5	0
	湘潭市岳塘区国家现代农业示范区	3 283	0
	湘潭市湘乡市国家现代农业示范区	21 926	0
	湘潭市韶山市国家现代农业示范区	299 000	0
	湘潭市湘潭县国家现代农业示范区	6 482	0
	益阳市国家现代农业示范区	89 973.83	392
	益阳市资阳区国家现代农业示范区	430	0
	益阳市赫山区国家现代农业示范区	38 840	0
	益阳市大通湖管理区国家现代农业示范区	2 660	0
	益阳市沅江市国家现代农业示范区	10 250	0
	益阳市安化县国家现代农业示范区	22 549.4	490
	益阳市桃江县国家现代农业示范区	1 650	0
	益阳市南县国家现代农业示范区	10 394.43	15 600.22
广东省	开平市国家现代农业示范区	25 560	0
	湛江垦区国家现代农业示范区	143 280	0
	仁化县国家现代农业示范区	2 200	0
	梅州市梅县区国家现代农业示范区	47 300	37.7
	汕头市澄海区国家现代农业示范区	0	0
	佛山市顺德区国家现代农业示范区	150	0
	阳江市阳东县国家现代农业示范区	9 350	15
	廉江市国家现代农业示范区	16 790	888.1
	徐闻县国家现代农业示范区	184 960	0
	河源市国家现代农业示范区	71 268	91
	河源市东源县国家现代农业示范区	6 960	0
	河源市连平县国家现代农业示范区	0	25
	河源市和平县国家现代农业示范区	6 028	981 011.8
	惠州市惠城区国家现代农业示范区	7 310	0

（续）

省份	示范区名称	绿色食品产量（吨）	有机食品产量（吨）
广西壮族自治区	合浦县国家现代农业示范区	90 186.5	1 200
	田东县国家现代农业示范区	0	918
	兴业县国家现代农业示范区	0	83.7
	贵港市港北区国家现代农业示范区	0	0
	全州县国家现代农业示范区	3 285	0
	横县国家现代农业示范区	71 700	6
	武鸣县国家现代农业示范区	6 720	0
海南省	乐东黎族自治县国家现代农业示范区	24 969	0
	澄迈县国家现代农业示范区	75	0
	屯昌县国家现代农业示范区	0	0
	南田农场国家现代农业示范区	0	0
	琼海市国家现代农业示范区	0	0
	海口市国家现代农业示范区	76 995.7	1 634
	海口市秀英区国家现代农业示范区	0	0
	海口市龙华区国家现代农业示范区	74 240	0
	海口市琼山区国家现代农业示范区	2 500	0
	海口市美兰区国家现代农业示范区	0	0
重庆市	潼南县国家现代农业示范区	12 080	0
	南川区国家现代农业示范区	14 230.5	1 144
	荣昌县国家现代农业示范区	24 202	0
	忠县国家现代农业示范区	38 911	3 460
	江津区国家现代农业示范区	30 602.84	0
四川省	眉山市东坡区国家现代农业示范区	39 302	0
	苍溪县国家现代农业示范区	27 255	0
	江油市国家现代农业示范区	28 860	0
	蓬溪县国家现代农业示范区	0	0
	大竹县国家现代农业示范区	20 046	0
	安岳县国家现代农业示范区	27 550	0
	红原县国家现代农业示范区	1 046.3	0
	犍为县国家现代农业示范区	1 128	0
	成都市国家现代农业示范区	1 285 278.1	41.51
	成都市龙泉驿区国家现代农业示范区	8 775	0
	成都市青白江区国家现代农业示范区	0	0
	成都市新都区国家现代农业示范区	104 279	0
	成都市温江区国家现代农业示范区	0	0
	成都市都江堰市国家现代农业示范区	9 604	0

（续）

省份	示范区名称	绿色食品产量（吨）	有机食品产量（吨）
四川省	成都市彭州市国家现代农业示范区	212 883	0
	成都市邛崃市国家现代农业示范区	45 071	80
	成都市崇州市国家现代农业示范区	750	0
	成都市金堂县国家现代农业示范区	755 632.6	0
	成都市双流县国家现代农业示范区	340	0
	成都市郫县国家现代农业示范区	109 071	0
	成都市大邑县国家现代农业示范区	14 956.9	12
	成都市蒲江县国家现代农业示范区	15 500	0
	成都市新津县国家现代农业示范区	5 639.5	23.51
	广安市国家现代农业示范区	66 287	0
	广安市广安区国家现代农业示范区	27 750	0
	广安市前锋区国家现代农业示范区	500	0
	南充市国家现代农业示范区	158 684	623
	南充市顺庆区国家现代农业示范区	30 000	0
	南充市高坪区国家现代农业示范区	87 000	0
	南充市嘉陵区国家现代农业示范区	0	0
	南充市西充县国家现代农业示范区	5 000	623
	攀枝花市国家现代农业示范区	39 842.5	0
	攀枝花市仁和区国家现代农业示范区	15 902.5	0
	攀枝花市米易县国家现代农业示范区	5 800	0
	攀枝花市盐边县国家现代农业示范区	14 240	0
	泸州市国家现代农业示范区	7 644.66	15 538
	泸州市江阳区国家现代农业示范区	13.66	11 038
	泸州市龙马潭区国家现代农业示范区	2 400	15 438
	泸州市纳溪区国家现代农业示范区	462	0
贵州省	湄潭县国家现代农业示范区	500	0
	清镇市国家现代农业示范区	0	0
	松桃县国家现代农业示范区	0	0
	兴义市国家现代农业示范区	0	23.51
	龙里县国家现代农业示范区	0	0
	金沙县国家现代农业示范区	0	2 217
云南省	宣威市国家现代农业示范区	2 645.7	0
	嵩明县国家现代农业示范区	0	0
	砚山县国家现代农业示范区	17 036	0
	石林县国家现代农业示范区	28 322	80
	保山市隆阳区国家现代农业示范区	5 845	0

（续）

省份	示范区名称	绿色食品产量（吨）	有机食品产量（吨）
云南省	新平县国家现代农业示范区	47 002	675
	红河州国家现代农业示范区	307 990	0
	红河州蒙自市国家现代农业示范区	7 350	0
	红河州开远市国家现代农业示范区	17 900	0
	红河州建水县国家现代农业示范区	9 700	0
	红河州弥勒市国家现代农业示范区	33 900	0
西藏自治区	曲水县才纳乡国家现代农业示范区	0	0
	白朗县嘎东镇国家现代农业示范区	0	0
	乃东县国家现代农业示范区	0	836
陕西省	长安区国家现代农业示范区	42 058	2 555.38
	富平县国家现代农业示范区	11 100	0
	安康市汉滨区国家现代农业示范区	50	0
	宝鸡市陈仓区国家现代农业示范区	11 460	0
	西咸新区泾河新城（泾阳）国家现代农业示范区		0
	平利县国家现代农业示范区	0	0
	延安市国家现代农业示范区	107 139	660
	延安市宝塔区国家现代农业示范区	600	0
	延安市延长县国家现代农业示范区	0	660
	延安市延川县国家现代农业示范区	0	0
	延安市子长县国家现代农业示范区	0	0
	延安市安塞县国家现代农业示范区	0	0
	延安市志丹县国家现代农业示范区	0	0
	延安市吴起县国家现代农业示范区	822	0
	延安市甘泉县国家现代农业示范区	0	0
	延安市富县国家现代农业示范区	0	0
	延安市洛川县国家现代农业示范区	9 349	0
	延安市宜川县国家现代农业示范区	4 720	0
	延安市黄龙县国家现代农业示范区	0	0
	延安市黄陵县国家现代农业示范区	91 648	0
甘肃省	张掖市甘州区国家现代农业示范区	103 923	1 658
	酒泉市肃州区国家现代农业示范区	74 798.2	0
	定西市安定区国家现代农业示范区	430 585	5 020
	武威市凉州区国家现代农业示范区	228 689.65	19 762
	敦煌市国家现代农业示范区	18 001.4	0

（续）

省份	示范区名称	绿色食品产量（吨）	有机食品产量（吨）
青海省	大通回族土族自治县国家现代农业示范区	138 115	0
	互助县国家现代农业示范区	8 502.6	0
	海晏县国家现代农业示范区	619	0
	门源县国家现代农业示范区	12 000	0
宁夏回族自治区	贺兰县国家现代农业示范区	20 965	11 249.3
	永宁县国家现代农业示范区	2 184	13 743.7
	吴忠市利通区国家现代农业示范区	46 152.1	0
	中卫市沙坡头区国家现代农业示范区	3 800	0
	宁夏农垦国家现代农业示范区	16 180	0
新疆维吾尔自治区	呼图壁县国家现代农业示范区	129 499.8	0
	沙湾县国家现代农业示范区	25 729.6	2 217
	沙雅县国家现代农业示范区	10 900	0
	泽普县国家现代农业示范区	0	0
	玛纳斯县国家现代农业示范区	46 819	0
	博乐市国家现代农业示范区	104 450	0
	克拉玛依市克拉玛依区国家现代农业示范区	30 240	0
新疆生产建设兵团	农一师阿拉尔垦区国家现代农业示范区	27 302.5	0
	第三师图木舒克市国家现代农业示范区	28 326	0
	第八师石河子垦区国家现代农业示范区	217 580	0
	农六师国家现代农业示范区	60 343.91	0

推介平台

- 《优质农产品》杂志
- 中央电视台军事·农业频道
- 中国农村网
- 中国品牌农业网
- 《品牌与市场》专刊

《优质农产品》杂志

民以食为天，随着人们生活水平的提高，人们已不满足于吃饱，而是追求吃得健康、吃得安全。《优质农产品》是一本以"吃得好吃得安全"为导向、服务于优质农产品及品牌农业发展的权威期刊。

《优质农产品》杂志为优质安全农产品的发展提供政策和理论宣传阵地，为从事优质安全农产品经营的企业和组织提供互相交流的空间，为提高优质安全农产品的市场竞争力提供科学的渠道，为广大消费者提供信息沟通的平台。

《优质农产品》是展示我国优质特色农产品的重要窗口和舞台。该刊多方位、多角度宣传我国优质农产品。大力加强农业品牌主题宣传，挖掘品牌故事，努力营造"创品牌、育品牌、推品牌、管品牌、用品牌"的良好氛围。

《优质农产品》植根于大地，传达的是付出与收获的伦理，凝聚的是创业与创造的精神。

《优质农产品》杂志由中华人民共和国农业部主管，中国优质农产品开发服务协会、中国农业出版社主办，每月5日出版。

一、办刊宗旨

以满足"吃得好吃得安全"为导向，大力发展宣传优质安全农产品，加快我国农业现代化步伐。

二、读者对象

《优质农产品》是一本以"吃得好吃得安全"为导向、服务于优质农产品及品牌农业发展的权威期刊，旨在以国际化的理念、时代前沿的"三农"视角，集理论性、新闻性、服务性、趣味性为一体，引导优质农产品的生产和消费、传播农产品理念、弘扬我国灿烂的农耕文明。

三、主要栏目

主要设置"本期特稿""特别关注""品牌史话""品牌案例分析""锵锵三人行""品牌推荐""舌尖上的美食""春华秋实""他山之石""多棱镜""寻找品牌"等栏目。

四、栏目介绍

本期特稿

系每期杂志的头条深度报道，主要通过宏观和微观的结合，解读或述评近期有关农业或优质农产品生产与消费的重要政策或事件。

特别关注

主要瞄准优质农产品领域里热点事件和焦点问题，追踪报道消费者普遍关注的优质农产品新问题、价格问题、伪劣问题，以及品牌重大事件、品牌案例内幕，对其进行深入报道，直接触击优质农产品前沿。

品牌史话

主要介绍品牌发展史以及品牌的轶闻、典故、趣闻、奇闻和故事，使读者开阔眼界，增长知识，提高对品牌的兴趣、认同度。

品牌案例分析

主要报道著名品牌诞生、发展、成长、辉煌的故事，帮助读者寻求发展和成功的秘诀，编制和完成人生的梦想。

锵锵三人行

定位于农业营销领域最有影响力的联脑风暴栏目。每期有两位固定的品牌专家和媒体人会同一位涉农企业家或相关农业主管部门领导，从商业模式、品牌建设、产品创新、渠道规划、整合推广等不同角度进行掷地有声的论见激荡，不分主宾，联脑风暴，以人启迪。

品牌推荐

主要向广大的读者介绍我国丰富多彩的优质农产品，以及这些优质农产品的独特性能和营养价值，从而引起读者购买和使用的欲望。

舌尖上的美食

为美食连载栏目，主要介绍各地美食动态。通过中华美食的多个侧面，来展现食物给中国人生活带来的仪式、伦理等方面的文化；见识中国特色食材以及与食物相关、构成中国美食特有气质的一系列元素；了解中华饮食文化的精致和源远流长。

春华秋实

以散文、诗词、书画等艺术形式，着力反映从农者，创新农业品牌，生产优质农产品，辛勤耕耘并享受收获喜悦等方面的人和事。

他山之石

主要报道海外研究、培育、发展优质农产品可供借鉴的经验，从而使国人扬长避短，创造出更多的中国优质农产品品牌。

多棱镜

本栏目主要是博采中外有看点的新闻资讯，荟萃其精华，开拓读者眼界。

寻找品牌

主要报道在一定区域和群体内具有影响力和知名度的农产品品牌，引领消费者选择和享受。

中央电视台军事·农业频道

中央电视台军事·农业频道（频道呼号：CCTV-7 军事·农业）是以播出军事、农业节目为主的专业频道，于 1994 年 3 月 1 日试播，1995 年 11 月 30 日正式开播。

1994 年 3 月 1 日，中央电视台少儿·军事·农业·科技频道进行试播。1996 年 1 月 1 日，中央电视台少儿·军事·农业·科技频道开播；2001 年 7 月 9 日，改为少儿·军事·农业频道；2008 年 5 月 1 日，中央电视台少儿·军事·农业频道实现全国部分地区或山区的地面模拟电视覆盖，CCTV-7 原闭路播出实现开路播出；2010 年 7 月 27 日，改为军事·农业频道；2014 年 1 月 1 日起，实现高标清同播。

20 年前，CCTV-7 由农业部和中央电视台合办、中国农业电影电视中心承办，开启了我国对农电视宣传的新起点。20 年来，农业节目从无到有、由小到大，如今已经发展到 13 档栏目、每天播出 8 小时、覆盖观众人口 12.75 亿的规模。20 年来，农业节目始终围绕党和国家"三农"工作大局，全面展示我国农村改革发展的巨大成就，热情讴歌亿万农民的火热生活和伟大创造，构建起类别多样的电视群，形成了常规节目、特色节目和大型节目共同成长繁荣的良好局面。多年来，他们不断创新节目形态，其收视率、引导力、影响力逐年提升，被业界誉为"七套现象"。

中 国 农 村 网

中国农村网始建于 2011 年，是专业的农业信息化综合服务平台，是农民自己的网站。

网站致力于为广大农民朋友提供实用的致富信息和先进的"M2M"服务。网站以"公司＋农户＋市场"的模式，即种、产、销为一体的服务，以加工农副产品为龙头，以农田为农副产品原材料生产基地，在农户、农产品和企业间打造高度信息化的农产品市场。

中国农村网致力于打造中国农民致富平台。"M2M"的模式，统筹传统商务与电子商务模式的优势，形成"农产品经纪人＋服务站＋网站"的强效运营模式。该项目将"政府推动""电子商务"和"新农村市场"三大要素有机统一。网站一头牵着农民，为农户、农产品经纪人、企业提供"O2O"的信息服务和委托交易服务，切实帮助农民拓展农产品的销售渠道，将农产品"推出去"；另一头牵着各相关企业，与千家企业结盟，将企业优质的产品推广到农村市场，把优质的农民必需品"请进来"，使农民能够买到物美价廉的产品，企业也由此拓宽了市场。如此促使农业生产、农产品流通迈上一个新台阶，农产品电子商务实现新的跨越。

作为全国的农业信息门户网站，中国农村网为帮助每家每户的农民从传统农业迈向规模经营，构思现代农业规则和进军国际市场提供准确、及时的信息导航。中国农村网借助国内各大强势传媒平台，有义务、有责任推进中国农业的信息化和产业化建设。

中国品牌农业网

中国品牌农业网（域名：www. zgppny. com）由北京中农信文化交流有限公司承办，是宣传、保护和发展品牌农业的权威的品牌农业类门户网站，这一原农业部信息中心和北京中农信文化交流有限公司共同打造的、中国农业品牌化发展的产业互动平台，有利于进一步培育农业信息服务市场主体、促进农业信息服务市场的成长，引导社会力量进入农业信息化服务领域，为农业领域的商品生产、市场经营和农产品的社会消费提供切实有效的信息服务。中国品牌农业网的建立，适应了当前的社会需求，对宣传、保护和发展我国品牌农业发挥着重要作用。

党中央、国务院将发展现代农业列为"加强'三农'工作，推进社会主义新农村建设，全面落实科学发展观，构建社会主义和谐社会"的中心工作。农业的品牌化发展是建设现代农业的必经之路。中国品牌农业网依托农业组织系统和农业官方网站——中国农业信息网，将各级政府职能体系、专家研究机构、企业事业团体、域外农业组织等优势资源整合，全力构建以政府咨询指导、专家技术顾问、品牌农业联盟、国际交流合作等综合性、多元化、全方位的强势产业互动平台。

中国品牌农业网所肩负的使命和社会责任是：网聚品牌农业资源，打造品牌农业门户；服务品牌农业产业，构建品牌农业联盟。

中国品牌农业网是中国品牌农业产业领域专业的门户网站，其注目中国品牌农业建设及相关领域，做专业网站，并且只做品牌农业方面的专用网站！紧扣品牌农业这一专属领域，把握核心特色、做足个性文章、实现最终愿景！

中国品牌农业网是中国品牌农业产业领域实用的产业平台，其整合中国品牌农业产业所有相关资源、涵盖中国品牌农业建设所有相关领域，倾力服务所有目标及潜在受众，籍综合服务功能各模块的协调有效运营，使其在实用效能方面达到极致，全力构建中国品牌农业的强势产业互动平台！

《品牌与市场》专刊

在我国"三农"事业蓬勃发展的大背景下,《农民日报》作为党和政府指导"三农"工作的重要舆论工具,其全国发行量已经超70万份,覆盖率在中央级报刊中名列前茅。《农民日报》营造我国"三农"发展的良好氛围、服务各级政府的能力进一步增强。

党的十八届三中全会、中央农村工作会议、中央一号文件,以及习近平总书记关于"三农"问题系列指示精神,都着重强调了加快推进现代农业发展的重要性和紧迫性,把农产品的质量安全以及品牌建设提到重要高度。毫无疑问,我国优质农产品生产和品牌农业的发展迎来重大发展机遇。这是新形势下我国经济社会发展阶段性特征的体现。发展优质安全品牌农业已经成为现代农业发展的战略问题,是转变我国农业发展方式、提升产业化水平、实现可持续发展的必然要求。

为深入贯彻中央精神以及习近平总书记系列重要指示精神,自2014年1月,《农民日报》设立《品牌农业周刊》,加强对优质特色农产品和农业品牌的宣传力度。以"打造中国农业品牌"为宗旨,为品牌的市场运营、市场的品牌运作提供展示平台,服务农业品牌的运营者、服务者和管理者。发布权威的政策、市场信息;捕捉产业领域的前沿动态;剖析品牌建设的典型案例,推广先进理念和方法;提供品牌策划、品牌营销、品牌培训等媒体服务,以市场理念指引农业生产、经营和管理;推介农业品牌,引导消费;关注农产品质量安全话题,推进质量安全监管。

之后,该周刊更名为《品牌与市场》专刊,将在推进绿色兴农、质量兴农、品牌强农过程中发挥更大作用。

大事记

- 2016 年大事记

2016 年大事记

1 月

5 日下午，全国政协主席俞正声主持召开了全国政协第 45 次双周协商座谈会，全国政协委员围绕"加快推进品牌建设"建言献策，中国优质农产品开发服务协会（以下简称"中国优农协会"）会长朱保成参加座谈会并发言。朱保成建议加强农业品牌顶层设计和监管

8 日，中国优农协会设施园艺分会成立大会暨设施园艺产业链与品牌建设研讨会在北京召开。

15 日，中国优农协会以"品味中国"为主题参加第 81 届柏林国际绿色周——世界最大的农业、食品及园艺博览会，现场展示了 90 多种来自中国的农产品和食品，为欧洲消费者提供了品味中国特色农产品和食品的机会。

3 月

11 日，中国优农协会会长朱保成联合全国政协委员牛盾、刘身利、刘平均等共同提出"实施健康土壤战略、夯实粮食安全基础"政协提案。

16 日，中国优农协会和中非总商会应马达加斯加方面邀请组团抵达马达加斯加，参加马达加斯加共和国博览会和首届亚洲印度洋博览会。

4 月

9 日，中国优农协会和《优质农产品》杂志编辑部一行 20 余人，在会长朱保成的倡议、带领下，利用周末时间，驱车到河北怀来县，参加了一年一度的植树造林活动。

23～24 日，由中国优农协会、农产品加工业分会以及高原特色农业分会举办的农产品加工业关键技术创新与科技成果展示交流培训班在云南昆明召开，来自北京、河南、广西、山西、陕西、四川、辽宁、山东、湖南等省份的农产品加工部门及农产品加工企业代表参加了培训。

6 月

13 日，由中国优农协会联合农民日报、中国农产品市场协会主办的"强农兴邦中国梦·品牌农业中国行——走进重庆"活动启动。

25～26 日，中国优农协会主办的第五届品牌农商发展大会在北京召开。全国政协常委、经济委员会副主任，原中央农村工作领导小组副组长、办公室主任陈锡文，农业部党组成员、副部长屈冬玉，宁夏回族自治区副主席曾一春等出席大会并讲话。全国政协委员、中国优农协会会长朱保成作了题为《以科技创新驱动优质农产品发展，为农业供给侧结构性改革注入新动力》的主旨演讲。中国农产品市场协会会长张玉香主持大会。

10 月

20 日，《优质农产品》杂志创刊三周年暨办好《中国品牌农业年鉴》工作座谈会在农业部举行。国家首席兽医师张仲秋代表农业部在讲话中对《优质农产品》杂志创刊三周年表示祝贺，认为该杂志作为中国第一本聚焦优质农产品的权威期刊，在优质农产品领域产生了影响力。同时他表示，《中国品牌农业年鉴》作为我国第一部品牌农业类年鉴，起到了决策咨询、信息交流和史料积累的重要作用。

11 月

6 日，中国优农协会和农民日报社、中国农业电影电视中心、中国农业出版社等共同主办的 2016 中国品牌农业论坛在昆明国际会展中心举办，论坛为第十四届中国国际农产品交易会的一项重大活动，论坛主题是"科技创新：品牌农业的原动力"。

26～27 日，2016 品牌农业发展国际研讨会在北京举行。主题是"开放、包容、普惠：构架全球服务平台"。

12 月

4 日，首届中国大米品牌大会在北京举行。大会发布了"2016 中国十大大米区域公用品牌""2016 中国大米区域公用品牌核心企业"，现场评选出了"中国十大好吃米饭"。

附 录

- 关于授予首批国家级农产品地理标志示范样板称号的通知
- 关于授予第二批国家级农产品地理标志示范样板称号的通知
- 关于公布增加和恢复部分无公害农产品检测机构资质名单的通知
- 关于公布续展、增加、恢复和取消部分无公害农产品检测机构资质名单的通知
- 关于公布 2016 年第四批增加、暂停和取消部分无公害农产品检测机构资质名单的通知
- 农业部关于认定第六批全国一村一品示范村镇的通知
- 农业部优质农产品开发服务中心 GAP 认证有效证书（2016.6.30）
- 农业部优质农产品开发服务中心 GAP 认证有效证书（2016.12.31）
- 中华人民共和国农业部公告第 2435 号
- 中华人民共和国农业部公告第 2444 号
- 中华人民共和国农业部公告第 2457 号
- 中华人民共和国农业部公告第 2468 号
- 中华人民共和国农业部公告第 2477 号
- 关于第十四届中国国际农产品交易会发布 2016 年全国名优果品区域公用品牌的通知
- 关于第十四届中国国际农产品交易会参展农产品金奖评选结果的通报
- 农业部关于命名第一批国家农产品质量安全县（市）的通知

关于授予首批国家级农产品地理
标志示范样板称号的通知

农质安发〔2015〕19号

各省、自治区、直辖市及计划单列市农产品质量安全中心（农产品地理标志工作机构），新疆生产建设兵团农产品质量安全中心：

根据《关于开展农产品地理标志示范样板创建试点工作的通知》（农质安函〔2014〕99号）要求，首批国家级农产品地理标志示范样板创建试点创建期满。按照统一部署和标准要求，各示范样板创建试点完成了既定的各项创建任务，通过了专家验收。经审定，授予眉县猕猴桃、莒南花生、天目湖白茶、东宁黑木耳、金华两头乌猪、东港大黄蚬等6个创建试点"国家级农产品地理标志示范样板"称号。望获得示范样板称号的单位再接再厉，持续发挥在农产品地理标志产业发展和品牌打造等方面的示范、引领、带动作用。同时，建议各地积极开展本地区、本行业省级农产品地理标志示范样板创建，条件成熟时，可择优纳入国家级农产品地理标志示范创建工作。

附件：首批国家级农产品地理标志示范样板名单

农业部农产品质量安全中心

2015年12月29日

附件：

首批国家级农产品地理标志示范样板名单

序号	示范样板	所在地域	牵头创建单位	所在地省级工作机构
1	眉县猕猴桃	陕西	眉县农业局	陕西省优质农产品开发服务中心
2	莒南花生	山东	莒南县花生产业发展办公室	山东省农产品质量安全中心
3	天目湖白茶	江苏	溧阳市农林局	江苏省农产品质量安全中心
4	东宁黑木耳	黑龙江	东宁县食用菌协会	黑龙江省农产品质量安全中心
5	金华两头乌猪	浙江	金华市农业局	浙江省农产品质量安全中心
6	东港大黄蚬	辽宁	东港市黄海水产品行业协会	辽宁省海洋与渔业厅水产品质量安全监管处

关于授予第二批国家级农产品地理
标志示范样板称号的通知

农质安发〔2016〕15 号

各省、自治区、直辖市及计划单列市农产品质量安全中心（农产品地理标志工作机构），新疆生产建设兵团农产品质量安全中心：

根据《关于开展 2015 年农产品地理标志示范样板创建工作的通知》（农质安函〔2015〕122 号）安排，第二批国家级农产品地理标志示范样板创建期满。按照统一部署和标准要求，各示范样板完成了既定的创建任务，通过了专家验收。经审定，授予百色芒果、大田高山茶、京西稻、柴达木枸杞、诺邓火腿、潜江龙虾等 6 个产品"国家级农产品地理标志示范样板"称号。请获得示范样板称号的产品及相关单位加强宣传，再接再厉，持续发挥示范样板在产业发展和品牌打造等方面的示范、引领、带动作用。同时，鼓励各地积极开展本地区、本行业省级农产品地理标志示范样板创建，条件成熟时，可择优纳入国家级农产品地理标志示范创建工作。

农业部农产品质量安全中心

2016 年 12 月 8 日

附件：

第二批国家级农产品地理标志示范样板名单

序号	示范样板	所在地	牵头创建单位	所在地省级工作机构
1	百色芒果	广西	百色市农业局	广西壮族自治区优质农产品开发服务中心
2	大田高山茶	福建	大田县茶叶局	福建省绿色食品发展中心
3	京西稻	北京	北京市海淀区上庄镇农业综合服务中心	北京市食用农产品安全生产体系建设办公室
4	柴达木枸杞	青海	海西州农业科学研究所	青海省绿色食品办公室
5	诺邓火腿	云南	云龙县畜牧局	云南省农产品质量安全中心
6	潜江龙虾	湖北	潜江市农产品质量安全检测中心	湖北省农产品质量安全中心

全国无公害农产品产地环境检测机构备案总名录（2016年03月）

序号	检测机构全称	计量认证证书编号	计量认证有效期限	通讯地址	邮政编码	联系电话	传真	行业	报备单位	协议有效期
1	农业部农业环境质量监督检验测试中心（北京）	2013002085V	2013.01.25—2016.01.24	北京市西城区裕民中路6号	100029	010-82071275 010-82031872	010-82071275	种植业产地	北京市食用农产品安全生产体系建设办公室	2014.01.06—2017.01.05
2	农业部畜牧环境质量监督检验测试中心	2013001901V	2013.01.28—2016.01.27	北京市昌平区昭前路21号	102200	010-80102723	010-69715064	畜牧业产地	北京市食用农产品安全生产体系建设办公室	2014.01.06—2017.01.05
3	农业部渔业环境质量监督检验测试中心（北京）	2012002493V	2013.12.24—2015.12.23	北京市朝阳区华威西里甲48号南楼	100021	010-87702638	010-87702638	渔业产地	北京市食用农产品安全生产体系建设办公室	2014.01.06—2017.01.05
4	谱尼测试科技股份有限公司	2013010338Z	2013.09.27—2016.09.27	北京市海淀区苏州街49-3号盈智大厦1层	100080	010-82618116转803	010-82619629	渔业产地	北京市食用农产品安全生产体系建设办公室	2014.01.06—2017.01.05
5	农业部环境质量监督检验测试中心（天津）	2012001598V	2012.12.31—2015.12.30	天津市南开区复康路31号	300191	022-23611260	022-23611160	种植业	天津市无公害农产品（种植业）管理中心	2013.03.25—2016.03.24
6	谱尼测试科技股份有限公司	2013010338Z	2013.09.27—2016.09.27	北京市海淀区苏州街49-3智盈大厦	100080	010-82618801 010-82618116转822	010-82619629	种植业、渔业	天津市无公害农产品管理中心	2013.01.01—2016.12.31
7	农业部农产品质量安全监督检验测试中心（天津）	2013002569V	2013.02.27—2016.02.26	天津市河西区西园道5号	300061	022-28450608	022-28450606	种植业	天津市无公害农产品（种植业）管理中心	2014.04.08—2017.04.07

（续）

序号	检测机构全称	计量认证证书编号	计量认证有效期限	通讯地址	邮政编码	联系电话	传真	行业	报备单位	协议有效期
8	天津市兽药饲料监察所	201020126V	2012.12.20—2015.12.19	天津市北辰区宜兴埠镇北	300402	022-26993175	022-26993175	畜牧产地	天津市无公害畜产品管理办公室	2014.01.06—2017.01.06
9	农业部渔业环境及水产品质量监督检验测试中心（天津）	201300 2158V	2013.06.14—2016.06.13	天津市河西区解放南路442号	300221	022-88252516	022-88252516	渔业	天津市无公害水产品管理办公室	2015.01.22—2018.01.22
10	秦皇岛市农产品质量安全监督检验中心	2013030305V	2013.08.19—2016.08.18	秦皇岛市开发区珠江道19号	066004	0335-8079567	0335-8076099	畜牧业产地	河北省畜牧兽医局	2014.12.31—2017.12.31
11	谱尼测试科技股份有限公司	201010338Z	2013.09.27—2016.09.27	北京市海淀区苏州街49-3盈智大厦	100080	010-82618801 010-82618116转822	010-82619629	种植业、畜牧业产地	河北省畜牧兽医局/河北省农业环境保护监测站	2014.12.31—2017.12.31
12	农业部农产品质量监督检验测试中心（石家庄）/河北省农产品质量检测中心	201030011V		石家庄市高新技术开发区长江大道19号	050035	0311-85890326	0311-85890326	种植业产地	河北省农业环境保护监测站	2015.01.01—2017.12.30
13	国家果类及农副加工产品质量监督检验中心	F201200151	2012.07.06—2015.07.05	石家庄市中华南大街537号	050091	0311-67568334	0311-67568334	畜牧业产地	河北省畜牧兽医局	2014.12.31—2017.12.31
14	唐山市畜水产品质量监测中心	201030781V	2012.06.08—2015.06.07	唐山市开平区唐古路东侧	063000	0315-7909165	0315-7909165	畜牧业产地	河北省畜牧兽医局	2014.12.31—2017.12.31
15	国家果类及农副加工产品质量监督检验中心	F201200151	2012.07.06—2015.07.05	石家庄市中华南大街537号	050091	0311-67568334	0311-67568334	渔业产地	河北省农业厅	2015.01.12—2018.01.11

（续）

序号	检测机构全称	计量认证证书编号	计量认证有效期限	通讯地址	邮政编码	联系电话	传真	行业	报备单位	协议有效期
16	河北省水产品质量检验检测站	2014030929V	2014.04.08—2017.04.07	石家庄市高新区长江大道19号	050035	0311-67506989	0311-67506989	渔业产地	河北省农业厅	2015.01.12—2018.01.11
17	农业部农产品质量安全监督检验测试中心（太原）/山西省农产品质量安全检验监测中心	2012002607V	2012.12.28—2015.12.27	太原市晋源新区景明北路5号	030025	0351-6779134	0351-6779048	种植业产地、畜牧业产地	山西省农产品质量安全中心	2014.01.15—2017.01.15
18	山西省生物研究所	2012040398S	2012.08.29—2015.08.28	太原市师范街50号	030006	0351-5255521	0351-5255521	种植业产地、畜牧业产地	山西省农产品质量安全中心	2014.01.15—2017.01.15
19	谱尼测试科技股份有限公司	2013010338Z	2013.09.27—2016.09.27	北京市海淀区苏州街49-3盈智大厦	100080	010-82618801 010-82618116转822	010-82619629	种植业产地、畜牧业产地	山西省农产品质量安全中心	2014.01.15—2017.01.15
20	山西农业大学环境监测院	2013040439U	2013.03.16—2016.03.15	晋中市太谷县山西农业大学资源环境学院	030801	0354-6296980	0354-6288399	种植业、畜牧业和渔业产地	山西省农产品质量安全中心	2014.01.15—2017.01.15
21	晋城市农产品质量安全检验监测中心	2014040392V	2014.07.15—2017.07.14	晋城市山门街和陈岭路交叉口（市第三人民医院东200米）	048026	0356-3211579 0356-3211580	0356-3211579	种植业产地、畜牧业产地	山西省农产品质量安全中心	2014.01.15—2017.01.15
22	山西省分析科学研究院	2012040410Z	2012.07.25—2015.07.24	太原市平阳路17号	030006	0351-5281299	0351-5281261	种植业产地、畜牧业产地	山西省农产品质量安全中心	2014.01.15—2017.01.15

（续）

序号	检测机构全称	计量认证证书编号	计量认证有效期限	通讯地址	邮政编码	联系电话	传真	行业	报备单位	协议有效期
23	山西省鱼病防治中心（山西省渔业环境监测中心、山西省水产品质量安全检测中心）	2012040416V	2012.08.29—2015.08.28	太原市新建路45号	030002	15110715218	0351-4666289	渔业产地	山西省无公害水产品管理办公室	2014.09.26—2017.09.26
24	谱尼测试科技有限公司	2013010338Z	2013.09.27—2016.09.27	北京市海淀区苏州街49-3 盈智大厦	100080	010-82618116	010-82618116	种植业、畜牧业、渔业产地	内蒙古自治区农畜产品质量安全监督中心	2015.01.06—2018.01.06
25	内蒙古自治区水产品质量检测中心	2013050065V	2013.03.04—2016.03.04	呼和浩特市赛罕区兴安南路32号	010010	0471-2336980	0471-2336980	渔业产地	内蒙古自治区农畜产品质量安全监督中心	2015.01.06—2018.01.06
26	农业部畜禽产品质量安全监督检验测试中心（呼和浩特）	2012C2702V	2012.12.17—2015.12.17	呼和浩特市昭乌达路412号	010010	0471-3360303	0471-3360303	畜牧业产地	内蒙古自治区农畜产品质量安全监督中心	2015.01.06—2018.01.06
27	农业部农产品质量安全监督测试中心（呼和浩特）	2012002438V	2012.12.27—2015.12.27	呼和浩特市玉泉区昭君路22号	010031	0471-5904559	0471-5900447	种植业产地	内蒙古自治区农畜产品质量安全监督中心	2015.01.06—2018.01.06
28	农业部乳品质量监督检验测试中心	2013000263	2013.01.02—2016.01.20	天津市南开区土英路18号	300381	022-23416617	022-23418677	种植业、畜牧业产地	内蒙古自治区农畜产品质量安全监督中心	2015.01.06—2018.01.06
29	农业部农产品质量监督检验测试中心（沈阳）	2013001731V	2013.03.01—2016.02.28	沈阳市沈河区东陵路84号	110161	024-31029902	024-31029902	种植业产地	辽宁省农产品质量安全中心	2015.01.01—2017.12.30

（续）

序号	检测机构全称	计量认证证书编号	计量认证有效期限	通讯地址	邮政编码	联系电话	传真	行业	报备单位	协议有效期
30	中国科学院沈阳应用生态研究所农产品安全与环境质量检测中心	2013000875K	2013.05.11—2016.05.10	沈阳市沈河区文化路72号	110016	024-83970390	024-83970389	种植业产地	辽宁省农产品质量安全中心	2015.01.01—2017.12.30
31	农业部饲料质量及畜产品安全监督检验测试中心（沈阳）	2014001180V	2014.11.21—2017.11.20	沈阳市沈河区小南街281号	110016	024-24810160	024-24810160	畜牧业产地	辽宁省省畜牧兽医局	2015.01.30—2018.01.29
32	辽宁省海洋渔业环境监督监测站	2012002333F	2012.08.20—2015.08.19	大连市沙河口区黑石礁街50号	116023	0411-84691603	0411-84691603	渔业产地	辽宁省海洋与渔业厅	2015.01.05—2018.01.04
33	辽宁省淡水渔业环境监测站	2014060170V	2014.07.17—2017.07.16	辽阳市白塔区卫国路103号	111000	0419-2304068	0419-2304068	渔业产地	辽宁省海洋与渔业厅	2015.01.05—2018.01.04
34	农业部农业环境质量监督检验测试中心（长春）	2012001898V	2012.12.24—2015.12.23	长春市自由大路6152号	130033	0431-81348958	0431-81348958	种植业	吉林省农业环境保护与农村能源管理总站	2014.12.10—2017.12.09
35	国家农产品质量监督检验中心	2013070134Z	2014.07.10—2016.06.05	长春市宜居路2699号	130103	0431-85000089	0431-85000089	种植业	农业部农产品质量安全中心	2014.12.10—2017.12.09
36	谱尼测试科技股份有限公司	2013010338Z	2013.09.27—2016.09.27	北京市海淀区苏州街49-3盈智大厦	100080	010-82618116转882	010-82619629	畜牧业	吉林省畜牧总站	2013.04.15—2016.09.27

（续）

序号	检测机构全称	计量认证证书编号	计量认证有效期限	通讯地址	邮政编码	联系电话	传真	行业	报备单位	协议有效期
37	谱尼测试科技股份有限公司	2013010338Z	2013.09.28—2016.09.27	北京市海淀区苏州街49-3号盈智大厦	100080	010-82618116	010-82619629	畜牧业产地	黑龙江省畜牧兽医总站	2013.11.16—2016.11.15
38	农业部食品质量监督检验测试中心（上海）	2011001213V	2011.05.26—2014.05.25	上海市江场西路1550号3号楼	200436	021-36322107	021-36322107	种植业、畜牧业、渔业产地	上海市无公害农产品产地认定办公室	2014.04.22—2017.04.21
39	农业部农业环境质量监督检验测试中心（南京）	2012002223V	2012.12.19—2015.12.18	南京市草场门大街124号江苏农业检测大楼5楼	210036	025-86263563	025-86263563	种植业产地	江苏省无公害农产品认定委员会办公室	2015.01—2017.12
40	常州市农畜水产品质量监督检验中心	2014100145V	2014.04.30—2017.04.29	常州市长江中路289-1号8楼	213000	0519-81667900	0519-81667991	种植业、畜牧业产地	江苏省无公害农产品认定委员会办公室	2015.01—2017.12
41	吴江市农产品检测中心	2011100534V	2011.11.05—2014.10.25	吴江市松陵镇鲈乡北路399号	215200	0512-63458871	0512-63458872	种植业、畜牧业产地	江苏省无公害农产品认定委员会办公室	2015.01—2017.12
42	扬州市农产品质量监督检测中心	2011100510V	2011.11.28—2014.11.27	扬州市开发区江海路19号	225101	0514-8098838	0514-87781952	种植业、畜牧业产地	江苏省无公害农产品认定委员会办公室	2015.01—2017.12
43	宿迁市产品质量监督检验所	2012100056Z	2012.09.10—2015.09.09	宿迁市经济开发区发展大道889号	223800	0527-84397069	0527-84397058	种植业、畜牧业产地	江苏省无公害农产品认定委员会办公室	2015.01—2017.12

（续）

序号	检测机构全称	计量认证证书编号	计量认证有效期限	通讯地址	邮政编码	联系电话	传真	行业	报备单位	协议有效期
44	江苏省畜产品质量检验测试中心	2013100212V	2013.04.16—2016.04.15	南京市草场门大街124号	210036	025-86263655	025-86263656	畜牧业产地	江苏省无公害农产品认定委员会办公室	2015.01—2017.12
45	连云港市农产品质量监督检验测试中心	2012100802V	2012.02.21—2015.02.20	连云港市新浦区通灌南路134号	222001	0518-86090568	0518-86090568	种植业产地	江苏省无公害农产品认定委员会办公室	2015.01—2017.12
46	连云港市畜产品质量监督检验测试中心	2013100102V	2013.02.01—2016.01.31	连云港市新浦区通灌南路134号	222001	0518-86090616	0518-86090616	畜牧业产地	江苏省无公害农产品认定委员会办公室	2015.01—2017.12
47	泰州市农林水产品质量检测中心	2012100531V	2012.08.24—2015.08.25	泰州市新区凤凰东路66号	225300	0523-80813698	0523-80813694	种植业、畜牧业产地	江苏省无公害农产品认定委员会办公室	2015.01—2017.12
48	谱尼测试科技股份有限公司	2013010338Z	2013.09.27—2016.09.27	北京市海淀区苏州街49-3盈智大厦	100080	010-82618116	010-82619629	种植业、畜牧业产地	江苏省无公害农产品认定委员会办公室	2015.01—2017.12
49	淮安出入境检验检疫局综合技术服务中心实验室	2012080792Z F2012000257	2012.11.27—2015.11.26	淮安市北京北路32号	223001	0517-83336507	0517-83364842	种植业、畜牧业产地	江苏省无公害农产品认定委员会办公室	2015.01—2017.12
50	镇江市农产品质量检验测试中心	2013100059V	2013.01.06—2016.01.05	镇江市丁卯桥路97号	212009	0511-88877836	0511-88877836	种植业产地	江苏省无公害农产品认定委员会办公室	2015.01—2017.12
51	盐城市农产品质量监督检验测试中心	2011101637V	2011.12.30—2014.12.29	盐城市文港南路17号	224002	0515-83709718	0515-83700179	种植业产地	江苏省无公害农产品认定委员会办公室	2015.01—2017.12
52	江苏省渔业生态环境监测站	2014100036S	2014.01.24—2017.01.23	南京市汉中门大街302号	210036	025-86903098	025-86903070	渔业产地	江苏省无公害水产品生产基地认定管理办公室	2015.01.01—2017.12.31

（续）

序号	检测机构全称	计量认证证书编号	计量认证有效期限	通讯地址	邮政编码	联系电话	传真	行业	报备单位	协议有效期
53	苏州市农产品质量安全监测中心	2012100802V	2012.12.21—2015.12.20	苏州市东吴北路西塘北巷5号	215128	0512-65857785	0512-65857785	渔业产地	江苏省无公害水产品生产基地认定管理办公室	2015.01.01—2017.12.31
54	泰州市农林畜水产品质量检测中心	2012100531V	2012.08.24—2015.08.23	泰州市站东路55号	225300	0523-80813663	0523-80813694	渔业产地	江苏省无公害水产品生产基地认定管理办公室	2015.01.01—2017.12.31
55	南通市水产品质量检测中心	2012100416V	2012.07.16—2015.07.15	南通市外环西路65号	226000	0513-83549590	0513-83549594	渔业产地	江苏省无公害水产品生产基地认定管理办公室	2015.01.01—2017.12.31
56	徐州市农水畜禽产品质量检测中心	2012100463V	2012.07.30—2015.07.29	徐州市建国西路80号国土资源大夏B座18楼	221006	0516-85752235	0516-85752328	渔业产地	江苏省无公害水产品生产基地认定管理办公室	2015.01.01—2017.12.31
57	连云港市海洋环境监测中心	2012100445V	2012.06.28—2015.07.17	连云港市海州区朝阳中路14号	222001	0518-85683987	0518-85683990	渔业产地	江苏省无公害水产品生产基地认定管理办公室	2015.01.01—2017.12.31
58	常州市农畜水产品质量监督检验测试中心	2014100145V	2014.04.30—2017.04.29	常州市长江中路289-1号8楼	213002	0519-81667990	0519-81667991	渔业产地	江苏省无公害水产品生产基地认定管理办公室	2015.01.01—2017.12.31
59	扬州市农产品质量监督检测中心	2011100510V	2011.11.28—2014.11.27	扬州市开发区江海路19号	225101	0514-80988338	0514-87781952	渔业产地	江苏省无公害水产品生产基地认定管理办公室	2015.01.01—2017.12.31
60	浙江省林产品质量检测站	2013110109V	2013.08.26—2016.08.25	杭州市西湖区留和路399号	310023	0571-87798114	0571-87798113	种植业、畜牧业产地	浙江省农产品质量安全中心	2014.08.28—2017.08.27

（续）

序号	检测机构全称	计量认证证书编号	计量认证有效期限	通讯地址	邮政编码	联系电话	传真	行业	报备单位	协议有效期
61	农业部农产品及转基因产品质量安全监督检验测试中心（杭州）	2012002098V	2012.11.25—2015.11.25	杭州市石桥路198号	310021	0571-86404309	0571-86406862	种植业、畜牧业、渔业产地	浙江省农产品质量安全中心	2014.08.14—2017.08.13
62	国土资源部杭州矿产资源监督检测中心	2013000534G	2013.03.05—2016.03.03	杭州市体育场路508号	310007	0571-85113510	0571-85112159	种植业、畜牧业产地	浙江省农产品质量安全中心	2014.08.14—2017.08.13
63	芜湖市农产品食品检测中心	2012120688S	2012.05.11—2015.05.10	芜湖市弋江区现代农业大厦	241006	0553-5844722	0553-5842211	种植业、畜牧业、渔业	安徽省农业生态环境总站	2013.07.15—2016.07.14
64	谱尼测试科技股份有限公司	2013010338Z	2013.09.27—2016.09.27	北京市海淀区苏州街49-3盈智大厦	100080	010-82618116转822	010-82619629	种植业、畜牧业产地	安徽省农业生态环境总站	2013.07.15—2016.07.14
65	福建省农产品质量安全检验检测中心	2012131059V	2012.12.03—2015.12.02	福州市鼓楼区鼓屏路183号	350003	0591-87270982	0591-87272517	种植业、畜牧业产地	福建省绿色食品发展中心	2014.12.30—2017.12.29
66	福建省农产品质量安全检验检测中心（漳州）分中心	2012136014V	2012.10.25—2015.10.24	漳州市芗城区大同路新巷6号	363000	0596-2606657	0596-2663314	种植业、畜牧业产地	福建省绿色食品发展中心	2014.12.30—2017.12.29
67	谱尼测试科技股份有限公司	2013010338Z	2013.09.27—2016.09.27	北京市海淀区苏州街49-3盈智大厦	100080	010-82618801 010-82618116转822	010-82619629	种植业、畜牧业产地	福建省绿色食品发展中心	2014.12.30—2017.12.29

（续）

序号	检测机构全称	计量认证证书编号	计量认证有效期限	通讯地址	邮政编码	联系电话	传真	行业	报备单位	协议有效期
68	福建省海洋与渔业资源监测中心	2013002503F	2013.03.29—2016.03.28	福州市冶山路26号3号办公楼	350003	0591-87831850	0591-87278890	渔业产地	福建省海洋与渔业厅无公害水产品产地认定委员会办公室	2014.07.23—2017.07.22
69	福建省渔业环境监测站	2012132024V	2012.12.26—2015.12.25	厦门市东渡山路7号	361013	0592-5618233	0592-5618233	渔业产地	福建省海洋与渔业厅无公害水产品产地认定委员会办公室	2014.12.30—2017.12.29
70	福州市海洋与渔业技术中心	2012002330F	2012.08.06—2015.08.05	福州市仓山区浦下路105号	350026	0591-83322690	0591-83322690	渔业产地	福建省海洋与渔业厅无公害水产品产地认定委员会办公室	2014.12.30—2017.12.29
71	江西省无公害农产品质量监督检验站	2012140197V	2012.06.29—2015.06.28	南昌市南莲路602号	330200	0791-87090291	0791-87090291	种植业、畜牧业、渔业产地	江西省农产品质量安全中心	2014.11.22—2017.11.21
72	江西省农产品质量安全检测中心	2012140999V	2012.09.28—2015.09.27	南昌市文教路359号	330077	0791-88509203	0791-88509203	种植业、畜牧业、渔业产地	江西省农产品质量安全中心	2014.11.22—2017.11.21
73	谱尼测试科技股份有限公司	2013010338Z	2013.09.27—2016.09.27	北京市海淀区苏州街49-3盈智大厦	100080	010-82618116转822	010-82619629	种植业、畜牧业、渔业产地	江西省农产品质量安全中心	2015.03.06—2018.03.05
74	山东省农业科学院农业质量标准与检测技术研究所	2013150163V	2013.09.04—2016.09.03	济南市工业北路202号	250100	0531-83179267	0531-88960397	种植业	山东省农产品质量安全中心	2014.06.30—2017.06.30
75	农业部农业环境质量监督检验测试中心（济南）	2013001401V	2013.02.04—2016.02.03	济南市工业北路202号	250100	0531-81608087	0531-81608188	种植业	山东省农产品质量安全中心	2014.06.30—2017.06.30
76	济南市农产品质量检测中心	2013150242V	2013.04.28—2016.04.27	济南市长清区明发路717号	250306	0531-87406077	0531-87406061	种植业	山东省农产品质量安全中心	2014.06.30—2017.06.30

（续）

序号	检测机构全称	计量认证证书编号	计量认证有效期限	通讯地址	邮政编码	联系电话	传真	行业	报备单位	协议有效期
77	青岛谱尼测试有限公司	2012150434Q	2012.12.07—2015.12.06	青岛市崂山区株洲路190号6楼	266061	0532-88706866	0532-88706877	种植业	山东省农产品质量安全中心	2014.06.30—2017.06.30
78	东营市农产品质量监督检测中心	2012150087V	2012.03.02—2015.03.01	东营市东城胶州路479号	257091	18654610279	0546-8301517	种植业	山东省农产品质量安全中心	2014.06.30—2017.06.30
79	农业部果品及苗木质量监督检验测试中心（烟台）	2013002645V	2013.01.28—2016.01.27	烟台市福山区港城西大街26号	265500	0535-6357229	0535-6357229	种植业	山东省农产品质量安全中心	2014.06.30—2017.06.30
80	招远市农业质量监督检验测试中心	2013150864V	2013.12.31—2016.12.30	招远市温泉路103号	265400	0535-8240493	0535-3452358	种植业	山东省农产品质量安全中心	2014.06.30—2017.06.30
81	临沂市农业质量检测中心	2013150543V	2013.08.27—2016.08.26	临沂市兰山区沂州路209号	276004	0539-8961112	0539-8961110	种植业	山东省农产品质量安全中心	2014.06.30—2017.06.30
82	济宁市农产品质量监督检测中心	2013150467V	2013.07.26—2016.07.25	济宁市岱宗路9号（农科院内）	272000	0537-2049186	0537-2049186	种植业	山东省农产品质量安全中心	2014.06.30—2017.06.30
83	青岛谱尼测试有限公司	2012150434Q	2012.12.07—2015.12.06	青岛市崂山区株洲路190号六楼	266061	0532-88706866	0532-88706877	畜牧业产地	山东省无公害畜产品管理办公室	2014.10.01—2017.09.30
84	山东安和安全技术研究院有限公司	2012150109S	2013.03.23—2016.03.22	滨州市黄河人路357号老年大学附属楼	256600	0534-3790666	0534-3790666	畜牧业产地	山东省无公害畜产品管理办公室	2014.06.05—2017.06.04

（续）

序号	检测机构全称	计量认证证书编号	计量认证有效期限	通讯地址	邮政编码	联系电话	传真	行业	报备单位	协议有效期
85	山东大学理化分析测试中心	2011150291U	2011.05.30—2014.05.29	济南市山大南路27号	250100	0531-88362819	0531-88364513	畜牧业产地	山东省无公害畜产品管理办公室	2013.11.01—2016.10.31
86	农业部农产品质量监督检验测试中心（郑州）	2012001678V	2012.12.22—2015.12.23	郑州市花园路116号	450002	0371-65738394 0371-65724245	0371-65738394	种植业、渔业、畜牧业	河南省农产品质量安全检测中心	2014.12.22—2017.12.21
87	郑州市农产品质量检测流通中心	2014160912V	2014.09.29—2017.09.28	郑州市淮河路56号	450006	0371-67189720	0371-67189720	种植业、渔业	河南省农产品质量安全检测中心	2014.12.22—2017.12.21
88	洛阳市农产品安全检测中心	2014160045V	2014.05.27—2017.05.26	洛阳市大康路9号	471000	0379-63330672	0379-63330670	种植业、渔业	河南省农产品质量安全检测中心	2014.12.22—2017.12.21
89	南阳市农产品质量检测中心	2012160928V	2012.04.17—2015.04.16	南阳市高新区信臣路166号	473000	0377-65029618	0377-62201130	种植业、渔业	河南省农产品质量安全检测中心	2014.12.22—2017.12.21
90	三门峡市农产品质量安全检测中心	2012160523V	2012.08.23—2015.08.22	三门峡市黄河路西段	472000	0398-8525369		种植业、渔业、畜牧业	河南省农产品质量安全检测中心	2014.12.22—2017.12.21
91	鹤壁市农产品质量安全监测检验中心	2012161214V	2012.12.20—2015.12.19	鹤壁市淇滨区九洲路与泰山路南200米	458030	0392-3265880	0392-3265880	种植业、渔业	河南省农产品质量安全检测中心	2014.12.22—2017.12.21
92	焦作市农产品质量安全检测中心	2012160595V	2012.09.25—2015.09.24	焦作市人民路819号	454002	0391-8382956	0391-8382959	种植业、渔业	河南省农产品质量安全检测中心	2014.12.22—2017.12.21
93	开封市农产品质量安全检测中心	2011161022V	2011.12.05—2014.12.04	开封市金明东街88号	475004	0371-23899213	0371-23899213	种植业	河南省农产品质量安全检测中心	2014.12.22—2017.12.21
94	济源市农产品质量检测中心	2014160962V	2014.01.13—2017.01.14	济源市文昌中路661号	459000	0391-6639521	0391-6669521	种植业	河南省农产品质量安全检测中心	2014.12.22—2017.12.21

（续）

序号	检测机构全称	计量认证证书编号	计量认证有效期限	通讯地址	邮政编码	联系电话	传真	行业	报备单位	协议有效期
95	河南省兽药监察所（河南省饲料产品质量监督检验站、河南省畜产品质量监测检验中心）	15160409027	2015.08.17—2021.08.16	郑州市经三路91号	450008	0371-65778960	0371-65778671	畜牧业产地	河南省畜牧局	2015.10—2018.09
96	新乡市畜产品质量监测中心	2015161453V	2015.03.11—2018.03.10	新乡市劳动南街153号	453003	0373-5031201	0373-5031201	畜牧业产地	河南省畜牧局	2015.10—2018.09
97	开封市畜产品质量监测中心	2014160202V	2014.12.04—2017.12.03	开封市夷山大街南段	475000	0378-3381377	0378-3388517	畜牧业产地	河南省畜牧局	2015.10—2018.09
98	驻马店市农产品质量安全检测中心	2011161407V	2011.11.03—2014.11.02	驻马店市十三香路201号	463000	0396-3252956	0396-3252956	种植业产地	河南省农产品质量安全检测中心	2013.03.29—2016.03.28
99	平顶山市农产品质量监测中心	2013162064V	2013.02.27—2016.02.26	平顶山市湛河区姚电大道	467000	0375-2263139	0375-2263139	种植业、渔业产地	河南省农产品质量安全检测中心	2013.03.29—2016.03.28
100	湖北省农药及农产品安全质量监督检验站	2012171852Z	2012.08.17—2015.08.16	武汉市洪山区南湖瑶苑3号	430064	027-87389465	027-87389465	种植业、畜牧业、渔业产地	湖北省农产品质量安全中心	2013.10.29—2016.10.29
101	武汉市农产品检疫检测中心	2013171678V	2013.09.02—2016.09.01	武汉市江岸区发展大道821号润禾大厦	430016	027-82285604	027-82285616	种植业、畜牧业、渔业产地	湖北省农产品质量安全中心	2013.10.29—2016.10.29

（续）

序号	检测机构全称	计量认证证书编号	计量认证有效期限	通讯地址	邮政编码	联系电话	传真	行业	报备单位	协议有效期
102	农业部渔业环境及水产品质量监督检验测试中心（武汉）	2014002135V	2014.05.19—2017.05.18	武汉市洪山区狮子山街王家湾特一号湖北农业质测大楼	430070	027-87286573	027-87286572	渔业产地	湖北省农产品质量安全中心	2013.10.29—2016.10.29
103	农业部畜禽产品质量安全监督检验测试中心（武汉）	2012002514V	2012.12.29—2015.12.28	武汉市洪山区狮子山街王家湾	430070	027-87286525	027-87286321	畜牧业产地	湖北省农产品质量安全中心	2013.10.29—2016.10.29
104	湖北省农药及农产品质量监督检验站	2012171852Z	2012.08.17—2015.08.16	武汉市洪山区南湖瑶苑3号	430064	027-87389465	027-87389465	种植业、畜牧业、渔业产地	湖北省农产品质量安全中心	2013.10.29—2016.10.29
105	农业部淡水鱼类种质监督检验测试中心	2012001965V	2012.09.07—2015.09.06	武汉市东湖新技术开发区武大科技园武大园一路8号	430223	027-81780268 027-81780161	027-81780166	渔业产地	湖北省农产品质量安全中心	2013.10.29—2016.10.29
106	宜昌市农产品质量安全监督检测站	2012170522V	2012.05.25—2015.05.24	宜昌市西陵区云集路37号	443000	0717-6911434		种植业、畜牧业、渔业产地	湖北省农产品质量安全中心	2013.10.29—2016.10.29
107	恩施自治州农产品质量安全检验检测中心	201417 1367V	2014.12.17—2017.12.16	恩施市舞阳大街一巷21号	445000	0718-8221749	0718-8221749	种植业、畜牧业、渔业产地	湖北省农产品质量安全中心	2013.10.29—2016.10.29
108	黄石市农产品质量安全监督检测中心	2012170350V	2012.05.25—2015.05.24	黄石市下陆区广州路26号	435000	0714-6510728		种植业、畜牧业、渔业产地	湖北省农产品质量安全中心	2013.10.29—2016.10.29

（续）

序号	检测机构全称	计量认证证书编号	计量认证有效期限	通讯地址	邮政编码	联系电话	传真	行业	报备单位	协议有效期
109	湖南省分析测试中心	2014180426K	2015.01.13—2017.06.26	长沙市天心区青园路506号	410004	0731-85311777	0731-85311777	种植业	湖南省农产品产地认定委员会办公室	2014.11.30—2017.11.29
110	农业部农产品质量安全监督检验测试中心（长沙）	2012002356V	2012.02.16—2015.02.15	长沙市开福区教育街66号 湖南省农业委会院内	410005	0731-84423328	0731-84423328	种植业	湖南省农产品产地认定委员会办公室	2014.11.30—2017.11.29
	湖南省农产品质量检验检测中心	2012180399V	2012.03.19—2015.03.18							
111	农业部渔业产品质量监督检验测试中心（长沙）	2012002684V	2012.07.13—2015.07.12	长沙市开福区双河路728号	410153	0731-86676390 13788191481	0731-86676390 0731-86672234	渔业产地	湖南省农产品产地认定委员会办公室	2014.11.30—2017.11.29
112	农业部畜禽产品质量安全监督检验测试中心（长沙）	2013002630V	2013.01.25—2016.01.24	长沙市潇湘中路61号	410006	0731-88851450	0731-88881434	畜牧业	湖南省农产品产地认定委员会办公室	2014.11.30—2017.11.29
113	广东省绿色产品认证检测中心	2013190422U	2013.11.06—2016.11.05	广州市白云区嘉禾望岗百花岭北街18号	510440	020-36247332	020-86326610	种植业、畜牧业、渔业	广东省农产品质量安全中心	2014.01.01—2016.12.31
114	农业部食品质量监督检验测试中心（湛江）、华南热带农业环境保护监测站	2012001190V F2012000094	2012.04.18—2015.04.17	湛江市霞山区人民大道南48号热科大厦8楼	524001	0759-2228505	0579-2222446	种植业、畜牧业、渔业	广东省农产品质量安全中心	2014.01.01—2016.12.31

（续）

序号	检测机构全称	计量认证证书编号	计量认证有效期限	通讯地址	邮政编码	联系电话	传真	行业	报备单位	协议有效期
115	潮州市农产品质量监督检验测试中心	2013190562Q	2013.01.11—2016.01.10	潮州市城新路15号	521000	0768-2389862	0768-3995066	种植业	广东省农产品质量安全中心	2014.01.01—2016.12.31
116	江门市农产品质量监督检验测试中心	2013190799V	2013.01.10—2016.01.09	江门市农林新村14号	529000	0750-3309892	0750-3309892	种植业、畜牧业	广东省农产品质量安全中心	2014.01.16—2017.01.15
117	广西区渔业病害防治环境监测和质量检验中心	2012201554V	2012.06.04—2015.06.03	南宁市青山路8号	530021	0771-5314643	0771-5313061	渔业产地	广西区渔业病害防治环境监测和质量检验中心	2014.05.02—2017.05.01
118	重庆市万州区农产品质量安全监督检测中心	2013220374Q	2013.04.19—2016.04.18	重庆市万州区上海大道268号	404000	023-58225117	023-58225117	种植业、畜牧业、渔业产地	重庆市农产品质量安全中心	2013.05.30—2016.05.29
119	农业部肥料质量监督检验测试中心（成都）	2014001676V	2014.12.25—2017.12.24	成都市武侯祠大街四号	610041	028-85505330	028-8558 2671	种植业产地	四川省农产品质量安全中心	2015.01.21—2018.01.20
120	乐山农产品（畜产品）质量检测中心	2012230111V	2012.05.08—2015.05.07	乐山市市中区红雀碗街268号	614000	0833-2444369	0833-2439296	种植业产地	四川省农产品质量安全中心	2015.01.21—2018.01.20
121	南充农产品质量监测检验中心	2013230419V	2013.12.13—2016.12.12	南充市顺庆区滨江北路三段市政新区四号楼南区	637000	0817-2812680	0817-2812680	种植业产地	四川省农产品质量安全中心	2015.01.21—2018.01.20
122	绵阳无公害农产品监测中心	2013230193V	2013.07.26—2016.07.25	绵阳市荷花东街6号	621000	0816-2384639	0816-2384639	种植业产地	四川省农产品质量安全中心	2015.01.21—2018.01.20
123	四川省攀西无公害农产品监测中心	2012230205V	2012.08.21—2015.08.20	攀枝花市炳草岗文景巷12号	617000	0812-3351481	0812-3351481	种植业产地	四川省农产品质量安全中心	2015.01.21—2018.01.20

（续）

序号	检测机构全称	计量认证证书编号	计量认证有效期限	通讯地址	邮政编码	联系电话	传真	行业	报备单位	协议有效期
124	达州市农产品质量检测中心	2013230067V	2013.03.28—2016.03.27	达州市通川区凤翔街100号	635000	0818-2383524	0818-2383524	种植业产地	四川省农产品质量安全中心	2015.01.21—2018.01.20
125	内江市农产品（畜产品）质量检测中心	2013230434V	2013.12.31—2016.12.30	内江市市中区公园街307号	641000	0832-2035332	0832-2035332	种植业产地	四川省农产品质量安全中心	2015.01.21—2018.01.20
126	宜宾市农业质量综合检测中心	2013230418V	2013.12.14—2016.12.13	宜宾市中山街142号	644000	0831-8244878	0831-8244878	种植业产地	四川省农产品质量安全中心	2015.01.21—2018.01.20
127	德阳市农产品质量检测中心	2014230266V	2014.08.28—2017.08.27	德阳市珠江西路220号	618000	0838-2371232	0838-2371232	种植业产地	四川省农产品质量安全中心	2015.01.21—2018.01.20
128	广元综合性农产品质量检验监测中心	2012230217V	2012.09.21—2015.09.20	广元市利州东路566号	628017	0839-3269624	0839-3343271	种植业产地	四川省农产品质量安全中心	2015.01.21—2018.01.20
129	遂宁市农产品检验监测中心	2012230185V	2012.08.13—2015.08.12	遂宁市遂州北路477号	629000	0825-2399589	0825-2399289	种植业产地	四川省农产品质量安全中心	2015.01.21—2018.01.20
130	泸州农业质量检测中心	2012230299V	2012.10.26—2015.10.25	泸州市江阳区江阳西路4号	646000	0830-3108972	0830-3112849	种植业产地	四川省农产品质量安全中心	2015.01.21—2018.01.20
131	凉山州农产品质量安全检测中心			西昌市三岔口西巷48号	615000	0834-6995793		种植业产地	四川省农产品质量安全中心	2015.01.21—2018.01.20
132	自贡市农业质量标准监测检验中心	2015230011V	2015.01.09—2018.01.08	自贡市汇东路279号	643000	0813-8211385	0813-8200907	种植业产地	四川省农产品质量安全中心	2015.01.21—2018.01.20

（续）

序号	检测机构全称	计量认证证书编号	计量认证有效期限	通讯地址	邮政编码	联系电话	传真	行业	报备单位	协议有效期
133	巴中市农产品质量安全检验检测中心	2012230120V	2012.06.08—2015.06.07	巴中市南坝经济开发区将军大道748号	636000	0827-5251001	8272633632	种植业产地	四川省农产品质量安全中心	2015.01.21—2018.01.20
134	农业部畜禽产品质量安全监督检验中心（成都）	2012002365V	2012.12.28—2015.12.27	成都市武侯祠大街四号	610041	028-85598229	028-8548413	畜牧业	四川省畜产品安全检测中心	2013.05—2016.05
135	农业部渔业环境及水产品质量监督检验测试中心（成都）	2012002357V	2012.05.01—2015.05.02	成都市二环路西三段十三号	610072	028-87787709	028-87768983	渔业产地	四川省水产局	2015.01—2018.01
136	农业部食品质量监督检验测试中心（成都）	2012001003V	2012.07.21—2015.07.20	成都市锦江区静居寺路20号附102号	610066	028-84504144	028-84790687	渔业产地	四川省水产局	2015.01—2018.01
137	贵州省农药产品质量监督检验站	201324137V	2013.06.23—2016.06.22	贵阳市小河开发区金农路省农科院内	550006	0851-3761635	0851-3761635	种植业、畜牧业、渔业产地	贵州省农产品质量安全监督管理站	2014.09.25—2017.09.24
138	谱尼测试科技股份有限公司	2013010338Z	2013.09.28—2016.09.27	北京市海淀区苏州街49-3 盈智大厦	100080	010-82618116	010-62557273	种植业、畜牧业、渔业产地	贵州省农产品质量安全监督管理站	2014.09.25—2017.09.24
139	贵州省农产品质量安全监督检验测试中心	201240439V	2012.06.30—2015.07.01	贵阳市云岩区鹿冲关路34号	550004	0851-6794921	0851-6794921	种植业、畜牧业、渔业产地	贵州省农产品质量安全监督管理站	2014.09.25—2017.09.24

（续）

序号	检测机构全称	计量认证证书编号	计量认证有效期限	通讯地址	邮政编码	联系电话	传真	行业	报备单位	协议有效期
140	农业部农产品质量安全监督检验测试中心（重庆）	2013002065V	2013.04.01—2016.03.31	重庆市九龙坡区白市驿镇农科大道	401329	023-65717009	023-65717009	种植业、畜牧业、渔业产地	贵州省农产品质量安全监督管理站	2015.07—2018.04
141	贵州省分析研究院	2013240077K	2013.04.03—2016.04.02	贵阳市宝山南路99号	550002	0851-85891773	0851-85891974	种植业	贵州省农产品质量安全监督管理站	2015.07—2018.04
142	贵州安为天检测技术有限公司	2015240684	2015.06.01—2018.05.31	贵阳经济技术开发区小孟工业园区	550000	0851-88348955	0851-88117006	种植业	贵州省农产品质量安全监督管理站	2015.07—2018.04
143	贵州朗洲安全科技有限公司	2014240379	2014.04.23—2017.04.22	贵阳市云岩区延安西路33号大院泊客酒店5楼	550001	0851-85650258	0851-85650268	种植业	贵州省农产品质量安全监督管理站	2015.07—2018.04
144	农业部农产品质量监督检验测试中心（昆明）	2013002153V	2013.06.14—2016.06.13	昆明市学云路9号	650223	0871-65140430 13608858259	0871-65140403	种植业、畜牧业、渔业	云南省农产品质量安全中心	2014.06.20—2017.06.19
145	云南省产品质量监督检验研究院	2013250017Z	2013.01.16—2016.01.15	昆明市教场东路23号	650041	0871-65138733 0871-65138733	0871-65138733	种植业、畜牧业、渔业	云南省农产品质量安全中心	2014.06.30—2017.06.29
146	曲靖蓝硕环境信息咨询有限公司	2012250223U	2012.11.05—2015.11.04	曲靖市阳光花园金顷苑44-1	655000	0874-3283699 0874-3283699	0874-3283699	种植业、畜牧业、渔业	云南省农产品质量安全中心	2014.06.30—2017.06.29
147	龙陵县农产品质量安全检验检测站	2014250002V	2014.01.06—2017.01.05	保山市龙陵县白塔社区	678300	0875-6124516 0875-6124516	0875-6124516	种植业、畜牧业、渔业	云南省农产品质量安全中心	2014.06.26—2017.06.25

（续）

序号	检测机构全称	计量认证证书编号	计量认证有效期限	通讯地址	邮政编码	联系电话	传真	行业	报备单位	协议有效期
148	玉溪市红塔区农产品质量安全检测站	2011250186V	2014.11.24—2017.11.23	玉溪市红塔区红塔大道25号	653100	0877-2031506	0877-2031506	种植业、畜牧业、渔业	云南省农产品质量安全中心	2014.06.25—2017.06.24
149	谱尼测试科技股份有限公司	2010010338Z	2010.10.18—2013.10.18	北京市海淀区苏州街49-3 盈智大厦	100080	13601371879 010-82618801	010-82619629	种植业、畜牧业产地	陕西省农业厅	2015.09—2018.08
150	农业部食品质量监督检验测试中心（杨凌）			杨凌示范区西农路28号				种植业	陕西省农业厅	2015.09—2018.08
151	农业部渔业环境及水产品质量安全监督检验测试中心（西安）	2013002140V	2013.06.19—2016.06.18	西安市三桥洋惠路2号	710086	029-84521007	029-84521041	渔业产地	陕西省渔业局	2013.08.17—2016.08.17
152	甘肃省农产品质量安全监督检测中心	2012280051V	2012.09.06—2015.09.05	兰州市城关区嘉峪关西路708号	730020	18919875705	0931-4866796	种植业、畜牧业、渔业	甘肃省农产品质量安全监督管理局	2014.12.27—2017.12.26
153	兰州市农产品质量监测中心	2013280289V	2013.07.09—2016.07.08	兰州市城关区雁宁路258号	730010	0931-8583285	0931-8583285	种植业、畜牧业、渔业	甘肃省农产品质量安全监督管理局	2014.12.27—2017.12.26
154	武威市农产品质量安全监督检测中心	2013280168V	2013.05.10—2016.05.09	武威市西关体育路36号	733000	0935-6213087	0935-6213087	种植业、畜牧业、渔业	甘肃省农产品质量安全监督管理局	2014.12.27—2017.12.26
155	张掖市农产品质量监测检验中心	2012280268V	2012.10.18—2015.10.17	张掖市南环路675号	734000	0936-6915184	0936-6915184	种植业、畜牧业、渔业	甘肃省农产品质量安全监督管理局	2014.12.27—2017.12.26

（续）

序号	检测机构全称	计量认证证书编号	计量认证有效期限	通讯地址	邮政编码	联系电话	传真	行业	报备单位	协议有效期
156	甘肃国信润达分析测试中心	2012280486K	2012.09.24—2015.09.23	兰州市雁南路兰州分离科学研究所C栋	730010	0931-4699999	0931-8555500	种植业、畜牧业、渔业	甘肃省农产品质量安全监督管理局	2014.12.27—2017.12.26
157	青海省兽药饲料监察所	2009290012.5V	2012.07.12—2015.07.12	西宁市胜利路81号	810001	0971-5511362	0971-5511362	种植业、畜牧业、渔业	青海省绿色食品办公室	2014.11.16—2017.11.16
158	谱尼测试科技股份有限公司	2013010338Z	2013.09.27—2016.09.27	北京市海淀区苏州街49-3　盈　智大厦	1000080	010-82618116	010-82619629	种植业、畜牧业、渔业	青海省绿色食品办公室	2014.11.16—2017.11.16
159	青海省地质矿产测试应用中心（国土资源部西宁矿产品监督检测中心）	2013000467G	2013.03.20—2016.03.20	西宁市盐湖巷15号	810008	0971-8562213	0971-6302202	种植业、畜牧业、渔业	青海省绿色食品办公室	2014.11.16—2017.11.16
160	农业部农产品质量监督检验测试中心（乌鲁木齐）	2014001709V	2014.02.18—2017.02.17	乌鲁木齐市沙依巴克区南昌路403号	830091	0991-4558195	0991-4558195	种植业产地	新疆自治区农产品质量安全中心	2014.02.18—2017.02.17
161	农业部畜禽产品质量安全监督检验测试中心（乌鲁木齐）	2013002504 V	2013.06.14—2016.06.13	乌鲁木齐市南湖西路37号	830063	0991-4614000	0991-4614000	畜牧业产地	新疆畜产品质量安全领导小组办公室	2015.01—2016.06
162	谱尼测试科技股份有限公司	2013010338Z	2013.09.27—2016.09.27	北京市海淀区苏州街49-3　盈　智大厦	100080	010-82618801	010-82619629	种植业、畜牧业、渔业	新疆兵团农产品质量安全中心	2014.11.25—2017.11.24

（续）

序号	检测机构全称	计量认证证书编号	计量认证有效期限	通讯地址	邮政编码	联系电话	传真	行业	报备单位	协议有效期
163	农业部食品质量监督检验测试中心（石河子）	2012001124V	2012.11.13—2015.11.12	石河子市乌伊公路221号	832099	0993-6683565	0993-6683652	种植业、畜牧业	新疆兵团农产品质量安全中心	2014.11.25—2017.11.24
164	农业部渔业产品质量监督检验测试中心（大连）	2012002586V	2012.12.29—2015.12.28	大连市沙河口区中山路678号	116023	0411-84689505	0411-84689505	渔业产地	大连市海洋与渔业局	2015.01.10—2018.01.10
165	谱尼测试科技股份有限公司	2013010338Z	2013.09.27—2016.09.27	北京市海淀区苏州街49-3盈智大厦	100080	010-82618801	010-82619629	渔业产地	大连市海洋与渔业局	2015.01.10—2018.01.10
166	农业部农产品质量安全监督检验测试中心（厦门）	2012002575V	2012.12.28—2015.12.27	厦门市莲前西路702号	361009	0592-5902835	0592-5902834	种植业、畜牧业产地	厦门市农业局	2014.11.01—2017.10.31
167	厦门市农产品质量安全检验测试中心	2013132001V	2013.01.04—2016.01.03	厦门市莲前西路702号	361009	0592-5902835	0592-5902834	种植业、畜牧业产地	厦门市农业局	2014.11.01—2017.10.31
168	福建省农产品质量安全检验检测中心（漳州）分中心	2012136014V	2012.10.25—2015.10.24	漳州市芗城区大同新巷6号	363000	0596-2606657	0596-2663314	种植业产地	厦门市农业局	2014.11.01—2017.10.31
169	谱尼测试科技股份有限公司	2013010338Z	2013.09.27—2016.09.27	北京市海淀区苏州街49-3盈智大厦	100080	010-82618801 010-82618116转822	010-82619629	种植业、畜牧业产地	厦门市农业局	2014.11.01—2017.10.31
170	宁波市农业监测中心	2014110390V	2014.01.02—2017.01.01	宁波市柳汀街398号	315012	0574-87163780	0574-87161237	种植业、畜牧业产地	宁波市农产品安全工作协调小组办公室	2014.01.02—2017.01.01
171	宁波市渔业环境与产品质量监督检验中心	2013110708V	2013.04.26—2016.04.25	宁波市三市路59弄8号	315012	0574-87491299	0574-87491299	渔业产地	宁波市农产品安全工作协调小组	2014.01.01—2017.12.31

关于公布增加和恢复部分无公害农产品检测机构资质名单的通知

各省、自治区、直辖市及计划单列市农产品质量安全中心（无公害农产品工作机构），各有关检测机构：

我中心根据《无公害农产品检测机构管理办法》和《无公害农产品定点检测机构检测工作质量考评办法》之规定，增加和恢复部分无公害农产品检测机构资质。现公布如下：

一、增加的无公害农产品检测机构

海南威尔检测技术有限公司提出资质申请。经资质审查和现场核查，其符合《无公害农产品检测机构管理办法》和《无公害农产品定点检测机构检测工作质量考评办法》规定的资质条件要求，我中心选定其为无公害农产品检测机构，承担无公害农产品渔业产品检测任务，有效期为3年。

二、恢复资质的无公害农产品检测机构

2015年11月，国家农业深加工产品质量监督检验中心到期提出续展申请，因其续展材料缺失《农产品质量安全检测机构考核合格证书》（简称《CATL证书》），我中心依据《无公害农产品检测机构管理办法》规定未按期进行续展。近期，该中心补交了《CATL证书》。经核查确认，我中心决定从发文之日起，恢复其无公害农产品检测机构资质，可继续承担无公害农产品种植业和畜牧业产品检测工作。

如有问题，请与我中心体系标准处联系。联系人：廖超子；联系电话（fax）：010-62131995。

特此通知。

附件：2016年增加和恢复无公害农产品检测机构资质名单（第三批）

农业部农产品质量安全中心
2016年7月25日

附件：

2016年增加和恢复无公害农产品检测机构资质名单（第三批）

序号	地区	机构名称	检测范围
一、增加的无公害农产品检测机构名单			
1	海南	海南威尔检测技术有限公司	渔业
二、恢复无公害农产品检测机构资质名单			
1	吉林	国家农业深加工产品质量监督检验中心	种植业畜牧业

关于公布续展、增加、恢复和取消部分
无公害农产品检测机构资质名单的通知

农质安发〔2016〕2号

各省、自治区、直辖市及计划单列市农产品质量安全中心（无公害农产品工作机构），各有关检测机构：

我中心根据《无公害农产品检测机构管理办法》和《无公害农产品定点检测工作质量考评办法》之规定，续展、增加、恢复和取消了部分无公害农产品检测机构资质。现公布如下：

一、续展和增加的无公害农产品检测机构

农业部畜禽产品质量监督检验测试中心等11家检测机构资质有效期满后提出续展申请，谱尼测试集团深圳有限公司提出资质申请。经续展考评和资质审查，上述12家检测机构（名单详见附件）符合《无公害农产品检测机构管理办法》和《无公害农产品定点检测机构检测工作质量考评办法》规定的资质条件要求，我中心选定其为无公害农产品检测机构，承担无公害农产品检测任务，有效期为3年。

二、恢复资质的无公害农产品检测机构

2015年12月，我中心依据《无公害农产品检测机构管理办法》规定，对部分无公害农产品检测机构暂停了资质（农质安发〔2015〕15号）。近期，农业部茶叶质量监督检验测试中心对存在的问题进行了认真整改，提交了整改材料。经核查确认，我中心决定从发文之日起，恢复其无公害农产品检测机构资质，可继续承担无公害农产品检测工作。

三、取消资质的无公害农产品检测机构

南京市水产品质量监督检验站的无公害农产品检测机构资质有效期满后未重新提出续展申请，根据《无公害农产品检测机构管理办法》之规定，我中心决定取消其无公害农产品检测机构资质。

请各地无公害农产品工作机构在无公害农产品工作中充分依托和发挥各无公害农产品检测机构功能作用，确保无公害农产品生产和消费安全。未经我中心选定的检测机构，不得承担无公害农产品检测工作。

如有问题，请与我中心体系标准处联系。联系人：廖超子；联系电话（fax）：010-62131995。

特此通知。

附件：续展、增加、恢复和取消无公害农产品检测机构资质名单

农业部农产品质量安全中心
2016年2月3日

附件：

续展、增加、恢复和取消无公害农产品检测机构资质名单

序号	地区	机构名称	检测范围
一、续展无公害农产品检测机构资质名单			
1	北京市	农业部畜禽产品质量监督检验测试中心	畜牧业
2		农业部蔬菜品质监督检验测试中心（北京）	种植业
3		农业部蜂产品质量监督检验测试中心（北京）	畜牧业
4		农业部农产品质量监督检验测试中心（北京）	种植业
5		农业部农业环境质量监督检验测试中心（北京）	种植业
6	陕西	农业部食品质量监督检验测试中心（杨陵）	种植业、畜牧业
7	西藏	农业部农产品质量监督检验测试中心（拉萨）	种植业
8	大连	大连市产品质量检测研究院	种植业、畜牧业、渔业
9		大连市农产品质量监测中心/农业部农产品质量安全监督检验测试中心（大连）	种植业、畜牧业
10	厦门	农业部农产品质量安全监督检验测试中心（厦门）	种植业、畜牧业
11	深圳	农业部农产品质量安全监督检验测试中心（深圳）	种植业、畜牧业、渔业
二、增加的无公害农产品检测机构名单			
1	深圳	谱尼测试集团深圳有限公司	种植业
三、恢复无公害农产品检测机构资质名单			
1	浙江	农业部茶叶质量监督检验测试中心	种植业
四、取消无公害农产品检测机构资质名单			
1	江苏	南京市水产品质量监督检验站	渔业

关于公布 2016 年第四批增加、暂停和取消部分无公害农产品检测机构资质名单的通知

农质安发〔2016〕17 号

各省、自治区、直辖市及计划单列市农产品质量安全中心（无公害农产品工作机构），各有关检测机构：

为进一步加强和规范无公害农产品检测机构管理，确保无公害农产品认证检测质量，我中心根据《无公害农产品检测机构管理办法》和《无公害农产品定点检测机构检测工作质量考评办法》之规定，增加、暂停和取消了部分无公害农产品检测机构资质。现公布如下：

一、增加的无公害农产品检测机构

黑龙江省华测检测技术有限公司和武汉市华测检测技术有限公司等 2 家检测机构提出资质申请，经资质审查，上述 2 家检测机构（名单详见附件）符合《无公害农产品检测机构管理办法》和《无公害农产品定点检测机构检测工作质量考评办法》规定的资质

条件要求，我中心选定其为无公害农产品检测机构，承担无公害农产品检测任务，有效期为3年。

二、暂停资质的无公害农产品检测机构

沈阳产品质量监督检验院等6家检测机构未通过或无故不参加2016年度农业部组织的农产品质量安全检测能力验证，依据《无公害农产品检测机构管理办法》第二十条第三款之规定，暂停其无公害农产品检测机构资质（名单详见附件），并给予6个月整改期，整改期内不得承担无公害农产品检测工作，经部中心核查整改确认后，可以继续承担无公害农产品检测工作；整改期届满未通过核查确认或未提交整改报告的，将取消其无公害农产品检测机构资质。

三、取消资质的无公害农产品检测机构

农业部农产品质量安全监督检验测试中

心（长春）整改期届满未提交整改报告，根据《无公害农产品检测机构管理办法》之规定，取消其无公害农产品检测机构资质（名单详见附件）。

请各地无公害农产品工作机构在无公害农产品工作中充分依托和发挥各无公害农产品检测机构功能作用，确保无公害农产品认证的权威性。未经部中心选定的检测机构，不得承担无公害农产品检测工作。

如有问题，请直接与部中心体系标准处联系。联系人：廖超子；联系电话（fax）：010-62131995。

特此通知。

附件：2016年第四批增加、暂停和取消无公害农产品检测机构资质名单

农业部农产品质量安全中心
2016年12月12日

附件：

2016年第四批增加、暂停和取消的无公害农产品检测机构资质名单

序号	机构名称	授权检测范围
一、增加的无公害农产品检测机构名单		
1	黑龙江省华测检测技术有限公司	种植业、畜牧业和渔业
2	武汉市华测检测技术有限公司	种植业、渔业
二、暂停的无公害农产品检测机构资质名单		
1	沈阳产品质量监督检验院	
2	浙江省林产品质量监测站	
3	山西省分析科学研究院	
4	芜湖市农产品食品检测中心	
5	济源市农产品质量检测中心	
6	新疆维吾尔自治区分析测试研究院	
三、取消的无公害农产品检测机构资质名单		
1	农业部农产品质量安全监督检验测试中心（长春）	

农业部关于认定第六批全国
一村一品示范村镇的通知

农经发〔2016〕11号

为贯彻落实《中共中央国务院关于打赢脱贫攻坚战的决定》以及《国务院办公厅关于推进农村一二三产业融合发展的指导意见》关于扶持发展一村一品的精神，按照《农业部办公厅关于申报第六批全国一村一品示范村镇的通知》的要求，在各省、自治区、直辖市及新疆生产建设兵团推荐的基础上，经审核，认定北京市房山区窦店镇河口村等316个村镇为第六批全国一村一品示范村镇，现予以公布。

开展全国一村一品示范村镇创建是我部深入实施一村一品强村富民工程、推动一村一品提档升级的重要举措。对打造特色品牌农业、推动农业供给侧结构性改革、促进农村一二三产业融合发展、推进脱贫攻坚具有重要意义。获得认定的示范村镇一定要珍惜

这一光荣称号并以此为契机，进一步提升自我发展能力，示范引领更多的村镇发展一村一品，推动当地一村一品发展水平提升，更好地带动农民就业增收。各地农业主管部门要继续加强对全国一村一品示范村镇的指导和服务，大力宣传推介示范村镇的名优特色产品，推广示范村镇的好经验好做法，支持其开展品牌建设，鼓励其发展新兴业态、拓展农业多种功能，为示范村镇营造更好的发展环境，共同推进全国一村一品健康快速发展。

附件：第六批全国一村一品示范村镇名单

农业部

2016年7月22日

附件：

第六批全国一村一品示范村镇名单

北京市房山区窦店镇河口村（翠林花海辣椒）

北京市顺义区龙湾屯镇柳庄户村（翠柳葡萄）

北京市大兴区长子营镇东北台村（凤河源油菜）

北京市平谷区南独乐河镇北寨村（北寨红杏）

北京市密云区河南寨镇套里村（村里头番茄）

北京市延庆区沈家营镇河东村（葡语农庄葡萄）

北京市昌平区阳坊镇后白虎涧村（白虎涧京白梨）

北京市门头沟区妙峰山镇涧沟村（妙峰玫瑰）

北京市通州区漷县镇柏庄村（四时鲜生菜）

北京市延庆区香营乡新庄堡村（鲜食杏）

天津市宝坻区大钟庄镇牛庄子村（葫芦）

天津市武清区汊沽港镇西肖庄村（西肖庄紫薯）

天津市宁河区廉庄子乡杨拨村（骄杨西红柿）

天津市宁河区东棘坨镇艾林村（志田西瓜）

天津市滨海新区中塘镇马圈村（茶树菇）

河北省唐县南店头乡葛堡村（肉羊）

河北省河间市龙华店镇兴隆店村（梨）

河北省固安县温泉园区南王起营村（花木）

河北省魏县魏城镇董河下村（魏县鸭梨）

河北省宽城满族自治县化皮溜子乡西岔沟村（西富苹果）

河北省唐山市曹妃甸区第七农场（曹妃甸湿地蟹）

河北省隆尧县牛家桥乡梅庄村（"隆红蜜"牌苹果）

河北省平山县孟家庄镇元坊村（"元坊"牌苹果）

河北省深泽县白庄乡孤庄村（半夏）

河北省张家口市宣化区春光乡观后村（宣化牛奶葡萄）

河北省安平县马店镇（圆隆白山药）

河北省秦皇岛市山海关区石河镇（贡仙樱桃）

山西省古交市邢家社乡龙子村（净苑蔬菜）

山西省清徐县柳杜乡成子村（蔬菜）

山西省左云县店湾镇范家寺村（西红柿、黄瓜）

山西省长治县振兴新区振兴村（休闲农业）

山西省阳泉市盂县路家村镇庄只上村（核桃）

山西省吉县东城乡柏东村（吉县苹果）

山西省临猗县庙上乡张庄村（冬枣）

内蒙古自治区鄂温克族自治旗巴彦塔拉达斡尔民族乡伊兰嘎查（达瓦苏荣牛肉干）

内蒙古自治区察右后旗乌兰哈达苏木七倾地村（后旗红马铃薯）

内蒙古自治区达拉特旗树林召镇林原村（保善堂蔬菜）

内蒙古自治区呼和浩特市赛罕区金河镇根堡村（绿联油葫芦）

内蒙古自治区巴林左旗十三敖包镇房身村（东傲笤帚）

内蒙古自治区土默特右旗沟门镇西湾村（沟门苗木）

内蒙古自治区乌兰浩特市义勒力特镇黄家店嘎查（义勒力特大米）

内蒙古自治区乌审旗嘎鲁图镇布寨嘎查（鄂尔多斯细毛羊）

内蒙古自治区乌拉特前旗先锋镇（富煌枸杞）

辽宁省绥中县大王庙镇水泉沟村（绥中白梨）

辽宁省盖州市二台乡石棚山村（御佳苹果）

辽宁省绥中县高岭镇老爷庙村（大根萝卜）

辽宁省灯塔市西马峰镇（沽露青椒）

辽宁省盖州市九寨镇（营星月油桃）

吉林省农安县靠山镇卧牛石村（红石碰小米）

吉林省榆树市于家镇三道村（蓝河坝稻米）

吉林省永吉县西阳镇马鞍山村（罗圈沟葡萄）

吉林省龙井市老头沟镇宝兴村（龙兴宝苹果梨）

吉林省通化县光华镇光华村（禾韵蓝莓）

吉林省东丰县小四平镇古年村（鹿乡金红苹果）

吉林省公主岭市响水镇湾龙村（响水湾龙蔬菜）

吉林省梅河口市双兴镇德庆村（原森黑木耳）

黑龙江省巴彦县丰乐乡春生村（狐貉獭兔）

黑龙江省哈尔滨市道外区民主镇胜利村（湿地旅游）

黑龙江省拜泉县大众乡长征村（香瓜）

黑龙江省齐齐哈尔市建华区高峰村（大葱）

黑龙江省克山县双河镇中心村（克山马铃薯）

黑龙江省东宁市道河镇土城子村（东宁黑木耳）

黑龙江省牡丹江市阳明区庆丰村（杂粮）

黑龙江省勃利县勃利镇蔬菜村（勃利葡萄）

黑龙江省鸡西市滴道区兰岭乡新立村（新立韭菜）

黑龙江省哈尔滨市双城区永治街道办事处（设施蔬菜）

上海市浦东新区泥城镇马厂村（红刚青扁豆）

江苏省宜兴市湖㳇镇张阳村（张阳花卉）

江苏省常州市武进区洛阳镇阳湖村（苏常鲜葡萄）

江苏省南通市通州区二甲镇路中村（威奇太保蔬菜）

江苏省东海县桃林镇北芹村（北芹口西葫芦）

江苏省宝应县泾河镇松竹村（果蔬）

江苏省句容市后白镇西冯村（西冯草坪）

江苏省如皋市江安镇联络新社区（肉制品）

江苏省江阴市顾山镇红豆村（金顾山水蜜桃）

江苏省仪征市真州镇佐安村（康大葡萄）

江苏省镇江市丹徒区上党镇敖毅村（尚香黄桃）

江苏省南京市浦口区汤泉街道（"汤泉"牌苗木）

江苏省徐州市贾汪区大泉街道（休闲农业）

江苏省邳州市铁富镇（邳州银杏）

浙江省杭州市余杭区中泰街道紫荆村（中泰竹笛）

浙江省平阳县水头镇新联村（平阳黄汤茶）

浙江省安吉县灵峰镇剑山村（剑山砂梨）

浙江省天台县石梁镇（天台山云雾茶）

浙江省宁海县深甽镇望海岗村（第一泉茶叶）

浙江省宁海县黄坛镇里天河村（双峰香榧）

安徽省巢湖市中垾镇小联圩村（中垾番茄）

安徽省桐城市龙眠街道凤形村（小花茶叶）

安徽省池州市贵池区棠溪镇西山村（西山焦枣）

安徽省绩溪县上庄镇余川村（茶叶）

安徽省祁门县平里镇贵溪村（祁门红茶）

安徽省临泉县杨小街镇王新村（蔬菜）

安徽省萧县酒店镇西赵楼村（西瓜）

安徽省枞阳县麒麟镇新安村（苗木）

安徽省凤阳县小溪河镇小岗村（休闲农业）

安徽省广德县四合镇太平村（乌松岭茶叶）

安徽省宿松县柳坪乡邱山村（松柳河茶叶）

安徽省霍山县太平畈乡（霍山石斛）

安徽省无为县泉塘镇（无为螃蟹）

福建省永定县仙师镇务田村（永定六月红早熟芋）

福建省政和县镇前镇半源村（翡翠灵芽）

福建省安溪县长坑镇山格村（山格淮山）

福建省邵武市桂林乡（邵武笋干）

福建省上杭县下都镇（下都沙田柚）

江西省新余市仙女湖风景区仰天岗办事处湖陂村（湖陂葡萄）

江西省上犹县梅水乡园村村（犹江绿月茶）

江西省靖安县高湖镇古楠村（古楠村大米）

江西省瑞昌市高丰镇青丰村（瑞昌山药）

江西省余干县三塘乡明湖村（芡实）

江西省抚州市临川区连城乡下庄村（抚州西瓜）

江西省萍乡市湘东区麻山镇麻山村（葡萄）

江西省浮梁县西湖乡（浮梁茶）

江西省新干县三湖镇（三湖红桔）

江西省安义县长均乡（蔬菜）

山东省诸城市桃林镇山东头村（怡明绿茶）

山东省郓城县李集镇梁楼村（芦笋）

山东省冠县兰沃乡韩路村（冠县鸭梨）

山东省烟台市回里镇善疃村（"回里"牌苹果）

山东省无棣县海丰街道办事处大齐村（大齐黄金杏）

山东省栖霞市桃村镇国路夼村（国路夼红大樱桃）

山东省荣成市城西河西村（荣成苹果）

山东省东明县陆圈镇马军营村（蔬菜）

山东省乐陵县杨安镇（"飘"牌调味品）

山东省巨野县陶庙镇（大蒜）

山东省沂源县张家坡镇（沂源苹果）

山东省济阳县曲堤镇（曲堤黄瓜）

山东省山东莘县河店镇（莘绿香瓜）

山东省汶上县白石镇（核桃）

山东省费县胡阳镇（胡阳西红柿）

山东省广饶县大王镇（蔬菜）

山东省嘉祥县满硐镇（辣椒）

山东省莒县库山乡（莒县丹参、黄芩）

山东省枣庄市山亭区冯卯镇（仙玉莲油桃）

山东省微山县高楼乡（微山湖河蟹）

山东省蓬莱市大辛店镇（苹果）

山东省青州市王坟镇（青州山楂）

山东省青岛市黄岛区灵珠山街道办事处（休闲农业）

山东省平度市云山镇（云山大樱桃）

河南省博爱县寨豁乡小底村（樱桃）

河南省商丘市睢阳区五里杨村（西瓜）

河南省禹州市古城镇关岗村（红薯三粉）

河南省永城市城厢乡冯寨村（冯寨肉牛）

河南省新蔡县余店镇东王庄村（有机蔬菜）

河南省南乐县谷金楼镇东邵郭村（苹果）

河南省沈丘县纸店镇卢庄村（冬枣）

河南省光山县晏河乡付店村（茶叶）

河南省西平县盆尧镇于营村（黄瓜、番茄）

河南省上蔡县邵店镇（邵店黄姜）

河南省辉县市冀屯镇（鑫菌菇类）

河南省信阳市浉河区十三里桥乡（苗木花卉）

河南省林州市茶店镇（太行菊）

河南省南召县云阳镇（苗木花卉）

湖北省咸宁市咸安区汀泗桥镇黄荆塘村（咸安砖茶）

湖北省通山县南林桥镇石垅村（小龙虾）

湖北省恩施州咸丰县丁寨乡春沟村（苗木花卉）

湖北省恩施州来凤县漫水乡油房坳村（茂森缘油茶）

湖北省仙桃市长埫口镇武旗村（武旗湾毛豆）

湖北省钟祥市张集镇王河村（钟祥香菇）

湖北省宜昌市夷陵区乐天溪镇石洞坪村（宜昌木姜子）

湖北省南漳县巡检镇峡口村（峡口柑桔）

湖北省潜江市熊口镇赵脑村（虾小弟小龙虾）

湖北省松滋市八宝镇胜利村（滋宝西瓜）

湖北省麻城市宋埠镇彭店村（麻城辣椒）

湖北省武汉市蔡甸区侏儒山街薛山村（蔡甸藜蒿）

湖北省宜都市王家畈镇（宜都宜红茶）

湖北省洪湖市沙口镇（洪湖再生稻）

湖北省赤壁市官塘驿镇（有机猕猴桃）

湖北省安陆市巡店镇（安陆白花菜）

湖南省茶陵县湖口镇小潭村（红薯）

湖南省洞口县水东镇高新村（食用菌）

湖南省保靖县葫芦镇枫香村（保靖黄金茶）

湖南省张家界市永定区尹家溪镇长茂山村（鲜桃）

湖南省沅江市草尾镇民主村（洋蒜苗）

湖南省冷水江市铎山镇眉山村（锦绣嵋山葡萄）

湖南省株洲县龙门镇李家村（蔬菜）

湖南省长沙市浏阳市大围山镇（大围山梨）

湖南省祁东县黄土铺镇（祁东黄花菜）

湖南省桃源县茶庵铺镇（桃源野茶王）

湖南省永顺县高坪乡（鸿丰猕猴桃）

广东省大埔县百侯镇侯北村（大埔蜜柚）

广东省郁南县宝珠镇庞寨村（庞寨黑叶荔枝）

广东省揭西县五经富镇五新村（茶叶）

广东省新丰县黄礤镇（新丰佛手瓜）

广东省化州市平定镇（化橘红）

广东省怀集县梁村镇（西瓜）

广东省恩平市牛江镇（马铃薯）

广西壮族自治区凌云县加尤镇百陇村（凌云白毫茶）

广西壮族自治区南丹县芒场镇巴平村（南丹巴平米）

广西壮族自治区田东县林逢镇东养村（百色芒果）

广西壮族自治区灌阳县新圩镇合睦村（黑李、雪梨）

广西壮族自治区灵山县平南镇桃禾村（茶叶）

广西壮族自治区容县灵山镇旺维村（清香蜜桔）

广西壮族自治区西林县足别瑶族苗族乡央龙村（足龙茶）

广西壮族自治区钦州市钦南区那丽镇殿艮村（辣椒、黄瓜）

广西壮族自治区那坡县百南乡上隆村（西贡蕉）

广西壮族自治区富川县古城镇高路村（富香壹佰有机大米）

广西壮族自治区忻城县城关镇尚宁村（百香果）

海南省昌江黎族自治县十月田镇姜园村（圣女果）

海南省澄迈县桥头镇沙土村（桥头地瓜）

海南省陵水黎族自治县光坡镇武山村（陵水圣女果）

重庆市渝北区大湾镇太和村（淡水鱼）

重庆市渝北区茨竹镇大面坡村（青椒）

重庆市綦江区石壕镇万隆村（花坝糯玉米）

重庆市南川区庆元乡飞龙村（南川鸡）

重庆市梁平县屏锦镇腰塘村（"雨雷"牌鸡蛋）

重庆市城口县坪坝镇光明村（红心猕猴桃）

重庆市万州区孙家镇兰草村（三峡佛印茶）

重庆市云阳县农坝镇云峰村（云阳乌天麻）

重庆市石柱县龙沙镇永丰村（石柱红辣椒）

重庆市云阳县养鹿镇（云阳晚橙）

重庆市江津区先锋镇（江津花椒）

四川省成都市青白江区福洪镇杏花村（福洪杏）

四川省蒲江县成佳镇同心村（蒲江雀舌）

四川省绵阳市游仙区凤凰乡木龙村（木龙观胡萝卜）

四川省旺苍县木门镇三合村（广元黄茶）

四川省青川县青溪镇阴平村（休闲农业）

四川省沐川县炭库乡石碑村（茶叶）

四川省阆中市方山镇雪洞村（雪洞生姜）

四川省高县大窝镇大屋村（早白尖绿茶）

四川省达州市达川区米城乡尖山庙村（米城大米）

四川省洪雅县中山乡前锋村（雅雨露茶叶）

四川省汶川县雁门乡芤山村（汶川甜樱桃）

四川省金阳县芦稿镇油房村（金阳青花椒）

四川省自贡市贡井区建设镇（贡井龙都早香柚）

四川省绵阳市三台县花园镇（涪城麦冬）

四川省内江市东兴区田家镇（紫皮大蒜）

四川省华蓥市禄市镇（广安蜜梨）

四川省雅安市雨城区合江镇（雅安藏茶）

贵州省印江自治县缠溪镇湄坨村（梵净山茶）

贵州省长顺县鼓扬镇鼓扬村（长顺绿壳蛋鸡）

贵州省兴义市泥凼镇老寨村（苦丁茶）

贵州省关岭自治县坡贡镇凡化村（坡贡小黄姜）

贵州省威宁县麻乍镇双胞塘村（辣椒）

贵州省贵阳市乌当区百宜镇罗广村（罗广红香米）

贵州省金沙县清池镇普安村（大方天麻）

贵州省石阡县聚凤仡佬族侗族乡指甲坪村（石阡苔茶）

贵州省岑巩县注溪镇（思州柚）

贵州省江口县闵孝镇（梵乡提红葡萄）

云南省建水县甸尾乡铁所村（美秀福新马铃薯）

云南省勐海县布朗山乡班章村（复原昌号有机茶）

云南省沧源县勐董镇芒摆村（碧丽源有机茶）

云南省永胜县六德乡营山村（他留乌骨鸡）

云南省文山市坝心乡他披村（文山他披梨）

云南省云龙县宝丰乡大栗树村（云龙绿茶）

云南省漾濞县苍山西镇光明村（漾濞大波核桃）

云南省师宗县高良乡科白村（高良薏仁）

云南省盐津县敦厚村（盐津乌骨鸡）

云南省罗平县板桥镇（罗平小黄姜）

云南省大姚县三台乡（大姚核桃）

云南省昭通市昭阳区苏家院镇（昭通苹果）

西藏自治区那曲县罗玛镇4村（畜产品）

西藏自治区达孜县雪乡扎西岗村（"布塑"面具）

西藏自治区拉萨市蔡公堂乡白定村（果蔬）

西藏自治区左贡县旺达镇木龙村（古琼藏香）

西藏自治区加查县冷达乡嘎玛吉塘村（蓝莓）

西藏自治区扎囊县扎其乡申藏村（木雕工艺品）

西藏自治区琼结县加麻乡白松村（半细绵羊）

陕西省神木县贺家川镇温家川村（果蔬）

陕西省宝鸡市金台区马家原村（马家原葡萄）

陕西省南郑县牟家坝镇云峰寺村（绿茶）

陕西省铜川市王益区王益街道办塬畔村（大樱桃、草莓）

陕西省咸阳市渭城区周陵社区严家沟村（葡萄）

陕西省华阴市华西镇北洛村（红提）

陕西省韩城市桑树坪镇王峰村（韩城大红袍花椒）

陕西省户县草堂镇叶寨村（户县葡萄）

陕西省礼泉县昭陵社区前山村（石榴）

陕西省紫阳县焕古镇焕古村（紫阳富硒茶）

陕西省镇安县达仁镇象园村（镇安象园茶）

陕西省渭南市临渭区向阳办赤水村（大樱桃）

陕西省城固县三合镇陈丁村（蔬菜）

陕西省宝鸡市陈仓区慕仪镇（四季佳禾蔬菜）

陕西省澄城县庄头镇（真仕佳大樱桃）

陕西省洛川县永乡镇（甘甜心苹果）

陕西省周至县马召镇（周至猕猴桃）

陕西省洛南县石门镇（洛南核桃）

陕西省汉中市汉台区铺镇（蔬菜）

陕西省榆林市榆阳区鱼河镇（时令水果）

甘肃省礼县永兴镇捷地村（礼县苹果）

甘肃省天水市秦州区玉泉镇烟铺村（大樱桃）

甘肃省泾川县红河乡柳王村（番茄）

甘肃省永昌县水源镇方沟村（设施农业）

甘肃省陇西县云田镇安家咀村（陇原裕新菌菜）

甘肃省会宁县头寨子镇牛河村（甘富苹果）

甘肃省徽县嘉陵镇田河村（徽县银杏）

甘肃省景泰县五佛兴水村（红枣）

甘肃省陇南市武都区郭河乡（陇南花椒）

青海省西宁市城西区彭家寨镇火西村（鸡蛋）

青海省大通县朔北乡代同庄村（老爷山甘蓝）

青海省湟源县日月乡山根村（山根马蘭青蒜苗）

青海省互助县台子乡哇麻村（葱花土鸡）

青海省海东市乐都区中坝乡何家山村（乐都藏香猪）

青海省海东市乐都区李家乡西马营村（乐都洋芋）

青海省贵德县尕让乡二连村（辣椒）

青海省玛多县花石峡镇日谢村（玛多藏羊）

宁夏回族自治区银川市兴庆区掌政镇镇河村（番茄）

宁夏回族自治区盐池县麻黄山乡包源村（盐池荞麦、糜子、谷子）

宁夏回族自治区海原县关庄乡关庄村（海原马铃薯）

宁夏回族自治区西吉县将台乡明荣村（朔绿源西芹）

宁夏回族自治区彭阳县古城镇任河村（雪花牛肉）

宁夏回族自治区泾源县兴盛乡上金村（泾源肉牛）

宁夏回族自治区沙坡头区香山乡（香山压砂西瓜）

新疆维吾尔自治区乌鲁木齐县水西沟镇东湾村（草莓）

新疆维吾尔自治区吐鲁番市高昌区亚尔镇亚尔果勒村（坎儿园葡萄）

新疆维吾尔自治区木垒县东城镇沈家沟村（木垒鹰嘴豆）

新疆维吾尔自治区特克斯县乔拉克铁热克镇阿克铁热克村（特克斯苹果）

新疆维吾尔自治区富蕴县可可托海镇塔拉特村（黑加仑）

新疆维吾尔自治区阿克苏市库木巴什镇托万克喀日纳斯村（可口可富核桃）

新疆维吾尔自治区阿克陶县皮拉勒乡墩都拉村（帕米尔水晶绿甜瓜）

新疆维吾尔自治区泽普县古勒巴格乡阿热买里村（核桃）

新疆维吾尔自治区沙雅县海楼镇（红枣）

新疆维吾尔自治区阿克陶县巴仁乡（巴仁杏子）

新疆生产建设兵团第二师 33 团（塔里木垦区马鹿茸）

新疆生产建设兵团第四师 69 团（"香极地"天然香料）

新疆生产建设兵团第八师 121 团 13 连（甜瓜）

新疆生产建设兵团第八师 134 团 24 连（大樱桃）

新疆生产建设兵团第八师 141 团 15 连（设施蔬菜）

农业部优质农产品开发服务中心 GAP 认证有效证书 （ 2016. 6. 30 ）

序号	所属区域	企业名称	企业组织机构代码证书号码	邮寄地址及邮编	申报产品名称	所属领域	证书编号	到期日期	备注
1	福建	古田县建宏农业开发有限公司	07086323-1	福建省古田县大桥镇洋坪村沂洋坪岗山 352259	银耳	果蔬	147GAP1600014	2017-2-22	
2	福建	长乐希尔帆食用菌开发有限公司	77751159-8	福建省长乐市鹤上镇新览村 350208	双孢蘑菇	果蔬	147GAP1600017	2017-2-24	
3	福建	福建品品香茶业有限公司	75739077-6	福建省宁德市福鼎市桐城城资国寺村山下 355200	白茶、绿茶、红茶、乌龙茶	茶叶	147GAP1500016	2017-4-29	
4	福建	福建省天湖茶业有限公司	71738254-4	福建省宁德市福鼎市御景园 10 栋 2 层 355200	白茶、绿茶、花茶、红茶	茶叶	147GAP1500016	2017-4-29	
5	上海	上海阿林果业专业合作社	68553695-8	上海市金山区枫泾镇中洪村 14 组 1086 号 201501	青菜、杭白菜、生菜	果蔬	147GAP1600023	2017-5-25	
6	上海	上海明缘果蔬专业合作社	56186149-2	上海市金山区廊下镇南陆村 201516	结球生菜、青菜、番茄、茄子、芝麻菜、黄瓜	果蔬	147GAP1600022	2017-5-28	
7	四川	四川欧阳农业集团有限公司	70913211-5	四川省广安市华蓥市红星路 234 号 639600	梨	果蔬	147GAP1600024	2017-5-28	
8	云南	勐海茶厂	21861040-X	云南省西双版纳州勐海县勐海镇茶厂路 9 号 666200	普洱茶	茶叶	147GAP1500029	2017-6-15	
9	山东	百益德天然面业有限公司	58875646-5	山东省德州市齐河县焦庙镇十楼村北 309 国道南 251100	小麦	大田	147GAP1600025	2017-6-30	
10	北京	北京万德园农业科技发展有限公司	80266286-6	北京市昌平区小汤山农业科技园 102211	草莓	果蔬	147GAP1400021	2017-7-8	
11	福建	福建誉达茶业有限公司	74635202-9	福建省福鼎市工业园区 22 号 355200	茶叶	茶叶	147GAP1200009	2016-7-15	
12	江苏	江苏天目湖生态农业有限公司	77466636-7	江苏省溧阳天目湖镇三胜村竹塘 213333	"富子"白茶、葡萄	茶叶、果蔬	147GAP1100003	2016-7-29	

（续）

序号	所属区域	企业名称	企业组织机构代码证书号码	邮寄地址及邮编	申报产品名称	所属领域	证书编号	到期日期	备注
13	陕西	西安市道萌生有机富硒果蔬专业合作社	68899717-8	陕西省西安市阎良区人民路东段25号 710089	甜瓜、葡萄	果蔬	147GAP1500033	2016-7-30	
14	陕西	陕西汉中山花茶业有限公司	77384149-3	陕西省城固县天明镇三化村 723208	绿茶	茶叶	147GAP1500025	2016-9-7	
15	陕西	商南县沁园春茶业有限公司	57560125-3	商南县城滨河东路（雅都花园）1幢2号1-2层	商南白茶、商南龙井43#、秦园黄茶	茶叶	147GAP1500026	2016-9-7	
16	上海	上海生薪树莓种植专业合作社	55748448-7	上海市金山区亭林镇亭枫公路1738号 201504	树莓	果蔬	147GAP1500027	2016-9-17	
17	上海	上海晶绿结球生菜种植合作联社	05762541-5	上海市金山区廊下镇景阳村 201516	结球生菜	果蔬	147GAP1500028	2016-9-17	
18	河北	平泉县瀑河源食品有限公司	693465520	河北省平泉县卧龙镇八家小家小学院内 067508	香菇	果蔬	147GAP1400023	2016-9-18	
19	福建	福建万辰生物科技股份有限公司	5875 2716-9	福建省漳州市漳浦县 台湾农民创业园 363204	金针菇、斑玉蕈	果蔬	147GAP1500030	2016-9-24	
20	北京	北京天安农业发展有限公司	78617127-3	北京市昌平区小汤山镇大柳树环岛南500米 102211	番茄、黄瓜、辣椒、白菜、西葫芦、土豆、胡萝卜、圆白菜	果蔬	147GAP1200014	2016-10-9	
21	辽宁	凌源市东远农贸科技发展有限责任公司	75277 8923	辽宁省凌源市凌河大街25-6号 122500	西蓝花、娃娃菜、西芹、结球生菜	果蔬	147GAP1400027	2016-11-10	
22	辽宁	海城市宏日种植专业合作社	12087754-4	辽宁省海城市耿庄镇北联村北耿小学院内	大蒜	果蔬	147GAP1600021	2016-11-14	
23	福建	武平县将军食用菌专业合作社	05612869-5	福建省龙岩市武平县岩前镇将军村 364302	香菇	果蔬	147GAP1500031	2016-11-29	
24	重庆	云阳县泥溪乡南山峡黑木耳专业合作社	66891642-2	重庆市云阳县泥溪镇新集镇 404503	青杠黑木耳	果蔬	147GAP1500034	2016-11-29	
25	重庆	云阳县明天菌业有限公司	663582830	重庆市云阳县盘龙街道长安社区5组 404500	杏鲍菇	果蔬	147GAP1500032	2016-11-29	

（续）

序号	所属区域	企业名称	企业组织机构代码证书号码	邮寄地址及邮编	申报产品名称	所属领域	证书编号	到期日期	备注
26	福建	安发（福建）生物科技有限公司	77537317-9	福建省宁德市东侨经济开发区国宝路36号 352000	猕猴桃	果蔬	147GAP1400024	2016-12-7	
27	福建	古田县大野山银耳有限公司	69902331-X	福建省古田县凤都镇际面村石桥里 352253	银耳	果蔬	147GAP1400025	2016-12-7	
28	福建	武夷星茶业有限公司	73185438-4	福建省武夷山市旗山科技工业园 354301	乌龙茶、绿茶、白茶、红茶	茶叶	147GAP1500004	2016-12-7	
29	四川	四川省峨眉山竹叶青茶业有限公司	20745069-0	四川省峨眉山市佛光东路	绿茶、红茶、白茶、花茶、袋泡茶	茶叶	147GAP1600002	2016-12-10	
30	四川	四川米仓山茶业集团有限公司	72087286-X	四川省广元市旺苍县东河镇兴旺西路 628200	绿茶	茶叶	147GAP1600004	2016-12-10	
31	浙江	浙江安吉茗茶白茶有限公司	79960792-9	浙江省湖州市安吉县递铺鄣山村村委劳 313300	白茶	茶叶	147GAP1600018	2016-12-10	
32	浙江	安吉县女子茶叶专业合作社	76799605-0	浙江省湖州市安吉县溪龙乡白茶街9号	安吉白茶	茶叶	147GAP1500038	2016-12-10	
33	浙江	安吉县黄杜大泽坞茶场	L1732399-2；浙税联字33052359102023100050	浙江省安吉县溪龙乡黄杜村 313307	安吉白茶	茶叶	147GAP1500043	2016-12-10	
34	浙江	安吉龙王山茶叶开发有限公司	68311854-1	浙江省安吉县递铺镇长茅口 313307	安吉白茶	茶叶	147GAP1500041	2016-12-10	
35	浙江	安吉县雅思茶场	L0923558-9	浙江省安吉县溪龙乡黄杜村 313307	安吉白茶	茶叶	147GAP1500042	2016-12-10	
36	浙江	安吉县溪龙杨家山茶场	73777182-X	浙江省安吉县溪龙乡黄杜村 313307	安吉白茶	茶叶	147GAP1600001	2016-12-10	
37	浙江	安吉县大山坞茶场	X0952908-2	浙江省安吉县溪龙乡凉亭岗 313307	安吉白茶	茶叶	147GAP1500037	2016-12-10	
38	浙江	安吉尚丰茶叶有限公司	统一社会信用代码：9133052 3MA28C0XJ9C	湖州市安吉县孝源街道饭山林场 313301	白茶一号	茶叶	147GAP1500046	2016-12-10	

（续）

序号	所属区域	企业名称	企业组织机构代码或证书号码	邮寄地址及邮编	申报产品名称	所属领域	证书编号	到期日期	备注
39	浙江	安吉县大汉峰茶场	L1136453-1	浙江省湖州市安吉县福报镇上街 313304	安吉白茶	茶叶	147GAP1600003	2016-12-10	
40	浙江	安吉梢茗茶场	L3579628-3	浙江省安吉县天子湖镇笔架山 313300	白茶一号	茶叶	147GAP1500040	2016-12-10	
41	浙江	安吉黄杜打石坎茶场	L1730754-6	浙江省湖州市安吉县溪龙乡黄杜村打石坎 313307	白茶一号	茶叶	147GAP1600019	2016-12-10	
42	浙江	安吉恒盛白茶有限公司	59285988-9	浙江省湖州市安吉县溪龙乡黄杜村 313307	安吉白茶	茶叶	147GAP1500046	2016-12-10	
43	浙江	安吉县天荒坪镇天林竹笋专业合作社	76523843-2；浙税联字330523766238432	浙江省安吉县天荒坪镇山河村	竹笋	果蔬	147GAP1500044	2016-12-10	
44	浙江	安吉千道湾白茶有限公司	68167498-2；浙税联字330523681674982	浙江省安吉县溪龙乡黄杜村 313307	白叶一号	茶叶	147GAP1500036	2016-12-11	
45	辽宁	海城市三星生态农业有限公司	78877359-3	辽宁省海城市中小镇兴隆村 114216	黄瓜、菊苣、甘蓝、菜花	果蔬	147GAP1600013	2016-12-17	
46	福建	福建省裕荣香茶业有限公司	79178573-9	福建省福鼎市白琳镇里洋村北山三斗丘（星火园区26号） 355200	白茶	茶叶	147GAP1500039	2016-12-21	
47	重庆	云阳县上坝乡巾帼辣椒种植股份合作社	57213846-X	重庆市云阳县上坝乡冶安村2组96号 404500	辣椒	果蔬	147GAP1500035	2016-12-23	
48	北京	北京泰华芦笋村种植专业合作社	69768325-0	北京市房山区窦店镇芦村村委会西2公里 102433	番茄、辣椒、茄子、黄瓜、豇豆、草莓	果蔬	147GAP1600008	2016-12-24	
49	北京	乐义（北京）农业发展有限公司	66461267-5	北京市房山区城管街道办事处田各庄村房窑路南 102400	香菇、平菇	果蔬	147GAP1600020	2016-12-24	
50	北京	北京市广泰农场有限公司	58259347-4	北京市房山区琉璃河镇务滋村村委会北100米 102431	娃娃菜、冬瓜、西兰花	果蔬	147GAP1600012	2016-12-24	
51	重庆	云阳县晚艳农业开发有限公司	09432338-7	重庆市云阳县盘龙镇高新村7组 404500	菊花、小茴香、金银花	果蔬	147GAP1600009	2016-12-24	

（续）

序号	所属区域	企业名称	企业组织机构代码证书号码	邮寄地址及邮编	申报产品名称	所属领域	证书编号	到期日期	备注
52	重庆	云阳县创优柑橘种植专业合作社	58687719-1	重庆市云阳县养鹿镇中山村 404512	晚熟柑橘	果蔬	147GAP1600010	2016-12-24	
53	重庆	云阳县活龙柑橘种植专业合作社	57212827-X	重庆市云阳县盘龙街道活龙社区 404500	纽荷尔脐橙	果蔬	147GAP1600005	2016-12-24	
54	重庆	云阳县金昌农副产品有限公司	67338161-0	重庆市云阳县高阳镇工业园区 404500	大米	大田	147GAP1600016	2016-12-24	
55	重庆	云阳县竹园果树种植专业合作社	58687719-1	重庆市云阳县双龙镇竹坪村 404516	纽荷尔柑橘	果蔬	147GAP1600006	2016-12-24	
56	重庆	重庆渝峰农业产业有限公司	79588653-7	重庆市云阳县双江街道菁花路路巷58号 404500	乌天麻	果蔬	147GAP1600015	2016-12-24	
57	重庆	重庆中韵农业产业有限公司	06616950-3	重庆市云阳县工业园A区 404512	W. 默科特、伦晚、红肉脐橙	果蔬	147GAP1600011	2016-12-24	
58	重庆	云阳县大果水晶梨专业合作社	5002352000031084-1-1	重庆市云阳县双土镇无量村12组 404500	水晶梨	果蔬	147GAP1600007	2016-12-24	

农业部优质农产品开发服务中心 GAP 认证有效证书 （2016.12.31）

序号	所属区域	企业名称	企业组织机构代码证书	邮寄地址及邮编	申报产品名称	所属领域	注册号	证书编号	到期日期	备注
1	福建	古田县建发农业开发有限公司	07086323-1	福建省古田县大桥镇沂洋村平岗山 352259	银耳	果蔬	ChinaGAP CQAP 2016001	147GAP1600014	2017-2-22	
2	福建	长乐希尔帆食用菌开发有限公司	77751159-8	福建省长乐市鹤上镇新览村 350208	双孢蘑菇	果蔬	ChinaGAP CQAP 2016002	147GAP1600017	2017-2-24	
3	福建	福建品品香茶业有限公司	75739077-6	福建省宁德市福鼎市桐城贸国专村山下 355200	白茶、绿茶、红茶、乌龙茶	茶叶	ChinaGAP CQAP 2007018	147GAP1500016	2017-4-29	
4	福建	福建省天湖茶业有限公司	71738254-4	福建省宁德市福鼎市绚景园 10 栋 2 层 355200	白茶、绿茶、花茶、红茶	茶叶	ChinaGAP CQAP 2007020	147GAP1500016	2017-4-29	
5	上海	上海阿林茶业专业合作社	68553695-8	上海市金山区枫泾镇中洪村 14 组 1086 号 201501	青菜、杭白菜、生菜	果蔬	ChinaGAP CQAP 2015001	147GAP1600023	2017-5-25	
6	上海	上海明缘果蔬专业合作社	56186149-2	上海市金山区廊下镇南陆村 201516	结球生菜、青菜、番茄、茄子、芝麻菜、黄瓜	果蔬	ChinaGAP CQAP 2015002	147GAP1600022	2017-5-28	
7	四川	四川欧阳农业集团有限公司	70913211-5	四川省广安市华蓥市红星路 234 号 639600	梨	果蔬	ChinaGAP CQAP 2015003	147GAP1600024	2017-5-28	
8	云南	勐海茶厂	21861040-X	云南省西双版纳州勐海县勐海镇茶厂路 9 号 666200	普洱茶	茶叶	ChinaGAP CQAP 2006012	147GAP1500029	2017-6-15	
9	山东	百益德天然面业有限公司	58875646-5	山东省德州市齐河县焦庙镇十槐村北 309 国道南 251100	小麦	大田	ChinaGAP CQAP 2016005	147GAP1600025	2017-6-30	
10	北京	北京万德园农业科技发展有限公司	802662866	北京市昌平区小汤山农业科技园 102211	草莓	果蔬	ChinaGAP CQAP 2011001	147GAP1400021	2017-7-8	
11	福建	福建誉达茶业有限公司	74635202-9	福建省福鼎市工业园区 22 号 355200	茶叶	茶叶	ChinaGAP CQAP 2012003	147GAP1500024	2017-7-15	
12	福建	南平市建阳区菇也食用菌专业合作社	671909733	福建省南平市建阳区回龙乡花园路 27 号 354208	大球盖菇	果蔬	ChinaGAP CQAP 2016003	147GAP1600026	2017-8-24	

（续）

序号	所属区域	企业名称	企业组织机构代码证书	邮寄地址及邮编	申报产品名称	所属领域	注册号	证书编号	到期日期
13	福建	罗源县岐峰山水生态农业农民专业合作社	69902072S	福建省福州市罗源县霍口畲族乡岐峰村里洋24号 350610	香菇	果蔬	ChinaGAP CQAP 2016004	147GAP1600027	2017-8-24
14	江苏	江苏天目湖生态农业有限公司	77466636-7	江苏溧阳天目湖镇三胜村竹塘 213333	"富子"白茶、葡萄	茶叶、果蔬	ChinaGAP CQAP 2006002；ChinaGAP CQAP 2011003	147GAP1600030	2017-9-11
15	陕西	汉中山山花茶业有限公司	77384149-3	陕西省城固县天明镇三化村 723208	绿茶	茶叶	ChinaGAP CQAP 2015006	147GAP1500025	2017-9-7
16	陕西	商南县沁园春茶业有限公司	57560125-3	商南县城滨河东路（雅都花园）1幢2号1-2层	商南白茶、商南龙井43#、秦园黄茶	茶叶	ChinaGAP CQAP 2015005	147GAP1600029	2017-9-11
17	上海	上海生薪树莓种植专业合作社	55748448-7	上海市金山区亭林镇亭枫公路1738号 201504	树莓	果蔬	ChinaGAP CQAP 2015007	147GAP1500027	2017-9-17
18	河北	平泉县墓河源食品有限公司	693465520	河北省平泉县卧龙镇八家小学院内 067508	香菇	果蔬	ChinaGAP CQAP 2009007	147GAP1600031	2017-9-18
19	福建	福建万辰生物科技股份有限公司	58752716-9	福建省漳州市漳浦县台湾农民创业园 363204	金针菇、斑玉蕈	果蔬	ChinaGAP CQAP 2015009	147GAP1600028	2017-9-24
20	北京	北京天安农业发展有限公司	78617127-3	北京市昌平区小汤山镇大柳树环岛南500米 102211	番茄、黄瓜、辣椒、白菜、西葫芦、土豆、胡萝卜、圆白菜	果蔬	ChinaGAP CQAP 2009003	147GAP1200014	2017-10-9
21	辽宁	凌源市东远农贸科技发展有限责任公司	752778923	辽宁省凌源市凌河大街25-6号 邮编：122500	西蓝花、娃娃菜、西芹、结球生菜	果蔬	ChinaGAP CQAP 2009002	147GAP1400027	2017-12-17
22	福建	安发（福建）生物科技有限公司	77537317-9	福建省宁德市东侨经济开发区国宝路36号 352000	猕猴桃	果蔬	ChinaGAP CQAP 2014003	147GAP1400024	2017-12-7
23	福建	古田县大野山银耳有限公司	69902331-X	福建省古田县凤都镇际面村石桥里 352253	银耳	果蔬	ChinaGAP CQAP 2014006	147GAP1400025	2017-12-7
24	福建	武夷星茶业有限公司	73185438-4	福建省武夷山市旗山科技工业园 354301	乌龙茶、绿茶、白茶、红茶	茶叶	ChinaGAP CQAP 2009005	147GAP1500004	2017-12-7
25	四川	四川省峨眉山竹叶青茶业有限公司	20745069-0	四川省峨眉山市佛光东路 614200	绿茶、红茶、白茶、花茶、袋泡茶	茶叶	ChinaGAP CQAP 2007001	147GAP1600048	2017-12-11

（续）

序号	所属区域	企业名称	企业组织机构代码证书	邮寄地址及邮编	申报产品名称	所属领域	注册号	证书编号	到期日期	备注
26	浙江	安吉县女子茶叶专业合作社	76799605-0；72761064-3	浙江省湖州市安吉溪龙乡白茶街9号	安吉白茶	茶叶	ChinaGAP CQAP 2010003	147GAP1500038	2017-12-10	
27	浙江	安吉县黄杜大泽坞茶场	L1732399-2；浙税联字3305235910 2023100050	浙江省安吉县溪龙乡黄杜村 313307	安吉白茶	茶叶	ChinaGAP CQAP 2011006	147GAP1600043	2017-12-10	
28	浙江	安吉龙王山茶叶开发有限公司	68311854-1	浙江省安吉县递铺镇长弄口 313307	安吉白茶	茶叶	ChinaGAP CQAP 2011007	147GAP1600035	2017-12-10	
29	浙江	安吉县雅思茶场	L0923558-9	浙江省安吉县溪龙乡黄杜村 313307	安吉白茶	茶叶	ChinaGAP CQAP 2011008	147GAP1500042	2017-12-10	
30	浙江	安吉县溪龙杨家山茶场	73777182-X	浙江省安吉县溪龙乡黄杜村 313307	安吉白茶	茶叶	ChinaGAP CQAP 2011009	147GAP1600034	2017-12-10	
31	浙江	安吉千道湾白茶有限公司	68167498-2；浙税联字330523681674982	浙江省安吉县溪龙乡黄杜村 313307	白叶一号	茶叶	ChinaGAP CQAP 2011010	147GAP1500036	2017-12-10	
32	浙江	安吉县大山坞茶场	X0952908-2	浙江省安吉县溪龙乡凉亭岗 313307	安吉白茶	茶叶	ChinaGAP CQAP 2011012	147GAP1500037	2017-12-10	
33	浙江	安吉尚丰茶叶有限公司	统一社会信用代码:91330523MA28C0XJ9C	湖州市安吉县孝源街道饭山林场 313301	白茶一号	茶叶	ChinaGAP CQAP 20112006	147GAP1500046	2017-12-10	
34	浙江	安吉县大汉峰茶场	L1136453-1	浙江省湖州市安吉县报福镇上街 313304	安吉白茶	茶叶	ChinaGAP CQAP 2013007	147GAP1600042	2017-12-10	
35	浙江	安吉县柏茗茶场	L3579628-3	浙江省安吉县天子湖镇笔架山 313300	白茶一号	茶叶	ChinaGAP CQAP 2014009	147GAP1600033	2017-12-10	
36	浙江	安吉黄杜打石坎茶场	L1730754-6	浙江省湖州市安吉县溪龙乡黄杜村打石坎 313307	白茶一号	茶叶	ChinaGAP CQAP 2014008	147GAP1500045	2017-12-10	
37	浙江	安吉恒盛白茶有限公司	59285988-9	浙江省湖州市安吉县溪龙乡黄杜村 313307	安吉白茶	茶叶	ChinaGAP CQAP 2014007	147GAP1600032	2017-12-10	
38	浙江	安吉御禾源茶业有限公司	91330523L 45535044B	安吉县溪龙乡溪龙村杏红山自然村 313307	白叶一号	茶叶	ChinaGAP CQAP 2016006	147GAP1600036	2017-12-11	

（续）

序号	所属区域	企业名称	企业组织机构代码证书	邮寄地址及邮编	申报产品名称	所属领域	注册号	证书编号	到期日期	备注
39	安徽	安徽天啸功能农业有限公司	91341722MA2MUM522P(1-1)	安徽省池州市石台县仁里镇秋浦西路19号 245100	水稻	大田	ChinaGAP CQAP 2016008	147GAP1600039	2017-12-12	
40	辽宁	辽宁秋地养殖有限公司	91211421396191752	辽宁省葫芦岛市绥中县沙河镇叶家村 125200	苹果	果蔬	ChinaGAP CQAP 2016009	147GAP1600040	2017-12-12	
41	辽宁	海城市宏日种植专业合作社	59090238-8	辽宁省海城市耿庄镇北耿村北耿小学院内	大蒜、蓝莓	果蔬	ChinaGAP CQAP 2014002	147GAP1600021	2017-12-17	
42	北京	北京泰华芦村种植专业合作社	69768325-0	北京市房山区窦店镇芦村村委会西2公里	番茄、辣椒、茄子、黄瓜、豇豆、草莓	果蔬	ChinaGAP CQAP 2010005	147GAP1600008	2017-12-24	
43	北京	乐又（北京）农业发展有限公司	66461267-5	北京市房山区城管街道办事处田各庄村房器路南 102400	香菇、平菇	果蔬	ChinaGAP CQAP 2013004	147GAP1600020	2017-12-24	
44	北京	北京市广泰农场有限公司	58253947-4	北京市房山区琉璃河镇河务滋村村委会北100米 102431	娃娃菜、冬瓜、西兰花	果蔬	ChinaGAP CQAP 2013005	147GAP1600012	2017-12-24	
45	北京	北京惠欣恒泰种植专业合作社	08552316-8	北京市房山区琉璃河镇河南召村村东300米琉璃路南侧 102431	韭菜、茄子、番茄	果蔬	ChinaGAP CQAP 2016011	147GAP1600038	2017-12-11	
46	北京	北京慧田蔬菜种植专业合作社	06480085-2	北京市房山区琉璃河镇周庄村 102403	韭菜、食用菊、食用玫瑰	果蔬	ChinaGAP CQAP 2016012	147GAP1600037	2017-12-11	
47	重庆	云阳县上坝乡巾帼辣椒种植股份合作社	57213846-X	重庆市云阳县上坝乡治安村2组96号 404500	辣椒	果蔬	ChinaGAP CQAP 2015013	147GAP1500035	2017-12-23	
48	重庆	云阳县泥溪乡南山峡黑木耳专业合作社	66891642-2	重庆市云阳县泥溪镇新集镇 404503	青杠黑木耳	果蔬	ChinaGAP CQAP 2015010	147GAP1600041	2017-11-29	
49	重庆	云阳县创优柑橘种植专业合作社	58687719-1	重庆市云阳县养鹿镇中山村 404512	晚熟柑橘	果蔬	ChinaGAP CQAP 2015014	147GAP1600047	2017-12-24	
50	重庆	云阳县坪天一口香质大米种植专业合作社	55409704-3	重庆市云阳县双土镇坪东村7组 404505	大米	大田	ChinaGAP CQAP 2015017	147GAP1600046	2017-12-24	
51	贵州	贵州关岭阿依苗生态农业发展有限公司		贵州省安顺市关岭县关索镇落叶村	黄瓜、茄子、白菜、结球甘蓝	果蔬	ChinaGAP CQAP 2016013	147GAP1600044	2017-12-19	
52	贵州	贵州贵茶有限公司		贵州省贵阳市花溪区久安乡小山村	茶叶	茶叶	ChinaGAP CQAP 2016014	147GAP1600045	2017-12-19	

中华人民共和国农业部公告第 2435 号

根据《农产品地理标志管理办法》规定，万荣县科普惠农服务协会等单位申请对"万荣苹果"等 38 个产品实施国家农产品地理标志登记保护。经过初审、专家评审和公示，符合农产品地理标志登记程序和条件，准予登记，特颁发中华人民共和国农产品地理标志登记证书（见附件 1）。

另，四川省 2011 年获证产品"大田石榴"（登记证书编号 AGI00698）申请登记证书持有人名称变更。经专家委员会审定及公示，符合《农产品地理标志管理办法》和《农产品地理标志登记程序》规定要求，准予

变更。现重新核发中华人民共和国农产品地理标志登记证书（见附件 2），原登记证书收回注销。

特此公告。

附件：1. 2016 年第二批农产品地理标志登记产品公告信息

2. 农产品地理标志登记产品信息变更一览表

农业部
2016 年 8 月 16 日

附件 1：

2016 年第二批农产品地理标志登记产品公告信息

序号	产品名称	所在地域	申请人全称	划定的地域保护范围	质量控制技术规范编号
1	万荣苹果	山西	万荣县科普惠农服务协会	万荣县所辖贾村乡、高村乡、王显乡共 3 个乡 28 个行政村。地理坐标为东经 35°21′~35°26′，北纬 110°39′~110°49′	AGI2016-02-1897
2	平陆苹果	山西	平陆县果业局	平陆县所辖洪池乡、常乐镇、张村镇、杜马乡、部官乡、张店镇、圣人涧镇共 7 个乡镇 121 个行政村。地理坐标为东经 110°55′~111°15′，北纬 34°45′~34°59′	AGI2016-02-1898
3	忻州香瓜	山西	忻府区农业产业化协会	忻州市忻府区所辖播明、解原、奇村、合索、东楼、秦城、紫岩、西张、曹张、高城、董村、兰村、秀容办、新建办、长征办等 15 个乡镇（办）。地理坐标为东经 112°17′~112°58′，北纬 38°13′~38°41′	AGI2016-02-1899
4	沁水刺槐蜂蜜	山西	沁水县蜂业协会	沁水县所辖龙港镇、端氏镇、郑庄镇、苏庄乡、固县乡、胡底乡、郑村镇、嘉峰镇、柿庄镇、十里乡、土沃乡、张村乡、樊村河乡、中村镇共 14 个乡镇 251 个行政村。地理坐标为东经 111°55′~112°47′，北纬 35°24′~36°04′	AGI2016-02-1900
5	灵石荆条蜂蜜	山西	灵石县飞翔农蜂业科技开发中心	灵石县所辖翠峰镇、两渡镇、夏门镇、段纯镇、交口乡、英武乡、王禹乡、坛镇乡共 8 个乡镇 192 个行政村。地理坐标为东经 112°28′~113°01′，北纬 37°03′~37°12′	AGI2016-02-1901

（续）

序号	产品名称	所在地域	申请人全称	划定的地域保护范围	质量控制技术规范编号
6	黑柳子白梨脆甜瓜	内蒙古	乌拉特前旗农牧业综合行政执法大队	乌拉特前旗所辖先锋镇、乌拉山镇、西小召镇、新安镇、苏独仑镇、大佘太镇、明安镇、小佘太镇、白彦花镇、额尔登布拉格苏木共10个镇（苏木）。地理坐标为东经108°11′～109°54′，北纬40°28′～41°16′	AGI2016-02-1902
7	新宾辽细辛	辽宁	新宾满族自治县现代农业技术推广服务中心	新宾满族自治县所辖北四平乡、红庙子乡、旺清门镇、响水河子乡、红升乡、新宾镇、永陵镇、木奇镇、榆树乡共9个乡镇120个行政村。地理坐标为东经124°15′56″～124°25′03″，北纬41°14′10″～41°28′50″	AGI2016-02-1903
8	汪清黑木耳	吉林	汪清县乡镇企业暨农产品加工企业协会	汪清县所辖汪清镇、大兴沟镇、天桥岭镇、春阳镇、东光镇、复兴镇、百草沟镇、罗子沟镇、鸡冠乡共9个乡镇200个行政村。地理坐标为东经129°05′00″～130°56′00″，北纬43°06′00″～44°03′00″	AGI2016-02-1904
9	肇州大瓜子	黑龙江	肇州县老街基特色杂粮协会	肇州县所辖肇州镇、兴城镇、丰乐镇、永乐镇、二井子镇、朝阳沟镇、榆树乡、新福乡、永胜乡、双发乡、托古乡、朝阳乡共12个乡镇。地理坐标为东经124°48′12″～125°48′03″，北纬45°35′02″～46°16′08″	AGI2016-02-1905
10	肇州糯玉米	黑龙江	肇州县老街基特色杂粮协会	肇州县所辖肇州镇、兴城镇、丰乐镇、永乐镇、二井子镇、朝阳沟镇、榆树乡、新福乡、永胜乡、双发乡、托古乡、朝阳乡共12个乡镇。地理坐标为东经124°48′12″～125°48′03″，北纬45°35′02″～46°16′08″	AGI2016-02-1906
11	饶河大米	黑龙江	饶河县农业技术推广中心	饶河县所辖饶河镇、西林子乡、四排乡、小佳河镇、大佳河乡、山里乡、西丰镇、大通河乡和五林洞镇等9个乡镇。地理坐标为东经133°07′26″～134°20′16″，北纬46°30′44″～47°34′26″	AGI2016-02-1907
12	双城小米	黑龙江	双城市经济作物指导站	双城市全境，包括水泉乡、公正乡、农丰镇、杏山镇、同心乡、临江乡、万隆乡、韩甸镇、金城乡、兰棱镇、朝阳乡、单城镇、联兴乡、青岭乡、东官镇、周家镇、新兴乡、五家镇、幸福乡、双城镇、希勤乡、团结乡、永胜乡、乐群乡共计24个乡镇。地理坐标为东经125°41′～126°42′，北纬45°08′～45°43′	AGI2016-02-1908
13	居仁大米	黑龙江	宾县居仁水稻种植技术协会	宾县所辖居仁镇的吉祥、三合、东兴、悦来、东升、福合、居仁7个村，以及满井镇的江南、满井、新城、永宁、安乐、尚义6个村，共计2个乡镇13个行政村。地理坐标为东经126°55′41″～128°19′17″，北纬45°30′37″～46°01′20″	AGI2016-02-1909
14	彭镇青扁豆	上海	上海浦东新区泥城农业发展中心	上海市浦东新区所辖泥城镇、大团镇、书院镇、万祥镇、南汇城镇共5个镇48个行政村。地理坐标为东经121°42′11.62″～121°57′54.23″，北纬30°50′51.89″～31°00′46.53″	AGI2016-02-1910
15	启东洋扁豆	江苏	启东市高效设施农业协会	启东市所辖汇龙镇、北新镇、惠萍镇、寅阳镇、东海镇、近海镇、南阳镇、海复镇、合作镇、王鲍镇、吕四港镇、启隆镇共12个镇。地理坐标为东经121°25′40″～121°54′30″，北纬31°41′06″～32°16′19″	AGI2016-02-1911

（续）

序号	产品名称	所在地域	申请人全称	划定的地域保护范围	质量控制技术规范编号
16	万年香沙芋艿	江苏	海门市蔬菜生产技术指导站	海门市万年镇的裴蕾、中圩、耀昌、仲文、廷奎、长征、射阳、镇兴、万盛村9个村；悦来镇的友爱、保民、鲜行、永平、同善、阳东、汉兴、普新、安庄、习正、悦来、悦合、万忠、悦南、锡祥村、信民村16个村；包场镇的河南、致中、宏升、镇东、城河、新群、六东、天西、浩西、头甲、锦明、浩中、福良、轧西、凤飞、池鹏、周成、林英18个村；余东镇的长圩、和平、新北、八一、富民、旭宏6个村。共计4个镇49个村。地理坐标为东经121°19′～121°31′，北纬31°53′～32°24′	AGI2016-02-1912
17	泰兴香荷芋	江苏	泰兴市泰兴香荷芋协会	泰兴市所辖黄桥、元竹、古溪、分界、珊瑚、广陵、河失、新街等8个镇。地理坐标为东经120°05′52″～120°21′05″，北纬32°05′50″～32°21′35″	AGI2016-02-1913
18	奎湖鳙鱼	安徽	南陵县许镇镇奎湖水产养殖协会	南陵县所辖许镇镇1个镇28个行政村。地理坐标为东经117°57′～118°30′，北纬30°38′～31°10′	AGI2016-02-1914
19	长乐番薯	福建	长乐市农学会	长乐市所辖潭头镇、文岭镇、湖南镇、鹤上镇、梅花镇、江田镇、罗联乡、古槐镇、金峰镇、漳港镇、文武砂镇等11个乡镇172个村。地理坐标为东经119°27′30″～119°51′26″，北纬25°48′19″～26°05′43″	AGI2016-02-1915
20	闽北花猪	福建	顺昌县畜牧站	顺昌县所辖双溪街道、元坑镇、郑坊镇、洋口镇、建西镇、大历镇、埔上镇、大干镇、仁寿镇、洋墩乡、岚下乡、高阳乡共12个乡镇（街道）129个行政村。地理坐标为东经117°30′～118°14′，北纬26°39′～27°12′	AGI2016-02-1916
21	德化黑兔	福建	德化县农业科学研究所	德化县所辖浔中镇、龙浔镇、三班镇、龙门滩镇、雷峰镇、南埕镇、水口镇、赤水镇、葛坑镇、上涌镇、盖德镇、杨梅乡、汤头乡、桂阳乡、国宝乡、美湖镇、大铭乡、春美乡共18个乡镇。地理坐标为东经117°55′～118°32′，北纬25°23′～25°56′	AGI2016-02-1917
22	山亭花椒	山东	山亭区绿色农资推广应用协会	枣庄市山亭区所辖山城街道、徐庄镇、凫城镇、西集镇共4个镇（街）56个行政村。地理坐标为东经117°21′10″～117°38′16″，北纬34°91′06″～35°14′56″	AGI2016-02-1918
23	昆嵛山板栗	山东	威海市文登区绿色食品协会	威海市文登区所辖环山街道办事处、葛家、界石、宋村、泽头、张家产、小观共7个镇（街）359个行政村。地理坐标为东经121°43′～122°19′，北纬36°52′～37°16′	AGI2016-02-1919
24	伊水大鲵	河南	洛阳市水产技术推广站	洛阳市栾川、嵩县、伊川、洛龙、伊滨、偃师等6个县（市、区）71个乡镇（办事处）。地理坐标为东经111°11′～112°26′，北纬33°39′～34°50′	AGI2016-02-1920
25	郧阳天麻	湖北	十堰市郧阳区沧浪山天麻协会	十堰市郧阳区所辖鲍峡镇、五峰乡、叶大乡、红岩背林场、大柳乡、白桑关镇、南化塘镇等7个乡镇（场），共35个行政村。地理坐标为东经110°07′09″～111°16′11″，北纬32°25′04″～33°16′17″	AGI2016-02-1921

（续）

序号	产品名称	所在地域	申请人全称	划定的地域保护范围	质量控制技术规范编号
26	房县虎杖	湖北	房县虎杖产业协会	房县所辖城关镇、红塔镇、军店镇、化龙镇、窑淮镇、姚坪乡、门古寺镇、中坝乡、上龛乡、九道乡、野人谷镇、青峰镇、尹吉甫镇、沙河乡、万峪河乡、五台乡、土城镇、白鹤镇、大木镇共19个乡镇103个村。地理坐标为东经110°02′～111°15′，北纬31°34′～32°31′	AGI2016-02-1922
27	环江红心香柚	广西	环江毛南族自治县水果生产管理局	环江毛南族自治县所辖大才乡、思恩镇、水源镇、洛阳镇、川山镇、下南乡、驯乐乡、明伦镇、东兴镇、龙岩乡、大安乡、长美乡共12个乡镇148个行政村。地理坐标为东经107°51′～108°43′，北纬24°44′～25°33′	AGI2016-02-1923
28	秀山茶叶	重庆	秀山土家族苗族自治县农业技术服务中心	秀山土家族苗族自治县所辖钟灵镇、隘口镇、洪安镇、峨溶镇、清溪场镇、雅江镇、溪口镇、孝溪乡、中平乡、涌洞乡、海洋乡共11个乡镇109个行政村。地理坐标为东经108°43′06″～109°18′58″，北纬28°09′43″～28°53′05″	AGI2016-02-1924
29	铜梁枳壳	重庆	重庆市铜梁区农业技术推广服务中心	重庆市铜梁区土桥镇、南城街道办事处、平滩镇、侣俸镇、蒲吕街道办事处、虎峰镇、石鱼镇、旧县街道办事处、安居镇、高楼镇、二坪镇共11个镇（办事处）。地理坐标为东经105°48′00″～106°16′54″，北纬29°39′11″～30°04′56″	AGI2016-02-1925
30	得荣蜂蜜	四川	得荣县畜牧站	得荣县所辖松麦镇、子庚乡、古学乡、曲雅贡乡、奔都乡、徐龙乡、贡波乡、斯闸乡、八日乡、白松乡、日龙乡、茨巫乡共12个乡镇。地理坐标为东经99°07′～99°34′，北纬28°09′～29°10′	AGI2016-02-1926
31	巴中柞蚕蛹	四川	巴中市蚕业管理站	巴中市巴州区的寺岭、梓橦、凌云、花溪、官渡、青山、福星、枣林等8个乡（镇）；通江县的陈河、涪阳、新场、青浴、板桥口、诺水河、铁厂河、回林、火炬、兴隆、烟溪、永安、泥溪、沙坪、长坪、铁溪、两河口、胜利、钟凤、碧溪、沙溪等21个乡镇；南江县的关田、关路、赶场、关门、北极、上两、关坝、寨坡、杨坝、坪河、贵民、沙坝、汇滩、柳湾、东榆、沙河、团结、高塔等18个乡镇。共计3个区县47个乡镇。地理坐标为东经106°21′～107°45′，北纬31°15′～32°50′	AGI2016-02-1927
32	留坝白果	陕西	留坝县林业站	留坝县所辖江口、玉皇庙、留侯、城关、武关驿、火烧店、马道、青桥驿等8个镇75个行政村。地理坐标为东经106°38′05″～107°18′14″，北纬33°17′42″～33°53′29″	AGI2016-02-1928
33	留坝板栗	陕西	留坝县林业站	留坝县所辖江口、玉皇庙、留侯、城关、武关驿、火烧店、马道、青桥驿等8个镇75个行政村。地理坐标为东经106°38′05″～107°18′14″，北纬33°17′42″～33°53′29″	AGI2016-02-1929
34	靖远旱砂西瓜	甘肃	靖远县农业技术推广中心	靖远县所辖高湾乡、大芦乡、五合乡、北滩镇、乌兰镇、东升乡、靖安乡、永新乡共8个乡镇41个行政村。地理坐标为东经104°13′～105°15′，北纬36°00′～37°15′	AGI2016-02-1930
35	玛曲欧拉羊	甘肃	玛曲县西科河欧拉羊种公畜养殖场	玛曲县所辖尼玛镇、欧拉乡、欧拉秀玛乡、阿万仓乡、木西合乡、齐哈玛乡、采日玛乡、曼日玛乡和河曲马场共8个乡镇1个场41个村委会。地理坐标为东经100°45′45″～102°29′00″，北纬33°06′30″～34°30′15″	AGI2016-02-1931

（续）

序号	产品名称	所在地域	申请人全称	划定的地域保护范围	质量控制技术规范编号
36	玛曲牦牛	甘肃	玛曲县阿孜畜牧科技示范园区	玛曲县所辖尼玛镇、阿万仓乡、欧拉乡、欧拉秀玛乡、曼日玛乡、采日玛乡、齐哈玛乡、木西合乡、玛曲县畜牧科技示范园区和河曲马场共 8 个乡镇 2 个场（区）42 个村委会。地理坐标为东经 100°45′45″～102°29′00″，北纬 33°06′30″～34°30′15″	AGI2016-02-1932
37	兴海牦牛肉	青海	兴海县畜牧兽医工作站	兴海县所辖温泉乡、龙藏乡、中铁乡、子科滩镇共 4 个乡镇。地理坐标为东经 99°01′～100°21′，北纬 34°48′～36°14′	AGI2016-02-1933
38	昭苏马铃薯	新疆	昭苏县农业技术推广站	昭苏县所辖昭苏镇、喀夏加尔镇、洪纳海乡、阿克达拉乡、乌尊布拉克乡、萨尔阔布乡、喀拉苏乡、察汗乌苏蒙古民族乡、夏特柯尔克孜民族乡、胡松图哈尔逊蒙古民族乡及昭苏种马场、昭苏马场共 12 个乡镇（场）73 个行政村。地理坐标为东经 82°35′～82°50′，北纬 43°14′～43°38′	AGI2016-02-1934

附件 2：

农产品地理标志登记产品信息变更一览表

产品名称	所在地域	变更前登记证书持有人全称	变更后登记证书持有人全称	划定的地域保护范围	备注
大田石榴	四川	攀枝花市联庆大田石榴专业合作社	攀枝花市仁和区石榴专业技术协会	攀枝花市仁和区大田镇。地理坐标为东经 101°43′50″～101°51′24″，北纬 26°15′02″～26°22′01″	2011 年公告产品（登记证书编号 AGI00698）

中华人民共和国农业部公告第 2444 号

　　根据《农产品质量安全检测机构考核办法》《农业部产品质量监督检验测试机构管理办法》规定，经组织专家考核和评审（复审），中国农业科学院哈尔滨兽医研究所〔农业部实验动物质量监督检验测试中心（哈尔滨）〕等 5 个质检机构（附件 1）符合农产品质量安全检测机构和农业部产品质量监督检验测试机构的基本条件与能力要求，特颁发农产品质量安全检测机构考核合格证书和农业部审查认可证书，准许刻制并使用农产品质量安全检测考核标志和继续使用部级质检机构印章。

　　农业部建材产品质量监督检验测试中心

（泰安）等 3 个质检机构（附件 2）因审查认可证书有效期届满且不再申请复审，故撤销其机构并收回审查认可证书及印章。

　　特此公告。

　　附件：1.2016 年农产品质量安全检测机构考核合格及农业部部级产品质量监督检验测试中心审查认可名单（第十批）

　　2.2016 年农产品质量安全检测机构考核及农业部部级 产品质量监督检验测试中心撤销名单（第四批）

农业部

2016 年 9 月 1 日

附件1：

2016年农产品质量安全检测机构考核合格及农业部部级
产品质量监督检验测试中心审查认可名单（第十批）

序号	机构名称	检测范围	机构法定代表人	通讯地址	邮编	联系电话	考核合格证书编号	审查认可证书编号
1	中国农业科学院哈尔滨兽医研究所〔农业部实验动物质量监督检验测试中心（哈尔滨）〕	农业实验动物	步志高	黑龙江省哈尔滨市南岗区马端街427号	150001	0451-51051665	〔2016〕农质检核（国）字第0179号	（2016）农（质监认）字FC第925号
2	中国农业科学院农业环境与可持续发展研究所〔农业部畜牧环境设施设备质量监督检测试中心（北京）〕	畜牧环境	张燕卿	北京市海淀区中关村南大街12号	100081	010-82109419	〔2016〕农质检核（国）字第0194号	（2016）农（质监认）字FC第926号
3	陕西省农药管理检定所〔农业部农产品质量安全监督检验测试中心（西安）〕	农产品	邢胜利	陕西省西安市习武园27号	710003	029-87322687	〔2016〕农质检核（国）字第0127号	（2016）农（质监认）字FC第927号
4	陕西省农药管理检定所〔农业部农药质量监督检验测试中心（西安）〕	农药、农药残留	邢胜利	陕西省西安市习武园27号	710003	029-87322687	〔2016〕农质检核（国）字第0199号	（2016）农（质监认）字FC第928号
5	黑龙江省农业科学院〔农业部脱毒马铃薯种薯质量监督检验测试中心（哈尔滨）〕	马铃薯种薯	吕典秋	黑龙江省哈尔滨市南岗区学府路368号	150086	0451-86677458	〔2016〕农质检核（国）字第0200号	（2016）农（质监认）字FC第929号

附件2：

2016年农业部部级产品质量监督检验测试中心撤销名单（第四批）

序号	质检中心全称	承建单位	机构考核证书号	机构考核证书届满日期	审查认可证书号	审查认可证书届满日期	备注
1	农业部建材产品质量监督检验测试中心（泰安）	农业部建材产品质量监督检验测试中心	—	—	（2013）农（质监认）字FC第658号	2016年3月22日	—
2	农业部纸及纸制品质量监督检验测试中心	河南省乡镇企业造纸产品质量监督检验站	—	—	（2013）农（质监认）字FC第662号	2016年3月22日	—
3	农业部建材产品质量监督检验测试中心（唐山）	河北省唐山市乡镇建材管理服务处	—	—	（2013）农（质监认）字FC第655号	2016年3月22日	—

中华人民共和国农业部公告第 2457 号

根据《农产品质量安全检测机构考核办法》《农业部产品质量监督检验测试机构管理办法》规定，经组织专家考核和评审（复审），广西壮族自治区农产品质量安全检测中心〔农业部农产品质量安全监督检验测试中心（南宁）〕等 5 个质检机构（附件 1）符合农产品质量安全检测机构和农业部产品质量监督检验测试机构的基本条件与能力要求，特颁发农产品质量安全检测机构考核合格证书和农业部审查认可证书，准许刻制并使用农产品质量安全检测考核标志和继续使用部级质检机构印章。

农业部肥料质量监督检验测试中心（长春）等 3 个质检机构（附件 2）符合农业部产品质量监督检验测试机构的基本条件与能力要求，特颁发农业部审查认可证书，准许继续使用部级质检机构印章。

农业部农用动力机械及零配件质量监督检验测试中心（长春）因审查认可证书有效期届满且不再申请复审，故撤销该机构，并收回审查认可证书及印章。

特此公告。

附件：1. 2016 年农产品质量安全检测机构考核合格及农业部部级产品质量监督检验测试中心审查认可名单（第十一批）

2. 2016 年农业部部级产品质量监督检验测试中心审查认可名单（第十批）

3. 2016 年农产品质量安全检测机构考核及农业部部级产品质量监督检验测试中心撤销名单（第五批）

农业部
2016 年 10 月 10 日

附件 1：

2016 年农产品质量安全检测机构考核合格及农业部部级产品质量监督检验测试中心审查认可名单（第十一批）

序号	机构名称	检测范围	机构法定代表人	通讯地址	邮编	联系电话	考核合格证书编号	审查认可证书编号
1	广西壮族自治区农产品质量安全检测中心〔农业部农产品质量安全监督检验测试中心（南宁）〕	农产品	黄光鹏	广西壮族自治区南宁市青秀区新竹路 38-18 号新竹小区 76 栋	530022	0771-2812008	〔2016〕农质检核（国）字第 0012 号	（2016）农（质监认）字 FC 第 930 号
2	陕西省农业环境保护监测站〔农业部农业环境质量监督检验测试中心（西安）〕	农业环境	李文祥	陕西省西安市习武园 27 号	710003	029-87340809	〔2016〕农质检核（国）字 0093 号	（2016）农（质监认）字 FC 第 931 号
3	全国农业技术推广服务中心〔农业部土壤肥料质量监督检验测试中心〕	肥料、农产品参数	陈生斗	北京市朝阳区松榆南路南新园 2 号楼	100021	010-59194503	〔2016〕农质检核（国）字第 0220 号	（2016）农（质监认）字 FC 第 932 号

（续）

序号	机构名称	检测范围	机构法定代表人	通讯地址	邮编	联系电话	考核合格证书编号	审查认可证书编号
4	上海市农业科学院［农业部食用菌产品质量监督检验测试中心（上海）］	食用菌产品	蔡友铭	上海市奉贤区金齐路1000号	201403	021-62202872	［2016］农质检核（国）字第0030号	（2016）农（质监认）字FC第933号
5	重庆市农业环境监测站［农业部农业环境质量监督检验测试中心（重庆）］	农业环境及农产品	曾荣	重庆市渝北区宝石路3号	401120	023-89133529	［2016］农质检核（国）字第0166号	（2016）农（质监认）字FC第934号

附件 2：

2016 年农业部部级产品质量监督检验测试中心审查认可名单（第十批）

序号	质检中心全称	监测范围	中心领导	承建单位	通讯地址	邮编	联系电话	审查认可证书号	备注
1	农业部肥料质量监督检验测试中心（长春）	土壤及肥料	靳锋云 马兵 关玉岩	吉林省土壤肥料总站	吉林省长春市自由大路6152号	130012	0431-85927742	（2016）农（质监认）字FC第935号	复查评审
2	农业部肥料质量监督检验测试中心（西安）	肥料	李水利 徐文华 耿军平	陕西省土壤肥料工作站	陕西省西安市习武园27号	710003	029-87322332	（2016）农（质监认）字FC第936号	复查评审
3	农业部农作物种子质量监督检验测试中心（长春）	农作物种子	郑清 黄庭君 班秀丽	吉林省种子管理总站	吉林省长春市自由大路6152号	130033	0431-87984480	（2016）农（质监认）字FC第937号	复查评审

附件 3：

2016 年农业部部级产品质量监督检验测试中心撤销名单（第四批）

序号	质检中心全称	承建单位	机构考核证书号	机构考核证书届满日期	审查认可证书号	审查认可证书届满日期	备注
1	农业部农用动力机械及零配件质量监督检验测试中心（长春）	吉林省农业机械试验鉴定站	—	—	（2013）农（质监认）字FC第604号	2016 年 1 月 11 日	—

中华人民共和国农业部公告第 2468 号

根据《农产品地理标志管理办法》规定，河北省保定市满城区农业技术推广服务中心等单位申请对"满城草莓"等71个产品实施国家农产品地理标志登记保护。经过初审、专家评审和公示，符合农产品地理标志登记程序和条件，准予登记，特颁发中华人民共和国农产品地理标志登记证书。

特此公告。

附件：2016 年第三批农产品地理标志登记产品公告信息

农业部

2016 年 11 月 2 日

附件：

2016 年第三批农产品地理标志登记产品公告信息

序号	产品名称	所在地域	申请人全称	划定的地域保护范围	质量控制技术规范编号
1	满城草莓	河北	保定市满城区农业技术推广服务中心	保定市满城区所辖满城镇、南韩村镇、方顺桥镇、神星镇、于家庄乡、石井乡、要庄乡共计 7 个乡镇。地理坐标为东经 115°14′44″～115°24′17″，北纬 38°46′57″～38°59′56″	AGI2016-03-1935
2	丰南胭脂稻	河北	唐山市丰南区农业服务中心	唐山市丰南区王兰庄镇、西葛镇、柳树圈镇、黑沿子镇、唐坊镇、南孙庄乡、大新庄镇、小集镇、钱营镇、大齐各庄乡、东田庄乡、尖字沽乡、丰南镇、岔河镇、黄各庄镇共 15 个乡镇。地理坐标为东经 117°51′43″～118°25′28″，北纬 39°11′28″～39°39′28″	AGI2016-03-1936
3	芮城屯屯枣	山西	芮城县农业技术推广站	芮城县所辖古魏镇、风陵渡镇、阳城镇、大王镇、永乐镇、学张乡、南卫镇、东垆镇、西陌镇、陌南镇共 10 个乡镇 80 个行政村。地理坐标为东经 110°52′～111°17′，北纬 34°47′～34°42′	AGI2016-03-1937
4	古县小米	山西	古县金米协会	古县所辖石壁乡、旧县镇、永乐乡、南垣乡共 4 个乡镇 30 个行政村。地理坐标为东经 110°56′～112°08′，北纬 36°03′～36°16′	AGI2016-03-1938
5	吐列毛杜小麦粉	内蒙古	吐列毛杜农场种植养殖业协会	内蒙古自治区国有吐列毛杜农场辖行政区域第一生产队、第二生产队、第三生产队、第四生产队、第五生产队。地理坐标为东经 120°12′～120°41′，北纬 45°06′～45°53′	AGI2016-03-1939
6	巴林大米	内蒙古	巴林右旗农业技术推广站	巴林右旗所辖大板镇、西拉沐沦苏木、友联村、红星村、乌兰格日乐嘎查、友爱、新立、前进、西拉木伦村、达林台嘎查、益和诺尔嘎查、布敦花嘎查、沙布嘎嘎查、西热嘎查共 2 个苏木（镇）12 个嘎查（村）。地理坐标为东经 118°11′～120°05′，北纬 43°12′～44°28′	AGI2016-03-1940
7	巴彦淖尔河套枸杞	内蒙古	巴彦淖尔市绿色食品发展中心	巴彦淖尔市所辖乌拉特前旗、五原、临河、杭锦后旗、乌拉特后旗共 5 个旗县区 18 个苏木乡镇 40 个嘎嗏村。地理坐标为东经 105°12′～109°53′，北纬 40°13′～42°28′	AGI2016-03-1941
8	巴彦淖尔河套肉苁蓉	内蒙古	巴彦淖尔市绿色食品发展中心	巴彦淖尔市所辖乌拉特后旗、磴口县、乌拉特中旗共 3 个旗县区 25 个嘎嗏村。地理坐标为东经 105°12′～109°53′，北纬 40°13′～42°28′	AGI2016-03-1942
9	巴林牛肉	内蒙古	巴林右旗家畜改良工作站	巴林右旗大板镇、索博日嘎镇、巴彦琥硕镇、宝日勿苏镇、查干诺尔镇、幸福之路苏木、查干沐沦苏木、巴彦塔拉苏木、西拉沐沦苏木等 9 个苏木（镇）162 个嘎嗏村。地理坐标为东经 118°11′～120°05′，北纬 43°12′～44°28′	AGI2016-03-1943

（续）

序号	产品名称	所在地域	申请人全称	划定的地域保护范围	质量控制技术规范编号
10	巴林羊肉	内蒙古	巴林右旗家畜改良工作站	巴林右旗大板镇、索博日嘎镇、巴彦琥硕镇、宝日勿苏镇、查干诺尔镇、幸福之路苏木、查干沐沦苏木、巴彦塔拉苏木、西拉沐沦苏木等9个苏木（镇）162个嘎查村。地理坐标为东经118°11′～120°05′，北纬43°12′～44°28′	AGI2016-03-1944
11	杭锦旗塔拉沟山羊肉	内蒙古	杭锦旗羚丰农牧业发展协会	鄂尔多斯市杭锦旗锡尼镇、独贵塔拉镇、塔然高勒管委会、吉日嘎图镇、呼和木独镇、巴拉贡镇、伊和乌素苏木共7个镇（管委会、苏木）76个嘎查。地理坐标为东经106°34′49.3″～109°04′21.9″，北纬39°22′7.8″～40°47′37.5″	AGI2016-03-1945
12	科尔沁牛	内蒙古	通辽市农畜产品质量安全中心	通辽市所辖科尔沁区、开鲁县、科左中旗、科左后旗、库伦旗、奈曼旗、扎鲁特旗、霍林郭勒市、开发区等9个旗（县、市、区）97个乡镇（苏木）2127个行政村（嘎查）。地理坐标为东经119°15′～123°43′，北纬42°15′～45°41′	AGI2016-03-1946
13	乌审旗皇香猪	内蒙古	内蒙古乌审旗农牧业产业化办公室	乌审旗苏力德苏木、无定河镇、嘎鲁图镇、乌兰陶勒盖真、乌审召镇、图克镇等6个苏木（镇）59个嘎查村。地理坐标为东经108°17′36″～109°40′22″，北纬37°38′54″～39°23′50″	AGI2016-03-1947
14	风水梁獭兔	内蒙古	达拉特旗农畜产品质量安全检验检测中心	达拉特旗所辖白泥井镇和吉格斯太镇共2个镇。地理坐标为东经109°10′～110°45′，北纬40°00′～40°30′	AGI2016-03-1948
15	巴图湾甲鱼	内蒙古	内蒙古乌审旗农牧业产业化办公室	乌审旗无定河镇巴图湾村。地理坐标为东经108°38′38″～109°46′45″，北纬37°53′46″～37°58′34″	AGI2016-03-1949
16	巴图湾鲤鱼	内蒙古	内蒙古乌审旗农牧业产业化办公室	乌审旗无定河镇巴图湾村。地理坐标为东经108°38′38″～109°46′45″，北纬37°53′46″～37°58′34″	AGI2016-03-1950
17	陈旗鲫	内蒙古	陈巴尔虎旗渔政渔港监督管理所	陈巴尔虎旗所辖鄂温克苏木、巴彦哈达苏木、东乌珠尔苏木、西乌珠尔苏木、哈达图牧场共4个苏木和1个牧场。地理坐标为东经118°22′46.16″～119°20′07.76″，北纬49°46′57.65″～50°12′50.26″	AGI2016-03-1951
18	北票荆条蜜	辽宁	北票市农业产业化办公室	北票市所辖长皋乡、常河营乡、小塔子乡、马友营乡、蒙古营镇、泉巨永乡、大三家镇、东官营乡、西官营镇、龙潭镇、哈尔脑乡、章吉营乡、巴图营乡、三宝营乡、南八家乡、上园镇、大板镇、北塔子乡、台吉营乡、娄家店乡、北四家乡、黑城子镇、兴顺德农场、宝国老镇、五间房镇、台吉镇、凉水河乡、三宝乡、下府开发区共29个乡镇（农场、开发区）。地理坐标为东经120°15′00″～121°17′00″，北纬41°24′00″～42°17′00″	AGI2016-03-1952

（续）

序号	产品名称	所在地域	申请人全称	划定的地域保护范围	质量控制技术规范编号
19	瓦房店海参	大连	瓦房店市海参协会	瓦房店市永宁镇、土城乡、东岗镇、仙浴湾镇、长兴岛临港区、三台乡、谢屯镇、交流岛乡、复州湾镇，临岸42个村屯。地理坐标为J1东经121°28′15.376″、北纬39°48′23.891″，J2东经121°20′4.203″、北纬39°53′32.783″，J3东经121°3′26.622″、北纬39°31′47.612″，J4东经121°22′52.541″、北纬39°13′34.798″，J5东经121°32′50.114″、北纬39°18′43.730″五点连线范围内	AGI2016-03-1953
20	洋北西瓜	江苏	宿迁市宿城区洋北镇农业经济技术服务中心	宿迁市宿城区洋北镇所辖船行、张庄、七里、蔡河、槐树、友爱、老庄、罗庄、涧南、下口等10个村（居）。地理坐标为东经118°19′11″～118°25′39″，北纬33°48′54″～33°52′26″	AGI2016-03-1954
21	兰溪杨梅	浙江	兰溪市经济特产技术推广站	兰溪市所辖兰江街道、云山街道、赤溪街道、永昌街道、上华街道、女埠街道、黄店镇、诸葛镇、游埠镇、香溪镇、马涧镇、横溪镇、梅江镇、柏社乡、水亭乡、灵洞乡等16个乡镇（街道）330个行政村。地理坐标为东经119°13′30″～119°53′50″，北纬29°05′20″～29°27′30″	AGI2016-03-1955
22	黄岩红糖	浙江	台州市黄岩区农业技术推广中心	台州市黄岩区所辖头陀、北洋、澄江、茅畲、新前、院桥、高桥、沙埠、南城、西城等10个乡镇（街道）164个行政村。地理坐标为东经121°04′13″～121°19′46″，北纬28°31′43″～28°42′08″	AGI2016-03-1956
23	旌德天山真香茶	安徽	旌德县农业技术推广中心	旌德县所辖庙首镇、兴隆镇、孙村镇、白地镇、三溪镇、蔡家桥镇、云乐乡、俞村镇和旌阳镇共9个乡镇海拔400～700米的高山茶园。地理坐标为东经118°15′38.86″～118°44′15.43″，北纬30°07′19.28″～30°29′13.76″	AGI2016-03-1957
24	黄里笆斗杏	安徽	相山区农林技术推广中心	淮北市相山区曲阳街道办事处所辖黄里、前黄、下街、后黄共4个社区。地理坐标为东经116°45′30.08″～116°47′18.95″，北纬33°58′43.21″～34°00′40.82″	AGI2016-03-1958
25	界首马铃薯	安徽	界首市农业技术推广中心	界首市所辖东城街道、西城街道、颍南街道、光武镇、泉阳镇、芦村镇、新马集镇、大黄镇、田营镇、陶庙镇、王集镇、砖集镇、顾集镇、代桥镇、舒庄镇、邴集乡、靳寨乡、任寨乡共18个乡镇（街道）。地理坐标为东经115°14′45.13″～115°31′25.57″，北纬33°00′48.5″～33°31′11.22″	AGI2016-03-1959
26	颍州大田恋思萝卜	安徽	阜阳市颍州区恋思萝卜产销协会	阜阳市颍州区西湖镇的汤庄行政村、大田村居委会。地理坐标为东经115°37′39″～115°38′03″，北纬32°55′57″～32°58′13″	AGI2016-03-1960
27	宜丰蜂蜜	江西	宜丰县绿色食品发展办公室	宜丰县所辖黄岗镇、石花尖垦殖场、车上林场、双峰林场、黄岗山垦殖场、潭山镇、天宝乡、同安乡共8个乡镇（场）。地理坐标为东经114°30′26″～114°48′35″，北纬28°15′17″～28°27′17″	AGI2016-03-1961

（续）

序号	产品名称	所在地域	申请人全称	划定的地域保护范围	质量控制技术规范编号
28	董市甜瓜	湖北	枝江市董市农业服务中心	枝江市董市镇所辖桂花村、石港桥村、石匠店村、裴圣村、黄金村、新周村、双湖村、五岭村、草台村、曹店村、泰州村、石坪村、金龙村、马家冲村、高石岗村、平湖村16个村；安福寺镇所辖书院坝村、柏杨冲村、桑树河村3个村；仙女镇所辖张家湾村、屈店村、赵家冲村3个村，共3个镇22个村。地理坐标为东经111°32′~111°42′，北纬30°23′~30°32′	AGI2016-03-1962
29	钟祥泉水柑	湖北	钟祥市泉水柑种植协会	钟祥市张集镇、长寿镇、洋梓镇、客店镇、温峡水库、石门水库、黄坡水库、官庄湖管理区等8个乡镇（水库、管理区）90个村。地理坐标为东经112°07′~113°00′，北纬30°42′~31°36′	AGI2016-03-1963
30	七星台蒜薹	湖北	枝江市蔬菜办公室	枝江市七星台镇所辖鲜家港村、董家湾村、李家岗村、肖家山村、沈家店村、兴隆山村、肖家桥村、新场村、杨林湖村、东林村、孙家港村、张家场村、大埠街村、陈家港村、赵楼子村、江会寺村、王家店村、三王庙村、石套子村、鸭子口村、马羊洲村共21个行政村。地理坐标为东经111°51′~112°02′，北纬30°16′~30°21′	AGI2016-03-1964
31	江夏子莲	湖北	武汉市江夏区蔬菜技术推广站	武汉市江夏区所辖法泗街、乌龙泉街、安山街、金口街、郑店街及泗街等6个街道108个村。地理坐标为东经114°01′~114°35′，北纬29°58′~30°32′	AGI2016-03-1965
32	罗田天麻	湖北	罗田县农业技术推广中心	罗田县所辖九资河镇、白庙河镇、大河岸镇、凤山镇、胜利镇、匡河镇、河铺镇、平湖乡、白莲河乡、天堂林场、薄刀峰林场、青苔关林场、黄狮寨林场等13个乡镇（场）。地理坐标为东经115°06′~115°40′，北纬30°33′~31°33′	AGI2016-03-1966
33	郧西杜仲	湖北	郧西县农业技术推广中心	郧西县所辖城关镇、土门镇、香口乡、上津镇、店子镇、关防乡、湖北口回族自治乡、景阳乡、夹河镇、羊尾镇、涧池乡、观音镇、马安镇、六郎乡、河夹镇、安家乡、三官洞林区、槐树林特场等18个乡镇（场、区）72个行政村。地理坐标为东经109°16′~110°42′，北纬32°54′~33°16′	AGI2016-03-1967
34	郧西黄姜	湖北	郧西县农业技术推广中心	郧西县所辖城关镇、土门镇、香口乡、上津镇、店子镇、关防乡、湖北口回族自治乡、景阳乡、夹河镇、羊尾镇、涧池乡、观音镇、马安镇、六郎乡、河夹镇、安家乡、三官洞林区、槐树林特场等18个乡镇（场、区）307个行政村。地理坐标为东经109°16′~110°42′，北纬32°54′~33°16′	AGI2016-03-1968
35	大埔乌龙茶	广东	大埔县茶叶行业协会	大埔县所辖湖寮、百侯、枫朗、大东、光德、桃源、高陂、大麻、三河、洲瑞、银江、茶阳、西河、青溪、丰溪林场等15个镇场。地理坐标为东经116°18′~116°56′，北纬24°01′~24°41′	AGI2016-03-1969
36	镇隆荔枝	广东	惠州市惠阳区镇隆镇荔枝生产协会	惠州市惠阳区镇隆镇所辖山顶、长龙、大光、高田、塘角、陂塘角、井龙、楼寨、楼下、黄洞、甘陂、皇后、联溪等13个村委会。地理坐标为东经114°16′~114°22′，北纬22°53′~22°59′	AGI2016-03-1970

（续）

序号	产品名称	所在地域	申请人全称	划定的地域保护范围	质量控制技术规范编号
37	麻涌香蕉	广东	东莞市麻涌镇农业技术服务中心	东莞市麻涌镇所辖的麻一、麻二、麻三、麻四、漳澎、大步、东太、新基、川槎、鸥涌、黎滘、华阳、南洲、大盛共14个村（社区）。地理坐标为东经113°31′12″～113°40′00″，北纬22°58′36″～23°40′50″	AGI2016-03-1971
38	三水黑皮冬瓜	广东	佛山市三水区农林技术推广中心	佛山市三水区所辖白坭镇、西南街道、乐平镇、芦苞镇、大塘镇、南山镇共6个镇（街）。地理坐标为东经112°46′～113°02′，北纬22°58′～23°34′	AGI2016-03-1972
39	福田菜心	广东	博罗县福田镇农业技术推广站	博罗县福田镇所辖的徐福田、坳岭、山下、荔枝墩、横溪头、依岗、福田、营盘下、马田、周袁、鸡公坑、围岭、联和、莲塘岗、石巷、柿树下、道姑田等17个村。地理坐标为东经113°55′44″～113°59′19″，北纬23°12′20″～23°19′43″	AGI2016-03-1973
40	清远黑山羊	广东	清远市畜牧技术推广站	清远市所辖清城区、清新区、英德市、连州市、佛冈县、连山县、连南县、阳山县等8个县（市、区）。地理坐标为东经111°55′～113°55′，北纬23°27′～25°12′	AGI2016-03-1974
41	那楼淮山	广西	南宁市邕宁区农业服务中心	南宁市邕宁区所辖那楼镇、新江镇、百济镇、中和乡共4个乡镇28个村（社区）。地理坐标为东经108°25′～108°51′，北纬22°23′～22°45′	AGI2016-03-1975
42	陆川橘红	广西	陆川县农业技术推广站	陆川县所辖珊罗镇、平乐镇、马坡镇、米场镇、沙湖镇、沙坡镇、温泉镇、大桥镇、横山镇、乌石镇、滩面镇、良田镇、清湖镇、古城镇等14个镇154个村。地理坐标为东经110°04′～110°25′，北纬21°53′～22°38′	AGI2016-03-1976
43	石柱辣椒	重庆	石柱土家族自治县辣椒行业协会	石柱土家族自治县南宾镇、西沱镇、下路镇、悦崃镇、临溪镇、马武镇、王场镇、沿溪镇、龙沙镇、鱼池镇、三河镇、大歇镇、桥头镇、沙子镇、万朝镇、黄水镇、黎场乡、三星乡、六塘乡、三益乡、王家乡、河嘴乡、石家乡、中益乡、黄鹤乡、洗新乡、新乐乡共27个乡镇。地理坐标为东经108°00′～108°29′，北纬29°39′～30°33′	AGI2016-03-1977
44	达川安仁柚	四川	达州市达川区茶果站	达州市达川区所辖安仁乡、葫芦乡、大滩乡、花红乡、檀木镇、麻柳镇、万家镇共7个乡镇94个村。地理坐标为东经107°43′～107°44′，北纬31°01′～31°02′	AGI2016-03-1978
45	梵净山茶	贵州	铜仁市茶叶行业协会	铜仁市所辖印江县、石阡县、思南县、德江县、沿河县、江口县、松桃县共7个县122个乡镇。地理坐标为东经107°44′～109°30′，北纬27°07′～29°05′	AGI2016-03-1979
46	安顺金刺梨	贵州	安顺市农业技术推广站	安顺市所辖西秀区、平坝县、普定县、镇宁县、关岭县、紫云县、安顺经济开发区、黄果树管委会等8个县（区、管委会）。地理坐标为东经105°13′～106°34′，北纬25°21′～26°38′	AGI2016-03-1980
47	关岭火龙果	贵州	关岭布依族苗族自治县果树蔬菜工作站	关岭布依族苗族自治县所辖花江镇、上关镇、岗乌镇、断桥镇、新铺镇、板贵乡共6个乡镇。地理坐标为东经105°22′50″～105°45′22″，北纬25°33′38″～25°55′32″	AGI2016-03-1981

（续）

序号	产品名称	所在地域	申请人全称	划定的地域保护范围	质量控制技术规范编号
48	从江香禾糯	贵州	从江县农产品质量安全监督管理检测站	从江县所辖丙妹镇、贯洞镇、西山镇、下江镇、停洞镇、洛香镇、宰便镇、东朗乡、斗里乡、高增乡、加勉乡、庆云乡、往洞镇、光辉乡、谷坪乡、加榜乡、加鸠乡、雍里乡、翠里瑶族壮族乡、刚边壮族乡、秀塘壮族乡共21个乡镇。地理坐标为东经108°05′～109°12′，北纬25°16′～26°05′	AGI2016-03-1982
49	保田生姜	贵州	盘县农业局经济作物管理站	盘县所辖保田镇、普田乡、新民乡、忠义乡、水塘镇、板桥镇、响水镇、乐民镇、大山镇、民主镇等10个乡镇。地理坐标为东经104°39′～104°49′，北纬25°20′～25°28′	AGI2016-03-1983
50	龙里豌豆尖	贵州	龙里县蔬果办公室	龙里县冠山街道办事处、龙山镇、谷脚镇、洗马镇、醒狮镇、湾滩河镇等6镇（街道办事处）。地理坐标为东经106°45′18″～107°15′01″，北纬26°10′19″～26°49′33″	AGI2016-03-1984
51	赫章黑马羊	贵州	赫章县草地工作站	赫章县境内的城关、白果、妈姑、财神、六曲河、野马川、达依、水塘堡、兴发、松林坡、雉街、珠市、罗州、双坪、可乐、辅处、铁匠、河镇、安乐溪、朱明、结构、德卓、古基、哲庄、平山、古达、威奢等27个乡镇。地理坐标为东经104°10′28″～105°01′23″，北纬26°46′12″～27°28′18″	AGI2016-03-1985
52	平坝灰鹅	贵州	安顺市平坝区畜禽品种改良站	安顺市平坝区所辖白云镇、羊昌乡、夏云镇、安平办、鼓楼办、十字乡、齐伯乡、乐平镇、天龙镇共9个乡镇（街道办事处）。地理坐标为东经106°34′06″～106°59′24″，北纬26°15′18″～26°37′45″	AGI2016-03-1986
53	关岭牛	贵州	关岭布依族苗族自治县草地畜牧业发展中心	关岭布依族苗族自治县所辖关索街道办事处、顶云街道办事处、花江镇、永宁镇、岗乌镇、上关镇、断桥镇、坡贡镇、沙营镇、新浦镇、八德乡、板贵乡和普利乡，共13个乡镇（街道办事处）。地理坐标为东经105°22′50″～105°45′22″，北纬25°33′38″～25°55′32″	AGI2016-03-1987
54	六枝月亮河鸭蛋	贵州	六枝特区月亮河种养殖专业技术协会	六盘水市六枝特区月亮河彝族布依族苗族乡所辖滥坝村、张家寨村、大坝村、郭家寨村、何家寨村、花德村、牧场村、新春村、月亮河村、补雨村等10个行政村。地理坐标为东经105°21′00″～105°27′00″，北纬26°05′20″～27°10′00″	AGI2016-03-1988
55	玉龙滇重楼	云南	玉龙纳西族自治县药材协会	玉龙纳西族自治县所辖鲁甸乡、黎明乡、塔城乡、石头乡、九河乡、宝山乡、龙蟠乡、太安乡、大具乡、白沙镇、石鼓镇、巨甸镇、拉市镇、黄山镇、奉科镇、鸣音镇和玉龙山办事处共16个乡镇1个办事处。地理坐标为东经99°22′49″～100°32′17″，北纬26°35′03″～27°45′46″	AGI2016-03-1989
56	陇州核桃	陕西	陇县农村合作经济组织联合会	陇县所辖东风、八渡、东南、城关、温水、曹家湾、天成、固关、火烧寨、新集川、李家河、河北等12个镇130个行政村。地理坐标为东经106°26′～107°81′，北纬34°35′～35°06′	AGI2016-03-1990

（续）

序号	产品名称	所在地域	申请人全称	划定的地域保护范围	质量控制技术规范编号
57	旬阳拐枣	陕西	旬阳县林业开发绿化管理服务中心	旬阳县所辖城关、构元、棕溪、关口、蜀河、仙河、双河、红军、小河、桐木、仁河口、赵湾、麻坪、甘溪、白柳、吕河、段家河、神河、金寨、石门、铜钱关等21个镇305个行政村（居、社区）。地理坐标为东经108°58′～109°48′，北纬32°29′～33°13′	AGI2016-03-1991
58	榆林山地苹果	陕西	榆林市农学会	榆林市所辖榆阳、神木、横山、靖边、绥德、米脂、佳县、吴堡、清涧、子洲共1区9县105个乡镇3327个行政村。地理坐标为东经108°17′～110°56′，北纬36°58′～39°27′	AGI2016-03-1992
59	直罗贡米	陕西	富县水稻杂粮协会	富县所辖直罗、张家湾、张村驿等3个镇35个行政村。地理坐标为东经108°41′～109°12′，北纬35°51′～36°17′	AGI2016-03-1993
60	榆林马铃薯	陕西	榆林市农学会	榆林市所辖榆阳、神木、府谷、横山、靖边、定边、绥德、米脂、佳县、吴堡、清涧、子洲等1区11县176个乡镇5474个行政村。地理坐标为东经107°28′～111°15′，北纬36°57′～39°34′	AGI2016-03-1994
61	镇坪洋芋	陕西	镇坪县农业技术推广中心	镇坪县所辖曾家、洪石、牛头店、城关、上竹、小曙河、曙坪、钟宝、华坪等9个镇78个行政村。地理坐标为东经109°11′～109°38′，北纬31°42′～32°13′	AGI2016-03-1995
62	米脂红葱	陕西	米脂县农产品质量安全检验检测中心	米脂县所辖银州街道办事处、城郊镇、杨家沟镇、桃镇、印斗镇、沙家店镇、龙镇、郭兴庄镇、杜家石沟镇等9个镇（街道办事处）396个行政村。地理坐标为东经109°49′～110°29′，北纬37°39′～38°05′	AGI2016-03-1996
63	沙底辣椒	陕西	大荔县设施农业局	大荔县所辖官池、韦林、朝邑等3个镇27个行政村。地理坐标为东经109°56′～110°05′，北纬34°42′～34°47′	AGI2016-03-1997
64	沙苑红萝卜	陕西	大荔县设施农业局	大荔县所辖羌白镇、官池镇、韦林镇、下寨镇、朝邑镇等5个镇48个行政村。地理坐标为东经109°45′～110°05′，北纬34°41′～34°47′	AGI2016-03-1998
65	陇南绿茶	甘肃	陇南市经济作物技术推广总站	陇南市文县的碧口镇、中庙乡、范坝乡、刘家坪乡；武都区的洛塘镇、裕河乡、枫相乡、五马乡；康县的阳坝镇、两河镇、铜钱乡、白杨乡、三河乡，共计3个县（区）13个乡镇148个行政村。地理坐标为东经104°41′～106°08′，北纬32°42′～33°48′	AGI2016-03-1999
66	庆阳白瓜子	甘肃	庆阳市农业技术推广中心	庆阳市所辖华池县的柔远、悦乐、乔河、元城、王咀子、上里塬、怀安、乔川、白马、南梁、林镇、山庄；合水县的太白、蒿咀铺、固城、太莪；宁县的湘乐、盘克、金村、九岘、米桥、平子、良平、早胜；正宁县的永正、山河、西坡；西峰区的肖金、董志、后官寨、彭原；庆城县的土桥、太白梁、蔡口集；镇原县的城关、屯字、开边、平泉、新城；环县的曲子、木钵、樊家川、环城等7县1区43个乡镇。地理坐标为东经106°56′19″～108°42′48″，北纬35°24′38″～36°50′13″	AGI2016-03-2000

（续）

序号	产品名称	所在地域	申请人全称	划定的地域保护范围	质量控制技术规范编号
67	舟曲核桃	甘肃	舟曲县林业工作站	舟曲县所辖曲瓦乡、巴藏乡、立节乡、大峪乡、憨班乡、峰迭镇、城关镇、江盘乡、东山乡、坪定乡、南峪乡、大川镇、武坪乡、插岗乡、曲告纳乡、果耶乡、八楞乡、拱坝乡、博峪乡共 19 个乡镇 172 个村庄。地理坐标为东经 103°51′～104°45′，北纬 33°13′～34°01′	AGI2016-03-2001
68	舟曲花椒	甘肃	舟曲县林业工作站	舟曲县所辖曲瓦乡、巴藏乡、立节乡、大峪乡、憨班乡、峰迭镇、城关镇、江盘乡、东山乡、南峪乡、大川镇、插岗乡、曲告纳乡、果耶乡、八楞乡、拱坝乡、博峪乡共 17 个乡镇 87 个村庄。地理坐标为东 103°51′～104°45′，北纬 33°13′～34°01′	AGI2016-03-2002
69	岷县当归	甘肃	岷县中药材生产技术指导站	岷县所辖西寨镇、清水乡、十里镇、岷阳镇、寺沟乡、秦许乡、麻子川乡、茶埠镇、禾驮乡、梅川镇、西江镇、中寨镇、维新乡、蒲麻镇、闾井镇、申都乡、马坞乡、锁龙乡共 18 个乡镇 359 个村。地理坐标为东经 103°14′～104°59′，北纬 34°07′～34°45′	AGI2016-03-2003
70	陇西白条党参	甘肃	陇西县中医药产业发展局	陇西县所辖巩昌镇、文峰镇、首阳镇、菜子镇、福星镇、云田镇、通安驿镇、碧岩镇、马河镇、柯寨乡、德兴乡、宏伟乡、渭阳乡、和平乡、永吉乡、双泉乡、权家湾乡共 17 个乡镇 215 个行政村。地理坐标为东经 104°36′10″～104°42′49″，北纬 34°56′23″～35°01′33″	AGI2016-03-2004
71	陇西黄芪	甘肃	陇西县中医药产业发展局	陇西县所辖巩昌镇、文峰镇、首阳镇、菜子镇、福星镇、云田镇、通安驿镇、碧岩镇、马河镇、柯寨乡、德兴乡、宏伟乡、渭阳乡、和平乡、永吉乡、双泉乡、权家湾乡共 17 个乡镇 215 个行政村。地理坐标为东经 104°36′10″～104°42′49″，北纬 34°56′23″～35°01′33″	AGI2016-03-2005

中华人民共和国农业部公告第 2477 号

根据《农产品质量安全检测机构考核办法》《农业部产品质量监督检验测试机构管理办法》规定，经组织专家考核和评审（复审），中国农业科学院特产研究所（农业部特种经济动植物及产品质量监督检验测试中心）等 7 个质检机构（附件 1）符合农产品质量安全检测机构和农业部产品质量监督检验测试机构的基本条件与能力要求，特颁发农产品质量安全检测机构考核合格证书和农业部审查认可证书，准许刻制并使用农产品质量

安全检测考核标志和继续使用部级质检机构印章。

农业部牧草与草坪草种子质量监督检验测试中心（北京）等 2 个质检机构（附件 2）符合农业部产品质量监督检验测试机构的基本条件与能力要求，特颁发农业部审查认可证书，准许继续使用部级质检机构印章。

农业部农用动力机械及零配件质量监督检验测试中心（长春）等 2 个质检机构（附件 3）因不再具备开展检测工作条件提出注

销申请，经审核批准，注销其机构并收回审查认可证书及印章。

特此公告。

附件：1. 2016 年农产品质量安全检测机构考核合格及农业部部级产品质量监督检验测试中心审查认可名单（第十二批）

2. 2016 年农业部部级产品质量监督检验测试中心审查认可名单（第十一批）

3. 2016 年农产品质量安全检测机构考核及农业部部级产品质量监督检验测试中心注销名单（第七批）

农业部

2016 年 12 月 12 日

附件 1：

2016 年农产品质量安全检测机构考核合格及农业部部级
产品质量监督检验测试中心审查认可名单（第十二批）

序号	机构名称	检测范围	机构法定代表人	通讯地址	邮编	联系电话	考核合格证书编号	审查认可证书编号
1	中国农业科学院特产研究所（农业部特种经济动植物及产品质量监督检验测试中心）	特种经济动物与植物	杨福合	吉林省长春市净月经济技术开发区聚业大街 4899 号	130112	0431-81919801	〔2016〕农质检核（国）字第 0068 号	（2016）农（质监认）字 FC 第 938 号
2	吉林农业大学（农业部参茸产品质量监督检验测试中心）	参茸产品	秦贵信	吉林省长春市新城大街 2888 号	130118	0431-84533001	〔2016〕农质检核（国）字第 0202 号	（2016）农（质监认）字 FC 第 939 号
3	华中农业大学（农业部种猪质量监督检验测试中心（武汉））	种猪、商品猪	邓秀新	湖北省武汉市洪山区狮子山街 1 号	430070	027-87284366	〔2016〕农质检核（国）字第 0208 号	（2016）农（质监认）字 FC 第 940 号
4	浙江省农业技术推广中心（农业部肥料质量监督检验测试中心（杭州））	肥料、农产品检测参数	王岳钧	浙江省杭州市凤起东路 29 号	310020	0571-86757901	〔2016〕农质检核（国）字第 0082 号	（2016）农（质监认）字 FC 第 941 号
5	中国农业科学院棉花研究所（农业部转基因植物环境安全监督检验测试中心（安阳））	转基因植物及环境	李付广	河南省安阳市开发区黄河大道 38 号	455000	0372-2562204	〔2016〕农质检核（国）字第 0105 号	（2016）农（质监认）字 FC 第 942 号
6	广东省湛江农垦局（农业部剑麻及制品质量监督检验测试中心）	剑麻及制品	陈伟南	广东省湛江市人民大道中 24 号	524022	0759-2620516	〔2016〕农质检核（国）字第 0210 号	（2016）农（质监认）字 FC 第 943 号
7	天津市疾病预防控制中心（农业部转基因生物食用安全监督检验测试中心（天津））	转基因生物食用安全	顾清	天津市河东区华越道 6 号	300011	022-24333526	〔2016〕农质检核（国）字第 0197 号	（2016）农（质监认）字 FC 第 944 号

附件2：

2016年农业部部级产品质量监督检验测试中心审查认可名单（第十一批）

序号	质检中心全称	监测范围	中心领导	承建单位	通讯地址	邮编	联系电话	审查认可证书号	备注
1	农业部牧草与草坪草种子质量监督检验测试中心（北京）	牧草与草坪草种子	李召虎 毛培胜 孙彦 王显国	中国农业大学	北京市海淀区圆明园西路2号	100193	010-62733427	（2016）农（质监认）字FC第945号	复查评审
2	农业部农作物种质监督检验测试中心（济南）	农作物种子	张立明 丁汉凤 王效睦 颜廷进	山东省农业科学院	山东省济南市工业北路202号	250100	0531-83179876	（2016）农（质监认）字FC第946号	复查评审

附件3：

2016年农产品质量安全检测机构考核及农业部部级产品质量监督检验测试中心注销名单（第七批）

序号	质检中心全称	承建单位	机构考核证书号	机构考核证书届满日期	审查认可证书号	审查认可证书届满日期	备注
1	农业部农用动力机械及零配件质量监督检验测试中心（长春）	吉林省农业机械试验鉴定站	—	—	（2013）农（质监认）字FC第604号	2016年1月11日	
2	农业部转基因动物及饲料安全监督检验测试中心（北京）	中国农业科学院北京畜牧兽医研究所	〔2015〕农质检核（国）字第0125号	2018年10月15日	（2015）农（质监认）字FC第518号	2018年10月15日	—

关于第十四届中国国际农产品交易会发布
2016年全国名优果品区域公用品牌的通知

农组委发〔2016〕17号

执委会办公室、各展团、各工作组、各有关单位：

按照《关于开展2016年全国名优果品区域公用品牌申报工作的通知》（农组委发〔2016〕3号）的有关要求，经过农业部优质农产品开发服务中心组织各地遴选推荐、形式审查、专家审核、网上公示及组委会审定等程序，决定授予临海蜜桔等100个品牌为第十四届中国国际农产品交易会2016年全国名优果品区域公用品牌。

希望获得荣誉的单位以此为契机，不断加强管理，进一步挖掘和弘扬品牌价值与影响力，提高产品的市场竞争力，为促进农业发展方式转变，加快推进现代农业发展进程做出更大的贡献。

附件：第十四届中国国际农产品交易会2016年全国名优果品区域公用品牌名单

第十四届中国国际农产品交易会组委会

2016年10月21日

附件：

第十四届中国国际农产品交易会 2016 年全国名优果品区域公用品牌名单

序号	产品	省份	区域公用品牌	推荐的生产单位
1	柑橘	浙江	临海蜜桔	浙江忘不了柑橘专业合作社
				浙江省临海市涌泉岩鱼头桔场
				临海市涌泉梅尖山柑桔专业合作社
2		福建	永春芦柑	—
3		江西	赣南脐橙	寻乌县源兴果业有限公司
				江西杨氏果业股份有限公司
				江西省赣州轩辕春秋农业发展有限公司
4		湖北	清江椪柑	长阳长农柑橘专业合作社
				湖北长阳清江椪柑专业合作社
				长阳大河坡椪柑专业合作社
5		湖南	东江湖蜜桔	资兴市达达农产品冷链物流有限公司
6		广东	梅州金柚	广东李金柚农业科技有限公司
				广东十记果业有限公司
				梅州市兴缘农业发展有限公司
7		广西	阳朔金桔	阳朔遇龙河生态农业发展有限责任公司
8		重庆	开县春橙	开县绿周果业有限公司
				开县传财柑桔种植股份合作社
9		四川	安岳柠檬	四川省安岳县绿源柠檬发展有限公司
10		贵州	从江椪柑	从江县果树开发公司
11	苹果	河北	宽城苹果	宽城硒富苹果专业合作社
12		山西	万荣苹果	山西红艳果蔬专业合作社
				万荣县王显绿胜园果品专业合作社
				万荣县高村郭威果蔬专业合作社
13		辽宁	瓦房店小国光苹果	大连东马屯果业有限公司
14		山东	烟台苹果	朗源股份有限公司
				烟台泉源食品有限公司
				栖霞德丰食品有限公司
15		河南	灵宝苹果	灵宝市永辉果业有限责任公司
				河南远山自然农业有限公司
				灵宝市高山天然果品有限责任公司
16		云南	昭通苹果	鲁甸县浩丰苹果专业合作社
17		陕西	洛川苹果	洛川民丰农民专业合作社
				洛川美域高生物科技有限责任公司
				洛川县富百果专业合作社

（续）

序号	产品	省份	区域公用品牌	推荐的生产单位
18	梨	甘肃	庆阳苹果	庆阳市庆新果业有限公司
				庆阳恒丰源苹果农民专业合作社
19		宁夏	扁担沟苹果	吴忠市扁担沟玉国果品购销专业合作社
20		新疆	阿克苏苹果	阿克苏地区红旗坡农场
21		河北	赵县雪花梨	赵县大寺庄果品技术专业合作社
				赵县冀华星果品专业合作社
				赵县大安精园梨果专业合作社
22		辽宁	绥中白梨	绥中县大王庙镇富农果业专业合作社
23		安徽	砀山酥梨	安徽省砀山县园艺场
				砀山县果园场
				砀山县三联果蔬专业合作社
24		河南	黄泛区黄金梨	河南省黄泛区丰硕农作物原种场
25		湖北	百里洲砂梨	枝江市绿洲缘果蔬专业合作社
				枝江市曹家河农业发展有限公司
				枝江市百里洲双红砂梨专业合作社
26		四川	广安蜜梨	四川欧阳农业集团有限公司
27		贵州	福泉梨	福泉市黎山乡罗贝村小龙井果园场
				贵州省福泉市福江农业发展公司
				福泉市兴发农业科技发展有限责任公司
28		云南	泸西高原梨	红河州正玉堂农业科技发展有限公司
				泸西县白水陆时高原梨种植农民专业合作社
				泸西固白云岭水果种植园
29		陕西	蒲城酥梨	陕西蒲城小平实业有限公司
				蒲城洞耳果品专业合作社
30		新疆	库尔勒香梨	库尔勒美旭香梨农民专业合作社
31	桃	北京	平谷鲜桃	北京金果丰果品产销专业合作社
				北京夏各庄田丰果品产销专业合作社
32		河北	乐亭大桃	乐亭丞起现代农业发展有限公司
				乐亭县雷刚果树专业合作社
				乐亭县万事达果蔬专业合作社
33		江苏	凤凰水蜜桃	张家港市凤凰镇凤凰水蜜桃种植专业合作社
				张家港市凤凰镇水蜜桃专业合作联社
				张家港凤凰镇珠村林艺场
34		山东	肥城桃	山东省肥城桃开发总公司
35		河南	长葛蜜桃	河南豫星农业发展有限公司
				长葛市歌田种植专业合作社

（续）

序号	产品	省份	区域公用品牌	推荐的生产单位
36	桃	湖北	七仙红桃	孝昌县冠昌源农产品专业合作社
				孝感市鸿丰早蜜桃种植农民专业合作社
				应城市金水林果专业合作社
37		四川	龙泉驿水蜜桃	成都市龙源果蔬专业合作社
38		贵州	石阡桃	石阡县五德镇果业生产专业合作社
39		云南	丽江雪桃	丽江雪桃开发有限公司
40		陕西	王莽鲜桃	西安清水果蔬专业合作社
41	葡萄	河北	双滦葡萄	承德市双滦区达意种植专业合作社
42		辽宁	铁岭葡萄	辽宁铁岭市文选葡萄专业合作社
43		江苏	张家港葡萄	张家港市神园葡萄科技有限公司
44		浙江	唐先红富士葡萄	永康唐八鲜果蔬专业合作社
45		山东	醋庄葡萄	临沂经济技术开发区鑫惠葡萄种植专业合作联社
46		河南	民权葡萄	民权县人和镇双飞种植专业合作社
				民权县北关镇宇飞家庭农场
				民权县程庄镇田德贵家庭农场
47		云南	元谋葡萄	云南浙滇农业发展有限公司
				元谋原生源农业科技有限责任公司
				元谋碧丰果业有限公司
48		陕西	丹凤葡萄	陕西丹凤葡萄酒有限公司
49		宁夏	贺兰山葡萄	宁夏西夏王葡萄酒业有限公司
				宁夏志辉源石葡萄酒庄有限公司
				银川巴格斯葡萄酒庄（有限公司）
50		新疆	吐鲁番葡萄	新疆吐鲁番果之源蔬菜果品股份有限公司
51	杏	北京	北寨红杏	北京市北寨红杏销售中心
52		宁夏	彭阳杏子	宁夏云雾山果品开发有限责任公司
53		新疆	轮台白杏	轮台县华隆农林业开发有限公司
54	枣	山西	芮城屯屯枣	山西天之润枣业有限公司
55		山西	太谷壶瓶枣	太谷县兴谷枣业有限公司
56		山东	乐陵小枣	乐陵市德润健康食品有限公司
				山东百枣纲目生物科技有限公司
57		湖南	祁东酥脆枣	湖南新丰果业有限公司
58		陕西	大荔冬枣	陕西大荔尊天农业有限公司
				大荔县绿苑红枣专业合作社
				大荔县天利果蔬专业合作社
59		宁夏	灵武长枣	灵武园艺试验场
				灵武市大泉林场
				宁夏银湖农林牧开发有限公司

（续）

序号	产品	省份	区域公用品牌	推荐的生产单位
60	枣	新疆	阿克苏红枣	新疆刀郎枣业有限公司
61		新疆兵团	和田玉枣	和田昆仑山枣业股份有限公司
62	樱桃	甘肃	天水樱桃	天水绿之源农业发展有限公司
				天水市秦州区欣晟果业专业合作社
63		青海	乐都大樱桃	海东市清泉樱桃专业合作社
				乐都映山红樱桃专业合作社
				青海龙田农林开发有限公司
64	柿	天津	盘山磨盘柿	天津力臣阳光果品生产力促进有限责任公司
65		广东	五华大田柿	五华县长布富强农副产品专业合作社
66		广西	恭城月柿	桂林恭城丰华园食品有限公司
67	猕猴桃	江西	奉新猕猴桃	江西新西尾生态科技有限公司
				江西新西蓝生态农业科技有限责任公司
				江西山芝客家食品有限公司
68		四川	苍溪红心猕猴桃	苍溪日昇农业科技有限公司
				四川华朴现代农业股份有限公司
				广元果王食品有限责任公司
69		陕西	眉县猕猴桃	陕西齐峰果业有限责任公司
				眉县金桥果业专业合作社
				眉县秦旺果友猕猴桃专业合作社
70	石榴	山西	临晋江石榴	临猗县临晋江石榴种植专业合作社
71		安徽	怀远石榴	蚌埠涂山石榴专业合作社
72		四川	会理石榴	会理县石榴生产协会
73		云南	蒙自石榴	蒙自市南疆水果产销专业合作社
				开远市三鼎产业有限责任公司蒙自分公司
				蒙自市蒙生石榴产销专业合作社
74		新疆	皮亚曼石榴	皮山县皮亚勒玛乡石榴协会
75	草莓	北京	昌平草莓	北京天润园草莓专业合作社
76		河北	满城草莓	满城县合发草莓种植有限公司
77		浙江	建德草莓	建德市航头草莓专业合作社
78		安徽	长丰草莓	安徽巴莉甜甜食品有限公司
				合肥田峰草莓有限公司
				长丰县秀芝家庭农场
79	西瓜	北京	大兴西瓜	北京老宋瓜果专业合作社
				北京庞各庄乐平农产品产销有限公司
				北京庞安路西瓜专业合作社
80		黑龙江	兰岗西瓜	宁安市明君瓜类专业合作社

（续）

序号	产品	省份	区域公用品牌	推荐的生产单位
81	西瓜	黑龙江	双城西瓜	双城市希英甜瓜种植专业合作社
82		上海	南汇西瓜	上海桃咏桃业专业合作社
				上海田博瓜果专业合作社
				上海越亚农产品种植专业合作社
83		浙江	温岭西瓜	—
84		江西	抚州西瓜	抚州市临川区天露西瓜专业合作社
				抚州市临川才子生态农业发展有限公司
				抚州市临川区颐华蔬菜专业合作社
85		山东	昌乐西瓜	昌乐县华安瓜菜专业合作社
86		陕西	蒲城西瓜	蒲城县田运瓜菜专业合作社
				蒲城县富秦礼品西甜瓜专业合作社
87		宁夏	中宁硒砂瓜	中宁县鸣沙镇文兴硒砂瓜购销专业合作社
88	甜瓜	河北	乐亭甜瓜	乐亭县汀流河镇甜瓜协会
				乐亭丞起现代农业发展有限公司
				乐亭县万事达果蔬专业合作社
89		陕西	阎良甜瓜	西安市阎良区国强瓜菜专业合作社
90		新疆	喀什甜瓜	巴楚县伊合散农业专业合作社
91		新疆兵团	一〇三团甜瓜	新疆亮剑恒丰农业有限公司
92	香蕉	广东	茂生围香蕉	广东龙业农业合作社
93		广西	南宁香蕉	广西金穗农业集团有限公司
94	荔枝	广东	从化大红桂味荔枝	广州市从化华隆果菜保鲜有限公司
95		广东	高州储良龙眼	高州市桑马生态农业发展有限公司
				广东杨氏农业有限公司
				高州市永兴生态农业发展有限公司
96	菠萝	广东	愚公楼菠萝	徐闻县连香农产品农民专业合作社
97	芒果	广东	雷州覃斗芒果	雷州市覃斗镇铺前农业种植专业合作社
98		海南	三亚芒果	三亚福返热带水果农民专业合作社
99		四川	攀枝花芒果	攀枝花市锐华农业开发有限责任公司
100		云南	华坪芒果	丽江金芒果生态开发有限公司
				华坪县农欣芒果种植专业合作社
				华坪县芒果专业技术协会

关于第十四届中国国际农产品交易会
参展农产品金奖评选结果的通报

农组委发〔2016〕21 号

各展团、各有关单位：

按照《第十四届中国国际农产品交易会参展农产品评奖办法》（农组委发〔2016〕4号）和《关于开展第十四届中国国际农产品交易会参展农产品评奖活动的通知》（农组委发〔2016〕6号），在企业申报、各展团组织评选推荐的基础上，组委会组织专家进行综合审议，并对参评产品进行展出现场核查审定，决定授予黑龙江省五常金禾米业有限责任公司"圣上壹品"大米、云南昭通绿键果蔬商贸有限公司"满园鲜"昭通红富士苹果、广东茗皇茶业有限公司"茗皇"红乌龙茶、现代牧业（集团）有限公司"现代牧业"纯牛奶、辽宁大连棒棰岛海产股份有限公司

"棒棰岛"淡干海参等 301 个参展农产品金奖。

希望获得"金奖"产品荣誉称号的企业以此为契机，进一步增强市场意识、质量意识和品牌意识，紧紧把握市场需求，强化企业管理，扎实推进标准化生产，着力提高产品质量，加强宣传推介，塑造品牌形象，提高产品市场竞争力，为农业增效、农民增收做出贡献。

附件：第十四届中国国际农产品交易会金奖产品名单

第十四届中国国际农产品交易会组委会
2016 年 11 月 8 日

附件：

第十四届中国国际农产品交易会金奖产品名单

序号	展团	数量	注册商标	产品名称	生产企业名称
1	北京	5	红螺	北京果脯	北京红螺食品有限公司
2			宋宝森	西瓜	北京老宋瓜果专业合作社
3			太子峪绿山谷	鲜食食品芽苗画	北京绿山谷芽菜有限责任公司
4			德蜂堂	蜂胶液	北京德蜂堂健康科技有限公司
5			前龙	葡萄	前庙葡萄专业合作社
6	天津	6	卫星河	牛肉	天津市玉祥牧业有限公司
7			岳川	豆豉	天津市岳川食品加工厂
8			中滨	蛹虫草	天津市东方中滨农业科技有限公司
9			迎宾	老火腿香肠	天津市肉类联合加工厂
10			弗里生乳牛	巧克力奶	弗里生（天津）乳制品有限公司
11			利民	蒜蓉辣酱	天津市利民调料有限公司

（续）

序号	展团	数量	注册商标	产品名称	生产企业名称
12	河北	7	参皇岛	海参	秦皇岛海勇水产有限公司
13			壳素红	甲壳素红枣	行唐县几丁质红枣专业合作社
14			美客多	甘栗仁	河北美客多食品集团有限公司
15			和才	NFC鲜榨果蔬汁	玉田县黑猫王农民专业合作社
16			广府	糖醋蒜	邯郸市广府食品有限公司
17			承德富龙	马铃薯全粉	承德富龙现代农业发展有限公司
18			雪川农业	马铃薯	雪川农业发展股份有限公司
19	山西	7	河峪	小米	榆社县河峪小米专业合作社
20			木语	核桃	霍州市田牧禾农林产品有限公司
21			九州香	富硒小米	山西九州香农业开发有限公司
22			水塔	6°水塔老陈醋	山西水塔醋业股份有限公司
23			帅林	红山荞麦（面）	山西帅林绿色农牧发展有限公司
24	山西	7	天芝润	紫晶乌枣	山西天之润枣业有限公司
25			和韵清	小粒黑苦荞茶	山西振东五和健康食品股份有限公司
26	内蒙古	11	千喜寿源	浓缩沙棘果浆	内蒙古宇航人高技术产业有限责任公司
27			草原峰煌	精选羔羊后腿	锡林郭勒盟草原峰煌食品有限责任公司
28			汉森	有机酒庄珍藏梅鹿辄葡萄酒	内蒙古汉森酒业集团有限公司
29			绿泰源	大米	科右前旗蒙良经贸有限公司
30			后旗红	马铃薯	北方马铃薯批发市场
31			谷道粮原	有机小米	内蒙古谷道粮原农产品有限责任公司
32			成吉思汗	风干牛肉干	内蒙古铁木真食品有限公司
33			辽王府	林东毛毛谷小米	巴林左旗业兴源振兴农副产品加工专业合作社
34			秀水乡	鸭田米	呼伦贝尔市金禾粮油贸易有限责任公司
35			农乡丰	绿豆	内蒙古农乡丰工贸有限公司
36			河套	雪花粉	内蒙古恒丰食品工业(集团)股份有限公司
37	辽宁	5	棒棰岛	淡干海参	大连棒棰岛海产股份有限公司
38			闾山常兴	巨峰葡萄	北镇市常兴鸿远葡萄生产专业合作社
39			思帕蒂娜	冰酒	桓仁思帕蒂娜冰酒庄园股份有限公司
40			咱有仁儿	花生休闲食品	辽宁正业花生产业发展有限公司
41			绥中白梨	绥中白梨	绥中县大王庙镇富农果业专业合作社
42	吉林	8	增盛永	扶余四粒红花生	吉林省增盛永食品有限公司
43			增盛永	小米	吉林省增盛永食品有限公司
44			吉松岭	炭泉小米	吉林省吉松岭食品有限公司
45			吉松岭	炭泉黑豆	吉林省吉松岭食品有限公司
46			开荒队	有机小米	通榆县鹤香米业有限责任公司
47			开荒队	有机玉米馇	通榆县鹤香米业有限责任公司
48			查干湖	黄小米	吉林松粮现代农业发展有限公司

（续）

序号	展团	数量	注册商标	产品名称	生产企业名称
49	吉林	8	洮宝	红小豆	洮南市刘老三杂粮杂豆种植专业合作社
50	黑龙江	7	熙旺	有机小米	肇东市黎明镇熙旺谷物种植专业合作社
51			金福乔府大院	五常稻花香	五常市金福泰农业股份有限公司
52			雪蜜	雪蜜	黑龙江神顶峰黑蜂产品有限公司
53			森宝源	金钱耳	海林市森宝源天然食品有限公司
54			黑森	黑蜂椴树蜜	黑龙江黑森绿色食品（集团）有限公司
55			圣上壹品	大米	黑龙江省五常金禾米业有限责任公司
56			乾绪康	有机小米	大庆市乾绪康米业有限公司
57	上海	6	莫斯利安	光明巴士杀菌酸牛奶	光明乳业股份有限公司
58			超大	香菇	超大（上海）食用菌有限公司
59			松林	冷鲜猪肉	上海松林工贸有限公司
60			大山合	香菇	上海大山合菌物科技股份有限公司
61			农本	崇明老白酒	上海农家酿酒有限公司
62			大白兔	200g巨大白兔奶糖	上海冠生园食品有限公司
63	江苏	5	本派特草	北虫草养生茶	南京本派生物科技有限公司
64			射阳大米	大米	射阳县大米协会
65			杨美华	兴化龙香芋	兴化市美华蔬菜专业合作社
66			九香翠芽	红茶	宜兴珍香生态茶业专业合作社
67			伍员山—伍员飞翠	天目湖白茶	溧阳市天目湖茶叶研究所
68	浙江	11	嵊州香榧	嵊州香榧	嵊州市香榧产业协会
69			天目茂林	手剥山核桃	杭州临安茂林食品有限公司
70			祖名	享瘦素肉	祖名豆制品股份有限公司
71			口之味	兰溪小萝卜	兰溪市新参记农业开发有限公司
72			博鸿小菜	萧山萝卜干	浙江博鸿小菜食品有限公司
73			嘉善杨庙雪菜	雪菜	嘉善杨庙雪菜专业合作社
74			忘不了	柑橘	浙江忘不了柑橘专业合作社
75	浙江	11	备得福	榨菜	余姚市备得福菜业有限公司
76			恒丰园	蜂胶软胶囊	浙江江山恒亮蜂产品有限公司
77			龙王山	安吉白茶	安吉龙王山茶叶开发有限公司
78			晨光	黑木耳	浙江晨光食品有限公司
79	安徽	7	那时候	有机中华鳖	安徽永兴岛生态农业科技有限公司
80			王仁和	过桥米线	安徽王仁和米线食品有限公司
81			跨越	瓜蒌籽	安徽潜山县有余瓜蒌开发有限责任公司
82			朗朗好心人	酱香肘	安徽朗朗好心人食品有限公司
83			金安特	谷朊粉	安徽安特食品股份有限公司
84			溜溜梅	青竹纤梅	溜溜果园集团股份有限公司
85			雪枣	糯米	蚌埠市兄弟粮油食品科技有限公司

（续）

序号	展团	数量	注册商标	产品名称	生产企业名称
86	福建	7	仙芝楼	灵芝孢子油软胶囊	福建仙芝楼生物科技有限公司
87			鼎寿	茉莉花茶	福州鼎寿茶业有限公司
88			麒麟山	乌龙茶	福建省麒麟山茶业发展有限公司
89			崟露	福州茉莉花茶－承脉	闽榕茶业有限公司
90			育新	龙眼干	泉州市育新龙眼干鲜品有限公司
91			弘鑫	柠檬茶	泉州市天马山生态茶业发展有限公司
92			茶油奶奶	有机山茶油	德化县祥山大果油茶有限公司
93	江西	8	山林大红	山林大红肠	正邦集团有限公司
94			轩斛	崖壁铁皮石斛	鹰潭市天元仙斛生物科技有限公司
95			船屋－仙之源	白茶	黎川县船屋农业开发有限公司
96			浮红	红茶	浮梁县浮瑶仙芝茶业有限公司
97			千思语	蜂蜜	铅山县康信蜂业专业合作社
98			YANGS'S	赣南脐橙	江西杨氏果业股份有限公司
99			泰和乌鸡	泰和乌鸡	泰和乌鸡养殖专业合作社(江西泰和乌鸡协会)
100			春丝	米粉	江西省春丝食品有限公司
101	山东	16	维康庄园	有机山鸡蛋	济南维康庄园生态农业发展有限公司
102			马家沟	芹菜	青岛琴园现代农业有限公司
103			中庄	沂源苹果	沂源县盛全果蔬有限公司
104			三禾农场	火龙薯	枣庄市三禾农副产品有限公司
105			宝龙	白兰地	烟台宝龙凯姆斯葡萄酒庄有限公司
106			瑞福	香油	瑞福油脂股份有限公司
107			金乡大蒜	金乡大蒜	金乡县华光食品进出口有限公司
108			绿环	食用玉米淀粉	山东弘兴玉米开发有限公司
109			汇润	苹果	山东汇润实业集团有限公司
110			怡和淞	大葱	日照怡和食品有限公司
111			乡村树	长城辣椒	兰陵县平阳蔬菜产销专业合作社
112			天智绿叶	陈集山药	定陶天中陈集山药专业合作社
113			海洋	山东大花生	乳山市金果花生制品有限公司
114			鲁丰	冻分割鸡调理品	山东鲁丰集团有限公司
115			威龙	有机葡萄酒	威龙葡萄酒股份有限公司
116			汇生园	烘焙花生	青岛东生集团股份有限公司
117	河南	12	黄泛区	黄金梨	河南省黄泛区实业集团有限公司
118			生命果	压片糖果	生命果有机食品股份有限公司
119			南湾鱼	南湾鱼	信阳市南湾水库渔业开发有限公司
120			马红峰	铁棍山药	温县岳村乡红峰怀药专业合作社
121			冷谷	赤霞珠干红葡萄酒	冷谷红葡萄酒股份有限公司

（续）

序号	展团	数量	注册商标	产品名称	生产企业名称
122	河南	12	山菊	挂面	平顶山山虎粮食加工有限公司
123			伊啦	兔肉	济源市阳光兔业科技
124			正大食品	脆皮猪排	洛阳正大食品有限公司
125			旺鑫	潢川空心贡面	河南旺鑫食品有限公司
126			五农好	黄豆酱	河南五农好食品有限公司
127			梦想	薏米红豆饼	河南梦想食品有限公司
128			画宝刚	烧鸡	滑县道口画宝刚烧鸡有限责任公司
129	湖北	8	京和 100	大米	湖北京和米业有限公司
130			采花	采花毛尖（尊品 1716）	湖北采花茶业有限公司
131			咯家果佳	鸡蛋	湖北神地农业科贸有限公司
132			邓村绿茶	邓村绿茶	湖北邓村绿茶集团有限公司
133			圣水	圣水毛尖	湖北圣水茶场有限责任公司
134			喜润家	富硒大米	中兴绿色技术湖北有限公司
135			武当红	红油豇豆	十堰渝川食品有限公司
136			楚品源	干制香菇	湖北品源食品有限公司
137	湖南	8	有吉	黄花菜	衡阳有吉食品有限公司
138			喜乐	鲜百合	龙山县喜乐百合食品有限公司
139			湘春	永丰辣酱	双峰县永丰湘春酱菜园
140			罗拥军	紫薯面	拥军面业（湖南）有限公司
141			御扇果王	猕猴桃	永顺县鸿丰猕猴桃专业合作社
142			紫鹊贡	贡米	湖南紫秾特色农林科技开发有限公司
143			QIJAOL	齐家古树茶油	湖南齐家油业有限公司
144			百叠岭	大叶苦茶	湖南三峰茶叶有限责任公司
145	广东	11	怡品茗	英德红茶	英德市怡品茗茶叶有限公司
146			茗皇	红乌龙茶	广东茗皇茶业有限公司
147			青洲米	大米	罗定市旺家农业有限公司
148			旺满堂	清化粉	始兴县旺满堂食品有限公司
149			水中鲤	丝苗米	广东海纳农业有限公司
150			农爵士	有机稻米	广东天力大地生态农业有限公司
151			橘利	化橘红	化州市益利化橘红专业合作社
152			茂生园	香蕉	广东龙业农业合作社
153	广东	11	东瑞	活肉猪	东瑞食品集团有限公司
154			皇斋虎嗷	金针菜	海丰县供销果蔬加工厂
155			凤球唛	鲍鱼汁	东莞市永益食品有限公司
156	海南	7	南鹿	牛奶莲雾	海南三亚南鹿实业有限公司
157			天涯菇娘	芒果	海南三亚君福来实业有限公司

（续）

序号	展团	数量	注册商标	产品名称	生产企业名称
158	海南	7	祥果佳	绿橙	海南琼中瑞果丰绿橙农民专业合作社
159			洪安	蜜柚	海南澄迈洪安蜜柚
160			澄迈福橙	澄迈福橙	海南澄迈福橙产销协会
161			YCL	莲雾	海南裕昌龙实业有限公司
162			牧榕	文昌鸡	海南牧榕农业开发有限公司
163	广西	4	佳年	红心火龙果	武鸣县润宇生态农业有限公司
164			瑶家庄	南丹巴平米	南丹县瑶家生态农业专业合作社
165			瑶山煌	香菇	金秀瑶族自治区瑶鸣生态农业有限公司
166			浦百	百香果	浦北南国水果种植农民专业合作社
167	重庆	4	包黑子	清水笋	重庆市包黑子食品有限公司
168			树上鲜	花椒油	重庆市树上鲜食品（集团）有限公司
169			晚艳	菊花	云阳县鑫燕菊花种植股份合作社
170			乡坛子	香菇酱	重庆市汀来绿色食品开发有限公司
171	四川	8	华记－思奇香	手撕牛肉	西昌思奇香食品有限责任公司
172			盛康宝	桂圆	泸州市邓氏土特产品有限公司
173			米仓山	茶叶	四川米仓山茶业集团有限公司
174			航粒香	有机米	四川省航粒香米业有限公司
175			龙须淡口	大头菜	自贡市泰福农副产品加工厂
176			天府晨曦	猕猴桃	都江堰市中兴镇晨曦猕猴桃种植专业合作社
177			森态	白魔芋膳食纤维	四川森态源生物科技有限公司
178			文昌添宝	天宝蜜柚	梓潼县天宝柑橘专业合作社
179	贵州	4	俏黔优选	蜂蜜	贵州黔缘本味生态农业发展有限公司
180			唐桂芝	苦荞三丁油辣椒	贵州芦丁食品开发有限公司
181			瀑布	毛峰茶	贵州省安顺市茶叶开发中心
182			冠香源	贵州普红酸汤	贵州金沙冠香坊调味食品有限公司
183	云南	27	版纳小耳	滇南小耳猪鲜肉	西双版纳邦格牧业科技有限公司
184			云澳达	坚果	云南云澳达坚果开发有限公司
185			勐库	本味大成普洱茶（生茶）	云南双江勐库茶叶有限责任公司
186			遮放贡	大米	芒市遮放贡米有限责任公司
187			听牧	牛肉	云南海潮集团听牧肉牛产业股份有限公司
188			SPRING	西生菜	云南春天农产品有限公司
189			褚橙	冰糖橙	新平金泰果品有限公司
190			醇自然	罗平菜油	云南万兴隆集团油脂有限公司
191			苗乡三七	有机三七粉	文山市苗乡三七实业有限公司
192			傣旺	火烧干巴	瑞丽傣旺食品有限公司
193			来思尔	摩菲酸酪乳	云南皇氏来思尔乳业有限公司

序号	展团	数量	注册商标	产品名称	生产企业名称
194	云南	27	香格里拉	高原A8干红葡萄酒	香格里拉酒业股份有限公司
195			白竹山	云雾茶	云南省双柏县白竹山茶业有限责任公司
196			滇宜	烧鸭肉软罐头	昆明宜良李烧鸭食品有限责任公司
197			滇雪	清香菜籽油	云南滇雪粮油有限公司
198			卧龙谷	香软米	云南红河卧龙米有限责任公司
199			帝泊洱	即溶茶珍	云南天士力帝泊尔生物茶集团有限公司
200			密架山猪	猪肉	双柏县鄂嘉镇哀牢山生态畜牧养殖发展有限公司
201			嘎嘣脆	红富士苹果	鲁甸县浩丰苹果专业合作社
202			满园鲜	昭通红富士苹果	昭通绿键果蔬商贸有限公司
203			无量山跳菜核桃	蜂蜜核桃仁	南涧县红云核桃加工销售有限责任公司
204			应福	铁皮石斛	普洱健和堂生物开发有限公司
205			爱伲庄园	咖啡	云南爱伲农牧（集团）有限公司
206			云曲坊	甜白酒	云南云曲坊生物科技有限公司
207			华宁柑桔	冰糖橙	华宁县新村柑桔有限责任公司
208			牛栏江	青花椒	昭通市大成农业开发有限责任公司
209			老咚呱	红茶	云南腾冲驼峰茶业有限责任公司
210	西藏	3	圣鹿	野生核桃油	西藏特色产业股份有限公司
211			圣禾	青稞精粮	西藏圣禾生物科技有限公司
212			培强肉业	岗巴羊	日喀则市培强生态肉业有限公司
213	陕西	6	眉香金果	眉县猕猴桃	眉县金桥果业专业合作社
214			周大黑	洋县黑米	陕西双亚粮油工贸有限公司
215			四皓	熟制板栗仁	陕西君威农贸综合有限责任公司
216			曹儒	红富士苹果	凤翔县绿宝果业有限公司
217			丰禾五谷	神木黑豆	神木县丰禾生态农业科技开发有限公司
218			桃曲坡	苹果	铜川市耀州区锦阳湖果业专业合作社
219	甘肃	7	米家山	鲜百合	兰州米家山百合有限责任公司
220			陇上皇家玫瑰	玫瑰花冠茶	甘肃皇家玫瑰科技发展有限公司
221			GLDARK PMS	薯都薯味无矾水晶粉条	甘肃圣大方舟马铃薯变性淀粉有限公司
222			安多牧场	安多牦牛肉	甘肃安多清真绿色食品有限公司
223			婵乡源	鹿角菜	甘肃临洮恒德源农业发展有限公司
224			先秦贡果	苹果	甘肃礼县乾亿果蔬开发有限公司
225			敦煌飞天	洋葱片	酒泉敦煌种业百佳食品有限公司
226	宁夏	4	法福莱	富硒大米	宁夏法福来清真食品股份有限公司
227			禹皇酒庄	干红葡萄酒	宁夏青铜峡市禹皇酒庄有限公司(禹皇酒庄)
228			杞之龍	中宁枸杞	宁夏杞泰农业科技有限公司
229			香山硒砂	硒砂瓜	中卫香山瓜果流通有限责任公司

（续）

序号	展团	数量	注册商标	产品名称	生产企业名称
230	青海	4	江河源	源头纯香菜籽油	青海江河源农牧科技发展有限公司
231			可可西里	酱卤牦牛肉	青海可可西里食品有限公司
232			龙羊峡	三文鱼	青海民泽龙羊峡生态水殖有限公司
233			三江牧场	有机牦牛肉、藏羊肉	青海绿草源食品有限公司
234	新疆	4	红旗坡	苹果	阿克苏地区红旗坡农场
235			慧华圣果	沙棘果汁	新疆慧华沙棘生物科技有限公司
236			红果实	红花籽油	克拉玛依红果实生物制品有限公司
237			赛湖	高白鲑冻鱼	新疆赛湖渔业科技开发有限公司
238	新疆生产建设兵团	2	聚天红	红枣	新疆阿拉尔聚天红果业有限责任公司
239			西悦	婴幼儿配方奶粉	新疆西部牧业股份有限公司
240	台湾	5	永福鸿鼎	高山茶	福建漳平鸿鼎农场开发有限公司
241			冬梅	黑豆豆浆粉	佳木斯冬梅大豆食品有限公司
242			梦园	红茶	福建省苏福茶业有限公司
243			永福	高山茶	福建漳平永福闽台缘高山茶产销专业合作社
244			瑞芳鱼卷	瑞芳鱼卷	惠安瑞芳食品有限公司
245	农产品地理标志	23	虾小弟	潜江龙虾	湖北省潜江市华山水产食品有限公司
246			晨亿	寿阳小米	山西晋养米业有限公司
247			诺邓	诺邓火腿	大理州云龙县诺邓火腿食品厂
248			奇麦特	奇台面粉	新疆奇台八一面粉有限责任公司
249			太子妃	大埔蜜柚	大埔县蜜柚行业协会
250			瀚徽	金山时雨	绩溪县上庄茶叶专业合作社
251			苍山大蒜	苍山大蒜	兰陵县越洋食品有限公司
252			科乐吉	丹棱橘橙	丹棱县生态源果业专业合作社
253			舒禾牌	舒兰大米	吉林市友诚米业有限责任公司
254			凉都红心	水城猕猴桃	水城县长丰绿色科技实业有限公司
255			秦园春	商南茶	商南县沁园春茶业有限责任公司
256			方金山	临川虎奶菇	江西金山食用菌专业合作社
257			勃宏	勃利红松籽	黑龙江宏泰果业有限公司
258			湧鑫牧场	辽宁辽育白牛肉	沈阳湧鑫牧业有限公司
259			淀玉	京西稻	北京大道农业有限公司
260			福返	三亚芒果	三亚福返热带水果农民专业合作社
261			宁鑫	盐池滩羊肉	宁夏盐池县鑫海清真食品有限公司
262			壮乡河谷	百色芒果	广西壮乡河谷农业科技有限公司
263			大紫丫	花园口红薯	河南煜阳农业发展有限公司
264			桃花雨	兰溪小萝卜	浙江桃花雨农业科技有限公司
265			象山岩	大田高山茶	福建省象山岩茶业有限公司

（续）

序号	展团	数量	注册商标	产品名称	生产企业名称
266	农产品地理标志	23	淮蒲	淮安蒲菜	淮安康得乐食品有限公司
267			尚容源	阿拉善肉苁蓉	阿拉善尚容源生物科技有限公司
268	渔业	11	香海	港式蒸鱼丸	浙江香海食品股份有限公司
269			盛老汉	京山乌龟	京山盛昌乌龟原种场
270			莲子溪	清水虾	洪湖市宏业水产食品有限公司
271			松湖渔业	线纹尖塘鳢	东莞市松湖水产品养殖有限公司
272			华盛	麻辣丁香鱼	瑞安市华盛水产有限公司
273			泰进	调味蚬子汤	苏州泰进食品有限公司
274			清江	大口鲶	长阳清江鹏搏开发有限公司
275			勤富	罗非鱼	海南勤富食品有限公司
276			东裕	脆肉鲩	中山市东升农副产品贸易有限公司
277			海宝	干燥裙带菜	大连海宝食品有限公司
278			楚百湖	茴香整肢虾	湖北海瑞渔业股份有限公司
279	农垦	12	元乳	完达山金装元乳婴幼儿配方奶粉	黑龙江省完达山乳业股份有限公司
280			龙王	豆粉（速溶）	黑龙江省农垦龙王食品有限责任公司
281			云居	柑橘	江西云山集团有限责任公司
282			果劲	南丰蜜橘	江西省鸿远果业股份有限公司
283			长乐	挂面	黑龙江省农垦胜利粮油食品有限责任公司
284			银月牌	白砂糖	湛江市金丰糖业有限公司
285			绿仙	螺旋藻片	广西农垦绿仙生物保健食品有限公司
286			大明山	绿茶	广西农垦茶业集团有限公司
287			碧宝	枸杞干果	宁夏枸杞企业（集团）公司
288			洛凌	CTC红碎茶	耿马洛凌茶厂
289			云啡	速溶三合一咖啡	云南咖啡厂
290			九三	非转基因大豆油	九三粮油工业集团有限公司
291	畜牧	2	现代牧业	纯牛奶	现代牧业（集团）有限公司
292			恒都	A里脊	重庆恒都食品开发有限公司
293	扶贫	9	南安	板鸭	江西南安板鸭有限公司
294			平岗	大米	吉林众鑫绿色米业集团有限公司
295			炭山红	苹果	威宁县乌蒙绿色产业有限责任公司
296			扎西忠社	树椒	得荣县拉吉冲农特产品农民专业合作社
297			绰尔蒙珠	有机大米	扎赉特旗绰尔蒙珠三安稻米专业合作社
298			一笑堂	六安瓜片	安徽一笑堂茶业有限公司
299			星斗山	恩施硒茶—利川红茶蛮荒	利川市飞强茶业有限责任公司
300			龙蛙	大米	黑龙江省龙蛙农业发展股份有限公司
301			裕丰昌	盐池滩羊肉	宁夏余聪清真食品有限公司

农业部关于命名第一批国家农产品
质量安全县（市）的通知

农质发〔2016〕15 号

各省、自治区、直辖市及计划单列市农业（农牧、农村经济）、畜牧兽医、渔业厅（局、委、办），新疆生产建设兵团农业局：

为进一步提高农产品质量安全水平，切实保障食品安全和消费安全，根据国务院食品安全委员会的总体部署，我部组织开展了国家农产品质量安全县创建活动。各创建试点单位按照创建活动方案要求，积极开展创建工作，取得了明显进展和成效，经省级农业行政主管部门严格考评，达到了《国家农产品质量安全县考核办法》的要求，现命名北京市房山区等 103 个县为"国家农产品质量安全县"，命名山东省威海市等 4 个市为"国家农产品质量安全市"，具体名单见附件。

希望被命名的县（市），珍惜荣誉，再接

再厉，巩固创建成果，提升创建水平，不断总结好经验好做法，进一步加大工作力度，努力把质量安全县（市）打造成标准化生产的样板区、全程监管的样板区、监管体系建设的样板区和社会共治的样板区，充分发挥示范带动作用，为整体提升监管能力和水平、推动农产品质量安全工作迈上新台阶做出更大的贡献。

附件：第一批国家农产品质量安全县（市）名单

农业部

2016 年 12 月 7 日

附件：

第一批国家农产品质量安全县名单

省（自治区、直辖市）	质量安全县（市、区）
北京市	房山区、平谷区
天津市	静海县、武清区
河北省	滦平县、玉田县、曹妃甸区、围场县
山西省	新绛县、太谷县、怀仁县
内蒙古自治区	喀喇沁旗、阿荣旗、扎赉特旗
辽宁省	法库县、大洼区、朝阳县、东港市
吉林省	敦化市、榆树市、公主岭市
黑龙江省	阿城区、宁安市、龙江县
上海市	浦东新区、金山区
江苏省	张家港市、建湖县、姜堰区、海门市
浙江省	余杭区、衢江区、嘉善县、德清县
安徽省	太湖县、宣州区、金寨县、和县、长丰县
福建省	尤溪县、云霄县、福清市、福鼎市

（续）

省（自治区、直辖市）	质量安全县（市、区）
江西省	永修县、新干县、新建区
山东省	商河县、广饶县、寿光市、沂南县、成武县
河南省	内黄县、新野县、汝州市、修武县
湖北省	江夏区、五峰县、云梦县、潜江市、松滋市
湖南省	东安县、常宁市、君山区、浏阳市
广东省	高明区、翁源县、梅县区、陆丰市
广西壮族自治区	富川县、武鸣区、平乐县
海南省	琼海市、澄迈县
重庆市	荣昌区、潼南区、垫江县
四川省	安州区、苍溪县、西充县、邻水县
贵州省	播州区、印江县、罗甸县
云南省	凤庆县、元谋县、砚山县
西藏自治区	白朗县
陕西省	阎良区、洛川县、富县
甘肃省	永昌县、靖远县
青海省	湟中县、互助县
宁夏回族自治区	永宁县、利通区
新疆维吾尔自治区	昌吉市、伊宁县、疏附县
新疆生产建设兵团	一师十团
大连市	瓦房店市
青岛市	胶州市
宁波市	奉化市

第一批国家农产品质量安全市名单

省（自治区、直辖市）	质量安全市
山东省	威海市
广东省	云浮市
四川省	成都市
陕西省	商洛市

索 引

图书在版编目（CIP）数据

中国品牌农业年鉴.2017 / 中国优质农产品开发服
务协会主编 . —北京：中国农业出版社，2018.1
ISBN 978-7-109-23915-9

Ⅰ.①中⋯ Ⅱ.①中⋯ Ⅲ.①农产品－品牌－中国－
2017－年鉴 Ⅳ.①F323.7-54

中国版本图书馆 CIP 数据核字（2018）第 028743 号

中国农业出版社出版
（北京市朝阳区麦子店街 18 号楼）
（邮政编码 100125）
责任编辑 贾 彬 徐 晖
文字编辑 贾 彬 耿增强 陈 璐 杜 婧

北京通州皇家印刷厂印刷 新华书店北京发行所发行
2018 年 1 月第 1 版 2018 年 1 月北京第 1 次印刷

开本：787mm×1092mm 1/16 印张：28.25
字数：800 千字
定价：300.00 元
（凡本版图书出现印刷、装订错误，请向出版社发行部调换）